兽医实用手册

主　编　马学恩

内蒙古出版集团

内蒙古科学技术出版社

图书在版编目（CIP）数据

兽医实用手册/马学恩主编. — 赤峰：内蒙古科学技术出版社，2013.11（2020.8重印）
ISBN 978 - 7 - 5380 - 2342 - 8

Ⅰ.①兽… Ⅱ.①马… Ⅲ.①兽医学—手册 Ⅳ.① S85-62

中国版本图书馆CIP数据核字（2013）第 270119 号

出版发行：内蒙古科学技术出版社
地　　址：赤峰市红山区哈达街南一段 4 号
邮　　编：024000
电　　话：（0476）5888926　5888917
邮购电话：（0476）5888970
网　　址：www.nm-kj.cn
责任编辑：张继武　那　明
封面设计：永　胜
印　　刷：三河市华东印刷有限公司
字　　数：610 千
开　　本：787×1092　1/32
印　　张：26.25
版　　次：2013 年 11 月第 1 版
印　　次：2020 年 8 月第 2 次印刷
定　　价：88.00 元

《兽医实用手册》编委会

主　编:马学恩

副主编:吴树清　郝永清　杜雅楠　敖威华

编　者:(按姓氏笔画排列)

马学恩　幺宏强　于立新　王文龙

西尼尼根　杜　山　杜雅楠　吴树清

张爱荣　周雨霞　郝永清　赵秀珍

敖双捷　敖威华　斯日古楞

前　言

　　这是一本专门写给基层临床兽医朋友的实用参考书。

　　自 1970 年 7 月从内蒙古农牧学院五年制的兽医专业毕业后,我曾在鄂伦春自治旗及其乡镇做兽医临床和管理工作近 10 年。在此期间,我结交了很多在基层从事临床兽医工作的朋友,深知他们在基层的工作环境和工作条件。那段艰苦而充实的经历,成了我一生中一笔宝贵的精神财富。基层兽医是为我国畜牧兽医业发展做出了重要贡献的一个庞大群体。后来,我研究生毕业后一直留在大学任教。我内心深处始终埋藏着一个想法:我能为临床兽医朋友、为基层兽医事业的发展做点什么?

　　这本《兽医实用手册》,就是我邀请一批志同道合的学界专家,集中集体的智慧和力量,献给基层临床兽医朋友的一份薄礼。本书的最大特点是以疾病为中心,突出重点,简明实用。我们力求打破学科界限,淡化理论阐述,密切结合基层兽医的实际需求,深入浅出地介绍城镇、农村、牧区畜禽常见疾病(同时兼顾一些重要的新病)的诊断、治疗、防控等技术。除基层临床兽医外,本书也可供广大农牧民朋友、养殖场工作人员、县乡镇基层干部、宠物饲养者及有关院校专业师生参考使用。

　　本书的作者们多年来从事动物疾病防治的教学和科研工作,有比较扎实的理论基础和一定的实践经验。在确定选题后,我和几位副主编几经商议、修改、完善编写大纲,分别由吴树清、郝永清、杜雅楠、敖威华等组织完成初稿。最后我对全部书稿进行了数次修改、加工,并对一些内容进行了改写、重写。在编写过程中,我们参考了国内外许多文献,也包括互联网上的一些资料,对此谨向有关作者致以谢意。

在此,我特别感谢吴树清教授的鼎力相助,他为本书编写大纲的确定、编写、修改、完稿做出了突出贡献;感谢包广厚教授提供部分参考资料;感谢内蒙古科学技术出版社为本书的策划、编辑、出版给予的大力帮助。

我真诚希望本书能够帮助基层临床兽医解决一些工作中的实际问题,同时热忱欢迎大家对本书提出宝贵的修改意见。

马学恩

2013 年 7 月

目　录

第一部分　畜禽疾病实用诊疗技术

第二部分　病原生物引起畜禽疫病的防控

第三部分　畜禽普通病的防治

第一部分 畜禽疾病实用诊疗技术

内容导读

本书第一部分,简要介绍患病畜禽的诊断、治疗的基本理论和方法,具体包含 6 个方面的内容,即临床检查时接近和保定病畜的方法,动物投药技术,穿刺、导尿与子宫冲洗技术,临床检查的基本方法,常见临床症状与治疗,临床常用兽药。

学习这一部分内容,需要注意以下几点:

1. 疾病

疾病是一种异常的生命活动过程。任何一种疾病,都是由一定的病因引起的(如布氏杆菌可引起传染病、蛔虫可引起寄生虫病,黄曲霉毒素可引起中毒病等)。有些疾病,

直到现在病因依然不清楚(如一些恶性肿瘤、新发传染病、新的污染物引起的中毒病、不少疑难杂症等),给防控这一类疾病造成了很大困难。畜禽患病中,会出现一些症状,这些症状有助于人们识别疾病。动物患病后,其使役能力、生产价值都会降低,造成一定的经济损失。

2. 疫病

疫病指具有流行性的传染病、寄生虫病。在现阶段,对我国畜牧业可持续发展构成最大威胁的正是这一类疾病。不但如此,有不少动物疫病是人与动物共患病,例如结核病、乙型脑炎等,可从动物传染给人,会影响甚至威胁到人类的健康和社会的稳定,这一点需要特别加以注意。

3. 诊断

诊断是指了解病情后,对患病畜禽的病症及其发展情况做出判断。这一部分涉及诊断的有:临床检查的 6 种方法(问诊、视诊、触诊、叩诊、听诊、嗅诊)、临床检查的基本程序(病畜登记、发病情况调查、流行病学调查、临床症状检查、记录病历)、一般检查(全身状态的观察,体温、脉搏及呼吸次数的测定,被毛和皮肤的检查,眼的检查,耳的检查,浅表淋巴结的检查)、系统检查(消化系统的临床检查、呼吸系统的临床检查、心血管系统的临床检查、泌尿系统的临床检查、生殖系统的临床检查、神经系统的临床检查)等。

4. 治疗

治疗是指用药物、针灸、手术等办法,消除畜禽疾病,使其恢复正常的生命活动过程。这一部分涉及治疗的有:常见临床症状与治疗(发热、水肿、脱水、出血、便血、贫血、咳嗽、呼吸困难、流涎、呕吐、腹泻、便秘、尿闭、衰竭症、惊厥)、临床常用兽药(常用的抗微生物药、驱虫药、消毒药等)治疗。至于投药技术,穿刺、导尿与子宫冲洗技术等,都是一些具体的治疗方法。需要指出的是,本书治疗所用的中西药物和剂量,仅供大家在工作中参考,不可拘泥。

没有正确的诊断,就没有正确的治疗。因此,诊断是治疗的基础。不能正确地接近病畜或进行适当的保定,就不能进行正确的诊断和治疗。因此,接近病畜和适当保定,又是诊断和治疗的基础。保定、诊断、治疗,三位一体,是临床兽医在医疗实践中必须切实掌握的几项基本功。

随着科学技术的进步、发展,不少新的诊断、治疗的理论和方法也在不断涌现。特别是一些实验室检查方法,如病原生物的检查、免疫学指标的检查、分子生物学检查等,日新月异,发展很快。我国综合国力的不断强盛,带动了基层兽医机构仪器设备的更新。因此,希望广大兽医工作者,不断学习新理论,应用新技术,在实践锻炼中不断提高诊疗水平。

一、接近和保定病畜的方法

在畜禽疫病诊疗过程中,为了保障人、畜安全,使临床检查和治疗获得良好效果,必须掌握接近病畜和病畜保定的基本方法。

1. 接近病畜的方法

(1)检查者应以温和的呼声,向动物发出要接近的信号,然后再从其侧前方徐徐接近。

(2)接近后,可用手轻轻抚摸动物的颈侧、背部或臀部,使其保持安静、温顺的状态,以便进行检查。对猪,可在其腹下部用手轻轻搔痒,使其安静或卧下,然后进行检查。

(3)接近动物时,最好应有畜主或饲养人员在一旁进行协助。

特别提示——接近病畜的注意事项:

①应熟悉各种动物的习性及其惊恐、愤怒时想攻击人、畜时的神态(如在愤怒时,牛低头凝视。猪斜视、翘鼻、发出"呼呼"声等。犬两眼圆睁,目光锐利,耳朵向斜后方向伸直,用力踏四肢,被毛竖立,尾巴陡伸或直伸,与人保持一定距离;如果前肢下伏、身体后坐,则表现即向人发动攻击)。

②兽医除了亲自观察外,还须向畜主了解动物平时的性情,如是否胆小易惊,有无踢人、咬人、顶人等恶癖。如胆小的犬受惊时,表现尾巴下垂或夹在两腿间,耳朵向后伸,全身被毛直立,两眼圆睁,浑身颤抖,呆立不动或四肢不安地移动,或者后退。同时犬的听觉很敏锐,对突如其来的较大声音,如闪电雷鸣、飞机轰鸣声、枪炮声、爆炸声、鞭炮声等,有时会表现出一种恐惧感,如夹着尾巴逃避到安全的

地方,钻进屋内或缩着脖子钻到窄小的地方。犬的全身也会发生一系列变化,如呼吸加快、全身颤抖、脉搏加快、体温升高等。

③接触牛时需要注意,牛是群体性动物,若有头牛带领则容易控制。根据这一特点,在草原上进行免疫注射或长途运输时,常利用狭栏捕捉牛只和控制牛群,效果好,比较安全。狭栏不宜弯曲。当用狭栏驱赶牛群时,要防止牛跌倒,不得高声喊叫,否则易造成牛群的拥挤或混乱。

④牛有惊人的听力,当驱赶牛群时,如在后方大声催逼,会使牛爬到前方牛背上,增加彼此间受伤的机会。乳牛在自然培育中,性情发生了很大变化,如在野外或运动场,见到有生人来,牛往往站立不动或贪婪地注视,并逐步向前靠近;当人与乳牛距离9～12米时,会突然出现逃避行为,摇晃头快跑;而当乳牛站立在饲槽旁,则变得比较顺

从。牛对陌生的环境反应小,但当牵进房门时,会出现畏缩不前,或脱缰逃跑,特别是小牛更为明显。

⑤公牛十分强悍,随时都会发起挑衅、攻击,所以对公牛进行检查保定时要格外小心。对于难于控制的公牛,必要时可事先应用一些具有镇静作用的化学保定药(如赛拉嗪,即二甲苯噻嗪;地西泮,即安定),然后再保定,效果会更好。

⑥多从正后方接近牛,并用手搔其尾根,以示友好。接近牛头部时,要防止其用角抵撞,应站立于牛头部的左侧方,一手握笼头或鼻环,一手抚摸其头颈部,表示安慰。接近前躯时以丁字步姿势站立于患牛的肩侧,面向牛体,一手按于其鬐甲部,一手抚摸其胸背部。检查后躯时,一般也先接近前躯,再面向牛体后部。以侧身步势站立于其胸腹侧,一手推按其髋结节外角以作为支点,一手抚摸其臀股

部以做检查。对牛,最好先从左后侧接近,并用手搔其尾根,慢慢转向右侧,但要防止其后蹄弹踢和"扫堂腿"伤人。总之,无论接近牛的任何部位,均须小心谨慎,态度要温和,同时给予轻柔的吆喝,动作要稳健敏捷。一手须按在牛体的适当部位作为支点,以防患牛的骚闹和攻击,另一手进行临床诊治操作。对个别患牛,若用此法仍不能接近时,可大声呵斥,令其安静。必要时,可先施以适当的保定措施,再进行接近和诊治等操作。

2. 常用的动物保定法

对家畜进行各种检查时,应尽可能地在自然状态下进行。但必要时,也可采取一些保定措施。保定的目的,主要在于防止动物骚动,便于检查和处置,并保障人、畜安全。

(1)牛的保定法:

① 简易保定法。

A. 徒手握牛鼻保定:先用一手抓住牛角,然后拉提鼻绳、鼻环,或用一手的拇指与食指、中指捏住牛的鼻中隔加以保定。

B. 牛鼻钳保定:将鼻钳的两钳嘴抵入牛的两鼻孔,并迅速夹紧鼻中隔,用一手或双手握持,也可用绳系紧钳柄固定之。

C. 肢蹄绳保定:检查乳房或治疗乳房疾病时,为了防止牛的骚动、不安,需将两后肢固定。方法是选柔软的绳子在跗关节上方做"8"字形固定或用绳套固定。这个方法被挤奶工人和临床检查上广泛使用。

D. 尾保定:将牛尾直向前上背曲,是转移牛注意力的简单而又有效的方法,能避免牛体前后左右摇晃。如果与牛鼻钳结合,可作为各种小手术的保定方法。

E. 栅栏保定:有时用一单绳将牛栓在栅栏旁边,牛头绑在坚固的柱子上。做一不滑动的绳套装在牛的颈基部,绳的游离端沿牛体向后,绕过后肢,绑在后方的另一柱上。为了防止牛摆动,在髋结节前做一围绳,把牛体和栅栏的横梁捆在一起。

② 柱栏保定法。牛的柱栏包括单柱栏、二柱栏、四柱栏、五柱栏和六柱栏。五柱栏的结构是在四柱栏的正前方设一单柱,用于牛头的固定。

A. 单柱颈绳保定法:将牛的颈部紧贴于单柱,以单绳或双绳做颈部活结固定。适用于一般检查或直肠检查。

B. 二柱栏保定法:将牛牵至二柱栏前柱旁,先做颈部活结,使颈部固定在前柱一侧,再用一条长绳将牛围在前后柱之间,然后用绳在胸部或腹部做上下、左右固定,最后分别在鬐甲和腰背上打结。适用于修蹄、瘤胃切开等手术时保定。

C. 四柱栏保定法:将牛牵入四柱栏内,上好前后保定绳即可。必要时可加上背带和腹带。适用于临床一般检查或治疗。五柱栏和六柱栏保定法,与四柱栏保定法基本相同。

D. 前肢的提举和固定:将牛牵放在柱栏内,绳的一端绑在牛的前肢系部,游离端从前柱由外向内绕过保定架的横梁,向前下兜住牛的掌部,收紧绳索,把前肢拉到前柱的外侧。再将绳的游离端绕过牛的掌部,与立柱一起缠两圈,提起的前肢被牢固地固定于前柱之上。

后肢的提举和固定与前肢基本相同。

③ 横卧保定法。牛比较容易被放倒,也很少挣扎。倒牛的方法很多,一条绳倒牛法是比较常用的,操作省力、安全。

A. 一条绳倒牛法:选一长绳,一端拴系在牛的两角根,绳的另一端向后牵引在肩胛骨的后角,以半结做一胸环,将胸围缠。再在髋结节前做一与前边相同的绳环,围缠后腹部,绳的游离端向后牵引,并沉稳用力。同时牵牛者向前拉牛,要坚持 2～3 分钟,牛极少挣扎,通常平稳地卧倒。牛倒卧后将两前肢和两后肢分别捆绑,向前后牵引和固定。

大公牛或贵重的乳牛,用一条绳倒卧时,要注意防止绳的腹环对阴茎或乳房、乳静脉的压迫和损伤,可用其他方法代替。常用的方法是,取一长绳双折,将绳的中间部分横置于牛肩峰位置,两游离端向下通过两前肢之间,在胸下交叉后返回到背上,再一次交叉,两游离端向下,在两后肢内侧和阴囊或乳房之间向后穿过。两绳保持平稳的拉力向后拉,直至牛倒下。这种方法倒牛,后肢的固定比一条绳倒牛法略有困难。

小牛的卧倒比较容易,把牛缰绳的游离端向后牵引,在跗关节绕过,反折向前。保定者站在牛的一侧握住绳索,拉转牛头,牵动后肢,牛由于失去平衡而自然卧倒。

B. 拉提前肢倒牛法:需要由三人倒牛和保定,一人保定头部(握鼻绳或笼头)。取约 10 米长的圆绳一条,折成长、短两段,在折转处做一套结并套于左前肢系部,将短绳一端经胸下至右侧并绕过背部再返回左侧,由一人拉绳保定;另将长绳引至左髋结节前方并经腰部返回绕一周,打半结,再引向后方,由二人牵引。令牛向前走一步,正当其抬举左前肢的瞬间,三人同时用力拉紧绳索,牛先跪下而后倒卧。此时,一人迅速固定牛头,一人固定后躯,一人速将缠在腰部的绳套向后拉,并使之滑到两后肢部位再将绳拉紧,最后将两后肢与左前肢捆扎在一起。此法可应用于一般临床检查、直肠检查、外科处置及手术等。

C. 围绳抬牛法:患牛因病不能自行起立时,须人工辅助站立。取约 3 倍于牛体长的长绳一条,绕牛一周,绳箍围在肩下和股后凹陷处,术者抽紧围绳,两个绳头交叉后再折回,与绳体交扭 2～3 圈,两手各执一交扭处。抬牛人一齐用力,将牛抬起,牛四肢离开地面开始站立时,术者将围绳的绳环适当变大,握紧。这样有利于患牛四肢张开,当其站稳后,将圈绳松开。

(2)猪的保定法:

① 站立保定法。初生仔猪的断齿、断脐或打耳号都需要保定。抓住小猪的后肢是一种较为方便的方法;有人喜欢抓尾巴,虽然能达到目的,但时间不宜过长。

仔猪保定时,握住两后肢的小腿部,用双手提举是最为常用的方法。仔猪也可侧卧、半仰卧。利用"V"字形手术架能很好地做仰卧保定和四肢的固定。

公猪或成年猪,浑身溜圆,气力又大,缺少控制部位,加上猪本能的尖叫,令保定者心烦急躁。公猪有犬齿,很容易给人造成伤害,要注意防范。

在猪群中,可将其赶至猪栏的一角,使其相互拥挤而不便骚动,然后进行检查、处置。欲捉住猪群中个体猪只进行检查时,可迅速抓提猪尾、猪耳或后肢,并将其拖出猪群,然后做进一步的保定。

② 绳套保定法。大猪的控制选用口吻绳和鼻捻棒,可对猪的头颈控制起到良好效果。方法是在绳的一端做一活套,使绳套自猪的鼻端滑下,当猪只张口时迅速使之套入上腭,并马上勒紧,然后由一人拉紧保定绳的一端,或将绳拴于木桩上。此时,猪只多呈用力后退姿势,从而可保持安定的站立状态。

也可使用带长柄的绳套,其方法基本同上。将绳套套入上腭后,迅速捻紧将猪固定。

长柄捉猪钳,是抓大猪的保定器械,将钳夹在猪耳后颈部或跗关节上方,效果都很好。此法适于体格较大的猪、带仔母猪或大公猪的保定,还可用于投药、注射及针刺等。

③ 提举保定法。抓住猪的两耳，迅速提举，使猪腹面朝前，并以膝部夹住其颈胸部；也可抓住两后肢跗关节并将其后躯提起，夹住其背部而固定之。抓耳提举用于经口插胃管或气管内注射，后肢提举用于腹腔注射及阴囊的疝（赫尔尼亚）手术等。

④ 网架保定法。用两根长 100～150 厘米较坚固的木棒或竹竿作为网架的骨干，按 60～75 厘米的宽度，用绳在架内织成网床。将网架平放于地上，将猪赶至网架上，随即抬起网架，并将两端的木杆放于木凳（或其他支架）上，使猪的四肢落入网孔并离开地面即可固定。较小的猪也可将其捉住后放于网架内固定。此法主要用于一般临床检查、耳静脉注射及针刺等。

⑤ 保定架上保定法。将猪放于特制的活动保定架或较适宜的木槽内，使其呈仰卧姿势，然后固定四肢，或行背位保定。此法适用于前腔静脉注射及腹部手术等，或做一般检查。

⑥ 倒卧保定法（棒绳捆猪法）。抓猪时，右手迅速握住猪的左耳，同时用左手抓握猪的左侧膝皱襞，并向检查者怀内提举靠紧，然后将猪右胸壁横放于一端系有绳的木棒上（木棒长度应超出猪体的横径），以膝抵压猪的腰臀部，将绳从猪腋下向上绕过左胸壁至背侧，再向下绕过木棒后，引绳向前，将上下腭缠绕拉紧，使猪头部向后上方弯曲，然后将绳端再向后绕过左腋下，返回向前系在腭与棒之间的绳上，系结固定。检查者踩住地上的木棒即可。此法适用于大母猪的阉割、静脉注射及其他手术。

猪的保定应注意以下问题：

①尽可能避免剧烈追赶，以免影响检查结果。

②固定绳应打活结，便于解脱。

③对患有气喘病的猪不

宜强制保定。

④注意安全,尤其检查口腔时避免被猪咬伤。

⑤根据检查、处置或手术的需要,采取相适应的保定方法。

（3）羊的保定法：

羊性情温顺,保定比较容易。

羊有"聚堆"的习性,这有利于捉住羊的后肢。在羊群中捉羊时,迅速抓住一后肢的跗关节或跗前部,羊即被控制。

保定者也可抓住羊的角,骑在羊背部上,进行静脉注射或采血等操作。

对体格较大的羊进行倒卧时,右手提起羊的右后肢,左手抓在羊的右侧膝皱襞,保定者用膝抵在羊的臀部。左手用力提拉羊的膝褶,在右手的配合下将羊放倒,然后捆住四肢。此法适用于临床检查或治疗时的保定。

①两手围抱保定法。从羊的胸部侧方用两手（臂）分别围抱其前胸或股后部加以保定。此法适用于一般检查或治疗时的保定。

②倒卧保定法。保定者俯身从对侧一手抓住两前肢系部或抓住一前肢臂部,另手抓住腹胁膝襞处扳倒羊体,后一只手改为抓住两后肢的系部,前后一起按住即可。此法适用于治疗或简单手术时的保定。

（4）犬的保定法：

①口笼保定法。犬的口笼有皮革制品和铁丝口笼之分,口笼的大小及规格制成若干种,或做成皮带形,根据犬头部的大小可以松紧。选择合适的口笼给犬戴上系牢。保定人员或主人抓住脖圈,防止犬用四肢将口笼抓掉。

②绷带保定法。将1米左右长的绷带条,从中间折成双股,置于下颌底部,两端绕至鼻背侧打一扣,再绕至下颌底部打一结,然后绷带两端在两耳后打结。

③徒手保定法。温驯的

成年犬或幼犬可采用此法。保定人员或主人用右手抓住犬的下颌部,左手于犬的耳下方固定头部,可以防止犬头的左右摇摆或回头伤人。

④ 握耳保定法。术者用双手分别握住犬两耳,并骑在犬背之上,用两腿夹住胸部。

⑤ 提举后肢保定法。助手保定好头部,术者握住后肢,倒立提起后躯,并用腿夹住颈部。

⑥ 颈钳保定法。本法对抓捕凶猛咬人的犬较为安全可靠。颈钳柄长 90～100 厘米,钳端为两个半圆形,使之恰好能套入犬的颈部。保定时,保定人员抓住钳柄,张开钳嘴将犬颈套入后再合拢钳嘴,以限制犬头的活动。

⑦ 捕捉套保定法。本法适用于凶猛、较大型犬。使用一根长 1 米左右的铁管,中间插入一条双扣法的绳索,缓慢接近犬后将绳扣套入犬的颈部,拉紧绳索,同时用铁管顶住犬的颈部,使犬不能靠近保定人员。

⑧ 站立保定法。保定人员站于犬的左侧,面向犬头部,一边接近犬头部,一边用温和的声调呼唤犬,右手轻拍犬的颈部和胸下方或给以挠痒,左手用牵引带头套住犬嘴。此法适用于犬的一般检查。

⑨ 倒卧保定法。根据临床诊疗需要,可将犬放倒,进行侧卧、仰卧或伏卧保定。

A. 侧卧保定:保定人员或主人一边用温和的声音呼唤犬,一边用手抓住四肢的掌部和趾部向上搬动四肢,犬即可卧地。用细保定绳分别将两前肢和两后肢捆绑在一起,让犬主人保定犬的头部,防止抬头。

B. 仰卧保定:按犬侧卧保定法将犬放于手术台上,用保定绳分别系于四肢球节下方,拉紧绳,使犬呈仰卧姿势,头部用细绳保定于手术台上,以防头部活动。本保定法适用于腹下部及会阴部的手术。

C. 伏卧保定:用犬侧卧保定法将犬放于手术台上,用保定绳分别系于四肢球节下方,拉紧保定绳,使四肢伸展,并使犬呈伏卧姿势。头部用保定绳保定于手术台上,防止头部活动。本保定法适用于耳的修整术。

(5)猫的保定法:

① 徒手保定法。保定人员或主人抓猫时,要先和猫亲近一下,轻轻拍猫的脑门,抚摸猫的背部,然后,一只手抓起猫的颈部或背部皮肤,另一只手迅速地抱住猫或托住猫的臀部,再用手轻轻抚摸猫的头部,尽快使其安静。如果是小猫,用一只手抓住颈或背部的皮肤,轻轻提起即可。

② 猫袋保定法。猫袋可用人造革、粗帆布或厚布缝制而成。根据猫的体型,可以分为大、中、小三种猫袋。猫袋呈圆桶状。大、中、小三种长度分别为 65 厘米、45 厘米、35 厘米,宽分别为 25 厘米、20 厘米、15 厘米。袋的一端

用抽紧带封闭,另一端开放,上一根能抽紧及放松的带子。把猫装进后,拉上拉锁,便成筒状,再扎紧颈部袋口。根据诊疗要求,可以分别暴露头颈部或臀部。

③ 站立保定法。将猫放在桌面或手术台上,用左手把住猫颈下方,右手放在猫的背腰部,以防猫在左右摆动中蹲下。

④ 夹猫钳保定法。对于野性较大的猫,可用夹猫钳夹住猫的颈部,使猫不能前后移动,然后助手用双手分别固定住猫的前后肢。

⑤ 其他保定法。如侧卧、仰卧和伏卧保定法等,可参照犬的方法进行。

3. 常用的绳结法

在兽医临床实践中,保定与拴系动物的常用绳结法有以下几种。

(1)单活结:一手持绳并将绳在另一手上绕一周,成为长短两部分,然后用手握住长部分的一点,并将其经绳环

处，向上拉出即成。

（2）双活结：两手握绳，使绳成为长短两部分（左侧短，右侧长），绳短的部分绕过左手掌，左手掌向前转，短的部分形成第一个环（短的部分压长的部分，即短的部分面向操作者，在前），右手掌将绳长的部分一转，形成第二个环（短的部分压长的部分）。此时绳子形成两个圈，再使两圈并拢，左手圈通过右手圈，右手圈通过左手圈，然后两手分别向相反的方向拉绳，于是形成两个套圈。

（3）猪蹄结（猪蹄扣）：一种方法是将绳端套于柱上后，再套一圈，使两绳端压手圈的里边，一端向左，一端向右。另一种方法是按双活结的做法，先做成两个圈，再使两圈并拢即成。

（4）拴牛结（拴马结）：左手握持绳的游离端，右手握持绳绕过木桩，再在左手上绕成一个小圈套。将左手的小圈套从大圈套内向上向后拉出。

同时换右手拉绳的游离端，把游离的一端做成小套穿入左手所拉的小圈内，然后抽出左手，拉紧绳的另一端即成。

特别提示：以上介绍的针对不同家畜的保定方法，在兽医实践中如何运用，要完全服从于具体诊断、治疗的需要。例如，当对动物进行临床生理指标、临床症状的检查时，就应尽量使动物保持安静，少用或不用比较粗暴的保定方法；而当进行去势或者其他外科手术治疗时，一定要保定确实，以保证临床操作的顺利进行。

二、动物投药技术

（一）牛、猪经口投药法

1. 牛舔剂投药法

打开牛口腔，用木片或竹片从一侧口角将舔剂送入口腔，并迅速涂于舌根的背部，随即抬高牛头，使药物自然咽下。

2. 牛糊剂投药法

将已碾压的较粗糙的中

药,调制成稀糊状,用灌角将药经口灌入。灌药时,由助手牵引鼻环或吊嚼,使牛头稍仰。灌药者一手拿盛药的灌角,顺口角插入口腔,送至舌面中部,将药灌下;同时,另一手持药盆,接取自口角流出的药液。

3. 猪直接口服法

小猪,首先提起前肢和前躯,用木棒将嘴撬开,只需将药丸、药片投至猪口腔深部,猪便可吞下;大猪,则用绳环套入口腔上腭,然后把药丸、药片置于舌根上让其吞下。

另外,可将药物加入适量玉米面一类的粉料中,调兑成黏糊状。将猪保定好后,用木棒撬开猪嘴,用薄竹板或薄木板将药物涂抹在猪的舌根上,使其吞咽。

4. 猪直接灌服法

小猪,提起前肢和前躯,用木棒将嘴撬开,大猪,用绳环套入口腔上腭。用长嘴瓶或不带针头的注射器深入口角内,缓缓地倒入(注入)药液,待猪咽下后再灌入第 2 次、第 3 次,直至药液灌完。直接灌服给药时应注意,如猪极度挣扎或大叫,应停止灌药。此时药液易进入气管,造成异物性肺炎或窒息。

还可使用仰卧灌药。将猪脊柱靠地面、四肢和嘴朝天保定,然后一人持一小木棒将猪嘴撬开,另一人持药勺或药液瓶,将药液顺猪口角倒入猪嘴内。一勺灌完后再灌一勺,直至灌完,这样猪就不会发生呛药。

(二)犬、猫经口投药法

1. 拌食法

将无异常气味,无刺激性或刺激性小的少量药物,同犬、猫爱吃的食物掺和在一起,让犬、猫自行吃下去。为了能顺利吃进拌入食物内的药物,给药前最好绝食一顿。

2. 犬直接口服法

(1)保定:令犬取坐立姿势,对性情温和的犬,以左手掌心横越鼻梁,以拇指和食指(或加中指)握住鼻梁,将上腭两侧的皮肤包住上齿列,打开口腔。

(2)方法:投药人员以右手食指和中指夹持药丸,送入舌根部。投药后快速抽出手指,将嘴合拢。当犬的舌尖伸出,出现吞咽动作,并用舌舔鼻子时,说明药已咽下。对性烈不安、咬人的犬,按上法打开口腔后,用药匙或药丸钳将药置于舌根部,迅速将嘴合拢,投药人员用手掌猛然叩打犬的下颌,使犬突然咽下。

3. 猫直接灌服法

(1)保定:除头部外,将猫全部躯体装入猫袋内。抬起猫的头部并稍向后倾斜。左手在头部后方,用拇指和食指在口角两侧保定头部,右手指在口角向内压迫,使口腔张开。

(2)方法:右手持带有金属头的小药瓶或金属注射器,左手拉口角呈袋状,将药液灌入口腔后,迅速将嘴角合拢。遇到药液蓄积于颊腔内的情况,可用止血钳或金属注射器

的尖端划动药液,使之流入上下臼齿之间而咽下。该方法适用于药液量较少时的投服。头部不能仰得太高,以防误咽。凡刺激性小的药物均可采用本法。

(三)胃管投药法

水剂药物或可溶于水的药物,都可经胃管投药。优点是可投入大量药液,方法简单,安全可靠,且不浪费药物。

1. 牛的胃管投药法

将患牛保定在诊疗架内,固定头部,使头稍低下与颈成90°角。将直径 1.2～1.6 厘米,长 1.2～1.5 米的胃管用凉水(冬季用温水)浸泡后,吹净管内的水或异物,并在投入的一端涂上润滑油。术者站在患牛的右前方,用左手捏住患牛外侧鼻翼,右手将胃管的一端轻轻送入鼻孔内。如患牛抗拒,则等安静后再继续投送。对牛还可以用木制开口器,将胃管经开口器中间小孔投入。胃管送至咽部时即感到有阻力,当患牛出现吞咽动

15

作时,乘机将胃管缓慢向前推进,即可进入食道。胃管正确投入食道并继续送到胃内后,将胃管紧贴鼻翼,稳妥固定。然后向胃管内用力吹气,如不通气,说明胃管有折叠,应往外拉出一段,再缓缓送入,直至胃管通气为止。接上并高举装有药液的漏斗或吊桶,灌入药液。灌完药后,取下漏斗或吊桶,向胃管内用力吹气,迅速折捏胃管,慢慢拔出。

投胃管要缓缓送入,不宜过快。如引起鼻腔出血,应将患牛头部吊高,并冷敷额部,一般即可止血。患有咽炎的病牛,不可采用胃管投药法,以免刺激咽黏膜,加重病情。

特别提示:胃管插入后,必须准确判定是插入到食管才可灌药。判定方法是,胃管进入食管略有阻力,而进入气管内则无阻力。用手压扁胃管中间的橡皮球,橡皮球不膨起;或者在胃管外端口接上压扁的橡皮球不膨起,表明胃管插入食管。若橡皮球立即膨起,说明插入气管。也可将胃管外端口靠近耳边听,插入食管时,听不到随呼吸冲击的气流声;若能听到有节奏的气流声,就表明插入了气管内。确认插入食管后,才可以接上漏斗,将药液灌入。

判断胃管投得是否准确,千万不可将胃管的外端放进水盆中,以免吸进水引起异物性肺炎。另外,投药结束后,一定要向胃管内吹气,以确保残余药物进入胃内。否则,向外拉出胃管时,胃管内即使残留少许药物,在经过咽部时,也有可能进入气管,造成异物性肺炎,甚至导致动物死亡。这些细节都需要在诊疗实践中高度重视。

2. 猪的胃管投药法

病猪食欲废绝或者药物剂量较大时,可用胃管投服。方法是把猪侧卧保定后,将猪嘴用木棒撬开,放入开口器(开口器可自制,取一直径3～6厘米粗细、长25～35厘米的小木棒,小猪用细棒,大猪用粗棒,在棒的中间钻一个直径 1 厘米左右,能通过胃管的小孔,在棒的两端各系一根绳子。使用时,用此木棒撬开猪嘴,将此棒横衔于猪口中,并使棒上的小孔对准猪咽喉,然后将棒上系的绳子系在猪耳后根,这样木棒就固定在了猪口内,并使猪嘴保持张开)。术者手持猪用胃管(也可就地取材,用手指粗细、表面光滑的橡胶管、塑料管等代替),对准开口器小孔缓慢地插至咽喉部。等猪出现吞咽动作时,趁机将胃管送进食管。

3. 犬的胃管投药法

大犬采取坐立姿势,用开口器(木制开口器,中央有圆孔)打开口腔;幼犬可将前躯提高呈竖立姿势,用手指在犬的口角两侧的颌骨角处向口腔内压迫,即可打开口腔。应选择直径合适的胃导管投药(幼犬用直径 0.5～0.6 厘米,大犬用直径 1.0～1.5 厘米的橡皮管或软塑料管)。投药前,用胃导管测量犬的鼻端到第八肋骨处的距离,并在胃导管上做好记号。胃导管端涂以润滑剂,插入口腔内,在舌的背面缓慢地向咽喉部推进,当犬出现吞咽动作时,将胃导管推入食道内。这时应判断胃管插入是否正确。判断方法是从胃管末端打气,颈部出现波动,而从胃管末端吸气时呈负压,犬无咳嗽表现,则说明插入正确。正确插入后,继续推到记号处,使胃导管端进入胃内。然后连接漏斗或大注射器,将药液注入。灌完药液后,除去漏斗或注射器,压扁导管末端,拔出胃导管。

4. 猫的胃管投药法

将猫装入猫袋内,仅头颈暴露于袋外。备一个用硬质木料做成表面光滑的纺锤形带柄的开口器,正中有一插胃管的小孔。将猫头部前伸,开口器放入上、下腭之间。此时,猫自动紧紧咬住开口器,灌药者只需用左手抓住猫嘴稍加用力,即可达到固定开口器的目的。右手拿一根人用

12～16 号导尿管（事先量好头到胃的大致距离），经开口器中心的小孔插入，顺猫的吞咽动作，缓缓经咽喉部插入胃内。此时可用数根毛发、小纸片或棉絮放在胃管处，观察随猫的呼吸动作而有无摆动现象。如无摆动，表明胃管进入胃内。这时在胃管末端接上无活塞的注射器，药液通过注射器及胃管缓缓进入胃内。药液灌完之后，捏住胃管口，徐徐拔出，这样可防止残留在胃管中的药液误入气管内。用过的胃管应先洗净，并用 0.1％新洁尔灭溶液浸泡消毒后备用。此法仅适用于水剂的药物，如为片剂、粉剂、散剂及丸剂，应先将药物研末，溶于温开水后，再行投药。

（四）犬、猫直肠投药法

经直肠给药，简便易行，既可避免内服引起犬、猫的呕吐，也可直接用于治疗犬、猫的便秘。

投药方法：助手抓住犬、猫的两后肢，抬高后躯，将尾拉向一侧。用 12～18 号橡胶导尿管涂擦液体石蜡或食用油，经肛门向直肠内插入 3～5 厘米（猫）或 8～10 厘米（犬），术者用注射器抽取温的药液，慢慢推注。猫可注入 20～60 毫升，犬注入 30～150 毫升。推注完毕，缓缓拔出导管，将尾根压迫在肛门上片刻，防止努责。然后松解保定，使犬、猫保持安静状态。

给猫灌肠量少时，可将吸好药物的注射器（不装针头）插入猫肛门内，推入药物即可。

（五）局部给药法

1. 眼的局部给药

药物可分为眼药水、眼药膏、结合膜下注射药和洗眼药等。眼药水滴入眼角结合处的膜囊内，勿使滴管与眼睛接触，一般滴入 2 滴，每隔 2 小时给药 1 次；眼药膏挤入眼睑的边缘处，4～6 小时给药 1 次；结合膜下注射用药，如青霉素、醋酸考的松等，1～2 天注射 1 次；洗眼药则可根据情况一天冲洗2～3次。

2. 耳的局部给药

耳内禁忌使用大量的药液或药粉。稀薄的油膏或丙三醇常作为耳局部用药的赋形剂。常用的药物有氯霉素、过氧化氢。一般向耳内滴几滴,然后用手掌轻轻按摩,以便使药物与耳道充分接触,并发挥作用。

3. 鼻的局部给药

常用等渗药液滴入鼻腔内,勿使滴管接触鼻腔黏膜。鼻腔内禁用油膏,因为它会损伤鼻黏膜,或因不慎吸入气管引起肺炎。

(六)注射给药法

1. 注射前的准备和注意事项

(1)要检查注射器、输液器是否完好配套。注射用器械和注射部位必须严密消毒,以防感染。

(2)用药前对注射药剂的名称、数量、用法、配伍禁忌、是否变质、是否失效等,进行认真核对、检查,不符合规定

要求者,不能注射。

(3)注射时,不能将针体全部刺入组织内,以防发生断针事故;若发生针头折断,应立即将针头从组织中取出。

(4)静脉注射的药液,须加温到近似体温,缓慢注入,随时注意观察动物有无过敏、休克等反应(如苄青霉素较多见,链霉素较少见)。注射过程中注意心脏变化,防止因注射过快引起急性心力衰竭(如氯化钾等)。

(5)静脉注射刺激性药物(如氯化钙、高渗氯化钠溶液等)时,不得漏注到皮下,否则会造成组织发炎、坏死。

(6)注射之前,要排出注射器内的空气,尤其静脉注射。静脉注射要确实,推注药液之前,先抽动注射器活塞见有血液回流时方可注入。皮下、肌内注射也应如此操作,如有血液进入注射器内,说明误刺入血管,应改换位置。注射后皮肤针孔处要消毒。

2. 皮内注射法

常用于动物药物敏感试验,动物结核病、副结核病的诊断,以及用绵羊痘疫苗对绵羊进行免疫。

(1)注射部位:牛、羊、猪、犬、猫的结核病、副结核病的诊断在肩胛部或颈侧中 1/3 处。用绵羊痘疫苗对绵羊进行免疫时一律在尾内侧或股内侧。

(2)注射方法:保定好动物后,注射部位剃毛,70％酒精消毒。吸药后,排出注射器内的空气,左手绷紧皮肤,右手持注射器将针头放于皮肤上,针头斜面朝上,轻轻刺入皮内,针尖斜面全部进入皮内时,推动活塞,注入规定的药量,局部呈现圆形隆起,拔出针头。此时,切忌按压注射部位。根据不同的注射目的,按照规定的时间观察局部反应。

3. 皮下注射法

皮下注射是将药液注于皮下组织内,注射后一般经 5～10 分钟发挥作用。凡易溶解、无强刺激性的药品及疫苗等均可作皮下注射。

(1)注射部位:一般选择被皮较薄和皮下疏松结缔组织丰富而容易移动的部位,牛、羊多在颈侧或肩胛后方的胸侧皮肤易移动的部位,猪在耳根后或股内侧,禽类则在翅下。犬、猫皮下组织疏松,能容纳多量药液,肩部、胸侧、背部和臀部的背面是皮下注射的良好部位。临床上多用背部。

(2)操作方法:注射部位剪毛、消毒。术者右手持注射器,左手的拇指和中指捏起皮肤,食指向下压,使皮肤形成皱折,其凹陷处为注射点。右手持注射器,注射器与皮肤呈 45°角将针从皱褶基部刺入皮下约 2 厘米。抽动活塞不见回血,右手拇指、中指把持注射器,食指扶靠注射针头结合部,以右手拇指缓慢推动注射器活塞,将药液注入。左手轻压皮肤,右手抽出针头,用棉球压紧针孔少许时间,局部涂碘酊。如患畜骚动不安,可先刺入针头,待较安静时再连接注射器注入药液。犬、猫注入20毫升以上药液时,最好用热毛巾充分按摩。对注入大量液体或犬、猫体质衰弱时,为促进吸收,可在药中适当添加透明质酸酶。

4. 肌内注射法

肌内注射法也称为肌肉注射法,简称肌注,是将药物注射到肌肉中的方法。肌肉中分布着大量的毛细血管,注射后,药物可以快速又充分地被吸收(吸收的速度仅仅比静脉注射慢一些)。对于刺激性较强、较难吸收的药物(如乳剂、油剂药物),肌内注射法非常实用,兽用疫苗的接种也普遍采用肌内注射法,但过强的刺激药如水合氯醛、氯化钙、水杨酸钠等,不能作肌内注射。

(1)部位:选择动物体肌肉较发达、大血管少的部位。牛和羊一般多在颈侧及臀部肌肉丰满处,猪在耳根后、臀部或股内侧,禽类在胸肌部。犬、猫在脊柱两侧肌肉。应避开大血管及神经的通路。注射疫(菌)苗时,规定注射部位一般为后肢股内侧肌肉。

(2)操作方法:注射部位剪毛、消毒。左手食指和拇指将注射部位皮肤绷紧,用右手的拇指和食指握住注射针头的针座,将针头与皮肤成60°角或垂直刺入肌肉,使针头尾稍外露。然后连接注射器,回抽无血后,注入药液。拔出针头后,针孔处涂5%碘酊。如动物安静、技术熟练或保定牢靠,也可以将连有注射器的针头一下刺入肌肉内,回抽无血,立即注入药液。注射时要注意针头不要全部刺入肌肉内,一般为3~5厘米,以免针头折断时不易取出。

5. 静脉注射法

静脉注射法是将药物直接注入静脉血管内的方法,简称静注。适用于用药量大、对局部刺激性大的药液。

(1)部位:牛、羊一般选择在颈部上、中1/3的交界处的颈静脉;猪为耳大静脉;禽为翅下静脉;犬、猫为颈外静脉,前肢桡侧皮静脉,外侧小隐静脉前支,隐静脉。

(2)操作方法:

①牛、羊静脉注射。

注射前局部处理,同皮下注射法。颈静脉注射时,一般多在左侧颈部。站立保定,使头颈保持自然位置或少许抬高患畜头部。

术者左手拇指在注射部位的下方压迫颈静脉,使近头侧颈静脉怒张;右手拇指、食指和中指持静脉注射针头,使针头与皮肤呈 45°角,迅速刺入,如有血液从针孔流出,显示针已刺入静脉,随后将针顺静脉方向稍稍推入,然后注入药液。

如果大量输注药液时,当针头刺入静脉后,将针头与皮肤成 15°～20°角,再将针头向前推进 1～2 厘米,以保证针头不从血管内脱出。然后在针尾接上排除空气的注射胶管,放低输液器,当有血液进入输液管,马上抬高输液器,药液便流入静脉管内。注射完毕,用酒精棉球轻轻压迫针刺入处,迅速拔针,持续压迫片刻,以防出现血肿,最后涂碘酊。

有的牛皮肤较厚不易刺入,可以先用一条绳子在颈后部勒紧,或在绳下颈静脉沟处加放拳头大的纱布,使颈静脉怒张。再用拇指、食指和中指持住针头,向颈静脉猛刺,刺入皮肤后再刺入静脉。有时可一次性刺入静脉,然后接注射器或输液器。

②犬、猫静脉注射。

A. 颈外静脉注射时,侧卧保定,使头颈伸直,或助手用右手握住犬的两前肢肘关节下部,左臂夹住腰部并用手握住两后肢。另一助手固定头部,使其向对侧倾斜、伸直,充分暴露颈静脉沟。

B. 前肢桡侧皮静脉注射时,应将犬、猫的两后肢和上面的前肢捆在一起,暴露下面前肢的内侧面;或将犬伏卧于保定台上，助手站在犬的两侧，左臂抱住颈部保定头颈不动，右手握住右前肢肘关节下部，同时拇指向内转，使静脉怒张。术者左手握住前肢掌部，右手持注射器在腕关节稍上方刺入静脉。

C. 外侧小隐静脉前支注射时，应将两前肢和倒卧一侧的后肢捆在一起，上侧后肢向后外方牵引固定，暴露跗关节上方外侧面。

D. 猫隐静脉注射时，应将上侧的后肢向后上方牵引，暴露下侧后肢的股内侧。犬侧卧保定，助手站立于犬的背侧，左手握住前肢并用前臂部压住犬颈部。右手握住上侧后肢膝关节上部并使后肢向后伸展，拇指用力压迫静脉上端，使其怒张。术者左手握住肢的下部防止活动，右手持针刺入静脉。注射完毕后，拔下针头，用酒精棉球压迫注射点片刻。

附：留置针在犬、猫临床上的应用

静脉留置针，由先进的生物材料制成，近年来逐渐应用于宠物的临床，已成为临床治疗、急救用药及供给营养的重要方法。特点是操作简单，套管柔软，套管在静脉内留置时间长而不易穿破血管壁。这样，既减轻了病犬、猫由于反复穿刺而造成的痛苦，又减少了宠物医院的工作量，提高了工作效率。

(1)血管的选择：对使用静脉留置针的血管，宜相对粗直、有弹性、血流丰富、无静脉瓣、避开关节，且易于静脉留置针固定，病犬可选择四肢静脉。

(2)留置针型号的选择：留置针的大小依据患犬病情、年龄及血管情况分别选用18G、24G、22G 等型号。主张在不影响输液速度的前提下，应用细、短留置针。因相对小号的留置针进入血管后漂浮在血管中，能减少机械性摩擦及对血管内壁损伤，从而降低机械性静脉炎及血栓性静脉炎的发生,可相对延长留置时间。

(3)穿刺方法:四肢浅静脉穿刺法,临床一般选择前臂静脉,因为弹性好且操作方便。距穿刺点10~15厘米扎止血带,使肢体远端的静脉充盈度达最佳状态是穿刺成功的关键。注意最好把扎针部位的毛剪掉,消毒,松动留置针外套管。以15°~30°角进针,见回血后,左手将外套管推入,右手拔出针芯,松开止血带固定。

(4)封针方法:正确封针是留置针成功的关键。方法正确,可延长留置针的使用时间,防止并发症的发生。通常采用正压封管,将肝素钠1~2毫升从肝素帽处的输液针头内先缓慢推注,使肝素钠充满整个管腔即可。由于肝素帽致密度极强,退针时容易将针头一下子退出留置针外,退针的均匀速度很难掌握,容易造成负压封管,导致凝血堵管。而只将针头斜面进入留

置针内均匀推注封管液,则不会引起负压封管,可使留置时间延长。

(5)封管液的选择:封管液的选择是保持输液通畅的关键。

①肝素溶液封管。肝素为一种酸性黏多糖,是临床常用的抗凝剂,在体内外应用时均具有强抗凝作用。静脉留置用肝素溶液封管对于出、凝血机制正常的患犬是安全的。肝素钠的配比是0.9%的生理盐水250毫升联合肝素钠1.25国际单位。

②生理盐水封管。有相关报道,以较为精确的病理检验方法研究了不同封管药物维持时间与血栓形成的关系,证实可用生理盐水替代肝素盐水封管,维持时间可达16小时。生理盐水可用于一般病种患犬的封管,并可用于肝素钠禁忌症的患犬。用生理盐水封管,免去了加药程序,减少了感染机会,操作简单,经济有效,扩大了静脉留置针

技术的使用范围。对于特殊病种,如病情危重、心衰、酸中毒者,使用肝素溶液比生理盐水封管效果要好。

(6)常见并发症的预防:静脉留置针常见的并发症主要是静脉炎、液体外渗和套管堵塞等。

(7)静脉留置针的护理:应告之宠物主人置管的优点及常见的并发症,提高宠物主人对犬的保护意识,以便及时发现不良反应并给予正确处理。

(8)穿刺部位的护理:掌握正确的穿刺方法,严格无菌技术操作,用碘伏消毒穿刺部位,避免局部感染。从目前使用情况看,没有发生感染一般都是留3～7天。静脉留置针操作之前,应根据病犬的病情、治疗目的、药液性质,合理选择穿刺血管及留置针,并在封管时选择好封管药液及封管方法,以提高静脉留置针穿刺置管成功率,延长留置针使用时间。输液完毕,用自粘绷

带包扎留置针,防止细菌进入。留置针固定好后,宠物的活动不会引起血管的穿破。

6.腹腔内注射法

腹腔内注射法是将药液直接注入腹腔内的方法。既可输入治疗用药,也可输入大量液体。常用于猪、犬、猫。

(1)猪的腹腔内注射:

① 注射部位。大猪在右髋关节下缘的水平线上,距离最后肋骨数厘米处的凹窝部。小猪倒提保定,使其内脏下移,注射部位位于耻骨前缘前3～5厘米、正中线旁的腹腔内。

② 注射方法。术部剪毛、消毒,用9号针头垂直皮肤缓慢刺入,依次穿透腹肌和腹膜。用注射器回抽有抵抗力,无血,也无腹腔脏器内容物,注入药液无阻力,说明刺入正确。此时,可用注射器或输液吊瓶进行腹腔内注射。注药完毕,拔下针头,局部消毒后,松解保定。

③ 注意事项。腹腔注射

的药液应加温至 $37 \sim 38℃$，药液过凉，会引起痉挛性腹痛。为了便于腹膜吸收，注射药液用等渗或低渗液，注射时应防止针头损伤内脏。当膀胱积尿时，应轻轻压迫腹部，强迫排尿，等膀胱排空后再进行腹腔注射。注射中固定好针头，防止针头退出。

(2)犬、猫的腹腔内注射：

① 保定。使犬、猫前躯侧卧，后躯仰卧，进行保定。两前肢系在一起，两后肢分别向后外方转位，充分暴露注射部位。固定好头部防止抬头。小型犬、猫可以倒立。

② 注射部位。脐和耻骨前缘连线中点，或旁开腹白线一侧。

③ 注射方法。术部剪毛、消毒，用 9 号针头垂直皮肤缓慢刺入，依次穿透腹肌和腹膜。用注射器回抽有抵抗力，无血，也无腹腔脏器内容物，注入药液无阻力，说明刺入正确。此时可用注射器或输液吊瓶进行腹腔内注射。

注药完毕，拔下针头，局部消毒后松解保定。

④ 注意事项。腹腔注射的药液应加温至 $37 \sim 38℃$，药液过凉，会引起痉挛发生腹痛。为了便于腹膜吸收，注射药液用等渗或低渗液。注射时应防止针头损伤内脏。当膀胱积尿时，应轻轻压迫腹部，强迫排尿，等膀胱排空后再进行腹腔注射。注射中固定好针头，防止针头退出。

⑤ 注射药量。根据机体的大小不同，犬一次注入 30 ~ 500 毫升，猫一次注入 20$\sim$ 100 毫升。

7. 犬气管内注射法

犬气管内注射，常用于治疗支气管炎、肺炎及肺脏驱虫。

(1)注射部位：在颈部气管的上 1/3 或颈部中央部，腹侧气管软骨环间。

(2)注射方法：剪毛消毒后，将 7$\sim$9 号针头垂直刺入气管内，左右缓慢摆动针头，感觉针头周围无物时，再接上吸有药液的注射器,慢慢注射药液。注射时,手握住气管,以防因犬、猫活动针头脱出。注射的药液,应加温至38℃左右,以免因刺激气管而发生咳嗽。

8. 犬心脏内注射法

犬心脏内注射是在心脏机能突然减弱,静脉注射无效时,将强心剂直接注入心腔内,以期恢复心脏机能的急救措施。

(1)注射部位:在左侧第5~6肋间胸部下1/3处。

(2)注射方法:右侧卧保定,施行浅麻或局部浸润麻醉。术部剪毛,严格消毒,用套管针或普通长针头,在肋骨前缘刺入皮肤,缓慢进针直达心肌,再稍向深部刺入,即可进入左心室。此时可感到阻力剧减,针头随心脏搏动而摆动,当抽动注射器活塞时,可见血流进针管内,随即可将药液徐徐注入。注完后,轻轻拔出针头。

(3)注射药液:肾上腺素、去甲肾上腺素、毒花旋花子甙K等,每次0.5~1毫升。

三、穿刺、导尿与子宫冲洗技术

1. 牛瘤胃穿刺术

(1)穿刺部位:瘤胃穿刺常用于治疗牛的瘤胃急性鼓胀和向瘤胃内注入药液。一般在左侧肷部,由髋结节向最后肋骨所引水平线的中点,距腰椎横突10~20厘米处,但均可在左侧肷部鼓胀最明显处穿刺。

(2)穿刺方法:患牛保定,剪毛消毒。在术部做一小的皮肤切口,将套管针置于皮肤切口内,向右侧肘头方向迅速刺入10~12厘米,固定套管,抽出内针,用手指不断堵住管口,断断续续地放气。若套管堵塞,可插入内针疏通。气体排除后,为防止复发,可经套管向瘤胃内注入消气灵20毫升等。拔针前须插入内针,并用力压住皮肤慢慢拔出,以防套管内污物污染创道或落入腹腔。对皮肤切口行一针结节缝合,局部涂以 5% 碘酊,必要时再用火棉胶绷带覆盖。

2. 牛瓣胃穿刺术

(1)穿刺部位:瓣胃穿刺术用于治疗瓣胃阻塞。穿刺部位在右侧第 9～11 肋骨前缘与肩端水平线交点的上下 2 厘米范围内,一般以第 9、第 10 肋间较好。

(2)穿刺方法:将牛在六柱栏内保定,剪毛消毒。用 15～20 厘米长的穿刺针,与皮肤垂直并稍向前下方刺入 10～12 厘米,当感觉抵抗力消失时,即进入瓣胃内。为慎重起见,可先注射适量生理盐水,稍等片刻,回抽注射器,如液体为黄色混浊或有草屑时,即证明刺入正确。否则应重新穿刺。针刺入瓣胃后,可注入 25%～30% 硫酸钠溶液 250～400 毫升,或温生理盐水 2 000 毫升,并应变换针头的深浅度及方向做多点注入。注完后用手指堵住穿刺针孔,防止药液倒流,稍待片刻再慢慢拔出针头,术部涂以 5% 碘酊进行消毒。

3. 牛皱胃穿刺术

(1)穿刺部位(即注射部位):牛皱胃注射是将药液直接注入皱胃,以软化皱胃内容物,治疗皱胃积食。正常的皱胃位于右侧肋骨弓下方。当皱胃积食,皱胃可向后上方扩延。右下腹部触摸,轮廓明显,个别严重者可达耻骨前缘。穿刺(注射)部位应在体外触摸最突出明显处。

(2)穿刺方法:六柱栏内站立保定。在右侧肋骨弓下局部隆起明显之处,刺入针头 10～15 厘米。注射方法同瓣胃注射。

4. 腹腔穿刺术

(1)牛的腹腔穿刺术:

主要用途,一是根据腹腔穿刺液的数量和性质,诊断腹腔内某些器官的疾病(如胃肠破裂、肠变位、内脏出血、膀胱破裂等)及腹膜疾病;二是放出过量的腹水和向腹腔内注入药液。

有两个刺入点可供选择:

右侧膝盖骨到最后肋骨所引的水平线的中点,或腹底部剑状软骨后方白线右侧 5～10 厘米处。如果向牛腹腔内注射药液,穿刺部位为右肷部,自髋结节中部到最后肋骨所引水平线的中点向下 5 厘米处为好。

六柱栏内站立保定。术部剪毛消毒后,用消毒的注射针头与腹壁呈垂直方向刺入。透过皮肤时,将针头慢慢推进,当针头阻力骤减,说明针尖已进入腹腔内。一般刺入深度为 2～4 厘米(根据家畜的肥瘦刺入深度有所不同),此时腹水可通过针孔自然流出。如针头被腹腔中的纤维素凝块所堵塞,可适当改变针头方向,待液体流出时,可用注射器抽吸。术毕,拔出针头,术部用碘酒消毒。

(2)猪的腹腔穿刺术:

穿刺部位在脐后白线两侧 1～2 厘米处。穿刺部剪毛、消毒,用 14～20 号针头垂直皮肤刺入。当针透过皮肤后,应慢慢向腹腔内推进针头,当针头出现阻力骤然减退时,说明针已进入腹腔,腹水经针头流出。进行诊断性穿刺时,当腹水流出后立即用注射器抽吸。如果放出腹水时,使用针体上有 2～3 个侧孔的针头穿刺,以防止大网膜堵塞针孔。术毕,拔下针头,用 5%碘酊消毒术部。

(3)犬、猫的腹腔穿刺术:

穿刺部位在耻骨前缘与脐之间的腹正中线右侧 3～4 厘米处,或腹正中线上。犬、猫右侧卧保定,充分暴露腹部,术部剪毛消毒。膀胱充满时,腹腔穿刺前要排空膀胱内尿液。用 12～20 号针头垂直皮肤刺入,当针透过皮肤后,慢慢推进针头,刺入深度为 1.5～3 厘米。如有液体,则自然流出,或用注射器抽吸;如果要放出大量液体,犬、猫取站立姿势更为方便。使用有 2～3 个侧孔的针头穿刺,可防止网膜堵塞针孔。术毕,拔下针头,消毒术部。

5. 胸腔穿刺术

胸腔穿刺术可用于检查胸膜腔内渗出物的性质,从而确诊疾病;也可用于治疗胸部某些疾病,如各种原因引起的胸腔积液,各种原因造成的闭合性气胸,胸部创伤造成的血胸等。在治疗化脓性胸膜炎及污染严重的开放性气胸等病时,胸腔穿刺术用于洗涤胸膜腔并注入药液。

(1)牛的胸腔穿刺术:

① 穿刺部位。牛左侧穿刺部位在第七肋间和肩端水平线交点下方,进针时应紧靠肋骨前缘。右侧穿刺部位在第六肋间,位置和左侧相似。左右两侧穿刺点均在胸外静脉上方2～5厘米处。如胸外静脉不易认清时,可于肘结节水平线上方一掌处的相应肋间穿进刺。穿刺时,应在肋骨前缘进针,以防损伤肋间神经和血管。

② 穿刺方法。六柱栏内站立保定。术部剪毛消毒后,左手将术部皮肤稍向侧方移动,右手持带有胶管的静脉注射针头或穿胸套管针,在紧靠肋骨前缘处垂直刺入3～4厘米。穿刺针经肋间肌时产生一定的阻力。待阻力消失并有渗出液流出,即可确定已刺入胸腔内。针孔如被堵塞,可用针芯疏通或用注射器抽吸。

③ 注意事项。对化脓性胸膜炎的病牛,先将胸腔内渗出液放出,然后用0.2%盐酸普鲁卡因稀释适量的青霉素进行胸腔内洗涤,直至洗涤液变透明为止。胸腔穿刺时应注意严格进行无菌操作。胸腔积液量较多时,应间歇性放出,从而防止胸腔内液体流出过快,使外周血液突然大量流入胸腔脏器,引起毛细血管破裂,并发生一时性脑贫血。针头进入胸腔后不要随意晃动,以免划破肺胸膜。针头进入深度要严格控制,特别是在抽不出胸水时应查明原因,决不能盲目增加深度,以防刺伤肺脏。

(2)犬、猫的胸腔穿刺术:

① 穿刺部位。右侧胸壁第 6 肋间或左侧胸壁第 7 肋间，肩端水平线相交点下方，胸外静脉上方，肋骨前缘。犬、猫气胸时，穿刺术部位应选在第 7 肋间隙上部。

② 穿刺方法。侧卧保定或取犬坐姿势。术部剪毛消毒，用 0.25%～0.5%盐酸普鲁卡因局部浸润麻醉。左手将皮肤稍向前移，右手持带有胶管的 18～20 号注射针头，靠肋骨前缘垂直刺入。针透过皮肤后，经肋间肌、胸膜进入胸膜腔内。如有液体可自行流出，或用注射器抽出。

③ 从胸膜腔内可放出大量液体。安全而有效的方法是用兽用采血针，针头连接 2～3 厘米长的胶管。先用右手捏紧胶管，再按上述方法推进针头进入胸膜腔内。右手松开胶管，用直径 1 毫米、长 30 厘米的医用聚乙烯管，经穿刺针引入胸膜腔内 5～8 厘米；固定聚乙烯管，拔出针头。胸膜腔内液体，可经聚乙烯管持续放出。

特别提示——胸、腹腔穿刺液的检查及判断。

①腹水中含有草渣、食物渣等，是胃肠穿孔或破裂的指征。

②腹水、胸水呈鲜红色或微红色，取少量直接镜检或离心后取沉渣镜检，发现大量红细胞，常为内脏出血的指征。

③腹水呈红色，内有纤维素凝块和白细胞，常为肠变位的指征。

④膀胱破裂，腹水有尿味。如尿含量较少，尿味不明显时，可煮沸抽出液，便可闻到氨臭味。

⑤炎性渗出液：一般呈淡黄色或淡红色，混浊或半透明，容易凝固。取 0.1%醋酸 5～10 毫升放进试管中，然后滴加穿刺液 1～2 滴，穿刺液在下沉过程中出现混浊或云雾絮状物。

⑥漏出液：一般呈淡黄色、透明、不易凝固。上述稀醋酸反应只生成微量絮状物，

但絮状物未沉到管底即消失。

6. 心包穿刺术

(1)牛的心包穿刺术：

牛心包穿刺术可用于诊断心包积液的性质,对牛创伤性心包炎有确诊的价值,也可用于心包积液的抽出及心包腔洗涤,并注入抗生素药物以控制感染。

① 穿刺部位。牛左侧第6肋骨前缘,在肘头水平线上,即为穿刺点。

② 穿刺方法。站立保定,左前肢向前方提举呈伸展状态。术部剪毛,严格消毒,用外科刀于皮肤上切一 0.5 ～1 厘米小口,然后用长 10～12 厘米的穿刺针或用腰椎穿刺针于皮肤切口内垂直缓慢刺入。针头刺入心包时,可感到阻力锐减,针头随心脏搏动而摆动。此时可抽出针芯,心包液即从针孔流出。若刺入过深,可刺入心肌,此时除针头随心跳而颤动外,往往从针头流出血液。若刺入心室内,可见由针孔向外喷血。在这两种情况下,均需缓慢退针,直至针内有心包液流出为止。

③ 注意事项。以诊断为目的的穿刺,可将穿刺液送化验室检查。若属治疗为目的的穿刺,可将心包积液尽量放出,然后用药液反复洗涤。心腔冲洗可用生理盐水、1‰雷佛奴尔溶液,直至液体变透明为止。治疗时应严防病畜骚动,否则在穿刺过程中可发生气胸。针头要垂直进出,防止左右摇摆,以免刺破心肌。正常牛心包穿刺后并无特殊变化,病牛有时会出现食欲减退,心跳稍有加快的表现,一般无需处理,数小时后可自行恢复。如果心包穿刺后食欲废绝,心搏数增,可适当给予强心药。

(2)犬、猫的心包穿刺术：

① 穿刺部位。左侧胸壁第 5、第 6 肋间,于心浊音明显处刺入。

② 穿刺方法。犬、猫施行浅麻醉,行右侧卧保定,使犬、猫的前肢稍向前伸。术部

剪毛、消毒,0.25％～0.5％盐酸普鲁卡因浸润麻醉。用长针头垂直刺入皮肤,缓慢进针入心包。针头刺入心包时,可感到阻力锐减,针头随心脏的跳动而摆动,并可见液体流出。或者用20毫升的玻璃注射器连接16号针头,于术部的肋骨前缘垂直皮肤刺入针头,针透过皮肤后,应进针缓慢。当针刺透出胸膜后,注射器内维持负压。仔细将针头朝心脏推动,当针触及到心包膜时,可感到心脏搏动。当穿透心包膜后,心包内液体进入注射器内,说明针已进入心包腔。取下注射器,用直径1毫米的医用聚乙烯导管,经16号针头导入心包腔5～6厘米,固定导管(用胶布或针夹固定于皮肤上),拔出针头。通过导管持续抽出心包液,或经导管定期向心包腔内注入药物。也可通过导管对心包腔进行冲洗引流。

③ 注意事项。心包穿刺过程中,应避免损伤心脏。当穿刺针随心搏动一致,从针内流出血液时,说明针已刺入心肌甚至心室(心房),应立即将针头退出少许,使针尖位于心包腔内。为防止心包内导管堵塞,可用3％肝素冲洗。

7. 犬、猫膀胱穿刺术

(1)穿刺部位:耻骨前缘3～5厘米处腹白线一侧腹底壁上。针应在膀胱与尿道结合处的稍前方刺入,而不在膀胱顶部穿刺。

(2)穿刺方法:犬、猫前躯侧卧,后躯半仰卧保定。术部剪毛、消毒,并用 0.25％ ～0.5％盐酸普鲁卡因作浸润麻醉。用左手隔着腹壁固定膀胱,右手持12～18号针头,与皮肤呈 45°角向骨盆方向刺入,依次刺透皮肤、腹肌、腹膜和膀胱壁。针一旦进入膀胱内,尿液便从针头内喷射出来。尿道阻塞的犬、猫,可持续地放出尿液。若为了化验尿液,可立即用无菌瓶收集。穿刺完毕,拔出针头,消毒术部。

8. 导尿法

导尿法用于排空膀胱内积尿和采集尿样进行尿液检验。

(1) 母牛导尿法:导尿前清洗母畜外阴部,并用 70% 酒精棉球消毒阴门。导尿管有金属导尿管和医用乳胶导尿管两种。导尿管用 75% 酒精或 0.1% 新洁尔灭消毒后,外表涂以灭菌石蜡油。导尿时右手持导尿管送入母畜阴道内,导尿管前端与右手食指并齐,拇指和食指捏住导管,中指探查尿道外口。尿道外口位于阴道前庭的腹面,一个黏膜皱褶的稍前方凹陷处,其底部有一个稍隆起的尿道外口。中指探查到尿道外口后,拇指和食指将导管插入到尿道外口内,并缓慢向里推送。遇有阻力,不可硬插,应将导尿管向后倒退一下,或改变一下导尿管的插入方向,再试图插入。一旦导尿管经尿道外口进入尿道后,会很容易地插入膀胱内,尿液随之流出。

(2) 公牛导尿法:根据公牛的种类和体型大小,选择粗细合适的导尿管进行导尿。常用直径 2~2.5 毫米的绢丝导尿管或聚乙烯导尿管。导尿前应对导尿管进行消毒。将公畜的阴茎从包皮口牵引出来,用 0.1% 新洁尔灭清洗,用 75% 酒精消毒尿道外口。将导尿管端涂以灭菌石蜡油或抗生素软膏后,经尿道外口插入尿道内。公牛阴茎有乙状弯曲部,故应将阴茎向外牵引,使乙状弯曲部拉直,导尿管才能通过乙状弯曲部。待导尿管插入到尿道骨盆部时,助手用手在坐骨弓处隔皮肤向里按压导尿管端,术者顺势将导尿管向里推送入膀胱内,此时尿液从导尿管内流出。

(3) 雄犬导尿法:所用材料为导尿管(直径 1.3~3.3 毫米,长 45 厘米)、注射器、润滑剂、0.1% 新洁尔灭溶液、医用乳胶手套。

① 保定。左(右)侧卧保

定,将上侧后肢拉向前方固定。

② 方法。将阴茎包皮向后退缩,拉出阴茎,用 0.1% 新洁尔灭溶液冲洗。术者戴无菌手套,将导尿管末端 2~3 厘米一段涂灭菌润滑剂。左手抓住阴茎,右手将导管经尿道外口徐徐插入尿道内,并慢慢向膀胱内推进。插入过程中,应防止导尿管污染。

如果导尿管没有进入膀胱内,可能是由于导尿管顶端在尿道某处发生折叠,也可能存在尿道狭窄或尿道阻塞。若为小型犬,由于阴茎沟狭小,限制了导尿管的通过,有时导尿管在通过坐骨弓处的尿道弯曲部时会发生困难,可更换小直径的导尿管重新插入。当导尿管顶端到达坐骨弓时,用手指隔着皮肤向深部压迫,迫使导尿管端进入膀胱内。导尿管一旦进入膀胱内,尿液即可从导尿管端流出。用灭菌注射器抽取尿液。导尿完毕,用注射器抽取 0.1%

新洁尔灭溶液 2~5 毫升,经导尿管注入膀胱内,然后拔除导尿管。

(4) 雌犬导尿法:所用材料有人用橡胶导管(或金属、塑料导尿管)、注射器、液体石蜡、照明光源、0.1% 新洁尔灭溶液、0.5% 盐酸普鲁卡因、收集尿液的容器等。

① 保定:仰卧保定,后肢向前转位,或站立保定。

② 方法。用 0.1% 新洁尔灭溶液清洗阴门,然后将 0.5% 盐酸普鲁卡因注到阴道穹隆内,对阴道黏膜进行表面麻醉,以缓解导尿过程中的不舒适感。术者手戴乳胶手套,将导尿管顶端 3~5 厘米涂润滑剂。左手食指伸入阴道穹隆处,在阴道底壁下触膜尿道结节,此处为尿道外口开口处(操作的关键)。左手持导尿管,在右手食指的引导下,向前下方缓慢插入尿道外口,直至膀胱内。导尿完毕,取 0.1% 新洁尔灭 3~5 毫升经导尿管注入膀胱内。拔除导尿管,松解保

定。

(5)雄猫导尿法：

① 保定与麻醉。全身麻醉，病情严重或有尿毒症的猫，可用 5%盐酸普鲁卡因或 1%丁卡因，对尿道外口黏膜进行表面麻醉。然后进行仰卧保定，后肢向后方牵引。

② 方法。将包皮鞘向后推退，从包皮鞘内拉出阴茎，用 0.1%新洁尔灭清洗阴茎。然后用消毒的导尿管（直径 1～2 毫米，导管端涂灭菌润滑剂）经尿道外口插入。导尿管应与脊柱平行插入，渐渐向膀胱内推进。用力要均匀，千万不可强行通过。当尿道内有血凝块时，可用生理盐水或稀醋酸冲出血凝块，以便使导管顺利通过。导尿管一旦注入膀胱内，即有尿液经导管端流出。也可用灭菌注射器抽取尿液。导尿完毕，经导尿管向膀胱内注入青霉素 20 万国际单位，以防继发感染。拔除导尿管，消毒尿道外口，松解保定。

(6)雌猫导尿法：使用材料、保定、麻醉与雌犬相同。导尿前，用 0.1%新洁尔灭溶液冲洗阴门，用 5%盐酸普鲁卡因或 1%丁卡因溶液滴入雌猫的阴道穹窿内，对阴道黏膜进行表面麻醉。将猫尾拉向一侧，沿阴道底壁插入导尿管，并渐渐地引导导管端进入尿道内。导尿时若备有带照明光源的内窥镜，则更方便。

9. 子宫冲洗法

(1)适应证：子宫冲洗法适用于治疗子宫内膜炎、子宫积脓、牛胎衣不下、胎衣腐败等疾病。

(2)冲洗方法：冲洗子宫的常用器械有子宫冲洗器或普通橡皮管、塑料管。药品有 0.05%～0.1%的雷夫奴尔溶液、0.1% 碘溶液、0.05%～0.1%高锰酸钾溶液、生理盐水、青霉素等。冲洗前先清洗和消毒母畜的外阴部。术者持导管插入母畜阴道内，触摸到子宫颈后，将导管经子宫颈口插入子宫内。导管另一端连接漏斗或注射器，向子宫内灌注消毒药液。然后放低导管,用虹吸法导引出灌入的药液。如此灌入和吸出,反复几次,可使子宫内的积脓、胎衣碎片等物被清洗干净。最后可用青霉素160万~320万国际单位、生理盐水溶液150~200毫升灌入子宫内,并不再排出,以控制和消除子宫炎症。

四、临床检查的基本方法

(一)临床检查的6种方法

临床检查的基本方法是指通过检查者的感官,直接对病畜进行观察和检查的方法,包括问、视、触、叩、听、嗅等6种诊断方法。这些方法在兽医临床上应用广泛,每一个兽医工作者都需掌握。

1. 问诊

兽医向畜主或饲养人员调查和了解患病畜禽的发病情况及经过。一般在进行病畜体检前进行。

(1)问诊内容:

① 目前病况。本次发病的时间、地点、病后的主要表现、可能的病因、病的经过及治疗措施与效果等。如怀疑是传染病,要了解动物的来源、免疫接种情况等。

② 既往病史。病畜过去的患病情况,特别注意是否进行过有关传染病的检疫或监测。同时还应重点注意患畜是否治疗过,效果如何,以此判断有无因用药不当而使病情复杂化。尤其应注意治疗给药的剂量和用药配伍有无差错。

③ 平时的饲养管理、饲料、生产性能等情况。如饲料种类以及饲料是否突然改变、卫生措施、驱虫情况等,这有利于推断疾病种类。

(2)注意事项:态度要和蔼,语言要通俗,要取得饲养、管理人员的配合。在内容上既要有重点,又要全面搜集情况,可采取启发的方式进行询问。对问诊所得到的材料,不要简单地肯定或否定,应结合现症检查的结果,进行综合分析,更不要单纯依靠问诊而草率做出诊断或给予处方、用药。

还应该注意问诊的顺序。根据临床需要,可以先问诊后检查,也可以边问诊边检查。但如果是急性或危重病畜,必须首先进行抢救,抢救后有时间再行问诊。

2. 视诊

视诊是指用肉眼直接对病畜的整体和局部进行的观察。

(1)视诊方法:首先应使患畜尽快熟悉周围环境,安静下来,呈自然姿势。检查者应先站在离病畜适当距离处,首先观察其全貌,然后由前向后、从左到右,边走边看,观察病畜。当走到正后方时,应注意尾、肛门及会阴部,并对照观察两侧胸部、腹部是否有异常。为了观察运动过程及步态,可进行牵遛,最后再接近动物。发现异常,则做详细检查。

有时,通过视诊就可以得到初步诊断,如破伤风(木马型姿势)、较典型的骨软症、牛瘤胃鼓气及因四肢病引起的跛行等。

(2)应用范围:观察外貌(动物体格、发育、营养、精神状态、躯体结构等),观察病畜站立姿势或运动中步态有无异常、腹痛不安的表现等,观察动物被毛状态、皮肤及体表有无创伤、溃疡、疱疹、肿物等,观察黏膜的颜色及分泌物变化,观察呼吸动作以及有无喘息、咳嗽、呼吸困难等症状,观察采食、咀嚼、吞咽、反刍、嗳气等消化活动有无异常,以及有无呕吐、排粪、排尿的异常动作等。

(3)注意事项:对初来的门诊患畜,应使其稍加休息,呼吸平稳,并先适应一下新的环境后再进行检查。视诊时,一般先不要靠近患畜,也不宜进行保定,以免惊扰,应尽量使动物采取自然的姿态,最好在自然光下进行。收集症状要客观而全面,不要单纯根据视诊所见的症状就确立诊断,要结合其他方法检查的结果，进行综合分析与判断。

3. 触诊

触诊是用手指、手掌、手背或者拳头对病畜进行接触检查的一种方法。

（1）触诊方法：检查体表的体温、湿度时，以手背检查为佳，并在不同部位比较。检查体表、皮下肿物，以手指检查较好，若感知有波动，提示液体存在，如脓肿、血肿、淋巴外渗等；若感知有弹性及捻发感，提示有气体；若感知有面团感，有指压留痕，提示有水肿。检查大动物腹腔，如牛的瘤胃，则可用拳头冲击，如有振水音，提示腹腔、内脏有大量积液。

（2）应用范围：

① 检查体表状态。如皮肤的温度和湿度，皮肤及皮下组织的弹性，浅表淋巴结的位置、大小、敏感性，以及体表局部病变（如气肿、水肿、肿物、疝）等。

② 通过体表可对内脏器官做某些检查，如胸部触诊可判断有无胸水、胸膜炎。对反刍兽，触诊瘤胃可判断有无鼓气、积液、积食等，腹部触诊可判断有无腹水、腹膜炎等。对犬、猫，可通过软腹壁进行深部触诊，从而感知腹腔和内容物的状态，以及母犬、雌猫的妊娠情况。

③ 直肠触诊。如通过对牛直肠进行触诊，可了解其腹腔、盆腔内器官的状态（瘤胃、肝、肾、膀胱、卵巢、子宫等）。

④ 为判断患畜某一部位的感受力与敏感性，可通过给该部位施以机械刺激的方式，并根据动物的反应，对该部位的感受力与敏感性进行判定，如检查肾区的疼痛反应、腰背与脊髓的反射等。

（3）注意事项：触诊时必须注意安全，必要时应进行保定。如果需触诊牛的四肢及腹下等部位时，要一只手放在畜体的适宜部位做支点，以另一只手进行检查，并应从前往后、自上而下，边抚摸边接近检查部位,切忌直接突然接触。

对患病犬、猫进行触诊时,要在主人的配合下,一边用温和的声调呼唤犬、猫的名字,一边用手轻拍其颈部、头部、胸下或挠痒,给犬、猫以安全感和建立亲和关系,便于展开检查。对有攻击行为的犬、猫,可予适当保定。

4. 叩诊

叩诊是叩击动物体表某一部位,根据所产生音响的性质来推断被检组织和器官有无病变的一种诊断方法。

(1)叩诊方法:

① 直接叩诊法。用手指或叩诊槌直接叩击动物体表的一定部位。

② 间接叩诊法。在被叩体表部位先放一振动能力强的附加物(如左手中指、叩诊板),然后分别用右手的中指指尖或叩诊槌再对此附加物进行叩诊。

对犬、猫而言,叩诊板不能与肋间密切贴合,否则影响叩诊效果,临床上常用指叩法。指叩法分为直接叩诊法和间接叩诊法。直接叩诊法,用手指直接叩击犬、猫患部表面;间接叩诊法,检查者以左(右)手中指紧密贴在被检部位,弯曲右(左)手的手指第二指节,用该指端向左(右)手的第二指节上垂直叩打。后者应用较广泛。

(2)叩诊音:

① 清音。叩诊健康动物肺中部产生的音响。

② 浊音。又称实音,叩诊厚层肌肉、不含气的肝脏等产生的音响。在病理情况下,如肺炎、胸水时,可产生浊音。

③ 鼓音。在生理情况下,叩诊牛瘤胃上 1/3 部可产生鼓音。在病理情况下,肺空洞、肺气肿、气胸、瘤胃鼓气等,都可出现鼓音。

(3)应用范围:用于检查浅在体腔,如副鼻窦、胸腔、腹腔等。需强调的是叩诊对肺脏和胸腔病变的诊断有特别重要的临床意义。

（4）注意事项：叩诊时用的力度要适宜（深在的器官、部位及较大的病灶可用强叩诊，反之宜用轻叩诊）。为便于集音，叩诊最好在室内进行，每一叩诊部位应进行 2～3 次间隔均等的同样叩击。叩诊板应紧密地贴于动物体壁的相应部位上。

5. 听诊

听诊是用耳或听诊器在被检动物体表听取体内脏器自然发生的音响，根据音响的性质推断被检的内脏器官病理变化的一种检查方法。

（1）听诊方法：

①直接听诊法。主要用于听取病畜的呻吟、喘息、咳嗽、嗳气、咀嚼，以及特殊情况下的肠鸣音。

②间接听诊法。借助听诊器进行听诊。

（2）应用范围：

① 非心血管系统。听取心脏及大血管的声音，判断心跳频率、强度、节律、有无心杂及心包摩擦音等。在判断心

瓣膜机能变化上听诊是常用的方法。

② 呼吸系统。听取呼吸音，判断有无啰音、捻发音和胸膜摩擦音等。

③ 消化系统。听取胃肠蠕动音，判定有无肠音增强、肠音减弱、肠音不整及金属音肠音等。

④ 胎音。听取胎儿心脏跳动的声音，检查胎儿的状态。

（3）注意事项。为了排除外界音响的干扰，听诊应在安静的室内进行。动物被毛摩擦是常见的干扰因素，故听诊器的听头要与体表贴紧，听诊器的胶管不应交叉，也不要与手臂、衣服等摩擦，以免发生杂音。听诊胆小易惊或性情暴烈的患畜时，要由远而近，逐渐将听诊器集音头移至听诊区，以免引起动物反抗。听诊过程中需注意防止被患畜踢咬。

6. 嗅诊

以检查者的嗅觉判断发

自病畜的异常气味,这种异常气味通常与疾病有一定关系。

(1)嗅诊方法:兽医用鼻子嗅闻病畜的呼出气体、口腔气味、分泌物及排泄物的特殊气味。

(2)应用范围:呼出气体恶臭;提示肺坏疽;呼出气体、尿液、乳汁呈烂苹果味,提示奶牛酮病、绵羊妊娠毒血症;呼出气体呈蒜臭味,提示有机磷农药中毒;呼出气体有尿臭味,提示尿毒症。犬粪便恶臭,提示可能患有犬细小病毒性肠炎;犬阴道脓性分泌物有腐败臭味,多见于子宫蓄脓症。

(二)临床检查的基本程序

为使临床检查工作有计划、有步骤地进行,通常应采取以下基本程序。

1. 病畜登记

即系统记录就诊动物的标志和特征,包括动物种类(如牛、羊、猪、鸡、犬等)、品种(如荷斯坦乳牛、高产乳牛易患某些代谢性疾病)、性别(如

母畜妊娠及分娩前后,常有特定的多发病出现)、年龄(年龄因素与用药量、疾病预后有关)。还应注明动物毛色、特征、就诊日期。为便于联系,应登记畜主姓名、住址、电话等。

2. 发病情况调查

一般通过问诊做发病情况的调查。必要时,还须深入现场了解病畜的有关情况。了解内容包括:发病时间、病后表现、饲养管理、诊治情况、既往病史等。

3. 流行病学调查

当怀疑为传染病、寄生虫病、代谢病和中毒病时,除了询问上述内容外,还应对病畜所在的畜群及周围动物的发病情况或流行情况进行调查。

调查内容包括:同群或周围的家畜有无类似疾病,以及发病率、死亡率、做过何种预防注射等;查阅该地有关动物疫情资料、发病和死亡统计材料、病历日志、剖检记录、化验单等;了解附近有无排出有毒

气体及废水的工矿,草场及饮水情况如何等。

4. 临床症状检查

对病畜进行客观的临床检查,发现症状和病变是建立诊断的基础和出发点。

内容包括:整体及一般检查(整体状态,体温、脉搏及呼吸次数测定,被毛、皮肤、眼结膜、眼球、角膜和瞳孔、耳朵、浅表淋巴结的检查等)、系统检查(包括心血管、呼吸、消化、泌尿、生殖、神经系统等)、特殊检查(有条件且有必要可做 X 线、心电图、超声波等检查)。

5. 记录病历

病历记录是记载有关家畜基本情况、临床检查所见以及诊断、治疗等方面的书面材料。完整的病历对临床资料的积累、实际经验的总结都具有重要意义。

填写病历应遵循的原则:全面而详细,系统而科学,具体而肯定(各种征候、表现),通俗而易懂。

病历的内容包括:病畜登记、主诉及问诊材料、临床检查结果、辅助检查结果、病历日志、总结等。

(三)一般检查

一般检查和系统检查,都是针对病畜的现有症状(现症)进行的检查。其目的一致,但侧重点不同。一般检查主要是大体了解病畜的整体概况,发现一些重要症状,对下一步的系统检查,具有启发作用和指导意义。一般检查包括整体状态,体温、脉搏及呼吸次数测定,被毛、皮肤、眼、耳、浅表淋巴结的检查等。

1. 全身状态的观察

包括精神状态、营养状况、发育情况、躯体结构、姿势与步态等方面。

(1)精神状态:精神状态主要依据家畜对外界刺激的反应及其行为来判定。健康畜禽表现为头耳灵活,眼睛明亮,反应迅速,行动敏捷,毛、羽平顺并富有光泽。幼畜则显得活泼好动。

① 精神抑制。精神抑制是中枢神经系统机能紊乱的一种表现形式,分为沉郁、嗜睡和昏迷等。

A. 沉郁:这是大脑皮质机能轻度受抑制的表现。病畜表现为耳聋头低、眼睛半闭、呆立不动,不注意周围事物,行动缓慢,反应迟钝。临床上常见到羊离群,猪钻入垫草中,鸡羽毛逆立、两翅下垂症等。

B. 嗜睡:这是大脑皮层机能中等程度抑制的表现。病畜陷入睡眠状态,头部常常抵在饲槽或靠在墙壁上,头低于鬐甲部,给予强刺激(如针刺)有些轻微的反应,但是,反应极为迟钝,很快又陷入睡眠状态。临床上见于较重度脑病和中毒性疾病。

C. 昏迷:这是大脑皮质机能高度抑制的表现。病畜倒地,呼叫不应,昏迷不醒,意识丧失,反射消失,给予强刺激(针刺)也无反应。临床上见于严重的脑或脑膜疾病及

中毒性疾病的后期(如有机磷农药中毒),还见于肝、肾、心脏机能衰竭等病。

② 兴奋状态。兴奋状态是大脑皮层兴奋性增高的表现。轻者表现左顾右盼、惊恐不安、竖耳刨地,重症表现前冲后撞、狂躁不驯或挣扎脱缰。临床上多见于脑炎或脑膜炎、日射病、热射病、乙型脑炎或某些药物中毒(如尼可刹米使用过量)等。如果是高度兴奋,甚至攻击人畜,见于狂犬病。

(2)营养状况:家畜营养程度的好与坏,通常是根据被毛状况、肌肉丰满程度等加以判定的。健康动物营养良好,表现为被毛光滑,皮肤富有弹性,肌肉丰满,皮下脂肪充盈,骨不外露,整个体躯是圆滑的。

① 营养不良。表现消瘦,骨骼表露明显,被毛粗乱无光,皮肤缺乏弹性,这是临床常见到的症状。急性消瘦,常见于急性发热性传染病(如

急性猪丹毒、猪瘟等)、急性胃肠疾病及大失水性疾病。慢性消瘦,多见于长期饲喂不足、慢性消化系统疾病及慢性消耗性疾病(慢性传染病、寄生虫病等)。

② 过肥。多见于种畜和犬、猫,常可影响其繁殖能力。应注意是否由于运动不足、过量摄取食物或内分泌紊乱(如甲状腺功能减退、肾上腺皮质功能亢进)所致。

(3)发育情况。主要根据骨骼的发育程度及躯体的大小而确定。健康动物发育良好,体躯发育与年龄相称,肌肉结实,体格健壮。

发育不良:病畜表现为躯体矮小,发育程度与年龄不相称,幼畜多呈发育迟缓甚者发育停滞。发育不良多由于营养缺乏、代谢紊乱(如矿物质、维生素缺乏)或慢性消耗性疾病所引起。

(4)躯体结构:注意病畜的头、颈、躯干、四肢、关节各部的发育情况及其形态、比例

关系。健康动物的躯体结构紧凑而匀称,各部的比例适当。

单侧的耳、眼睑、鼻、唇呈现松弛、下垂而致头面歪斜,提示面神经麻痹,头大颈短、面骨膨隆、胸廓扁平、腰背凸凹、四肢弯曲、关节粗大,提示骨软症、佝偻病等。猪的鼻面部歪曲、变形,提示传染性萎缩性鼻炎。

(5)姿势与步态:观察病畜表现的姿态特征。健康动物姿态自然,牛站立时常低头,采食后喜欢四肢集于腹下而卧,起立时先起后肢,动作缓慢。羊、猪、猫食后好躺卧,生人接近时迅即起立,步态轻快、敏捷、逃避。

① 强迫站立。患破伤风病畜站立呈木马姿势,头颈伸直,两耳直立,体躯僵硬,尾根挺起等。

② 异常站立。畜禽肢体患病时,尤其是疼痛性疾病,常呈现异常站立姿势。如:单肢疼痛,常表现患肢提起;多

肢疼痛,表现为四肢集于腹下;肌肉、骨骼、关节疼痛时,病畜表现频频交换四肢,多肢出现转移性跛行,见于骨软症、风湿症等。鸡如果两腿前后交叉站立,提示马立克病。

③ 站立不稳。病畜表现躯体歪斜,四肢叉开,倚墙靠物站立。多见于脑病或中毒性疾病。如鸡出现扭头曲颈或翻转滚动的动作,提示发生维生素 B_1 缺乏症、呋喃类药物中毒或慢性鸡新城疫。

④ 异常躺卧。病畜不能自行起立,如果人为地扶起后,勉强站立,很快又卧地。临床上见于四肢肌肉、骨骼、关节剧烈疼痛性疾病(严重的骨软症、风湿症、四肢骨折、产后瘫痪等)。患病犬、猫腹痛严重时,体躯卷缩,头置于两前肢中间,弓背或躺下(如急性胃扩张、胃扭转综合征)。四肢的轻瘫或瘫痪:两后肢的截瘫,出现犬坐姿势,常提示脊髓横断性疾病(椎间盘疝、脊柱裂),伴有后躯的感觉、反

射功能障碍及粪尿失禁。而损伤脊髓胸、腰段或颈椎,则致全身瘫痪。

⑤ 强迫运动。因脑组织机能障碍所引起的病畜不自主的运动。常见有盲目运动和圆圈运动,前者见于乙型脑炎、流行性脑脊髓炎、猪食盐中毒等,后者见于牛、羊的脑包虫病、神经型犬瘟热。

2. 体温、脉搏和呼吸数的测定

这 3 项是一般检查中最基本的内容,对认识疾病、判断预后有重要意义。

(1)体温的测定:临床测温均以测动物的直肠温度为标准,禽类通常测其翼下的温度,犬、猫有时测其腋下温度。被检动物应加适当的保定。测动物直肠温度时,应甩动体温计使水银柱降 35℃ 以下,用酒精棉球擦拭消毒并涂以润滑剂,插入直肠经 3~5 分钟后取出,读取度数。

几种动物的正常体温:牛,37.5~39.5℃;山羊,38.0

～40.5℃；绵羊，38.0～40.0℃；猪，38.0～39.5℃；鸡，40.0～42.0℃；鸭，41.0～43.0℃；成年犬，37.5～39℃，幼犬，38.5～39.5℃；猫，38.0～39.5℃。

应注意健康畜禽的体温有一定程度的生理性变动，如年龄、性别、品种、营养状态对体温有一定影响。排除了生理性的影响，体温升降即为病态。某些疾病如犬瘟热，在临床上其他症状尚未出现时，即可见体温升高，故检测体温有助于早期发现病情，早期诊断。

①体温升高。

A. 微热：体温升高超过正常体温0.5～1.0℃。临床上见于动物体内的局限性炎症和轻微疾病，如口炎、鼻炎、感冒等。

B. 中热：体温升高超过正常体温1.0～2.0℃。临床上见于消化道、呼吸道的一般性炎症及某些亚急性和慢性传染病，如咽炎、胃肠炎、支气管炎、牛结核、布病等。

C. 高热：体温升高超过正常体温2.0～3.0℃。临床上见于急性传染病及广泛性炎症，如流感，猪瘟，大、小叶性肺炎，胸膜炎，腹膜炎等。

②体温降低。在麻醉期中，或使用大剂量解热镇痛剂和镇静剂以后，以及产后瘫痪和休克、虚脱时，都经常出现体温降低现象。临床上还见于大失血、内脏器官破裂、严重的脑病（脑室积水、脑出血、脑肿瘤等）及中毒疾病的后期和濒死期等。顽固的低体温，预后宜谨慎。

（2）脉搏数的测定：牛通常检查尾动脉，犬、猫、猪、羊，可在后肢股内侧的股动脉处检查。检查者位于犬、猫、猪、羊的后侧方，一手握后肢，一手伸入股内侧，用手轻压股动脉，进行检查。如果犬、猫过肥，患皮肤炎症或其他妨碍检脉的情况存在，可听诊心脏获取心搏次数。

几种动物的正常脉搏次

数（每分钟次数）：牛,50～80；羊,70～80；鹿,36～78；猪,60～80；兔,80～140；家禽,120～200；成年犬,120（70～160）；小型犬,180；幼犬,200；猫,116(110～140)。

① 脉搏数增多。见于热性疾病、某些心脏病、呼吸器官疾病、各型贫血、伴有剧烈疼痛的疾病等。

② 脉搏数减少。见于脑病（慢性脑室积水、脑肿瘤等）、药物中毒（洋地黄中毒等）、胆血症、尿毒症等。

(3)呼吸数的测定：一般可根据胸腹部的起伏动作而测定。鸡的呼吸数可观察肛门下部的羽毛起伏动作来测定。检查应在安静状态下进行,一般应计测 2 分钟的平均次数。

几种动物的正常呼吸数（每分钟次数）：牛,10～30；羊,12～30；猪,10～20；鸡,15～30；成年犬,11～37；幼犬,11～22；成年猫,20～30；幼猫,16～25。

① 呼吸数增多。见于支气管、肺、胸膜的疾病,多数热性病、心脏衰弱、贫血、胸壁疼痛、脑及脑膜充血、炎症的初期等。

② 呼吸次数减少。见于颅内压升高、癫痫、狂犬病末期、上呼吸道狭窄、某些中毒与代谢扰乱等。呼吸数的显著减少并伴有呼吸型或节律的改变,常提示预后不良。

3. 被毛和皮肤的检查

(1)鼻盘、鼻镜及鸡冠的检查：健康牛、猪、犬、猫的鼻镜、鼻盘均湿润,附有少许水珠,触之有凉感。健康鸡冠鲜红、润泽。

① 牛鼻镜干燥。多为热性病或前胃弛缓的表现,严重者可出现龟裂；猪、犬鼻盘干燥甚至龟裂、有热感,多见于热性病（如急性猪瘟、犬瘟热）。

② 在观察猪的鼻盘时,还应注意色彩,当血液循环障碍、乏氧或亚硝酸盐中毒时,常可见到鼻盘发绀。

③ 鸡冠和肉髯,患鸡瘟等疾病时,可呈蓝紫色,颜色变淡多为营养不良和贫血的表现,如出现疹疱,常提示患有鸡痘。

(2)被毛的检查:健康畜禽的被毛是光滑而整洁的,富有一定光泽,生长较牢固,不易折断和脱落。多数畜禽每年春末夏初换掉一部分被毛。

① 出现被毛蓬乱无光、干燥、过长、易脱落,换毛季节推迟等现象,临床上提示为慢性消耗性疾病、营养不良、内分泌紊乱疾病。如果是局限性脱毛,应注意皮肤本身的疾病和外寄生虫性疾病(湿疹和疥螨病)。

② 鸡肛门周围羽毛脱落,这是啄肛现象,注意异嗜癖病。

③ 检查时,还应注意观察被毛的污染情况。如家畜患有肠炎腹泻或肠痉挛时,尾部、后肢附近被粪水污染,冬天可结成冰,走路有响声。

(3)皮肤的检查:注意颜色、温度、湿度、弹性及有无疱疹等病变。

① 皮肤的颜色变化。主要检查白色皮肤的动物,其他颜色的皮肤因有色素而不易观察。皮肤发绀,多见于心脏衰弱、呼吸困难及某些中毒病(猪亚硝酸盐中毒)。雏鸡胸腹、腿侧、翼部皮下呈蓝绿色,其周边呈红紫蓝色,见于雏鸡硒与维生素 E 缺乏症。猪皮肤上出现红色出血点,是猪瘟的典型特征。白色皮肤的犬、猫,若皮肤呈灰色或黑色,是因色素沉淀所引起,见于内分泌性的皮肤代谢障碍、毛囊虫病、慢性皮炎等。皮肤发红发痒,见于过敏性皮炎、荨麻疹、疥癣等。因阳光刺激发生的光敏症,在鼻端、鼻梁、眼睑等处引起皮炎。鼻端皮肤脱色,牧羊犬发生最多,其他犬种也有类似变化,而小型犬的黑色鼻端会逐渐变成咖啡色,原因不清。局部被毛变白,提示该处皮肤受过损伤。

② 皮温的变化。

A. 全身皮温增高：常见于热性病、局部发炎等。

B. 全身皮温降低：见于衰竭、大失血及奶牛生产瘫痪和中毒性疾病的后期等。

C. 局部冷感：见于局部水肿或外周神经性麻痹。

D. 皮温分布不均：见于严重的血液循环障碍、神经支配异常等。

③ 湿度的变化。皮肤的湿度与汗腺分泌有关。绵羊、牛、山羊、猪有汗腺，而禽类没有汗腺。在炎热的夏天，鸡张着嘴，其目的是把体内的热量通过口散发出来。犬、猫的汗腺不发达。犬的汗腺分布于蹄球、中趾球、鼻端皮肤等处，汗腺的分泌物含有大量脂肪。猫的汗腺主要分布在口唇、趾的肉球、肛门周围皮肤，特别在背侧后部的皮肤。犬、猫皮肤湿度受汗腺分泌的影响不大。

A. 多汗：见于热性传染病，如猪丹毒和猪瘟等。剧烈性疼痛性疾病，如肠阻塞、皱胃右方变位、肠鼓气、瘤胃扩张等。

B. 排汗减少：表现为皮肤干燥、弹性降低，见于失水性疾病（腹泻、呕吐、尿频大出汗等），或老龄家畜汗腺机能减退。

④ 弹性的变化。皮肤弹性与动物的年龄、营养程度、皮下脂肪多少有关。健康家畜的皮肤柔软且有一定的弹性。通常将动物颈部皮肤捏成皱襞后再放开，健康动物放手后立即恢复原状。检查犬、猫皮肤的弹性，通常于背部、肩侧等部位，用手将皮肤捏成皱褶并轻轻拉起，然后放开，观察恢复原状的速度而判定之。

皮肤弹性降低，表现为放手后恢复很慢，见于营养不良、失水及慢性皮肤病（疥癣、皮疹）等。

⑤ 皮肤的损伤。健康的皮肤是机体的外部屏障，应是完整的，没有损伤性病灶的。

A. 创伤和溃疡：于骨骼

的突起或棱角处,可见有擦破创形成结痂或留有溃疡,多为褥疮,见于长期躺卧的疾病(如脊髓损伤、产后瘫痪、严重的骨软症、衰竭症、骨折)。猪体表部位有较大面积的坏死与溃疡,提示患有坏死杆菌病。

B. 皮肤疱疹和水疱:多发于体表被毛稀疏部位,如眼、唇周围及蹄部、趾间等处。皮肤上出现豆粒大小的疹疱,多见于牛痘、羊痘、猪痘、犬瘟热等。皮肤上出现豌豆大小的水疱,破裂后形成溃疡,可见于口蹄疫、猪传染性水疱病等。

⑥ 皮下组织的变化。常见的有以下几种。

A. 皮下水肿:也叫水肿,局部肿胀,表面扁平,与周围组织界限明显,触之如生面团状,严重时指压留痕,且较长时间不易恢复,触之无热、痛。见于重度营养不良、心脏疾病、肾脏疾病、局部静脉或淋巴液回流受阻等。

B. 皮下气肿:多由于局部组织腐败分解产生的气体积聚在皮下所致。局部皮肤柔软,肿胀,边缘界线不明显,用手指触压时,因气泡的破裂和移动,可听到捻发音,即发出"沙沙"的声音。临床上见于气肿疽和恶性水肿病等。

⑦ 体臭。饲养管理良好的动物一般无体臭,但个别犬种如腊肠犬,本身带有较强的体味。患病时发出体臭的原因是齿垢和因齿垢引起的齿漏,以及肛门脓肿、外耳炎、全身性皮炎等。

4. 眼的检查

(1)眼结膜的检查:主要是观察结膜颜色以及有无分泌物。健康牛、犬、猫眼结膜呈淡红色,羊、猪眼结膜呈粉红色。

① 结膜发红。结膜发红是结膜下毛细血管充血的表现。多见于结膜炎、角膜炎、眼炎等局部感染,或见于急性热性传染病、胃肠疾病和高度呼吸困难性疾病等。

② 结膜发苍白。眼结膜的颜色变淡，呈灰白色，是各种类型贫血和营养不良的特征。

③ 结膜黄染。结膜黄染是胆色素沉积的结果。可见于肝脏病（如肝炎、肝硬化、肝营养不良等）、胆道阻塞（如肝片吸虫病）及溶血性疾病（如梨形虫病）、犬传染性肝炎、钩端螺旋体病。

④ 发绀。发绀又叫紫绀，眼结膜呈现不同程度的蓝紫色。多见于急性喉炎、喉头水肿等引起的上呼吸道高度狭窄，各种类型的肺炎、胸膜炎，某些中毒（如亚硝酸盐中毒，TNT中毒，即硝基类化合物中毒）等。

⑤ 眼结膜肿胀及分泌物。眼结膜肿胀，产生分泌物，往往是由于发炎或瘀血造成的。发炎时有红、肿、热、痛的表现；在结膜肿胀的同时，也往往伴有浆液性、黏液性或脓性的分泌物流出，可见于眼炎、结膜炎、角膜炎，以及某些传染病，如流感、猪瘟、犬瘟热等。

（2）眼球的检查：

① 眼球增大。眼球增大且突出，见于青光眼和突眼性甲状腺肿以及严重的呼吸困难。

② 眼球凹陷。见于重度消耗性疾病，而急性失水时（如急性胃肠炎时的剧烈呕吐和腹泻）尤为明显。

③ 眼球震颤。见于半规管前庭神经、小脑及脑干损伤时，如癫痫和脑炎。

（3）晶状体、角膜的检查：

① 晶状体变小。晶状体带蓝色、灰色或具有珍珠色彩，见于先天性、老龄性或糖尿病所引起的白内障。

② 角膜混浊。见于角膜炎、各种眼病、犬传染性肝炎等。

（4）瞳孔的检查：

① 瞳孔缩小。见于颅内压中等程度升高时，如慢性脑积水、角膜炎、脑出血等。

② 瞳孔扩大。见于严重

的脑膜炎、脑肿瘤,也见于阿托品用量过大或中毒。

此外,猫的第三眼睑位于眼内角,平时看不到。某些疾病时,第三眼睑会突出而遮盖一部分眼球,有时甚至可以把眼球的一半都挡住。突出部分越多,说明病情越严重。

5. 耳的检查

① 抓耳。患耳疥癣、外耳炎、耳根部皮炎,或被跳蚤叮咬时因局部发痒,犬、猫常用后肢去抓耳后。检查时不但要注意被抓的部位,而且还要观察耳后及耳孔内的状况。

② 耳内有臭味。患外耳炎特别是细菌性外耳炎时,可闻到耳内有恶臭(耳朵下垂的犬、塌耳猫更臭),压迫耳根时有时会听到"咕咕"的声音,有时会压出脓性分泌物。耳疥癣寄生虫在外耳道时,会排出特征性的干燥耳垢。

③ 耳膜剧痛。严重的外耳炎,耳道黏膜变得肥厚而引起溃疡或中耳炎时,用手轻压耳根,犬、猫因剧痛而发出悲号。

④ 耳道异物。表现用力摇头,后肢抓耳,歪头,竖耳犬一侧耳下垂。

6. 浅表淋巴结的检查

检查浅表淋巴结(下颌、肩前、膝上、腹股沟、乳房上淋巴结等),注意其位置、形状、硬度、温度,以及和周围组织的关系等。

(1)急性肿胀:淋巴结体积增大,有热、痛反应,常较硬,有时有波动感,多见于炭疽、牛患泰勒虫病等。

(2)慢性肿胀:多无热、痛反应,较坚硬,表面不平,且不易向周围移动,常见于牛结核及牛淋巴细胞性白血病等。

(四)系统检查

系统检查主要是针对一般检查所发现的重要症状,进一步对某一系统或某几个相关系统进行深入检查,以试图建立临床诊断。系统检查包括消化系统、呼吸系统、心血管系统、泌尿系统、生殖系统、神经系统、造血系统、免疫系统、内分泌系统、运动系统等系统的临床检查。这里重点介绍前 6 个系统的临床检查。

1. 消化系统的临床检查

消化系统的临床检查包括采食和饮水的检查，口腔、咽和食管的检查，腹部及胃肠的检查，排粪动作的检查及粪便的检查等。

(1)采食和饮水的检查：

① 检查方法。在动物采食与饮水过程中，仔细观察其表现，注意采食、饮水的方式，采食量多少，咀嚼和反刍的状态以及吞咽活动是否正常等。

② 病理变化。

A. 食欲减退：由于饲料低劣、突然改变饲料、外界温度的变化、过劳、环境变化以及异常刺激等，健康动物可发生暂时性的食欲缺乏，属于生理性食欲减退。病理性食欲减退是多种疾病的共同表现。除消化器官本身疾病外，一些热性病、疼痛性疾病以及代谢紊乱均可引起。食欲减退、采食缓慢和采食量明显减少，见

于口腔疾病、热性病、代谢病及各种胃肠道疾病的初期。如伴有咀嚼困难，提示口腔疾病；伴有腹泻，提示胃肠疾病；患畜食欲时好时坏，见于慢性胃肠道疾病等；食欲废绝，见于重剧性疾病，常为预后不良的征兆。

B. 食欲增强：食欲异常亢进，采食量异常增多，见于肠道寄生虫病、糖尿病、甲状腺功能亢进、重病的恢复期及某些代谢障碍性疾病。

C. 饮欲增强：饮欲增强主要见于热性病，腹泻，剧烈呕吐，大量出汗，渗出性疾病（如胸膜炎、腹膜炎），猪、鸡和犬的食盐中毒，牛的皱胃阻塞或临床使用硫酸阿托品等。

D. 异嗜：异嗜特征为病畜喜食正常饲料以外的物质，如灰渣、泥土、砖头、瓦片、粪水、被毛、污物等，母猪吞食胎衣、猪仔，仔猪互咬耳尖、尾巴，鸡啄羽、啄肛等。异嗜是新陈代谢紊乱和某些营养物质缺乏的表现，还见于胃肠道

寄生虫病、狂犬病、伪狂犬病及某些脑病。犬、猫如吃食自己所产的幼仔,可能因精神恐惧或恶癖所致。

E. 吞咽障碍:多发于牛。轻者表现为吞咽时摇头伸颈、不安。严重时吞咽中止或吞咽时咳嗽,并伴有大量口水从口、鼻喷出,拒绝采食。饮水时,水从口、鼻逆流而出。见于咽炎、咽部肿瘤、食道梗塞、食道痉挛与麻痹等疾病。

F. 反刍障碍:牛一般在饲喂后半小时至一小时开始反刍,一天内约进行 4～10 次,每次持续时间为 20～40 分钟。每个返回口腔中的食团进行 30～50 次再咀嚼。反刍障碍表现为开始出现反刍的时间过迟,每昼夜的反刍次数减少,每次的反刍时间过短,以及再咀嚼弛缓无力,严重时可完全停止。临床上见于前胃弛缓、瘤胃积食、瘤胃鼓气、瓣胃阻塞、创伤性网胃炎、皱胃炎、皱胃阻塞、皱胃变位等,还见于发热性疾病、代谢扰乱、中毒及各种传染性疾病等。反刍完全停止是病情严重的标志之一。如反刍逐渐恢复,则表示病情趋向好转。

G. 嗳气障碍:嗳气是反刍动物的一种生理现象,通过嗳气来排出瘤胃内蓄积的气体。健康牛一般每小时嗳气 20～30 次,羊 9～11 次。嗳气减少是瘤胃机能障碍和内容物干涸的表现,见于前胃弛缓、瘤胃积食、瓣胃阻塞、皱胃疾病、创伤性网胃炎及热性病、传染病。嗳气停止是前胃机能严重障碍的表现,并多继发瘤胃鼓气。当牛发生慢性瘤胃弛缓时,嗳出的气体常带有酸臭味。嗳气增加较少见,在饲喂大量精料和急性瘤胃鼓气的初期,偶见一时性的嗳气增多。

H. 呕吐:犬、猫、猪容易发生呕吐。呕吐时最初呈现不安,然后伸头向前接近地面,借横膈膜与腹肌的强烈收缩,胃内容物经食管逆蠕动由口排出。临床上应注意检查患畜呕吐的频度、出现时间、呕吐物数量、呕吐物气味及是否有混合物等。

食后立即呕吐，常见于脑炎、蛔虫病、小肠梗阻、急性中毒、急性腹膜炎及尿毒症等。饮水后不久发生呕吐，常见于急性钩端螺旋体病、急性胃炎、食物中毒、脑炎及吞食了木片、塑料等。呕吐后又吃下吐出的东西，常见于吃了过量的食物后马上做剧烈活动，或给予过量的蔬菜水果及不易消化的食物使胃负担过重所致。

呕吐物混有血液的，称为血性呕吐物，见于出血性胃炎、某些出血性疾病（如猫瘟热、犬瘟热）；呕吐物混有胆汁的呕吐物呈黄色或绿色，见于十二指肠阻塞；有粪性呕吐物，见于大肠阻塞；呕吐物中混有寄生虫、毛球团及其他异物，见于寄生虫及某些代谢病等。犬、猫的胃内容物呈酸性，故呕吐物带酸臭气味。

（2）口腔、咽和食管的检查：

① 检查方法。一般采用视诊、触诊和嗅诊等方法进行。注意流涎，口腔的温度和湿度，口腔黏膜的颜色及完整性，有无异味，舌苔、牙齿有无变化等。

A. 牛的徒手开口法：检查者位于牛头侧方，可先用手拍打牛的双眼，在其闭眼的瞬间，以一只手的拇指和中指从两侧鼻孔伸入并捏住鼻中隔，同时向上提起，同时另一只手从口角处伸入并握住舌体向侧方拉出，即可使口腔打开。检查完一侧后，再同样检查另一侧。

B. 猪开口器开口法：由助手握住猪的两耳进行保定，检查者持猪用开口器，将其平直伸入口内，达口角后，将把柄用力下压，即可打开口腔进行检查。

C. 羊的徒手开口法：以一只手的拇指和中指由颊部捏握上颌，同时另一只手的拇指和中指由左右口角处握住下颌,同时用力拉之即可开口。应注意防止被羊咬伤手指。

D. 禽类的开口法:以一只手的拇指与食指将两侧口角处捏开,或两手分别将之上下拉开即可。

E. 犬、猫的开口法:检查者用两手把握住犬、猫的上下颌骨部,将唇压入齿列,使唇被盖于臼齿上,然后掰开其口,也可以用特制开口器打开口腔。健康犬、猫由主人或检查者可轻易打开口腔。当口腔有异物,或患有扁桃体炎、破伤风、特发性咀嚼肌炎等时,因开口能产生疼痛或肌肉强直性痉挛收缩,犬、猫拒绝开口或开口困难。

健康动物口腔稍湿润,黏膜呈淡红色,牙齿排列整齐。健康动物的上下口唇紧闭。老龄和瘦弱的动物的下唇可因组织紧张性减低而松弛下垂。正常动物口腔除采食之后留有某种饲料气味外,一般无特殊臭味。

特别提醒:徒手开口时,应注意防止咬伤手指。拉出舌时,不要用力过大,以免造成舌系带的损伤。使用开口器时应注意动物的头部保定。对患骨软症的病畜,应注意防止开口过大,造成颌骨骨折。

② 病理变化。

A. 口腔气味的变化:动物消化功能紊乱时,由于长时间饮食减少或废绝,口腔上皮脱落及饲料残渣腐败分解,可产生甘臭味。见于各种口炎、咽炎、食管疾病、胃肠道炎症等。牛患酮血症时,可闻到有类似氯仿的气味。龋齿齿槽脓漏症、扁桃体炎等,可产生腐败臭味。尿毒症有氨气味。糖尿病有丙酮气味。肺脓肿时,呼出有腐败的气味。

B. 流涎:口腔中的液体分泌物流出口外,称为流涎。口腔分泌物增多并自口角流出大量黏液,见于各种类型口炎及伴发吞咽或咽下障碍的疾病,如溃疡性口炎、咽炎、唾液腺炎及颌骨骨折等,也见于狂犬病及某些中毒病(如汞制剂或安乃近中毒)。牛群中有多数牛只迅速出现牵缕状流涎,应考虑有口蹄疫流行的可能。猪口吐大量白色泡沫状物,可见于中暑、急性心力衰竭及某些中毒病。

C. 口温增高:口温增高可见于口炎或热性病。口温高而体温不高,见于轻度口膜炎。口温明显降低,见于重度贫血、虚脱及动物的濒死期。

D. 口腔黏膜颜色改变:口腔黏膜颜色可出现苍白、潮红、黄染、发绀等病理变化。其中,局部炎症可引起潮红,其余颜色改变与其他部位可视黏膜(如眼结膜、鼻黏膜等)颜色变化的意义相同。口黏膜的极度苍白或高度发绀,常提示预后不良。犬口腔黏膜正常有色素沉着,临床检查时应予以注意鉴别。

E. 口腔黏膜病变:口腔黏膜的红肿、疱疹、溃烂,除可见于一般性口炎外,应注意牛、猪的口蹄疫,传染性水疱病,痘疮,烟酸缺乏症,维生素 B_6 缺乏症等。口腔黏膜形成局限性溃疡,可见于牛瘟、恶性卡他热以及球虫病、副伤寒、犊白痢等。在鸡和犊有白喉、牛坏死杆菌病时,口腔黏膜上常附有伪膜。

F. 舌的病变:舌苔是覆盖在舌体表面上一层脱落不全的上皮细胞沉淀物。舌苔呈灰白色或黄白色,可见于胃肠疾病(胃肠卡他、胃肠炎及大肠便秘)及热性病。舌苔薄且色淡,表示病程短,病势较轻。舌苔厚而色深,表示病程长,病势较重。

健康动物舌转动灵活且有光泽,其颜色与口腔黏膜相似,呈粉红色。当循环高度障碍或缺氧时,舌色绛红(深红)或带紫色。如果舌色青紫、舌软绵,常提示疾病已到危期。另外,绵羊的蓝舌病也可见舌呈蓝紫色。

舌面出现水疱、糜烂或溃疡,见于口蹄疫、水疱性口炎、羊传染性脓包性炎、牛恶性卡他热或牛黏膜病等。当动物出现烟酸缺乏（黑舌病）、维生素 C 缺乏（坏血病）及维生素 B_2 缺乏时，可引起舌黏膜溃疡和出血性病变等。

G. 牙齿的病变：应注意齿列是否整齐，有无松动、龋齿等情况。牛的切齿动摇，多为矿物质缺乏的症状（如骨软症）。小型犬的齿根常不能被吸收，所以齿残存率很高，形成齿垢，发生口臭，造成永久齿咬合不正。当发生齿龈炎、齿根膜炎、齿槽脓漏症、齿龈肥大等时，齿龈易出血。

切齿珐琅质失去光泽、表面粗糙，有黄色或黑色斑点，或出现条纹及凹窝状，常为氟中毒，尤以牛、羊的损害最明显。

H. 咽的病变：视诊发现有局部肿胀、吞咽障碍时，多为咽炎的表现。此时，可进行咽区外部触诊，即以两手同时由两侧耳根向下逐渐滑行，并随之轻轻按压以感知其周围组织的状态。如出现明显肿胀或热感，并引起疼痛反应咳嗽时，多为急性炎症过程。若牛的咽喉周围有硬性肿物，应注意咽后淋巴结化脓、牛结核和放线菌性肉芽肿等病。猪咽部及其周围有组织肿胀，并有热、痛反应，应注意急性猪肺疫、咽炭疽、仔猪链球菌病等。

当怀疑犬、猫咽部有异物或咽麻痹时，应进行咽的内部检查。检查时最好给予镇静剂，再利用聚光镜、喉镜或压舌板进行检查。咽麻痹时，黏膜感觉消失，触诊无反应及不呈现吞咽动作；患咽后肿瘤和脓肿时，咽喉部常发生位置下移，用手指探查咽后部能发现病灶；舌骨骨折时咽下困难，触诊咽后部，在吞咽的瞬间能感到骨摩擦音或捻发音；短头型犬的吸气性喘鸣，与先天性软腭过长、喉软弱或喉室外翻有关。

（3）食管及嗉囊的检查：

① 检查方法。大动物的

颈部食管可进行视、触诊检查,必要时可应用胃管探诊。触诊食管时,检查者应站在动物的左侧,面向动物的后方,固定颈部,用右手指端沿左侧颈沟直至胸腔入口轻轻按压,以感知食管状态。注意是否肿胀、有无异物、内容物硬度情况、有无波动感及敏感反应。鸡的嗉囊通过触诊检查,注意内容物多少、软硬度等情况。

② 病理变化。

A. 食道阻塞:阻塞物在颈部食管,触诊常能发现该部位肿大、硬结,压迫时动物常呈疼痛反应。阻塞上部食管常因积存大量饲料、分泌物而出现扩张,如扩张部内容物为液体,则触诊呈波动感,对于牛,可并发瘤胃鼓气及流涎、不安。当发生食管炎时,可引起疼痛反应及痉挛性收缩,插入胃管表现不安、咳嗽。

B. 鸡的嗉囊病变:表现有软嗉、硬嗉和悬嗉。软嗉时呈现膨大,触诊敏感并有波

动,如将禽类的头部倒垂,同时按压嗉囊时,可排出液状或半液状的有酸臭味的黏性内容物,主要见于鸡新城疫、嗉囊卡他和有机磷中毒等。硬嗉时触摸坚硬,压迫时排出少量的未经消化的饲料,如为异物阻塞时,可触到阻塞物。悬嗉时嗉囊极其扩大而悬垂,是嗉囊阻塞和嗉囊卡他的综合症状。

C. 犬、猫食道的病变:当犬、猫表现吞咽障碍及怀疑食道梗阻时,需进行食道检查。犬采食后触摸颈沟部(颈部食管)有肿瘤样鼓隆,见于食道憩室、食道扩张等。食道痉挛时,整个食道扩张,在颈沟部可见食道痉挛性收缩的波动。食道完全梗阻时,用胃导管不能插入胃内,通过触诊可感知阻塞物的大小、形状及其性质。食道炎和食道狭窄,主要通过食道镜和 X 线检查来确诊。

(4)牛、羊的腹部及胃肠检查:

① 检查方法。视诊观察腹围的大小、形状，触诊检查腹壁的敏感性及紧张度。瘤胃用视诊、叩诊、触诊及听诊方法检查，叩诊可判定内容物的性状。触诊时检查者站在牛的左侧，面向牛的后方，左手放在背部作为支点，右手握拳在左肷部进行短而急的冲击，感知瘤胃蠕动的力量、频率和内容物性状。听诊可听取蠕动音，进一步判定瘤胃蠕动音的次数（健康牛瘤胃每2分钟蠕动2～6次）、强度、性质等。

② 病理变化。

A. 腹围增大：奶牛瘤胃位于腹腔左侧的广大空间。腹围左侧增大，见于瘤胃积食、瘤胃鼓气、皱胃左方变位等。腹围右侧增大，见于瓣胃阻塞、皱胃右方扭转、皱胃积食等。

腹下水肿，触诊指压留痕，触诊呈生面团样，无炎症反应，见于肝片形吸虫病、肝硬化、创伤性心包炎等。

B. 腹围容积缩小：主要见于长期食欲减少（如慢性消化不良）、剧烈腹泻（如急性胃肠炎）、慢性消耗性疾病（如贫血、副结核）等。

C. 瘤胃病变：蠕动次数减少，力量微弱，收缩时间短促，内容物较干硬，触压后留有压痕，见于瘤胃弛缓、瘤胃积食、热性病和某些传染病。瘤胃蠕动完全消失是瘤胃运动机能高度障碍末期的表现。

瘤胃运动增强，蠕动次数增多，力量增强，持续时间长，伴有嗳气和动物不安，见于瘤胃鼓气的初期、某些中毒和使用瘤胃兴奋的药物，此时，常伴有频繁的嗳气和轻度不安。

左侧肷窝部膨隆，触诊时紧张而有弹性，叩诊呈鼓音是瘤胃鼓气的特征。

D. 网胃病变：网胃位于瘤胃前下方，与5～6肋间相对。检查网胃主要用触诊，也可让牛做运动试验，有条件建议用金属探测仪等特殊方法。网胃的疾病主要是创伤性网胃炎,患牛表现不安、痛苦、呻吟,抗拒检查,企图卧下,愿走上坡路不愿走下坡路,愿走软地不愿走硬地,网胃呈疼痛敏感反应,仪器检查呈阳性反应。检查时其他疾病少见。

E. 瓣胃病变:在牛的右侧第 7～9 肋间,肩关节水平线上 3 厘米的范围内进行听诊,正常时呈断断续续的细小的捻发音,常在瘤胃蠕动之后出现,采食后更明显。瓣胃蠕动音消失,可见于瓣胃阻塞、严重的前胃疾病和热性病。如在右侧瓣胃区进行强力触诊或以拳轻击,动物疼痛、不安、呻吟、抗拒,提示瓣胃阻塞或瓣胃炎。

F. 皱胃及肠的病变:牛的皱胃位于右侧第 9～11 肋间,沿肋弓下,可进行听诊、视诊和深部触诊检查;对羊、犊牛则使其呈左侧卧姿势,检查者的手插入右肋下进行深部触诊。对奶牛皱胃进行听诊,在皱胃处可听到蠕动音,类似肠音,呈流水声或含漱音。奶牛皱胃区叩诊呈浊音。

皱胃视诊,如发现右侧肋弓下向外侧方隆起,提示皱胃阻塞或扩张。

听诊皱胃和肠蠕动音亢进,见于皱胃炎、胃肠炎。皱胃蠕动音稀少、微弱,见于皱胃阻塞和严重的前胃运动机能障。

在皱胃区用拳头向内压迫,如果出现敏感反应,提示皱胃炎或溃疡。

听诊肠音增强而频繁似流水状,见于各种类型的肠炎、腹泻。肠音减弱,见于热性病及消化机能障碍。

(5)猪的腹部及胃肠检查:

① 检查方法。观察腹部外形轮廓、表被状态和局部的变化。

猪胃的容积较大,其大弯可达剑状软骨后方的腹底部。触诊时使猪取站立姿势,检查者位于后方,两手同时自两侧肋弓后开始,加压触摸。可用听诊器进行胃、肠蠕动音的检查。

② 病理变化。

A. 腹部容积:腹部容积扩大,见于胃食滞;腹部容积缩小,见于下痢、慢性消耗性病和热性病。当过食和饲喂大量多汁饲料(三叶草等)时,易发生鼓气,视诊右胁部膨大,猪呈犬坐姿势,呼吸急促,呻吟,两前肢频频交替负重。

B. 腹部疼痛:触诊剑状软骨左后方腹底部的胃区,有疼痛反应,出现不安、呻吟,可见于胃炎、胃食滞。当出现吞食刺激性食物、胃扩张及某些传染病(猪瘟、副伤寒)时,强压触诊可引起呕吐。腹部触诊时,如感知粪便坚硬,成串或呈块状,同时伴有疼痛反应,可能是发生了结肠套叠或肠便秘。

C. 肠音:听诊肠音高朗、连绵,可见于各类肠炎及大肠杆菌病、副伤寒、猪瘟、传染性胃肠炎;肠音低沉、微弱、消失,见于肠便秘。肠鼓气时,叩诊呈鼓音。

(6)犬、猫腹部及胃肠检查:

① 检查方法。最常用的方法是视诊、触诊和听诊,如有必要,可进行腹腔穿刺、叩诊、肝穿刺、超声波及 X 线检查等。

A. 腹部视诊:令患病犬、猫站在桌子上,从后方观察腹部的轮廓、大小及形状。

B. 腹部触诊:犬、猫的腹壁薄软,腹腔浅软,便于触诊。让主人保定好患病犬、猫头部,检查者面对其尾部进行触诊。以双手拇指置于腰部为支点,其余四指伸直于腹壁两侧,缓缓用力压迫,直至两手指端互相接触为止,以感觉腹壁及可能触知的腹腔脏器状态。也可以将两手置于两侧肋骨弓的后方,逐渐向后上方移动,让内脏滑过各个指端,以行触诊。如果将患病犬、猫前后躯轮流高举,几乎可以触知全部腹腔的脏器。在开始触压时,腹壁紧张,触压一会儿即行弛缓。

C. 腹部听诊：通常利用听诊器听取胃肠音，主要了解胃肠的运动机能和肠内容物性状。健康犬、猫的肠音如哗发音或捻发音。

D. 腹部叩诊：正常腹部叩诊，除实质器官肝、脾以及充满的膀胱外，一般呈半浊音。

② 病理变化。

A. 腹围容积变化：生理性腹围扩大，见于妊娠后期的母犬、猫，发育期贪吃的仔犬、幼猫，以及肥胖犬、猫。病理性腹围扩大，见于腹水增多、急性胃扩张、肠鼓气、子宫蓄脓症等，髂骨结节和季肋部之间可出现隆起。此外，卵巢囊肿、膀胱高度积尿时，均可使腹围膨满。腹围局限性膨大，常见于腹壁疝、脐疝等。腹围缩小，见于急性腹泻、慢性消耗性疾病及长期发热等。

患腹膜炎时表现腹肌紧张、弓背和后肢置于腹下，腹围轻度卷缩。剧烈腹痛时则取"祈祷"姿势。

B. 触诊腹部感知病变：犬、猫的胃从外部能够触诊。将犬、猫放于桌子上站立，有时横卧或提起前肢，两手置于两侧肋骨弓的后方，用拇指于肋骨内侧向前上方触压。当犬、猫患有急性胃卡他、胃炎及胃溃疡时，均有胃的压痛反应。

犬、猫如患胃炎，胃溃疡，十二指肠虫症，以及肝、脾、肾和淋巴结出现脓肿及炎症时，均有过敏性压痛。

结肠秘结时，在脊柱之下和骨盆入口处之间可以摸到一根坚硬的香肠状粪条或粪块，有时可前达肝脏的后面或者延伸至右侧，可以向上、向下和向旁移动，主要发生于大肠。

肠套叠时，多发生于十二指肠与空肠、空肠与空肠、回肠与空肠之间，可以摸到一个坚实而有弹性的、弯曲的、移动自如的圆柱形的肠管，有时甚至可以在一头摸到套入部的圆形末端，在另一头摸到鞘部的卷折之处,有一定的弹性。

　　肠嵌闭和肠绞窄时,可以在腹腔某处发现局部的触痛及鼓气的肠管,有些病例还可以在嵌闭之处发现一个结节。腹腔内有多量液体(渗出液、漏出液、血液)时,触诊有波动感,即用手掌紧贴一侧腹壁,另一手的手掌或手指从对侧腹壁压迫腹壁或轻轻冲击,贴于腹腔的手掌会感到波动。常见于渗出性腹膜炎、腹腔内出血以及循环障碍引起的腹水。

　　子宫蓄脓、膀胱充满尿液时也同样有波动感,但其波动程度不如渗出性腹膜炎、腹腔积水或积血等波动强。

　　破伤风、腹膜炎、急性胃扩张、肠梗阻、肠套叠、胰腺炎,以及伴有腹痛的其他各种疾病时,腹壁紧张,并表现弓背,触压腹壁并有疼痛反应。长期腹泻、营养不良、食欲减退等时,腹壁紧张度降低。

　　C. 听诊腹部感知病变:

肠音增强,肠音高朗,连绵不断,见于肠鼓胀初期、胃肠卡他和胃肠炎的初期及化学药物刺激等。

　　金属性肠音是因肠内充满气体,或肠壁过于紧张,邻贴的肠内容物移动冲击该部肠壁发生振动而形成的声音,多见肠膨胀的初期。

　　肠音减弱,肠音短促而微弱,次数稀少,见于重度胃肠炎的后期及便秘等。

　　肠音消失,肠音完全停止,见于肠麻痹、肠便秘及肠变位的后期。

　　肠音不整,肠音时快时慢,时强时弱,见于胃肠卡他及大肠便秘初期。

　　在慢性胃肠卡他病程中,由于腹泻与排粪迟滞交替出现,因此,在病程经过中肠音数日强,数日弱,变化无常。

　　D. 叩诊腹部感知病变:胃叩诊是从坐骨结节所引水平线的上方,在最后第 2~3 肋骨部进行。高度扩张的胃,叩诊界的后缘可达脐部。

腹腔内或胃肠内有气体异常蓄积时,呈鼓音或半鼓音。

腹腔内液体潴留时,上层呈鼓音,其下层与上层部之间有水平浊音界,犬、猫体位变换时,水平浊音界仍维持水平而不变。

腹水浊音区随犬猫的姿势不同而改变,用一只手抵住腹壁的一侧,另一只手拍打对侧的腹壁,如有腹水,则两只手之间有撞击感。腹腔内虽有液体,而肠道内有多量粪便滞留时,水平浊音界则不明显。

确定犬、猫腹腔内积液,有两个特殊诊断方法,即滚动叩诊试验和水坑试验。

①滚动叩诊试验。随着犬、猫姿势的改变,与腹水有联系的浊音区也改变,这是由于腹水向低位流动造成的。

②水坑试验。犬站立保定,并使前肢抬高 12～15 厘米,呈前高后低的状态。将听诊器置于腹中部到脐旁区。

在腹部对侧用手指轻叩,叩诊在同一部位用同样的力量反复进行。与此同时,听诊器从腹下向背侧边移动,边进行听诊。如果在任何一个听诊点上出现了浊音变清音的突然变化,此点应怀疑为液平面。当腹内积存 50～100 毫升液体时,用该法即可诊断出来。

(7)排粪动作及粪便的检查:

① 检查方法。家畜排粪时,背稍拱起,后肢稍开张,并略前伸,动物先吸气,胸廓固定于吸气状态,肛门括约肌弛缓,借腹肌及直肠平滑肌的收缩,粪便自肛门排出体外。犬、猫排便近乎蹲坐姿势,粪便通常呈条索状。观察动物排粪的动作和姿势,注意检查粪便的气味、数量、形状、颜色及异常混杂物。

② 病理变化。

A. 排粪的变化:排粪的次数频繁并且粪便稀薄,为腹泻或下痢。排粪次数过少,排粪时费力,并且粪便干、硬、色深,为便秘。

动物不采取固有的排粪姿势,腹肌不收缩而粪便自行由肛门流出,为排粪失禁。常见于持续性腹泻、某些肠道传染病的后期及腰荐脊髓挫伤引起的肛门括约肌弛缓或麻痹。

动物于排粪时表现疼痛不安或伴有呻吟,见于腹膜炎。

排出粪便之后,动物仍频频作排粪姿势,用力努责,仅有少量粪便或黏液排出,临床上将此现象称为里急后重,见于直肠炎、顽固性腹泻或奶牛子宫、阴道的炎症。

B. 粪便的变化:粪便干结、量少、色深,见于胃肠弛缓、便秘、热性病、瘤胃弛缓、积食等。牛在稀粪中混有片状硬结粪块,提示瓣胃阻塞。

粪便呈黑色,提示胃或前部肠道的出血性疾病。

粪便呈灰白色,见于某些动物的阻塞性黄疸。若呈灰色,软如油膏,带有特殊的脂肪闪光,其中除含有少量脂肪酸皂类外,还含有大量脂肪及没消化的肉类纤维等,见于胰腺炎。

患肠卡他、胃肠炎时,由于内容物的发酵和腐败,粪便呈酸臭味。

粪便混有多量黏液,见于肠卡他。混有血液或排血样便是出血性肠炎的特征。混有灰白色、成片状的脱落肠黏膜,提示伪膜性肠炎,也可见于猪瘟等疾病。粪便中有寄生虫或虫卵是各种肠道寄生虫病的象征。如粪便中含有破布、骨头、被毛等,是由于幼犬、仔猫戏耍误食,或异嗜所致(矿物质、维生素缺乏)。

(8)肝脏及脾脏的检查:

① 检查方法。牛的肝脏位于腹腔右侧中部,正常时在右侧第 10～12 肋间中上部,叩诊可呈现近似四边形的肝浊音区。绵羊和山羊的肝脏位于右季肋部,肝脏的浊音区位于右侧第 8～12 肋间。犬、猫腹壁薄,从右侧最后肋骨的

后方,检查者用拇指在前上方触压可以触知肝脏。在右侧第7～12肋间,肺的后缘1～3指宽,左侧第7～9肋间沿肺的后缘,均有肝浊音界与心浊音界融合。健康犬、猫的脾位于左侧第11、第12肋骨的内侧,不易摸到。有条件时,还应进行肝功检查和超声波检查。

② 病理变化。

A. 肝区触诊变化:触诊呈敏感反应,提示急性肝炎;于肋弓下深部触诊感知肝脏的边缘,提示肝脏高度肿大。

B. 肝区叩诊变化:肝浊音区扩大,提示肝肿大,见于肝炎、肝硬化、肝中毒性营养不良、肝脓肿或肝片形吸虫病。高产乳牛,由于过量饲喂精料,常引起肝脏的严重损害,如肝脂肪变性、急性实质性肝炎。

C. 脾脏的变化:当患有白血病、肉瘤、癌肿及急性脾炎时,在最后肋骨边缘触诊,可感到表面粗糙而硬固,边缘钝圆的肿大脾,且有压痛反应。胃充满后,移位的脾边缘锐利,无压痛。

(9)直肠检查:

① 检查方法。直肠检查主要应用于大家畜。将手伸入直肠内,隔着肠壁间接地对后部腹腔器官(如胃、肠、肾、脾等)及盆腔器官(如子宫、卵巢、腹股沟环、骨盆骨骼、大血管等)进行触诊。中、小家畜在必要时可用手指进行直肠检查。

对犬、猫进行直肠检查前,应注意肛门部有无肛周瘘、肛门裂及肛门囊肿。有肛门囊炎时,患病犬、猫肛门区发炎肿胀,常将肛门沿地面摩擦(擦肛),或企图啃咬肛门。并发感染的,灰褐色分泌物变成气味难闻的黄色,并混有脓汁。直肠检查时,检查者应戴乳胶指套并涂以润滑剂。

② 检查结果。直肠检查对腹腔、骨盆腔疾病诊断及妊娠诊断具有一定价值,但需将直肠检查结果和临床检查结

果加以综合分析，才能提出合理的诊断意见。如对犬、猫进行直肠检查，便秘时肛门指检呈现过敏，在直肠内有干燥秘结的粪便；直肠歪曲时，可发现形成的囊袋和直肠侧弯，粪便在弯曲处秘结（服用钡餐用X线检查也可发现直肠歪曲或狭窄）。

2. 呼吸系统的临床检查

呼吸系统的临床检查包括呼吸运动，呼出气体、鼻液和咳嗽，上呼吸道，胸廓及胸壁，胸、肺部等方面的检查。

（1）呼吸运动的检查：

① 检查方法。检查者站在离动物2米左右处，让动物处于安静状态，仔细观察胸壁、腹壁的起伏动作及其协调性，判定呼吸频率及呼吸类型。健康家畜一般为胸腹式呼吸，即在呼吸时，胸壁和腹壁的起伏动作协调，呼吸肌的收缩强度也大致相等。健康犬、猫则以胸式呼吸为主。

② 病理变化。

A. 牛、羊、猪胸式呼吸：

特征为病畜呼吸时，以胸部或胸廓的活动占优势，腹部的肌肉活动微弱或消失，表现胸壁的起伏动作明显大于腹壁。主要见于急性胃扩张、瘤胃鼓气、急性腹膜炎、创伤性网胃炎、腹腔积液、腹壁外伤等疾病。

B. 腹式呼吸：特征为病畜呼吸时，腹壁的起伏动作特别明显，而胸廓的活动很轻微，提示病变在胸部，主要见于急性胸膜炎、胸膜肺炎、胸腔大量积液、肋骨骨折以及慢性肺气肿等疾病。当犬、猫出现胸腹式呼吸时，表现有极度呼吸困难性疾病或大出血。

C. 呼吸困难：呼吸困难是一种复杂的病理性呼吸障碍。临床上表现为呼吸费力，辅助呼吸肌也参与呼吸运动，从而引起呼吸频率、类型、深度和节律发生改变。高度的呼吸困难，称为气喘。

呼吸困难依其原因和表现形式，可分为以下3种类型。

①吸气性呼吸困难。特征为吸气用力,吸气时间显著延长,辅助吸气肌参与呼吸运动,并伴有特殊的吸入性狭窄音。病畜表现呼吸时,鼻孔张大,头颈伸直,四肢广踏,肘头外展,胸廓开张,严重时表现张口呼吸。见于鼻炎、鼻腔狭窄、喉炎、喉头水肿、咽炎、气管狭窄、气管炎、猪萎缩性鼻炎、鸡传染性喉气管炎等。

②呼气性呼吸困难。特征为呼气费力,呼气时间显著延长而缓慢,有时出现二重呼气(即连续两次呼气),辅助呼气肌(主要是腹肌)参与呼气动作。高度呼气困难时,表现拱背,肷窝变平,呼气时肛门突出。见于急性细支气管炎、慢性肺气肿、肺水肿及胸膜肺炎等。

③混合性呼吸困难。临床上最常见的一种呼吸困难,特征为吸气与呼气均发生困难,同时伴有呼吸次数增加。常见于呼吸器官疾病(各型肺炎、胸膜肺炎、支气管炎、肺充血、急性肺水肿及肺气肿)、心力衰竭(心内膜炎、心肌炎、创伤性心包炎、心肥大、心脏扩张)、血液变性(各种重度贫血,如大失血和梨形虫病等,还见于一氧化碳中毒、亚硝酸盐中毒等)等。

(2)呼出气体、鼻液、咳嗽的检查:

①检查方法。通过嗅闻判断呼出气及鼻液有无特殊臭味。视诊观察鼻液的量、颜色及混合物,听诊听取喷嚏、咳嗽的声音、性质及咳嗽反应。

②病理变化。

A. 呼出气体异常:当病畜呼出气有难闻的腐败臭味,表示上呼吸道或肺脏的化脓或腐败性炎症,在肺坏疽时更为典型,也可见于霉菌性肺炎及副鼻窦炎。患牛酮血病时,呼出气体有醋酮臭味。如犬、猫两个鼻孔呼出气气流强度不一,提示鼻腔内有肿瘤,或鼻黏膜有炎症,使患侧鼻孔狭窄。

B. **鼻液异常**：浆液性鼻液，无色半透明，见于呼吸道急性炎症的初期（如急性鼻炎、流行性感冒、犬瘟热）。黏脓性和脓性鼻液，发黄色或灰黄色，黏稠，呈糊状、团状，常见于呼吸道炎症的中、后期。

鼻液中混血，如混有鲜红色血液，可能为鼻腔出血。鲜红或粉红色，而带小气泡者，可能为肺出血、肺充血、肺水肿。如有铁锈色鼻液，可能为大叶性肺炎。如发污秽不洁呈暗褐色，可能为坏疽性肺炎、异物性肺炎的征兆。羊流脓血性鼻液，可能为羊鼻蝇幼虫感染等。

C. **喷鼻或喷嚏**：提示鼻炎、过敏性鼻炎或鼻腔内异物。羊应注意检查是否发生鼻蝇蛆，猪则应注意是否为传染性萎缩性鼻炎。

D. **异常呼吸音**：呼吸过程中伴发狭窄音，是上呼吸道狭窄的特征，猪还应注意传染性萎缩性鼻炎、急性猪肺疫和咽炭疽。鸡可见于鸡白喉、维生素 A 缺乏症等。

E. **咳嗽**：咳声清脆，干而短为干咳。表示呼吸道中无分泌物或仅有少量的或黏稠的分泌物。典型的干咳，见于喉、气管内有异物和胸膜炎。在急性喉炎的初期、慢性支气管炎、肺结核和肺疫时也出现干咳。

咳声钝浊，湿而长为湿咳。表示呼吸道内有大量、稀薄的分泌物，往往随咳嗽从鼻孔流出鼻液。见于咽喉炎、气管炎、支气管肺炎、肺脓肿和肺坏疽等疾病。

咳嗽的声音短而弱，咳嗽带痛为痛咳。咳嗽时，患病动物呈现头颈伸直、摇头不安或呻吟等异常表现。常见于急性喉炎、喉水肿、呼吸道异物等。

痉挛性咳嗽或发作性咳嗽为痉咳。表现为咳嗽剧烈，连续发作，提示呼吸道黏膜遭到强烈刺激，或刺激因素不易排除。常见于异物进入上呼吸道、异物性肺炎等。

F. 喷嚏：当鼻黏膜受到刺激时，反射性地引起爆发性呼气，震动鼻翼，产生喷嚏。常见于鼻炎，或鼻腔内进入导物，如草籽、小昆虫等。

G. 打鼾：短吻型犬会打鼾，其他型犬也可见到打鼾的情形。病理性打鼾常由鼻孔狭窄所引起。

H. 呻吟：呻吟是表示疼痛、不适时所发出的异常音，伴随膈肌的收缩出现。见于重度肺炎、胃肠炎及肾炎等。

（3）上呼吸道的检查：

① 检查方法。检查鼻部以视诊、触诊为主，重点观察鼻腔的外部状态、鼻黏膜的异常变化、呼出气体及鼻液等。检查喉部，检查者分别以两手自喉部两侧同时轻轻加压并向周围滑动，以感知局部的温度、硬度和敏感度，注意有无肿胀。猪、禽类，可开口直接对喉腔及其黏膜进行视诊。气管的检查，主要用外部触诊法，应注意有无变形、弯曲及周围组织是否发生肿胀等。

② 病理变化。

A. 鼻部病变：鼻孔周围组织肿胀，见于鼻炎、异物刺伤等。鼻腔局限性或弥漫性肿胀，见于口蹄疫、羊痘、炭疽等传染病。鼻孔周围组织有水疱、脓疱及溃疡，见于猪传染性水泡病、口蹄疫、脓疱性口膜炎。猪鼻甲骨萎缩使鼻腔缩短、鼻盘翘起或歪向一侧，为传染性萎缩性鼻炎的特征。

B. 鼻黏膜病变：弥漫性肿胀见于急性鼻炎、流行性感冒、犬瘟热、牛恶性卡他热等。局部肿胀多因局部感染和损伤所致，并常伴有出血，见于口蹄疫、急性鼻卡他、猪传染性水泡病等。此外，鼻黏膜病变也见于鼻息肉、肿瘤（乳头状瘤、纤维瘤、血管瘤、脂肪瘤，偶见癌和肉瘤）。

C. 喉部炎性肿胀：喉部皮肤和皮下组织发炎浸润，可呈现呼吸困难及伴有吞咽困难。在急性喉炎时，局部发热，疼痛并发生咳嗽，当喉黏膜有黏稠分泌物、水肿、狭窄和声带麻痹时，触诊喉壁有明显的颤动感，喉头水肿时喉壁的颤动最为明显。

牛的喉部肿胀见于牛肺疫、炭疽、恶性水肿、化脓性腮腺炎和创伤性心包炎等。绵羊头颈区的水肿，主要见于多种寄生虫病（肝片形吸虫病）。猪的喉部水肿，主要见于猪肺疫、猪水肿病和炭疽等。犬、猫咽喉部炎性肿胀，见于咽炎、腮腺炎、喉炎、流行性感冒、犬瘟热及某些中毒等，而瘀血性水肿见于心瓣膜炎。

D. 气管阻塞：当气管内有异物，如牛发生吞咽障碍时，茎类饲料偶可引起气管狭窄，甚至阻塞。用视诊、触诊的方法，往往可发现阻塞部位。

（4）胸廓及胸壁的检查：

① 检查方法。应注意观察胸廓的形状和对称性，胸壁有无损伤、变形，肋骨及肋间隙有无异常，胸前、胸下有无水肿等。健康动物均胸廓两侧对称，脊柱平直，胸壁完整，肋间隙宽度均匀。

② 病理变化。

A. 胸廓病变：胸廓视诊可呈桶状胸（见于肺气肿）、扁平胸和鸡胸（见于佝偻病）、两侧不对称胸（见于肋骨骨折、胸膜粘连、骨软症）等。胸前水肿，可见于创伤性心包炎、心力衰竭、重度贫血和营养不良等。

B. 胸壁病变：触诊胸壁，动物回视、躲闪、反抗，见于胸膜炎、肋骨骨折。局部温度增高，见于脓肿、炎症；肋骨局部变形，见于佝偻病。应注意胸部皮肤有无外伤、皮下气肿、溃疡、水肿及局部肌肉震颤等表现。胸壁震颤，见于胸膜炎及心脏瓣膜疾病，因支气管啰音，也可感到胸壁的震颤。

（5）胸、肺部的检查：

① 检查方法。牛、羊肺叩诊区近似三角形。上界距背中线约一手掌宽（约10厘米），与脊柱平行的直线。前界自肩胛骨后角沿肘肌向下

所划的类似"S"状曲线,止于第 4 肋间。后下界由第 12 肋骨与脊柱交接处开始,向下、向前,经过髋结节水平线与第 11 肋间交点,以及肩端水平线与第 8 肋间的交点,所形成的一条弧线,终止于第 4 肋间。

犬肺正常叩诊区:犬肺正常叩诊区为一不正三角形。其前界为自肩胛骨后角并沿其后缘所引之线,下止于第 6 肋间之下部。上界为自肩胛骨后角所划之水平线,距背中线 2～3 指宽。后界自第 12 肋骨与上界交点开始,向下向前经髋结节水平线与第 11 肋骨的交点,坐骨结节水平线与第 10 肋骨交点,肩关节水平线与第 8 肋骨之交点所连接的弓形线,而止于第 6 肋间之下部与前界相交。

大动物用板槌叩诊法,中小动物用手指叩诊法。在两侧肺区均应由前到后、自上而下,每隔 3～4 厘米(或沿每个肋间)做一叩诊点,进行普遍的叩诊检查。健康动物的肺区,叩诊呈清音,多呈近似直角三角形。

动物听诊区与叩诊区基本相同。听诊时,首先从肺部的中 1/3 开始,由前向后逐渐听取,其次为上 1/3,最后为下 1/3。听诊点之间的距离为 3～4 厘米,每一听诊点应听取 2～3 次呼吸音,如发现异常呼吸音,应在附近及对侧相应部位进行比较。如呼吸微弱、呼吸音响不清时,可使患畜作短暂的运动或短时间闭塞鼻孔后,引起深呼吸,再进行听诊。

用听诊器对肺脏进行听诊,健康动物可听到微弱的肺泡呼吸音,在吸气阶段较清楚,类似吹风样或"呼、呼"的声音。整个肺区均可听到,但以肺区的中部最明显。幼畜比成年动物肺泡呼吸音要强。

② 病理变化。

A. 叩诊胸部敏感:动物表现回视、躲闪、反抗等疼痛不安现象,提示胸膜炎。

B. 叩诊肺界的变化：肺叩诊区后下界扩大，提示肺气肿。肺叩诊区缩小，有肺的前界后移或肺的后界前移两种情况。前者见于心脏肥大、心室扩张等，后者见于胃扩张、肠鼓气、肝肿大及妊娠等。

C. 叩诊音的变化：出现灶性浊音，提示小叶性肺炎。成片性浊音，提示大叶性肺炎，还可见于胸壁的病理性肥厚。水平浊音，提示渗出性胸膜炎或胸腔积液。破壶音，为一种类似叩击破瓷壶所产生的声音，见于与支气管相通的大空洞形成（如肺脓肿、肺坏疽及肺结核形成的空洞）。

D. 肺泡呼吸音的变化：肺泡呼吸音普遍增强，见于发热、代谢亢进等疾病。肺泡呼吸音局限性减弱或消失，见于肺炎、渗出性胸膜炎、胸壁肥厚、气胸等。

E. 啰音：主要出现于吸气的末期，是呼吸道内有病理产物的标志，分干啰音与湿啰音。干啰音声音尖锐，似笛音、飞箭声，表明支气管肿胀、狭窄或分泌物较为黏稠。湿啰音，似水泡破裂声，是支气管炎与肺炎的重要症状，反映气管内有较稀薄的病理产物。

F. 拍水音：类似振荡半瓶水时发出的声音，是因胸腔积液时病畜突然改变体位或心搏动时冲击积液所产生，是渗出性胸膜炎的指征。

G. 捻发音：一种细小均匀，类似耳边捻发的声音，声音短、细碎、断续、均匀。见于大叶性肺炎的充血期、溶解消散期及肺水肿的初期。

H. 噼啪音：噼啪音为粗细相间的噪音，吸气时比较清楚，见于肺炎早期、支气管炎。对正常犬、猫，有时也能听到噼啪音，但咳嗽之后便消失。

I. 空瓮性呼吸音：类似向瓶口吹气的声音。见于坏疽性肺炎、肺脓肿等形成空洞时。

J. 混合性呼吸音：混合性呼吸音是肺泡呼吸音和支气管呼吸音两者同时存在的

一种呼吸音,见于支气管肺炎的融合灶、大叶性肺炎的初期和末期。

K. 胸膜摩擦音:类似于粗糙的皮革互相摩擦而发出的断续性声音,常见于胸膜炎的初期及胸腔渗出液吸收期。

L. 胸腔拍水音:胸腔拍水音是由胸腔内液体和气体同时存在时随呼吸运动或体位突然改变引起振动而产生的,类似摇动半瓶水或水浪撞击河岸发出的声音。见于腐败性胸膜炎、气胸伴发渗出性胸膜炎。

特别注意:听诊时,周围需安静,尽可能在室内进行。听诊时,应密切注视动物胸壁的起伏活动,以便区别吸气与呼气,还应对病变区域与周围健康区进行比较,以确切判断病变。

3. 心血管系统的临床检查

心血管系统的临床检查包括心脏和血管的检查等。

(1)心脏的检查:

① 检查方法。主要应用触诊、叩诊和听诊方法。被检动物取站立姿势,使其左前肢向前伸出半步,以充分露出心区,检查者位于动物左侧方。

动物心脏正常触诊:牛、羊,肩端线下 1/2 部的第 3 至第 5 肋骨,以第 4 肋间最明显。犬,第 4 至第 6 肋间的胸廓下 1/3 处,以第 5 肋间最明显。心脏由肥厚肌肉构成,叩诊时呈浊音。心脏浊音区包括相对浊音区和绝对浊音区两个。相对浊音区包含了心脏被肺脏所遮盖的部分,反映心脏的实际大小。绝对浊音区为不被肺脏遮盖的部分,是一个不等边的三角形,比实际心脏要小的多。

② 心音的最强听取点。

动物心脏听诊区:在心脏区域的任何一点,都可以听到两个心音,但其中有一位点为实际听到心音最清楚的地方,该位置称为心音的最强听取点。心音的最强听取点不完全与心脏瓣膜在胸壁上的投影部位相一致。

A. 二尖瓣口:犬,左侧第5肋间,胸廓下 1/3 的中央水平线上。牛,猪,左侧第 4 肋间,主动脉瓣口的略下方。

B. 三尖瓣口:牛,右侧第3肋骨间,胸廓下 1/3 的中央水平线上。猪,右侧第 4 肋骨间,肋骨和肋软骨结合部稍下方。犬,右侧第 4 肋骨间,肋骨和肋软骨结合部一横指上方。

C. 主动脉瓣口:牛,猪,左侧第4肋间,肩断线下方 1～2 指处。犬,左侧第 4 肋间,肩断线下方,或肋骨和肋软骨结合部上 2～3 横指处。

D. 肺动脉瓣口:牛,左侧第3肋间,胸廓下 1/3 的中央水平线下方。猪,左侧第 3 肋间,接近胸骨处。犬,左侧第3肋间,接近胸骨处,或肋骨和肋软骨结合部。

触诊大、中动物时,检查者一手(通常是右手)放于动物的鬐甲部,用另一只手(通常是左手)的手掌在左侧肘头

后上方的心区部位进行触诊。触诊犬、猫时,先由助手握住犬、猫的左前肢并将其向前提起,然后检查者将手掌置于心区进行触诊。必要时,检查者可用左右双手同时自两侧胸壁进行触诊。感知胸壁的振动,主要判定其心搏动的位置、频率,特别是强度的变化。

叩诊时,对大动物宜用槌板叩诊法,对犬、猫叩诊时用手指叩诊法,由助手向前提举前肢后进行叩诊。此外,也可以横卧保定叩诊,但此时要注意保定台的反响音。

听诊时,一般用听诊器。应先将动物的左前肢向前拉伸半步,以充分暴露心区。通常于左侧肘头后上方心脏部位听诊,必要时再于右侧心脏听诊,以听取心脏正常的和病理性的音响。听诊是检查心血管系统疾病最简单、最常用的方法之一。

此外,根据需要可配合某些特殊的检查方法,如心电图描记、X 线透视、超声波以及

实验室检验等。

③ 病理变化。

A. 心搏动减弱：心搏动弱而无力，震动面积缩小，严重时摸不到心搏动。可见于心脏衰弱、心室收缩无力、胸腔积液、肺气肿，以及濒临死亡的动物等。

B. 心搏动增强：心搏动强而有力，震动面积增大。动物在运动、使役、兴奋、惊恐不安、外界气温增高时，可见到正常生理性心搏动增强。在病理情况下，心搏动增强，可见于热性病的初期、伴有剧烈疼痛性的疾病、轻度贫血、心脏病的代偿期（如心肌炎、心包炎、心内膜炎的初期）、病理性心肥大及应用强心药物之后。

C. 心搏动移位：向前移位，见于胃扩张及膈疝。向右移位，见于左侧胸腔积液、积气，以及靠近心脏的肿瘤、胸膜炎、心包炎等。

D. 心区压痛：心区有疼痛反应，见于胸膜炎和肋骨骨折，如行叩诊则疼痛加剧，较敏感的犬、猫，常因避忌检查而反抗，因此，诊断应慎重。

E. 心脏叩诊浊音区改变：心脏叩诊浊音区病理性缩小，主要见于肺气肿、肺水肿、气胸等。浊音区病理性扩大，见于心脏肥大、心脏扩张、渗出性心包炎、肺萎陷等。

F. 心音改变：正常时第一心音音调低沉，持续时间久，尾音拖的时间较长。第二心音高而清脆，持续时间短，尾音突然终止。

心音增多是心动过速的结果，见于热性病、心脏病（如心肌炎、心内膜炎、心包炎等）、呼吸器官疾病（如肺炎和胸膜炎等）、贫血和失血性疾病、伴有剧烈疼痛性疾病、某些中毒以及药物的影响等。

心音减少是心动迟缓的结果，见于引起颅内压增高的脑病（慢性脑室积水、脑部肿瘤等）、某些毒物中毒和药物中毒（如洋地黄）等。

心杂音是指在病理情况

下,伴随心脏的舒张和收缩活动而产生的正常心音以外的附加音响,分为心外杂音与心内杂音。心外杂音,如心包拍水音(心包内积聚一定量的渗出液,在心脏活动时,引起渗出液的振动而产生的声音)和心包摩擦音(心包发炎时,心包变得粗糙不平,在心脏活动时,心包互相摩擦而产生的声音)。心内杂音,如心脏瓣膜或瓣膜口发生形态学改变而产生的杂音(如瓣膜闭锁不全、瓣膜口狭窄)。有时心脏机能发生障碍(如心肌弛缓)、血液性质发生变化(如牛泰勒虫病)、大剂量静脉输液(如生理盐水)时,也可发生。

(2)血管的检查:

① 检查方法。进行动脉脉搏检查。牛通常检查尾动脉,猪、羊、犬、猫可在后肢内侧的股动脉处检查。健康的动物血管有一定弹性,搏动的强度中等,血管内的血量充盈适度,脉搏节律间隔均等。

观察体表静脉(如颈静脉、胸外静脉等)的状态。营养良好的动物,体表静脉不明显,较瘦或皮薄毛稀的动物则较易观察。正常时可见到伴随心脏活动而由颈根部向颈上部的逆行性波动,即颈静脉波动。正常颈静脉波动不超过颈部的下 1/3。

② 病理变化。

A. 大脉与小脉:大脉是指动脉脉搏强且振动幅度大,见于心机能良好、血液量充足的动物,还见于热性病的初期、心肥大或心机能亢进时;小脉则为心力衰竭的特征,可见于失血性疾病。极小的脉搏甚至手也感觉不到,常为病情严重的表现。

B. 软脉与硬脉:主要与动脉血管张力大小有关。软脉一般压之消失,见于心脏衰弱与失血性疾病。硬脉则压之阻力大,紧张性高,见于破伤风、急性肾炎、伴有剧烈疼痛性疾病等。

C. 体表静脉充盈:体表静脉(如胸外静脉、面静脉、股内侧静脉等)可同时充盈而显露,一般是由于静脉血液回流受阻造成静脉瘀血的结果,见于各种原因引起的心力衰竭。牛患创伤性心包炎时,可见颈静脉高度充盈、隆起并呈绳索状。如果颈静脉沟处肿胀、硬结并伴有热、痛反应,多因静脉注射时消毒不严或输入刺激性药物(如钙制剂等)渗漏在血管外所致。

D. 颈静脉波动:当颈静脉波动的高度超过颈下部的1/3时,多为病态,可做颈静脉波动检查。如果用手指加压于颈中部的静脉后,近心端与远心端的波动均不消失、依然存在,这是颈动脉搏动过强造成的。

4. 泌尿系统的临床检查

泌尿系统的临床检查包括排尿动作的检查,尿液的检查,肾、膀胱及尿道的检查等。

(1)排尿动作的检查:

① 检查方法。各种动物依其性别的不同而采取不同的排尿姿势。公羊和公牛排尿时不做准备动作,阴茎也不伸出包皮外,只靠会阴部尿道的脉冲运动,尿液断续呈股状排出。母羊和母牛排尿时,后肢展开,下蹲,举尾,背腰拱起。公猪排尿时,尿流呈股状而断续地短促射出。母猪排尿动作与母羊相同。母犬排尿时两后肢蹲下,稍向前踏,弓背举尾,迅速排尿。雄犬排尿时,先提举一侧后肢,向身体的侧方向排射,有排尿于其他物体上的习惯。猫爱清洁,正常情况下不随地大小便。大小便前,先用前爪挖一个坑,然后将粪尿排入坑内,并用土或其他垫料(如锯末)掩盖。

一昼夜健康牛排尿5~10次,尿量6~12升。羊2~5次,尿量0.5~2升。猪2~3次,尿量2~5升。犬每天排尿3~4次,但公犬常在嗅闻的物体或在其他犬排过尿的地方排尿,在短时间内可排尿10多次。健康成年犬一天的排尿量为500~2 000毫升,幼犬为 40～200 毫升(平均为每千克体重约 22 毫升)。健康成年猫一天排尿量为 30 毫升左右,每天排尿 3～4 次。

② 病理变化。

A. 多尿与频尿:多尿表现为排尿次数和数量增多,见于慢性肾病、糖尿病,或渗出性胸膜炎的吸收期,以及应用利尿剂或大量饮水之后。频尿表现为频做排尿动作,但每次仅有少量尿液排出,见于膀胱炎及尿道炎。

B. 少尿与无尿:动物 24 小时内少尿,表现为排尿次数减少、排尿总量也减少,甚至没有尿液排出。同时尿色变深,尿比重增高,有大量沉积物。少尿与无尿多见于严重的肾衰竭,可由血液循环障碍(如剧烈呕吐、严重腹泻、瘤胃酸中毒、皱胃变位及扭转、大出汗、热性病、严重失血等),或肾脏发生病变(如急性肾小球肾炎、慢性肾炎、肾病、肾缺血及肾毒物质如毒芹中毒等),或输尿管阻塞(如尿路结石)等原因引起。

C. 排尿疼痛:在排尿时动物表现疼痛、不安、呻吟,或经常做排尿姿势,但尿仅仅呈滴状或细流状排出(或无尿排出),见于膀胱炎、尿道炎和尿道结石。

D. 尿淋漓:经常有少量尿液呈滴状流出,见于膀胱炎、尿道炎、尿道结石、前列腺炎。疼痛性的尿淋漓,为膀胱里急后重的表现。

E. 尿失禁:不自主的尿液自行流出,见于脊髓或支配膀胱的神经受损伤。此时膀胱触诊为空虚。

(2)尿液的检查:

① 检查方法。在动物排尿或导尿时,搜集尿液,检查尿的气味、颜色、数量等。猪的尿液近乎无色。正常反刍动物的新鲜尿液清亮透明,但放置一段时间变得浑浊。犬、猫的尿液一般较稳定,为淡黄色。

② 病理变化。

A. 尿液气味的改变:呈

强烈的氨臭味,见于膀胱炎。膀胱、尿道有化脓、溃疡及坏死时,由于蛋白质分解,尿带有腐败臭味。患牛酮尿病时,尿液呈烂苹果味。猪尿如果有腐败臭味,应注意猪瘟。

B. 尿液颜色的改变:在排除药物影响后(如肌注红色素,即百浪多息,内服硫化二苯胺等,尿呈棕红色;内服核黄素,即维生素 B_2 等,尿液变成深黄色),尿呈红色、红棕色甚至黑棕色,可能是血红蛋白尿(犬的梨形虫病、溶血性疾病等)。尿呈鲜红、暗红或棕红色,见于急慢性肾炎、肾结石、膀胱炎、尿道炎、犬瘟热、砷及锑中毒。尿呈棕黄色、黄绿色,是尿中含有多量的胆红素所致。振荡时产生黄色泡沫,见于阻塞性黄疸及肝细胞性黄疸。乳呈乳白色是尿液中含有脂肪,检查时有大量脂肪滴和脂肪管型,见于尿道化脓性感染及乳糜尿(丝虫病和重度血液病等)。

C. 蛋白尿:在试管中盛 1~3 毫升尿液,用滴管向尿液中滴加数滴磺基水杨酸溶液,若尿液呈现透明者为无蛋白(-),若尿液有白色絮状物为尿蛋白阳性(+)。根据白色絮状物的多少、程度,蛋白尿可判断为(+)~(++++)。尿中如含有大量蛋白,振荡时可产生大量泡沫,但泡沫无色,不易减退。

D. 尿的透明度:正常动物的尿液清亮透明,呈淡黄色、黄色到深黄色,无沉淀物。如尿变混浊是因尿中混有白细胞、上皮细胞、坏死组织片及大量黏液所致,见于肾炎、输尿管炎、膀胱炎、尿道炎及生殖器官疾病。如尿液过于透明,常为多尿。

E. 黏稠度:健康动物尿稀薄如水样。多尿和酸性反应尿液变得稀薄。患化脓性膀胱炎、尿道炎和细菌性肾盂肾炎时,尿含有大量炎性产物,尿黏稠度增高,甚至呈胶冻状。

F. 尿糖的检查:在健康

动物尿中若有微量的尿糖,用定性法测不出,如用定性法检测,则为糖量升高。尿中出现糖,不一定是病理反应,如给予过量碳水化合物、应用类固醇治疗及受吗啡、乙醚、阿司匹林影响,均可发生生理性糖尿。病理性糖尿,可见于肾脏疾病、神经系统疾病、糖尿病、化学药品中毒(汞、水合氯醛等)及肝脏疾病。

G. 尿酮体的检查:正常动物尿中有微量酮体。如尿中含多量酮体时,称为酮尿,见于碳水化合物和脂肪代谢障碍,如酮病、母羊妊娠毒血症、仔猪低血糖症、糖尿病、肝脏损伤、使用过量的雌激素、恶性肿瘤等。

H. 尿中尿胆素原的检查:健康动物尿液中含有少量尿胆素原。出现溶血性黄疸、肠和肝功能障碍及高度便秘时,尿中胆素原大量增加,而出现阻塞性黄疸时,尿中尿胆素原消失。

(3)肾、膀胱及尿道的检查:

① 检查方法。

牛的左肾位于第 3 至第 5 腰椎横突的下面,不紧靠腰下部,略垂于腹腔中,当瘤胃充满时,可完全移向左侧;右肾位于第 12 肋间及第 2 至第 3 腰椎横突的下面。羊的肾脏,左肾位于第 1 至第 3 腰椎横突的下面,右肾位于第 4 至第 6 腰椎横突下。猪的左右肾几乎在相对位置,均位于第 1 至第 3 腰椎横突的下面。犬、猫的左肾位于第 2 至第 4 腰椎横突的下方,右肾位于第 1 至第 3 腰椎横突的下方。

大动物的膀胱位于盆腔的底部。膀胱空虚时触之柔软,呈拳头大小的梨状。高度充满时,可占据整个盆腔,手伸入直肠即可触知。食肉动物的膀胱,位于耻骨联合前方的腹腔底部,膀胱充满时,可达到脐部。可由腹壁进行外部触诊,感觉如球形而有弹性的光滑物体。

外部触诊检查小动物的

肾脏时,取站立姿势,检查者两手拇指放于动物腰部,其余手指由两侧肋弓后与髋结节之间的腰椎横突下方,由左右两侧同时施压并前后滑动,进行触诊。犬的左肾在肋后腰窝深部可以触到。猫的左肾下垂于腰椎下方,极易触及,右肾不易触到。

检查膀胱时,牛可进行直肠内部触诊。中小动物则取仰卧姿势,检查者把两手放在动物腹部两侧,慢慢用手压迫膀胱,可感觉如球形而有弹性的光滑物体。也可把一手的食指插入直肠,另一手的拇指压迫腹壁,用手指将膀胱向直肠方向后压,可触诊到紧张的梨状膀胱。

检查尿道时最好选用一次性医用导尿管。通常使动物站立保定,特别应保定其后肢,以防踢人。导尿管应事先消毒并涂以滑润油,在导尿管插入或拉出时,速度要慢,动作应轻柔,以免损伤尿道黏膜。

② 病理变化。

A. 肾脏病变:病畜常表现腰背僵硬、拱起,运步小心,后肢向前移动迟缓。猪拱背,后躯摇摆。牛有时腰肾区呈膨隆状。此外,应特别注意水肿,通常多发生于眼睑、腹下、阴囊及四肢下部。

患畜肾区外部触诊和叩诊,患畜表现不安、拱背、摇尾和躲避等反应。肾脏压痛,见于急性肾小球肾炎、钩端螺旋体病、肾盂肾炎、肾盂积水、化脓性肾炎等。触诊肾脏如质地坚硬,体积增大,表面粗糙不平,提示肾肿瘤、肾结核、肾及肾盂结石等。肾体积显著缩小,提示先天性肾发育不全、萎缩性肾盂肾炎及慢性间质性肾炎等。

B. 膀胱病变:

(a)膀胱变大。膀胱体积变大,多继发于尿道结石、膀胱麻痹、膀胱肿瘤以及尿道狭窄等。也可由于直肠便秘压迫而引起,这时,触诊膀胱高度膨胀。

（b）膀胱空虚。除肾源性无尿外，临床常见膀胱破裂，此时因排尿长期停止，腹部逐渐增大，腹腔穿刺，可排出大量淡黄、微混浊、有尿臭味液体，或为浊红色液体。膀胱破裂多发生于牛、羊、猪、犬、猫。直肠检查时，膀胱完全空虚，膀胱呈现浮动感。

（c）膀胱压痛。见于急性膀胱炎、尿潴留或膀胱结石等。犬、猫在膀胱不太充满的情况下触诊，可摸到坚硬的物体。

C. 尿道病变：常发现有尿道炎（多发生于母畜）、尿道结石（多见于公畜）、尿道狭窄（尿道被脓块、血块或渗出物阻塞）或尿道坏死等。母畜很少发生尿道结石和狭窄，多发生尿道炎。

5. 生殖系统的临床检查

生殖系统的临床检查包括公畜的外生殖器、母畜的外生殖器及乳房的检查等。

（1）公畜的外生殖器检查：

① 检查方法。主要观察公畜的阴囊、睾丸、精索、附睾、阴茎有无变化。

② 病理变化。

A. 阴囊水肿：阴囊呈椭圆形肿大，表面光滑，膨胀，局部无压痛，压之留有指痕，多见于阴囊局部炎症、睾丸炎、去势后阴囊积血及感染等。

B. 阴囊疝：可见阴囊显著增大，阴囊肿物可纳还回腹腔。阴囊疝常见于仔猪。

C. 睾丸炎：在急性期，睾丸明显肿大、疼痛，阴囊肿大，触诊时局部压痛明显、增温，患畜体温增高，后肢多呈外展姿势，出现运步障碍。除外伤外，还见于布氏杆菌病、犬瘟热及埃利希体病。如患病动物的两侧睾丸大小不一致，或只有一侧睾丸（隐睾），不应作种用。

D. 精索硬肿：精索硬肿是去势后常见的并发病，可为一侧或两侧，多伴有阴囊水肿，甚至腹下水肿。触诊精索断端，可发现大小不一的坚硬肿块,有的可形成脓肿或精索瘘管。

E. 犬、猪的包皮炎:公犬易发生包皮炎,在其包皮的前端部形成充满包皮垢和浊尿的球形肿胀,同时有黄色脓性或黏性分泌物流出。如公犬交配后阴茎不能缩回,充血肿大、瘀血,见于嵌顿包茎。如阴茎勃起后,不能伸出包皮外,为包皮过长。有的犬在侧躺卧或蹲坐时阴茎不自主地外露,见于包皮过短或阴茎炎症。猪的包皮前端有时也可形成充满包皮垢和浊尿的球形肿胀,同时包皮口周围的阴毛被尿污染,可使排尿发生障碍,可见于猪瘟。

F. 阴茎和龟头的损伤:公畜阴茎损伤、麻痹及龟头局部肿胀较为常见。表现为受损局部发炎,触诊疼痛,尿道流血,排尿障碍。龟头肿胀时局部红肿、发亮,有多量渗出液,患犬经常舔舐阴茎和龟头。

G. 犬前列腺病变:5~6岁的公犬多发生前列腺肥大。犬的前列腺无中叶,所以前列腺肥大时,只压迫直肠,表现频频努责,呈顽固性便秘,偶尔引起无尿或少尿。通过直检或腹腔触诊可发现前列腺直径大小约 2 厘米,无疼痛,平滑,有移动感。如是急性前列腺炎,则表现里急后重、不安、弓背,触诊腹后部有压痛感,尿道外口有滴血样或脓性分泌物。

H. 外生殖器肿瘤:公畜的外生殖器肿瘤常发生于阴鞘、阴茎和龟头部,多是不规则的肿块,呈菜花状,由于经常舔舐,常出血、溃烂,有恶臭分泌物。

(2)母畜的外生殖器及乳房的检查:

① 检查方法。母畜生殖器官包括卵巢、输卵管、子宫、阴道和阴门,外生殖器主要指阴道和阴门。注意观察外阴部的分泌物及其外部有无病变,打开阴道(用阴道开张器)检查阴道黏膜的颜色及有无

疹疱、溃疡等病变,必要时可用开膣器进行深部检查,并注意子宫颈口的状态。

检查乳房时,观察乳房、乳头的外部状态,注意有无疹疱。触诊乳房实质及硬结病灶时,须在挤奶后进行,注意判定其温热度、敏感度及乳腺的肿胀和硬结等。同时触诊乳腺淋巴结,注意有无异常变化。必要时可取少量乳汁,进行乳汁的感观检查。

② 病理变化。

A. 子宫内膜炎:常由生殖道排出灰白色混浊、含有絮状分泌物,或脓性分泌物,触诊子宫角增大、疼痛。犬患子宫蓄脓,表现腹部膨大,触诊疼痛,阴门肿大,排出难闻的具有腥臭味的脓汁。

B. 阴道炎:牛最易发生,多因产后感染或胎衣不下腐败所致。表现努责、弓背、尾根翘起、频尿,阴门流出浆液——黏液性或脓性污秽腥臭液体。阴道检查时,阴道黏膜敏感性增高,疼痛,充血,肿胀,有时可发生溃疡或糜烂。

C. 子宫扭转:奶牛发生子宫扭转时,有明显的腹痛症状,阴道检查可见阴道黏膜充血且呈紫红色,阴道壁紧张,其特点是越向前越变狭窄,阴门一侧凹陷,阴门出现皱裂。

D. 阴道和子宫脱出:猪、牛的阴户肿胀,阴门外有脱垂物体吊挂。

E. 乳房炎:炎症部位肿胀、发硬,皮肤呈紫红色,有热痛反应,有时乳房淋巴结也肿大,挤奶不畅。乳牛发生乳房结核时,乳房淋巴结显著肿大,形成硬结,触诊常无热痛。视诊发现牛、绵羊和山羊乳房皮肤上出现疹疱、脓疱,多为痘疹、口蹄疫。

乳汁的改变:多数乳房炎患畜乳汁性状都有变化,如乳汁浓稠,内含絮状物、凝块,或脓汁、带血,这些可作为乳房炎的重要指征。患隐性乳房炎时,乳汁内体细胞数量增多(每毫升中多于 50 万个,主要是白细胞和脱落的上皮细胞)。

6. 神经系统的临床检查

神经系统的临床检查包括感觉机能、运动机能、反射机能的检查等。

(1)感觉机能的检查：

① 检查方法。皮肤的感觉,临床上主要检查痛觉。检查时,为避免视觉的干扰,应先将动物的眼睛遮住,一般先由感觉较差的臀部开始,再沿脊柱两侧向前,直至颈侧、头部。对于四肢,可做环形针刺,较易发现不同神经区域的异常。对于怀疑有截瘫的动物,最好从末梢向脊背两侧向前针刺,较易发现不同神经区域的异常。健康动物针刺后立即出现反应,表现相应部位的肌肉收缩,被毛颤动,迅速回头,竖耳或号叫等。

② 病理变化。

A. 感觉过敏:轻微刺激时引起强烈反应,呈现咬牙、逃避,多提示脊髓膜炎、脊髓损伤、末梢神经炎等,也见于牛的酮血症、家畜的滴滴涕中

毒等。应注意,犬、猫的感觉正常时也较敏感。

B. 感觉减退或消失:局限性感觉减退或消失,为支配该区域内的感觉神经末梢受损害的结果。体躯两侧对称性的感觉减退或消失,多为脊髓横断性损伤。半边肢体的感觉减弱或消失,见于延脑和大脑皮层间的传导径路受损伤。全身性感觉减退或消失,常见于各种疾病引起的昏迷等。

C. 感觉异常:感觉异常指不受外界刺激的影响而自发产生的感觉。患畜表现舌舔、啃咬、摩擦和搔爬,甚至咬破皮肤而露出肌肉、骨骼。见于羊的痒病、狂犬病、伪狂犬病、脊髓炎、酮病和体外寄生虫病等。

(2)运动机能的检查：

① 检查方法。对于运动机能的检查,临床上应注意强迫运动、共济失调、痉挛、瘫痪等。

② 病理变化。

A. 强迫运动:强迫运动是指动物不受意识支配和外界环境的影响而出现的强制发生的有规律的运动。检查时应将病畜的缰绳松开,任其自由活动,观察运动的情况。如圆圈运动(此时病畜按一定方向作转圈运动),常见于羊、牛的多头蚴病,脑肿瘤,脑脓肿,隐球菌病及李氏杆菌病和犬瘟热的病程中;如表现头颈后仰,颈肌痉挛而连续后退,见于小脑疾病或颈肌痉挛而后角弓反张时(如流行性脑脊髓炎等);如以躯体长轴为中心向患侧滚动,见于迷路、听神经、小脑脚周围的病变。

B. 共济失调:表现为运动时四肢配合不协调,行走或站立不稳、摇摆,常见于脑或脊髓的损伤。

C. 痉挛:表现为横纹肌的不随意收缩。其中,阵发性痉挛是单个肌群发生暂短、迅速的一个跟着一个重复的收缩,常见于脑炎、中毒、低钙血症等;强直性痉挛是肌肉长时间均等的持续收缩,常见于破伤风及有机磷中毒、脑炎、奶牛酮症、生产瘫痪等。

D. 瘫痪(麻痹):指骨骼肌随意运动减弱以及丧失,常见于脑损伤、脊髓受压、脊椎骨骨折、脑脊髓丝虫病、各种毒素中毒等。

(3)反射的检查:

① 检查方法。重点介绍瞳孔反射。检查瞳孔对光反射时,可先遮住动物眼睛片刻,然后利用手电筒光从侧方迅速照射瞳孔。健康动物在强光照射下,瞳孔迅速缩小,移去强光可随即恢复。检查时应两眼分别观察,以利对照。

② 病理变化。

A. 瞳孔散大:见于动物高度兴奋、恐怖、剧痛及应用阿托品等药物。如两侧瞳孔均扩大,对光反射消失,用手压迫或刺激眼球,眼球固定不动,是病情垂危的表现。

B. 瞳孔缩小:常同时伴有眼球凹陷、眼睑下垂、对光反射迟钝或消失,见于脑膜脑炎、脑出血、有机磷中毒及应用毛果芸香碱等药物。

C. 瞳孔大小不等:常提示颅内有病变,如脑损伤、脑肿瘤、脑膜脑炎等。如变化不定,时而一侧稍大,时而另一侧稍大,可能是出现脑中枢神经和虹膜的神经支配障碍。

五、常见临床症状和治疗

临床症状指患病畜禽主观感觉到的异常(如疼痛),或兽医经过检查后所发现的异常(如肺部啰音、心杂音等)。以下介绍发热、水肿、脱水、出血、便血、贫血、咳嗽、呼吸困难、流涎、呕吐、腹泻、便秘、尿闭、衰竭症、惊厥等 15 种常见症状的原因、临床表现及治疗方法。

1. 发热

由于发热激活物(如细菌及其产物、病毒)作用于动物机体后,使体温调节中枢的调定点(调定点类似于恒温箱的控温装置)上移,这样引起的调节性体温升高(体温上升超过正常值的 0.5℃)称为发热。发热是多种感染、炎症等的常见症状。

(1)原因:

① 感染性发热。各种病原微生物(包括细菌及其产物、病毒、螺旋体、真菌、原虫等)侵入机体后,都能引起机体发热。

② 非感染性发热。外伤、烧伤、冻伤、恶性肿瘤的坏死物等,常引起发热。

中兽医认为发热是机体正邪相争的结果,将发热分为外感发热与内伤发热两大类。外感发热多因外感六淫、温热疫毒之邪气所致。内伤发热多由劳倦过度、饮食失调,或久病伤正、脏腑功能失调所致。

(2)临床表现:

根据体温升高的程度不同,可将发热分为微热(超过正常体温 0.5～1 ℃)、中热(超过正常体温 1～2 ℃)、高热(超过正常体温2～3℃)等。

又可根据热型曲线,将发热分为稽留热、弛张热、间歇热、回归热、波状热、不规则热等。热型曲线是指把每天1次(或每天2次)测定的体温数值记录于特殊的表格内,然后将所测得的数值用线段连接起来而组成的图形。热型曲线在畜禽疾病的诊断和鉴别上有一定的临床意义。

兽医临床常见的有以下几种热型:

① 稽留热。特点是体温升高到一定程度后,高热可较稳定地持续数天,而且每天温差在1℃以内。常见于急性马传染性贫血、犬瘟热、猪瘟、猪丹毒、流行性感冒、大叶性肺炎等。

② 弛张热。特点是体温升高后一昼夜内变动范围较大,常超过2℃以上,但又不降至常温。常见于化脓性疾病、小叶性肺炎、风湿热、败血症、犬瘟热第二次发热等。

③ 间歇热。特点是发热期和无热期较有规律地相互

交替,间歇时间较短而且重复出现。常见于慢性马传染性贫血、马锥虫病及马媾疫等。

④ 回归热。特点是发热期和无热期间隔的时间较长,并且发热期与无热期的出现时间大致相同。多见于亚急性或慢性马传染性贫血、梨形虫病等。

⑤ 波浪热。特点是动物体温上升到一定高度,数天后又逐渐下降到正常水平,持续数天后又逐渐升高,如此反复发作。可见于布鲁菌病等。

⑥ 不规则热。特点是发热曲线无一定规律。主要见于许多非典型性疾病,如慢性猪瘟、牛结核、心内膜炎等。

不同热型有助于疾病诊断,但动物个体反应、年龄、营养状态、用药情况不同,均可影响热型,这点需要在临床中注意。

(3)治疗:

① 积极治疗和控制引起发热的原发病。在未确诊疾病之前,要慎用退热药。发热

多与感染有关,要尽早确定病原,使用敏感的抗微生物药。

② 对时间短又不过高的发热,且不伴有其他严重疾病的,一般不急于解热,但如果发热时间持续过久,或出现过高的发热,必须使用退热药。

③ 解热措施,一般采用药物解热和物理降温(如控制畜舍温度等)等措施。

④ 发热时动物对营养物质、维生素及微量元素的需要量加大,所以要给予优质的饲草、饲料,补充足够的维生素、微量元素,并保证充足的饮水。

⑤ 中兽医根据具体病例,对发热进行辨证施治。

2. 水肿

水肿是指体液在组织间隙(细胞之间)或浆膜腔内(如胸腔、腹腔)积聚过多。

(1)原因:不同类型的水肿,发生原因不完全同,其共同点如下。

① 细胞之间的组织液生成增多,多见于静脉瘀血、毛细血管损伤时。

② 水和盐在体内大量存留,如患肾炎或肾病时,由于排尿减少而造成水肿。

中兽医认为水肿是因感受外邪,劳倦内伤,饮食失调,使气化不利,津液输布失常,导致水液潴留,泛溢肌肤的一种病证。

(2)临床表现:

根据发生原因,可分为心性水肿、肾性水肿、肝性水肿、炎性水肿、瘀血性水肿、恶病质性水肿等。又可根据发生部位分为皮下水肿、脑水肿、肺水肿等。水肿有的以局部为主(如炎性水肿、皮下水肿等),有些则影响全身(如心性水肿、肾性水肿、肝性水肿等)。

①心性水肿。由于心功能不全而引起。左心衰竭易发生肺水肿;而右心衰竭可引起全身性水肿,尤其在机体的低垂部位,如四肢、胸腹下部、肉垂、阴囊等处水肿明显,还可造成腹腔器官瘀血和水肿。

② 肾性水肿。由于肾功能不全引起。以机体组织疏松部位,如眼睑、腹部皮下、公畜阴囊等处水肿表现明显。

③ 肝性水肿。由于肝功能不全引起。常表现为腹水生成增多。

④ 肺水肿。常由于左心衰竭所致,在肺泡腔及肺间质内蓄积大量体液。

⑤ 瘀血性水肿。瘀血性水肿发生的部位基本与瘀血的范围相一致。主要是由于静脉回流受阻造成的,肿胀的局部往往皮温降低。

⑥ 炎性水肿。体表炎症的红、肿、热、痛,其中肿就是指炎性水肿,往往皮温升高。

⑦ 恶病质性水肿。见于慢性饥饿、营养不良以及慢性传染病、大量蠕虫寄生等疾病。主要由于血浆蛋白质含量明显减少引起。

⑧ 皮下水肿。皮下水肿的初期或水肿程度较轻微时,外观变化不明显。程度严重时,皮肤肿胀,色彩变浅,失去弹性,触之如面团状,指压遗留压痕。

(3)中兽医根据病因的不同,常将水肿分为以下 4 种证型:

① 风水相搏。风寒外袭,肺失宣降,不能通调水道,风水泛滥,流溢肌肤,发为水肿。本证相当于由感冒引起的急性肾炎初期。

② 水湿积聚。圈舍潮湿,或被雨淋,或暴饮冷水,或长期饲喂冰冻饲料,脾阳为寒湿所困,运化失职,水湿停聚,溢于肌肤,发为水肿。

③ 脾虚水肿。劳役过度,草料不足,脾气受损,运化失职,以致水液停聚,发为水肿。

④ 肾虚水肿。体质素虚,或劳役过度,或配种过频,或久病失养,以致脾肾阳虚,水液不能正常蒸化,泛滥周身肌肤而为水肿。

(4)治疗:

① 控制原发病(如炎症、心力衰竭、肝肾功能不全等)。

② 强心、利尿,适当限制食盐摄入量,必要时可补充血浆蛋白。

(5)中兽医辨证治疗:

① 风水相搏治则。宣肺利水,方剂越婢加术汤(表证明显者,加防风、羌活。咽喉肿痛者,加板蓝根、桔梗、连翘、射干等)。

② 水湿积聚治则。通阳利水,方剂五苓散合五皮饮加减。

③ 脾虚水肿治则。健脾利水,方剂参苓白术散加桑白皮、生姜皮、大腹皮等。

④ 肾虚水肿(腹下、阴囊、会阴、后肢等处水肿,尤以后肢为甚。拱背,尿少,腰胯无力,四肢发凉。口色淡白,脉象沉细无力)治则:温肾利水,方剂巴戟散去肉豆蔻、川楝子、青皮,加猪苓、大腹皮、泽泻等。

3. 脱水

各种原因引起动物体液的丢失称为脱水。体液是指动物体内电解质、葡萄糖、蛋白质等的水溶液。中兽医称脱水为伤津、脱液。

(1)原因:根据脱水后动物血浆渗透压的变化,分为高渗性脱水(缺水后动物的血浆渗透压比正常值高)、低渗性脱水(缺水后动物的血浆渗透压比正常值低)和等渗性脱水(缺水后动物的血浆渗透压与正常值相比基本未变)。

① 高渗性脱水。

A. 饮水不足:一些疾病或特殊情况引起动物饮水不足,如患咽炎、食道阻塞、破伤风时,动物不能饮水,长途跋涉时不能及时饮水。

B. 失水过多:如高热病畜经皮肤、呼吸蒸发水分过多。服用过多渗透性利尿剂(如甘露醇、山梨醇),造成肾排水过多。

② 低渗性脱水。

A. 盐经肾丢失:如患慢性间质性肾炎,钠随尿排出增加。长期使用排钠性利尿剂,也可造成大量钠盐随尿排出。

B. 盐经其他途径丢失:

大量失血、呕吐、腹泻、大面积烧伤、动物大汗或严重腹泻后，仅补充水而未补充氯化钠。

③ 等渗性脱水。临床上极常见，呕吐、腹泻（丧失大量消化液）以及大面积烧伤（丧失大量血浆）时，均可引起。

（2）临床表现：

① 高渗性脱水。细胞内水分转到细胞外，引起脑细胞脱水，出现神经症状（步态不稳、肌肉抽搐、嗜睡、昏迷等）。患畜有渴感，饮水增加。因皮肤水分蒸发减少，可引发体温升高（脱水热）。

② 低渗性脱水。水分从细胞外转入细胞内，严重时患畜出现血压下降、四肢厥冷、脉搏细速等症状。如水分进入脑细胞内，可出现神经症状。患畜无渴感，饮水不增加。出现明显的失水性体征，如皮肤弹性减退、眼球凹陷等。

③ 等渗性脱水。严重时可引起血压降低，甚至休克。

（3）治疗：

① 积极治疗原发病，如咽炎、破伤风、腹泻、烧伤等。

② 进行输液，原则是"缺什么补什么，缺多少补多少"。如用 0.9％ 氯化钠（生理盐水）和 5％ 葡萄糖进行输液时，对于高渗性脱水（补水为主），两者比例为 1:2（假定共输液 300 毫升，此时生理盐水 200 毫升，5％ 葡萄糖 100 毫升）；对于低渗性脱水（补盐为主），两者比例为 2:1；对于等渗性脱水（补水补盐），两者比例为 1:1。

③ 输足液的参考标准：

A. 脱水动物精神好转。

B. 脱水症状减轻或消失（如皮下干燥、眼球凹陷等）。

C. 脉搏数、呼吸数趋于正常。

D. 尿量恢复正常。

E. 眼结膜由蓝紫色（发绀）恢复到正常颜色。

F. 红细胞比容（也称红细胞压积，指红细胞占全血容量的百分比。用抗凝血，经离心后测定)趋于正常(红细胞比容参考值:牛,26%～42%,平均34%;绵羊,24%～45%,平均35%;山羊,20%～38%,平均28%;猪,32%～50%,平均45%;犬,37%～54%,平均45%)。

④ 中兽医根据具体病例,对脱水进行辨证施治。

4. 出血

出血是指血液流出于活体的心脏、血管以外。

(1)原因:

① 血管破裂。血管破裂可发生于心脏、动脉、静脉或毛细血管。动脉破裂性出血,如肿瘤组织侵蚀局部动脉血管壁;静脉破裂性出血常见于创伤,如皮肤外伤;毛细血管的破裂性出血多发生于局部软组织的损伤,如割伤、刺伤、撞伤等。

② 血管漏出。由毛细血管的通透性增高所致,也叫做渗出性出血。可见于各种发热性传染病、营养障碍、血液病以及化学毒物中毒等。

③ 中兽医将出血称为血证,指的是血不循经,溢于脉管外的病证。原因主要是血热妄行,外感热邪或虚火内生,均可迫血妄行,离开脉络而发生出血,或者由于气不摄血,营养不足或劳役所伤,有时在大病或久病之后,脾胃虚弱,统摄无力,故血离经脉而出血。此外,还可由于跌打损伤、脉络受伤引起出血。

(2)临床表现:按发生出血的部位,分为内出血和外出血两种。

① 内出血。出血后血液积聚于体腔之内,称为体腔积血,如腹腔积血、心包积血。发生于组织内部的出血,出血量大时会形成血肿,如皮下血肿等。

② 外出血。外出血是血液从血管流出到体外。皮肤、黏膜、浆膜的少量出血点,可形成较小的瘀点。这些部位出现较大的片状出血灶,就形成瘀斑。外出血还包括鼻衄、尿血、吐血、呕血、便血、咯血

等。鼻腔黏膜中的微细血管破裂后引起的出血,称为鼻衄。肾脏和泌尿道出血随着尿液排出体外,称为尿血。消化道出血经口腔排出体外,称为吐血或呕血。肺脏和呼吸道出血后经口腔或鼻腔排出体外,肺结核空洞或支气管扩张出血经口排出到体外,称为咯血。

(3)治疗:

① 少量缓慢的破裂性出血,一般可自行停止。

② 临床上,常用的止血方法有指压止血法、加压包扎止血法、止血带止血法、堵塞止血法等。要根据不同的情况,选择适合的止血方法。

③ 大出血后,动物体内的血容量不足,可出现休克。此时应尽快补充血容量。可采取静脉输血,更多的是输入血容量扩张剂,如 5%～10% 葡萄糖溶液、右旋糖酐等。

④ 胃出血时,可用去钾肾上腺素,加入生理盐水,经胃管灌注或口服,每隔半小时或 1 小时灌注 1 次,必要时可重复 3～4 次。下消化道出血时,也可用该液反复灌肠 3～4 次止血。

⑤ 中兽医对血证辨证施治。针对鼻衄,治则清热止血。如外伤引起,以收敛止血为主。针对尿血,治则清热凉血、止血。针对便血,治则清热祛湿,和营止血,或健脾益气,引血归经。

5. 便血

便血是出血的一种,指消化道出血并由肛门排出。因为这种症状在兽医临床很常见,很重要,故在此进行较深入的讨论。

(1)原因:引起消化道出血的原因甚多,较常见的有以下几种。

① 感染性因素。如球虫病、钩端螺旋体病、副伤寒、沙门菌病、肠炭疽、肠结核、猪痢疾、钩虫病、犬细小病毒感染、禽坏死性肠炎、禽溃疡性肠炎等。

② 全身性疾病。如血小

板减少性紫癜、过敏性紫癜、维生素 C 及维生素 K 缺乏症、肝脏疾病等。

③ 消化系统疾病。上消化道疾病，如胃及十二指肠溃疡；小肠疾病，如急性出血性坏死性肠炎；肠疾病，如肠套叠、猪增生性出血性肠病；直肠肛管疾病，如直肠损伤、肛裂等。

④ 中毒和药物。单端孢霉烯毒素、苄丙酮香豆素中毒，服用阿司匹林、消炎痛，应激引起的急性胃黏膜溃疡，也可引起便血。

⑤ 中兽医辨证病机。认为主要有湿热便血和气虚便血两种证型。

A. 湿热便血，多因暑月炎天，使役过重，或久渴失饮，或饮水秽浊不清，或乘热饲喂草料，或草料腐败霉烂，以致湿热蕴结胃肠，灼伤脉络，溢于胃肠而成。

B. 气虚便血，多因久病体虚，老龄瘦弱，或长期饲养失宜，致使脾胃虚弱，中气下陷，以致气不摄血，溢于胃肠而成。

（2）临床表现：

① 血便。血便颜色可呈鲜红、暗红或黑色（柏油便），少量出血不造成粪便颜色改变，须经潜血试验才能确定的，称为潜血便。粪便带血，若出血量不多，则全身症状不显著。如短期内出血量多，则可出现贫血及循环衰竭症状。

血便颜色可因出血部位、出血量、血液在肠腔内停留时间的长短而异。上消化道出血，或小肠出血，并在肠内停留时间较长，粪便呈黑色，上面附有黏液，发亮，类似柏油，又称柏油便。下消化道出血，如出血量多则呈鲜红，若停留时间较长，则可为暗红色，严重的，粪便可全为血液或与粪便混合。如血色鲜红，不与粪便混合，仅黏附于粪便表面，或在排便前后有鲜血滴出或喷射出来，提示为肛门或肛管疾病出血。

② 伴发症状。便血伴有

腹痛,见于急性出血性坏死性肠炎、肠套叠等;腹痛时排血便或脓血便,便后腹痛减轻,见于细菌性痢疾、溃疡性结肠炎等;便血伴有里急后重,排便频繁,但每次排血便量甚少,提示肛门、直肠疾病,见于痢疾、直肠炎等;便血伴有发热,常见于传染性疾病,如沙门菌病、钩端螺旋体病等;排血便后腹痛不减轻,常为小肠疾病。

③ 中兽医辨证便血的症候。

湿热便血主证,发病较急,精神沉郁,食欲、反刍减少或停止,耳鼻俱热,口渴喜饮,鼻镜、鼻盘干燥,排粪带痛。病初粪便干硬,附有血丝或黏液,继而粪便稀薄带血,气味腥臭,甚至全为血水,血色鲜红,小便短赤。口色鲜红,口温高,苔黄腻,脉滑数。

气虚便血主证,发病较缓,精神倦怠,四肢无力,毛焦肷吊,食欲、反刍日渐减少。粪便溏稀带血,多先便后血或血粪混下,重者可纯下血水,血色暗红,有时有轻度腹痛,口色淡白,脉象迟细。日久气虚下陷者,可见肛门松弛或脱肛。

(3)治疗:

① 去除病因。查明原因,针对病因实施治疗。

② 止血镇痛。可选用止血敏、安络血、云南白药、维生素 K_3、仙鹤草等进行止血。伴有严重腹痛时,可用水合氯醛或颠茄酊口服。必要时可进行抗菌消炎和对症治疗。

③ 中兽医辨证施治。

A. 湿热便血治则:清热利湿,凉血解毒。方剂:黄连解毒汤和槐花散加减。口渴热盛,纯下鲜血者,加赤芍、丹皮、生地黄、金银花、连翘。腹泻严重者,加茵陈、木通、车前子、茯苓。气滞腹痛者,加木香、枳壳、厚朴。针治:针脾俞、交巢、百会、断血等穴。

B. 气虚便血治则:健脾益气,引血归经。方剂:归脾汤加减,或补中益气汤加棕榈炭、阿胶、灶心土等。针治：针脾俞、后三里、百会、断血、后丹田、交巢等穴。

特别提示：中兽医学是一个伟大宝库，很多方剂和取穴针治至今仍在不少地方应用，特别对牛、马这样一些大动物的普通病，疗效较好。本书对治疗普通病的方剂和取穴做了一些介绍，供临床兽医在工作中参考。建议在有条件的地方，尽量利用本地的中草药资源，做好一些家畜常见病的预防和治疗，这是一件很有意义的事情。

6. 贫血

贫血是指单位体积血液中血红蛋白数、红细胞数低于正常值。

血红蛋白正常参考值（单位是每 100 毫升）：牛 8～14 克，平均 11 克；绵羊 8～16 克，平均 12 克；山羊 8～14 克，平均 11 克；猪 10～16 克，平均 13 克；犬 12～18 克，平均 15 克。

红细胞正常参考值（单位是每微升）：牛 500 万～800 万，平均 700 万；绵羊 800 万～1 500 万，平均 1 200 万；山羊 800 万～1 700 万，平均 1 300万；猪 500 万～800 万，平均 650 万；犬 600 万～900 万，平均 750 万。

贫血是很多疾病过程的一个症状，但有的疾病以贫血为主要症状，如鸡贫血病、马传染性贫血等。

（1）原因：

① 出血性贫血。由于出血造成贫血，见于血管受损、内脏出血（如肝、脾破裂）、某些中毒病（草木樨中毒、蕨类植物中毒）等。

② 溶血性贫血。发生于某些传染病、寄生虫病、中毒病及抗原抗体反应中，红细胞膜被破坏，引起溶血。

③ 营养性贫血。因造血物质不足而引起，见于微量元素、维生素及蛋白质的缺乏。

④ 再生障碍性贫血。造血器官受到放射性损伤，或者植物中毒，磺胺酰胺、氯霉素

过敏及重金属中毒等引起骨髓造血障碍。

(2)临床表现：

① 血性贫血。

A. 急性失血性贫血：起病急，可视黏膜速发苍白，体温低下，四肢发凉，脉搏细弱，出冷黏汗，甚至陷于低血容量性休克。

B. 慢性失血性贫血：可视黏膜苍白，在后期常伴有四肢和胸腹下水肿，以及体腔积水。

② 溶血性贫血。

A. 急性溶血性贫血：骤然起病，寒颤，高热，患畜并发狂躁及呕吐、腹痛、腹泻等胃肠道症状。由于溶血迅速，出现黄疸。

B. 慢性溶血性贫血：起病缓慢，可有贫血、黄疸及脾肿大，皮肤苍白，气短。当骨髓造血还能代偿时可不出现贫血症状。

③ 营养性贫血。

A. 缺铁性贫血。起病徐缓，可视黏膜逐渐苍白，体温不高，病程较长，常见于新生仔猪营养性贫血。

B. 缺钴性贫血。多为缺钴地区的牛、羊群体发生。起病徐缓，食欲减损，异嗜污物和垫草，消化紊乱、顽固不愈，渐趋瘦弱，可视黏膜苍白，体温一般不高，病程很长，持续数月至数年。

④ 再生障碍性贫血。一般起病较慢，但可视黏膜苍白，全身症状严重，而且易发生出血。

(3)治疗：

① 出血性贫血。对于外出血，可用结扎止血或敷以止血药。对于内出血(牛)，可静脉注射氯化钙溶液或肌注维生素 K 等止血剂。条件许可时，最好迅速输给全血或血浆 2 000～3 000 毫升，隔 1～2 天再输注 1 次。慢性失血应积极治疗原发病，全面补给造血物质。

② 溶血性贫血。应消除原发病，给予易消化的营养丰富的饲料，输血，并补充造血

物质。重点是消除感染,排除毒物,输血换血。

③缺铁性贫血。硫酸亚铁制成散剂,混入饲料中喂服,或制成丸剂投服。大家畜每天6～8克,连用3～4天后逐渐减少到3～5克,连用1～2周。为促进铁的吸收,可同时用稀盐酸10～15毫升,加水500～1 000毫升灌服,每天1次。

④缺钴性贫血。应用硫酸钴,牛30～70毫克,羊7～10毫克,内服,每周1次,4～6次为1疗程。应用维生素B_{12},绵羊100～400微克,肌内注射,每周1次,3～4次为1疗程。

⑤再生障碍性贫血。除去病因,恢复骨髓造血功能。通常此类贫血的原发病较难根治,故治疗价值不大。

7. 咳嗽

咳嗽是动物的一种保护性反射动作,通过咳嗽,能清除呼吸道内的分泌物,或将进入气道的异物排出体外。不过,长期、频繁、剧烈的咳嗽,属于一种临床症状。

(1)原因:咳嗽常是许多病因综合作用的结果。具体病因包括:吸入异物或一些化学性物质。反复的呼吸道感染,如发生一些细菌、病毒、支原体等感染时,常出现咳嗽。有时一些寄生虫(如肺丝虫)感染也可引起咳嗽。某些动物,尤其是幼龄动物容易发生过敏性咳嗽。当环境发生改变时可诱发咳嗽,故在寒冷季节或冬春气候转变时,动物发病较多。有些动物在剧烈运动或过度使役后,易诱发咳嗽。有些药物的作用也可引起咳嗽,如水杨酸等。

中兽医认为,咳嗽是因外感六淫,脏腑内伤,影响于肺所致有声有痰之证。因外邪犯肺,或脏腑内伤,累及于肺所致。

(2)临床表现:根据咳嗽的性质,可分为干咳、湿咳、痛咳(参见"系统检查"有关内容)。根据咳嗽的病程,又可分为急性咳嗽、亚急性及慢性咳嗽。

① 急性咳嗽。持续时间较短，一般指 3 周以内的咳嗽，见于急性咽喉炎、支气管炎、肺炎、呼吸道感染、肺结核、气管内出现异物等。

② 亚急性及慢性咳嗽。持续时间超过 3 周，有些可持续数月、数年。原因较为复杂，见于慢性支气管炎、肺结核等。

根据咳嗽的发生频率，又可分为稀咳（经过较长时间才发生一两声咳嗽，常反复发作而带有周期性，见于急性呼吸道炎症初期、肺结核、肺丝虫病等）、频咳（频繁而连续发作的咳嗽，见于慢性呼吸道疾病等）。

（3）治疗：

① 首先要明确诊断，治疗、控制原发病。如由细菌感染引起的咳嗽，可以采用抗菌药物进行治疗。

② 对因治疗不能即刻见效时，需要对症治疗。如对于

一些长期、剧烈、频繁的咳嗽，需要同时采用镇咳治疗，控制咳嗽症状。

③ 中兽医通常将咳嗽分为外感咳嗽和内伤咳嗽。

A. 外感咳嗽分 3 个证型：风寒袭肺、风热犯肺、风燥伤肺。多是新病，起病急、病程短，常在天气变化受凉后突然发生，实证居多，治疗以祛邪宣肺为主。

B. 内伤咳嗽分 4 个证型：痰湿蕴肺、痰热郁肺、肝火犯肺、肺阴亏耗。多为久病，起病缓慢，常反复发作，病程长，邪实正虚居多。治疗以调理脏腑、气血为主。

8. 呼吸困难

呼吸困难指呼吸运动所做的功超过了正常，动物呈现一种费力而痛苦的呼吸状态。高度的呼吸困难，临床上称为气喘。

中兽医将呼吸困难称为喘证，是气机升降出入失常，出现呼吸迫促，鼻咋喘粗，甚或腹胁煽动为主要特征的一

种病证。

(1)原因：

① 上呼吸道疾病。包括鼻腔疾病，如鼻腔内出现炎症、阻塞、狭窄、感染、肿瘤、外伤、出血等；咽喉疾病，如咽部软腭水肿、喉头水肿、咽部出现肿瘤或异物、咽喉炎等；颈部气管疾病，如气管狭窄、气管内异物等；

② 下呼吸道疾病。包括胸部气管疾病，气管及支气管炎、支气管哮喘、过敏、感染、寄生虫病等。

③ 肺脏疾病。包括肺水肿、肺结核、肺瘀血、各种肺炎、肺梗死、肺部肿瘤、肺丝虫病等。

④ 胸腔疾病。包括气胸、胸腔积液、胸膜炎、严重胸膜粘连、胸壁外伤、胸壁肿瘤等。

中兽医将呼吸困难分为外感和内伤两大类。外感以风寒和风热为主，内伤则多因肺肾亏虚所致。

(2)临床表现：

呼吸困难的主要表现为呼吸时，动物非常痛苦、费力，需要呼吸辅助肌群参与才能完成呼吸运动，同时呼吸频率、类型、深度和节律发生异常改变。可分为吸气性、呼气性或混合性呼吸困难。

① 吸气性呼吸困难。特征为吸气用力，吸气时间显著延长，并伴有特殊的吸入性狭窄音。病畜表现呼吸时鼻孔张大，头颈伸直，四肢广踏，肘头外展，胸廓开张，严重时表现张口呼吸。通常为上呼吸道狭窄所致，见于鼻炎、鼻腔狭窄、喉炎、喉头水肿、咽炎、气管狭窄、气管和支气管炎、上呼吸道肿瘤、呼吸道异物、猪萎缩性鼻炎、鸡传染性喉气管炎等。

② 呼气性呼吸困难。特征为呼气费力，呼气时间显著延长而且缓慢，有时出现连续两次呼气。高度呼气困难时，表现拱背，肷窝变平，形成喘沟。出现呼气时肛门突出，吸气时肛门内陷的状况。多因

小气道(细支气管、终末细气管、肺泡管)狭窄或阻塞引起,见于急性细支气管炎、慢性肺气肿、肺水肿及胸膜肺炎等。

③ 混合性呼吸困难。特征为吸气与呼气均发生困难,同时伴有呼吸频率明显增加,这是呼吸困难最常见的类型。见于肺炎、肺纤维化、大量胸腔积液、气胸等。

(3)治疗:

① 积极治疗和控制引起呼吸困难的原发病。

② 辅以支持疗法和对症治疗。严重的呼吸困难,可引发窒息,需紧急治疗,如危及生命时应进行气管切开。

③ 中兽医辨证分为实喘和虚喘。实喘又分寒喘和热喘,针对寒喘,治则疏散风寒,宣肺平喘;针对热喘,治则清泄肺热,宣肺平喘。虚喘的治疗原则为益气定喘,补肾纳气。

9. 流涎

在多种致病因素作用下,引起唾液分泌增加或咽下困难,使唾液在口腔中蓄积并大量流出,称为流涎。

(1)原因:

① 唾液分泌过多。常见于一些产生口腔黏膜炎性损害的传染病过程中,如口蹄疫、牛瘟、牛病毒性腹泻、黏膜病、牛恶性卡他热、猪水疱病、水疱性口炎、绵羊的蓝舌病、放线菌病等,也见于有机磷农药中毒、牛的铅中毒、亚硝酸盐中毒、舌损伤、口腔肿瘤、牙齿疾病、腮腺炎、下颌骨骨折等疾病过程中。

② 唾液吞咽障碍。常见于狂犬病、破伤风、脑病、食道阻塞、食道狭窄、食管麻痹、食盐中毒、纤维性骨营养不良过程中。

③ 中兽医认为流涎主要因寒邪或热炽所致。寒邪使津液凝聚而口水过多,热炽煎熬津液而生成黏涎。临证常分为胃冷流涎、心热流涎、肺寒吐沫、恶癖吐水等4种。

(2)临床表现:

① 流涎动物的唾液由口角或下唇不自主地流出，有时流出的唾液稀薄呈浆液性，有时流出黏稠呈线状的口水，有时混有饲料残渣。多数流涎伴随有口腔黏膜出现水疱、破溃等症状。

② 下述传染病除流涎外，还有其他一些症状。如口蹄疫常见于牛、羊、猪等偶蹄动物，口腔和趾间均见有水疱和破溃烂斑。牛病毒性腹泻、黏膜病，主要表现为口腔及消化道黏膜糜烂、溃疡和腹泻。猪水疱病表现病猪的口腔、蹄部、鼻端、母猪乳头周围均有水疱。蓝舌病多发生于绵羊，也见于牛，患畜出现发热、流鼻液和口鼻黏膜溃烂。狂犬病患畜易惊恐、发热、眼神凶狠，富攻击性，吠声嘶哑，因吞咽肌麻痹而大量流涎。

③ 有些中毒病，除了具有流涎症状及病畜与毒物有接触史外，还可从特有的中毒症状加以鉴别。如有机磷农药中毒常有瞳孔缩小、肠音亢进、腹泻、骨骼肌震颤等症状。亚硝酸盐中毒常表现呼吸困难、全身发绀、血液呈酱油色、血凝不良等。有机氯农药中毒，患牛常呈后退动作，面部肌肉痉挛，常有皱鼻眨眼的动作。

(3)治疗：

① 首先找出引起流涎的原发病，积极治疗和控制，并辅以对症治疗，如可针对口腔黏膜出现的水疱、破溃加以处置。

② 中兽医分 4 种情况施治。针对胃冷流涎，治则健脾暖胃、温中散寒。针对心热流涎，治则清热解毒，消肿止痛。因胃热而致者，宜清泻胃热。针对肺寒吐沫，治则温化寒痰。针对恶癖吐水，治则阻断其致病条件，必要时可行针灸治疗。

10. 呕吐

呕吐是指有些动物胃内容物不由自主地经口或鼻腔反排出来的病理现象。中兽医辨证认为呕吐是胃失和降，胃气上逆,食物由胃吐出的病证。

(1)原因:

① 感染。如犬瘟热、伪狂犬病、沙门菌病、蛔虫病等,常见呕吐。

② 中毒。如硫酸铜中毒、阿扑吗啡中毒、安妥中毒、乙二醇中毒等。

③ 脑损伤。如脑膜炎、癫痫、热射病等。

④ 消化道病变。如幽门狭窄、过食、胃扩张、肠扭转等。

中兽医临床将呕吐分作胃热呕吐、伤食呕吐、虚寒呕吐3种证型:

①胃热呕吐。暑热或秽浊疫疠之气侵犯胃腑,耗伤胃津,使胃失和降,气逆于上,故而呕吐。

②伤食呕吐。过食草料,停于胃中,滞而不化,致使胃气不能下行,上逆而呕吐。

③虚寒呕吐。劳役太重,饲喂不当,致使脾胃运化功能失调,再遇久渴失饮,或突然饮冷水过多,寒凝胃腑,胃气不降,上逆而为呕吐。常见于瘦弱动物。

(2)临床表现:

① 按呕吐物的来源,可分为真性呕吐和假性呕吐。

真性呕吐是指胃、肠内容物,不由自主地经口、鼻腔排出。呕吐物是胃内容物,呈酸性,带有酸臭味。呕吐物中如混有血液,见于出血性胃炎、胃溃疡等;呕吐物中如混有胆汁,显黄绿色,碱性,常提示十二指肠阻塞。中毒时,可从呕吐物中发现毒物或毒物的特殊气味、颜色。真性呕吐提示脑和胃肠病变。

假性呕吐又称逆呕,是指被吞咽的食团在进入胃之前,由于食道的收缩而被返回口腔。逆呕出的是食团而不是胃内容物,不酸臭,也不带有苦味和绿色,因其混有唾液而略显碱性。假性呕吐提示食道疾病,如食道狭窄、食道梗塞、食道痉挛、食道炎等。

② 其他症状。呕吐是一

种保护性反射,但剧烈、频繁的呕吐对机体是有害的,可引起患病动物采食、饮水困难,胃肠功能紊乱,疲乏无力,同时还会导致动物脱水、代谢性碱中毒,甚至发生异物性肺炎等。

③ 中兽医辨证本病。

A. 胃热呕吐:体热身倦,口渴欲饮,遇热即吐,吐势剧烈,吐出物清稀色黄,有腐臭味,吐后稍安,不久又发。食欲大减或不食,粪干尿短,口色红黄,苔黄厚,口津黏腻,脉洪数或滑数。

B. 伤食呕吐:精神不振,间有不安,食欲废绝,肚腹胀满,嗳气及呕吐物酸臭,吐后病减。口色稍红,苔厚腻,脉沉实有力或沉滑。

C. 虚寒呕吐:消瘦,慢草,耳鼻俱凉,有时寒颤,常在食后呕吐,呕吐物无明显气味,吐后口内多涎,口色淡白,口津滑利,脉象沉迟或弦而无力。

(3)治疗:

① 根本性治疗措施是除去原发病,对不频繁、不剧烈的呕吐,无须镇呕。对于由中毒、过食及某些胃肠疾病引起的呕吐应防止胃肠道内容物过度腐败发酵,此时不宜镇吐。对中枢性、非胃肠道疾病等因素引起的频繁呕吐,应及时用镇吐药(氯丙嗪、阿托品、颠茄酊、吗啡、鸦片酊等)镇吐。

② 中兽医辨证施治。

A. 胃热呕吐:治则清热养阴,降逆止呕。方剂可用白虎汤。针治,针玉堂、脾俞、关元俞、带脉、后三里、大椎等穴,或顺气穴巧治。

B. 伤食呕吐:治则消食导滞,降气止呕。方剂可用,保和丸加减。食滞重者,加大黄。针治同胃热呕吐。

C. 虚寒呕吐:治则温中降逆,和胃止呕。方剂可用理中汤加味。寒重者加小茴香、肉桂。针治,针脾俞、六脉、后三里、中脘等穴。

11. 腹泻

腹泻是指动物排出的粪便稀薄如水样或呈粥样，且排粪次数明显增多。腹泻是患病动物一种常见的临床症状。

(1)原因：

① 动物腹泻常由细菌、病毒、真菌、寄生虫、中毒、营养、应激等多种因素引起。此外，正常的消化、吸收功能中任何一个环节发生异常，也可引发腹泻。

② 中兽医将腹泻分为泄泻和痢疾两种。泄泻主要因感受寒湿、热积胃肠、宿食停滞、脾胃虚弱所致。临证又分作寒泻、热泻、伤食泻、脾虚泻、肾虚泻等5种情况。痢疾常由疫毒、湿热内侵或草料、饮食所伤引起。临证又分为湿热痢、虚寒痢和疫毒痢3种。

(2)临床表现：

① 腹泻分急性和慢性两类。急性腹泻发病急剧，病程在2～3周之内。慢性腹泻一般病程在1个月以上，或间歇期在1～2周内但反复发作。

② 腹泻往往是很多疾病的一个共同表现，应注意观察粪便的颜色、性状的变化。如犊牛腹泻时多拉黄色糊状或黄色水样粪便。仔猪10日内的腹泻多为黄色糊状或水样便，10至30日龄的仔猪腹泻多呈灰色糊状或灰色水样便。羔羊腹泻时粪便多呈灰绿色，混有气泡和白色小凝块。

发生腹泻时动物尾部与会阴部被稀粪污染，粪便带有酸臭气味，混有小气泡、黏液及未消化的饲料碎片或凝乳块。大肠患疾病时粪便表面或粪便内有时有鲜血。

③ 动物腹泻还会出现一些伴随症状，例如腹痛、腹胀、脱水、发热、贫血、呕吐、血便、黏液便等，有时动物会出现精神沉郁、消瘦、营养不良、嗳气、呼吸困难、背腰弓起、被毛蓬乱、昏睡等症状。

此外，长期腹泻动物常表现为皮肤干燥、眼球下陷、舌部干燥、皮肤皱褶，还可导致直肠脱垂等症状出现。

（3）治疗：

① 腹泻的治疗原则。一是补充体液，轻度脱水可口服补液盐，严重脱水可静脉输液。二是应用肠道保护剂或吸附剂。三是使用抗生素治疗（病毒性腹泻和中毒性腹泻不用抗生素治疗）。在积极治疗引起腹泻的原发病基础上，辅以对症治疗，并对病畜加强护理，调节胃肠机能。

② 中兽医施治。治疗泄泻时，针对寒泻，治则温中散寒，利水止泻。针对热泻，治则清热燥湿，利水止泻。针对伤食泻，治则消食导滞。针对脾虚泻，治则补中益气，利水止泻。针对肾虚泻，治则温补肾阳，涩肠止泻。治疗痢疾时，针对湿热痢，治则清热化湿，调气行血。针对虚寒痢，治则温补脾肾，收涩固脱。针对疫毒痢，治则清热燥湿，凉血解毒。

12. 便秘

便秘是各种动物常见的临床症状。在病因作用下，使肠蠕动机能障碍，肠内容物不能被及时后送而滞留于某段肠腔（主要是结肠和直肠），随着水分进一步被吸收，内容物变得干涸而形成肠便秘。此时出现粪便干燥、排粪困难。

（1）原因：

① 便秘好发于某些肠道的传染病和寄生虫病，如猪瘟的早期阶段、肠道蛔虫病等，均可引起肠便秘。

② 老龄动物肠蠕动减弱，或妊娠后期、慢性腹水等，由于缺乏饮水、运动不足等因素，也可引起便秘。

③ 直肠或肛门部位受到压迫或阻挡，如会阴疝、直肠内异物、肠道肿瘤或脓肿、直肠先天狭窄、膀胱积尿等，也会引起便秘。

④ 由于四肢骨折或髋关节脱臼，腰荐神经损伤，某些慢性疾病引起机体的脱水或衰弱，或使用一些药物，也都可引起便秘。

⑤ 中兽医认为，便秘主要由气血亏损、津液不足、燥

热内结、草料积聚和虚寒不运,引起的粪便秘结不通、排粪艰涩难下。

(2)临床表现:

① 便秘动物常试图排便,但排不出来。初期在精神、食欲方面多无变化,久之出现食欲减退或废绝。患病动物常因为腹痛而呻吟、鸣叫、不安,有的出现呕吐。在直肠或肛门内有较多干硬的粪便。有的动物出现腹围增大,肠鼓气。

② 便秘初期,病牛两后肢交替踏地,呈蹲伏姿势,或后肢踢腹。腹痛症状加剧后,常卧地不起。通常不见排粪,频频努责仅可排出一些胶冻样团块,直肠检查可摸到较硬粪块。

③ 猪便秘时,多数出现采食减少,口渴增加,腹围逐渐增大,喜躺卧,且常因为腹痛而呻吟、不安。病初,仍可排出少量干燥、颗粒状的粪球,并有少量灰色黏液附着,随着病情的加重,排粪停止。

(3)治疗:

① 对于便秘应以预防为主,治疗为辅。即从改善饲养管理入手,预防原发性肠便秘的发生。如刚断奶的仔猪,禁用纯米糠饲喂等。对单纯性便秘的治疗,可采用温水、2%小苏打水或温肥皂水反复灌肠,并配合腹外适度地按压肠内便秘粪块,对治疗便秘有一定疗效。灌肠时所用液体的量应视动物体型大小,肠腔的紧张度不同而增减,常用液体量一般每次20～80毫升。切忌灌注量过多,引起肠腔过度扩张而损伤肠壁。灌注后不要让液体立即流出,可对肛门稍加按压,必要时间隔1～2小时后再次灌肠。

② 如果病情较轻或发病初期,诊断发现后段肠管堵塞不太严重,可给予泻剂,再配合腹壁按摩和灌肠,疗效较好。可用中性盐类泻剂或油类泻剂,如硫酸镁或植物油,用胃管一次投服。

直肠后段或肛门出现严

重便秘并阻塞时,为防止肠黏膜损伤,保证动物安全,可在全身麻醉后,用镊子破碎干涸粪块并将其慢慢取出。

③ 在便秘治疗过程中应注意对症治疗,必要时要采取补充体液、强心等措施。

中兽医治疗便秘分 3 种情况。

一是久病,脾肾虚寒,阳气不运,阴邪凝结,寒凝气滞,引起的肠道传送无力,大便艰难,为寒秘。一般治疗原则为温中通便。

二是燥热内结,热病之后,余热留恋肠胃,耗伤津液;或湿热下注大肠,使肠道燥热,伤津而便秘,为热秘。一般治疗原则为清热通肠。

三是老年体衰或产后气血两虚,脾胃内伤而饮水量少,病中过于发汗、泻下伤阴等。气虚则大肠转送无力,血虚津亏则大肠滋润失养,使肠道干槁,便行艰涩,为虚秘。一般治疗原则为益气润肠。

13. 尿闭

排尿困难指动物排尿时感到非常不适,呈现腹痛样症状。而尿闭指泌尿机能正常、膀胱充满尿液,但不能排出的一种临床症状,又称尿潴留。中兽医辨证将该病称为淋证,表现为排尿频数、涩痛,淋漓不尽。

(1)原因:

① 尿闭多见于尿道阻塞、膀胱麻痹、膀胱括约肌痉挛、腰荐部脊髓受伤等。患畜多有尿意且伴有腹痛症状。

② 剧烈疼痛可引起暂时性尿闭。

(2)临床表现:

① 膀胱麻痹。膀胱内充满大量尿液,病畜疼痛不安,屡做排尿姿势,但无尿排出,或只呈现线状或滴状排出。直肠检查可发现膀胱膨胀,用手压迫,则有大量尿液排出,但停止压迫尿即停流。插入导尿管,尿液呈无力状流出。

② 膀胱痉挛。膀胱痉挛指膀胱括约肌或平滑肌痉挛收缩所引起的排尿障碍。膀

胱括约肌痉挛时,病畜排尿动作频频、无尿排出。膀胱平滑肌痉挛时,尿液不断流出,膀胱空虚。

③尿道结石。患病动物不断出现排尿姿势,表现为尿频、尿痛、尿淋漓。直肠内或者体外触诊膀胱充满尿液。尿道可探查到沙石阻塞部位,触诊病灶部敏感、疼痛。

④膀胱炎。膀胱炎主要是因膀胱颈肿胀、膀胱括约肌挛缩而引起尿潴留。患畜频繁排尿,疼痛,持续性尿淋漓。直肠内触诊,膀胱通常空虚,有痛感。

⑤尿道炎。病畜频频排尿,排尿时,由于炎性疼痛致尿液断续状流出。尿液浑浊,其中含有黏液、血液或脓液,甚至混有坏死、脱落的尿道黏膜。尿道肿胀、敏感,导尿管插入受阻及疼痛不安,直肠检查,膀胱充满。

⑥中兽医将淋证分为热淋、血淋、沙石淋、劳淋和膏淋5种,称为五淋。

A. 热淋:湿热蕴结于下焦,膀胱气化失利,以致排尿淋漓涩痛,发为热淋。热淋主证,排尿时拱腰努责,淋漓不畅,疼痛,频频排尿,但尿量少,尿色赤黄。口色红,苔黄热淋腻,脉滑数。

B. 血淋:湿热蕴结膀胱,伤及脉络,血随尿排出,遂成血淋。血淋与尿血,均可见尿中带血,一般排尿涩痛、淋漓不尽者为血淋,无排尿涩痛、尿淋漓者为尿血。血淋主证,排尿困难,疼痛不安,尿中带血,尿色鲜红。舌色红,苔黄,脉数。兼血瘀者,血色暗紫,混有血块。

C. 沙石淋:多由湿热蕴结膀胱,煎熬尿液成石所致。常发于公畜,母畜少发。沙石淋主证,尿道不完全堵塞时,尿频,排尿困难,疼痛不安,尿淋漓不尽,有时排尿中断,尿液混浊,常见有大小不等的沙石,或尿中带有血丝。尿道完全堵塞时,虽常作排尿姿势,但无尿排出,动物痛苦不安。

牛谷道入手(即直肠检查),可触摸到充满尿液的膀胱,大如篮球。口色、脉象通常无明显变化,或口色微红而干,脉滑数。严重者,因久不排尿,包皮、会阴发生水肿,同时伴有全身症状。

D. 劳淋:体质素虚,或劳役过度,或淋证失治、误治,耗伤正气,致使脾肾俱虚,膀胱气化不利而发为劳淋。劳淋主证,精神倦怠,四肢无力,卧多立少,体瘦毛焦,甚或耳鼻发凉,四肢不温。排尿频数,淋漓不尽,但疼痛不显,遇劳则淋重。口色淡白,舌质如绵,舌苔薄白或无苔,脉沉细无力。

E. 膏淋:湿热蕴结于膀胱,气化不利,清浊相混,脂液失约,遂成膏淋。膏淋主证,身热,排尿涩痛、频数,尿液混浊不清,色如米泔,稠如膏糊。口色红,苔黄腻,脉滑数。

(3)治疗:

治疗原则为查清病因、对症处理、抗菌消炎、促进尿液排除。

① 膀胱炎、尿道炎在治疗时,可服用氯化铵,使尿液酸化后,再用青霉素、链霉素等有效抗菌药。

特别注意:导尿时,应遵守操作规程,严禁粗暴,避免损伤尿道及膀胱黏膜;一旦确诊为尿道炎后,应禁止使用尿道插管。

② 中兽医辨证施治淋证原则。

A. 热淋治则:清热降火,利尿通淋。方剂,八正散加减。内热盛,加蒲公英、金银花等。

B. 血淋治则:清热利湿,凉血止血。方剂,小蓟饮子,由小蓟、藕节、蒲黄、滑石、木通、竹叶、栀子、生地、当归、甘草组成。

C. 沙石淋治则:清热利湿,消石通淋。方剂,八正散加金钱草、海金沙、鸡内金。兼有血尿者,加大蓟、小蓟、藕节、丹皮。

D. 劳淋治则:补益脾肾,

利尿通淋。方剂,肾虚者,用六味地黄汤加菟丝子、五味子、枸杞子;脾虚者,用补中益气汤加菟丝子、五味子、枸杞子。排尿困难者,加猪苓、泽泻、车前子。

E. 膏淋治则:清热利湿,分清化浊。方剂,萆薢分清饮,由萆薢、石菖蒲、黄柏、车前子、飞廉、水蜈蚣、向日葵心、莲子心、连翘心、丹皮、灯心组成。

14. 衰竭症

衰竭症是因营养物质摄入不足,或能量消耗过多引起的一种以慢性进行性消瘦为临床特征的营养不良综合征。中兽医辨证认为,动物衰竭症是因脏腑亏损、气血不足而发生的一类慢性、虚损性病证,称为虚劳。

(1)原因:

① 原发性衰竭。饲料、饲草质量不良,或重役之后,体力消耗过多,又无足够营养物质补充以恢复体力,可促使动物进一步消瘦,无力站起以至久卧不起。老年动物由于消化机能减退,易发本病。母畜快速重配,双胎或多胎妊娠,榨乳过度,幼畜断乳过早,补料不及时,可促使本病发生。饲料中微量元素和维生素缺乏,也可引起。

② 继发性衰竭。常继发于慢性消耗性疾病,慢性消化紊乱等,如牛结核、副结核、猪瘟、鸡马立克病、鸡传染性腺胃炎、肝片形吸虫病、血吸虫病等。

③ 中兽医辨证虚劳病机,临床上常见以下 4 种证型。

A. 气虚:主要指脾、肺气虚。多因素体虚弱,或老龄体弱,或久病失治、误治耗伤正气,或长期饲养管理不当,劳役过度,脏腑功能衰退所致。

B. 血虚:主要指心、肝血虚。多由先天不足,体质素虚,或后天失养,脾胃虚弱,血液生化无源,或各种急慢行出血,肠道虫积等所致。

C. 阴虚:主要指肺、肾阴

虚。多由营养不足,饮水缺乏,或久病体虚,或泄泻、大汗、失血以及高热伤津所致。

D. 阳虚:主要指脾、肾阳虚。多因素体阳虚,或老龄体弱,久病不愈,脾肾阳虚,或劳损过度,感受寒邪,阳气受损所致。

(2)临床表现:

① 患畜严重消瘦,步态蹒跚,起立艰难以致卧地不起,体温偏低,黏膜色淡或苍白。注意应对引起衰竭症的原发病进行鉴别诊断。

② 中兽医辨证虚劳证。

A. 气虚主证:食欲减退,精神不振,欬吊毛焦,体瘦形羸,四肢无力,怠行好卧,口色淡白,脉沉细无力。肺气虚者,呼吸气短,咳声无力,动则气喘、汗出。脾气虚者,粪便清稀,完谷不化或水粪齐下,双唇不收,舌绵软无力。

B. 血虚主证:精神不振,体瘦毛焦,口色、结膜淡白无华,脉象细弱。心血虚者,有时心悸,见物易惊;肝血虚者,

筋脉拘挛、抽搐,蹄甲焦枯,有时视力减退或失明。

C. 阴虚主证:精神倦怠,体瘦毛焦,虚热不退,午后热盛,盗汗,口色红,少苔或无苔,脉象细数。肺阴虚者,干咳无痰,咳声低微,或有气喘;肾阴虚者,腰拖胯輚,公畜举阳滑精,母畜不发情或不孕。

D. 阳虚主证:体瘦毛焦,畏寒怕冷,耳鼻四肢发凉,口色淡白,脉象细弱。脾阳虚者,慢草或不食,久泄不止,四肢虚浮。肾阳虚者,腰膝痿软无力,公畜阳痿、滑精,母畜不孕。

(3)治疗:

治疗原则为消除病因,改善营养,补充能量,维持血浆胶体渗透压。

① 消除病因。给动物提供营养全、易消化的饲草、饲料。对继发性衰竭要积极治疗原发病。注意保温,防止褥疮。

② 补充营养。纠正水与电解质不平衡,首先用复方氯

化钠、5%葡萄糖注射,随后用10%～25%葡萄糖、维生素C,配合10%氯化钙,静脉注射。为纠正低蛋白血症,可静脉注射健康牛血浆(多从宰牛场取)1 500毫升,隔天1次,连续2～3次,复方氨基酸1 000毫升,静脉注射。

③ 强心。在输注高糖、促进糖代谢的药物后,应同时使用强心剂,对于慢性心衰,可用洋地黄毒苷、地高辛和毒毛花苷等;对急性心衰,可应用去乙酰毛花苷。

④ 健胃。使用调整胃肠机能的药物,促进消化吸收,如人工盐、苦味酊、健胃散等。

⑤ 中兽医辨证治疗虚劳原则。

A. 气虚治则:益气。方剂,肺气虚者,用补肺散;脾气虚者,用补中益气汤或参苓白术散,加黄芪、熟地黄、五味子、紫菀、桑白皮等。

B. 血虚治则:心血虚者,养血安神。肝血虚者,补血养肝。方剂,心血虚者,用八珍汤加龙眼肉、酸枣仁、远志等;肝血虚者,用四物汤加何首乌、女贞子、枸杞子、钩藤等。

C. 阴虚治则:肺阴虚者,养阴润肺。肾阴虚者,滋阴补肾。方剂,肺阴虚者,用百合固金汤加减;肾阴虚者,用六味地黄丸加减。

D. 阳虚治则:脾阳虚者,温中健脾;肾阳虚者,温肾助阳。方剂,脾阳虚者,用理中汤加减;肾阳虚者,用金匮肾气丸加减。

15. 惊厥

惊厥(又称搐搦),是指动物突然发作意识丧失,四肢与躯干出现强直性或阵发性痉挛的一种临床综合征。

(1)原因:

① 颅内疾病。

A. 颅内感染:各类脑炎、脑膜炎等。

B. 脑外伤:产伤、颅脑外伤、血肿等。

C. 脑内寄生虫:牛、羊脑包虫病及脑囊虫病等。

② 全身性疾病。

A. 感染：如牛传染性鼻气管炎、伪狂犬病、狂犬病等。

B. 营养代谢病：如牛低镁血症、仔猪低血糖症、动物维生素 B_1 或维生素 B_6 缺乏症等。

C. 中毒：如一氧化碳中毒、有机磷农药中毒、氟乙酰胺中毒、磷化锌鼠药中毒、工业毒物（砷、汞、铅）中毒、猪食盐中毒等。

D. 其他：如肺水肿、窒息和休克等。

(2)临床表现：

① 出现惊厥的典型症状。患病动物的局部或全身肌肉突然表现强直性或阵发性痉挛，伴有意识丧失，四肢抽搐，倒地，昏迷等。

② 相关原发病的临床症状。

如出现于传染病，见有传染性与群发性，病畜体温升高，特征性的临床表现，可检测到特定的病原。

起因于营养代谢性疾病的，常发于新生仔畜等幼龄动物和母畜分娩前后，多与饲料、饲养以及饲养管理方式改变等密切相关。

中毒性病，有与毒物接触史，一般起病急，或突然发作，全身症状明显或重剧，从可疑饲料、饮水、胃肠内容物和血样中可检测到相关毒物。

(3)治疗：

治疗原则为消除病因，改善营养，补充能量，维持血浆胶体渗透压。

① 针对病因治疗。急性感染引起的惊厥，应用有效抗生素控制感染。高热性惊厥，应立即降温；低血钙、低血镁、低血钾、低磷酸盐血症的惊厥，经静脉补给相应的制剂。中毒性的惊厥，应用特效解毒剂或一般解毒措施处理。

② 抗惊厥。苯巴比妥钠，牛每千克体重 10～15 毫克，肌内注射或静脉注射。地西泮（安定），牛、羊、猪每千克体重 0.5～1 毫克，肌内注射或静脉注射。

③ 降颅内压。惊厥持续

的,宜用脱水疗法以降低颅内压,可用甘露醇静脉注射。

六、临床常用兽药

兽用药物是用来预防、治疗畜禽疾病的物质。直接施用于动物的药物制品称为制剂。以下简要介绍抗微生物药,消毒、防腐药,抗寄生虫药,作用于消化系统的药物,作用于呼吸系统的药物以及其他系统常用兽药。限于篇幅,本书对兽医常用中药未做介绍,但在疾病治疗中提供了一些方剂可供选用。

(一)抗微生物药之一:抗生素

抗生素是一类应用广泛的抗微生物药,在一定浓度时可杀灭细菌、真菌、放线菌、螺旋体、立克次体以及某些支原体、衣原体和原虫等。本品一般是从微生物的培养液中提取的,但有些已能人工半合成。

1. 青霉素类抗生素

(1)天然青霉素:

①作用与用途。对多数革兰阳性菌和部分革兰阴性菌,以及螺旋体和放线菌均有强大的抗菌作用。临床上主要用于猪丹毒、坏死杆菌病、炭疽、气肿疽、破伤风、恶性水肿、牛肾盂肾炎、呼吸道感染、乳腺炎、子宫炎、放线菌病、钩端螺旋体病等,也用于感染创、脓肿、蜂窝织炎等的治疗。

②耐药性。一般细菌对青霉素不易产生耐药性,但金色葡萄球菌可逐渐产生耐青霉素的菌株,细菌耐药菌株的出现,多半是滥用金色葡萄球菌造成的恶果。

③不良反应。过敏反应,表现为皮肤过敏,如出现荨麻疹、接触性皮炎等,严重时可出现过敏性休克。如出现过敏症状,立即肌注 0.1% 盐酸肾上腺素或 1% 苯海拉明等。

④用法和用量。

A. 苄青霉素钾(钠):临用前用注射用水配成水溶液。牛、牛犊每千克体重 1 万～2 万国际单位。猪、羊每千克体重 2 万～3 万国际单位。成鸡每只每次 5 万国际单位,肌注,每天 2 次。对危重病例,可用生理盐水稀释至每毫升 5 000 国际单位以下浓度,静脉滴注。牛乳房灌注,挤乳后,每个乳室每次 10 万国际单位,每天 1～2 次。犬、猫每千克体重 3 万～4 万国际单位,每天 2～3 次,静脉滴注。

B. 普鲁卡因青霉素:临用前以注射用水配成水溶液,肌注,牛犊每千克体重 1 万～2 万国际单位。猪、羊每千克体重 2 万～3 万国际单位,每天 1 次。成鸡每只每次 2 万～5 万国际单位,肌注,每天 2～3 次。内服量(混入饲料或饮水中),每只雏鸡每次 2 000 国际单位,1～2 小时内服完。犬、猫每千克体重 2 万～3 万国际单位,每天 1 次,连用 2～3 天,皮下或肌内注射。

C. 苄星青霉素(长效西林):主要用于长期用药的病例,如牛肾盂肾炎、肺炎、子宫炎、子宫蓄脓、复杂骨折等。

临用前加注射用水配成水溶液,肌内注射。家畜每千克体重 2 万～3 万国际单位,隔 2～3 天注射 1 次。犬、猫每千克体重 2 万～3 万国际单位,2～3 天 1 次,肌内注射。

(2)半合成青霉素:

常用的药物及用法、用量。

① 苯唑西林钠(新青霉素Ⅱ)。临床主要用于耐药性金黄色葡萄球菌引起的感染。内服,牛、羊、猪、犬、猫每千克体重每次 10～15 毫克,每天 2～3 次。牛、羊、猪肌内注射同内服量。犬、猫按每次每千克体重 15～20 毫克,内服、肌内或静脉注射,每天 3～4 次,连用 2～3 天。

② 邻氯青霉素钠(邻氯苯甲异恶唑青霉素钠)。用途同苯唑青霉素钠。内服,牛、猪、羊每千克体重每次 10～15 毫克,每天 2～3 次。牛、羊、猪肌内注射同内服量。牛乳室灌注,挤乳后每个乳室每次 0.2 克,每天 1～2 次。犬、猫

按每次每千克体重20～40毫克,内服或肌内注射,每天2次,连用2～3天。

③乙氧萘青霉素钠(新青霉素Ⅲ)。除对耐药金黄色葡萄球菌外,对溶血性链球菌及肺炎球菌也有高效,用于耐药菌引起的呼吸道及泌尿道感染。内服,牛、羊、猪,每千克体重10～15毫克,每天2～3次。肌内注射,牛、羊、猪同口服量。内服量,犬每千克体重10毫克,一次内服,每天2～4次。犬、猫按每次每千克体重7～11毫克,肌内注射,每天4～6次,连用2～3天。

④氨苄青霉素(安苄西林)。对多数革兰阴性菌有较强抗菌作用。用于敏感菌引起的肺部、肠道、尿道感染。牛、羊、猪按每千克体重10～20毫克静脉或肌内注射,每天2～3次。鸡按每千克体重25毫克,肌内、皮下注射,每天3次。犊牛按每千克体重12毫克,1次内服,每天2～3次。犬、猫按每次每千克体重20～30毫克,内服,每天2～3次。按每千克体重10～30毫克,皮下、肌内、静脉注射,每天2～3次。

⑤羟氨苄青霉素(阿莫西林)。杀菌作用快而强,内服吸收好、尿中浓度较高。临床上对呼吸道、泌尿道、皮肤、软组织及肝胆系统等感染疗效好。与强的松等合用治疗猪的乳腺炎、子宫内膜炎、无乳综合征疗效极佳。内服,畜禽每千克体重10～15毫克,每天2次。家畜可按每千克体重4～7毫克,肌内注射,每天2次;犬、猫按每次每千克体重10～20毫克,内服,每天2～3次,连用5天。牛、犬、猫按每千克体重5～10毫克,皮下、肌内注射,每天2～3次,连用5天。

2.头孢菌素类抗生素

头孢菌素(又称先锋霉素)是半合成抗生素,特点是抗菌广谱,抗菌作用强,部分药物可内服,毒性低,过敏反应发生率低。

① 头孢噻吩钠（先锋霉素Ⅰ）。一种强效广谱抗生素，对各种球菌和杆菌都有明显的杀菌作用。临床用于对头孢噻吩钠敏感菌引起的严重感染，如呼吸道、泌尿道感染，牛乳腺炎、预防术后感染等。临用时加适量注射用水溶解。牛、猪按每千克体重10～20毫克，肌内注射，每天3次。家禽按每千克体重10毫克，肌内注射，每天4次。犬、猫按每次每千克体重20～35毫克，肌内或静脉注射，每天3～4次。

② 头孢氨苄（先锋霉素Ⅳ）。抗菌谱与头孢噻吩钠相似，对葡萄球菌感染、口腔炎、包柔螺旋体病效果较佳，但不适于严重感染。内服易吸收。临床用途同头孢噻吩钠。家禽按每千克体重35～55毫克内服，每天4次。犬按每次每千克体重22毫克，内服、肌内或静脉注射，每天3次，连用3～5天。

③ 头孢唑啉钠（头孢菌素Ⅴ、先锋Ⅴ）。治疗呼吸道、泌尿道、消化道等严重感染及心内膜炎时，犬、猫按每次每千克体重15～30毫克，肌内或静脉注射，每天3～4次。用于牙科手术，犬、猫按每次每千克体重20～25毫克，手术前1小时静脉注射。治疗急腹症、骨髓炎、败血症，犬、猫按每次每千克体重20毫克，皮下、肌内或静脉注射，每天3～4次。

④ 头孢拉定（先锋霉素Ⅵ）。治疗呼吸道、泌尿道、皮肤和软组织的感染，犬按每次每千克体重50～100毫克，内服，每天2次；按每千克体重25～50毫克，肌内或静脉注射，每天2次。治疗脑膜炎、伤寒，犬、猫按每次每千克体重100～150毫克，皮下、肌内或静脉注射，每天2次。

⑤ 头孢噻啶（头孢菌素Ⅱ）。治疗敏感菌引起的呼吸道、泌尿道严重感染，犬、猫按每次每千克体重10～15毫

克,皮下或肌内注射,每天 2 次,肾功能不佳慎用,连用不超过 7 天。

⑥ 头孢曲松(菌必治)。治疗严重呼吸道、泌尿道、皮肤和软组织感染,犬、猫按每次每千克体重 20～30 毫克,皮下、肌内或静脉注射,每天 2 次。

⑦ 头孢哌酮(先锋铋)。治疗呼吸系统感染、腹膜炎、胆囊炎、肾盂肾炎、尿路感染、脑膜炎、败血症,犬、猫按每次每千克体重 25～50 毫克,肌内或静脉注射,每天 2 次。

⑧ 头孢噻呋。治疗尿道严重感染或反复感染时,犬按每次每千克体重 20 毫克,皮下注射,每天 1 次,连用 5～14 天。

3. 氨基甙类抗生素

氨基甙类抗生素内服不易吸收,故可用于肠道消毒。治疗全身感染必须注射给药。由于该类抗生素在体内破坏少,大部分以原形从尿道中排出,故可用于治疗泌尿道感

染。抗菌广谱,对多数革兰阴性菌有强大抗菌作用,但对第 8 对脑神经(听神经)及肾脏有毒害作用。

(1)硫酸链霉素:

①作用与用途。临床用于大肠杆菌引起的肠炎、白痢、乳腺炎、子宫炎、败血症和鹅卵黄性腹膜炎,以及钩端螺旋体病、放线菌病、幼禽溃疡性肠炎等。此外还用于控制乳牛结核病的急性发作。

②不良反应。链霉素最严重毒性反应是损害第 8 对脑神经,造成听觉损害,并出现肌肉无力、肢体瘫痪、呼吸抑制等症状,可引起过敏反应以及对肾脏产生轻度损害等。

③用法和用量。临用前用适量注射用水溶解。各种家畜按每千克体重 10～15 毫克,肌内注射,每天 2 次。家禽按每次每千克体重 50～100 毫克,肌内注射,每天 2 次。治疗鹌鹑溃疡性肠炎,可按每升饮水中加入 500 毫克,连用 25 天。治疗犬钩端螺旋

体病、心内膜炎、肺结核,按每次每千克体重 10～25 毫克,肌内注射,每天 1～4 次。治疗犬布氏杆菌病,按每次每千克体重 20 毫克,肌内注射,每天 1 次,连用 14 天。

(2)硫酸卡那霉素:

①作用与用途。对大多数肠道革兰阴性杆菌(特别是变形杆菌)有强大抗菌作用,对耐药金葡菌和结核杆菌也有效。用于禽霍乱、雏白痢、坏死性肠炎、乳腺炎、呼吸道感染、泌尿道感染等。对猪喘气病、猪萎缩性鼻炎也有一定疗效。

②用量和用法。牛、羊、猪、牛犊按每次每千克体重 10～15 毫克,肌内注射,每天 2 次。鸡按每次每千克体重 10～30 毫克,肌内注射,每天 2 次。牛、羊、猪按每千克体重 6～12 毫克内服,每天分 2 次。家禽可按百万分之 30 至百万分之 120(旧称 ppm)混饮给药。用于治疗犬、猫革兰阴性菌引起的乳腺炎、肠炎、

呼吸道、泌尿道感染时,按每次每千克体重 10～15 毫克,内服,每天 2 次,或按每千克体重 5～7 毫克,肌内注射,每天 2 次,肾功能差者慎用。

特别注意:ppm 已经废除,30～120ppm,即 1 000 升(100 万毫升)水中添加 30～120 克药物,混匀,让畜禽饮用,或每1 000千克(100 万克)饲料添加 30～120 克药物,混匀,让畜禽食用。

(3)硫酸庆大霉素(硫酸正泰霉素):

①作用与用途。用于治疗多种革兰阴性菌感染,如大肠杆菌、肺炎杆菌、变形杆菌和疾杆菌等。对禽慢性呼吸道病、坏死性皮炎和肉垂水肿等均有效。

②用法和用量。驹、犊牛、仔猪、羔羊每天按每千克体重 10～15 毫克,分 3～4 次内服。牛、牛犊、羊、猪每天按每千克体重 2～4 毫克,肌内注射。鸡每天按每千克体重 2 毫克,皮下注射,每天 2 次。

用于治疗犬、猫严重的细菌感染、骨髓炎时，按每次每千克体重3～5毫克，皮下、肌内或静脉注射，每天2次，连用2～3天。用于肠道感染时，按每千克体重10～15毫克，内服。

4. 四环素类抗生素

四环素类抗生素广谱，对多数革兰阳性和阴性细菌、衣原体、支原体、螺旋体、立克次体、放线菌和某些原虫（如阿米巴原虫、球虫等），都有抑制作用。

（1）土霉素（氧四环素）：

①作用与用途。用于治疗牛出血性败血症、猪肺疫、禽霍乱、炭疽、大肠杆菌、沙门菌感染、猪喘气病、禽衣原体病等，也可局部应用于牛子宫内膜炎、坏死杆菌病等，此外对梨形虫病、放线菌病、钩端螺旋体病、气肿疽等，也有一定疗效。

②注意事项。应用土霉素可引起肠道菌群失调、某些维生素缺乏和损害肝脏。一般成年草食兽不宜内服，杂食兽、肉食兽和新生草食兽可内服。大剂量或长期应用时加服复合维生素A，可防止消化道反应。

③用法和用量。中小家畜，按每天每千克体重30～50毫克，分2～3次内服。鸡每天按每只0.1～0.2克，内服。混饮浓度，猪按百万分之110至百万分之280，禽按百万分之60至百万分之260掌握。牛每千克体重5～10毫克；羊、猪每千克体重7～15毫克，分为1～2次肌内或静脉注射；鸡按每千克体重25毫克，肌内注射，1天2次。静脉注射时可用生理盐水或5%葡萄糖注射液，制成0.5%以下的浓度。治疗血巴尔通体病、胰腺外分泌机能不全、支原体感染时，犬按每次每千克体重20～40毫克，内服，每天3次，连用3周。猫按每千克体重15～30毫克，内服，每天2～3次，连用3周；按每千克体重5～10毫

克,静脉注射,每天 2 次,连用 2～3 周。土霉素眼膏和软膏可外用。

(2)四环素:

①作用与用途。抗菌谱、不良反应及临床用途等与土霉素相同。

②用法和用量。内服剂量同土霉素。对立克次体病,内服按每次每千克体重 66 毫克,每天 3 次,连用 14 天。治疗急性气管支气管炎,犬按每次每千克体重 15～20 毫克,内服,每天 3 次。猫按每次每千克体重 10 毫克,内服,每天 3 次。治疗胃肠道细菌过度生长、口腔炎,犬按每次每千克体重 10～22 毫克,内服,每天 2～3 次。治疗布氏杆菌病、慢性钩端螺旋体病、莱姆病,犬按每次每千克体重 10～20 毫克,内服,每天 3 次,连用 28 天。治疗立克次体病,犬按每次每千克体重 20～22 毫克,内服,每天 3 次,连用 14～21 天。猫按每次每千克体重 15 毫克,内服,每天

3 次,连用 21 天。治疗跖骨瘘、肉芽肿、免疫性皮肤病、巩膜外层炎,犬按每次每千克体重 250～500 毫克,内服,每天 2～3 次,与烟酰胺合用。

(3)金霉素(氯四环素):

①作用与用途。对革兰阳性菌、耐药性金黄色葡萄球菌感染疗效较强。因对注射部位有较强刺激性,故不可肌内注射。对产后子宫内膜炎和乳腺炎可局部用药。

②用法和用量。内服剂量同土霉素。家禽按百万分之 200 至百万分之 600 的浓度混饲给药,一般不超过 5 天,也可将本品制剂塞入子宫内,每次牛 1 克,羊、猪 0.5 克。静脉注射,临用前加 5% 葡萄糖注射液溶解后应用。静注日用量:牛、羊、猪每千克体重 5～10 毫克。家禽每千克体重 40 毫克,肌注。犬、猫用于治疗子宫内膜炎、乳腺炎、眼炎、化脓创时,按每次每千克体重 20 毫克,内服,每天 3 次。金霉素软膏可外用。

（4）强力霉素（脱氧土霉素）：

①作用与用途。强力霉素是一种长效、高效、广谱的半合成四环素类抗生素，特别对土霉素、四环素耐药的金黄色葡萄球菌有效。可用于呼吸系统、泌尿系统、生殖系统和胆道感染。对败血症、皮肤软组织感染、布氏杆菌病也有一定疗效。

②用法和用量。内服，猪、羔羊、牛犊按每千克体重2～5毫克，家禽按每千克体重10～20毫克，每天1次。混饲，猪百万分之150至百万分之250，禽百万分之100至百万分之200。静脉注射，以5％葡萄糖注射液制成1％或以下浓度，缓慢静注，不可漏入皮下，牛按每千克体重1～2毫克，猪、羊按每千克体重1～3毫克剂量输入。犬用于急性病，按每次每千克体重5～10毫克，内服或静脉注射，每天2次，连用10～14天，不可漏于皮下。慢性病按每千克体重10毫克，内服，连用7～21天。猫按每次每千克体重2.5～5毫克，内服，每天2次；按每千克体重2～4毫克，静脉注射，每天1次，5％葡萄糖溶液稀释到0.1％以下，不可漏于皮下。

5.氯霉素类抗生素（氟苯尼考）：

①作用与用途。抗菌广谱，对多数革兰阳性、阴性菌有效。临床上用于治疗猪胸膜炎、肺炎、黄痢、白痢、鸡大肠杆菌病、巴氏杆菌病等。

②用法和用量。猪、鸡每千克体重每次口服20～30毫克，每天2次，连用3～5天。猪、鸡每千克体重每次肌内注射20毫克，每隔48小时1次，连用2次。（注意：本品有胚胎毒，故妊娠动物禁用）用于治疗犬、猫呼吸道、泌尿道、消化道感染，按每次每千克体重20～22毫克，内服或肌内注射，每天2次，连用3～5天。

6.大环内酯类抗生素

（1）红霉素：

①作用与用途。抗菌谱与青霉素相似。临床上主要用于耐药金葡菌、溶血链球菌引起的严重感染（如肺炎、败血症、子宫内膜炎等）和鸡慢性呼吸感染等，与链霉素等合用有协同作用。

②用法和用量。犊牛、羔羊、仔猪按每千克体重 6.6～8.8 毫克，分 3～4 次口服。禽按每千克体重 10 毫克，分 2 次口服。禽按百万分之 100 混饮，连用 3～5 天。成年牛、羊、猪按每千克体重 3～5 毫克，肌内注射。静脉注射时，先用注射用水将红霉素溶解，再用 5% 葡萄糖注射液稀释成 0.1% 以下的浓度后，静脉注射。用于治疗犬、猫敏感菌引起的肺炎、子宫炎、乳腺炎、败血症、毛囊炎、眼炎时，按每次每千克体重 10～20 毫克，内服，每天 3 次，连用 3～5 天。红霉素软膏、眼药膏可外用，涂于眼睑内或皮肤上。

（2）泰勒霉素（泰乐菌素）：

①作用与用途。对革兰阳性菌和部分阴性菌、螺旋体有抑制作用，对支原体有特效。用作牛、猪、禽的饲料添加剂，促进增重和提高饲料效益。

②用法和用量。治疗支原体病，牛、羊、猪按每千克体重 2～10 毫克，肌内注射，每天 2 次。用作饲料添加剂，畜禽按百万分之 50 至百万分之 500，混饲。用于治疗慢性结肠炎、胃肠道细菌过度生长时，犬按每次每千克体重 10～40 毫克，内服，每天 2 次，混入食物；猫按每次每千克体重 5～10 毫克，内服，每天 2 次，混入食物。治疗上呼吸道感染，猫按每次每千克体重 25 毫克，内服，每天 3 次。治疗隐孢子虫病，犬、猫按每次每千克体重 11 毫克，内服，每天 2 次，连用 28 天。

（3）螺旋霉素：

①作用与用途。抗菌谱与本类其他抗生素相同。多

用于禽类呼吸道感染及各种肠炎。由于排出慢,畜、禽用药后需较长停药时间才可用来屠宰。

②用法和用量。牛按每千克体重 4～20 毫克,羊、猪按每千克体重 10～50 毫克,家禽按每千克体重 25～50 毫克,肌内或皮下注射,每天 1 次。作为饲料添加剂时,仔猪按百万分之 5 至百万分之 100,雏鸡按百万分之 5 至百万分之 20,混饲。用于治疗犬、猫呼吸道感染及肠炎时,按每次每千克体重 25～50 毫克,内服,每天 1 次;或按每千克体重 10～25 毫克,肌内注射,每天 1 次。

7. 抗真菌类抗生素

(1)灰黄霉素:

①作用与用途。临床主要用于浅部真菌感染,对家畜的毛癣有较好的疗效。

②用法和用量。犊牛按每千克体重 20 毫克,内服,每天 2～3 次,连用 20 天,皮肤毛癣需连用 3～4 周。用于治

疗犬、猫毛发、趾甲、爪等部位真菌病时,细粉剂按每次每千克体重 10～30 毫克,内服,每天 2 次,连用 4～6 周;超细粉剂按每次每千克体重 2.5～5 毫克,内服,每天 1～2 次,连用 4～6 周。

注意:本品以内服为主,外用不易透入皮肤,故难奏效。

(2)两性霉素 B:

①作用与用途。两性霉素 B 是治疗全身性深部真菌感染的有效药物。临床用于组织胞浆菌病、白色念珠菌病等。

②用法和用量。静脉注射时用注射用水将两性霉素 B 溶解,再用 5% 葡萄糖注射液稀释成 0.1% 注射液。家畜按每千克体重 0.125～0.5 毫克,静脉注射,隔日 1 次或 1 周注射 2 次。用于治疗全身性霉菌病、原藻病、隐球菌病时,犬按每次每千克体重 0.25～0.5 毫克,溶于 0.5～1 升 5% 葡萄糖溶液,静脉注

射,隔日1次,总剂量每千克体重8～10毫克;或按每千克体重0.5～0.8毫克,糖盐水稀释,皮下注射,每周2～3次。猫按每次每千克体重0.25毫克,静脉注射,隔日1次,总剂量每千克体重5～8毫克。

（3）克霉唑（抗真菌1号）：

①作用与用途。抗真菌广谱、毒性小,内服易吸收,对皮肤及深部真菌感染均有效。

②用法和用量。牛按每千克体重5～10毫克,内服;牛犊、羊、猪按每千克体重0.75～1.5毫克,内服,每天2次。用于治疗犬、猫念珠菌病、真菌性鼻炎、呼吸道、尿路等真菌感染时,按每次每千克体重15～25毫克,内服,每天2次。其软膏或溶液可外用。

（4）制霉菌素：

①作用与用途。主要用于预防和治疗因长期服用四环素类引起的肠道真菌性感染。气雾吸入对肺部霉菌感染疗效较好。

②用法和用量。牛、羊、猪按每千克体重50万～500万国际单位内服,每天3～4次。禽每千克饲料添加50万～100万国际单位,连用1～3周。犬、猫按每次每千克体重5万～15万国际单位内服,每天2～3次。其软膏或溶液可外用,每天2～3次,连用1～2周。

8. 其他抗生素

（1）新生霉素：

①作用与用途。抗菌作用与青霉素G相似。临床上可用于葡萄球菌、链球菌等感染,也适用于其他抗生素无效病例,但不能作首选药,因细菌易产生耐药性。

②用法和用量。猪按每千克体重10～25毫克内服,每天2次。猪、羊按每千克体重5～15毫克,牛按每千克体重2～5毫克,静脉或肌内注射,每天1次。该药的粉针剂,切不可用葡萄糖注射液溶解。犬、猫用于治疗肺炎、败

血症时,按每次每千克体重10～25毫克,内服,每天2次;或按每千克体重3～8毫克,肌内或静脉注射,每天2次。

(2)杆菌肽

①作用与用途。对各种革兰阳性菌有杀菌作用。主要作用饲料添加剂,内服几乎不被吸收,因此畜、禽产品中没有残留。临床常与链霉素、新霉素、多黏菌素B等合用,治疗各种家畜和幼畜的菌痢。

②用法和用量。内服(与链霉素等合用),牛1万～2万国际单位。犊牛5 000国际单位,仔猪800国际单位,每天1～2次。饲料添加剂,犊牛、仔猪每吨饲料中16.8万～84万国际单位。雏鸡每吨饲料中22万～220万国际单位。犬、猫用于治疗痢疾、外伤化脓处理时,按每次每千克体重200～1 000国际单位,肌内注射,每天2次;按每毫升500～1 000国际单位,用氯化钠注射液溶解,脓腔冲洗,或干粉撒于局部。

(3)洁霉素(林可霉素):

①作用与用途。主要用于革兰阳性菌引起的各种感染,对痢疾菌有显著疗效。也常用于支原体、副猪嗜血杆菌引起的猪肺炎、关节炎等。

②用法和用量。内服,牛每千克体重6～10毫克,羊、猪每千克体重10～15毫克,1天1～2次。静注或肌注,猪每千克体重10毫克。盐酸林可霉素可溶性粉,混饮,每1升水,猪100～200毫克,鸡200～300毫克。用于治疗犬、猫乳房炎,按每次每千克体重15毫克,内服,每天3次,连用21天。用于治疗细菌性毛囊炎、眼睑炎,按每千克体重20毫克,内服,每天2次。

(二)抗微生物药之二:磺胺类药物和其他药物

磺胺类药物、抗菌增效剂、呋喃类药物等,是临床上应用广泛的抗微生物药。这些药物都是化学合成的。

131

1. 磺胺类药物

磺胺类药物抗菌广谱、性质稳定,但抗菌作用不强,一般只有抑菌作用。抗菌增效剂(甲氧苄氨嘧啶等)的发现,使其抗菌作用大大加强,甚至变抑菌作用为杀菌作用,因此也扩大了治疗范围。

①作用与用途。可用于凡是对磺胺药敏感病原体引起的各种感染性疾病,如流行性脑脊髓膜炎、呼吸道感染、肠道感染、泌尿道感染、乳腺炎、子宫内膜炎,以及畜禽球虫病、猪弓形虫病,还可外用于创伤感染等。

②不良反应。对体弱、幼龄家畜长期大剂量给药时,可能会出现不良反应,如食欲减退或废绝、精神沉郁、贫血、白细胞减少、少尿或无尿、血尿和体温升高等,一般停药后可消失。如果配合等量的碳酸氢钠,并增加饮水量(必要时可灌水)就可减少或预防不良反应的发生。反应严重时,除停止用药外,还应立即内服或静注碳酸氢钠、生理盐水或葡萄糖注射液等,以促进磺胺药的排出。少数家畜对磺胺药敏感,当静注大剂量,尤其是注射速度过快时,可发生休克。

③选药原则。

A. 全身感染,选用肠道易吸收、抗菌作用强而副作用较少的磺胺药,如磺胺间甲氧嘧啶、磺胺甲基异恶唑、磺胺嘧啶、磺胺二甲氧嘧啶等。

B. 肠道感染,选用肠道不易吸收的磺胺药,在肠道内能保留较高浓度,如磺胺脒、酞酰磺胺噻唑、琥珀酰磺胺噻唑、羟喹酰磺胺噻唑等。

C. 泌尿道感染,应选择溶解度大,抗菌作用强的磺胺药,如磺胺二甲异恶唑、磺胺二甲嘧啶。

D. 畜禽球虫病,常选用磺胺二甲嘧啶、磺胺二甲异恶唑等。

E. 猪弓形体病,常选用磺胺间甲氧嘧啶、磺胺二甲嘧啶等。

F. 外用当中,治疗创伤可用磺胺药的散剂、软膏等;对烧伤面的感染,尤其是绿脓杆菌感染时,选用磺胺嘧啶银等效果较好。

④剂量原则。首次应采用大剂量(突击量,维持量的倍量),以后每隔一定时间给予维持量。症状消失后,还应给予维持量的1/3～1/2,继续投服2～3天。

⑤应用注意。普鲁卡因与磺胺药结构相似,同时并用会降低磺胺药的抗菌作用。全身性酸中毒、肝脏病、肾脏病等,应慎用或禁用磺胺药。磺胺嘧啶钠等注射液碱性甚强,遇维生素B、复方奎宁、碳酸氢钠等药物的注射液能发生沉淀,因此不能混合应用。静注时,可用5%～20%磺胺嘧啶钠等注射液,配合葡萄糖注射液等进行注射。

临床常用磺胺类药物简介如下。

(1)短效和中效磺胺药:

① 磺胺嘧啶。内服或混饲,牛、羊、猪、鸡,首次量每千克体重140毫克,维持量每千克体重70毫克,每天2次。静注或深部肌注,牛、羊、猪、鸡每千克体重70毫克,每天2次。用于治疗犬、猫流脑、弓形体病,按每次每千克体重50～100毫克,内服、肌内或静脉注射,每天1～2次,连用3～5天。

② 磺胺甲基异噁唑(新诺明)。静注或深部肌注,牛、羊、猪、鸡每千克体重70毫克,每天2次。犬、猫首次量50～100毫克,内服,维持量为每次每千克体重25～50毫克,每天1～2次。

③ 磺胺二甲异噁唑。内服,首次量每千克体重200毫克,维持量每千克体重100毫克,每天3次。深部肌注,牛、羊、猪每千克体重70毫克,鸡每千克体重20～30毫克,每天3次。

④ 磺胺二甲嘧啶。内服,牛、羊、猪首次量每千克体重140～200毫克,维持量每

千克体重 70～100 毫克,每天 1～2 次。混饲,禽 0.4%～0.5%,混饮,禽 0.1%～0.2%,限用 1 周。静注或肌注,牛、羊、猪每千克体重 50～100 毫克,每天 2 次。犬、猫首次量为每千克体重 100 毫克,维持量按每次每千克体重 50 毫克,内服,每天 2 次;按每千克体重 50 毫克,肌内或静脉注射,每天 2 次。

⑤ 磺苯苯吡唑。内服,牛、羊、猪首次量每千克体重 100 毫克,维持量每千克体重 50 毫克,每天 2 次。

⑥ 磺胺间甲氧嘧啶。内服,牛、羊、猪首次量每千克体重 100 毫克,维持量每千克体重 50 毫克,每天 2 次。混饲,禽 0.05%～0.2%,治疗鸡球虫病,限用 1 周。仔猪(自断乳起),按 0.02% 混饲,连用 60 天,可预防弓形虫病。犬、猫首次量为每千克体重 50 毫克,维持量按每次每千克体重 25 毫克,内服,每天 1 次;按每千克体重 50 毫克,肌内或

静脉注射,每天 1 次。

⑦ 磺胺对甲氧嘧啶。内服,牛、羊、猪首次量每千克体重 100 毫克,维持量每千克体重 50 毫克,每天 2 次。增效磺胺对甲氧嘧啶钠注射液,肌注,畜禽按每千克体重 0.1～0.2 毫升,每天 1～2 次。犬、猫首次量为每千克体重 50 毫克,维持量按每次每千克体重 25 毫克,内服,每天 1 次。

(2)长效磺胺药:

① 磺胺乙氧嗪。内服,牛、羊每千克体重 50 毫克,猪每千克体重 130 毫克,每天 1 次。

② 磺胺间二甲氧嘧啶。内服,牛、羊、猪按每千克体重 100 毫克,每天 1 次。治疗育成牛球虫病,第 1 天每千克体重 100 毫克,静脉注射,以后每千克体重 50 毫克口服,每天 2 次,连用 3～5 天;治疗禽球虫病按 0.025%～0.05% 混入饲料中,连用 6 天;治疗猪弓形虫病,按 0.05%～0.1% 混入饲料中,每天每头

猪加乙胺嘧啶 50 毫克，连用 5～7 天。犬、猫首次量为每千克体重 50～100 毫克，维持量按每次每千克体重 25～50 毫克，内服，每天 1 次。

③ 磺胺邻二甲氧嘧啶。牛、羊、猪按每千克体重 100 毫克，口服，每天 1 次。增效周效磺胺钠注射液，畜禽按每千克体重 0.1～0.2 毫升，每天 1 次，静注或肌注。犬、猫首次量为每千克体重 50～100 毫克，维持量按每次每千克体重 25～50 毫克，内服，每天 1～2 次。

(3)难吸收磺胺药：

① 磺胺脒(磺胺胍)。内服，各种家畜按每千克体重 100～200 毫克，每天 2 次；犬、猫按每次每千克体重 35～100 毫克，每天2～3 次。

② 酞磺胺醋酰。犊牛、羔羊、仔猪、家禽按每千克体重 100～300 毫克，分 2～3 次，内服。犬、猫按每次每千克体重 35～100 毫克，内服，每天2～3 次。

③ 酞磺胺噻唑。犊牛、仔猪、羔羊、禽按每千克体重 100～300 毫克，每天分 3～4 次，内服。犬、猫按每次每千克体重 35～100 毫克，内服，每天2～3 次。

④ 琥珀酰磺胺噻唑。犊、仔猪、羔羊、禽按每千克体重 100～300 毫克，每天分 2～3 次，内服。犬、猫按每次每千克体重 35～100 毫克，内服，每天2～3 次。

⑤ 羟喹酞磺胺噻唑。各种家畜、家禽按每千克体重 100～300 毫克，每天分 2～3 次，内服。

⑥ 酞酰胺甲氧嗪。各种家畜，按每千克体重 100～300 毫克，每天 1 次，内服。

(4)外用磺胺药：

① 磺胺(氨苯磺胺)。软膏剂，含药 10%，外用。

② 磺胺嘧啶银(烧伤宁)。粉剂、乳膏、1%～2%软膏或混悬液局部外用。治疗绿脓杆菌感染时，可与洗必泰等合用。

③磺胺醋酰钠。10%～30%滴眼液或软膏，局部外用。

2. 抗菌增效剂

抗菌增效剂是一类新的广谱抗菌药，与磺胺药并用后能显著增强磺胺药的疗效，并扩大治疗范围，曾称为磺胺增效剂。后来发现本类药物也能大大增强一些抗菌素的疗效，故改称为抗菌增效剂，更加名副其实。

（1）甲氧苄氨嘧啶（三甲氧苄氨嘧啶）：

①作用与用途。本品与磺胺药的复方制剂，对家畜消化道、呼吸道、泌尿生殖道等多种感染和皮肤、创伤感染，急性乳腺炎等都有良好疗效。对多种抗生素也都有增效作用。注意：家畜妊娠初期不宜应用。

②用法和用量。与其他抗菌药物（如磺胺药）合用时，各种家畜按每千克体重每次5～10毫克，每天2次。本品极少单独使用，因细菌极易产生耐药性。各种复方制剂的配合比例相同，即磺胺药与甲氧苄氨嘧啶的比例都是5∶1。

（2）二甲氧苄氨嘧啶：

①作用与用途。内服后在胃肠内保持较高浓度，因此作肠道抗菌增效剂较好。临床用于防治鸡、兔球虫病，鸡白痢，禽霍乱，羔羊痢疾，仔猪白痢等。

②用法和用量。羔羊、仔猪、家禽按每千克体重每次20～25毫克，每天2次。雏鸡1～5日龄，口服日量，每只10毫克；6～10日龄，口服日量，每只15毫克。

复方二甲氧苄氨嘧啶预混剂，用于畜禽肠道感染、球虫病等。混饲浓度：猪、禽按百万分之1 000掌握。注意：产蛋鸡禁用，屠宰前10天停止给药。

3. 呋喃类药物

（1）呋喃妥因（呋喃坦啶）：

①作用与用途。适用于泌尿系统疾病和尿路感染，如

肾炎、膀胱炎等。严重少尿、无尿或肾功能不全的患畜忌用,注射液应现配用。

②用法和用量。各种家畜按每天每千克体重 10 毫克,分 2～3 次内服。呋喃妥因钠,各种家畜按每天每千克体重 5 毫克,分 2 次注射。用于治疗犬、猫泌尿道感染,按每次每千克体重 5 毫克内服,每天 2～3 次。

(2)理硝呋氨氧腙:

①作用与用途。口服后肠道吸收少,对犊牛肠炎效果好。

②用法和用量。犊牛按每千克体重每次 15 毫克内服,每天 2 次。

4. 其他化学抗菌药

(1)卡巴氧:

①作用与用途。对革兰阴性菌的抗菌作用强,临床上用于猪霍乱沙门菌引起的猪肠炎痢疾。

②用法和用量。用作饲料添加剂,按百万分之 50 混饲,屠宰前 4～10 周停药。

(2)喹噁酸:

①作用与用途。主要对某些革兰阴性菌作用强。临床用于新生犊牛急性腹泻、肺炎、肠炎、败血病等。

②用法和用量。每千克体重每次 25～50 毫克内服,每天 2 次。每千克体重 20 毫克,肌内注射,每隔 4 小时 1 次。

(3)氟哌酸:

①作用与用途。抗菌广谱,对革兰阴性菌作用强,可用于治疗鸡白痢。

②用法和用量。家禽每千克体重每次 10 毫克或按百万分之 100 至百万分之 200 混饲内服。

(三)消毒、防腐药

1. 主要用于厩舍和用具的消毒药

(1)苯酚(石炭酸):

①作用与用途。可杀灭细菌繁殖体、真菌和某些病毒,但对芽孢无效。

②用法和用量。2%～5%水溶液浸泡医疗器械,消

毒房屋和厩舍等,忌与碘、溴、高锰酸钾等合用;1%水溶液和2%软膏用于皮肤瘙痒,消炎。

(2)克辽林(臭药水):

①作用与用途。抗菌作用同苯酚,但效果较弱。

②用法和用量。10%溶液喷洒厩舍、环境、用具消毒;0.5%～1%溶液可冲洗子宫、阴道等;稀释成1%以下的浓度,内服制酵。

(3)来苏水:

①作用与用途。来苏水是含50%煤酚皂的溶液,有特殊臭味,屠宰场、乳牛舍忌用。

②用法和用量。1%～2%溶液,用于手、皮肤消毒;5%溶液,用于喷洒环境和用具消毒;0.5%溶液,可冲洗阴道、子宫。

(4)甲醛:

①作用与用途。40%的甲醛溶液,有强大的广谱杀菌作用,对细菌繁殖体、芽孢、真菌和病毒均有效。

②用法和用量。5%溶液用于手术器械、用具和环境消毒;10%溶液,可浸泡、固定标本尸体;甲醛蒸气,用于孵化室、鸡舍(如在鸡舍内,以30毫升/立方米甲醛、15克/立方米高锰酸钾、15毫升/立方米水熏蒸20分钟,可杀死95%～98.5%的病原体)、羊毛仓库等场所的消毒;1%以下浓度内服可作制酵药。

(5)氢氧化钠(钾):

①作用与用途。对细菌繁殖体、芽孢、病毒、真菌均有强大杀灭作用。

②用法和用量。2%热溶液用于用具、饲槽、环境、车船的消毒,3%～5%溶液用于杀灭炭疽芽孢、口蹄疫和猪瘟感染区的消毒,5%溶液用于腐蚀皮肤赘生物、犊牛新生角等。

(6)氧化钙(生石灰):

①作用与用途。对多数繁殖型病菌有较强的消毒作用。

②用法和用量。10%～

20％石灰乳用于涂刷，对厩舍、场壁、畜栏消毒；或将生石灰直接撒在潮湿的地面、粪池周围及污水沟处进行消毒。

(7)漂白粉（含氯石灰）：

①作用与用途。能杀灭细菌芽孢、病毒及真菌。杀菌作用快而强，但不持久。在酸性环境中杀菌作用强，而碱性环境中杀菌作用弱。

②用法和用量。5％～20％混悬液喷洒，或用干粉散布，对厩舍、畜栏、饲槽、车辆进行消毒。饮用水消毒，每50升水中加漂白粉1克，不但杀菌且可除臭。1％～3％澄清液，可用于食具、玻璃器皿的消毒（注意对金属有腐蚀性）。

(8)过氧乙酸：

①作用与用途。对细菌、病毒、霉菌和芽孢均有效，对组织有刺激性、腐蚀性。浓度越低，分解越快，故可制成20％母液，临用前再稀释。

②用法和用量。0.5％溶液于喷洒消毒畜舍、饲槽、

车辆。1％溶液用于呕吐物和排泄物的消毒。0.04％～0.2％溶液用于耐酸塑料玻璃、搪瓷、橡胶制品的短时浸泡消毒。5％溶液每立方米2.5毫升喷雾可对密封的实验室、无菌室、仓库进行消毒，也适用于禽舍内熏蒸消毒。

2. 主要用于皮肤和黏膜的消毒、防腐药

(1)乙醇（酒精）：

①作用与用途。70％～75％乙醇杀菌力最强，可杀死一般繁殖型病菌，对芽孢无效。浓度超过75％时影响杀菌效果。

②用法和用量。70％～75％乙醇用于手指、皮肤、注射针头、小件医疗器械等身体部位及物品的消毒。70％～95％乙醇涂擦或热敷时，可促进炎性渗出物吸收，减轻疼痛，用于急性关节炎、腱鞘炎、肌炎、蜂窝组织炎。内服少量乙醇有健胃、祛风、助消化作用。

(2)碘：

①作用与用途。对细菌、芽孢、真菌、病毒和原虫有强大杀灭作用。对机体黏膜、皮肤有刺激性，可使局部组织充血，能促进炎性产物的吸收。

②用法和用量。2％～5％碘酊用于手术部位、注射部位消毒。10％浓碘酊主要作为皮肤刺激药，用于慢性腱炎、关节炎、骨膜炎等。1％碘甘油用于鸡痘、鸽痘的局部涂擦。5％碘甘油常用于各种黏膜炎症。

（3）鱼石脂（依克度）：

①作用与用途。有防腐、消炎、消肿、抑制分泌及温和刺激等作用，用于各种皮炎、蜂窝组织炎、腱炎、腱鞘炎、溃疡、湿疹等。内服有防腐制酵和促进胃肠蠕动功用，常用于瘤胃膨胀、前胃弛缓、急性胃扩张等。

②用法和用量。外用涂敷常用 30％～50％软膏剂。内服时，用倍量乙醇溶解，然后加水稀释成 3％～5％溶液灌服，牛 10～30 克，猪、羊 1～5 克。

（4）松馏油：

①作用与用途。对皮肤局部有刺激作用，有止痒、防腐、溶解角质作用。

②用法和用量。2％～5％浓度能促进肉芽组织和角质新生。5％软膏涂擦可治疗慢性皮肤病和蹄叉腐烂。

（5）水杨酸（柳酸）：

①作用与用途。抗菌作用虽弱，但抗霉菌，并有溶解角质的作用。

②用法和用量。5％～10％酒精溶液治疗霉菌性皮炎，能溶解角质，促进坏死组织脱落。5％酒精溶液或纯品治疗蹄叉腐烂，1％软膏用于治疗肉芽创。

（6）硼酸：

①作用与用途。只抑菌，没有杀菌作用，因刺激性小，不损伤组织，常用于敏感组织的冲洗。

②用法和用量。2％～4％溶液冲洗眼、口腔黏膜，3％～5％溶液冲洗新鲜创伤。

（7）氯胺－T（氯亚明）：

①作用与用途。对细菌繁殖体、芽孢、病毒、真菌孢子均有杀灭作用。作用较弱、持久，对组织刺激也弱。

②用法和用量。0.2％～0.3％溶液用于黏膜消毒，0.5％～2％溶液用于皮肤和创伤的消毒，3％溶液用于排泄物的消毒。

（8）新洁尔灭（溴苄烷铵）：

①作用与用途。抗菌和去污力快而强，毒性低，抗菌广谱，对组织刺激小，性质稳定，但对结核杆菌、霉菌、炭疽芽孢和病毒无效。脓血及分泌物能减弱其作用，肥皂及合成洗涤剂能抵消其作用。

②用法和用量。0.1％溶液消毒手指，浸泡5分钟；用于消毒玻璃用具和手术器械。0.01％～0.05％溶液用于黏膜（阴道、膀胱等）冲洗及防止伤口、擦伤面感染。

（9）消毒净：

①作用与用途。有微弱刺激性，抗菌作用比新洁尔灭强，为广谱外用杀菌药。

②用法和用量。0.05％水溶液用于冲洗黏膜，0.1％水溶液用于手指皮肤消毒，0.1％醇溶液用于手术消毒，0.05％水溶液（加入0.5％亚硝酸钠）用于金属器械消毒。

（10）洗必泰：

①作用与用途。有广谱抗菌、杀菌的作用。作用强，且快而持久，毒性小，无刺激性。

②用法和用量。0.02％溶液用于手术前泡手（3分钟即可）；0.05％用于冲洗创面、划口；0.1％溶液浸泡器械（加0.1％亚硝酸钠），应浸泡10分钟以上。

3. 主要用于创伤的消毒、防腐药

（1）过氧化氢溶液（双氧水）：

①作用与用途。主要用于清洗化脓创面或黏膜。

②用法和用量。0.3％～1％溶液用于冲洗口腔黏

膜,1‰～3‰溶液冲洗污染或陈旧的化脓创。

（2）高锰酸钾（过锰酸钾）：

①作用与用途。本品抗菌作用、除臭作用比过氧化氢强而持久,但极易因有机物的存在而减弱,低浓度有收敛作用。

②用法和用量。外用时,0.1‰溶液用于冲洗黏膜创伤、溃疡等,0.02‰溶液用于冲洗膀胱、阴道、子宫。内服时,0.1‰溶液可治疗猪急性胃肠炎、腹泻,还用于生物碱、氰化物中毒时洗胃,以及治疗毒蛇咬伤等。内服量:牛每次 5～10 克,猪、羊每次 0.3～0.5 克,配成 0.1‰～0.5‰ 溶液。洗胃应配成 0.01‰～0.05‰溶液。冲洗毒蛇咬伤的伤口用 1‰溶液。

（3）碘仿：

①作用与用途。对组织刺激性小,能促进肉芽的形成,碘仿有特殊气味,有防蝇作用。

②用法和用量。4‰～8‰碘仿纱布,用于填充开放性伤口,可压迫止血,保护创面,促进肉芽生长,有利于创口愈合。10‰碘仿软膏,涂敷口腔或阴部易污染的伤口,可以防腐、除臭。

（4）甲紫（还有龙胆紫、结晶紫）：

①作用与用途。三者性质相同,可以通用。对革兰阳性菌、霉菌有作用。毒性很小,对组织无刺激性,有收敛作用。

②用法和用量:1‰～3‰水溶液或酒精溶液,常用于皮肤、黏膜感染创口和溃疡,1‰水溶液,用于烫伤、烧伤,2‰～10‰软膏,用于皮肤、黏膜感染创、溃疡或霉菌感染。

（5）利凡诺（雷佛奴尔）：

①作用与用途。为外用杀菌防腐剂,对革兰阳性菌和少数阴性菌有强大抑菌作用,但作用缓慢。对组织无刺激性,毒性低,穿透力强。

② 用法和用量。0.1%～0.5%溶液,冲洗或湿敷感染创,1%～3%软膏,用于小面积化脓创。

(四)抗寄生虫药

抗寄生虫药包括驱线虫药、驱绦虫药、驱吸虫药、抗血吸虫药、抗原虫药、杀虫药等几类。

1. 驱线虫药

(1)伊维菌素:

① 作用与用途。本品是新型的抗生素类抗寄生虫药,广谱、高效、低毒,对体内外寄生虫,特别是线虫和节肢动物均有良好驱杀作用,但对绦虫、吸虫及原虫无效。广泛用于牛、羊、猪的胃肠道线虫、肺线虫和体外寄生虫的治疗。

② 用法和用量。牛、羊按每千克体重 0.2 毫克内服或皮下注射,对血矛线虫、奥斯特线虫、毛圆线虫、圆形线虫、仰口线虫、细颈线虫、毛首线虫、食道口线虫、网尾线虫、绵羊夏伯特线虫等,驱虫率达 97%～100%。上述剂量对驱杀节肢动物也很有效,如蝇蛆(牛皮蝇、纹皮蝇、羊狂蝇)、螨(牛疥螨、羊痒螨)和虱(牛腭虱、牛血虱和绵羊腭虱)等。

猪按每千克体重 0.3 毫克内服或皮下注射,对猪蛔虫、红色猪圆线虫、兰氏类圆线虫、猪毛首线虫、食道口线虫 等,驱虫率达 94%～100%,对肠道内旋毛虫也极有效(对肌肉内寄生的无效)。上述用药量对猪血虱和猪疥螨也有良好的控制作用。

特别注意:伊维菌素不能用于考利犬或英国、澳大利亚牧羊犬。预防犬恶丝虫病,犬按每次每千克体重 6～12 微克,内服,每月 1 次;猫按每次每千克体重 24 微克,内服,每月 1 次;治疗微丝蚴血症,犬按每次每千克体重 50 微克,内服,10 天后重复给药 1 次;猫按每次每千克体重 24 微克,内服。治疗毛细线虫、类圆线虫、猫圆线虫感染,犬按每次每千克体重 0.2～0.3 毫克,内服或皮下注射,3 周后重复给药 1 次;猫按每次每千克体重 0.2 毫克,内服。治疗犬食道线虫病,犬按每次每千克体重 0.2 毫克,内服,1 次。治疗疥螨、蠕形螨、虱病,犬按每次每千克体重 0.2～0.3 毫克,内服或皮下注射,2 周后重复给药;猫按每次每千克体重 0.2～0.4 毫克,皮下注射,2 周后重复给药。家禽按每千克体重 0.1 毫克皮下注射,对线虫(如鸡蛔虫)和节肢动物(如膝螨)等,均有高效。超剂量可引起中毒,无特效解毒药。肌内注射会产生严重的局部反应。

(2)甲苯咪唑:

① 作用与用途。具有高效、低毒、广谱杀灭驱线虫、绦虫作用。对猪毛首线虫效果好,禽类混饲可驱除消化道、呼吸道寄生虫。

② 用法和用量。偶蹄兽按每千克体重 15 毫克内服,每天 1 次,连用 2 天,可驱绦虫。猪按每千克体重 20 毫克内服,每天 1 次,连用 10 天,

可驱消化道线虫。禽类按每千克体重 50 毫克内服,每天 1 次,或按百万分之 125 混饲,连用 2 天。用于犬、猫驱蛔虫、钩虫、绦虫时,按每次每千克体重 20～30 毫克,内服,每天 1 次,连用 5 天。

(3)苯硫苯咪唑(硫苯咪唑):

① 作用与用途。本品对牛、羊胃肠道主要寄生线虫(除毛首线虫外)均有较好驱虫效果。对猪蛔虫、食道口线虫、红色猪圆线虫和未成熟虫体均有效。在禽类可驱除胃肠道和呼吸道寄生虫。

② 用法和用量。牛羊按每千克体重 7～9 毫克,羊按每千克体重 5～8 毫克,猪按每千克体重 3～6 毫克,内服,每天 1 次,连用 3 天。禽类按每千克体重体重 8 毫克,混入饲料中,连用 6 天。犬、猫按每次每千克体重 25～50 毫克,内服,每天 1 次。

(4)丙硫咪唑(丙硫苯咪唑):

① 作用与用途。驱虫范围广,对牛、羊消化道线虫的成虫驱虫效果最好,对未成熟幼虫效果较好,对虫卵也有抑制作用;对猪胃肠道大部分寄生虫效果优于噻苯达唑,尤其对蛔虫、毛首线虫效果更好;对鸡蛔虫、异刺线虫等有高效,毒性小。

② 用法和用量。牛、羊按每千克体重 10～15 毫克内服,猪按每千克体重 5～10 毫克内服,禽按每千克体重 10～20 毫克内服。本品适口性差,混饲时应少添多喂。犬、猫用于治疗肠道线虫、蛔虫、钩虫、绦虫、吸虫时,按每次每千克体重 25～50 毫克内服,每天 2 次,连用7～14 天。

(5)左咪唑(左旋咪唑):

① 作用与用途。本品抗菌广谱、高效、低毒、使用方便。常用于各种动物,对多种线虫有驱除作用,主要用于牛、羊、猪的胃肠道线虫、肺线虫和猪肾虫,禽类的多种线虫如鸡蛔虫、异刺线虫。

② 用法和用量。盐酸左旋咪唑片,牛、羊、猪按每千克体重 8 毫克,1 次内服。禽按每千克体重 25 毫克,1 次内服。禽类混饮时应溶于半量的饮水内,在 12 小时内饮完。盐酸左旋咪唑注射液,牛、羊、猪按每千克体重 7.5 毫克,1 次皮下或肌内注射。用于治疗毛细线虫病,犬按每次每千克体重8～10 毫克,内服,每天 1 次,连用 5～30 天。治疗复发性细菌毛囊炎,犬按每次每千克体重 2.2 毫克,内服,隔日 1 次。作为免疫增强剂应用,犬按每次每千克体重0.5～2.2 毫克,内服,每天 1 次,连用 3 天;猫按每次每千克体重 2.5 毫克,内服,每天 1 次,连用 3 天。

(6)哈乐松(海罗松):

① 作用与用途。对牛、羊血矛线虫,毛圆线虫,古柏线虫,食道口线虫,奥氏线虫,猪蛔虫,食道口线虫,鸡毛细线虫等,都有较好的驱虫效果。不但对成虫,而且对幼虫

也有一定作用。

② 用法和用量。牛、羊、猪按每千克体重 35～50 毫克内服,家禽(鹅除外)按每千克体重50～75 毫克内服。可制成丸剂、混悬剂或糊剂内服。家畜宰前 7 天停药,奶牛和奶山羊慎用。

(7)萘肽磷:

① 作用与用途。对牛、羊胃及小肠内寄生线虫均有较高驱虫效果,但对细颈线虫效果不稳定,对夏伯特线虫、食道口线虫效果很差。

② 用法和用量。牛、羊按每千克体重50～75 毫克,1 次内服,可制成大丸剂和混悬液投服。

(8)噻吩嘧啶:

① 作用与用途。对牛、羊的血矛线虫,毛圆线虫,古柏线虫,细颈线虫,猪的蛔虫,食道口线虫,鸡的蛔虫等,均有良好的驱虫效果。

② 用法和用量。牛、羊按每千克体重 25 毫克 1 次内服,猪按每千克体重 22 毫克

1 次内服,禽按每千克体重 15 毫克,1 次内服。

(9)甲噻吩嘧啶:

① 作用与用途。驱虫范围与噻吩嘧啶相似,但驱虫效力强,毒性小。

② 用法和用量。牛、羊按每千克体重 10 毫克 1 次内服,猪按每千克体重 15 毫克 1 次内服,犬按每千克体重 5 毫克 1 次内服。

(10)哌嗪:

① 作用与用途。主要用于畜禽蛔虫病,毒性小,安全范围大。

② 用法和用量。枸橼酸哌嗪片,牛 按 每 千 克 体 重 0.25 克 1 次内服,猪、羊按每千克体重 0.3 克 1 次内服,禽按每千克体重 0.25 克 1 次内服。磷酸哌嗪片,牛按每千克体重 0.2 克 1 次内服,猪按每千克体重 0.25 毫克 1 次内服,羊按每千克体重 0.3 克 1 次内服,禽按每千克体重 0.2～0.5 克 1 次内服,犬按每次每千克体重 50 毫克内服。预

防犬恶丝虫病,按每千克体重6.6毫克1次内服。

2.驱绦虫药

(1)吡喹酮(环吡异喹酮):

① 作用与用途。抗菌广谱、高效、低毒,对多种畜禽绦虫,如牛、猪莫尼茨绦虫,无卵黄腺绦虫,各种家禽绦虫;多种囊尾蚴,如细颈囊尾蚴、猪囊尾蚴等,均有显著的驱杀作用。

② 用法和用量。牛按每千克体重50毫克,1次内服,或按每千克体重10毫克内服,连用10天。猪按每千克体重50毫克内服,连用5天。禽类按每千克体重10～20毫克,1次内服。按每千克体重80～100毫克内服,可治疗羊脑包虫病。治疗猪囊尾蚴时,在用药3～4天内可引起不同程度的反应,此时可静注高渗葡萄糖、碳酸氢钠等注射液,以减轻不良反应。用于犬、猫治疗绦虫病,按每次每千克体重2.5～5毫克,内服、皮下或

肌内注射。治疗胰内吸虫感染,猫按每次每千克体重40毫克,内服,每天1次,连用3天。治疗片形吸虫病,犬按每次每千克体重10～30毫克,1次内服或皮下注射。治疗肺吸虫感染,犬按每次每千克体重25～50毫克,内服、肌内或皮下注射,连用3天。

(2)氯硝柳胺:

① 作用与用途。氯硝柳胺是目前国内首选驱虫药,对牛、羊莫尼茨绦虫,曲子宫绦虫,鸡赖利绦虫效果好。此外,对牛、羊前后盘吸虫和幼虫,牛双口吸虫,日本血吸虫中间宿主钉螺等,也有驱杀作用。

② 用法和用量。牛、羊按每千克体重60～70毫克,1次内服。鸡按每千克体重50～60毫克,1次加入饲饵中投给。用于治疗犬绦虫病时,按每次每千克体重100～150毫克,空腹内服,2～3周后,重复给药1次。

(3)双氯酚:

① 作用与用途。对牛、羊莫尼茨绦虫,曲子宫绦虫,鸡赖利绦虫有效。

② 用法和用量。羊每千克体重 300～500 毫克,1 次内服。鸡每千克体重 300 毫克,1 次内服。治疗带状绦虫、肺吸虫感染,犬按每次每千克体重 200～300 毫克,内服;猫按每次每千克体重 100～200 毫克,内服。

(4)丁萘脒:

① 作用与用途。本品的羟萘酸盐主要用于驱除绵羊、山羊的羊莫尼茨绦虫,对鸡赖利绦虫也有良好的驱除效果。

② 用法和用量。羊按每千克体重 25～50 毫克,1 次内服。鸡按每千克体重 400 毫克,1 次内服。犬、猫专用驱绦虫药,按每次每千克体重 25～50 毫克内服,6 周后可重复给药 1 次。

(5)羟溴柳胺(溴羟替苯胺):

① 作用与用途。羟溴柳胺为近年来用于反刍兽的新驱虫药,对牛、羊莫尼茨绦虫驱虫效果显著,对牛、羊前后盘吸虫及幼虫也有效。

② 用法和用量。牛、羊按每千克体重 65 毫克,1 次内服。

3. 驱吸虫药

(1)硝氯酚:

① 作用与用途。对牛、羊肝片形吸虫成虫有很强的杀灭作用,对其幼虫也有一定作用。目前在兽医临床已取代四氯化碳、六氯乙烷。

② 用法和用量。乳牛按每千克体重 5～8 毫克,1 次内服。绵羊、山羊按每千克体重 3～4 毫克,1 次内服。牛按每千克体重 0.8～1 毫克,皮下或肌内注射。羊按每千克体重 1～2 毫克,皮下或肌内注射。用于治疗犬、猫肺吸虫、华支睾吸虫感染时,按每次每千克体重 1 毫克内服,每天 1 次,连用 3 天;或按每千克体重 8 毫克内服,隔日 1 次,连用 3 次。治疗猫华支睾吸虫,按每次每千克体重 3 毫

克,内服。

(2)二碘羟柳胺:

① 作用与用途。高效、低毒、用量小,不少国家已作首选药物,用于杀灭牛、羊肝片形吸虫等。

② 用法和用量。牛、羊按每千克体重 7.5 毫克,1 次内服。

(3)碘醚柳胺(氯碘柳苯胺):

① 作用与用途。对牛、羊各种肝片形吸虫的成虫和幼虫都有杀灭作用,并对巨片吸虫、捻转血矛线虫和各期羊鼻蝇蚴也有明显效果。

② 用法和用量。牛、羊按每千克体重 7.5～10 毫克,1 次内服。注意:泌乳期和 28 天内要屠宰的家畜禁用。

(4)联氨酚噻:

① 作用与用途。对肝片形吸虫未成熟的虫体有良好杀灭效果,对宿主毒性很小。如与二碘羟柳胺合用,可发挥良好的预防作用。

② 用法和用量。羊按每千克体重 100 毫克,1 次内服。牛按每千克体重 70～100 毫克,1 次内服。对吸虫的幼虫驱除效果好,治疗量对怀孕母牛无不良影响。

(5)五氯柳胺(氯羟柳胺):

① 作用与用途。本品只对肝片形吸虫的成虫有效,对未成熟的幼虫无效。毒性小,用药时无特殊饲喂要求,衰弱和妊娠家畜也可内服。

② 用法和用量。牛按每千克体重 10～15 毫克,1 次内服。注意:泌乳期家畜禁用,肉用家畜用药后 16 天内不能屠宰食用。

4. 抗血吸虫药

(1)吡喹酮:

① 作用与用途。吡喹酮是当前治疗血吸虫病的首选药物,对埃及、曼氏、日本血吸虫均有强大的杀灭作用,对幼虫也有效,但对虫卵无杀灭作用。治疗耕牛血吸虫病,可内服、肌注和静注。毒性小,使用安全。

② 用法和用量。治疗耕牛血吸虫病按每千克体重 30 毫克,1 次内服,也可按每千克体重10～20 毫克,1 次肌内注射。

(2)硝硫氰胺:

① 作用与用途。对曼氏、埃及、日本血吸虫均有相同的杀灭效果。主要用于治疗牛、羊肝片形吸虫病,此外对丝虫、钩虫和猪姜片吸虫病也有较好疗效。

② 用法和用量。牛按每千克体重 2 毫克静脉注射,临用时以吐温－80 助溶,制成 1％～2％灭菌水混悬液,用前振摇后再进行静脉注射。黄牛按每千克体重 20～25 毫克,制成 10％水混悬液,多点注入肌肉。注意:有时用药后,牛出现四肢无力、步态不稳等不良反应,多可自然恢复。

(3)呋喃丙胺:

① 作用与用途。本品是我国首创成功的一种内服抗血吸虫药,对成虫和幼虫均有杀灭作用。

② 用法和用量。黄牛每天上午按每千克体重 15 毫克内服敌百虫,下午按每千克体重 80 毫克内服呋喃丙胺,连用 7 天。

(4)六氯对二甲苯(海涛尔):

① 作用与用途:对血吸虫幼虫的杀灭作用大于成虫,对雌虫的杀灭作用超过雄虫,可促使肠壁虫卵排出。由于对幼虫的杀灭作用优于成虫,故对早期感染效果好。此外,对牛、羊肝片形吸虫,前后盘吸虫,胰阔盘吸虫和猪姜片吸虫等,都有驱杀作用。

② 用法和用量:临床常用含有六氯对二甲苯的血防片。牛按每千克体重 0.1～0.12 克,1 次内服,每天 1 次,连用 10 天。黄牛每天极量为 28 克,水牛为 36 克。用于其他吸虫病内服量:牛每次每千克体重 0.13 克,犬、猫每次每千克体重 50 毫克。

5. 抗原虫药

（1）新砷凡纳明（九一四）：

① 作用与用途。该药对伊氏锥虫有效，一般用于感染初期效果好，还可用于牛犊肺炎、猪肺疫、禽螺旋体病等。用药愈早，疗效愈好。

② 用法和用量。静注量，牛、羊按每千克体重10毫克，1次静脉注射，每天1次，牛极量每次4克，鸡极量每千克体重30～50毫克。临用前以灭菌生理盐水或50%葡萄糖注射液溶解，制成5%～10%注射液。溶解过程中禁止用力振荡，应缓慢静注，防止漏出血管外。重复用药应间隔3～6天。心、肾机能障碍病畜忌用。

（2）三氮脒（贝尼尔）：

① 作用与用途。本品属新型抗梨形虫药，对家畜的梨形虫、锥虫等都有治疗作用。对梨形虫病还有一定预防作用。

② 用法和用量。牛、羊按每千克体重3～5毫克，1次肌内注射。临用前现制成5%～7%注射液，深部肌内注射。根据情况可连续应用，但不能超过3次（水牛只注射1次），每次最好间隔24小时。犬按每次每千克体重3.5毫克，肌内注射。

（3）硫酸喹啉脲（阿卡普林）：

① 作用与用途。用于牛、羊、猪的梨形虫病（主要对巴贝斯属梨形虫病），一般用药后12～36小时体温恢复正常，临床症状改善，外周血液中虫体消失。用于发病初期疗效更好。

② 用法和用量。牛按每千克体重1毫克，1次皮下注射；猪、羊按每千克体重2毫克，1次皮下注射。犬、猫每次每千克体重0.25毫克，1次皮下注射。均为每天1次，连用2天。为减轻或防止不良反应，可同时或在用药前注射硫酸阿托品。

（4）咪唑啉卡普（咪唑苯脲）：

① 作用与用途。咪唑啉卡普是新型抗梨形虫药,对牛羊双芽巴贝斯虫、二联巴贝斯虫、驽巴贝斯虫等有显著的治疗和预防效果。

② 用法和用量。牛、犊牛、羊按每千克体重 1～2 毫克,1 次肌内或皮下注射,每天 1 次,必要时可连续应用 2～3 天。犬按每次每千克体重 5～7.5 毫克,皮下或肌内注射,14 天后重复给药 1 次。猫按每次每千克体重 2～5 毫克,肌内注射,14 天后重复给药 1 次。

(5)盐酸氯苯胍(罗本尼丁):

① 作用与用途。本品是较新的抗球虫药,对畜禽的多种球虫和弓形虫有效,具有广谱、高效、低毒、适口性好等优点。

② 用法和用量。牛按每千克体重 40 毫克,1 次内服,每天 1 次,连用 4 天为 1 个疗程。鸡按百万分之 30 至百万分之 60,混饲。注意:肉用鸡

屠宰前 7 天禁用此药。犬、猫按每次每千克体重 10～25 毫克,内服。

(6)莫能菌素:

① 作用与用途。对多种鸡艾美耳球虫有抑制作用,对犊牛、羔羊球虫有效,且不易产生耐药性。

② 用法和用量。鸡按百万分之 100 至百万分之 110,混饲。羔羊、犊牛按百万分之 20 至百万分之 30,混饲(按有效成分计算)。注意:蛋鸡产蛋期和奶牛泌乳期禁用,禁止与泰妙菌素、竹桃霉素并用,搅拌配料时禁止与人的皮肤、眼睛接触,肉鸡上市前 3 天应停药。

(7)盐霉素:

① 作用与用途。主要用于杀灭鸡球虫。

② 用法和用量。常用粉剂,雏鸡按百万分之 60 至百万分之 70 浓度,混饲。

(8)地克珠利:

① 作用与用途。新型广谱抗球虫药。

② 用法和用量。按每千克饲料加 1 克的浓度混饲,可有效防治鸡、火鸡、孔雀艾美耳球虫等感染。鸡混饮,为每升饮水加原药0.5～1 毫克。

(9)妥曲珠利:

① 作用与用途。对家禽球虫有良好的抑杀效应。

② 用法和用量。鸡按百万分之 25 浓度,混饮,连用 2 天。注意:使用本品,鸡休药期应为 8 天。

此外,某些磺胺类药(包括磺胺二甲嘧啶、磺胺喹恶啉、磺胺间甲氧嘧啶、磺胺氯吡嗪)、抗菌增效剂(如二甲氧苄氨嘧啶与磺胺对甲氧嘧啶合用),都有预防和治疗鸡球虫病的作用。

6. 杀虫药

杀虫药包括有机氯杀虫药、拟除虫菊酯、脒类化合物等体外杀虫药。

(1)三氯杀虫酯:

① 作用与用途。高效、低毒、易生物降解,对蚊、蝇和家畜体表寄生虫有良好的杀灭作用。

② 用法和用量。将 25%～50%溶液,或 50%乳剂,临用前加水稀释成 0.1%～0.2%溶液后,外用喷洒,可速杀蚊蝇。

(2)蝇毒磷:

① 作用与用途。蝇毒磷是有机磷杀虫剂中唯一可用于泌乳奶牛的杀虫剂。

② 用法和用量。0.05%浓度药浴、喷淋,对家畜蜱、螨、蚤、蝇、皮蝇、伤口蛆等均有杀灭作用,0.025%浓度可用于灭虱和羊虱蝇。禽类以0.05%浓度沙浴杀灭外寄生虫。牛、羊每天按每千克体重 2 毫克,混饲投药,连用 6 天。鸡按百万分之 40,连喂 10～14 天,对胃肠道线虫有效。犬、猫用0.025%～0.05%溶液,局部涂抹,可杀灭螨、蜱、虱、蚤。

(3)皮蝇磷:

① 作用与用途。主要用于防治牛皮蝇、纹皮蝇等,能有效杀灭各期牛皮蝇幼虫,并

对胃肠道某些线虫有驱虫作用。外用可杀灭虱、蜱、螨、臭虫、蟑螂等,经内服或喷洒于皮肤上均有效。

② 用法和用量。牛按每天每千克体重 15～20 毫克,1 次内服,连用 6～7 天。羊按每千克体重 100 毫克,1 次内服。犬、猫用 0.25%～2.5% 溶液,局部涂抹。

(4)倍硫磷:

① 作用与用途。本品内服或肌注对牛皮蝇幼虫均有特效。另外,对家畜胃肠道线虫及虱、蜱、蚤、蚊、蝇等都有杀灭作用。

② 用法和用量。牛按每千克体重 5～7 毫克,肌内注射,间隔 3 个月再用药 1 次。牛按每千克体重 1 毫克,内服,每天 1 次,连用 6 天。一般在牛皮蝇产卵期应用最好,但不要在幼虫移行进入脊髓阶段用药,以免引起瘫痪。犬、猫用 0.5%～1% 溶液喷洒,间隔 2 周用药 1 次,连用 2～3 次。

背部泼淋时,可按每千克体重 5～10 毫克计算用量,将药液混于液状石蜡中,制成 1%～2% 溶液后应用。

(5)辛硫磷(肟硫磷):

① 作用与用途。适于治疗家畜体表寄生虫病和室内喷洒灭蚊、蝇、臭虫、虱、蟑螂等。用本品乳剂药浴防治羊螨病效果良好,内服对猪姜片吸虫有效。

② 用法和用量。羊药浴以 50% 乳油加水制成 0.05% 溶液。猪按每千克体重 1.2 毫克,1 次内服。治疗猪疥螨,可用 0.05% 溶液药浴,或用 0.1% 溶液体表喷洒。犬、猫用 0.1% 乳液喷洒体表。

(6)二溴磷:

① 作用与用途。对昆虫具有触杀和熏蒸毒杀作用,常用于杀灭蚊蝇。

② 用法和用量。50% 乳剂加水稀释成 0.05%～0.2% 溶液,外用喷雾灭蚊、蝇等。犬按每次每千克体重 15 毫克,内服,每天 1 次,连用 3

～5 天。

(7)除虫菊：

① 作用与用途。对昆虫有强大触杀作用,对人畜几乎无毒。

② 用法和用量。1%～3%乳剂,局部应用治疗疥螨。除虫菊酯 0.2%煤油溶液喷洒,用于杀灭蚊、蝇、蜱、虱等昆虫。

(8)拟除虫菊酯：

拟除虫菊酯高效、速效、无残毒、不污染,对人畜安全无毒。近年来,已生产和试用的有溴氰菊酯、氯氰菊酯、胺菊酯、二氯苯醚菊酯等。

(9)二氯苯醚菊酯：

① 作用与用途。本品对人畜外寄生虫,如蚊、蝇、蟑螂、虱、蜱、螨、虻等,均有良好杀灭作用。

② 用法和用量。灭虱、螨,按百万分之 220 乳剂药浴。杀蜱,用百万分之 250 乳剂,喷雾体表。除蝇,用0.1%乳剂喷雾体表。在室内喷雾用量达每平方米 25～

125 毫克时,灭蝇效力可维持4～12 周。

(10)升华硫：

① 作用与用途。对家畜的痒螨、疥螨有效,对其他昆虫效果不好。

② 用法和用量。10%～30%硫黄软膏局部涂擦灭疥螨,每天 1 次,连用 3 天。灭疥浴剂(硫黄 2%,石灰 1%)药浴,每周 1 次,共 4 次,可治疥螨病。

（五）用于消化系统的药物

用于消化系统的药物包括健胃药与助消化药、制酵药与消沫药、瘤胃兴奋药、泻药、止泻药等几类。

1. 健胃药与助消化药

(1)龙胆：

① 作用与用途。龙胆的苦味,可反射地引起唾液、胃液分泌增加,促进消化,常与其他健胃药配合应用。临床主要用于食欲减退、消化不良等。

② 用法和用量。

A. 龙胆酊：由龙胆末100克、40%酒精1 000毫升浸制而成。内服，牛50～100毫升，猪3～8毫升，羊5～15毫升。犬、猫按每次1～3毫升，内服，每天2～3次。

B. 复方龙胆酊（苦味酊）：由龙胆末100克、陈皮末40克、豆蔻末10克，加60%酒精1 000毫升浸制而成。内服，牛50～100毫升，猪、羊4～16毫升。犬、猫按每次1～4毫升，内服，每天2～3次。

（2）陈皮（橙皮）酊：

① 作用与用途。陈皮酊属芳香健胃药，内服后能刺激消化道黏膜，加强胃肠分泌与蠕动，产生健胃祛风等作用。临床用于消化不良、积食气胀等。

② 用法与用量。陈皮酊系由陈皮末100克，加60%酒精浸制而成。内服，牛30～100毫升，猪、羊10～20毫升。犬、猫按每次1～5毫升，内服，每天3次。

（3）姜酊：

① 作用与用途。能明显刺激消化道黏膜，促进消化液分泌，增进食欲，并能抑制胃肠道异常发酵。临床用于机体虚弱、消化不良、胃肠弛缓及鼓气等。

② 用法和用量。姜酊系由姜流浸膏200克加90%酒精1 000毫升浸制而成。内服，牛40～80毫升，猪、羊15～30毫升。用时加5～10倍水稀释，以减少对黏膜的刺激。犬、猫按每次2～5毫升，内服，每天3次。

（4）氯化钠（食盐）：

① 作用与用途。有增进食欲，帮助消化，健胃作用。

② 用法和用量。内服，牛每次20～50克；羊每次5～10克。

（5）碳酸氢钠（小苏打）：

① 作用与用途。内服适量的碳酸氢钠后，能迅速中和胃酸，用于胃酸过多所引起的消化不良或胃肠卡他等。静注3%～5%碳酸氢钠溶液，可用来治疗代谢性酸中毒。

②用法和用量。牛 30～100 克,猪、羊 2～5 克,1 次内服。缓解酸中毒,可用 3%～5% 碳酸氢钠注射液,按牛 15～30 克(按碳酸氢钠计算的量),猪、羊 2～6 克,静注。犬按每次 0.5～2 克,内服,猫按每次 0.5～1 克,静脉注射(用于治疗代谢性酸中毒)。

(6)人工盐(人工矿泉盐):

①作用与用途。内服小剂量,有健胃作用,用于治疗胃酸过多、慢性消化不良和胃肠弛缓等。内服较大剂量,有缓泻作用,常与制酵药配合应用于便秘初期。本品忌与酸性药物配合使用。

②用法和用量。内服(健胃)量,牛 50～100 克,猪、羊 10～30 克;内服(缓泻)量,牛 200～400 克,猪、羊 50～100 克。犬、猫按每次 1～5 克,内服,每天 2 次。

(7)干酵母(食母生):

①作用与用途。常用于食欲缺乏、消化不良和 B 族维生素缺乏症的辅助治疗药。

②用法和用量。内服,牛 120～150 克,猪、羊 30～60 克。犬按每次 8～12 克,内服,每天 2 次。猫按每次 2～4 克,内服,每天 2 次。

2. 制酵药与消沫药

(1)鱼石脂(依克度):

①作用与用途。内服促进胃肠蠕动,并有防腐制酵的作用,临床用于治疗瘤胃鼓气、前胃弛缓、急性胃扩张、肠鼓气等,效果良好。外用对局部有缓和的刺激作用,能消炎消肿,并促进肉芽组织生长。

②用法和用量。内服,牛 10～30 克,猪、羊 1～5 克。先用 2 倍量酒精溶解,再加水稀释成 2%～4% 溶液灌服。

(2)二甲基硅油(聚甲基硅):

①作用与用途。主要用于瘤胃泡沫性鼓气。

②用法和用量。内服,牛 3～5 克(按二甲基硅油计算的量),羊 1～2 克。用时配成 2%～5% 酒精或煤油溶

液,用胃导管灌服。灌前宜先灌少量温水,以减轻局部刺激。

3. 瘤胃兴奋药

(1)酒石酸锑钾(吐酒石):

① 作用与用途。临床上主要用作兴奋瘤胃,治疗前胃弛缓。本品不是一种理想的瘤胃兴奋药,但因尚无更好的瘤胃兴奋药,故各地仍在沿用。

② 用法和用量。内服,牛 4~6 克,羊1~3 克,用时加水稀释成 3%~5%溶液灌服。

(2)浓氯化钠注射液:

① 作用与用途。常用于前胃弛缓、瘤胃积食、胃扩张、便秘。本品的作用缓和,疗效良好,临床上比较多用。

② 用法和用量。牛 200~300 毫升,或按每千克体重 1 毫升静注,一般使用 1 次,必要时第 2 天再用 1 次。静注速度宜慢,不可漏出血管外。心脏衰弱的病畜慎用。

4. 泻药

(1)硫酸钠(芒硝):

① 作用与用途。小量内服硫酸钠,能轻度刺激消化道黏膜,促进胃的蠕动、增加分泌,故有一定的健胃作用。大量内服时,因保有大量水分,可稀释和软化粪块,促进排粪。

② 用法和用量。用作健胃时,1 次内服,牛 15~50 克,猪、羊 3~10 克。用于泻下时,1 次内服,牛 400~800 克,羊 40~100 克,猪 25~50 克,用时加水做成 4%~6% 左右浓度为宜。牛瓣胃阻塞时,可用 25%~30%硫酸钠溶液 250~300 毫升,直接注入瓣胃内。犬、猫按每次每千克体重 1 克,内服。

(2)大黄:

① 作用与用途。内服小剂量的大黄,呈现苦味健胃作用。内服中等剂量的大黄,呈现收敛止泻作用。内服大剂量的大黄,刺激肠黏膜,使肠蠕动增强,引起泻下。一般要

在用药后 6～12 小时才能呈现药效。临床很少将大黄单独作为泻药，常与硫酸钠配合应用，可出现良好的致泻效果。

② 用法和用量。

A. 大黄末，内服（健胃），牛 20～40 克，猪 1～5 克，羊 2～4 克。配合硫酸钠内服（泻下），牛 100～150 克，仔猪 2～5 克。

B. 大黄苏打片，内服（健胃），牛 6～15 克，猪 5～10 克，羔羊 0.5～2 克。

(3)液体石蜡（石蜡油）：

① 作用与用途。本品内服后以原形通过肠道，润滑肠腔，保护肠黏膜，软化粪便，作用缓和，应用安全。适用于治疗各种便秘，如小肠阻塞、大肠便秘、有肠炎的病畜及孕畜的便秘等。

② 用法和用量。内服，牛 500～1 000 毫升，猪 50～100 毫升，羊 100～300 毫升，家禽 5～10 毫升。犬按每次 10～30 毫升内服，猫按每次 5～10 毫升内服。

5. 止泻药

(1)鞣酸（旧称单宁酸）：

① 作用与用途。鞣酸能保护胃肠黏膜免受刺激，减少疼痛，并使局部毛细血管收缩，渗出物减少，因此有局部消炎、止血、镇痛和止泻作用。内服后部分到达小肠后再分解出鞣酸，呈现收敛止泻作用。

② 用法和用量。

A. 外用。以新配制的 5%～10% 水溶液，敷布小面积的烧伤；5%～15% 水溶液，可作局部毛细血管渗血的止血剂；5%～20% 软膏或撒布剂（单用或与硼酸、滑石粉等配伍），用于治疗糜烂性湿疹、溃疡和褥疮等。

B. 内服。治疗腹泻，鞣酸的内服量，牛每次 10～20 克，猪、羊每次 2～5 克，犬每次 0.2～2 克。每天均为 2～3 次。

(2)鞣酸蛋白：

① 作用与用途。临床用

于治疗急性肠炎、非细菌性腹泻等。

② 用法和用量。内服，牛 10～20 克，猪、羊 2～5 克。犬每次 0.2～2 克，内服，每天 2～3 次。

(3)次碳酸铋：

① 作用与用途。内服后大部分被覆于肠黏膜表面，起机械性保护作用。另外还可抑菌，用于胃肠炎、腹泻等。

② 用法与用量。内服，牛 15～30 克，犊牛、猪、羊 2～4 克。

(4)药用活性炭：

① 作用与用途。吸附作用很强，能吸附大量的气体、化学物质和细菌毒素等，并能覆盖于黏膜表面，保护肠黏膜免受刺激，使肠蠕动减慢，发挥止泻作用。

② 用法和用量。内服，牛 100～200 克，猪、羊 10～25 克，加水制作成混悬液灌服。犬按每次 0.3～5 克，猫按每次 0.15～2.5 克，内服，每天 2～3 次。

(5)其他抗菌性止泻药：

其他抗菌性止泻药，指对病原菌所引起的肠炎、腹泻有对症治疗作用的药物，如抗生素中的土霉素、链霉素，磺胺药中的磺胺脒、新诺明、抗菌增效剂等，均可作为止泻药。

（六）用于呼吸系统的药物

1. 祛痰药

(1)氯化铵：

① 作用与用途。主要用于呼吸道炎症初期痰黏稠而不易咳出时，单用或配合其他植物性祛痰药。注意：对严重肝、肾功能不良患畜禁用。

② 用法和用量。内服，牛 10～25 克，羊、猪 1～5 克。犬、猫按每次 0.2～1 克内服，每天 2～3 次。

(2)乙酰半胱氨酸：

① 作用与用途。适用于急性和慢性支气管炎、支气管扩张、喘息、肺炎、肺气肿等。

② 用法和用量。喷雾，2%～10% 溶液喷至咽喉部、上呼吸道。中等动物一般用

量 2～5 毫升,每天 2～3 次。35%溶液,自气管插管或直接滴入气管内或气管注射,牛 3～5 毫升,1 天 2～4 次。用于祛痰,犬、猫每次 2～5 毫升,口腔喷雾,每天 2～3 次。

2. 镇咳药

(1)喷托维林(咳必清):

① 作用与用途。本品常用于治疗急性呼吸道炎症引起的干咳,与祛痰药配合用于伴有剧咳的呼吸道炎症。

② 用法和用量。内服,牛 0.5～1 克,羊、猪 1～5 克,1 天 3 次。复方咳必清糖浆内服,牛 100～150 毫升,猪、羊 20～30 毫升,1 天 3 次。犬按每次 25 毫克内服,每天 2～3 次。猫按每次 5～10 毫克内服,每天 2～3 次。

(2)复方樟脑酊:

① 作用与用途。常用于咳嗽、腹痛和腹泻等疾病的对症治疗。

② 用法和用量。内服,牛 20～50 毫升,羊、猪 5～10 毫升,1 天 3～4 次。犬按每

次 3～5 毫升内服,每天 2～3 次。

(3)复方甘草合剂:

① 作用与用途。本品具有镇咳、祛痰、镇痛作用,适用于痰多的频咳。

② 用法和用量。内服,牛 50～100 毫升,猪、羊 10～30 毫升,1 天 3 次。犬按每次 5～10 毫升,内服,每天 3 次。猫按每次 2～4 毫升,内服,每天 3 次。

3. 平喘药

(1)麻黄碱(麻黄素):

① 作用与用途。除扩张支气管外,还有兴奋心脏、收缩血管、升高血压等作用。用其0.5%～1%溶液滴鼻,可用于鼻黏膜充血与鼻阻塞。

② 用法和用量。1 次内服,牛 50～500 毫克,羊 20～100 毫克,猪 20～50 毫克。1次皮下注射,牛 50～500 毫克,羊、猪 20～50 毫克。犬 5～15 毫克,内服,每天 2～3 次。猫 2～5 毫克,内服,每天 2～3 次。

（2）氨茶碱：

① 作用与用途。扩张支气管作用持久，临床适用于牛肺气肿及动物因心力衰竭而引起的心性喘息，也可用于预防或缓解麻醉过程中意外发生的支气管痉挛。

② 用法和用量。牛1次静脉或肌内注射用量为1～2克，羊、猪0.25～0.5克。牛1次内服量为每千克体重5～10毫克。犬按每次每千克体重6～11毫克内服，皮下或肌内注射，每天3次。

应用注意：静脉注射时，禁与维生素C、氯丙嗪、去甲肾上腺素、四环素类抗生素、促肾上腺皮质激素等配伍。

4. 呼吸中枢兴奋药

（1）尼可刹米（可拉明）：

① 作用与用途。直接兴奋延髓呼吸中枢，静脉注射后可立即显效。用于各种原因引起的中枢性呼吸抑制。

② 用法和用量。皮下、肌内、静脉注射用量，牛2.5～5克，羊、猪0.25～1克。

必要时可间隔2小时再注射1次。犬按每次0.125～0.5克，皮下、肌内或静脉注射。猫按每次每千克体重7～30毫克，皮下、肌内或静脉注射，重症2小时重复1次。

（2）盐酸二甲弗林（回苏灵）：

① 作用与用途。对呼吸中枢有较强的直接兴奋作用。用于各种传染病、药物中毒引起的呼吸抑制或中枢性呼吸衰弱。

② 用法和用量。肌内、静脉注射，牛40～80毫克，羊、猪8～16毫克。静注时，用葡萄糖注射液稀释后缓慢注入或滴入，过量易引起惊厥，若过量，可用短效巴比妥类药物解救。孕畜忌用。犬按每次4～8毫克，皮下、肌内或静脉注射。

（3）盐酸山梗菜碱（盐酸洛贝林）：

① 作用与用途。可兴奋呼吸中枢，使呼吸加深加快，作用迅速而短。适用于新生

仔畜窒息、一氧化碳窒息、麻醉药及其他中枢抑制药中毒。

② 用法和用量。皮下注射，牛 100～150 毫克，羊、猪 6～200 毫克。静脉注射，牛 50～100 毫克。注意：剂量过大可致心动过速，甚至惊厥。犬、猫按每次 1～10 毫克，皮下注射。

（七）用于其他系统的常用药物

1. 利尿药和脱水药（泌尿系统）

（1）氢氯噻嗪（双氢克尿塞）：

① 作用与用途。可用于心性水肿、肾性水肿及肝硬化腹水。对局部组织的水肿，如乳房水肿、胸腹部皮下水肿、脑水肿、肺水肿等，也有一定疗效。

② 用法和用量。

A. 氢氯噻嗪片，内服，牛 0.5～2 克，猪、羊 0.02～0.5 克。犬、猫用于治疗肺水肿，每次每千克体重 2～4 毫克，内服，每天 1～2 次。治疗肾性尿崩症，按每次每千克体重 0.5～1.0 毫克，内服，每天 2 次。治疗低血糖症，犬按每次每千克体重 2～4 毫克，内服，每天 2 次，与二氮嗪合用。治疗高血压，犬按每次每千克体重 0.5～5 毫克，内服，每天 2 次；猫按每次每千克体重 1～2 毫克，内服，每天 2 次。

B. 氢氯噻嗪注射液，牛静注或肌注 100～250 毫克，猪、羊肌注 50～75 毫克。

（2）呋喃苯胺酸（速尿）：

① 作用与用途。对急性脑炎、肺水肿、急性肾衰竭等疗效较好。本药有较大的个体差异性，故宜从小剂量开始给药。

② 用法和用量。

A. 呋喃苯胺酸片，内服，牛、羊、猪为每千克体重 2 毫克，1 天 2 次，连用 2～3 天。用于治疗肺水肿，犬按每次每千克体重 2～4 毫克，每 4～12 小时 1 次。治疗脑积水、脑水肿，犬按每次每千克体重 1～2 毫克，每天 2 次；用于治疗肾衰竭引起的腹水，犬、猫按每次每千克体重 0.25～0.5 毫克，每天 1～2 次。用于治疗高钙血症，犬、猫按每次每千克体重 1～2 毫克，每天 2～3 次。用于治疗高血压，犬、猫按每次每千克体重 1 毫克，每天 1～2 次。

B. 呋喃苯胺酸注射液，肌注或静注，牛、羊、猪为每千克体重 0.5～1 毫克，每天 1～2 次。用于利尿、治疗心衰，犬按每次每千克体重 2～4 毫克，每天 2～4 次，然后减量到每千克体重 1～2 毫克，内服，每天 1～2 次；猫按每次每千克体重 1～3 毫克，每天 2～3 次，然后减量。治疗肺水肿，犬按每次每千克体重 2～4 毫克，每 4～12 小时 1 次；猫按每次每千克体重 0.5～2 毫克，每天 3 次。治疗肾衰竭引起的腹水，犬、猫按每次每千克体重 0.25～0.5 毫克，每天 1～2 次。

(3)甘露醇：

① 作用与用途。常用于脑炎、脑外伤、脑组织缺氧、食盐中毒等引起的脑水肿的治疗。

注意事项：

A. 静注时不可太快，不能漏出血管。

B. 不可与高渗盐水并用，因氯化钠能促进甘露醇迅速排泄。

C. 心功能不全、心性水肿时忌用。

D. 治疗严重水肿时，应每隔 6～12 小时用药 1 次。

② 用法与用量。静注，牛 1 000～2 000 毫升，猪、羊 100～250 毫升。一般稀释成 5％～10％溶液，按每分钟 4 毫升速度静脉输入。用于治疗犬、猫脑水肿、急性肾衰竭、利尿时，按每次每千克体重 0.5～1 克，缓慢静注，每天 3～4 次。用于治疗急性青光眼，按每次每千克体重0.5～2 克，缓慢静注，每天 3～4 次。

(4)高渗葡萄糖注射液：

① 作用与用途。本品可作为脑水肿、肺水肿的辅助治

疗药,也有一定的利尿作用,是目前较常用的脱水药之一。

② 用法和用量。50%高渗葡萄糖注射液,静注,牛每次 50~250 克(按葡萄糖的量计算),羊、猪每次 10~50 克。用于治疗犬、猫脑水肿、肺水肿时,犬按每次每千克体重 1~4 毫升,静脉注射。用于治疗低血糖、胰岛素过量用药时,犬、猫按每次每千克体重 1~2 毫升,内服,或按每次每千克体重 0.25~1 毫升,静脉注射。

2. 性激素(生殖系统)

(1)黄体酮(孕酮):

① 作用与用途。黄体酮在雌激素促进子宫内膜增生的基础上,可固着受精卵,并保证妊娠正常进行,同时,具有安胎作用。临床常用于因黄体酮不足所致的早期流产或习惯性流产。在畜牧生产中,常用于母畜的同期发情。

② 用法和用量。1 次肌注,牛 50~100 毫克,猪、羊 15~25 毫克。犬按每次每千克体重 2 毫克,皮下、肌内注射,3 天 1 次。如果在寒冷天气易析出结晶,可用温水溶解后再使用。

(2)绒促性素:

① 作用与用途。主要用于促使排卵,治疗卵巢囊肿,溶解黄体而恢复正常的发情和排卵,提高受胎率。

② 用法和用量。注射用绒促性素,每次肌注,牛 1 000~5 000 单位,猪 500~1 000 单位,羊 100~500 单位,犬 250~300 单位,猫 100~200 单位。临用前以生理盐水溶解稀释后使用。

(3)前列腺素 F_{2a}:

① 作用与用途。用于治疗黄体引起的持久不孕症、黄体囊肿,促使母牛同期发情,并用作母猪的催情药,还能加强子宫的收缩而引起催产、引产。

② 用法和用量。肌注或子宫内注入,牛 6~20 毫克,羊 3~8 毫克。用于治疗开放性化脓性子宫炎,犬按每次每

千克体重 0.1～0.25 毫克,皮下注射,每天 1～2 次,连用 5～7 天;猫按每次每千克体重 0.1～0.25 毫克,皮下注射,每天 1～3 次,连用 5 天。大于 8 岁及病危的犬、猫不推荐使用。

3. 子宫收缩药(生殖系统)

(1)垂体后叶素:

① 作用与用途。垂体后叶素主要含有缩宫素,缩宫素可直接作用于子宫平滑肌,适量时使子宫发生节律性收缩,可用于阵缩微弱的难产、产后子宫复旧不全、胎衣不下、死胎滞留和产后出血等。它还能促进乳腺肌上皮细胞和乳腺导管周围平滑肌的收缩,产生排乳作用,可用于新分娩母畜的缺乳症。

② 用法和用量。垂体后叶素注射液,皮下、肌内或静脉注射量,牛 30～100 单位,猪、羊 10～50 单位。犬按每次 5～30 单位,肌内或静脉注射。猫按每次 5～10 单位,肌

内或静脉注射。静注时用 5‰葡萄糖溶液稀释后缓慢注入。

(2)马来酸麦角新碱:

① 作用与用途。对子宫平滑肌具有选择性兴奋作用,小剂量能加强其节律性收缩,剂量稍大可引起强直性收缩。不宜用作催产药。主要用于产后疾病,如产后子宫出血、子宫复旧不全、胎衣不下和子宫内膜炎等。

② 用法和用量。马来酸麦角新碱注射液,肌注或静注,牛 5～15 毫克,猪、羊 0.5～1 毫克。犬按每次 0.1～0.5 毫克,肌内或静脉注射。猫按每次 0.07～0.2 毫克,肌内或静脉注射。

4. 中枢兴奋药(神经系统)

(1)咖啡因:

① 作用与用途。小剂量咖啡因能增强大脑皮层兴奋过程,提高精神,消除疲劳,加强骨骼肌的收缩力;较大剂量可直接兴奋延髓生命中枢,使

呼吸中枢对二氧化碳敏感性增加,呼吸加深加快,在呼吸衰竭时尤为明显。主要用于严重急性传染病,中枢抑制药中毒所致的呼吸抑制和循环衰竭,各种疾病所引起的急性心力衰竭等。

② 用法和用量。

苯甲酸钠咖啡因(安钠咖)粉,内服,牛 2～8 克,羊、猪 1～2 克,鸡 0.05～0.1 克。犬按每次 0.2～0.5 克,每天 1～2 次。猫按每次 0.1～0.2 克,每天 1～2 次。

苯甲酸钠咖啡因(安钠咖)注射液,皮下、肌内、静脉注射,牛 2～5 克,羊、猪 0.5 ～2 克,鸡 0.25～0.05 克。一般每日给药 1～2 次,重症可隔 4～6 小时给药 1 次。犬按每次 0.1～0.3 克,皮下、肌内、静脉注射,每天 1～2 次。猫按每次 0.05～0.1 克,皮下、肌内、静脉注射,每天 1～2 次。

(2)樟脑:

① 作用与用途。樟脑可兴奋延髓的呼吸中枢和血管运动中枢。具有强心作用,对衰弱的心脏,可加强其收缩力,增加心输出量。临床上可作为强心药及中枢兴奋药,用于治疗传染病、麻醉药及药物中毒等原因引起的中枢抑制,兴奋衰竭的心脏和呼吸。

② 用法和用量。

A. 樟脑磺酸钠注射液:皮下、肌内、静脉注射,牛 1 000～2 000 毫克,羊、猪 200 ～1 000 毫克,犬每次 50～ 100 毫克,猫每次 50 毫克。

B. 氧化樟脑(维他康复):皮下、肌内、静脉注射,牛 50～100 毫克,羊、猪 25～50 毫克,犬每次 5～10 毫克,猫每次 2.5 毫克。

5. 全身麻醉药(神经系统)

(1)二甲苯胺噻唑(静松灵):

① 作用与用途。二甲苯胺噻唑是我国合成的药剂,具有镇静、镇痛和放松中枢性肌肉的作用。主要用于家畜和

野生动物的保定、运输、麻醉等。可单独或配合其他药物，代替全身麻醉药，进行各种外科手术。本品安全，无明显副作用。注意：有严重心、肺疾患及怀孕后期动物慎用。

② 用法与用量。二甲苯胺噻唑盐酸盐注射液，肌内注射，牛每千克体重 0.2～0.6 毫克，羊每千克体重 1～3 毫克。犬按每次每千克体重 1.5～2 毫克，肌内或静脉注射。

（2）盐酸二甲苯胺噻唑（麻保静）：

① 作用与用途。本品为新的安定药，具有安定、镇痛和中枢性肌肉松弛作用。牛对本品最敏感，可用于牛及野生动物的化学保定，以便诊疗。

注意：本品静脉注射时宜缓慢，并在用药前先注射阿托品。神经衰弱，有心、肝、肾疾患及伴有呼吸抑制的动物应慎用，孕畜应禁用。

② 用法与用量。肌内注射，牛每千克体重 0.1～0.3 毫克，羊每千克体重 0.1～0.2 毫克。

6. 局部麻醉药（神经系统）

（1）盐酸普鲁卡因（盐酸奴佛卡因）：

① 作用与用途。本品注入组织后经几分钟即可呈现局麻作用，主要用于局部浸润麻醉，静脉注射（或滴注）低浓度的普鲁卡因，对中枢神经系统有轻度抑制、镇痛、解痉和抗过敏作用，可解除肠痉挛，缓解烧伤、外伤引起的剧痛，制止全身性瘙痒等。

② 用法和用量。浸润麻醉，常用 0.25％～0.5％溶液，注射于皮下、黏膜下或深部组织中。传导麻醉，常用 2％～5％溶液，每个注射点 10～20毫升。封闭疗法，用 0.5％的溶液 50～100 毫升，注射患部周围或支配患部的神经干周围，可治疗炎症、溃疡等疾病，如创伤、蜂窝组织炎、蹄叶炎、冻伤、烧伤、肠痉挛、风湿症

等。如果用于镇静、镇痛，牛按每千克体重 1 毫升，静脉注射 0.25% 普鲁卡因溶液。犬、猫表面麻醉，用 3%～5% 溶液对皮肤、黏膜表面喷雾。浸润麻醉、封闭疗法，用 0.25%～0.5% 溶液，患部多点注射。传导麻醉，用 2% 溶液，多点注射，每点 2～5 毫升。

（2）盐酸利多卡因：

① 作用与用途。局麻作用较普鲁卡因强，特点为穿透力强、扩散广、作用快、持续时间长。

② 用法和用量。浸润麻醉，用 0.25%～0.5% 溶液。表面麻醉，用 2%～5% 溶液。传导麻醉，用 2% 溶液，多点注射，每个注射点牛用 8～12 毫升，羊用 3～4 毫升，犬、猫用 2～5 毫升。

7. 安定药、镇静药和抗惊厥药（神经系统）

（1）溴化钠：

① 作用与用途。对中枢神经系统有轻度抑制作用，可使兴奋不安的患畜安静下来。

② 用法和用量。内服，牛每次 15～60 克，羊、猪每次 5～10 克，禽每次 0.1～0.5 克。稀释为 3% 以下溶液内服。犬按每次每千克体重 50～80 毫克，内服，每天 1 次。猫按每次每千克体重 20～40 毫克，内服，与苯巴比妥合用，每天 2 次。

（2）盐酸氯丙嗪（冬眠灵）：

① 作用与用途。用药后有镇静作用，可使动物安静或嗜睡，使凶恶攻击型动物变得驯服。能加强麻醉药、催眠药、镇痛药和抗惊厥药的作用。常用于治疗破伤风、脑炎、中枢兴奋药中毒引起的狂躁和惊厥。用于有攻击行为的家畜和猛兽，使其驯服，易于进行各种处理。用作麻醉前给药，可与水合氯醛配合用于猪的全身麻醉，高温季节长途运输猪、禽时，可减少死亡率。

② 用法和用量。内服，

各种家畜每千克体重 3 毫克。鸡每只 30～50 毫克,每天 1 次,或以百万分 500 的浓度混饲,预防应激反应。肌内注射,牛每千克体重 0.5～1 毫克,羊、猪每千克体重 1～2 毫克。静脉注射,家畜每千克体重 0.5～1 毫克。用于犬、猫抑制、镇静、麻醉前给药、痛性痉挛时,按每次每千克体重 3 毫克,内服,每天 2 次;按每次每千克体重 1～2 毫克,肌内注射,每天 1 次;按每次每千克体重 0.5～1 毫克,静脉注射,每天 1 次。作为止吐剂,犬按每次每千克体重 0.1～2.2 毫克,内服,每天 1～4 次;按每次每千克体重 0.25～0.5 毫克,皮下或肌内注射,每天 1～4 次;按每次每千克体重 0.05～0.1 毫克,静脉注射,每天 3～4 次。猫按每次每千克体重 0.01～0.025 毫克,静脉注射,每天 3～4 次。

(3)硫酸镁:

① 作用与用途。内服具有下泻作用。注射具有抑制中枢神经系统和解痉作用,临床主要用于治疗膈痉挛和缓解破伤风、士的宁中毒的肌肉强直。

② 用法和用量。硫酸镁注射液,肌内或静脉注射,牛每次 10～25 克(按硫酸镁计算),羊、猪每次 2.5～7.5 克。犬、猫按每次 1～2 克,肌内注射。

8. 解热镇痛抗风湿药(神经系统)

(1)对乙酰氨基酚(扑热息痛):

① 作用与用途。解热镇痛作用缓和持久,镇痛作用较弱,几无抗风湿作用。

② 用法和用量。内服,牛 10～20 克,羊 1～4 克,猪 1～2 克。犬按每次每千克体重 10 毫克,内服或肌内注射,每天 2 次。猫禁用。

(2)氨基比林(匹拉米洞):

① 作用与用途。解热镇痛作用较扑热息痛强,其镇痛

作用强而持久。本品还具有消炎、抗风湿作用。长期应用可引起粒细胞缺乏症。

② 用法和用量。复方氨基比林注射液，皮下、肌内注射，牛 20～50 毫升，羊、猪 5～10 毫升。小型犬按每次 1～2 毫升，大型犬按每次 5～10 毫升，皮下或肌内注射。安痛定注射液，用法、用量相同，小型犬按每次 0.3～0.5 毫升，大型犬按每次 5～10 毫升，皮下或肌内注射。

(3)安乃近：

① 作用与用途。常用于解热、镇痛、抗风湿，还能制止腹痛，但又不影响肠蠕动，因此也常用于肠痉挛、肠鼓胀、肠便秘等。长期使用可能产生粒细胞缺乏症。

② 用法和用量。内服，牛 4～12 克，羊、猪 2～5 克。皮下或肌内注射，牛 3～10 克，羊、猪 1～3 克。静脉注射，牛 3～6 克。犬按每次 0.5～1 克，内服，或按每次 0.3～0.6 克，皮下或肌内注射。

(4)保泰松(布他酮)：

① 作用与用途。本品解热镇痛作用迟慢，毒性较大，但具有较强的抗风湿作用。临床主要用于治疗风湿性和类风湿性关节炎，治疗时必须连续应用，直至病情好转为止。它有轻度排尿酸作用，可治疗痛风。

② 用法和用量。内服，羊、猪每千克体重 33 毫克，每天 2 次，3 天后用量酌减。犬按每次每千克体重 2～20 毫克，内服、肌内或静脉注射，每天 2 次，连用 2 天，然后酌减；猫按每次每千克体重 6～8 毫克，内服、肌内或静脉注射，每天 2 次。

(5)乙酰水杨酸(阿司匹林)：

① 作用与用途。本品有解热、镇痛、消炎、抗风湿和促进尿酸排泄作用。为急性风湿病的特效药，常用于感冒、发热、神经肌肉痛、痛风。

② 用法和用量。内服，

牛 10～30 克,羊、猪 1～3 克。复方阿司匹林(APC)内服,牛 30～100 片,猪、羊 2～10 片。用于犬、猫镇痛,犬按每次每千克体重 11～26 毫克,内服,每天 2 次。猫按每次每千克体重 11～22 毫克,内服,隔日 1 次。用于犬、猫发热,按每次每千克体重 10 毫克,内服,每天 2 次。用于犬、猫抗炎、抗风湿、抗血栓,按每次每千克体重 25 毫克,内服,每天 1 次。

(6)吲哚美锌(消炎痛):

① 作用与用途。具有消炎、解热、镇痛作用,与皮质激素合用疗效增强,对炎性疼痛有明显的镇痛作用。用于治疗风湿性关节炎、神经痛、腱鞘炎、肌肉损伤等。副作用主要表现为消化道反应,如恶心、腹痛、下痢等。

② 用法和用量。内服,牛每千克体重 1 毫克,羊、猪每千克体重 2 毫克。犬、猫按每次每千克体重 2～3 毫克,内服,每天 2～3 次。

9. 强心药(循环系统)

(1)洋地黄:

① 作用与用途。临床上主要用于慢性心功能不全、阵发性心动过速。

② 用法和用量。洋地黄毒苷注射液,静脉注射,牛、犬每千克体重 0.006～0.012 毫克,维持量是全效量的 1/10。

(2)去乙酰毛花丙苷:

① 作用与用途。用于急、慢性心力衰竭,心房纤颤。

② 用法和用量。静脉注射,牛每次 1.6～3.2 毫克,犬、猫按每次 0.3～0.6 毫克,混于 10～20 倍的 5‰ 葡萄糖溶液中,缓慢注射。必要时,4～6 小时后再注射 1 次,剂量为牛每次 0.8～1.6 毫克,犬、猫每次 0.15～0.3 毫克。

10. 凝血药和抗凝血药(循环系统)

(1)维生素 K:

① 作用与用途。维生素 K 在肝细胞中参与合成凝血酶原,促进血液凝固过程,故可用于止血。

② 用法和用量。维生素 K_3 注射液，肌内注射，牛 100～300 毫克，猪、羊 30～50 毫克，1 天 2 次。犬、猫按每次每千克体重 0.5～2 毫克，皮下、肌内或静脉注射。

（2）肾上腺色素缩胺脲（安络血）：

① 作用与用途。能降低毛细血管壁的通透性，减少血液外渗而止血。适用于鼻出血、便血、尿血、损伤出血及术后出血等。

② 用法和用量。注射液（兽用止血针剂），肌内注射，牛 10～20 毫升，猪、羊 2～4 毫升，1 天 2～3 次。犬、猫按每次 1～2 毫升，肌内注射，每天 2 次。

（3）6-氨基己酸：

① 作用与用途。本品能抑制纤维蛋白的溶解而呈止血作用。适用于术后出血、产后出血、消化道出血等。

② 用法和用量。静脉滴注。首次量，牛每次 20～30 克，加入 500 毫升生理盐水中，猪、羊 4～6 克，加入 100 毫升生理盐水中，1 天 2～3 次。维持量，牛每次 3～6 克，猪、羊 1～1.5 克，每小时 1 次。6－氨基己酸片，犬 500 毫克，1 次内服，每天 3 次。

（4）肝素钠：

① 作用与用途。有较强的抗凝血作用，用于输血、防止血栓形成等。

② 用法和用量。牛、猪、羊每千克体重 100～130 国际单位，以 5％葡萄糖或生理盐水稀释后静脉滴注。用于治疗犬、猫动脉栓塞、血栓性静脉炎，犬按每次每千克体重 150～250 国际单位，静脉注射，然后每千克体重 75～200 国际单位，皮下注射，每天 3～4 次。猫按每次每千克体重 200 国际单位，皮下注射，每天 3 次。用于弥散性血管内凝血，犬、猫按每次每千克体重 75～100 国际单位，皮下或静脉注射，每天 3～4 次。

11. 维生素类药

（1）维生素 B_1（盐酸硫

胺）：

① 作用与用途。维生素 B_1 有保护神经系统的作用，还能促进肠胃蠕动，增加食欲，维持神经组织、肌肉、心脏活动的正常功能。主要用于防治多发性神经炎、周围神经炎、营养不良、慢性腹泻、胃弛缓、消化不良。

② 用法和用量。皮下、肌内、静脉注射量，牛 100～500 毫克，羊、猪25～50 毫克。牛、羊、猪口服量同上。鸡，5～10 毫克肌内注射。用于治疗犬、猫癫痫发作，25～50 毫克，肌内注射。用于治疗犬、猫硫胺素缺乏，犬按每次每千克体重 10 毫克，皮下或肌内注射，每天 1 次，连用 3～4 天。猫按每次 25～50 毫克，肌内或皮下注射，每天 1 次，到症状减轻，改每次 10 毫克，内服，每天 1 次，连用 21 天。用于犬、猫乙二醇中毒，按每次每千克体重 10～100 毫克，内服。

（2）维生素 B_2（核黄素）：

① 作用与用途。主要用于防治维生素 B_2 缺乏引起的眼结膜炎、口角炎，以及雏鸡发生的足趾麻痹、腿无力等。

② 用法和用量。口服、肌注或皮下注射，牛 100～150 毫克，每天 1 次。肌注或皮下注射，猪、羊 20～30 毫克，每天 1 次。口服，猪每千克体重 20～30 毫克。预防性混饲，禽每千克饲料中添加 2～5 毫克。犬按每次 10～20 毫克，内服、肌内或皮下注射；猫按每次 5～10 毫克，内服、肌内或皮下注射。

（3）维生素 B_{12}：

① 作用与用途。促进红细胞的发育和成熟，维持神经系统正常机能。常用于治疗再生障碍性贫血、神经炎、神经痛、白细胞减少症等。

② 用法和用量。肌注，牛 1～2 毫克，猪、羊 0.3～0.4 毫克，每天或隔天 1 次。用作犬、猫食品添加物，犬每天 100～200 微克，猫每天 50～100 微克，内服或皮下注

射。治疗犬、猫维生素 B_{12} 吸收不良、胰腺外分泌机能不全、贫血,犬 $0.25\sim1$ 毫克,皮下或肌内注射,每周 1 次,连用 1 个月,然后每 3 个月 1 次。猫 $0.1\sim0.2$ 毫克,皮下注射,每周 1 次。

(4)维生素 PP(烟酸):

① 作用与用途。参与体内多种物质的代谢,还有较强的扩张周围血管作用。常用于防治糙皮病、口炎、皮肤病等。

② 用法和用量。家畜 1 次口服量,每千克体重 $3\sim5$ 毫克。1 次肌注或静注量,每千克体重 $0.2\sim0.6$ 毫克,犊牛 1 次不得超过每千克体重 0.3 毫克。混饲,禽每千克饲料添加 $15\sim20$ 毫克。犬、猫按每次 $2.5\sim5$ 毫克,内服,每天 $2\sim3$ 次,与四环素合用。

(5)维生素 C(抗坏血酸):

① 作用与用途。增强肌体的抗应激能力、免疫力,也有一定抗炎和抗过敏作用。

主要用于防治坏血病、急慢性传染病、感染性休克、炎症、发热性疾病、中毒及过敏等。

② 用法和用量。皮下、肌内、静脉注射量(计算维生素 C 的量),牛每次 $2\sim4$ 克,猪、羊 $0.2\sim0.5$ 克,犬 $0.1\sim0.5$ 克,猫 0.1 克。牛、羊、猪、犬、猫口服量同上。

(6)鱼肝油:

① 作用与用途。常用于防治维生素 A 缺乏引起的夜盲症、干眼病、皮肤粗糙,以及佝偻病、骨软症等。

② 用法和用量。口服,牛 $20\sim60$ 毫升,羊、猪 $10\sim30$ 毫升,犬、猫按每次 $5\sim10$ 毫升。

(7)维生素 AD 注射液:

① 作用与用途。适用于治疗维生素 A、维生素 D 缺乏引起的夜盲症、角膜软化、皮炎、佝偻病、骨软症等。

② 用法和用量。内服或肌注,牛 $5\sim10$ 毫升,犊牛、猪、羊 $2\sim4$ 毫升,羔羊、仔猪 $0.5\sim1$ 毫升。犬按每次 0.2

～2 毫升,猫按每次 0.5 毫升,肌内注射。

(8)维生素 E(生育酚):

① 作用与用途。常用于治疗维生素 E 缺乏引起的习惯性或先兆性流产、不孕症、白肌病、肝坏死等。

② 用法和用量。片剂口服量,牛每次 400～700 毫克,羊、猪 60～300 毫克。醋酸生育酚注射液,肌注或皮下注射,牛、羊、猪、犬、猫每千克体重 5～20 毫克,犊牛每次 500～1 500 毫克。

12. 矿物质补充剂

(1)硫酸亚铁:

① 作用与用途。铁制剂对预防和治疗因缺铁而引起的贫血有良好的效果。临床上常用于仔猪缺铁性贫血的治疗与预防。

② 用法和用量。口服补铁,硫酸亚铁 2.5 克,硫酸铜 1 克,水 1 升混合,仔猪每千克体重口服 0.25 毫升,每天 1 次,连服 2 周。也可用硫酸亚铁 100 克,硫酸铜 20 克,研成细末拌入 5 千克细沙或红土中撒入猪舍,让仔猪自由采食。鸡按百万分之 130 至百万分之 200,混饲。

注射补铁,用右旋糖酐铁或铁钴注射液 2 毫升,进行深部肌内注射。必要时 1 周后再进行半量肌内注射 1 次。

(2)氯化钴:

① 作用与用途。本品主要用于治疗反刍动物钴缺乏引起的食欲减退、体重减轻、贫血、腹泻、肝脂肪变性、流产。

② 用法和用量。治疗量(口服),牛 500 毫克,犊牛 200 毫克,羊 100 毫克,羔羊 50 毫克。预防量(口服),牛 25 毫克,犊牛 10 毫克,羊 5 毫克,羔羊 2.5 毫克。

(3)磷酸二氢钠:

① 作用与用途。主要治疗低血磷症及缺磷性佝偻病。

② 用法和用量。口服,牛 90 克,每天 3 次。静注,牛 30～60 克(10%～20%注射液)。

(4)亚硒酸钠:

① 作用与用途。主要用于防治硒缺乏、胎衣不下、产后瘫痪、营养性肝坏死、雏鸡渗出性素质、胰腺损伤和肌萎缩。

② 用法和用量。亚硒酸钠注射液,肌注(按亚硒酸钠计算的量),牛 30～50 毫克,犊牛 5～8 毫克,羔羊、仔猪 1～2 毫克。亚硒酸钠维生素 E 注射液,肌注,牛 30～50 毫升,犊牛 5～8 毫升,羔羊、仔猪 1～2 毫升。犬按每次 0.5～3 毫升,肌内注射,隔 15 天给药 1 次,和维生素 E 合用。混饲,每 1 000 千克饲料,畜禽添加亚硒酸钠维生素 E 预混剂 500～1 000 克。

(5)硫酸铜:

① 作用与用途。主要用于防治铜缺乏引起的贫血、骨畸形、被毛脱色及生长异常。

② 用法和用量。1 天口服量,牛 2 克,犊牛 1 克,羊每千克体重 20 毫克。混饲,每 1 000 千克饲料,猪添加 800 克,鸡添加 20 克。

13. 有机磷中毒的解毒药

(1)碘解磷定(派姆):

① 作用与用途。能复活被有机磷抑制的胆碱酯酶,用药越早,效果越好。本品在体内分解快,作用仅维持 1.5 小时左右,故在患畜症状消失前应反复给药。应用本品对急性中毒疗效较好,对敌百虫、乐果等疗效较差。

② 用法和与用量。注射液,静脉注射,各种家畜每千克体重 15～30 毫克。鸡每只 10～20 毫克,每天 2 次,到症状减轻或消失。

(2)氯解磷定(氯磷定):

① 作用与用途。本品为胆碱酯酶的复活剂,毒性较小,显效快。

② 用法和用量。静脉或肌内注射,各种家畜每千克体重 15～30 毫克,鸡每只 10～20 毫克,每天 2 次。

14. 亚硝酸盐中毒的解毒药

① 作用与用途。亚甲蓝（美蓝）可将高铁血红蛋白还原为正常的血红蛋白，使其恢复携氧能力，用于治疗亚硝酸盐中毒引起的高铁血红蛋白症，以及氨基比林、苯胺类药物引起的高铁血红蛋白症。

② 用法和用量。亚甲蓝注射液，刺激性大，只宜静注。静注量，解救亚硝酸盐中毒，家畜每千克体重 1～2 毫克，解救氰化物中毒，家畜每千克体重 2.5～10 毫克。

此外，维生素 C 对亚硝酸盐中毒有一定疗效。

15. 有机氟中毒的解毒药（乙酰胺）

① 作用与用途。乙酰胺（解氟灵）具有延长有机氟中毒的潜伏期，减轻病状或制止发病的作用。主要用于氟乙酰胺的中毒，也可用作氟乙酸钠和氟硅酸钠中毒的解救药。

有机氟中毒的发展迅速，故本品使用应尽早且足量，并配合使用氯丙嗪等镇静药，以对抗中枢神经过度兴奋的症状，可取得满意疗效。

② 用法和用量。乙酰胺注射液，肌内或静脉注射，畜禽每千克体重 50～100 毫克，1 天 2～4 次，一般连用 5～7 天。

16. 氰化物中毒的解毒药

(1)亚硝酸钠：

① 作用与用途。亚硝酸钠能使少量血红蛋白氧转化为高铁血红蛋白，可暂时缓解氰化物中毒。

② 用法和用量。静注，家畜每千克体重 15～25 毫克，以灭菌注射用水溶解成 1%溶液缓慢注入。静注给药数分钟后，再静注硫代硫酸钠。

(2)硫代硫酸钠（大苏打）：

① 作用与用途。用于氰化物中毒的解救，但其作用发生较慢，故应先用作用较快的亚硝酸钠或亚甲蓝，然后再用本品，可显著提高疗效。

② 用法与用量。临用前

以灭菌注射用水稀释成 5％～20％溶液,肌注或静注,牛 5～10 克,猪、羊 1～3 克。肌内注射,禽 0.32 克。犬、猫按每次 1～2 克,肌内或静脉注射。

第二部分　病原生物引起畜禽疫病的防控

内容导读

病原生物指细菌、病毒、寄生虫等。这一部分主要有4方面的内容：细菌和细菌性传染病的防控，病毒和病毒性传染病的防控，寄生虫和寄生虫病的防控，感染和免疫。

细菌属于原核生物（它没有真正的细胞核，只有类似于核的结构，叫做拟核）。通常所说的细菌，还包括螺旋体、支原体、立克次体和衣原体等。真菌是真核生物（有细胞核）。细菌和真菌中的病原菌可引起猪、牛、羊、鸡、犬、猫等多种畜禽发病。对大多数细菌性传染病，虽有一些有效抗菌药物（如抗生素）进行治疗，但仍需坚持"预防为主"的方针。有些细菌性传染病可用菌苗进行接种预防。

病毒是一类不具备细胞结构的微生物，仅能在宿主细胞内生存、增殖。典型的病毒颗粒其中心为一团核酸，它含有病毒的全部遗传信息，但引起疯牛病、羊痒病的朊病毒却没有这种核酸结构。很多病毒病可用疫苗进行免疫预防，抗菌药物对病毒基本无效。

寄生虫是指暂时性或永久性在宿主体内、外过着寄生生活的动物，分为蠕虫、原虫和体外寄生虫3类。有许多抗寄生虫药物可供临床使用。蠕虫抗原结构复杂，虫苗免疫效果往往不好。有几种原虫，已研制成功虫苗，接种后预防效果较好。

每种疫病，都从概述、病

原、传播途径、易感动物、主要症状、诊断要点、防控措施等方面加以叙述。

（1）概述：简单介绍该疫病的概念、特征等。

（2）病原：简介引起该病病原的特性。

（3）传播途径：简要介绍病原播散的方式。

（4）易感动物：指容易感染这种病原的畜禽。

（5）主要症状：介绍发病动物的临床表现，有些包括剖检病变。

（6）诊断要点：根据临床症状、实验室检查结果等，做出初步诊断乃至确诊。

（7）防控措施：主要介绍疫苗应用和一些有针对性的预防办法，少数还有治疗方法。治疗疫病时的药物用量，不可拘泥，要根据具体情况加以调整。长期使用某一种药物，可能产生耐药性，因此要经常调整所用药物。

感染是指病原生物侵入动物机体并定居、生长繁殖，从而引起机体一系列病理反应的过程。免疫是指动物所具有的排除异物、保护自身的能力，它的基本功能是抵抗病原感染、维持自身稳定和进行免疫监视。在生产中广泛使用的疫苗（包括菌苗）接种，是使动物获得免疫力的有效办法。

病原生物引起的畜禽疫病，又叫做动物流行病。这一类疫病有以下几个特点。

（1）任何一种疫病，都是由一种特定的病原生物所引起的。例如，猪炭疽是由炭疽杆菌引起的，鸡球虫病是由球虫引起的。没有特定的病原，就不会引起相应的疫病。

（2）这类疫病具有传染性和流行性。所谓传染性是指患病动物可通过不同方式，引起健康动物发生同一种疫病；所谓流行性是指在一定时期、一定地点、一定种类的畜禽，都可能发病，造成疫病传播、蔓延。

（3）被感染的畜禽可发生免疫反应，包括产生体液免疫反应（抗体）或细胞免疫反应

（致敏淋巴细胞）。因此可用一些血清学方法（或细胞学方法）进行检查。还要注意，寄生虫病的带虫免疫是一种很重要的免疫现象。

（4）耐过某种疫病的畜禽，产生特殊的免疫力，可在一定时期内甚至终生不再感染这种疫病。

（5）具有相似的临床表现。这一类疫病大多数都有一定的潜伏期，出现一些特殊的症状，对临床诊断，具有一定的参考作用。

我国现阶段对畜牧业发展造成重大损失的，主要是动物的传染病，特别是一些烈性传染病（如口蹄疫、高致病性禽流感等）和人畜共患病（如牛结核病、猪链球菌病、狂犬病等）。随着传染病被逐渐有效控制，寄生虫病造成的损失就会凸显出来。因此搞好病原生物引起畜禽疫病的防控，对保证我国畜牧业的稳定可持续发展，维护广大人民群众的健康，具有重要的战略意义。

一、细菌和细菌性传染病的防控

（一）细菌简介

1. 细菌的概念和分类

细菌是一类单细胞原核生物（没有真正的细胞核，只有类似于核的结构，叫做拟核）。人们通常所说的细菌，还包括螺旋体、支原体、立克次体和衣原体等。真菌是真核生物（有细胞核）。这些微生物，形态有很大区别。这里以细菌为例，加以简介。细菌个体微小、形态简单，结构略有分化，以二分裂法方式进行繁殖（指一个细菌细胞壁横向分裂，形成两个子代细胞）。

（1）细菌的大小、形态与排列：

① 细菌的大小。细菌的个体要在显微镜下才能看到。测定细菌大小的计量单位通常是微米（1 微米是千分之一毫米）。球菌的大小以直径表示（通常为 0.5～2 微米），杆菌和螺旋状菌的大小用长和

宽表示(一般宽为 0.2～2 微米,长为 2～8 微米)。细菌在适宜培养的条件下,处于对数生长期(细菌生长繁殖处于最快状态的顶峰期)的菌体大小是相对稳定的,可作为一项鉴定依据。

② 细菌的外形、排列和繁殖。细菌的外形比较简单,大体有球状、杆状和螺旋状 3 种,因此将细菌分为球菌、杆菌和螺旋状菌 3 大类。

细菌的繁殖方式是简单的分裂、增殖。有些细菌分裂后彼此分开单个存在,另一些分裂后相互间仍有原浆带相连,形成一定的排列方式。各种细菌的个体外形和排列方式,在正常情况下相对稳定而且有特征性,可作为分类与鉴定的依据。

A. 球菌:多数球菌呈球形,也有呈肾形、豆形的。按其分裂的方向及分裂后彼此相连的情况,又可分为双球菌、链球菌、四联球菌、八叠球菌和葡萄球菌等。

B. 杆菌:杆菌一般呈正圆柱形,也有近似卵圆形的,菌体多数平直,有稍弯曲的。菌体两端多为钝圆,少数是平截状或呈尖突状。菌体短小近似球形的称为球杆菌,形成侧枝或分枝的称为分枝杆菌,一端膨大呈棒形的称为棒状杆菌,有时个别杆菌可形成长丝状。

C. 螺旋状菌:菌体弯曲或呈螺旋状,两端钝圆或有尖突。螺旋状菌又可分为弧菌和螺菌,前者菌体只有一个弯曲,形如逗点,后者有两个以上弯曲捻转呈螺状。

细菌在老龄培养物或在不适宜的环境中,会出现形状不正常的个体,称为衰老型或退化型,当重新处于正常的培养环境中,可以恢复正常形态。有些细菌(如嗜血杆菌和棒状杆菌)在正常环境中,其形状也很不一致,这种现象称为"多形性"。

(2)细菌的基本结构:

① 细胞壁。细胞壁在细

菌细胞的外层,是一层无色透明、坚韧而具有一定弹性的膜。用革兰染色法,可将细菌分为革兰阳性菌(被染为紫色)和革兰阴性菌(被染为红色)两大类,原因在于它们的细胞壁结构和化学组成各有不同。革兰阳性菌的细胞壁较厚,化学成分主要是肽聚糖。革兰阴性菌细胞壁较薄,结构和成分较复杂,其特点是由外膜与一层很薄的肽聚糖(1～3 纳米,1 纳米是千分之一微米)组成,脂多糖位于最外层,其中的类脂 A 是革兰阴性菌内毒素的主要成分。

细菌细胞壁的主要功能是赋予细菌一定的外形,保护细菌免受外界渗透压和有害物质的损害,并与细菌的致病性、抗原性、对噬菌体和药物的敏感性以及革兰染色反应等密切相关。

② 细胞膜:细胞膜是位于细胞壁内侧、包着细胞质的一层半透明薄膜。细胞膜中含有与营养、呼吸和生物合成有关的多种酶类。

细胞膜作为细菌的主要渗透屏障,选择性地调节着细胞质和外界环境间的分子交换,包括营养物的吸收、分解和代谢产物的排出等。

③ 细胞质:细胞质是一种无色透明、均质的黏稠胶体,主要成分是水、蛋白质、类脂质、多糖、核酸和少量无机盐类等,另外还含有许多酶系统,是细菌新陈代谢的主要场所。

包含在细胞质内的还有核体、质粒、核蛋白体和各种内含物等。

(3)细菌的特殊结构:

① 荚膜。一部分细菌在其生活过程中,可在细胞壁外产生一种黏液样的物质,包围整个菌体,称为荚膜。

不同细菌,其荚膜的主要成分也有所不同。病原菌的荚膜除了有助于细菌黏着与侵入外,还具有抵抗动物体内细胞吞噬的作用和抵御抗体的作用,使细菌发挥致病性。

腐生菌受荚膜保护可免受干燥和其他有害环境因素的影响。

② 鞭毛。大多数弧菌、螺菌,许多杆菌和一些球菌,在菌体表面长出由蛋白质组成的线状物,称为鞭毛,长150~200微米。各种细菌的鞭毛数量和排列不同,据此可将有鞭毛的细菌分为4类,即一端单毛菌、两端单毛菌、丛毛菌和周毛菌。

鞭毛具有收缩性,当它有规律地收缩时,可引起细菌运动,是细菌的运动器官。

③ 纤毛。大多数革兰阴性菌和少数革兰阳性菌,在菌体表面还生长有一种毛发状细丝,称为纤毛,比鞭毛直且细,长5~10微米。纤毛分为普通纤毛和性纤毛两类。

普通纤毛能使致病菌牢固地附着在动物消化道、呼吸道和泌尿生殖道等黏膜上皮细胞表面,发挥致病作用,是一种毒力因子。两个细菌通过性纤毛的直接接触,可实现遗传物质的转移。此外,纤毛也具有良好的免疫原性。

④ 芽孢。一部分杆菌、个别球菌,在生长发育的某一阶段,可以在菌体内形成1个内生孢子,称为芽孢。未形成芽孢之前的菌体则称为繁殖体或营养体。

芽孢一般呈圆形、椭圆形,其大小有的等于或小于母菌体横径,也有的大于母菌体横径,其形成位置可以在菌体中央、偏端或末端,成熟后有的脱离菌体游离存在。

细菌的芽孢具有较厚的芽孢壁和多层芽孢膜,结构坚实,含水量少,代谢几乎停止,对外界不良理化因素有很强的抵抗力,特别能耐高温、干燥和渗透压的作用,一般的化学药品也不容易渗透进去。芽孢是某些细菌抵抗不良环境条件以保存生命的一种休眠构造。

(4)细菌的营养需要:

细菌的营养需要主要包括5大类物质:水、碳素、氮素、无机盐和生长因素。

① 水。水是细菌细胞的重要组成成分,又是一种良好的溶媒,各种生命活动必须在有水的条件下才能进行。

② 碳素。碳素是给细菌提供碳源的物质。细菌利用的碳源主要有各种糖、有机酸、脂、醇、烃、二氧化碳和碳酸盐等。其中,糖类是细菌容易利用的碳源。

③ 氮素。氮素是给细菌提供氮源的物质。细菌利用的氮源主要是蛋白质及其降解产物(胨、肽、氨基酸)、铵盐、硝酸盐等。

④ 无机盐。细菌对无机盐的需要量很少,但其作用却十分重要,主要参与细胞组成、能量转移、维持细胞质胶体状态、调节渗透压、参与酶活性中心的组成等。

⑤ 生长因素。细菌还需要少量称为生长因素的物质,这类物质有维持和促进细菌生长及繁殖的功能,极微量就能显示其作用。生长因素包括维生素类(特别是 B 族维生素)和一些有机酸、嘌呤、嘧啶等。

(5)细菌的生长和繁殖:

细菌必须在一定的条件下才能生长繁殖,这些条件包括合适的营养成分、温度、酸碱度、渗透压以及气体条件。按照各种细菌生长与繁殖的条件要求,可以人工制备各种合适的培养基,并创造适宜的环境以培养细菌。

① 培养基。培养基是人工配制的基质,含有细菌等生长繁殖所必需的营养物质,常用于分离、培养、鉴定和研究细菌等微生物。

培养基的种类:按营养成分,可分为基础培养基及营养培养基。前者是由牛肉浸液加适量的蛋白胨、氯化钠、磷酸盐而成,调酸碱度(pH)至 7.4~7.6。在基础培养基中添加葡萄糖、血液或血清等,即为营养培养基,用于对营养要求较高的细菌进行培养。

按物理状态可分为固体

培养基、半固体培养基及液体培养基3类。基础培养基和营养培养基,不加凝固剂,即为液体培养基,常用于细菌的扩大培养。在液体培养基中,加入1%～2%的琼脂,煮沸融化,冷却至38～40℃后,即凝固成固体培养基,用于细菌的分离、纯化及生物活性检测。若向液体培养基中加0.5%琼脂,则为半固体培养基,可做穿刺接种、观察细菌运动性等。

此外,按培养基的用途,还可分为鉴别培养基、选择培养基、厌氧培养基等。

② 培养条件。

A. 温度:细菌生长繁殖时,有各自的生长温度范围及最适生长温度,据此可将细菌分为3类:嗜冷菌,生长范围为－5～30℃,最适生长温度为10～20℃。嗜温菌,生长范围为10～45℃,最适为20～40℃。嗜热菌,生长范围为25～95℃,最适为50～60℃。绝大多数病原菌已适应动物

的体温,最适生长温度为37℃左右。

B. 酸碱度(pH):每种细菌都有一个适应生长的pH范围和最适pH,大多数病原菌的最适pH为7.2～7.6。

C. 气体需求:需氧菌必须在有一定浓度的游离氧条件下才能生长繁殖,厌氧菌则必须在无氧环境中才能生长,兼性厌氧菌则在有氧、无氧的条件下均能生长。

需氧菌和兼性厌氧菌接种适宜的培养基后,置于普通培养箱内或摇震培养箱中即可培养。厌氧菌则必须于无氧的培养装置中培养;或接入厌氧培养基中,在普通培养箱内培养。

(6)细菌的鉴定:

细菌分类鉴定的主要依据如下。

①个体形态。测量菌体大小,观察形态、排列方式、有无荚膜和鞭毛、鞭毛的生长部位、有无芽孢以及芽孢位置,观察革兰染色反应等。

②培养特性。在固体培养基上,观察菌落的大小、形态、颜色、光泽、黏稠度、隆起、透明度、边缘特征等。在液体培养基中,观察是否形成膜、环,有无混浊和沉淀,是否产生气泡,有无颜色变化等。在半固体培养基上,观察运动情况。

③生理生化特性。在营养物质的利用方面,观察细菌能否利用糖类、醇类或有机酸作为碳源或能源,以及对一定的有机化合物或二氧化碳的利用能力等。

④代谢产物的测定。检查细菌在培养基中能否形成有机酸、乙醇、碳氢化合物、气体以及类似化合物,能否分解色氨酸产生靛基质,能否分解糖类,能否使硝酸盐还原为亚硝酸盐或氨,能否产生色素或抗生素等。在牛乳培养基中的生长反应中,观察牛乳是凝固还是液化,是产酸还是产碱等。

⑤生态特性。需氧菌、厌氧菌和兼性厌氧菌,在不同温度和酸碱度环境中的生长情况,也可作为分类的依据。

⑥血清学反应。血清学反应具有高度的特异性,在细菌分类鉴定上,常用以进行对未知菌的鉴定和抗原组成的分析。

⑦用噬菌体分型。噬菌体是细菌的病毒,对某种细菌的侵袭有专一性,而且对同种不同型的细菌也有特异性。可用噬菌体进行菌种鉴定和分型。

⑧细胞壁成分的分析。目前在牛放线菌分类中,细胞壁成分的分析已作为分类的依据。

⑨鸟嘌呤与胞嘧啶含量的测定。利用鸟嘌呤与胞嘧啶共同含量(即所谓的 $G+C$)的摩尔百分数,来鉴定各种细菌种属间的亲缘关系。

⑩细菌核酸分子杂交。细菌核酸分子杂交是近年来用于细菌分类的一种分子生物学方法,主要原理是用探针

中已知的核酸片段,去寻找和它互补的另一片段。依据另一片段的有无,来鉴定细菌。

(7)细菌的分类:

细菌分类的方法很多,主要有传统分类法(如依据细菌大小、形态、染色、生理生化特征分类)、数值分类法(如依据细菌 DNA 中鸟嘌呤＋胞嘧啶的摩尔百分数分类)、分子生物学分类法(如依据细菌 16SrRNA 的核酸序列分类)等。

2. 消毒和灭菌

消毒和灭菌的方法包括物理方法和化学方法两大类。常用以下术语表示对微生物的杀灭程度。

①杀菌作用。指某些物质所具有的在一定条件下杀死微生物的作用。

②抑菌作用。指某些物质所具有的抑制微生物生长与繁殖的作用。

③抗菌作用。指某些药物所具有的抑制或杀灭微生物的作用。

④灭菌。指杀灭物体中所有病原微生物和非病原微生物及其芽孢、霉菌孢子的方法。

⑤消毒。指杀灭物体中的病原微生物的方法。消毒只要求达到消除传染性的目的,而对非病原微生物及其芽孢、孢子,并不严格要求全部杀死。

⑥防腐。指阻止或抑制微生物生长繁殖的方法。

⑦无菌。指没有活的微生物的状态。采取防止或杜绝任何微生物进入动物机体或其他物体的方法,称为无菌法。以无菌法进行的操作称为无菌技术或无菌操作。

(1)物理因素对微生物的影响:

对微生物影响较大的物理因素包括温度、辐射、干燥、声波、微波、滤过等。

① 温度。不同温度对微生物生命活动呈现不同的作用。适当的温度有利于微生物的生长发育,但温度过高或

过低都会影响微生物的新陈代谢、生长发育，甚至造成死亡。

A. 低温：大多数微生物对低温具有很强的抵抗力，因此常用于保存菌种和毒种。如伤寒沙门菌在液氮（$-195.8℃$）中其活力不受破坏，多数细菌在 $-20℃$ 或 $-70℃\sim-50℃$ 下均存活；细菌芽孢和霉菌孢子可在 $-195.8℃$ 下存活半年。温度越低病毒存活的时间越长。

B. 高温：高温对微生物具有明显的致死作用，因此最常用于消毒和灭菌。用高温处理微生物时，可对菌体蛋白质、核酸、酶系统等产生直接破坏作用，热力可使蛋白质变性或凝固，导致菌体死亡。

热力灭菌法分为干热灭菌法和湿热灭菌法两类。

(a)干热灭菌法包括火焰灭菌和热空气灭菌两类。

火焰灭菌：以火焰直接烧灼杀死物体中的全部微生物的方法。分为灼烧和焚烧两种，常用于耐烧物品，如接种环、试管口、玻璃片、金属鸡笼、饮水盆等，或用于可烧毁的物品。

热空气灭菌：利用干热灭菌器，以干热空气进行灭菌的方法。适用于高温下不损坏、不变质的物品，如各种玻璃器皿、瓷器、金属器械等的灭菌。干热灭菌需在 $160℃$ 条件下维持 $1\sim2$ 小时，才能达到杀死所有微生物及其芽孢、孢子的目的。

(b)常用的湿热灭菌有如下几种。

煮沸灭菌：煮沸 $10\sim20$ 分钟可杀死所有细菌的繁殖体，芽孢需煮沸 $1\sim2$ 小时才被杀死。若在水中加入 1% 碳酸钠或 $2\%\sim5\%$ 石炭酸，可以提高沸点，加强杀菌力，加速芽孢的死亡，灭菌效果更好。外科手术器械、注射器、针头以及食具等多用此法灭菌。

巴氏消毒：巴氏消毒是以较低温度杀灭液态食品中的

病原菌,不会严重损害食品的营养成分的消毒方法。具体方法可分为 3 类,第一类为低温维持巴氏消毒法,在 63～65℃条件下,保持 30 分钟。第二类为高温短时巴氏消毒法,在 71～72℃条件下,保持15 秒。第三类为超高温巴氏消毒法,在 132℃条件下,保持 1～2 秒。加热消毒后应迅速冷却至 10℃ 以下,称为冷击,这样可进一步促使细菌死亡,也有利于鲜乳等食品马上转入冷藏保存。超高温巴氏消毒的鲜乳在常温下,保存期可长达半年之久。

流通蒸气灭菌:流通蒸气灭菌是利用蒸气在蒸笼或流通蒸气灭菌器内进行灭菌的方法,也称间歇灭菌法。100℃的蒸气维持 30 分钟,足以杀死细菌的繁殖体,但不能杀灭芽孢和霉菌孢子。所以常将第一次灭菌后的物品放在温箱中过夜,待芽孢萌发,第 2 天和第 3 天以同样方法各进行一次灭菌和保温过夜,

以达到完全灭菌的目的。此法常用于一些不耐高温的培养基,如鸡蛋培养基、血清培养基、糖培养基的灭菌。

高压蒸气灭菌:高压蒸气灭菌即用高压蒸气灭菌器进行灭菌的方法,是兽医诊所和实验室应用最广泛的、最有效的灭菌方法。通常用 1.02 千克/平方厘米(约 0.107Mpa,旧称每平方英寸 15 磅)的压力,在 121.3℃温度下维持 15～20 分钟,即可杀死包括芽孢在内的所有微生物,达到完全灭菌的目的。凡耐高温、不怕潮湿的物品,如多种培养基、溶液、玻璃器皿、金属器械、敷料、工作服和小动物尸体等,均可用这种方法灭菌。所需温度与时间视灭菌材料的性质和要求而定。

② 辐射。辐射是一种物理现象。辐射对微生物的灭活作用分为非电离辐射和电离辐射两种。非电离辐射包括可见光、日光、紫外线。

A. 可见光:可见光是指

在红外线和紫外线之间的肉眼可见的光线,波长 400～800 纳米。可见光对微生物一般无多大影响,但长时间作用也能妨碍微生物的新陈代谢与繁殖,故培养细菌和保存菌种,均应置于阴暗之处。

B. 日光:直射日光有强烈的杀菌作用,是天然的杀菌因素。许多微生物在日光的照射下,半小时到数小时即可死亡。芽孢对日光照射的抵抗力比繁殖体大得多,往往需经 20 小时才死亡。

C. 紫外线:日光依光谱分为可见光和看不见的紫外线与红外线,各具有不同的杀菌效力,其中紫外线是日光中杀菌作用的主要因素。紫外线波长为 200～300 纳米部分具有杀菌作用,其中尤以 265～266 纳米段的杀菌力最强。紫外线的穿透力不强,即使是很薄的玻璃也不能透过,所以只能用紫外线杀菌灯消毒物体表面,常用于微生物实验室、无菌室、手术室、传染病房、种蛋室等的空气消毒,或用于不能用高温或化学药品消毒的物品的表面消毒。

D. 电离辐射:放射性同位素的射线(即 α、β、γ 射线)和 X 射线,可形成电离辐射。其中,X 射线的杀菌力不如紫外线,作用也较慢。α 与 β 射线的电离辐射作用较强,具有抑菌或杀菌作用。γ 射线的电离辐射作用弱,仅有抑菌作用和微弱的杀菌作用。在实际工作中主要是 X、γ 和 β 射线,用于消毒、食品保藏和育种等方面。

③ 干燥。微生物在干燥的环境中失去大量水分,新陈代谢发生障碍,甚至引起菌体蛋白质变性,从而逐渐导致死亡。不同种类的微生物对干燥的抵抗力差异很大。细菌的芽孢对干燥有强大的抵抗力,如炭疽杆菌和破伤风梭菌的芽孢在干燥条件下可存活几年甚至数十年以上,霉菌的孢子对干燥也有强大的抵抗力。

由于微生物不能在干燥环境中生长繁殖,因此常用干燥法来保存饲草、饲料、谷类、皮张、药材等。

④ 声波。频率在 20 000～200 000 赫兹的声波称为超声波。细菌和酵母菌在超声波作用下,在几十分钟内死亡,大多数噬菌体和病毒对超声波也有一定的敏感性,但小型病毒对超声波不敏感,细菌的芽孢对超声波具有抵抗力。超声波处理虽可使菌体裂解死亡,但往往有残存者,又因超声波费用较大,故未在实践中用于消毒灭菌。目前超声波主要用于裂解细胞、提取细胞组分。

(2)化学因素对微生物的影响:

各种化学物质对微生物的影响不同,其中,有的可促进微生物的生长繁殖,有的能阻碍微生物新陈代谢,呈现抑菌甚至杀菌作用,已广泛用于防腐及治疗疾病。用于抑制微生物生长繁殖的化学药物,称为防腐剂或抑菌剂。用于杀灭动物体外病原微生物的化学制剂,称为消毒剂,用于消灭宿主体内病原微生物的化学制剂,称为化学治疗剂。

影响消毒剂作用的因素:化学消毒剂对微生物和动物细胞都有毒性,故只能用于局部消毒。各种化学消毒剂对微生物的作用方式各不相同,例如,有的化学消毒剂作用于细胞膜,使之不能摄取营养,有的进入菌体内,使细胞质发生改变,有的以氧化作用或还原作用毒害菌体。而碱类是以氢氧离子,酸类是以氢离子的解离作用,阻碍菌体的正常代谢。重金属盐类、酚、醛及醇类等,能使菌体蛋白质变性或发生沉淀。

一般来说化学消毒剂的浓度越大,其对微生物的作用越强。如 0.5％ 的石炭酸起抑菌作用,做防腐剂,而浓度增加到 2％～5％ 时,则呈现杀菌消毒作用。消毒剂浓度的增加是有限度的,超越一定限度,就不能再提高消毒效力,有的杀菌效力反而下降,如无水酒精不如 70％酒精的杀菌作用强。

3. 细菌的分布

细菌等微生物在土壤、水及空气中广泛分布,种类繁多,相互影响,构成了一定的微生物区系,其中只有少量属于病原微生物。

(1)土壤中的微生物:

土壤具备细菌等多种微生物生长繁殖所需的条件,如营养、水分、气体环境、酸碱度、渗透压和温度等,是细菌等微生物生活的良好环境,故有微生物天然培养基之称。土壤中微生物的种类很多,其中以细菌最多,占土壤微生物总数的 70％～90％。放线菌数量仅次于细菌,占总数的 5％～30％。真菌数量次于放线菌,螺旋体、藻类和噬菌体较少。表层土壤由于受日光照射比较干燥,微生物数量较少。在离地面 10～20 厘米深的土层中微生物数量最多,越往深处则微生物越少,在数米深的土层处几乎可达无菌状态。

土壤中的病原微生物是随动植物残体、人畜排泄物和分泌物、污水、垃圾等废弃物一起进入土壤的。一些人和动物的病原菌与其他病原微生物,在条件适宜时以土壤为媒介,引起人和动物传染病的发生,即为土壤传播。

(2)水中的微生物:

在各种水域中都生存着细菌等微生物。在有机物丰富的水中,微生物还能大量繁殖,因此,水是仅次于土壤的第二天然培养基。水中的微生物主要为腐生性细菌,其次还有真菌、螺旋体、噬菌体、藻类和原生动物等。

病原微生物可随人和动物的排泄物、分泌物、血液、内脏、尸体,以及医院、兽医院、屠宰场、皮毛加工厂等排出的污水和垃圾,直接或间接污染水源,可通过大小河流广泛传播,或透过土壤侵入地下水。

被污染的饮水可引起人和动物传染病的发生，许多传染病特别是肠道传染病往往顺着河流或供水系统迅速蔓延，即为水传染。

(3)空气中的微生物：

空气中缺乏微生物生长繁殖所需要的营养物质和充足的水分，还有直射日光的杀菌作用，因此空气不是微生物良好的生存场所。人和动植物体以及土壤中的微生物，能够通过飞沫或尘埃等散布于空气中。

在医院、兽医院以及畜禽厩舍附近的空气中，常悬浮带有病原微生物的气溶胶，健康人或动物往往因吸入而感染，分别称为飞沫传播和尘埃传播，总称为空气传播。进入空气中的病原微生物一般很容易死亡，如某些病毒和支原体等在空气中仅生存数小时，只有一些抵抗力较强的病原微生物，可在空气中生存一段时间。

(4)正常动物体的微生物：

动物的皮肤、黏膜以及一切与外界环境相通的腔道，如口腔、鼻咽腔、气管、消化道和泌尿生殖道等，都有细菌等微生物的存在。在这些微生物中，有的是长期生活在动物体表或体内的共生的或寄生的微生物，称为自身菌系或常住菌系，也有的是从土壤、水、空气和动物所接触的环境中污染的，称为外来菌系或过路菌系。机体的内部组织器官，正常情况下是无菌的。

哺乳动物体表的细菌很多，其中以球菌最多。在皮脂腺和汗腺中，常发现金黄色葡萄球菌和化脓链球菌，是引起外伤化脓的主要原因。

呼吸道以鼻腔细菌最多，气管黏膜上也有细菌，距气管分支越深细菌越少，支气管末梢和肺泡内一般是无菌的。在呼吸道黏膜上主要是葡萄球菌。

初生幼畜的消化道是无菌的，数小时后随着吮乳、采食等过程的开始,在整个消化道内即出现了细菌,但在不同部位细菌种类和数量有很大差异。口腔细菌较多,有葡萄球菌、链球菌、乳杆菌、棒状杆菌、螺旋体等,食道细菌极少。胃内因受胃酸的限制细菌极少,除少量耐酸的细菌(乳杆菌、幽门螺杆菌和胃八叠球菌等)外,一般无其他类群的细菌。反刍动物前胃没有消化腺,主要靠微生物的发酵作用消化食物,故存在着大量细菌、纤毛虫和厌氧真菌。在小肠部位,由于各种消化液的杀菌作用,细菌较少,特别是在十二指肠受胆汁的作用细菌极少。进入大肠后,由于消化液的杀菌作用减弱或消失和大量残余食物的滞留,加之营养丰富,条件适宜,故菌数显著增加,大多数为定居在肠道的土著菌,约有 100 种以上,主要是厌氧菌,如双歧杆菌、拟杆菌及真杆菌等,其次是肠球菌、大肠杆菌、乳杆菌、棒状杆菌、葡萄球菌等及酵母菌。

肾脏、输尿管、睾丸、卵巢、子宫以及输精管、输卵管等,在正常情况下一般是无菌的,仅在泌尿生殖道口才有少量细菌。

禽在胚胎期一般是无菌的,出壳后雏禽受到外界环境细菌的污染,消化道内很快就有大量细菌生长繁殖,并逐渐适应而定局下来,形成一个微生物群体。嗉囊中主要为乳杆菌,小肠内兼性厌氧菌逐渐增多,如链球菌、大肠杆菌、葡萄球菌和芽孢杆菌等,大肠和盲肠主要是厌氧菌,如双歧杆菌、乳杆菌和拟杆菌,而盲肠的优势菌为真杆菌、梭状芽孢杆菌、梭杆菌、消化链球菌等。

4. 构成细菌的毒力因子

构成病原微生物毒力的物质称为毒力因子,主要有侵袭力和毒素。

(1)侵袭力。病原微生物突破机体的防御屏障,侵入组织或细胞,在其中生长繁殖并向深部扩散,这种能力称为侵袭力。侵袭力由荚膜(具有抗吞噬作用)、菌毛(使细菌黏附在宿主上皮细胞的表面)、侵袭性酶类(如透明质酸酶、胶原酶、磷脂酶等,具有分解细胞外基质、分解胶原蛋白、水解细胞膜磷脂,促进病原扩散的作用)等因素构成的。

(2)毒素。毒素是某些病原菌在代谢过程中产生的对宿主细胞有毒性的化学物质,它可明显地增强病原菌对机体的毒害作用。按来源、性质和致病特点不同,可分为外毒素和内毒素两大类。

① 外毒素。外毒素是在菌体内合成后分泌于胞外的毒素。主要由革兰阳性菌产生,一些革兰阴性菌也能产生,成分为可溶性蛋白质。将细菌的液体培养物用除菌滤器过滤,即可得到外毒素。外毒素具有菌种特异性,如破伤风梭菌产生破伤风毒素,炭疽杆菌产生炭疽毒素。外毒素的毒性极强,如1毫克纯化的A型肉毒毒素能杀死2 000万只小鼠,0.1微克即可使人死亡(1克是1 000毫克,1毫克是1 000微克)。致病作用有选择性,不同细菌产生的外毒素,对机体的组织器官有一定的选择作用,引起特征性的病症,如破伤风毒素引起肌肉的强直性痉挛。外毒素具有良好的免疫原性,可刺激机体产生特异性的抗体,这种抗体称为抗毒素,它能中和相应毒素的毒性,可用于紧急治疗和预防。外毒素在0.4%甲醛溶液作用下,经过一段时间可以脱毒,但仍保留原有抗原性,称为类毒素。类毒素注入机体后,仍可刺激机体产生抗毒素,所以类毒素可作为疫苗进行免疫接种。

② 内毒素。内毒素特指革兰阴性菌外膜中的脂多糖成分,只有在细菌死亡裂解后或用人工方法裂解菌体后才释放出来。内毒素毒性弱,200~400微克才能杀死1只小白鼠,致病作用无选择性,所有革兰阴性菌内毒素的毒性作用都大致相同,引致发

热、白细胞增多、呕吐、腹泻、血管舒张机能紊乱、糖代谢紊乱、休克等，严重时可致死动物。有些不合格的生理盐水、葡萄糖注射液静脉注射后引起的发热，主要和内毒素对药物的污染有关，临床使用中要加以注意。内毒素抗原性弱，将内毒素注入机体可产生针对其中多糖抗原的抗体，但此抗体不能中和内毒素的毒性，故不叫抗毒素。

（二）猪细菌性传染病的防控

1. 猪链球菌病

本病由多种不同群的链球菌引起。临床上急性病例以败血症和脑膜炎为特征，慢性病例以关节炎、心内膜炎、淋巴脓肿为特征。

（1）病原：猪链球菌病的病原主要是猪链球菌，其中猪链球菌 1 型属于 S 群，猪链球菌 2 型属于 R 群。此外，C 群的马链球菌兽疫亚种，以及 E 群、D 群、L 群等链球菌也可引起猪的感染。

本菌呈圆形或卵圆形，常排列成链，链的长短不一，短者成对，或由 4～8 个菌组成，长者数十个甚至上百个。大多数链球菌在幼龄培养物中可见到荚膜，不形成芽孢，多数无鞭毛，革兰染色阳性。为需氧或兼性厌氧菌，在普通琼脂上生长不良，在加有血液、血清的培养基中生长良好，在菌落周围形成溶血环。

（2）传播途径：传染源主要是病猪、带菌猪及病死猪的尸体。健康猪因与病猪接触，可通过呼吸道、皮肤伤口而感染。本病一年四季均可发生，夏秋季多发，流行特点是来势凶猛，发病率高，死亡率也高。其他月份仅为地方性流行或散发。

（3）易感动物：各种年龄的猪均易感。

（4）主要症状：本病在临床上分为猪败血性链球菌病、猪链球菌性脑膜炎和猪淋巴结脓肿 3 个类型。

① 猪败血性链球菌病。

病原为 C 群马链球菌兽疫亚种及类马链球菌,潜伏期一般为 1～3 天,长的在 6 天以上。根据病程的长短和临床表现,分为最急性、急性和慢性 3 种类型。

A. 最急性型:发病急、病程短,在不见任何异常表现的情况下,突然死亡或突然减食或停食,精神委顿,体温升高达 41～42℃,卧地不起,呼吸促迫,多在 6.5～24 小时内迅速死于败血症。

B. 急性型:常突然发病,病初体温升高达 40～41.5℃,继而升高到 42～43℃,呈稽留热。精神沉郁,呆立,嗜卧,食欲减少或废绝,喜饮水。眼结膜潮红,流泪。呼吸促迫,间有咳嗽。鼻镜干燥,流出浆液性、脓性鼻汁。颈部、耳郭、腹下及四肢下端皮肤呈紫红色,并有出血点。个别病例出现血尿、便秘或腹泻。病程稍长,多在 3～5 天内因心力衰竭死亡。

C. 慢性型:多由急性型转化而来,主要表现为多发性关节炎,一肢或多肢关节发炎。关节周围肌肉肿胀,高度跛行,有痛感,站立困难。严重病例后肢瘫痪,最后因体质衰竭、麻痹死亡。

②猪链球菌性脑膜炎。主要由 C 群链球菌所引起,以脑膜炎为主要特征。多见于哺乳仔猪和断奶仔猪。哺乳仔猪的发病常与母猪带菌有关,较大的猪也可能发生。

病初体温升高,停食,便秘,流浆液性或黏液性鼻汁。迅速表现出神经症状,盲目走动,步态不稳,或作转圈运动,磨牙、空嚼。当有人接近时或触及躯体时,发出尖叫或抽搐,或突然倒地,口吐白沫,四肢划动,状似游泳,继而衰竭或麻痹。急性型多在 30～36 小时死亡。亚急性或慢性型病程稍长,主要表现为多发性关节炎,病猪逐渐消瘦衰竭死亡或康复。

③猪淋巴结脓肿。多由 E 群链球菌引起,以颌下、咽

部、颈部等处淋巴结化脓和形成脓肿为特征。猪扁桃体是β型溶血性链球菌常在部位，特别是康复猪，扁桃体带菌可达6个月以上，在传播本病上起着重要作用。

此外，C、D、E、L群溶血性链球菌也可经呼吸道感染，引起肺炎或胸膜肺炎，经生殖道感染引起不育和流产。

(5)诊断要点：初步诊断可根据临床症状、流行病学和肉眼的病理变化做出。因本病的症状较复杂，容易与败血型猪丹毒、慢性猪丹毒、李氏杆菌病相混淆，与其他败血性传染病、出现脑膜脑炎症状的其他传染病和内科病，也有不同程度的相似。因此，需经细菌学检查及血清学检查进行综合诊断。

①病料涂片检查。无菌取病猪的肝，脾，肺，脑，血液，淋巴，关节囊液，胸、腹腔积液，脑积液等，涂片染色镜检，如发现单个、成对或多个呈双球状或链状排列的球菌，革兰

染色阳性，即可确诊。

②分离培养。将病料接种于血琼脂平板培养基，培养24小时可见菌落生长良好，有明显的溶血现象。

③动物接种试验。将所取病料制成10%组织液，给兔皮下或腹腔注射0.5～1毫升，12～30小时死亡，小白鼠皮下接种0.1～0.2毫升，15～56小时死亡，并可从其体内分离出本菌，即可确诊。

④血清学检查。链球菌抗原血清型较多，在动物体内广泛存在，多数为机体内正常菌群，仅部分具有致病性，所以血清定型试验有重要诊断意义。常用的方法有协同凝集试验和酶联免疫吸附试验（ELISA）。

(6)防控措施：坚持自繁自养，不从外地进猪。必须引入种猪时，须严格检疫，隔离饲养2周以上，确无症状，方可合群饲养。加强饲养管理，经常保持圈舍及环境卫生，去除圈内尖锐异物、铁片、玻璃

片等。猪去势、断脐时,猪体局部和器械均应彻底消毒。定期用猪链球菌灭活苗或弱毒苗预防接种,可控制本病发生。

本病多为最急性和急性型,治疗宜早期用药,药量要足。β-内酰胺抗生素、氨基糖类抗生素、四环素族抗生素、磺胺类、喹诺酮类,均对本病有较好的疗效。猪链球菌对药物特别是抗生素,容易产生抗药性。由于药量不足或中途停药,再用同一种药物治疗效果往往收不到效果,必须加大剂量或转用其他药物治疗。有条件的,最好通过药敏试验选择最有效的抗菌药物。

2. 猪丹毒

本病由猪丹毒杆菌引起,是猪的一种急性、热性传染病。临床上急性病例以败血症为特征,亚急性病例以出现疹块为特征,慢性病例以多发性关节炎或心内膜炎为特征。

(1)病原:猪丹毒杆菌是一种纤细的小杆菌,革兰阳性。以急性感染病例的组织直接涂片,本菌细长,呈直或稍弯的杆状,长1～1.5微米,宽0.2～0.4微米,以单个或链状存在,有时可见到球状或棒状。本菌不产生芽孢和荚膜,不能运动,在营养肉汤37℃培养24小时后,培养物呈轻度混浊,无菌膜。在普通琼脂上生长较差,如加入少量血液或血清,则生长良好。

猪丹毒杆菌虽不产生芽孢,但由于菌体表面有一层蜡质膜,对干燥、腐败和一些化学物质均有较强的抵抗力。病死猪的肝、脾于4℃保存159天,其中病原的毒力仍很强大。露天放置77天的肝脏,深埋231天的尸体,及12.5%食盐处理的猪肉,于4℃条件下,148天仍有活菌。消毒药如2%甲醛,1%漂白粉,1%氢氧化钠或5%石灰乳,可很快杀死病原菌。

(2)传播途径:病猪、病愈带菌猪和隐形感染猪是传染源。其分泌物、排泄物含菌体,污染饲料、饮水、土壤、用具和场舍等,经消化道传染给易感猪。本病也可以通过损伤皮肤及蚊、蝇、虱、蜱等吸血昆虫传播。动物性蛋白质饲料(如鱼粉、肉粉等)喂猪,常常引起发病。

本病的发生和流行有一定季节性,多发生在炎热、多雨的 6～9 月份,但在一些常年气温较高且变化较小的地区,一年四季都可发生。常为散发性或地方流行性,有时也呈暴发性流行。

(3)易感动物:本病主要发生于猪,主要侵害 3～12 月龄的猪。其他家畜如牛、羊、狗、马,禽类如鸡、鸭、鹅、火鸡、鸽、麻雀、孔雀等,也有发病报道。

(4)主要症状:潜伏期为 3～5 天,个别短的为 1 天,长的可延至 7 天。临床上可分为急性败血型、亚急性疹块型、慢性型 3 种。

①急性败血型。在流行初期少数猪不表现任何症状而突然死亡,其他猪相继发病。体温升高达 42～43℃,稽留热。病猪虚弱,不愿走动,卧地,不食,有时有呕吐。结膜充血。粪便干硬呈栗状,附有黏液,后期出现下痢。严重的呼吸加快。部分病猪皮肤发生潮红,继而发紫,以耳、颈、背等部位较多见,如治愈后这些部位的皮肤可坏死、脱落。病程 3～4 天。不死者可转为疹块型或慢性型。

哺乳仔猪和刚断乳的小猪,一般突然发病,表现出神经症状,抽搐,倒地而死,病程多不超过 1 天。

②亚急性疹块型。特征是皮肤表面出现疹块。病初少食,口渴,便秘,有时呕吐。体温升高至 41℃ 以上。通常于发病后 2～3 天,在胸、腹、背、肩、四肢等部的皮肤上发生疹块,呈方块形、菱形,偶为圆形,稍突起于皮肤表面。初期疹块充血,指压褪色,后期瘀血、出血,蓝紫色,压之不褪。疹块发生后,体温开始下

降,病势减轻,经数日病猪可能康复。若病势较重或长期不愈,则见皮肤坏死,久而变成革样痂皮。病程为 1～2 周。也有病猪病势恶化,转变为败血型而死。

③慢性型。一般由上述两型转变而来,也有原发性的,常见的有下列 3 种。

A. 关节炎:主要表现为四肢关节的炎性肿胀(腕、跗关节较膝关节为常见),病腿僵硬、疼痛。急性症状消失后,以关节变形为主,呈现一肢或两肢的跛行或卧地不起。病猪食欲如常,但生长缓慢,体质虚弱,消瘦。病程数周至数月。

B. 心内膜炎:表现为消瘦,贫血,全身衰弱,喜卧伏,厌走动,强迫行走,则举步缓慢,全身摇晃。听诊心脏有杂音,心跳加速、亢进、心律不齐,呼吸急促。通常由于心脏麻痹而突然倒地死亡。

C. 皮肤坏死:常发生于背、肩、耳、蹄和尾等部。局部皮肤肿胀、隆起、坏死、色黑、干硬、如皮革样。坏死皮肤逐渐与其下层新生组织分离,像一层甲壳状。坏死区有时范围很大,占整个背部皮肤。有时仅发生于部分耳壳、尾巴末梢和蹄壳。经 2～3 个月,坏死皮肤脱落,遗留一片色淡无毛的疤痕。如有继发感染,则病情复杂,病程延长。

(5)诊断要点:可根据流行病学、临床症状及尸体病理变化,做出初步诊断,确诊需进行细菌学检查、动物接种和血清学试验。

①细菌学检查。急性败血症病例,生前采集耳静脉血,死后取心血和脾、肝、肾。亚急性型病例,取疹块边缘皮肤血制成触片或抹片,革兰染色和瑞氏染色后镜检。猪丹毒杆菌为革兰阳性,纤细、正直或稍弯的小杆菌,在白细胞内成丛排列,可做初步诊断。

②细菌培养。取新鲜病料接种血琼脂,培养 48 小时后,琼脂表面呈细小、露滴状

菌落。

③动物接种。将病料剪碎、研磨,用生理盐水制成1:5至1:10乳剂,小白鼠皮下注射0.2～0.3毫升,鸽子肌内注射0.5～1毫升,一般3～5天试验动物可致死,采心血或用实质脏器做涂片镜检,发现大量猪丹毒杆菌即可确诊。

④血清学诊断。常用的方法有凝集试验、琼脂双向扩散试验等。

在诊断中,急性败血型猪丹毒应注意与猪瘟、猪肺疫、猪链球菌病和李氏杆菌病等相区别。

(6)防控措施:每年按计划进行预防接种,是防控本病最有效的办法。仔猪免疫因受到母源抗体干扰,应于断奶后进行,如在哺乳期防疫,则应在断奶后补免1次,以后每隔6个月免疫1次。目前国内常用弱毒菌苗有 G_4T_{10} 及 GC_{42},灭活苗有猪丹毒氢氧化铝甲醛菌苗,免疫期均为6个月。GC_{42} 可用于注射或口服。

联苗有猪瘟-猪丹毒二联弱毒苗,及猪瘟-猪丹毒-猪肺疫三联弱毒苗。

对已发病猪群,应立即通过临床观察(喂食和检温),及早发现病猪,隔离治疗。猪场、饲槽及用具等要认真消毒。粪便和垫草最好烧毁或堆积发酵。病猪尸体和内脏器官深埋或化制。与病猪同群的未发病猪只,用青霉素注射,连续3～4天。在停药后,立即进行全群大消毒。对慢性病猪应及早淘汰。

青霉素对猪丹毒高度敏感。对败血型病猪,用青霉素按每千克体重10 000国际单位(IU)静脉注射,同时肌注常规量青霉素。以后按抗生素常规疗法,直到病猪体温下降至正常,食欲恢复并维持24小时以上。注意不能停药过早,否则容易复发或转为慢性。用青霉素无效时,可改用四环素或红霉素治疗。

3. 猪肺疫

猪肺疫由多杀性巴氏杆

菌引起。临床上以颈部肿痛、呼吸困难为特征，又称猪巴氏杆菌病、猪出血性败血病。

(1)病原：多杀性巴氏杆菌是小杆菌，革兰阴性，无鞭毛、不形成芽孢，毒力强的菌株能形成荚膜。有多种血清型。该菌对理化作用的抵抗力不强，在直射阳光下经10～15分钟，或60℃加热20分钟即死亡。常用消毒药有5%石灰乳、1%漂白粉和2%烧碱水等。健康猪的上呼吸道即存在巴氏杆菌。

(2)传播途径：病猪和带菌者是主要传染源。病原体从呼吸道和各种分泌物、排泄物中排出，污染饲料、饮水、用具和周围环境，经消化道以及皮肤伤口侵入健康猪体内，引起发病或流行。饲养管理不当，卫生条件差，环境突然变换，以及长途运输，气候骤变，上呼吸道中的巴氏杆菌大量增殖，可导致本病发生。

(3)易感动物：本病多发生于中、小猪，成年猪患病较少，一年四季均可发生。

(4)主要症状：潜伏期为1～5天。根据临床经过分为以下3型。

①最急性型。突然发病，有的未见症状迅速死亡。病程稍长者，体温升高至40～42℃，食欲废绝，全身衰弱，卧地不起。咽喉下部坚硬、红肿，可延至耳根甚至前胸。呼吸困难，黏膜发绀，似犬坐喘鸣。末期口鼻流出白色或红色泡沫样物。耳根、腹侧和四肢内侧皮肤也可出现红斑。最后窒息死亡，病程1～2天。

②急性型。最为常见，除有最急性型一般特征外，主要表现为急性胸膜肺炎。病猪体温升高，初期呈短而干的痉挛性咳嗽，后变为湿咳。流出铁锈色脓性鼻液，呼吸困难，呈犬坐式，皮肤上有红斑，食欲减少或废绝，初便秘，后腹泻。病程5～8天，不死者转为慢性。

③慢性型。主要表现为慢性肺炎或慢性胃肠炎。呼

吸困难,持续性咳嗽。鼻流黏性或脓性分泌物。精神不振,食欲衰退,下痢。体况瘦弱,发育停滞,如不及时治疗,一般经 2 周以上衰竭而死。

(5)剖检病变:病猪皮肤上有大小不等红色斑块。颈部炎性肿胀,皮下有淡黄色或黄红色胶冻样浸润。气管、支气管有泡沫状黏液。喉头、气管、心内外膜、脾和胃肠黏膜有出血点。全身淋巴结肿大,切面红色、水肿。肺部病变明显,可见水肿、气肿、出血,肺上有大小不等的肝变区,散在,与健康肺界限明显,呈暗红色至灰红色。病程延长时,可见胸膜肺炎的病变,胸腔内有淡黄色渗出物,胸膜与肺粘连。肺门淋巴结有轻度肿胀及瘀血。

(6)诊断要点:根据流行病学、病状和剖检病变,可做出初步诊断。对急性病例,可取血液、咽喉水肿液、胸水、淋巴结涂片,用美蓝或瑞氏染色法染色、镜检,若见大量两极

着色的卵圆形球杆菌,可做出确诊。用间接血凝试验确定血清型。

(7)防控措施:包括预防措施和治疗。

①预防措施。

A. 预防接种。猪肺疫氢氧化铝甲醛苗,不论猪只大小,每猪皮下注射 5 毫升,注射后 14 天产生免疫力,免疫期 6 个月,春秋两季各注射 1次。也可用猪丹毒、猪肺疫二联苗皮下或肌内注射。

B. 加强饲养管理,增强机体抗力。日常饲养管理中,尽量避免由于饲养管理不当而导致机体抵抗力降低的各种因素,如过分拥挤、潮湿、受冷、受热、营养缺乏等。

C. 搞好环境和圈舍卫生。圈舍、运动场和用具定期用 10% 石灰乳或 5% 漂白粉消毒。

②治疗。

四环素,每千克体重 10～15 毫克,用 5% 葡萄糖盐水稀释后静脉注射,每天 2 次或

卡那霉素,每千克体重1万~2万国际单位,1次肌内注射,每天2次。

20%复方磺胺嘧啶钠注射液,小猪10~15毫升,大猪20~30毫升,1次肌内或静脉注射,每天2次。

环丙沙星,每千克体重2~5毫克,1次肌内或静脉注射,每天2次。

上述药物配合地塞米松和维生素C使用,可提高疗效。治疗中如发现某些药物疗效不好时,应及时改用其他有效药物。

4. 猪传染性萎缩性鼻炎

本病由支气管败血波氏杆菌引起,是猪的一种慢性接触性传染病,临床上以鼻炎、鼻甲骨萎缩、变形为特征。

(1)病原:支气管败血波氏杆菌是球杆菌,革兰阴性,单个或成对排列,不产生芽孢,有鞭毛,能运动,两极着色。本菌需氧或兼性厌氧,在葡萄糖中性红琼脂平板上,呈烟灰色透明菌落,在血琼脂上呈β溶血。抵抗力不强,一般消毒药可将其迅速灭活。

(2)传播途径:病猪和带菌猪是主要传染源。病原菌可随鼻腔分泌物排出,健康猪和病猪接触,可经呼吸道感染发病。本病的流行特点是:只有生后几天至几周的仔猪感染,才发生鼻甲骨萎缩,较大的猪可能只引起卡他性鼻炎和咽炎,成年猪感染后不见症状而成为隐性带菌猪。母猪患病时,最易将病原传给仔猪。饲养管理差,猪舍卫生不良,潮湿,饲料中缺乏蛋白质、无机盐和维生素时,可促进本病发生。此外,饲养人员、昆虫、污染的用具等,在本病的传播上起一定作用。

(3)易感动物:不同年龄的猪均可感染,但易感性有所差异,以哺乳仔猪最易感发病。除猪外,也可感染犬、猫、牛、马、猴、鸡、兔、鼠等多种动物。

(4)主要症状:初期病猪打喷嚏,吸气困难和发鼾声,鼻孔流少量浆液或黏脓鼻液。由于鼻腔内受到刺激，病猪不安，摇头，拱地，奔跑或摩擦鼻部，有的造成鼻出血。随着病情的加重，猪鼻甲骨开始萎缩，颜面部变形，鼻子歪斜或鼻腔长度缩短，有的上颌骨变形，门齿咬合不正。同时，眼角流泪，眼下角附着月牙形黄色斑块。病猪一般体温正常，生长停滞，血液中白细胞增多，血红蛋白及红细胞减少。伴发肺炎的病猪，病情更加严重，死亡率增高。

（5）剖检病变：仅限于鼻腔和邻近组织。最有特征的变化是鼻腔、软骨和骨组织软化，鼻中隔变弯曲，鼻黏膜有黏脓性或干酪性分泌物。

（6）诊断要点：将受检猪的鼻盘部洗净擦干，用70%酒精消毒后，再用灭菌的棉棒探进鼻腔的1/2深处，轻轻转动数次。取出后立即放入盛有肉汤或生理盐水的试管内，尽快送实验室进行细菌分离培养。也可采取病猪的血清

作凝集反应。此外，诊断时应与传染性坏死性鼻炎、骨软症、猪传染性鼻炎等相区别。

（7）防控措施：对发现本病的猪场，实行严格的检疫，有明显症状的和可疑的病猪应全部淘汰。同时，对猪圈和周围环境进行彻底消毒，防止疫情扩散。禁止出售种猪和仔猪，只能育肥供屠宰加工利用。良种母猪感染后，临产时注意消毒，对产出的仔猪送健康母猪代乳。

未发病的猪，可用猪萎缩性鼻炎灭活菌苗预防接种，对控制本病发生有明显效果。可采用抗菌素和磺胺类药物作为添加剂，预防本病发生。具体使用方法是：磺胺二甲嘧啶100～450克，加入1吨饲料中拌匀，连喂4～5周。为了防止产生耐药性，可用磺胺二甲嘧啶、金霉素各100克，青霉素50克，混入1吨饲料中连喂3～4周。在本病流行区，可于仔猪出生的第3、第6、第12天各注射1次四环

素,鼻腔用 25％硫酸卡那霉素,0.1％高锰酸钾液喷雾。

5. 猪附红细胞体病

本病由猪附红细胞体引起,临床上病猪以黄疸和贫血为特征。一般呈隐性感染,在有应激因素协同作用时可出现临床症状。

(1)病原:病原属于嗜血支原体内的猪附红细胞体,常见的形状为环形和半月形,附在红细胞表面,以单个或成双排列;也可见到杆形、球形和出芽状。苯胺色素易于着染,革兰染色阴性,姬姆萨染液染成淡红或淡紫色。

对化学药品及干燥抵抗力弱。在加枸橼酸盐的抗凝血中,置 5℃可保存 15 天,在脱纤血中－30℃保存 83 天,仍有感染力,冻干可存活 2 年。

(2)传播途径:本病多发生在夏、秋季节,尤其是夏季,寒冷季节则自然消失。蜱、虱、蚤、吸血蝇类,可传播本病。用病猪的血液,经静脉、肌肉、皮下或腹腔给健康猪注射,注射器以及外科手术器械消毒不严,均可使猪感染。孕猪可经子宫感染仔猪。耐过猪长期带菌,成为传染源。用含猪附红细胞体的血液人工感染后 2～8 天,可从感染猪血液中检出病原。

(3)易感动物:猪是猪附红细胞体的唯一宿主,哺乳仔猪和妊娠母猪易感。

(4)主要症状:感染附红细胞体后,多呈潜伏带菌。潜伏期 6～10 天,在应激条件下,如饲养密度高、气候恶劣、转栏、换饲料、患慢性疾病等,可诱发本病。发病初期,精神、食欲无明显变化,不易被发现。自然感染时,20～45 千克体重的猪多发病,感染后 3～5 天出现发热,体温高达 40～42℃,红细胞数下降至每微升 100 万～200 万,急性贫血,重度全身黄疸。同时可见精神委顿、无食欲、可视黏膜发黄、呼吸急促、心悸、全身虚弱。急性病例症状恶化后,1

天至数天内死亡。病死率为30％左右。转为慢性的病猪，则发育迟缓，成为"小老猪"。病愈猪终身带菌。

(5)剖检病变：为黄疸和贫血，全身脂肪和脏器显著黄染，血液稀薄如水。黏膜、皮肤苍白。胸腹腔及心包积液。肝脏肿大，质硬呈棕黄色。胆囊肿大，充满浓绿色似胶冻样黏稠胆汁。脾肿大，质软脆。心、肾苍白，松弛，包膜下见出血斑。淋巴结肿大，水肿，膀胱黏膜可见点状出血，软脑膜充血。脑实质有针尖大小出血点，质软，脑室积液。

(6)诊断要点：根据病猪发热、黄疸和贫血等特征性症状，可做出初步诊断，但确诊须进行血液的病原学检查。制备血涂片，用吖啶橙染色、瑞氏染色或吉姆萨染色，置显微镜下观察，发现猪附红细胞体，即可确诊。在架子猪发热期，较易查出病原。对亚临床感染猪，用间接血凝试验进行诊断。

(7)防控措施：四环素及土霉素有较好疗效。黄色素及血虫净，对附红细胞体有抑制和驱除作用。国内外迄今尚无有效菌苗。

预防本病，应加强一般兽医卫生防疫措施，消除各种应激因素，驱杀蜱、虱、蚤和吸血蝇类，注意注射针头和手术器械的消毒。

金霉素按每吨饲料添加48克，或每升水中添加50毫克，投给猪群，可预防本病。

6. 仔猪副伤寒

本病由沙门菌引起，是仔猪的一种肠道传染病。临床上以急性败血症，慢性坏死性肠炎，有时伴有肺炎为特征，又称猪沙门菌病。

(1)病原：病原主要是猪霍乱沙门菌和猪伤寒沙门菌。菌体为杆状，两端钝圆，革兰染色阴性，有鞭毛，能运动，不形成芽孢。为需氧和兼性厌氧菌，在琼脂平板上形成圆形透明菌落，可使肉汤培养基浑浊，并于72小时后出现少量沉淀。在水中和土壤中能存活 4 个月，粪中存活 10 个月。本菌不耐热，60℃ 1 小时、75℃ 5 分钟可将其杀死。其毒素耐热性强，75℃ 1 小时仍保持毒力，可造成人的食物中毒。病原对消毒药抵抗力较弱，3％石碳酸、3％来苏儿，15～20 分钟能灭活，10％～20％石灰乳和 30％草木灰能杀死该菌。

（2）传播途径：病猪和带菌猪是主要传播源，健康猪带菌也较普遍。带菌母猪普遍存在，是本病在猪群中流行的重要原因。传播途径方式有两种：一种是病猪、带菌猪，经粪、尿排出病原，污染饲料、饮水及环境，健康猪通过消化道感染发病。另一种是病原体存在于健康猪体内，不表现症状，当饲养管理不当，气候突变，断乳较早，或有其他传染病或寄生虫侵袭，使猪体抵抗力降低时，细菌趁机大量繁殖而致病。一年四季均可发生，春、冬季多发，呈散发或地方流行。

（3）易感动物：本病多发生于密集饲养、断奶后 2～4 月龄的仔猪，哺乳仔猪和成年猪很少发生。

（4）主要症状：潜伏期数天或数周。临床分为急性型和慢性型两种。

①急性型（败血型）。常见于流行初期，病猪体温突然升高到 41～42℃，精神沉郁，食欲废绝，呼吸困难，黏膜发绀，有时腹泻和呕吐。病猪全身或耳根、胸前、腹下及四肢皮肤呈深红或青紫色，个别病猪出现症状后 24 小时内死亡。多数病程为 2～4 天，病死率高。

②慢性型（肠型）。较多见，与肠型猪瘟的临床表现很相似。病猪体温稍升高，精神不振，明显腹泻，粪便呈灰白、淡黄或暗绿色，形同粥状，恶臭，有时混有血液和坏死组织碎片。以后病猪逐渐脱水消瘦，被毛粗乱，最后极度衰竭死亡。病程 2～3 周或更长，

个别耐过的猪,生长发育基本停滞,成为僵猪。

(5)诊断要点:慢性仔猪副伤寒的流行特点、症状都较典型,容易做出诊断。急性型需和猪瘟、猪丹毒、猪肺疫、猪痢疾等传染病相鉴别。必要时可进行细菌分离培养,挑选典型菌落,用沙门菌多价血清和单因子血清做平板凝集试验,进一步确诊。

(6)防控措施:平时应改善饲养管理和卫生条件,消除传染源。经常发病地区,可在饲料中加入适量抗菌素或磺胺类药物,对预防本病有一定作用。对断奶仔猪(1月龄以上),用仔猪副伤寒弱毒冻干苗进行预防接种,使仔猪获得一定的免疫力,可防止该病发生。当发病时,应尽快确诊,分群隔离,猪舍严格消毒,烧掉或深埋死猪,切不可食用,以防食物中毒。

治疗主要选择抗生素、磺胺类和呋喃类药物。因沙门菌较易形成抗药菌株,所以,当一种药物使用一段时间无效时,应及时更换新药。有条件可对新分离菌株作药敏试验,选择最敏感药品,以求疗效确实。对耐过的僵猪,及早淘汰,避免病原扩散。

7. 猪支原体性肺炎

本病由猪肺炎支原体引起,是猪的一种慢性呼吸道传染病。临床上以咳嗽和气喘为特征,又称猪地方流行性肺炎,俗称猪气喘病。

(1)病原:病原体为猪肺炎支原体,是一种多形态微生物,有环状、球状、点状、杆状和两极状等。

病原对自然环境抵抗力不强,在圈舍、用具上一般 2～3 天失活,在病料中于 15～20℃放置 36 小时丧失致病力。猪肺炎支原体对青霉素和磺胺类药物不敏感,但对壮观霉素、土霉素和卡那霉素敏感。常用化学消毒剂均能达到消毒的目的。

(2)传播途径:病猪和带菌猪是本病的传染源。病猪咳嗽、气喘和喷嚏，将含有病原体的分泌物喷射出来，形成飞沫经过呼吸道传播。

（3）易感动物：自然病例仅见于猪，不同年龄、性别和品种的猪均能感染，但乳猪和断乳仔猪易感性高，发病率和病死率较高，其次是怀孕后期和哺乳期的母猪。肥育猪发病较少，病情也轻。母猪和成年猪多呈慢性和隐性感染。

（4）主要症状：潜伏期一般为 11～16 天，最短的为 3～5 天，最长可达 1 个月以上。病猪主要临床症状是咳嗽和气喘。根据疾病的经过，大致可分为急性、慢性和隐性 3 个类型。

①急性型。主要见于新疫区和新感染的猪群。病初病猪精神不振，头下垂，站立一处或趴伏在地，呼吸困难，严重者张口喘气，有明显腹式呼吸，呼吸次数剧增，每分钟达 60～120 次。咳嗽次数少而低沉，有时也会发生痉挛性阵咳。体温一般正常，如有继发感染可升高到 40℃ 以上，病死率较高。

②慢性型。有的急性转为慢性，也有部分病猪开始时就取慢性经过，常见于老疫区的架子猪、育肥猪和后备母猪。主要症状为咳嗽，清晨赶猪喂食和剧烈活动时，咳嗽最为明显。咳嗽时站立不动，背拱，颈伸直，头下垂，用力咳嗽多次，严重时呈连续的痉挛性咳嗽。常出现呼吸困难，呼吸次数增加，见腹式呼吸（喘气），这些症状时而明显，时而缓和。食欲变化不大，病势严重时减少或完全不食。病程较长的小猪，身体消瘦、生长发育停滞。病程长的，可拖延到 2～3 个月，甚至长达半年以上。如饲养管理条件和卫生条件好，则病程较短，症状较轻，病死率低。条件差，则病猪抵抗力弱，出现并发症，病死率升高。

③隐性型。可由急性或慢性转变而来。有的猪在较好的饲养管理条件下，感染后

不表现症状,但用 X 线检查或剖检时可发现肺炎病变。在老疫区的病猪中本型占相当大比例。如加强饲养管理,则肺炎病变可逐步吸收消退而康复。反之则病情恶化而出现急性或慢性的症状,甚至引起死亡。

(5)剖检病变:肺的心叶、尖叶、中间叶及膈前下缘有实变区,肺门淋巴结肿大。

(6)诊断要点:根据流行病学、临床症状和病变的特征可做出初步诊断,但需与猪肺疫、猪流感和猪肺丝虫等病相鉴别。必要时可进行实验室诊断,X 光检查准确率较高,也可用 ELISA 和间接血凝等试验进行确诊。做病原的分离、培养和鉴定比较困难。

(7)防控措施:可用农业部兽药监察所研制的乳兔化弱毒冻干苗,以及江苏省农科院畜牧兽医所研制的弱毒菌苗,进行人工免疫预防。

治疗可用土霉素、卡那霉素、林可霉素、泰乐菌素、壮观霉素等。

8. 猪大肠杆菌病

本病是由致病性大肠杆菌引起的一类传染病。由于大肠杆菌类型不同,以及猪的年龄、个体生理机能和免疫状态的差异,发生的疾病也有所不同。临床上以仔猪出现黄痢、白痢和发生全身性水肿为特征,对新生仔猪危害很大。

本细菌两端钝圆,中等大小,革兰染色阴性,有鞭毛,能运动,不形成芽孢,需氧或兼性厌氧。

大肠杆菌对外界抵抗力不强,$60℃$ 15 分钟可杀死,一般消毒药(如石碳酸、甲醛、来苏儿等),可迅速将其灭活。

大肠杆菌的抗原结构较复杂,有菌体抗原(O)、荚膜抗原(K)和鞭毛抗原(H)3种。其中,O 抗原有 165 种血清型,编号 O_1……O_{165},K 抗原有 100 种,H 抗原有 50 种。由于血清型不同,所致的疾病也不同。如引起仔猪黄痢的大肠杆菌血清型,常见的是

O_8，O_{45}，O_{60}，O_{115}……O_{149} 等，多数具有 K_{88} 表面抗原，能产生肠毒素。引起仔猪白痢的，以 O_8，O_{138}，O_{139}，O_{141} 为多，但表面抗原不同。

(1)仔猪黄痢：

本病又称早发性大肠杆菌病，是初生仔猪一种急性、致死性传染病，以排黄色稀粪为特征，病程短，致死率高。

①传播途径。带菌母猪是主要传染源。病原随粪便排出，散布于周围环境，污染母猪乳头、皮肤，仔猪吸乳或舔母猪皮肤时，经消化道感染。

②易感动物。主要发生于1周龄以内的哺乳仔猪，尤以1～3日龄最多见，日龄越小，死亡率越高，7日龄以上的较少发生。常发生于母猪产仔旺季。仔猪饲养密集，圈舍卫生条件差，气候寒冷，是促进本病发生的重要因素。通常是一头先发病，3天之内几乎全窝猪发病，发病率和死亡率可达 90%～100%。多呈散发或地方流行。在猪场流行过一次后，可连续发生，数年不断，很难根除。

③主要症状。潜伏期短，猪出生后12小时即可发病，长的达1～3天。主要表现突然拉稀，粪便稀薄如水，呈黄色，夹杂有气泡，带腥味。严重时肛门失禁，粪便污染后躯及肛门周围。病猪精神沉郁。停止吸乳，脱水严重，全身衰竭，迅速死亡。

④剖检病变。病猪消瘦，脱水明显，肛门周围沾有粪便。消化道呈急性卡他性炎，胃黏膜水肿，附有黏液，小肠内充满黄色黏稠、带气泡的内容物，肠管扩张，黏膜充血、出血，肠壁变薄。其他脏器病变不明显。

⑤诊断要点。根据流行病学、症状和病理变化可做出初步诊断。应和仔猪红痢、传染性胃肠炎、流行性腹泻、猪痢疾等相鉴别。确诊需进行细菌分离培养和动物接种试验。

⑥细菌分离培养。采病死猪小肠前段内容物,接种于培养基上,挑取红色菌落,并进一步做血清型鉴定。

⑦动物接种试验。将分离的致病性大肠杆菌,经口服感染初生仔猪,如发生黄痢,即可确诊。

⑧防控措施。搞好预防,经常保持圈舍、饲料和饮水卫生,产房、圈舍清洁、保暖。在母猪产前,应用 0.1％温新洁尔灭或 0.1％温高锰酸钾,擦洗乳头及体表。仔猪出生后,应帮助尽快吃到初乳,早得到母源抗体的保护。经常发病的猪场,可早期给仔猪投服抗菌药物,或用促菌生、调痢生,也可分离地方致病菌株,制备菌苗及高免血清,接种母猪或仔猪。

一旦发病,应立即选用合适药物,及时治疗,降低死亡率。抗生素或磺胺类药物,提倡先做药敏试验,选用最佳药物进行治疗,确保疗效。另外,也可给初产母猪连续注射一个疗程抗菌素,药物可通过乳汁供给仔猪,能起到一定的预防和治疗作用。对死亡仔猪要深埋,污染的场地要及时清扫和消毒,以减少病原扩散,控制流行和蔓延。

(2)仔猪白痢:

仔猪白痢由致病性大肠杆菌引起,是哺乳仔猪最常见的肠道传染病。以排乳白色或灰白色、带有特殊腥臭的黏稠稀薄粪为特征。发生普遍,发病率高,致死率低,又称迟发性大肠杆菌病。

①传播途径。患病仔猪为主要传染源。经粪便排出的病原菌,可污染饲料、水源及周围环境,健康仔猪经消化道感染发病。另外,健康仔猪肠道内有大肠杆菌存在,属于条件致病菌。当饲养管理不当(猪舍卫生条件差,拥挤,潮湿,不通风),气候突变,母猪乳汁过稀或过浓,其他疾病侵袭,造成仔猪机体抵抗力降低时,细菌大量繁殖,毒力增强,导致本病发生。

②易感动物。主要发生于 10～30 日龄的仔猪,尤以 10～20 日龄多见,1 月龄以上很少发生。一窝仔猪可同时发病,或先后发病,传播迅速。无明显季节性,但以寒冷、潮湿、阴雨、气候多变的冬春或春夏之交多发,呈散发或地方流行。

③主要症状。病初体温、精神、食欲无明显变化。主要表现下痢,排乳白、灰白、淡黄或黄绿色稀粪。随病情发展,腹泻次数逐渐增多,粪便中混有气泡。仔猪逐渐消瘦,被毛粗乱无光,尾和后肢被粪便污染。病仔猪精神沉郁,恶寒,吃乳减少,脱水明显,有的并发呼吸困难,最后衰竭死亡。病程短的 5～6 天,长的拖到 2 周以上。病死率取决于饲养管理的好坏,若饲养管理良好,治疗及时,预后一般较佳。

④剖检病变。病死猪消瘦、脱水,肠内有黄白色、粥样带酸臭味的食糜,有的肠管空虚,肠黏膜轻度充血潮红,肠壁变薄透明,肠系膜淋巴结轻度肿大。病程长久出现营养不良。

⑤诊断要点。根据流行特点、临床症状和病理变化,易做出诊断,但应和其他有腹泻症状的传染病相鉴别。确诊可进行细菌分离培养和血清学检查。

⑥防控措施。要加强对怀孕母猪的饲养管理,给予全价饲料和充足饮水,保证仔猪健康并能提供足够的乳汁。对临产母猪可用大肠杆菌三价灭活菌苗免疫接种,增加母猪初乳中的特异性抗体,对出生仔猪有保护作用。母猪产仔前,圈舍应严格消毒,母猪乳头和皮肤用 0.1％温新洁尔灭擦洗、消毒。仔猪出生后,要注意保暖,在吃乳的同时,尽早补喂少量饲料,对预防本病有一定效果。仔猪出生后,喂饮 0.1％高锰酸钾液 2～3 毫升,以后每隔 5 天让其自饮,也能起到一定预防作用。

发现本病,应立即隔离病猪,加强护理,及时治疗,同时搞好圈舍的消毒。常用药物有抗菌、收敛、促进消化的作用,如磺胺脒、土霉素、黄连素、酵母、乳酶生等,可根据病情选择。病情严重的,应及时补液、补糖及对症治疗,可减少死亡,促进康复。

(3)猪水肿病:

本病由溶血性大肠杆菌产生的毒素引起,是猪的一种急性、高度致死性传染病。以突然发病、头部水肿、共济失调、胃壁和肠系膜水肿为特征。发病率低,但死亡率很高。

①传播途径。带菌母猪和感染仔猪是主要传染源。病菌随粪便排除,污染饲料、饮水和周围环境,健康猪通过消化道感染。

②易感动物。主要发生于 $1\sim3$ 月龄仔猪,尤以断奶后 $5\sim15$ 天的仔猪发病较常见。特点是发病急、病程短、致死率高。病猪通常局限于某些猪场或某些窝的仔猪,不引起广泛传播。一窝仔猪中,以生长快、体质好的猪最易发病,而体质瘦弱的猪相对发病较少。不同品种的猪,发病无明显差异。突然改变饲料和饲养方法,饲喂过多的高蛋白精料,饲料单纯,矿物质、维生素缺乏,圈舍潮湿,通风不良,气候剧变等因素,均可诱发本病。一年四季均可发生,以春季多见,多呈散发,有时也呈地方性流行。

③主要症状。本病潜伏期很短,在暴发初期,病猪常突然死亡。病程稍长的表现精神沉郁,体温 $39\sim40℃$,食欲缺乏,心跳及呼吸加快。拱背,行走摇晃,前肢和后躯出现麻痹,倒地抽搐。眼睑、头部出现水肿,严重时可波及颈部、腹部和全身。病程一般 $2\sim3$ 天,死亡率高。

④诊断要点。根据病史、流行病学、症状等易确诊,应与营养不良引起的水肿或巴氏杆菌引起的颈部水肿,以及

有神经症状的伪狂犬病、李氏杆菌病相鉴别。确诊需进行病原分离、血清型鉴定及动物试验。

⑤防控措施。加强饲养管理、卫生消毒等综合性防控措施。圈舍应经常打扫消毒，保持干燥、清洁。幼猪应增加光照和运动。不要突然断奶或突然改换饲料，口粮中各成分配要合理，保证全价，避免饲料过分单一或蛋白质偏高。

在常发生本病的猪场，饲料中可添加抗菌药物，以预防本病发生。发病后，应及时消除致病诱因，采取抗菌、消炎、利尿等综合性治疗措施。抗菌药可选用土霉素、链霉素、卡那霉素和磺胺等。也可应用硫酸钠等泻剂，排除肠道内细菌及毒素，以减轻机体的中毒。同时结合补液、补糖，加速病猪康复。在饲料中添加硒剂，可提高疗效。

9. 猪接触传染性胸膜肺炎

本病由猪胸膜肺炎放线杆菌引起，是猪的一种急性呼吸道传染病。临床上以肺炎和胸膜炎为特征。

（1）病原：本病的病原为胸膜肺炎放线杆菌，为放线杆菌科、放线杆菌属的成员。本菌为革兰阴性小杆菌，呈典型的球杆状。有荚膜和菌毛，不形成芽孢，能产生毒素，新鲜病料中呈两极着色。人工培养 $24 \sim 96$ 小时可见到丝状体。本菌为兼性厌氧，在 20% CO_2 条件下，可长成黏液状菌落。

（2）传播途径：本病通过空气或猪与猪之间相互接触而传播。公猪在传播链中起重要作用，猪场常因引入带菌猪或慢性感染猪而发病。被急性感染猪的分泌液污染的物品起间接传播作用。

（3）易感动物：各种年龄的猪均易感，以 3 月龄最为易感。急性型发病率、病死率较高。

（4）主要症状：自然感染潜伏期为 1～2 天，人工感染可在 6～8 小时发病。临床病程可分为最急性、急性、亚急性和慢性 4 种。急性者死亡率高,慢性者常能耐过。

①最急性型。临床表现为突然发病,体温升高,精神沉郁,食欲缺乏,有短暂的轻微腹泻和呕吐。后期呼吸困难,并从口和鼻孔流出带有泡沫的血样渗出液。耳、鼻、腿部皮肤以及全身皮肤相继出现紫斑,并在 24～26 小时内死亡。有时幼龄仔猪因败血症死亡,不出现上述临床症状。

②急性型。体温升高到 40.5～41℃,精神沉郁,食欲缺乏,呼吸困难,常出现循环衰竭。有的病猪发生死亡,也有的转为亚急性或慢性型。

③亚急性和慢性型。病猪体温不升高或很少升高。呈连发性或间歇性咳嗽,食欲缺乏,日增重减慢。在慢性感染群中,常混有隐性感染猪。

(5)剖检病变:急性以出血性纤维素性肺炎为主要特征,慢性以纤维素性坏死性胸膜炎为主要特征。

(6)诊断要点:传染性胸膜肺炎,剖检见特征性胸膜肺炎变化,据此可做出初步诊断。确诊需进行细菌学检查。

(7)防控措施:我国研制的猪传染性胸膜肺炎油佐剂灭活菌苗,保护作用较好。

要根除本病,应将抗体阳性率高的猪群全部淘汰,再从血清学阴性猪场引进猪只。引进的抗体阴性猪隔离饲养 2 周后,再检查抗体,如仍为阴性时,才可转入健康猪群。对于阳性率比较低的种猪场,应在仔猪断奶时,不断清除血清阳性母猪,并在以后对猪群加强血清学监测。可在饲料中添加药物(如磺胺类药物),以防发生新的感染。

在发病早期治疗效果较好,可选用青霉素、新霉素、四环素、泰勒菌素、磺胺类药物。

(三)牛、羊细菌性传染病的防控

1. 牛结核病

结核病由分枝杆菌引起，是家禽、家畜、人，以及多种动物的一种慢性传染病。临床上以在多种组织器官内形成结核结节，病牛贫血、消瘦、生产能力下降为特征。本病是一种古老的疫病，遍布世界各地。

（1）病原：牛结核病的病原以牛分枝杆菌为主，还可能感染人分枝杆菌和禽分枝杆菌。革兰阳性，无鞭毛，不形成荚膜和芽孢。可抵抗3％盐酸酒精的脱色作用，故称为抗酸菌。不耐热，60℃ 30分钟即死亡。在水中可存活5个月，在土壤中可存活7个月。10％漂白粉溶液和碘化物的消毒效果较好。对链霉素、异烟肼、对氨基水杨酸、环丝氨酸和利福平等药物敏感。对磺胺类药物、青霉素以及其他广谱抗生素不敏感。

（2）传播途径：传染源为各种患结核病的动物和人，可通过唾液、气管分泌物、粪便、乳汁等，排出病原菌。主要传播媒介有被病原污染的空气、水源、牛奶及其制品等。常见传播途径是呼吸道和消化道。犊牛以消化道感染为主，成年牛以呼吸道感染多见。牛群的饲养管理、环境卫生、使役情况、免疫状态和年龄等，均可影响发病率。

（3）易感动物：本病可侵害多种动物，家畜中以奶牛最为易感，其次为黄牛、牦牛、水牛。

（4）主要症状：本病的潜伏期长短不一，短的十几天，长者数年。临床表现与病型有关。

①肺结核。牛常发生。病初易疲劳，可见短而干的咳嗽，剧烈且频繁，表现痛苦。呼吸次数增多，喘气，胸部听诊肺泡音粗粝，叩诊肺部有浊音区和痛感。日见消瘦、贫血。体表淋巴结肿大。当纵隔淋巴结肿大压迫食道时，可引起慢性瘤胃鼓气。

②乳房结核。常为全身性疾病的表现，发病率一般低

于1%，但有重要的公共卫生意义。乳房淋巴结肿大，乳房出现局限性或弥散性硬结，乳房表面凹凸不平，乳汁稀薄如水，或泌乳停止。

③肠结核。病牛食欲下降，消化不良，迅速消瘦，顽固性腹泻，粪便呈半液状，带有黏液和脓液。直检可探知肠系膜淋巴结肿大。

④脑结核。病牛惊恐，兴奋，肌肉震颤，步态不稳，头颈僵硬，眼肌麻痹。后期可见痉挛，昏迷。

（5）剖检病变：在多种组织器官形成结核结节，以淋巴结和肺多见。切开结节，中央为干酪样坏死灶。肺结核病灶可软化溶解形成空洞。结核钙化后，切时有沙粒感。胸腹腔浆膜表面出现大量粟粒至豌豆大小、半透明的灰白色结节，即所谓"珍珠病"。有时胃肠黏膜见局灶性溃疡和结核结节。乳房见大小不等的干酪样病灶。

（6）诊断要点：当牛发生原因不明的进行性消瘦，发现咳嗽、肺部异常、顽固性下痢、体表淋巴结肿大时，即可怀疑该病。常用牛结核分枝杆菌提纯蛋白衍生物（PPD）皮内注射法诊断牛结核。

PPD皮内注射法诊断：将PPD诊断用原液，以注射用水稀释成每毫升含2万国际单位，取0.1毫升，注射在牛颈中部的健康皮内。注射局部应出现小疱。于72小时内观察注射部位是否出现肿胀、热痛等反应。用卡尺测量，注射后和注射前皮肤厚度的差（皮差）为4毫米或4毫米以上，局部有明显炎性反应的，判为阳性；皮差为2毫米或2毫米以上但不到4毫米，局部炎性反应不明显的，判为疑似；皮差小于2毫米，没有炎性反应的，判为阴性，即健康牛。对其他动物的诊断，也参照牛的方法进行。

（7）防控措施：该病具有重要的公共卫生意义，病牛一旦确诊就应予以淘汰，不进行治疗。无病牛群要定期检疫，一旦发现本病应立即隔离，确诊后予以淘汰。引入新牛时要严格检疫，以防引入该病。平时加强饲养管理，减少各种诱因，杜绝结核病的发生。

2. 布鲁菌病

本病由布鲁菌引起，是人畜共患的传染病。在家畜中牛、羊、猪的发病较多，临床上以流产和不孕不育为特征。布鲁菌能引起人感染发病，威胁人类健康。

（1）病原：为革兰阴性小杆菌，不形成芽孢。分为6个种，即马耳他布鲁菌、流产布鲁菌、猪布鲁菌、林鼠布鲁菌、绵羊布鲁菌和犬布鲁菌。各种布鲁菌虽有其主要的宿主动物，但普遍存在宿主转移现象。各种菌株之间，形态及染色特性无明显差别。

布鲁菌是需氧菌，营养要求较高，生长最适温度为37℃，最适 pH 为 6.6～7.4，培养基中加入血液、血清、肝浸液等，可促进生长。

布鲁菌不产生外毒素，但有毒性较强的内毒素。不同菌株间毒力差异较大，一般羊布鲁菌毒力最强，猪布鲁菌次之，牛布鲁菌较弱。

本菌对理化因素的抵抗力较强，在干燥的土壤中可存活2个月，污染的粪水中可存活4个月以上，皮毛上可存活5个月，在流产的胎儿中可存活6个月，乳、肉食品中存活2个月。该菌对热很敏感，60℃加热30分钟，70℃加热10分钟死亡，煮沸立即死亡。对消毒药的抵抗力不强，兽医常用的一般消毒药，如1%～3%石炭酸、2%～3%煤酚皂液、5%漂白粉、0.5%洗必泰、0.1%新洁尔灭等，都能在较短时间内将其杀死，而直射日光需要 0.5～4 小时。

（2）传播途径：病畜和带菌动物是传染源。病原菌随乳汁、粪便、尿液、羊水和子宫渗出物排出体外，污染饲料与饮水，主要传播途径是消化道，也可通过皮肤、眼结膜、交配感染。吸血昆虫可传播本病。进入体内的病原菌突破淋巴结屏障进入血液,随血液循环到达其他部位,对子宫内膜、胎盘和胎儿有特殊的亲和性,引起炎症,导致妊娠动物流产。

(3)易感动物:本病的易感动物范围很广,如各种家畜、家禽、多种野生动物以及一些啮齿动物等。人也可感染,但在兽医临床上,羊、牛、猪发病较多见。

流产布鲁菌主要感染牛,马耳他布鲁菌主要感染山羊和绵羊,猪布鲁菌主要感染猪,绵羊布鲁菌主要引起公绵羊附睾炎,也可侵犯怀孕母绵羊导致胎盘坏死,犬布鲁菌主要感染狗,林鼠布鲁菌对小鼠的致病性比对豚鼠强。

(4)主要症状:

①牛。母牛最显著的症状是流产。流产可发生在妊娠的任何时期,但最常发生在第6至第8个月。在流产数天前表现分娩征兆,如阴唇、乳房肿大,乳汁呈初乳状等,由阴道流出灰白色或灰色黏性分泌液。流产时,胎水多清朗,但有时混浊含有脓样絮片。流产后多继续排出污灰色或棕红色分泌液,有时有恶臭,分泌液1～2周后消失。

早期流产的胎儿,通常在产前已经死亡。发育比较完全的胎儿,产出时可能存活但衰弱,不久死亡。流产后因胎衣不下、子宫内膜炎,使母牛不易受孕。此外,母牛可发生腕关节炎、跗关节炎及膝关节炎。大多数流产牛经两个月后可再次受孕。由于流产过的母牛可以正产,疫情似乎静止,但这种牛群绝非健康牛群,一旦新的易感牛增多,还可引起大批流产。

发病公牛常见睾丸炎及附睾炎,急性病例睾丸肿胀疼痛。伴发中度发热与食欲缺乏,以后疼痛逐渐减退,约3周后,睾丸和附睾肿大,触之坚硬。病牛可发生关节炎、关节肿胀疼痛,最常见于膝关节和腕关节。

②绵羊和山羊。流产，一般发生在妊娠后第 3 或第 4 个月。有的山羊流产 2～3 次。流产前，食欲减退，口渴，委顿，阴道流出黄色黏液。可伴发乳房炎、支气管炎和关节炎。公羊患睾丸炎。乳山羊的乳房炎常较早出现，乳汁有结块，乳量减少，乳腺组织结节性变硬。

(5)诊断要点：怀孕母畜出现流产、胎衣滞留、子宫炎、阴道炎等，公畜出现睾丸炎、附睾炎、阴囊肿大、关节炎等。以上症状有助于布鲁菌病的初步诊断，但确诊只能通过实验室检查。虎红平板凝集试验等用于本病的筛查，试管凝集试验和补体结合试验用于诊断。一些新方法，如酶联免疫吸附试验等，也可用于诊断。

虎红平板凝集试验要点：在洁净的玻璃板上，划出若干个 4 平方厘米的方格。方格编号。在不同方格内，分别加

入标准阳性血清、标准阴性血清、备检血清各 0.03 毫升。在受检血清旁，加抗原诊断液 0.03 毫升。用牙签搅拌血清和抗原，使之混合。结果判定：4 分钟内，标准阳性血清格内，出现明显凝集现象，标准阴性血清格内不出现凝集现象。备检血清格内，若出现肉眼可见的凝集现象，则判为阳性；若不出现凝集现象，则判为阴性。

(6)防控措施：预防为主是主要原则。

在未感染畜群中，控制本病传入的最好办法是自繁自养。饲养场(户)应坚持自繁自养，培育健康幼畜。必须引进种畜或补充畜群时，应从无布鲁菌病的地方购买，并严格执行检疫，即将牲畜隔离饲养 1 个月，进行布鲁菌病的检疫，全群检查合格后，才可与原有牲畜接触。加强定期监测，牛羊应每年进行 1 次血清学检查，发现病畜，即应淘汰。进行配种前，种公畜必须进行

检测,只有健康的公畜才能参加配种。畜舍保证采光、通风,定期进行消毒,保持清洁卫生。

在流行地区应定期进行免疫接种。目前在我国主要使用猪布鲁菌 2 号弱毒活苗和马耳他布鲁菌 5 号弱毒活苗。猪布鲁菌 2 号弱毒活苗对山羊、绵羊、猪和牛,都有较好的免疫效力,可供预防羊、猪、牛布鲁菌病之用。猪 2 号苗的毒力稳定,使用安全,免疫力好,在生产实践上已经收到良好效果。马耳他布鲁菌 5 号弱毒活苗,可用于绵羊、山羊、牛和鹿的免疫。上述弱毒活苗,仍有一定的剩余毒力,务必在使用中做好工作人员的自身保护。

畜群中如果发现流产,流产物要深埋,对污染的圈舍和场地进行彻底消毒,并尽快做出诊断。确诊为布鲁菌病或在畜群检疫中发现本病,均应采取具体措施,包括检疫、隔离、控制传染源、切断传播途径、培养健康畜群及主动免疫接种,将布鲁菌病消灭。

布鲁菌病是人畜共患病,需要特别强调,布鲁菌可通过完整皮肤引起感染,这点对人来讲尤其值得高度重视。要提高个人安全意识,接触牛、羊后要洗手,不吃未熟的肉和奶,给牛、羊接产时要做好个人卫生防护(如带胶皮手套),有效保护有关人员健康。

3. 羊传染性胸膜肺炎

由支原体引起,侵害山羊和绵羊,表现为急性或慢性呼吸道传染病,病死率很高。本病对封山禁牧、舍饲圈养的羊群,危害严重,又称为羊支原体性肺炎。

(1)山羊传染性胸膜肺炎:

山羊传染性胸膜肺炎旧称烂肺病。临床上病羊以明显的胸膜肺炎为特征。到目前为止,已经有 40 多个国家和地区报道发生,是引起山羊养殖重大经济损失的主要原因。

①病原。主要是山羊支原体肺炎亚种,除引起胸腔病变外,还可导致乳腺炎、关节炎、角膜炎、肺炎和败血症等。它的培养要求较高,在普通培养基上不生长,在血清琼脂斜面上可见生长。

病原菌在腐败材料中可存活 3 天,在干粪中经强烈日光照射后,可保持传染性达 8 天。56℃加热 40 分钟可被杀灭。1%的克辽林 5 分钟内可杀死细菌。

②传播途径。病羊是主要传染源。病原主要存在于病羊的肺、气管黏液、鼻液、胸腔渗出液中。主要经呼吸道分泌物排菌,经空气飞沫传播。新疫区的暴发几乎都是由于引进病羊而引发。本病常呈地方流行性,传播较为迅速,一旦发病,20 天左右即可波及全群。一年四季均可发病,主要见于冬季和早春枯草季节。冬季流行期平均 5 天,夏季可持续 1 个月以上。寒冷潮湿、阴雨连绵、羊群密集、营养不良等因素,可促进本病流行,病死率较高。

③易感动物。在自然情况下,多发生于山羊,各种品种、年龄的山羊都能可发病,以 3 岁以下的山羊最易感染。孕羊发病后的死亡率较高。

④主要症状。本病的潜伏期平均 18～20 天,最短为 3～6 天,最长为 30～40 天。根据病程和临床症状,分为最急性、急性和慢性 3 型。

A. 最急性型:病的初期,病羊体温升高达 41～42℃,精神极度委顿,拒食。咳嗽,并流浆液带血鼻液。肺部叩诊呈浊音或实音,呼吸急促,每分钟达 40～45 次,每次呼吸伴有全身颤动。眼结膜充血、发绀,目光呆滞,呻吟哀鸣,不久因窒息死亡。死前体温下降至常温以下。

B. 急性型:病初体温升高,食欲减退,呆立一处,不愿走路,继之出现短而湿的咳嗽,伴有浆液性鼻漏。4～5 天后,咳嗽并伴有痛感,鼻液转为黏液-脓性并呈铁锈色，附于鼻孔和唇，结成棕色痂皮垢。肺部听诊有实音区，按压胸壁表面敏感、疼痛。当高热稽留不退时，食欲废绝，呼吸困难并有呻吟，眼睑肿胀，流泪或有黏液性分泌物。腰背拱起，腹肋紧缩，孕羊大部分流产（70%～80%）。最后病羊极度衰弱卧倒。有的发生腹胀和腹泻，口腔溃烂，唇、乳房等部的皮肤发疹。一般病程 4～15 天，死亡率高达60%～93.8%。

C. 慢性型：多由急性病例转变而来。全身症状较轻，体温 40℃左右。病羊有时咳嗽和腹泻，鼻涕时有时无，体况衰弱，被毛粗乱无光。如果饲养管理不当，往往造成死亡。一般转归良好。屠宰检查时可见肺部和胸壁留有慢性病痕。

⑤诊断要点。羊群中出现体温升高、咳嗽、流黏脓性或铁锈色鼻液的病羊，剖检主要呈现胸膜肺炎病变，并常为一侧性的，再结合流行病学情况，可做出初步诊断。必要时可进行实验室诊断，包括病原分离培养、血清学方法、核酸探针法和聚合酶链式反应（PCR）等。

⑥防控措施。平时除加强饲养管理、注意清洁卫生外，关键是防止引入病羊和带菌者。新引进羊只必须隔离检疫 1 个月以上，确认健康时方可混群。病死羊实行无害化处理。对被污染的场地及饲喂器具进行严格消毒，被污染的饲草及粪便焚烧、深埋。

接种山羊传染性胸膜肺炎灭活菌苗，是有效预防措施。皮下或肌内注射，6 个月以下的注射 3 毫升，6 个月以上的注射 5 毫升，免疫期 1年。对发病羊要及时进行药物治疗，罗红霉素、四环素、强力霉素、螺旋霉素和泰乐菌素，都有较强的抑菌作用。长期使用抗生素会使病原产生耐药性，需结合药敏试验，选择治疗用药。

（2）绵羊传染性胸膜肺炎：

绵羊传染性胸膜肺炎，临床上以高热、咳嗽、气喘、渐进性消瘦为特征。已成为一种全球性疾病，对养羊业危害严重。因康复羊可长期带菌，故本病的防控和消灭比较困难。

①病原。本病的病原是绵羊肺炎支原体。在普通琼脂培养基上能生长。

②传播途径。病羊是主要传染源，经呼吸道分泌物排菌，通过空气、飞沫，经呼吸道传染。耐过病羊肺组织中的病原体在很长时期内具有活力。常呈地方流行性，接触传染性强。

③易感动物。在自然条件下，绵羊肺炎支原体可感染绵羊和山羊，不同年龄的羊只均可感染，但以 1～2 月龄羔羊多发。不同品种羊对本病的易感性差异较大，如国外肉用羊易感性最高，本地绵羊易感性高于山羊，杂交羊对本病的易感性介于上述两者之间。

④主要症状。小羔羊发病初期高热，有轻度啰音，以后加重。湿性咳嗽、喷嚏，气喘，鼻腔有少量的分泌物，发病 5～10 周后可导致严重的肺部损伤。本病的发病率高，死亡率低，可耐过，但病羊的增重缓慢。

本病的直接损失是羔羊死亡、治疗费用增加。间接损失主要是疾病造成的慢性消耗、病羊体重减轻、上市推迟、繁殖力降低等。

⑤诊断要点。可参考山羊传染性胸膜肺炎的诊断。

⑥防控措施。目前，应用最广的是绵羊肺炎支原体氢氧化铝组织灭活菌苗，皮下或肌内注射，14 天后产生免疫力，免疫期 1 年，保护率 75%～100%。其他措施与山羊传染性胸膜肺炎相同。

4. 炭疽

炭疽由炭疽杆菌引起，是人畜共患热性败血性传染病。以脾脏显著肿大，皮下和组织出血性胶样浸润，血液凝固不良为病理特征。分布于世界各地,常散发或呈地方流行,具有重要的公共卫生意义。

(1)病原:病原为炭疽杆菌,革兰阳性大杆菌。该菌在普通培养基上生长良好,如在琼脂平板上,可长成灰白色、不透明、表面粗糙、边缘不整的菌落,在低倍镜下观察呈卷发状。菌体呈竹节样排列。有荚膜,暴露于空气中后易形成芽孢。

本菌对理化因素的抵抗力不强,60℃加热 30 分钟和一般消毒药均可将其杀灭,但芽孢的抵抗力强,污染环境是危险的疫源地。

(2)传播途径:传染源是病畜和各种带菌动物,当处于菌血症时,可通过粪、尿、唾液及天然孔出血等方式排菌。炭疽杆菌暴露于空气中易形成芽孢,可在干燥土壤中存活60 年,在污染草场存活 40年,可使其成为长久的疫源地。如果病畜尸体处理不当(如随意剖检,对场地消毒不严),使大量病菌散播于周围环境,污染土壤、水源或牧场,可成为长久的疫源地,所以疑似死于炭疽的动物严格禁止剖检。

本病主要通过采食污染的饲料、饲草和饮水,经消化道感染,也可经呼吸道感染和吸血昆虫叮咬而发病。

(3)易感动物:自然条件下,草食兽中以绵羊、山羊、马、牛和鹿最易感,家禽几乎不感染,许多野生动物也可感染发病,家兔和犬不易感,人对炭疽普遍易感。

(4)主要症状:潜伏期 1～5 天,最长可达 14 天。按临床表现可分为最急性、急性、亚急性和慢性型 4 种。

①最急性型。常见于绵羊和山羊,偶见于牛、马、鹿。外表健康的动物突然倒地,全身战栗,昏迷、磨牙,呼吸极度困难,可视黏膜发绀,天然孔流出泡沫样暗色血液。常在数分钟内死亡。

②急性型。多见于牛、

马。病牛体温高达 42℃,表现兴奋不安,吼叫或顶撞人畜。呼吸加快,食欲废绝,反刍停止,瘤胃鼓胀,流涎。后期高度沉郁,呼吸困难,肌肉震颤,步态不稳。可视黏膜发绀,初便秘后腹泻,粪便带血,尿内有时混有血液。常有中度膨气,腹痛,后肢踢腹。妊娠母牛流产,奶牛泌乳量减少或停止,一般 1～2 天死亡。马的急性型与牛相似,还伴有剧烈腹痛,卧地翻滚。

③亚急性型。多见于牛、马。除急性热性病症外,常在颈部、咽部、胸部、腹下、肩胛等处发生炭疽痈,初期硬固有热痛,以后热痛消失,可发生坏死或溃疡。

④慢性型。主要发生于猪,多不表现临床症状,或仅见食欲减退和长时间卧地。咽喉部和附近淋巴结肿胀,导致吞咽、呼吸困难。肠炭疽多伴有便秘或腹泻。

(5)剖检病变:死于炭疽的动物尸僵不全,腹部膨胀,天然孔流出血红色泡沫样液体,黏膜发绀,布满出血点。(注意:对死于炭疽的病畜尸体,在现场或不具备一定条件的实验室,严格禁止尸体剖检)

(6)诊断要点:据流行病学特点、临床表现和病变可怀疑本病。确诊需进行病原学检查(如血液涂片做炭疽杆菌染色、观察),或抗原性检查(如皮张抗原的沉淀试验)。

皮张抗原的沉淀试验:备检皮张各取 2 克,加 0.5％苯酚生理盐水 20 毫升,在室温下,浸泡 16～25 小时,试验时取浸出液。向各反应管内加入炭疽沉淀素血清 0.1～0.2毫升。然后,分别向反应管内,沿管壁缓缓加入 0.1～0.2 毫升备检皮张抗原液(即上述皮张浸出液)、标准炭疽粉抗原液。在各种对照都正确的前提下,抗原与血清接触后,经 15 分钟在两液面接触处出现清晰、明显的白色环,则为阳性反应,不出现白色环,为阴性反应,白环模糊、不清晰,为疑似反应。

(7)防控措施:在疫区或常发地区,每年对易感动物进行预防注射,常用的有无荚膜炭疽芽孢苗和Ⅱ号炭疽芽孢苗,接种14天后产生免疫力,免疫期为1年(Ⅱ号炭疽芽孢苗对山羊免疫期为半年)。

发病时应尽快上报疫情,划定疫点疫区,采取隔离封锁措施。死于炭疽的动物尸体就地烧毁、深埋。畜舍、用具和污染的场地应彻底消毒。禁止疫区内动物交易和输出动物产品及材料,禁止食用患病动物的乳肉制品。

5. 巴氏杆菌病

巴氏杆菌病主要由多杀性巴氏杆菌引起,多种畜禽、野生动物及人类均可感染发病。临床上动物急性病例以败血症和炎性出血为特征。

(1)病原:多杀性巴氏杆菌呈短杆状或球杆状,常单个存在,较少成对或成短链,革兰染色阴性。病料组织或体液制成的涂片,用瑞氏、姬姆萨或美蓝染色后镜检,可见两极深染的短杆菌,但陈旧或多次继代的培养物两极染色不明显。有些多杀性巴氏杆菌有菌毛。

(2)传播途径:畜(禽)群发病往往查不出传染源,一般认为在发病前动物已经带菌。在应激因素作用下(寒冷、闷热、气候剧变、潮湿、拥挤、圈舍通风不良、阴雨连绵、营养缺乏、饲料突变、过度疲劳、长途运输、寄生虫感染等),机体抵抗力降低时,病菌乘虚大量繁殖,引起发病。患病动物通过排泄物、分泌物不断排出病菌,污染饲料、饮水、用具和外界环境,经消化道再传染给健康动物,或由咳嗽、喷嚏排出病菌,通过飞沫经呼吸道播散,吸血昆虫也能传播,也可经皮肤、黏膜的伤口发生感染。人多因被动物抓伤、咬伤而感染。

(3)易感动物:本菌对多种动物(家畜、野兽、家禽和野生水禽)和人均有致病性。家畜中以牛(黄牛、牦牛、水牛)、猪发病较多,绵羊、兔和家禽也易感。鹿、骆驼和马也可发病,但较少见。

发病无明显的季节性,以冷热交替、气候剧变、闷热、潮湿、多雨的时节发生较多。一般为散发性,在畜(禽)群中只有少数动物先后发病,水牛、牦牛、猪有时可呈地方流行性,绵羊有时可大量发病,家禽特别是鸭群发病时多呈流行性。不同畜、禽之间一般不易互相传染。

(4)主要症状:

①牛。牛巴氏杆菌病又称牛出血性败血症。潜伏期2～5天,可分为败血型、水肿型和肺炎型3种形式。

A. 败血型:病初高烧,可达41～42℃。随后病牛表现腹痛,开始下痢,粪便初为粥状,后呈液状,其中混有黏液、黏膜及血液,并有恶臭。有时鼻孔内和尿中有血。拉稀开始后,体温随之下降,迅速死

亡。病程多为12～24小时。

B. 水肿型:除呈现体温升高、下痢等症状外,在颈部、咽喉部及胸前的皮下,还出现炎性水肿,扩展迅速。同时伴发舌及周围组织的高度肿胀。病畜舌伸出口外,呈暗红色。呼吸高度困难,皮肤和黏膜发绀(蓝紫色),往往因窒息而死。病程多为12～36小时。

C. 肺炎型:主要表现为纤维素性胸膜肺炎的症状。也有的便秘,有时下痢并混有血液。病程从3天到1周左右。水肿型及肺炎型是在败血型的基础上发展起来的,病死率高。

②羊。多发于羔羊,潜伏期不清,可能很短促。可分为最急性型、急性型和慢性型3种形式。

A. 最急性型:多见于哺乳羔羊,往往突然发病,呈现寒战、虚弱、呼吸困难等症状,可于数分钟至数小时内死亡。

B. 急性型:病羊精神沉郁,食欲废绝,体温升高至41

～42℃。呼吸急促、咳嗽、鼻孔常有出血,有时血液混杂于黏性分泌物中。眼结膜潮红,有黏性分泌物。初期便秘,后期腹泻,有时便出的全为血水。颈部、胸下发生水肿。病羊常在严重腹泻后虚脱而死,病程 2～5 天。

C. 慢性型:病羊消瘦,食欲缺乏,流黏脓性鼻液。颈部和胸下部有时发生水肿。咳嗽,呼吸困难并有角膜炎。病羊腹泻,粪便恶臭。临死前极度虚弱,体温下降,四肢厥冷。

山羊感染本病时,主要呈大叶性肺炎的症状,病程平均 10 天左右,存活的仍长期咳嗽。与绵羊相比,山羊发病率较低些。

(5)诊断要点:根据病理变化、临床症状和流行学材料,结合对病畜的治疗效果,可对其做出初步诊断。确诊有赖于细菌学检查。败血症病例可从心、肝、脾或体腔渗出物等部位取材,其他病型从有病变的组织、渗出物、浓汁等部位取材,涂片镜检,如发现两极染色的卵圆形杆菌,做进一步分离鉴定,可确诊。

(6)防控措施:首先,应注意饲养管理,消除可能降低机体抵抗力的各种应激因素。其次,应尽可能避免病原侵入,并对圈舍、围栏、饲槽、饮水器具进行定期消毒。同时应定期进行预防接种,增强机体对该病的特异性免疫力。由于多杀性巴氏杆菌有多种血清型,各型间多数无交叉免疫原性,所以应选用与当地相同的血清型菌株制成的菌苗进行预防接种。我国产牛巴氏杆菌病灭活菌苗,100 千克以上的皮下或肌内注射 6 毫升,100 千克以下的注射 4 毫升,21 天后产生免疫力,免疫期为 9 个月。

发生本病时,应将患病动物隔离,及早确诊,及时治疗。病死动物应深埋,并对畜(禽)舍和用具严格消毒。对于同群的假定健康动物,可用高免血清、磺胺类药物或抗生素做紧急预防,隔离观察1周后如无新病例出现,可再注射菌苗。如无高免血清,也可用菌苗进行紧急预防接种,但应做好潜伏期患病动物发病的紧急抢救准备。

6. 羊梭菌性疾病

本病由梭状芽孢杆菌属中的细菌所引起,是一类急性传染病,包括羊快疫、羊猝狙、羊肠毒血症、羊黑疫和羔羊痢疾等。这些疾病的临床症状有不少相似之处,易混淆,而且都能造成急性死亡,对养羊业危害很大。

(1)羊快疫及羊猝狙:

羊快疫由腐败梭菌引起,以真胃出血性炎症为特征。羊猝狙由 C 型产气荚膜梭菌所引起,以溃疡性肠炎和腹膜炎为特征。两者可混合感染,其特征是突然发病,病程极短,几乎看不到临床症状即死亡。有的胃肠道呈出血性、溃疡性炎症变化,肠内容物混有气泡,肝肿大、质脆,色多变淡,常伴有腹膜炎。

①病原。腐败梭菌是革兰阳性大杆菌,厌氧,有鞭毛,能运动,在动物体内外均能产生芽孢,不形成荚膜。一般消毒药物能杀死本菌繁殖体,但芽孢抵抗力较强,需 95℃经2.5 小时方可杀死。

产气荚膜梭菌旧称魏氏梭菌,菌体呈直杆状,两端钝圆,革兰阳性。芽孢大而圆,位于菌体中央或近端,多数菌株能产生强烈的外毒素,现已知的主要致死性毒素有 4 种。这些毒素均为蛋白质,具有酶活性,不耐热,有抗原性,用化学药物处理可变为类毒素。

②传播途径。主要经消化道感染。腐败梭菌通常以芽孢形式散布于自然界,特别是潮湿、低洼或沼泽地带。羊采食污染的饲草或饮水,芽孢随之进入消化道,但并不一定发病。当存在诱发因素时,特别是秋冬或早春气候骤变、阴雨连绵之际,羊寒冷、饥饿或采食了冰冻带霜的草料,机体抵抗力下降,腐败梭菌即大量

繁殖,产生外毒素,消化道黏膜发炎、坏死并引起中毒性休克,迅速死亡。本病以散发性流行为主,发病率低而病死率高。

③易感动物。发病羊多为6～18月龄、营养较好的绵羊,山羊较少发病。

④主要症状。

A. 羊快疫:突然发病,患羊往往来不及表现临床症状即突然死亡,常在放牧时死于牧场或早晨死于圈舍内。病程稍长的,表现为不愿行走、运动失调、腹痛、腹泻、磨牙、抽搐,最后衰弱昏迷。口流带血泡沫,多于数分钟或几小时内死亡。

剖检病变:病死羊尸体迅速腐败、膨胀,可视黏膜呈暗紫色。体腔多有积液。特征性表现为真胃出血性炎症,胃底部及幽门部黏膜,有出血斑点及坏死区,黏膜下发生水肿。肠道内充满气体,常有充血、出血、坏死或溃疡。心内、外膜可见点状出血。胆囊多肿胀。

B. 羊猝狙:病程短促,常未现临床症状即突然死亡。有时发现病羊掉群、卧地,表现不安、衰弱、痉挛,眼球突出,在数小时内死亡。死亡是由于毒素侵害造成休克所致。

羊猝狙有最急型和急性型两种临床表现。

(a)最急性型。一般见于流行初期。病羊突然停止采食,精神不振,四肢分开,弓腰,头向上,行走时后躯摇摆,喜伏卧,头颈向后弯曲。磨牙,不安,有腹痛表现。眼羞明流泪,结膜潮红,呼吸促迫。从口、鼻流出泡沫,有时带有血色。随后呼吸愈加困难,痉挛倒地,四肢做游泳状,迅速死亡。从出现症状到死亡通常为2～6小时。

(b)急性型。一般见于流行后期。病羊食欲减退,步态不稳,排粪困难。粪团变大,色黑而软,其中杂有黏稠的炎症产物或脱落的黏膜,有的排油黑色或深绿色的稀粪,有时带有血丝,有的排蛋清样稀粪,带有难闻的臭味。喜卧地,牙关紧闭,易惊厥心跳加速。一般体温不高,临死前呼吸极度困难时,体温可上升至40℃以上,不久即死亡。从出现症状到死亡通常为1天左右,也有少数病例延长到数天。山羊发病率一般比绵羊低。发病羊几乎100%死亡。

⑤诊断要点。羊快疫和羊猝狙病程急速,生前诊断比较困难。确诊需进行微生物学和毒素检查。

⑥实验室诊断。羊快疫取病死羊肝脏被膜触片,用瑞特或美蓝染色镜检,可观察到两端钝圆、单个或短链状的粗大菌体,还可观察到长丝状菌体链。将病料制成悬液,肌内注射豚鼠和小鼠,实验动物多于24小时内死亡。死亡后立即采集脏器组织进行分离、培养。镜检也可发现呈链状的腐败梭菌。

羊猝狙是从体腔渗出液、脾脏取材,做C型产气荚膜梭菌的分离、鉴定。也可用小肠内容物的离心上清液,用小鼠做中和试验,检测有无毒素(如β毒素)。

⑦鉴别诊断。要注意与肠毒血症、羊黑疫和羊炭疽的鉴别。

羊快疫发病季节常为秋、冬和早春,而羊肠毒血症多在春夏之交抢青时和秋季草籽成熟时发生。羊快疫有明显的真胃出血性炎,而患羊肠毒血症仅见轻微病损。羊快疫肝脏被膜触片多见呈长丝状的腐败梭菌,羊肠毒血症病羊的血液及脏器中,可检出D型魏氏梭菌。

羊黑疫的发生常与肝片吸虫病的流行有关,真胃损害轻微。患羊黑疫时,肝脏多见坏死灶,涂片检查,可见到两端钝圆、粗大的诺维氏梭菌。

羊快疫和羊炭疽,可用病料组织进行炭疽沉淀反应相区别。

⑧防控措施。本病的病程短促,往往来不及治疗,因

此必须加强平时的饲养管理和防疫措施。在常发地区,每年可定期注射1～2次羊快疫、羊猝狙二联苗,或羊快疫、羊猝狙、肠毒血症三联苗,注射后14天产生免疫力。当发病严重时,应及时转移放牧地。对尚未发病羊加强饲养管理,防止受寒,避免羊采食冰冻饲料。

⑨治疗。由于病程短促,常常来不及治疗。对病程稍长的病羊,可选用青霉素肌内注射,剂量每次 80 万～160万单位,每天 2 次。磺胺嘧啶内服,剂量每次 5～6 克,每天2 次,连服 3～4 天。

(2)羊肠毒血症:

羊肠毒血症是由 D 型产气荚膜梭菌引起的一种急性毒血症疾病。因该病死亡的羊肾组织易于软化,因此又称此病为"软肾病"。本病在临床上类似羊快疫,故又称"类快疫"。

①病原。D 型产气荚膜梭菌,也称 D 型魏氏梭菌,革兰阳性,为厌氧粗大杆菌。无鞭毛,不运动。菌体多为单个,有时为短链或成对。在动物体内可形成芽孢,芽孢抵抗力较强,在 95℃下需 2.5 小时,或 3‰甲醛需作用 30 分钟方被杀死。一般消毒药均易杀死其繁殖体,在 60℃时15 分钟即死亡。

②传播途径。D 型产气荚膜梭菌为土壤常在菌,也存在于污水中。羊采食被芽孢污染的饲草或饮水,一般情况并不引起发病。当饲料突然改变,特别是从吃干草改为采食大量谷类或青嫩多汁和富含蛋白质的草料之后,导致羊的消化功能紊乱,芽孢变为繁殖体,在肠道迅速繁殖,产生大量毒素,毒素进入血液,引起全身毒血症,发生休克而死亡。发病常表现一定的季节性,牧区以春夏之交抢青时和秋季牧草结籽后的一段时间较多见。农区则多发于收割抢青季节或采食大量富含蛋白质饲料后,一般散发。

③易感动物。发病以膘情较好的绵羊为多，山羊较少。通常 2～12 月龄的羊最易发病。

④主要症状。本病潜伏期很短，多为突然发病，很快死亡。由于病羊吸收的毒素多少不一，症状可分为两种类型：一类以搐搦为特征，病羊在死前四肢出现强烈的划动，肌肉抽搐，眼球转动，磨牙，口水多，随后头颈显著抽缩，于 2～4 小时内死亡。另一类以昏迷为特征，病羊病程稍长，其早期症状为步态不稳，不愿活动，精神沉郁，流涎，继而昏迷，角膜反射消失，有的病羊发生腹泻，常在 3～4 小时内安静地死去。

⑤剖检病变。胸、腹腔和心包积液。心脏扩张，心肌松软，心内外膜有出血点。肺呈紫红色，切面有血液流出。肝脏肿大呈灰褐色半熟状，质地脆弱，被膜下有点状或带状溢血，胆囊肿大。特征变化是肠道，尤其是小肠黏膜充血、出血。幼龄羊一侧或两侧肾脏软化如稀泥样。

⑥诊断要点。根据流行特点、结合剖检病变，可做出初步诊断。

⑦实验室检查。取小肠粪便，用 2 倍生理盐水稀释后，以每分钟 4 000 转离心 30 分钟，取上清液给 4 只小鼠尾静脉注射，剂量分别为 0.05 毫升（2 只）和 0.1 毫升（2 只），结果小鼠在 4 分钟内全部死亡。

取病羊的肝、脾、肾、心和肠淋巴结，做组织触片，用革兰及瑞氏染色镜检，可见一致的革兰阳性、具有荚膜的粗大杆菌，呈单个或两两相连排列。

也可用上述病料，接种厌气肉肝汤，或兔血、牛血琼脂平板，培养 24 小时后，根据形态和生化特点，进行鉴定。综合检查结果，可做出确诊。

⑧防控措施。农、牧区春夏之际，应尽量减少抢青，抢茬，秋季避免过食结籽饲草和

蔬菜等多汁饲料。当羊群出现本病时要立即搬圈,转移到高燥的地区放牧。在常发地区,应定期注射羊肠毒血症菌苗,或羊快疫、羊猝狙和肠毒血症三联苗,或厌氧菌七联干粉苗。

⑨治疗。对病程较长的病羊,可使用青霉素肌内注射,每只羊 80 万～160 万单位,每天 2 次。内服磺胺脒 8 ～12 克,第 1 天 1 次灌服,第 2 天分 2 次灌服。

(3)羊黑疫:

羊黑疫由 B 型诺维梭菌引起,是绵羊和山羊的一种急性高度致死性毒血症。特征是肝实质有坏死性病灶。

①病原。诺维梭菌为革兰阳性大杆菌,严格厌氧,能形成芽孢,不产生荚膜,具周身鞭毛,能运动。

②传播途径。本病的发生与肝形片吸虫密切相关。羊消化道和肝脏常存在 B 型诺维梭菌,但在正常情况下不利于其扩增,当肝片形吸虫侵害肝脏时,可使潜伏的 B 型诺维梭菌快速生长繁殖,产生毒素导致发病。因此,本病主要在春夏发生于肝片形吸虫病流行区。

③易感动物。1 岁以上的绵羊易感染,2～4 岁绵羊发生最多,通常是营养良好的肥胖羊发病。山羊也可感染,牛偶可感染。主要发生于肝片形吸虫流行的低洼潮湿地区。

④主要症状。本病与羊快疫、肠毒血症极其类似。病程急促,绝大多数未见症状而突然死亡。少数病程稍长,可拖延至 1～2 天,但很少超过 3 天。病羊掉群,拒食,呼吸困难,体温 41.5℃ 左右,昏睡俯卧,在此状态下无痛苦地死去。

⑤诊断要点。在肝片形吸虫流行区,发现急死或昏睡状态下死亡的病羊,剖检见肝脏的坏死变化,有助于诊断。确诊需做细菌学检查和毒素检查。

⑥防控措施。首先控制肝片形吸虫感染。在常发地区,可用羊黑疫、羊快疫二联苗,或厌氧菌七联干粉苗,进行预防接种。发生本病时,应将羊群移至干燥地区。对病羊可用抗 B 型诺维梭菌血清治疗。

(4)羔羊痢疾:

本病由 B 型产气荚膜梭菌引起,是初生羔羊的一种急性毒血症。以剧烈腹泻和小肠发生溃疡为特征。常造成羔羊大批死亡,损失惨重。

①病原。主要是 B 型产气荚膜梭菌,也称 B 型魏氏梭菌,为革兰阳性厌氧性杆菌。菌体短粗,两端平截或钝圆,单个、成双或成丛排列,很少形成长链。无鞭毛,不运动,在动物体内可形成荚膜,能产生芽孢。一般消毒剂可杀死繁殖体。繁殖体在干燥土壤中可存活 10 天,在潮湿土壤中可存活 15 天,在干燥粪便中可存活 10 天,湿粪中可存活 5 天。芽孢在土壤中可存活 5 年。该菌在外界环境中分布广泛。

②传播途径。主要是经消化道传播,也可通过脐带或创伤感染。通常在气候变化较大或天气较冷的季节发病率较高。

妊娠母羊营养不良,初乳不足,哺乳不当,羔羊体弱,圈棚寒冷潮湿和卫生条件不良,天气骤变,均为发生羔羊痢疾的诱因。

③易感动物。主要危害 7 日龄以内的羔羊,以 2～3 日龄多发,7 日龄以上的很少患病。纯种羊比土种羊发病率高。

④主要症状。自然感染潜伏期为 1～2 天。病初精神委顿,低头拱背,不吃奶。不久出现腹泻,粪便恶臭,有的稠如面糊,有的稀薄如水,到了后期,有的还含有血液。病羔逐渐虚弱,卧地不起。如治疗不及时,常在 1～2 天内死亡。

有的病羔,腹胀而不下

痢,或只排少量稀粪,可能带血。常见四肢瘫软、卧地不起、呼吸急促、口流白沫,最后,病羔昏迷,头向后仰,体温降至常温以下。病程很短,若不加紧救治,常在数小时到十几小时内死亡。

⑤剖检病变。尸体脱水严重,其胃内往往存有凝乳块。小肠(尤其回肠)黏膜充血发红,常见直径 1～2 毫米的溃疡,周围环绕出血带,有的肠内容物呈血色。肠系膜淋巴结肿胀充血、出血。

⑥诊断要点。在常发地区,依据流行病学、临床症状和病理变化,可做出初步诊断。确诊需鉴定病原及其毒素。

⑦防控措施。本病病因复杂,应综合实施抓膘保暖、合理哺乳、消毒隔离、预防接种和药物防治等措施,才能有效加以防控。

在常发病区,产前 1 个月,给孕羊接种羔羊痢疾灭活菌苗,或羊快疫、羊猝狙、肠毒血症、羔羊痢疾、羊黑疫五联苗,皮下注射 2 毫升,间隔 10 天,再注射 3 毫升,新生羔羊即可获得对本病的免疫力。

羔羊出生后 12 小时内,灌服土霉素 0.15～0.2 克,每天 1 次,连续灌服 3 天,对本病有一定预防效果。

7. 副结核病

本病由副结核分枝杆菌引起,主要发生于牛,为慢性经过。临床上以顽固性腹泻和渐进性消瘦为特征,又称为副结核性肠炎。

(1)病原:病原为副结核分枝杆菌,革兰阳性,具有抗酸染色的特点,成团或成丛排列,无鞭毛,不运动,不形成芽孢和荚膜。

(2)传播途径:传染源是病牛或带菌动物。主要通过采食污染的饲料、饮水和乳汁,经消化道传播。

(3)易感动物:本病主要发生于牛(尤其是奶牛),犊牛的易感性高于成年牛。绵羊、山羊、骆驼、猪、马、驴和鹿也可感染。

（4）主要症状：主要症状是腹泻。初期为间歇性腹泻，以后变成顽固性腹泻，粪便稀薄，常呈喷射状，带有气泡和黏液。随病程的延长，病牛精神沉郁，食欲减退，逐渐消瘦，骨骼显露，被毛粗乱，皮肤粗糙，贫血，眼窝下陷，泌乳量减少甚至停止，下颌、胸腹下出现水肿。一般经 3～4 个月因下痢而死亡，有的甚至长达 6 个月至 2 年。病情有时好转，腹泻停止，体重增加，但常再度发生腹泻。本病散发或呈地方性流行，发病率不高，但病死率高，是奶牛常见的传染病。

（5）剖检病变：病死牛消瘦，贫血。空肠、回肠和结肠前段的肠黏膜增厚，形如大脑的沟回状，附有黏稠、灰黄色液体，肠系膜淋巴结肿大。

（6）诊断要点：

①临床诊断。根据临床上持续性下痢，病牛消瘦，贫血，皮下水肿等症状，结合剖检病变（空肠、回肠黏膜增厚，呈脑沟回样），可做出初步诊断。

②确诊。可刮取直肠黏膜或取粪便，死后取增厚肠黏膜，涂片，经抗酸染色后镜检，副结核杆菌呈红色短棒状或球杆状，成丛排列。

皮内变态反应试验。用副结核杆菌提纯蛋白衍生物（副结核杆菌 PPD），参考牛结核的方法，进行皮下注射，72 小时内判定结果。

（7）防控措施：

①加强饲养管理，减少诱因。对犊牛、孕牛、高产奶牛，应给予足够的营养，避免维生素、矿物质缺乏，增强机体的抗病力。

②坚持自繁自养，加强检疫。必须引进牛时，应从无病地区购买，要加强检疫，防止引入病牛和带菌牛。

③检疫净化，培育健康犊牛。已存在本病的牛群，采取检疫净化，及时淘汰病牛，培育健康犊牛。

④加强消毒和兽医卫生措施。平时应定期对牛舍、饲槽、牛栏、运动场进行消毒,及时清除粪、尿、垫草等。

本病治疗效果较差,且易复发,一般不进行治疗。

（四）犬、猫细菌性传染病的防控

1. 犬、猫沙门菌病

本病是由沙门菌引起的犬、猫的一种细菌性传染病。临床上以胃肠炎、内毒素血症或无症状感染为特征。

（1）病原:可由沙门菌中的 10 多种血清型引起,其中检出率最高的是鼠伤寒沙门菌。

（2）传播途径:沙门菌病是自然界广泛存在的一种人与动物共患病。犬、猫沙门菌病的传染来源可以是多种患病动物和带菌动物(包括人)。病原随粪便、尿液、乳汁、流产胎儿、胎盘、羊水、阴道分泌物等排出体外,通过消化道、交配、胎盘等途径感染健康犬、猫,引起感染、发病。

（3）易感动物:临床上,本病可见于任何品种和年龄的犬、猫,但主要侵害幼犬和幼猫。

（4）主要症状:本病的潜伏期 3～5 天。少数病例可在急性期死亡,大部分经 3～4 周后恢复,恢复期带菌长达 6 周以上。临床表现与病型有关,主要的病型有以下几种。

①胃肠炎型。病初体温升高可达 40℃ 以上,患病犬、猫精神沉郁,食欲降低,口渴。随后发生呕吐、腹痛、腹泻,粪便稀薄如水,后转为黏液性便或血便,或出现间歇性和慢性腹泻。病猫还见流涎。临床上表现为迅速脱水、贫血、虚脱、休克甚至发生死亡。成年犬多见持续 1～2 天的剧烈腹泻。有些病例淋巴结肿大、扁桃体肿胀,出现鼻腔出血,咳嗽或呼吸困难。也有些病例出现神经症状,表现为感觉过敏、后肢瘫痪、抽搐、失明等。

②菌血症或内毒素血症型。细菌侵入血液即称为菌

血症,血液中的革兰阴性菌产生大量内毒素,引发内毒素血症。本型可见于发生免疫抑制的或幼龄的犬、猫,也可见于胃肠炎型病例的初期。患病犬、猫极度沉郁,虚弱,体温下降,末梢血管充盈不良。少数病犬不见症状而突然死于循环衰竭。怀孕的犬、猫感染、发病,可造成流产、死产和产出弱仔。

③无症状感染型。可见于成年犬、猫,无明显的外部症状,可成为带菌者。

(5)剖检病变:病死犬、猫常呈败血症病变,如各脏器有不同程度的出血,腹腔内淋巴结肿大,胆囊肿胀,肝细胞脂肪变性。胃肠道,特别是小肠后段、盲肠和结肠,呈卡他性、出血性或坏死性炎症。

(6)诊断要点:根据流行病学、症状与病变,可做出初步诊断。确诊需做病原分离和血清学检查(凝集试验等)。

(7)防控措施:磺胺类(磺胺甲基异噁唑即新诺明、磺胺

嘧啶、抗菌增效剂等)、抗生素(卡那霉素、庆大霉素、氯霉素)等药物,对本病有效。临床上沙门菌容易形成抗药性,所以在治疗前,建议进行药敏试验,选定最有效药物。

对本病的预防,以采取综合性预防措施为主,如消灭传染源,切断传播途径,加强犬、猫的饲养管理。一旦发病,应及时隔离、治疗,对被污染的环境进行消毒,病死动物进行焚烧或深埋。

2.犬布鲁菌病

犬可发生布鲁菌病,多数呈隐性经过,仅有少数病例出现临床症状,以流产为主要特征。

(1)病原:在布鲁菌的6个种中,犬布鲁菌可在犬群中传播,而马耳他布鲁菌、流产布鲁菌、猪布鲁菌、林鼠布鲁菌和绵羊布鲁菌,可由其他患病动物或带菌家畜传给犬。

(2)传播途径:发生布鲁菌病的病畜和带菌动物是传染源。随乳汁、粪便、尿液、羊

水和子宫渗出物排出体外的病原菌,可污染饲料与饮水,经消化道、皮肤、黏膜、眼结膜导致健康犬感染。发病公犬精液中也有大量病原菌,通过交配可引发母犬感染。病原菌通过胎盘可感染胎儿。

有资料显示,在一些布鲁菌病发病率高的牧区,由于牧羊犬与其他家畜接触密切,加之犬经常抢食草原上患畜的流产胎儿,易感染布鲁菌病。牧羊犬感染后又可作为其他动物的传染源,造成本病的恶性循环。

(3)易感动物:本病的易感动物很多,家畜中以羊、牛、猪发病较多见,但犬布鲁菌主要感染犬。

(4)主要症状:犬布鲁菌病多呈隐性感染,临床症状不明显,有的仅出现体表淋巴结轻度肿大。

少数病犬可出现临床症状,如发热,怀孕母犬常在怀孕40～50天时发生流产。流产后阴唇和阴道黏膜红肿,较

长时间排出灰褐色或灰绿色分泌液。流产胎儿常发生部分组织自溶,皮下可见水肿、瘀血、出血。流产母犬因子宫内膜炎而导致屡配不孕。部分母犬在怀孕的早期,一般是配种后10～20天引起胚胎死亡,死亡的胚胎可被母体吸收。

公犬发病后,常见睾丸炎、附睾炎、睾丸萎缩、前列腺炎等病变,也可能造成不育。

除了生殖系统的症状外,病犬还可出现关节炎、腱鞘炎,引起跛行,还可能出现嗜睡、体重下降、脊椎炎、淋巴结肿大、眼色素层炎等。

(5)诊断要点:根据怀孕母犬流产、不孕,公犬出现睾丸炎、附睾炎等,可怀疑布鲁菌病,但确诊需通过实验室检查,包括进行细菌学检查和血清学诊断(主要是试管凝集试验)。

(6)防控措施:目前没有菌苗用于犬接种。主要预防措施是加强检疫,及时淘汰阳

性犬，发现病犬，立即隔离。对病犬污染的环境、用具，以及病死犬、流产物等，进行彻底消毒、深埋。

在未感染犬群中，最好施行自繁自养。必须购入犬时，要隔离1个月，经检疫合格后才可入群。

布鲁菌是胞内寄生菌，治疗比较困难，使用抗生素和磺胺类药物一般只能达到临床治愈，却较难完全清除病原。抗生素可选用卡那霉素、庆大霉素、氯霉素、土霉素、链霉素等。

3.犬、猫结核病

多种哺乳动物和禽类都可感染结核病，犬、猫也可发生。犬、猫结核病以在多种组织器官内形成结核结节为主要特征。

（1）病原：犬、猫结核病常见的病原是结核分枝杆菌和牛分枝杆菌，偶见禽分枝杆菌。

（2）传播途径：患有开放性结核病的动物和人是主要传染源。病原菌通过唾液、气管分泌物、粪便、乳汁等排出，通过呼吸道和消化道，引起犬、猫感染、发病。

（3）易感动物：本病可侵害多种动物，甚至人，在家畜中，牛最易感，特别是奶牛，其次是猪和鸡。各种品种的犬、猫都可发病，通常幼龄动物因缺乏抵抗力更易感染。

（4）主要症状：犬、猫结核病潜伏期长短不一，短的十几天，长的可达数月甚至数年。临床上多呈慢性经过。

①犬结核病。犬患病初期症状多不明显，有时表现为食欲降低、无力、虚弱、容易疲劳，此后可出现精神不振、低热、嗜睡、进行性消瘦等症状。病的末期，常见病犬高度衰竭，腹水或胸水增多，便秘和顽固性腹泻交替出现，病程可延续数月或几年。如果发生急性粟粒性结核，病犬可迅速死亡。

结核病灶发生在犬的不同组织器官，可引起不同的症状。

A. 肺结核：犬肺结核较为多见，表现为慢性干咳、频繁的湿咳以及不同程度的咯血，痰液灰色或灰绿色，呈黏液-脓性，有时也可见黏液-脓性、带血的鼻液。呼吸困难，肺部病变范围大时胸部叩诊呈浊音。听诊可闻干性或湿性啰音。如肺部有空洞形成，则听诊可发现金属音和空瓮呼吸音，此时呼出的气体恶臭难闻。由肺结核可继发气胸、脓气胸、胸膜炎、心包炎等病变。

B. 肠结核：病犬消化、吸收机能紊乱，出现消瘦、贫血，呕吐、腹泻，肠系膜淋巴结肿大，有时从体表可触摸到肿大的淋巴结。

C. 肝结核：肝脏肿大，边缘呈结节状，从肋骨弓和剑状软骨之后可触摸到肿大的肝脏。常见腹水增多。

D. 皮肤结核：多发于喉头和颈部的皮肤，病变处常形成结节、溃疡或瘘管。有时也见于胸前、肋部和鼠蹊部。

E. 其他结核：犬结核也可发生于子宫、喉头、骨骼、脾脏、睾丸、前列腺等部位。

②猫结核病。病猫的临床症状和病犬相似。病灶常见于回盲瓣和肠系膜淋巴结，有时也见于脾脏、皮肤和其他组织器官。

(5)剖检病变：以在犬、猫多种组织器官形成结核结节为特征。犬的结核结节多见于肺、肺门淋巴结、肠系膜淋巴结、肝脏、子宫、喉头和颈部的皮肤等处，猫的结核结节多见于回盲瓣、肠系膜淋巴结脾脏、皮肤等处。

(6)诊断要点：当犬、猫发生进行性消瘦、咳嗽、顽固性下痢、体表淋巴结肿大时，可怀疑本病。确诊需要进行病变部位触片的抗酸染色（即萋-尼二氏染色，结核分枝杆菌用石炭酸-复红着染后，再用盐酸-酒精脱色，依然保持红色，即具有抗酸性）、变态反应试验或血清学检查。

（7）防控措施：实行综合性防疫措施，如禁止犬、猫接触结核病人及病畜，不用生牛奶、生肉、杂碎等饲喂犬、猫，对犬、猫要定期检疫，一旦发现患病应予以扑杀，并对其污染的场地、用具等进行彻底消毒。

4. 弯杆菌病

弯杆菌病也称作弯曲菌感染，是由弯杆菌属的若干种或亚种引起的动物和人的一组传染病的总称。犬、猫常发生消化道感染，由此引发肠炎与腹泻。

（1）病原：弯杆菌属包括胎儿弯杆菌、空肠弯杆菌、唾液弯杆菌、结肠弯杆菌、简洁弯杆菌等 5 个种，有的种内还分为几个亚种。本属的细菌，革兰染色阴性，一端或两端有鞭毛，能运动，呈逗点状、弧状或螺旋状，不产生芽孢，是一种兼性细胞内寄生菌。引起犬、猫弯杆菌病的病原主要是空肠弯杆菌空肠亚种，对外界环境的抵抗力弱。

（2）传播途径：空肠弯杆菌空肠亚种，广泛存在于发生流产的绵羊、山羊的胎盘和胎儿胃内容物中，腹泻动物的粪便内，病禽的肝脏内，肠炎病人的血液及粪便内。此外，从健康人及多种哺乳动物和鸟类的粪便，某些健康动物体内、食物和饮水中，也曾分离出该菌。污染了饮水或饲料的病原菌，可经口感染，引起犬、猫等动物感染。

（3）易感动物：自然条件下，犬、猫、牛、马和其他动物，对空肠弯杆菌空肠亚种都易感。临床上 4 月龄以下的幼犬、幼猫更易发病。

（4）主要症状：潜伏期 1～7 天。犬、猫感染后可表现为肠炎型和亚临床型 2 种类型。

①肠炎型。常见于幼犬、幼猫。表现为呕吐、腹泻，粪便呈水样。重症病例可见黏液性血便，体温升高，精神不振，食欲减退甚至废绝，腹痛，病程可持续 1～2 周。如果治

疗及时,很少死亡。出现并发感染或血样腹泻时,死亡率升高,也有些犬、猫感染后表现为慢性腹泻。

②亚临床型。多不表现明显的临床症状,有时见食欲减退。

(5)剖检病变:死于本病的动物,病变主要多见于空肠、回肠和结肠,可见肠黏膜脱落、瘀血、出血,肠内容物稀薄,有时混有血液。

(6)诊断要点:根据犬、猫感染弯杆菌后的症状、病理变化及在病变处细胞内外发现弯杆菌样病原微生物,可做出初步诊断。

对腹泻的犬、猫,可用多种选择性培养基,分离、鉴定空肠弯杆菌空肠亚种,也可用补体结合试验、试管凝集试验、ELISA、基因探针技术等检测相应抗体或抗原,较常用的是试管凝集试验。

(7)防控措施:本病是一种自限性疾病,轻者常不需要治疗多可自愈。对重症病例可进行抗菌与对症治疗。常用链霉素、土霉素、庆大霉素、红霉素、氯霉素、强力霉素、磺胺类药物等。

预防本病主要采取综合性防疫措施,加强检疫,发现患病犬、猫及时隔离。病原菌抵抗力差,加热或各种常用消毒药均有效,氯制剂也可迅速杀灭病原菌。

5. 莱姆病

莱姆病是一种新发现的蜱传人畜共患病。犬和其他动物感染后,以皮肤损伤、发热、关节炎等为特征。

1974 年最先在美国康涅狄格州莱姆镇发现本病,因而命名为莱姆病。目前,全球 30 余个国家报告有本病存在。我国于 1986 年首先在黑龙江省报告本病,迄今已在东北、西北、华北、华东及中原地区的 19 个省、市、自治区发生。

(1)病原:病原为伯氏疏螺旋体,是 1982 年最先从美国达敏硬蜱中分得的一种新的疏螺旋体,1984年被正式命名。革兰阴性,用姬姆萨法染色良好。本菌呈弯曲的螺旋状,平均长30微米,直径为0.2～0.4微米,有7个螺旋弯曲,末端有多根鞭毛。微需氧,最适培养温度为33℃。常用的培养基为含牛、兔血清的复合培养基(简称BSK培养基)。如在此培养基内加入1.3%琼脂糖,可形成菌落。

(2)传播途径:蜱俗称"草爬子",种类繁多。在我国,伯氏疏螺旋体主要以全沟硬蜱和嗜群血蜱作为传染媒介。蜱在叮咬动物时,伯氏疏螺旋体随蜱唾液进入皮肤。病原也可能随蜱粪便污染创口而进入体内。蜱类主要生存在林地、灌木丛、草原等地,因此莱姆病是一种典型的自然疫源性疫病(在特定自然生态环境中,存在某种疫病的动物传染源和传播媒介,当人畜进入该地区时可被感染发病)。

(3)易感动物:犬、牛、马、猫、羊、鹿、浣熊、兔、狼、狐和多种小啮齿动物,对本病均有易感性。

(4)主要症状:伯氏疏螺旋体侵入动物机体后,潜伏期为3～32天,病菌在皮肤中扩散,形成皮肤损害。当病菌侵入血液后,引起发热,肢关节肿胀、疼痛,神经系统、心血管系统、肾脏受损并出现相应的临床症状。

①犬的临床症状。发热,厌食,嗜睡,关节肿胀发炎,跛行,局部淋巴结肿大,心肌炎。有的病例可见到肾功能紊乱、氮质血症、蛋白尿、圆柱尿、脓尿和血尿等,有的病例还可出现神经症状和眼病。

②牛的临床症状。发热,沉郁,身体无力,关节肿胀疼痛,跛行。病初轻度腹泻,继之出现水样腹泻。奶牛产奶量减少,早期怀孕母牛感染后可发生流产。有些病牛出现心肌炎、肾炎和肺炎等症状。可从感染牛的血液、尿、关节液、肺和肝脏中检出病菌。

(5)诊断要点:根据病的

流行特点、临床表现和病理变化，可做出初步诊断。确诊需进行实验室检查。

伯氏疏螺旋体的分离培养或直接镜检比较困难，因而检测血样中的抗体是实验室检查的主要方法。目前应用最普遍的是免疫荧光抗体试验和 ELISA 试验，后者较为敏感。这两种方法对早期感染检出率都不高，抗体检测阴性，不能排除该病的存在，此时应结合流行病学调查、试验性治疗等进行综合判断。最近，有人应用 PCR 方法检测本菌，认为此法敏感、特异性强。

（6）防控措施：目前尚无菌苗应用于临床，防控本病应采取综合性预防措施。应避免犬和其他家畜进入有蜱隐匿的灌木丛地区。采取各种防护措施，防止人和动物被蜱叮咬。受本病威胁的地区，要定期进行检疫，发现病例及时治疗。对感染动物的肉应高温处理。

伯氏疏螺旋体对青霉素、四环素、红霉素、强力霉素、先锋霉素等敏感。治疗时大剂量使用，并结合对症治疗，可收到良好疗效。

6. 犬埃利希体病

犬埃利希体病是犬科动物的一种急性或慢性传染病。临床上以发热、呕吐、黄疸、进行性消瘦和严重贫血等为特征。

（1）病原：本病病原是犬埃利希体，是乏质体科、埃利希体属的一个成员。革兰阴性，姬姆萨染色菌体呈蓝色。

（2）传播途径：犬埃利希体主要通过血红扇头蜱传播，因此多发生于夏末秋初，此季节是蜱在自然界活跃的季节。随蜱的叮咬而进入犬体内的病原，存在于单核细胞、中性粒细胞、淋巴细胞的胞浆内。

（3）易感动物：本病主要发生于犬科动物，不同品种、年龄、性别的犬均可感染。康复犬可终生携带本病原。

（4）主要症状：犬埃利希

体病的潜伏期为 7～21 天。病程发展一般经过急性期、亚急性期和慢性期 3 个阶段。

①急性期。持续 1～2 周,主要表现为周期性发热、食欲下降,口鼻流出黏液脓性分泌物。重症病犬出现呕吐、腹泻,口腔黏膜糜烂,四肢或腹下水肿。特征性症状为贫血和出血性素质,表现为黏膜苍白,鼻腔出血,呕血,便血(黑粪症)。患犬全身淋巴结肿大、脾脏肿大,血象严重异常,各类血细胞严重减少。部分病犬可出现神经症状,如感觉过敏、暴躁等。在急性期病犬体表往往能找到寄生的蜱。

②亚急性期。急性期病犬较少死亡,除痊愈者外,部分病犬可转入亚急性期。此时,病犬体温和体重基本恢复正常,但血象指标仍有异常,如血小板减少和高球蛋白血症。仍不能康复的犬则转入慢性期。

③慢性期。病犬主要表现为恶性贫血和严重消瘦。

脾脏显著肿大,发生肾小球肾炎、肾衰竭、肺炎、小脑共济失调、感觉过敏或麻痹。

本病与巴贝斯虫、血巴尔通体等混合感染时,致死率高。幼犬较成年犬致死率高。

(5)剖检病变:可见消化道溃疡,胸水,腹水,肺瘀血,水肿,全身淋巴结肿大,皮下组织、多处黏膜、浆膜可见出血点或瘀斑,有的出现黄疸。有些病犬皮肤有圆形、椭圆形的脱毛或被毛断裂病灶,可互相融合成片,被覆细鳞屑或痂皮。

(6)诊断要点:根据流行病学调查、临床症状和剖检病变,可做出初步诊断。进行血液检查和组织压片检查,如在单核细胞内发现犬埃利希体,即可确诊。

(7)防控措施:由于血红扇头蜱是本病的传播媒介,可用喷雾等方法,设法消灭环境中的蜱,切断传播环节。同时注意环境消毒。

发现病犬要早期隔离治

疗,应用广谱抗生素和磺胺类药物有效,土霉素、金霉素、四环素、磺胺二甲基嘧啶均有良效。对危重病犬应注意采取对症治疗,有条件的可采取输血、补液等措施。

7. 血巴尔通体病

血巴尔通体病是由于病原寄生于犬、猫红细胞表面而引起的一种溶血性疾病。临床上以贫血为主要特征。

(1)病原:本病病原是犬血支原体(原名犬血巴尔通体)、猫血支原体(原名猫血巴尔通体大型株)。均为支原体属、嗜血支原体的成员。

(2)传播途径:本病的自然传播形式还不清楚,血红扇头蜱可能为本菌的传播媒介。此外,其他吸血昆虫和节肢动物咬伤、抓伤等也可能传播本病。

(3)易感动物:这两种病原体分别只感染犬和猫,不感染其他动物。

(4)主要症状:本病潜伏期为1~2周。当单独感染时,多呈隐性经过。犬、猫患有其他疾病,如巴贝斯虫病、犬埃利希体病,以及与其他细菌或病毒混合感染时,则可出现明显的临床症状。

患病犬、猫发热,急性期可达39~41℃,精神沉郁,虚弱。厌食,或见异食癖,体重减轻。黏膜苍白、黄染。腹部疼痛,脾肿大,有的可致死。红细胞压积降低(红细胞占全血容积的百分比降低,表明外周中血红细胞数量减少),血色素值低于正常(血液中血红蛋白的量减少,即有贫血)。尿液中可检出血红素、胆红素、尿胆素原。(都因溶血所致)

(5)剖检病变:可见血液稀薄,脾脏和肠系膜淋巴结肿大,骨髓增生。

(6)诊断要点:疑似病例,可做血液涂片,经姬姆萨染色后,检查红细胞表面,如发现寄生的点状或链状的血支原体,即可确诊。

(7)防控措施:预防本病

应采取综合性防疫措施,包括消灭蜱类和环境中的吸血昆虫等。

治疗可用土霉素、四环素、青霉素、链霉素,以及新砷凡纳明、氯丙嗪等药物。对重度贫血的犬、猫可输血,输血量每千克体重 10～20 毫升。

8. 犬、猫衣原体病

犬、猫衣原体病是由衣原体引起的一种接触性传染病。临床上主要以眼结膜炎为特征。

(1)病原:猫衣原体是衣原体科、亲衣原体属的成员,与引起禽鹦鹉热的鹦鹉热亲衣原体为同一属。鹦鹉热亲衣原体可感染多种哺乳动物,包括犬。有资料显示,曾从 31.5% 猫和 18% 犬的呼吸道与泌尿生殖道分离出不同类型的衣原体。衣原体呈圆形或椭圆形,严格的细胞内寄生,有独特的发育周期,按二次分裂方式增殖,并可在寄生的细胞内形成包涵体。

(2)传播途径:患病或带

菌禽是人和其他动物(包括犬、猫)衣原体病的重要传染源。患病或携带病原的犬、猫,可通过直接接触或性接触,引起病原的传播、扩散。

(3)易感动物:各种禽类,例如鸡、鸭、鸽、鹅和野禽都能感染,犬、猫和其他动物以及人,对本病都有易感性。

(4)主要症状:本病的潜伏期为 5～15 天。主要引起局部感染。在一些罕见的情况下,病原侵入血液,经血液循环可到达其他器官、淋巴结、关节,甚至脑和脊髓,严重的造成死亡。一般在感染后体温轻度升高,此后,一侧眼睑痉挛充血、结膜水肿、流泪,继而出现黏脓性分泌物,形成滤泡性结膜炎。2～3 周后影响另一只眼,炎症可持续几天到数月,有的转为慢性。

犬结膜炎常导致角膜炎,可能很快失明。全身感染时出现类似犬瘟热的症状。生殖系统病变表现为怀孕母犬流产,继发子宫内膜炎。公犬继发感染时可发生尿道炎,进而使阴囊受损,结果都能引起不孕(不育)。

除常见的双侧性结膜炎外,猫自然病例也可发生单侧性黏脓性结膜炎。新生猫可发生眼炎。有些猫因继发细菌或支原体感染,症状加重。病猫食欲缺乏,不愿活动,发生鼻炎,出现阵发性打喷嚏和流鼻液,病重发生支气管炎和肺炎,出现呼吸困难、咳嗽、发热、流脓性鼻液、萎靡、倦怠等症状,鼻腔、口腔黏膜甚至出现溃疡灶。有些猫即使治疗,临床症状也要持续数周。极少数猫会出现复发。

(5)剖检病变:主要病变是眼结膜发炎,疾病早期见中性粒细胞、淋巴细胞、浆细胞和巨噬细胞浸润。镜检浸润细胞和结膜上皮细胞内含有衣原体。

(6)诊断要点:根据临床症状仅能怀疑本病。取眼结膜刮出物或分泌物,进行涂片染色,如在结膜上皮细胞内发现衣原体包涵体,即可确诊。

(7)防控措施:犬、猫衣原体病具有公共卫生意义,与人的心内膜炎、肾小球肾炎、慢性咳嗽以及类流感有关。预防本病应采取综合措施,接触犬、猫和禽类时,要注意防护,以防感染。

治疗犬、猫衣原体病,口服四环素、强力霉素或阿奇霉素。可用红霉素眼药膏涂于眼睑内。

9. 犬、猫马拉色菌病

犬、猫马拉色菌病通常是因马拉色菌过度增殖引起,很常见。临床上,此病是瘙痒症的典型代表,而皮肤癣病则是脱毛症的典型病因。

(1)病原:马拉色菌是具有厚壁的单细胞酵母菌。单细胞的马拉色菌一般为椭圆形、圆形或圆筒形。细胞在出芽时会形成"花生"状。迄今,在犬身上只发现过厚皮马拉色菌,而合轴马拉色菌和球形马拉色菌,以及厚皮马拉色菌,均能在猫身上分离到。

（2）传播途径：健康动物大多会在耳道、肛门腺、指间和皮肤-黏膜结合处（嘴唇、包皮、阴道和肛门）存在马拉色菌，而身体的其他部位则不会出现。马拉色菌会通过母体的生殖道，或产后舔、理毛传给幼仔。

黏膜储存的马拉色菌能通过舔或理毛散播到皮肤上。马拉色菌可能移居在皮肤表皮层的浅层，以及毛囊的角质层。马拉色菌和表皮的葡萄球菌形成共生的关系，共同制造互惠的生长因子和良好的微环境。马拉色菌病经常由于其他潜在疾病引起，或者与其他皮肤病并发。

（3）易感动物：犬的易感品种有巴吉度、西高地白更、可卡、西施、腊肠等。猫也可感染，但较少。

（4）主要症状：犬的临床表现主要是瘙痒（有时可能非常严重）。早期的皮肤病变表现发红、油性渗出、皮屑或结痂。慢性病变表现油腻性脱毛、苔藓化和色素沉着。病变分布为局部、全身、散在或边缘清晰。常见身体部位有耳道、嘴唇、嘴周、爪部、腋下、腹部、四肢内侧、会阴部和尾部。患犬经常会散发酸败气味。少数犬会表现指间疖病或"指间囊肿"，有的伴有油腻渗出的甲沟炎，以及指甲棕色变化。许多病例常伴有葡萄球菌性脓皮病。

猫的马拉色菌病比犬少见，而且不像犬那样瘙痒，常表现为马拉色菌性外耳炎。皮肤症状为顽固性痤疮或面部皮炎。

（5）剖检病变：犬、猫马拉色菌病典型病变是皮肤非脱毛性损伤。

（6）诊断要点：马拉色菌引起的皮肤炎症属于瘙痒症，因此与瘙痒有关的皮肤病，都应该列为与马拉色菌性皮炎相鉴别的疾病。即使鉴定出马拉色菌增殖，也应该继续寻找其他潜在或并发的病因。

细胞学检查：载玻片压片

和耳分泌物涂片,应稍微加热并待凉,再进行瑞氏或瑞姬氏染色。马拉色菌是共生性微生物,在显微镜下发现少量马拉色菌,并不能证明一定是正在发生皮炎的病原菌。因此存在的数量很重要。诊断参考的标准如下:高倍镜下小于等于1个马拉色菌(正常皮肤),高倍镜下大于等于5个马拉色菌(有致病意义)。若数量居中,则要结合临床症状和治疗效果综合判断。

(7)防控措施:厚皮马拉色菌对人的影响非常罕见,但免疫力低下者应该注意防患。

治疗:外用浴液是发病犬、猫临床最实用的选择,例如2%酮康唑浴液、2%～4%氯己定浴液、2‰咪康唑和2%氯己定混合浴液等。这类药物的副作用少见,但仍要关注抗真菌浴液带来的皮肤干燥、刺激等副作用。

对马拉色菌性耳炎,通常使用含有抗真菌成分的复合耳药,即可控制耳道症状。常见的抗真菌性耳药包括酮康唑、克霉唑、制霉菌素和咪康唑等。

全身用药可选择酮康唑,每千克体重2.5～10毫克,1天2次,与食物同服;或伊曲康唑,每千克体重5～10毫克,1天1次,与脂肪丰富的食物同服,可能存在厌食、呕吐、腹泻和肝损伤的副作用。

单独使用外用药时,临床症状大多于14天内改善;口服药多使症状于7～14天改善;外用药和全身用药联合使用,可使临床症状7天内获得改善。临床症状消失后,应该继续使用维持量(维持药量为每周连续2天口服)7～14天。

10. 犬、猫皮肤癣病

犬、猫皮肤癣病又称皮肤真菌病、钱癣。皮肤癣病是由几种皮肤真菌引起的人畜共患病,以局限性脱毛为特征。

(1)病原:犬、猫皮肤癣病的病原菌,是来源于小孢霉属、毛癣菌属、表皮癣菌属的几种真菌。

真菌是自然界中的一类真核生物，即有完整的细胞核。真菌菌体较大，毒力较低，致病力较弱。只有当机体的抵抗力降低时，真菌才能侵入组织大量繁殖并引起真菌性传染病。

（2）传播途径：本病可发生于犬、猫等动物，病畜通过脱落的皮屑、毛发、痂皮等向外排菌，真菌的孢子可在外界环境或土壤中较长时间存活。病畜可经直接接触，或通过被污染的护理用具（刷子、梳子、剪刀、铺垫物）而感染，也可通过空气、吸血昆虫等媒介而发生感染。

本病多为散发，一年四季均可发生，但温暖潮湿的季节多发，不洁及阴暗潮湿的环境，营养不良及维生素缺乏，皮肤和被毛卫生不良以及皮肤损伤等，常成为本病发生的诱因。

（3）易感动物：犬、猫、马、牛、绵羊、猪、鹿、兔、鸡、野鸟，对本病都有易感性。幼小、体弱及营养差的犬、猫，比成年、体强、营养好的动物更易感。

（4）主要症状：病变多发生于角爪、头皮、耳郭或身体的其他部位。患部出现圆形、椭圆形脱毛（癣斑），但有时脱毛也可能是不规则、弥漫性的。脱毛可能是全脱，或依然残留折断的毛根。往往当癣斑中央部开始痊愈而生毛时，其周边部分的脱毛现象仍在继续，使癣斑呈车轮状。严重感染时，皮肤大面积脱毛，皮肤表面伴有鳞屑或呈红斑状隆起，相继出现水疱、渗出、结痂等病变。继发细菌感染时，在脱毛局部发生化脓，称为"脓癣"。痂皮下呈蜂窝状，炎症蔓延，可进一步引起化脓性毛囊炎或毛囊周围炎。发病犬、猫有痒感。急性病程 2～4 周。如治疗不及时，转为慢性，病程可持续数月甚至数年。病犬皮肤呈现环形的鳞屑斑，病灶残留被破坏的毛根，或在环形斑内完全脱毛，瘙痒。

(5)剖检病变:犬、猫患部皮肤癣斑呈现环形的鳞屑斑。严重感染时,皮肤大面积脱毛,出现红斑或痂皮。

(6)诊断要点:根据病史和脱毛症状,可做出初步诊断。确诊需做实验室检查,刮取病灶和健康皮肤交界处的皮屑和毛根,置于载玻片上,加少量10%～20%氢氧化钠溶液浸泡20～30分钟,或稍加热3～5分钟。待毛发软化、透明时,加上盖玻片,用显微镜检查菌丝、孢子的类型,即可确诊。

(7)防控措施:预防犬、猫发病,平时应加强饲养管理,饲喂全价饲料,搞好犬、猫卫生及环境卫生。发现病犬、病猫,及时隔离治疗,并对其污染的环境和用具彻底消毒。

预防人浅部真菌感染,应注意避免与病犬、病猫接触,必须接触时,要做好防护和消毒。此外,病人不得使用公共浴室或更衣室,防止扩大传播。

① 对轻症犬、猫皮肤癣病的局部治疗。局部剪毛,消除皮屑、痂皮等,再涂擦抗真菌药物(克霉唑软膏、酮康唑软膏、癣净、10%水杨酸酒精或软膏、硫酸铜软膏等),直至痊愈。也可自配制钱癣溶液:水杨酸50克、苯甲酸50克、薄荷油30克、麝香草酚30克、甘油195毫升、2%碘酊195毫升、95%乙醇加至1 000毫升,可用于各种浅部钱癣。也可用氧化锌洗剂:氧化锌100克、淀粉100克、甘油100毫升、液化苯酚10毫升、蒸馏水加至1 000毫升,该方具有收敛、止痒、消炎、抑菌等作用,可用于急性、亚急性、顽固性皮炎、皮肤瘙痒症。

② 对慢性重剧的犬、猫皮肤癣病的治疗。须内服抗真菌药和外用药同时治疗,可用灰黄霉素拌入饲料中喂服,或酮康唑内服。

(五)鸡细菌性传染病的防控

1. 鸡白痢

本病由鸡沙门菌引起，是主要侵害雏鸡的一种急性、败血性传染病。临床上病鸡以排出白色或绿色稀便为特征。在世界各地流行，严重威胁养鸡业。

（1）病原：鸡沙门菌为革兰阴性小杆菌，呈杆状或近卵圆型，常单个存在，无鞭毛，不运动，不形成荚膜和芽孢，需氧或兼性厌氧菌。

本菌抵抗力较强，病鸡排泄到外界环境中的病菌，可存活几个月，在污染的鸡舍土壤内，其毒力至少保持14个月。鸡沙门菌对热的抵抗力较弱，但对干燥和直射阳光的抵抗力强。在各种肠道菌鉴别培养基（如麦康凯、SS琼脂）上，绝大多数可以生长，形成无色菌落。

（2）传播途径：传染来源是病鸡和带菌鸡。经病原污染的粪便、绒毛、飞尘、饲料、器具等，通过消化道、呼吸道、眼结膜、泄殖腔等，在鸡群中水平传播，也可通过种蛋垂直传播。3周龄内雏鸡多见发病，发病率和死亡率很高。成年鸡呈慢性或隐性感染，成为最危险的传染源。

（3）易感动物：本病的流行限于鸡与火鸡，其他家禽、鸟类可自然感染。

（4）主要症状：被污染的种蛋，在孵化过程中可出现死胚，孵出的弱雏常于1～2天内死亡，并造成雏鸡群的横向感染。出壳后感染的雏鸡，常因急性败血症死亡，7～10日龄者发病雏鸡增多，2～3周龄达到发病高峰。急性病例常突然死亡，病程稍长，则见病雏畏寒聚堆、气喘、不食、翅下垂、昏睡，排出白色或绿色的黏性糊状稀便，污染肛门四周，稀便干涸后堵塞肛门，使病雏排便困难，从而发出凄厉的叫声。病雏体温升高，呼吸困难，关节肿胀。患病雏鸡多在两周内大量死亡。耐过的病雏发育不良，可终生带菌。

（5）剖检病变：雏鸡最急

性病例,病变不明显。病程较长的,见尸体极度消瘦,泄殖孔周围被石灰浆样粪便所污染。肝脏肿大,肝脏表面和心肌散在大小不一的灰黄色结节。成年母鸡感染后见慢性卵巢炎,患病公鸡一侧或两侧睾丸肿大,有的萎缩变硬。

(6)诊断要点:根据流行病学、症状与病变,可做出初步诊断。确诊需做病原分离和全血平板玻片凝集试验。

(7)防控措施:磺胺类、喹诺酮类、庆大霉素、土霉素等药物,对本病有疗效,可减少雏鸡死亡,但病雏愈后仍带菌,不能作为种鸡。

检疫净化鸡群常采用全血玻片凝集试验。发病鸡场每隔 4～5 周检疫 1 次,淘汰全部阳性鸡和病鸡,建立健康鸡群,对种鸡场而言尤为重要。

2. 禽霍乱

禽霍乱是由多杀性巴氏杆菌引起,是禽类的一种烈性传染病。临床上,急性病例以急性败血症和剧烈下痢为特征,慢性病例以局部感染为特征,发病率和死亡率高,又称禽巴氏杆菌病、禽出血性败血症。

(1)病原:多杀性巴氏杆菌是革兰阴性小球杆菌,两端钝圆,无芽孢,无鞭毛,不运动,新分离的细菌有微荚膜,在动物血液和脏器中的细菌,经瑞氏染色或美兰染色,呈明显的两极着色。

本菌对外界环境抵抗力不强,加热至 60℃经 20 分钟即死亡,常规消毒药均可将其杀死。

(2)传播途径:病禽和带菌禽是传染源。病原存在于病禽的血液、内脏、排泄物、分泌物中,可由污染的饲料、饮水、用具、场地等传播给易感禽类。健康鸡啄食病鸡的血液、鼻分泌物,以及人工授精等都可直接感染。传播途径主要是消化道和呼吸道,也可经黏膜和皮肤伤口感染。苍蝇是重要传播媒介,人也能携带、传播病原。

本病在温热潮湿的地区和季节多发,尤以春末秋初多见。

(3)易感动物:各种家禽(鸡、鸭、鹅)和野禽都易感。

(4)主要症状:由于病原毒力和鸡机体抵抗力不同,分为最急性、急性和慢性3种病型。

①最急性型。常发生于本病爆发的初期,发病急,不显任何症状,病鸡突然死亡。

②急性型。病鸡无神,缩颈闭眼,羽毛松乱,食欲废绝,离群孤立,翅下垂,鸡冠、肉髯呈暗红色。呼吸急促,饮欲增加,口、鼻流出有泡沫样的黏液。腹泻,排出黄白色或绿色稀粪。体温升高,1～3天内因败血症而死亡。

③慢性型。一般发生在急性流行的后期,或是由毒力较弱的菌株感染所致。多表现为局部感染,常见肉髯、翅或腿部关节肿胀,鼻流黏液,呼吸困难或有气管啰音。慢性病鸡可长期带菌。

(5)剖检病变:最急性的病鸡无肉眼可见的病理变化。急性病例肝脏肿大,色泽变淡,表面有许多灰白色针尖大的坏死点。心外膜有不同程度的出血,肺充血、出血。慢性型病例病变多发生在局部,常见的有上呼吸道炎、肺炎、胸腹膜炎、心包炎、关节炎、鸡冠和肉髯的坏死等。蛋鸡可见卵巢炎和卵黄性腹膜炎。

(6)诊断要点:根据流行病学、临床症状,病理变化,可做出初步诊断,确诊需进行实验室检查。

①病原检查。取病死鸡的心血、肝、脾做涂片,瑞特或革兰染色,镜检见卵圆形、明显两极着色的小杆菌,革兰染色阴性。

②细菌分离培养。以无菌操作将心血或肝脏组织划线接种在5%禽鲜血葡萄糖淀粉培养基上,35～37℃培养18～24小时,形成圆形、表面凸起、露滴样小菌落。

③动物试验。病原菌纯培养物经稀释，取 100 个细菌，皮下或腹腔内接种家兔、小鼠或易感鸡，接种动物在 24～48 小时死亡。并可从心血或肝脏分离到细菌。

④抗体检测。用禽霍乱琼脂扩散抗原，做琼脂扩散试验，可监测免疫效果。如果保留血清，用此方法可进行本病的追溯性诊断。

特别注意：本琼脂扩散试验要按要求配制 1％琼脂，含氯化钠 8％。在培养皿内，制备琼脂板，备用（普通冰箱内放置，不要超过两周）。用时打孔，然后确实封底。按要求在不同孔内，加入诊断抗原、标准阳性血清、标准阴性血清、备检血清。加样完毕，静止 10 分钟。把培养皿倒置，放进湿盒内，室温下分别在 24 小时和 48 小时观察、记录结果。判定标准是：阳性血清对照孔与抗原孔之间出现清晰的沉淀线，阴性血清对照孔与抗原孔之间无沉淀线，备检血清孔与抗原孔之间若出现清晰的沉淀线，则为阳性，否则为阴性。

（7）防控措施：

①加强饲养管理。保持鸡舍的环境卫生，做好定期严格消毒，尽量减少或避免应激因素，增加家禽的抵抗力。

②免疫接种。每年定期对发病鸡场进行免疫接种。禽多杀性巴氏杆菌血清型较多，要注意选用与当地流行菌株和血清型一致的菌苗（有禽霍乱活菌苗、禽霍乱灭活菌苗等），或用本地分离的地方菌株制备死菌苗进行免疫接种，效果较理想。

③药物防治。青霉素、链霉素、四环素、磺胺类药物，都有一定疗效。在治疗前，应分离病菌进行药敏试验，筛选最佳的药物用于治疗。

3. 鸡大肠杆菌病

本病是由致病性大肠杆菌引起的禽类一组传染病的总称。临床上以急性败血症、亚急性浆膜炎及慢性肉芽肿为特征。

（1）病原：致病性大肠杆菌，属于肠杆菌科、埃希菌属，革兰阴性，不形成芽孢和荚膜，周身鞭毛，能运动。

为需氧兼性厌氧菌，适宜培养温度为37℃，pH为7.4，在SS琼脂、麦康凯琼脂上，培养菌落颜色为红色，在伊红美兰琼脂上，菌落呈黑色而有金属光泽。

（2）传播途径：病鸡和带菌鸡是传染源，通过粪便排出细菌，污染环境。可经呼吸道、消化道、交配等途径，引起健康鸡感染。病原菌可穿透蛋壳，引起鸡胚感染。

（3）易感动物：各种年龄的鸡均可感染、发病。

（4）主要症状：病鸡无特征性临床症状。4～8周龄肉鸡和小鸡发生急性败血症，常表现为厌食，精神沉郁，羽毛松乱，不爱活动，最后死亡。成年鸡发病后，鸡冠萎缩，颜面发白，有的有下痢、厌食，可见关节炎、眼炎，可伴有呼吸

道症状。病原菌穿过蛋壳引起鸡胚感染，造成死胚率增高，孵化率下降或弱雏数量增加，最终造成雏鸡及育成鸡发病率增高。

（5）病理剖检：可见肝、脾肿大，肝被膜上有一层白色纤维膜，称肝周炎。气囊壁增厚、变混浊，心包膜增厚，心包内充满渗出液，也可见输卵管炎、腹膜炎、脐炎、眼球炎等。

（6）诊断要点：禽大肠杆菌病病型复杂，各年龄段的鸡均可感染发病，特征性病变是气囊炎、心包炎、肝周炎，在诊断时要注意与其他疾病鉴别。确诊需进行病原菌的分离、鉴定。

（7）防控措施：禽大肠杆菌病是条件性致病菌引起的。防控本病，要改善饲养管理，降低饲养密度，注意调节鸡舍温湿度和通风。孵化器、种蛋、各种器具，进行彻底消毒。减少各种应激因素，避免诱发本病。

早期投药，可控制早期感

染的病鸡,促使痊愈,同时可防止新发病例的出现。但大肠杆菌极易产生抗药性,近年来发现,青霉素、链霉素、土霉素、四环素等,几乎没有治疗作用。庆大霉素、氟哌酸、新霉素等,疗效较好。治疗时,有条件的应进行药敏试验,选择敏感药物,或选用本场过去少用的药物进行全群给药,可收到满意效果。慢性病鸡,体内已出现多种病变,治疗效果差。

国产鸡大肠杆菌多价苗和多价油佐剂苗,在生产中取得了较好的预防效果。给成年鸡注射大肠杆菌多价油佐剂苗后,鸡群可能出现不同程度反应,表现为精神不好、喜卧、吃食减少等,一般1~2天后症状逐渐消失,无须进行任何处理。由于大肠杆菌血清型多,建议用采自本地区发病鸡群的多个菌株,或用本场分离菌株,制成自家菌苗使用,效果会更好。种鸡在开产前接种疫苗,在整个产蛋周期发

病明显减少,种蛋受精率、孵化率以及健雏率有所提高。

4. 鸡传染性鼻炎

鸡传染性鼻炎是鸡的一种急性呼吸道传染病。临床上以生长受阻、颜面水肿、产蛋减少为特征。

(1)病原:20世纪20年代以来,陆续报告鸡传染性鼻炎的临床症候,但直到1969年才正式确定本病的病原为副鸡嗜血杆菌。

(2)传播途径:病鸡和带菌鸡为传染源。经污染的饮水饲料及呼吸道传播。此病来势猛,传播快,密集饲养的鸡群一旦发病,在3~5天内即可席卷全群。若一栋鸡舍发病,其他适龄鸡群常无一幸免。本病多发生于秋冬和早春季节,夏季较少见到。鸡群饲养密度过大,鸡舍寒冷潮湿,通风不良,维生素缺乏以及管理不当是发病诱因。

(3)易感动物:本病主要发生于产蛋鸡群(包括种鸡),育成鸡也可发病。

（4）主要症状：病鸡食欲下降，流鼻液，甩头，颜面水肿，有的肉垂水肿。鸡群发病1周左右，产蛋率明显下降（下降10%甚至40%以上）。育成鸡发病表现为生长发育受阻。在本病发生的早期鸡很少死亡，但当全群精神状态好转，产蛋量开始回升时，鸡群死淘率增加。

（5）剖检病变：上呼吸道呈急性卡他性炎症，鼻腔及窦黏膜充血、水肿，还可见继发或混合感染疾病的病理变化。

（6）诊断要点：根据流行病学、病状和剖检可做出初步诊断。对该病确诊需进行病原分离和血清学检查。

（7）防控措施：加强饲养管理，采取带鸡消毒和饮水消毒，可有效降低疫病造成的损失。

发病地区或鸡场，可用A型油乳剂灭活苗和A型C型二价油乳剂灭活苗。鸡在35～40日龄时进行首免，在110～120日龄进行二免，可保护整个产蛋周期的安全。

病鸡治疗首选磺胺类药物和抗生素。当食欲变化不明显时，可选用口服易吸收的磺胺类药物或抗生素。当采食明显减少，口服给药不能达到治疗浓度时，应采取注射途径给药。可用链霉素（成鸡每只15万～20万单位）、庆大霉素（每只鸡2 000～3 000单位）等，连用3天，能明显减轻症状。

5. 鸡毒支原体感染

鸡毒支原体感染，可引起以呼吸道症状为主的鸡慢性呼吸道病。临床上以咳嗽、流鼻液、呼吸道啰音和张口呼吸为特征。

（1）病原：鸡毒支原体，又称禽败血支原体，形态多样，有球状、杆状等。对外界环境抵抗力不强，45℃加热1小时或50℃加热20分钟即被杀死，一般消毒药都有效。

（2）传播途径：病鸡和隐性感染鸡是传染源。本病有垂直和水平传播两种方式。

病原通过病鸡咳嗽、喷嚏产生的飞沫，经呼吸道造成传播。病原污染饮水、饲料、用具，也能引起疫病播散。病原也可经种蛋引起垂直传播，使本病在鸡群中连续不断地发生。在感染的公鸡精液中，也发现存在病原体。

本病在新发病的鸡群中传播较快。当饲养密度大、卫生条件差、气候骤变、鸡舍通风不良、饲料中维生素缺乏、不同日龄的鸡混合饲养时，均可加重病情并使死亡率增加。一年四季均可发病，以寒冷季节流行严重，成年鸡则多为散发。

（3）易感动物：鸡和火鸡易感，尤以4～8周龄鸡和火鸡最敏感，纯种鸡比杂种鸡易患病。

（4）主要症状：本病多为慢性、轻症经过，几乎不被觉察。幼龄鸡发病时症状较重，出现浆液或浆液黏性鼻液，鼻孔堵塞妨碍呼吸，病鸡频频摇头、咳嗽、喷嚏。当炎症蔓延

到下呼吸道时，气喘和咳嗽更为显著，并伴有呼吸道啰音。后期，鼻腔和窦中蓄积渗出物，引起眼睑肿胀，病鸡发育不良。成年病鸡很少死亡，幼鸡如无并发症，病死率也低。产蛋鸡感染后，只表现产蛋量下降和孵化率低，雏鸡生活力降低。成年鸡多为隐性感染，造成疾病在鸡群中长期存在。

（5）诊断要点：根据流行病学、症状和病变，可做出初步诊断。确诊需进行血清学检查（平板凝集试验、试管凝集试验等），病原分离困难。

（6）防控措施：要坚持综合性防控措施，建立无支原体病的种鸡群。在引种时，应从无本病的鸡场购买。在种鸡场，收集种蛋前，给种母鸡连续服用恩诺沙星一类的高效抗支原体药物，再结合种蛋的药物（对病原有抑制作用的抗生素溶液）浸泡，或将种蛋在最初 12 ～ 24 小时进行46.1℃（蛋内温度）高温孵化，可大大降低鸡毒支原体经蛋

传递的几率。

预防鸡毒支原体感染，可用乳油剂灭活菌苗，适用于幼龄鸡和产蛋鸡。另外，据报道用鸡毒支原体 F 株和温度敏感突变 S_6 株制备的活疫苗，免疫效果确实。

鸡毒支原体对链霉素、红霉素、泰乐菌素、壮观霉素和利高霉素敏感，临床选用疗效较好。

二、病毒和病毒性传染病的防控

(一)病毒简介

1. 病毒的概念和分类

病毒是一类不具备细胞结构的微生物，仅能在宿主细胞内以复制方式增殖。它有以下几个特点。

(1)病毒颗粒非常微小，只有用电子显微镜放大几万倍甚至更高倍数后，才能观察到，测量病毒大小的常用单位是纳米(1 纳米是千分之一微米)。

(2)病毒颗粒主要由核酸和蛋白质组成，每一种病毒只含一种核酸，或 RNA 或 DNA。近年来发现的朊病毒仅含感染性蛋白，没有核酸。

(3)病毒只有在活的宿主细胞内，利用细胞的酶系统，才能复制出新的子代病毒。

(4)除利福平可抑制痘病毒复制外，其他抗生素对病毒都没有作用，所以用抗菌药物治疗病毒病基本无效。

(5)干扰素可抑制多数病毒的复制，干扰素是由受到病毒感染的细胞合成的，它分泌到细胞外，通过受体，进入邻近健康细胞内，诱导细胞抗病毒蛋白合成，能抑制和干扰病毒的侵袭。

病毒种类繁多，在自然界分布广泛。按感染的对象不同，可将病毒分为动物病毒、植物病毒和细菌病毒(即噬菌体)3 大类。畜禽病毒病是由一部分致病性动物病毒引起的。

2. 病毒的形态和结构

动物病毒颗粒多呈球状或近似球状。病毒颗粒的中心为一团核酸,它含有病毒的基因组及遗传信息。核酸的外周包有蛋白质外壳,称为衣壳。衣壳对病毒内部的核酸具有保护作用。核酸连同衣壳,又称核衣壳。

比较复杂的病毒,在核衣壳外面还包有一层或几层的外膜,称为囊膜。有的囊膜表面有许多呈杆球状的糖蛋白,称为纤突。例如,甲型流感病毒的纤突糖蛋白有两种,即血凝素(HA)和神经酰胺酶(NA),是流感病毒分类的重要指标。囊膜、纤突与病毒的致病性、免疫原性以及对细胞的嗜好性有密切联系。

3. 病毒的抵抗力

一般来说,病毒对外界环境因素的抵抗力要比细菌小。通常干燥难以致死病毒,但能使其感染力变弱。高温易将病毒杀死。低温对病毒无影响,所以常用低温冰箱($-20 \sim -80℃$)或液氮罐($-196℃$)保存病毒。病毒在直射日光下迅速被破坏。紫外线杀灭灭病毒的力量较强。

化学药剂中对病毒最有效的杀灭剂为碱类,如氢氧化钠、氢氧化钾、氢氧化钙和碳酸钠等,故草木灰水可用作口蹄疫病毒等的消毒剂。70%酒精、0.5%石炭酸和重金属盐类如汞化物,均能杀死病毒。甲醛能破坏病毒的核酸使其失去感染性,破坏糖蛋白,但不太影响其抗原性,故常用于制备灭活的病毒疫苗。绝大多数病毒对甘油都能抵抗,所以常用50%甘油生理盐水保存含病毒的病料(在现场采集病理材料运回实验室,常用此办法)。常用的抗菌素如青霉素、链霉素等,对病毒无影响。

4. 病毒的增殖

病毒没有完整的生物合成酶系统,只能依靠宿主活细胞,所以,病毒只能在宿主细胞内以复制的方式增殖。在病毒基因组控制下合成病毒核酸和蛋白质,并装配为成熟的子代病毒,释放到细胞外,再感染其他易感活细胞,病毒的这种增殖方式称为复制。完整的复制周期分为 5 个连续的阶段:吸附、侵入、脱壳、生物合成、装配和释放。

培养病毒必须选用适合病毒生长的活细胞。人工培养病毒的方法有鸡胚培养法、细胞培养法和实验动物培养法等。

鸡胚培养病毒是简单、方便而经济的方法。鸡胚应该是健康的、不含有接种病毒特异抗体的鸡胚,或无特定病原的鸡胚(SPF 鸡胚)。不同种类病毒接种鸡胚的部位也不同,常用的接种部位有绒毛尿囊膜、羊膜囊、尿囊和卵黄囊等。病毒接种后经一定时间培养,常可引起病变,或使鸡胚死亡。用鸡胚培养法可进行病毒分离、鉴定,也可复制大量的病毒,制备抗原或疫苗,但不是所有病毒都能用鸡胚培养(如马传贫病毒、绵羊肺腺瘤病毒等)。

细胞培养法比鸡胚法更经济、效果更好,用途也更广泛,可用于多种病毒的分离、增殖、病毒抗原疫苗制备、中和试验等。用于培养病毒的细胞有原代细胞(用动物的组织直接制备的细胞)、二倍体细胞株(生长的原代细胞继续增殖,染色体和原代细胞一样,还是二倍体)和传代细胞系(在体外可无限增殖的细胞,染色体数目不正常)。常用的细胞培养方法有静止培养法(细胞在培养瓶内,静止放在恒温箱中,在一定条件下培养)和旋转培养法(使培养瓶缓慢旋转,优点是产量高,尤其适合生产疫苗)。

实验动物培养法是一种古老的方法,可用于病毒病原性的测定、疫苗效力试验、疫苗生产、抗血清制造及病毒性传染病的诊断等。实验时选用敏感、适龄、体重合格的实验动物,而且尽量采用无特定病原动物(SPF 动物)或无菌动物。病毒感染增殖可引起实验动物发病或死亡,并出现病理变化。实验动物成本高，个体差异大，又难于管理，所以，许多病毒的培养已由细胞培养法或鸡胚培养法所取代。不过，病毒回归动物，制备实验动物模型，在研究病毒病的发生、防控方面依然有重要价值。

5. 病毒的致病作用

不同种类的病毒感染敏感动物后，其致病作用是不同的。

有的病毒通过在宿主细胞内复制增殖的直接作用，以及机体免疫系统对病毒感染细胞进行免疫应答的间接作用，可对感染细胞、组织和器官造成损伤，破坏其功能，甚至引起急性死亡（如多种动物的肝炎病毒、流感病毒等）。

有的病毒感染动物后，在宿主细胞内复制、增殖缓慢，也不能有效引起免疫系统的免疫应答，因而在细胞内长期持续存在，形成慢性、持续性感染。这类病毒感染，常导致动物发生缓慢的渐进性疾病，直至死亡（如绵羊肺腺瘤病毒、马传贫病毒、疯牛病的朊病毒等）。

（二）猪病毒性传染病的防控

1. 猪瘟

本病由猪瘟病毒引起，是一种急性或慢性的高度接触性传染病。病猪以发病急，高热稽留和毛细血管壁变性，引起全身出血、脾脏边缘梗死为特征。

猪瘟在世界许多国家和地区有不同程度的流行，是世界动物卫生组织规定的必须通报的动物疫病。

（1）病原：病原为猪瘟病毒，是黄病毒科、瘟病毒属的成员。

猪瘟病毒毒力有强弱之分。强毒株引起死亡率高的急性猪瘟，中毒株一般引起亚急性或慢性感染，低毒株可感染胎儿，引起轻微症状或亚临床感染。胚胎时期感染或初生仔猪感染可导致免疫失败甚至死亡。

猪瘟病毒对环境的抵抗力不强,乙醚、氯仿和去氧胆酸盐、2%氢氧化钠等,可很快使病毒失活。60℃作用10分钟,可使病毒失去传染性。在猪粪便中猪瘟病毒于20℃可存活2周,4℃可存活6周以上。

(2)传播途径:病猪和带毒猪是传染源。感染猪在发病前即可从口、鼻及泪腺分泌物、尿和粪中排毒,并延续在整个病程。康复猪体内出现特异抗体后停止排毒。慢性病猪可不断排毒或间歇排毒。感染强毒株后10～20天内大量排出病毒,在猪群中传播快,引起高发病率。低毒株感染后排毒期短。

自然条件下,猪瘟病毒的感染途径是口腔和鼻腔,也可通过眼结膜、生殖道黏膜或皮肤擦伤进入体内。病毒复制的主要部位是扁桃体,经淋巴管进入淋巴结,继续增殖,随即到达外周血液,导致高滴度的病毒血症,病毒扩散到全身脏器。

猪瘟一年四季均可发生,以春、秋较为严重。急性暴发时,先是几头猪发病,往往突然死亡,继而病猪数量不断增多,通常3周后发病趋向缓和,流行缓慢终止。

(3)易感动物:猪是本病唯一的自然宿主和易感动物。

近年来由于大多数集约化养猪场加强了疫苗接种等防御措施,使猪瘟流行形式发生了变化,出现非典型猪瘟(温和型猪瘟)。发病特点为散发,临床症状轻或不明显,死亡率低,病理变化不典型,必须依赖实验室诊断才能确诊。在广大农村及边远地区的散养猪中,由于疏于免疫,仍以典型猪瘟为主。

(4)主要症状:自然感染潜伏期为5～7天,短的2天,长的21天。根据临床症状,可分为急性型、慢性型和迟发性猪瘟3种类型。

①急性型。由猪瘟病毒强毒引起,开始病猪表现呆

滞、弓背、怕冷、低头垂尾，食欲先减退，继而停止采食。病猪体温升高至 41℃ 左右，甚至 42℃ 以上。病猪眼结膜发炎，两眼有多量黏脓性分泌物，严重时眼睑完全被封闭。皮肤充血、出血或出现紫绀，以腹下、鼻端、耳根和四肢内侧等部位为常见。初便秘，随后下痢，有的发生呕吐。少数病猪可发生惊厥，可在几小时内或几天内死亡。随着疾病的发展，可见出现步态不稳、后肢麻痹等神经症状。

剖检病变：以败血症和多发性出血为特征。淋巴结出血，呈大理石样。肾脏被膜和切面均见出血。此外，全身浆膜、黏膜、心、膀胱、胆囊等，均见大小不等的出血斑点。脾脏边缘梗死灶是猪瘟最有诊断意义的病变。

②慢性型。早期，病猪食欲缺乏、精神委顿、体温升高。几周后食欲和一般状况显著改善，体温降至正常或略高于正常。后期，病猪重现食欲缺乏、精神委顿症状，体温再次升高，直至临死前不久才下降。慢性病猪可存活 100 天以上，生长迟缓，常有皮肤损害。

剖检病变：慢性猪瘟的出血和梗死性变化不明显，在回肠末端、盲肠和结肠，常有特征性的坏死和溃疡变化，呈纽扣状。

③迟发性猪瘟。妊娠猪病毒感染，可导致流产、死产、木乃伊胎、畸胎、产出弱仔。胚胎感染低毒力的猪瘟病毒，如产下仔猪，则终生有高水平的病毒血症，但不能产生针对强毒的中和抗体。仔猪在出生后几个月可表现正常，随后发生轻度食欲缺乏、精神沉郁、结膜炎、皮炎、下痢和运动失调。病猪体温正常，大多数能存活 6 个月以上，最终也发生死亡。

（5）诊断要点：典型猪瘟，根据流行病学、临床症状和病理变化可做出诊断。

亚急性、慢性或迟发性猪

瘟,病猪临床症状和病变差异很大,常有其他病原体混合感染,此时需进行实验室诊断。

①检查病毒抗原。扁桃体冰冻切片做直接荧光抗体染色,常用于检查猪瘟病毒抗原。

②检查特异性抗体。用猪瘟病毒抗原包被酶标板,做ELISA,检测相应的猪瘟抗体。

③兔体交互免疫试验。病猪组织悬液用抗生素处理后,接种3只家兔。7天后,经耳静脉注射猪瘟兔化弱毒(它本可使兔产生定型热反应),测温观察4天。如果兔不出现定型热反应,则判为猪瘟阳性(兔体内产生的猪瘟抗体与弱毒相结合,抑制了定型热反应)。

急性猪瘟易与非洲猪瘟、猪繁殖与呼吸综合征、败血型副伤寒、猪丹毒、链球菌病、猪肺疫、弓形虫病和猪嗜血杆菌病等混淆,应进行鉴别。

(6)防控措施:1955年我国研制出了猪瘟兔化弱毒疫苗,为控制和消灭猪瘟做出了巨大贡献。猪瘟活疫苗稀释后,每头猪皮下或肌内注射1毫升,接种4天后产生免疫力,免疫期可持续1年以上。哺乳仔猪产生的免疫力不强,应在断奶后再加强免疫1次。

在已发生猪瘟的猪群或地区,对假定未感染猪群进行疫苗紧急接种,可控制疫情,并使大部分猪获得保护。对疫区周围的猪群进行逐头接种,可形成安全免疫带,有效防止疫情蔓延。

疫苗接种后,应加强对猪群的免疫监测(检测抗体)。群体总保护率在90%以上为良好,小于50%者为免疫无效,此时需加强免疫。

猪瘟免疫失败时有发生,原因可能有以下几种。

第一,猪瘟病毒发生变异,产生了弱毒株。

第二,猪瘟疫苗的免疫程序发生错误,如在母猪妊娠阶段注射猪瘟弱毒苗,可经胎盘引起胚胎感染,但往往不会造成仔猪死亡,而使之成为持续带毒者,从而影响对猪瘟疫苗的免疫应答,抗体水平低下,造成免疫失败。

第三,猪瘟弱毒苗的免疫剂量不足,产生的低水平抗体不能阻止强毒对猪体的感染。

第四,疫苗运输和保存不当,疫苗过期,稀释液不合格。

第五,猪群中存在其他疫病(如蓝耳病、伪狂犬病),损伤和抑制了免疫系统,造成猪瘟的免疫失败。

针对引起猪瘟免疫失败的原因,建议采取以下措施。

第一,要选择合理的免疫方法对猪进行预防接种。

对 20～25 日龄的仔猪进行第 1 次免疫,当 60～65 日龄时再免疫 1 次,第 2 次免疫可用猪瘟、猪丹毒、猪肺疫三联苗。这个方法适用于疫区和种猪场。育肥猪可终生免疫。种猪以后每年还需接种 1 次疫苗。

仔猪生后即注射猪瘟兔化弱毒疫苗,2 小时后再喂初乳。此方法适用于大的猪场。免疫期可达 6 个月。

第二,要严格按照猪瘟疫苗使用说明书的要求,对疫苗进行运输、保管、稀释和使用。现在已经有条件要求运输部门进行"冷链运输",兽医防疫部门、养猪场要用冰箱或冰柜(根据不同疫苗的要求)对疫苗进行保管,稀释猪瘟疫苗要用生理盐水,稀释后的疫苗 4 小时内未用完就应废弃,注射剂量要准确。

第三,加强科学的饲养管理,使用全价猪饲料,搞好猪舍和外环境的卫生,定期驱虫,增强猪的体质,以提高猪的免疫力。

2. 猪繁殖与呼吸综合征

本病是由猪繁殖与呼吸综合征病毒引起的。临床上成年病猪以厌食、发热、怀孕后期发生流产、死胎和木乃伊胎为特征,幼龄仔猪以发生呼吸道症状和大量死亡为特征。

1987 年在美国中西部首

先发现本病,并分离到病毒。其后在加拿大、德国、法国、荷兰、英国、西班牙、比利时、澳大利亚、菲律宾等国发生。我国内地于 1996 年首次在暴发流产的胎儿中分离到一株猪繁殖与呼吸综合征病毒。近年来病毒不断发生变异,养猪业面临严峻的挑战。

(1)病原:猪繁殖与呼吸综合征病毒属于动脉炎病毒科、动脉炎病毒属。

病毒对乙醚和氯仿敏感。在 −70℃可保存 18 个月,4℃可保存 11 个月。37℃加热 48 小时,56℃加热 45 分钟病毒完全失去感染力。

(2)传播途径:病猪和带毒猪是传染源。感染母猪可通过鼻分泌物、粪便、尿等向外排毒。精液中也能分离到病毒。以含有病毒的精液感染母猪,可引起母猪发病。耐过猪可长期带毒并排毒。本病传播迅速,主要经呼吸道感染,也可垂直传播。病毒主要侵害繁殖母猪和仔猪,而育肥猪发病表现较温和。

(3)易感动物:怀孕中后期的母猪和胎儿,对猪繁殖与呼吸综合征病毒最易感。

猪场卫生条件差、饲养密度大、气候恶劣,可促进本病的流行。由于本病可造成严重经济损失,许多国家已禁止从感染地区或猪场引进活猪和公猪的精液。

(4)主要症状:人工感染潜伏期 4～7 天,自然感染一般为 14 天。

母猪病初精神倦怠、厌食、发热,妊娠后期发生早产、流产、产死胎、木乃伊胎及弱仔。在一个猪群这种现象往往持续数周,而后出现重新发情的现象,但常造成母猪不孕或产奶量下降。少数病猪耳部发紫,皮下出现血斑,蓝耳病的病名即来源于此。有的母猪出现肢体麻痹。

仔猪以 2～28 日龄感染后症状明显,死亡率高达 80%,早产仔猪在出生后当时或几天内死亡。大多数新生仔猪表现为呼吸困难、肌肉震颤、后肢麻痹、共济失调、打喷嚏、嗜睡，有的仔猪耳部发紫和躯体末端皮肤发绀。

育成猪双眼肿胀，发生结膜炎和腹泻，并出现肺炎。

公猪感染后表现为呼吸急促、咳嗽、打喷嚏、精神沉郁、食欲缺乏、运动障碍、性欲减弱、精液质量下降、射精量少。

（5）剖检病变：发病仔猪主要病变为间质性肺炎。

（6）诊断要点：根据流行病学、临床症状和病理变化，尤其是母猪妊娠后期发生流产，新生仔猪死亡率高和发生间质性肺炎可做出初步诊断。由于本病不仅与其他许多引起猪繁殖障碍性疾病的症状非常相似，而且极易发生混合感染，因此确诊有赖于实验室诊断，并注意与猪细小病毒病、猪伪狂犬病、猪瘟等相鉴别。

①病毒分离与鉴定。无菌采取病猪的肺、死胎的肠和腹水、胎儿血清、母猪血液、鼻拭子和粪便等，病料经处理后，接种猪肺泡巨噬细胞，培养 5 天后，用免疫过氧化物酶法染色，检查肺泡巨噬细胞中有无病毒抗原。

②检测抗体。进行免疫酶试验，其敏感性和特异性都较好。在标准抗原片上，加待检血清，按规定作用一段时间，再加酶结合物，最后加底物。在各种对照准确的前提下，用显微镜观察，待检血清与病毒感染细胞反应出现棕黄或棕褐色，即为阳性。

此外，反转录-聚合酶链式反应（RT－PCR），已广泛应用于临床检测。

（7）防控措施：

①由于本病可造成严重经济损失，应严格禁止从感染地区或猪场引进活猪和公猪的精液。

②患猪繁殖与呼吸综合征，从恢复期开始产生免疫力，对再次感染该病毒有一定抵抗力，因此在本病流行性区

域进行疫苗接种非常有效。目前国内外已研制成弱毒疫苗和灭活苗。一般认为弱毒疫苗效果较佳，它能保护猪不出现临床症状，但不能阻止强毒感染。

弱毒疫苗使用时应注意的问题：疫苗毒在猪体内能持续数周至数月，接种疫苗猪能散毒致健康猪感染。疫苗毒能跨越胎盘导致胎儿先天性感染。有的疫苗毒株产生保护性抗体较慢，疫苗毒持续在公猪体内可通过精液散毒。成年母猪接种效果较佳，弱毒疫苗使用中还可出现毒力返强，并且几率非常高。因此，弱毒疫苗通常在受污染的猪场使用。弱毒疫菌用法：后备母猪在配种前进行两次免疫，首免在配种前2个月，间隔1个月进行二免。小猪在母源抗体消失前首免，母源抗体消失后进行二免。公猪和妊娠母猪不能接种。

灭活苗比较安全，可以单独使用，或与弱毒疫苗联合使用。

③本病目前尚无特效药物，主要通过改善营养与免疫调控的方法，提高猪的免疫力，同时可采用解热镇痛抗菌消炎药物，控制体温升高和细菌的继发感染。

3. 猪圆环病毒病

本病是由猪圆环病毒引起的猪的一种新传染病。临床上以病型多样，病猪出现严重的免疫抑制，从而引起其他传染病的继发或并发为特征。

该病1991年首次在加拿大暴发，目前，已成为全世界严重危害养猪业的一种疫病。我国于2001年首次发现，当前在猪群中已广泛流行，损失巨大。

（1）病原：猪圆环病毒为圆环病毒科、圆环病毒属成员，无囊膜，不具血凝活性，是迄今发现的最小的动物病毒。有2种血清型，即猪圆环病毒Ⅰ和猪圆环病毒Ⅱ。猪圆环病毒Ⅰ广泛存在于正常猪群及猪源细胞中，对猪的致病性较低,偶尔可引起怀孕母猪的胎儿感染,造成繁殖障碍。猪圆环病毒Ⅱ对猪的危害极大,可引起一系列相关的临床病症。一般消毒剂很难将其杀灭。

(2)传播途径:病猪和带毒猪是传染源。感染猪自鼻液、粪便等排出病毒,经消化道、呼吸道引起其他猪感染。怀孕母猪感染后,可经胎盘垂直传染给仔猪,并导致繁殖障碍。本病发生无明显的季节性。

目前认为,除了猪圆环病毒外,还需其他因素的共同参与,才能导致明显的临床病症。这些因素包括饲养管理不善、猪舍通风不良、温度不适、各种应激、不同来源和日龄的猪混群饲养,以及其他病原的混合感染(如猪细小病毒、猪繁殖与呼吸综合征病毒、链球菌、猪肺炎支原体等)。本病的发病率和死亡率变化很大,其决定于猪群健康状况、饲养管理水平、环境条件及病毒类型。猪圆环病毒Ⅱ主要侵害机体的免疫系统,以及单核-巨噬细胞,可以造成免疫抑制。

(3)易感动物:猪对猪圆环病毒有较强易感性,各种年龄的猪均可感染,但仔猪感染后发病严重。胚胎期或生后早期感染的猪,往往在断奶后才会发病,一般集中在5～18周龄,尤其在6～12周龄最多见。

(4)主要症状:猪圆环病毒感染后潜伏期较长,即便是胚胎期或出生后早期感染,也多在断奶以后才陆续出现临床症状。临床表现多种多样,主要为体质下降、消瘦、贫血、黄疸、生长发育不良、腹泻、呼吸困难、母猪繁殖障碍等。

猪圆环病毒Ⅱ感染可引起以下多种病症:

①断奶仔猪多系统衰弱综合征。通常发生于6～12周龄仔猪,猪圆环病毒Ⅱ是本病的重要病原,但繁殖与呼吸综合征病毒、猪细小病毒、伪

狂犬病病毒等混合感染,可加重危害程度。

患猪表现为精神欠佳、食欲缺乏、体温略偏高、肌肉衰弱无力、下痢、呼吸困难、眼睑水肿、黄疸、贫血、消瘦、生长发育不良,与同龄猪体重相差甚大,皮肤湿疹,全身性淋巴结肿胀,尤其是腹股沟、肠系膜、支气管以及纵隔淋巴结肿胀明显。

剖检病变:可见淋巴结肿大。肺脏外观灰色至褐色,斑驳状,质地似橡皮。脾肿大、坏死、色暗。肾苍白、肿大,有坏死灶。心包炎,胸腔积水并有纤维素性渗出。胃、肠、回盲瓣黏膜有出血、坏死。

②猪皮炎和肾病综合征。通常发生于8～18周龄的猪。本病型除与猪圆环病毒Ⅱ有关外,还与猪繁殖与呼吸综合征病毒、多杀性巴氏杆菌、霉菌毒素等有关。患猪表现皮下水肿,食欲丧失,有时体温上升。病猪通常在3天内死亡,有时可以维持2～3周。

剖检病变:会阴部和四肢皮肤出现红紫色隆起的不规则斑块。肾肿大、苍白,有出血点或坏死点。

③间质性肺炎。此型主要危害6～14周龄的猪,与猪圆环病毒Ⅱ有关,还有其他病原参与。病猪主要表现为生长缓慢、厌食、精神沉郁、发热、咳嗽和呼吸困难。

剖检病变:可见弥漫性间质性肺炎。

④繁殖障碍。猪圆环病毒Ⅰ和猪圆环病毒Ⅱ感染,均可造成繁殖障碍,但以猪圆环病毒Ⅱ引起的繁殖障碍更严重。母猪发情率增加,流产,产木乃伊胎、死胎和弱仔。流产胎儿缺乏特征性的病理变化。

⑤肉芽肿性肠炎。主要发生于40～70日龄的猪,主要表现为腹泻,开始排出黄色粪便,后为黑色,生长迟缓。

(5)诊断要点:根据病猪临床表现、病理变化和病毒抗原检测,进行确诊。在临床实

践中,以断奶仔猪多系统衰弱综合征最为常见。确诊依据是:

①5~12周龄仔猪发病,表现进行性消瘦、行动迟缓、呼吸困难、生长发育不良等,发病率5%~30%。

②淋巴结异常肿大,肺脏肿大,坚硬似橡皮样。

③病毒抗原检测阳性。

(6)防控措施:应采取全进全出的饲养管理制度,对发病猪群全部淘汰。加强环境消毒,减少仔猪应激,做好伪狂犬、猪繁殖与呼吸综合征、细小病毒病、喘气病、传染性胸膜肺炎等其他疫病的综合防治等。

目前国内已有疫苗,用于本病的免疫预防。如江苏南农高科技股份有限公司生产的猪圆环病毒Ⅱ型灭活疫苗(SH株),14~21日龄仔猪肌内接种1次,每头2毫升,免疫期为6个月。

定期在饲料中添加抗生素类药物,如支原净、金霉素、阿莫西林等,对预防本病或降低发病率有一定作用。

4. 猪伪狂犬病

本病由伪狂犬病病毒引起,是猪的一种急性传染病。临床上病猪以体温升高,可出现神经症状为特征,有时状似狂犬病。

本病广泛分布于世界各国,近年报道,猪、牛及绵羊发病逐年增加。我国猪的感染和发病也呈扩散蔓延之势。

(1)病原:伪狂犬病病毒属于疱疹病毒科、α-疱疹病毒亚科、猪疱疹病毒Ⅰ型。

伪狂犬病病毒只有一个血清型,但毒株间毒力存在差异。病毒对外界抵抗力较强,pH为4~9时保持稳定,在污染的猪舍能存活1个多月,在肉中可存活1周以上。一般常用的消毒剂对其都有效。

(2)传播途径:病猪、带毒猪以及带毒鼠类为传染源。健康猪与病猪、带毒猪直接接触可被感染。主要经消化道、呼吸道、皮肤创口及配种等途径传播。妊娠母猪发病后，可通过垂直传播造成胎儿感染。乳猪可因吃奶而感染本病。哺乳仔猪日龄越小，发病率和病死率越高，断乳后的仔猪多不发病。

（3）易感动物：几乎所有的哺乳动物及鸟类均可感染本病，其中，猪最敏感，发病也最严重。

（4）主要症状：潜伏期一般为 3～6 天，短者 36 小时，长的达 10 天。

2 周龄以内哺乳仔猪发病初期表现为发热、呕吐、下痢、厌食、精神不振，有的眼球上翻，视力减退，呼吸困难，呈腹式呼吸，继而出现神经症状，发抖，共济失调，后躯麻痹，做前进或后退转动，倒地后四肢划动。常伴有癫痫样发作或昏睡，触摸时肌肉抽搐，最后衰竭而死亡，病死率可达 100%。

3～4 周龄猪主要症状同上，但病程略长，多便秘，病死率可达 40%～60%。部分耐过猪常有后遗症，如偏瘫和发育受阻。

2 月龄以上猪，症状轻微或呈隐性感染，表现为一过性发热，咳嗽，便秘，有的病猪呕吐，多在 3～4 天恢复。如出现体温继续升高，病猪可能出现神经症状，如震颤、共济失调，倒地后四肢痉挛等。

妊娠母猪表现为咳嗽、发热、精神不振。随后发生流产，产出木乃伊胎、死胎和弱仔。这些弱仔 1～2 天内出现呕吐和腹泻，运动失调，痉挛，角弓反张，通常在 24～36 小时内死亡。

（5）剖检病变：成年猪常为隐性感染。妊娠母猪发病可引起流产、死胎，流产胎儿的脑和臀部皮肤有出血点，肾和心肌出血，肝和脾有灰白色坏死灶。公猪则常发生睾丸肿胀和萎缩。如有神经症状，见脑膜充血、出血和水肿，脑脊液增多。

（6）诊断要点：根据临床症状及流行病学特点，可做出初步诊断。确诊需进行实验室检查,包括检查病毒抗原(免疫酶组织化学法)、血清学方法(E 糖蛋白酶联免疫吸附试验)。

本病应与李氏杆菌病、猪脑脊髓炎、狂犬病等相区别。

(7)防控措施:本病主要通过病猪传播,也可以通过带毒鼠传播。猪场应把好引种关,防止从有病地区引进猪。消灭养猪场的鼠类,对预防本病有重要意义。

本病尚无有效药物治疗,紧急情况下可用高免血清治疗,可降低死亡率。

免疫接种是预防和控制本病的主要措施。目前,猪伪狂犬病弱毒苗、灭活苗和基因缺失苗都已研制成功,在流行地区应用,能有效减缓猪感染后的临床症状,降低病的发生,减少经济损失。一般无本病猪场禁用疫苗,免疫接种最好使用灭活苗。

5. 猪细小病毒病

本病由猪细小病毒引起。临床上以感染母猪出现繁殖障碍,特别是初产母猪产出死胎、畸形胎、木乃伊胎、病仔猪,流产,而母猪本身无明显临床症状为特征。

我国于 1982 年首次分离到病毒。目前,本病已成为危害我国养猪业的重要疫病之一。

(1)病原:猪细小病毒属于细小病毒科、细小病毒属。

猪细小病毒只有一个血清型,但按照毒力可分为强毒株和弱毒株。病毒耐热性强,56℃加热 48 小时,80℃加热 5 分钟才失去感染力。

(2)传播途径:病猪和带毒猪是主要传染源。主要通过呼吸道和消化道感染。病毒可通过胎盘传给胎儿,感染母猪所产死胎、仔猪及子宫分泌物中均含病毒。感染公猪的精液中可分离出病毒,配种时能传给易感母猪。

本病常见于初产母猪,一般呈散发或地方性流行。一旦发生本病后,猪场可能连续几年出现母猪繁殖障碍。本病对胎儿的危害程度与胎龄有关，如母猪怀孕早期感染时，胎猪死亡率可高达80%～100%。

（3）易感动物：猪易感，不同年龄、性别的家猪和野猪都可感染。

（4）主要症状：母猪怀孕30～50天感染，主要是产木乃伊胎；怀孕50～70天感染，多出现死胎或流产；母猪在怀孕中后期感染，病毒可经胎盘感染胎儿，但此时胎儿多存活而无明显的症状。

本病还可引起母猪产弱仔，发情不正常，屡配不孕，以及早产或预产期推迟等。本病对公猪的性欲或受精率无明显影响。

（5）剖检病变：母猪子宫内膜有轻微炎症，胎盘有部分钙化，胎儿被溶解、吸收。感染胎儿出现充血、水肿、出血、体腔积液、木乃伊化等变化。

（6）诊断要点：养猪场发生流产、死胎、胎儿发育异常等情况，但母猪没有明显的临床症状，应考虑到本病的可能性。确诊需依靠实验室检验，如病毒的分离鉴定及血清学诊断。

可引起母猪繁殖障碍的原因很多，如饲养条件突变、饲料霉变及感染多种传染病（猪伪狂犬病、猪乙型脑炎、猪繁殖与呼吸综合征、猪布鲁菌病）等，临床上应加以鉴别。

（7）防控措施：严防带毒猪进入猪场。在引进猪时应加强检疫（用血凝抑制试验）。引进猪应隔离饲养2周，再进行1次血凝抑制试验检测抗体，结果阴性方可与本场猪混饲。

一旦发病，应将发病母猪、仔猪隔离或淘汰。对猪场环境、用具严密消毒，并用血清学方法对全群猪进行检查，对阳性猪隔离或淘汰，以防疫情扩大。

免疫接种是预防本病的主要措施，常用的有弱毒疫苗和灭活疫苗。灭活疫苗效果较好,同时可避免弱毒疫苗病毒毒力返强的危险。目前国内有两种灭活疫苗,即氢氧化铝灭活疫苗和灭活油佐剂疫苗,主要用于初产后备母猪的免疫接种。一般在后备母猪配种前 1 个月免疫两次,间隔 2 周,可取得良好预防效果。灭活苗免疫期可达 4 个月以上。仔猪的母源抗体可持续 14～24 周,可抵抗猪细小病毒感染。

6. 猪水疱病

本病由猪水疱病病毒引起,是猪的一种急性接触性传染病。临床上以蹄部、口鼻黏膜、乳头周围皮肤等发生水疱为特征,与口蹄疫极为相似,但只发生于猪,对牛、羊等家畜无致病性。

(1)病原:猪水疱病病毒属于小核糖核酸病毒科、肠道病毒属。

猪水疱病病毒对冷冻和干燥环境具有一定抵抗力。病毒在污染的猪舍内存活 8 周以上,病猪的肌肉、皮肤、肾脏,保存于－20℃经 11 个月,仍有感染力。病猪肉腌制后 3 个月,还可检出病毒。3%氢氧化钠溶液在 33℃ 条件下,24 小时能杀死水疱皮中病毒,1%过氧乙酸 60 分钟可杀死病毒。通常用甲醛加氧化剂,于 25℃ 左右熏蒸密闭的猪舍,24 小时可以达到消毒的目的。

(2)传播途径:病猪、带毒猪是传染源,可通过粪、尿、水疱液、奶排出病毒。病毒可通过破损皮肤、黏膜及消化道感染健康猪。接触被病毒污染的饲料、垫草、用具、运输工具,也可造成本病的传播。带毒母猪可经胎盘垂直传播,造成新生仔猪死亡。一年四季均有发生,传染性强,发病率高,常呈地方性流行。

(3)易感动物:本病仅发生于猪,不分年龄、性别、品种均可感染。

(4)主要症状:自然感染潜伏期一般为 2～5 天,有的延至 7～8 天或更长。本病流行性强,发病率高。

临床上可分以下几种:

①典型水疱病。水疱常见于主趾和附趾的蹄冠上。发病 36～48 小时,水疱明显凸出,里面充满水疱液,很快破裂。破后形成溃疡,真皮暴露,颜色鲜红。部分猪的病变部位因继发细菌感染而化脓,甚至出现蹄壳脱落。病猪跛行,有的呈犬坐式或躺卧在地上,严重者用膝部爬行。水疱也见于鼻盘、舌、唇和母猪乳头上。仔猪多在鼻盘发生水疱,体温升高达40～42℃,水疱破裂后体温下降至正常。病猪精神沉郁,食欲减退或停食,育肥猪显著掉膘。一般如无其他并发病,常不引起死亡(初生仔猪可造成死亡)。病猪康复较快,病愈 2 周后创面可痊愈,如蹄壳脱落,则需长时间才能恢复。

②温和型水疱病。猪群中只有少数猪出现水疱,疫病传播缓慢,症状轻微,往往不容易被察觉。

③亚临床型水疱病。猪群未出现临床症状,但可在血液中检测到高滴度的中和抗体。水疱病发生后,约有 2%的猪可能出现中枢神经系统机能紊乱,表现为用鼻摩擦、咬猪舍用具、眼球转动以及向前冲、转圈运动等,有的发生强直性痉挛。

(5)剖检病变:特征性病变是在猪的蹄部、鼻盘、唇、舌面、乳房出现水疱。水疱破裂、水疱皮脱落后,创面出血和形成溃疡。

(6)诊断要点:猪水疱病和口蹄疫、猪水疱性疹、猪水疱性口炎等,在临床上不易区别。确诊依靠实验室诊断,包括病毒的分离鉴定、血清学检查(琼脂凝胶免疫扩散试验等)。

(7)防控措施:控制本病最重要的措施是防止将病猪带到非疫区。在收购和调运时,应逐头猪进行检疫,确保安全。

一旦发现疫情,立即向主

管部门报告,按"早、快、严、小"的原则,实行隔离封锁。对疫区和受威胁区的猪只,可采用被动免疫(注射高免血清)或疫苗接种。对转运牲畜及畜产品的交通工具应彻底消毒。

用猪水疱病高免血清(或康复猪的血清)进行紧急治疗,对控制疫情扩散,减少发病率可起一定作用。

预防接种可用猪水疱病猪肾传代细胞活疫苗、猪水疱病细胞毒灭活疫苗。健康断奶仔猪、架子猪、育肥猪,肌内注射 2 毫升,免疫保护期 6 个月以上。

环境及猪舍要进行严格消毒,常用于本病的消毒剂有过氧乙酸、菌毒敌(原名农乐)、氨水和次氯酸钠等,以二氯异氰尿酸钠为主剂的复方含氯制品"抗毒威"、"强力消毒灵"等,消毒效果也很好。

(三)牛、羊病毒性传染病的防控

1. 口蹄疫

本病由口蹄疫病毒引起,偶蹄动物发生,是一种呈急性、热性、高度接触性的传染病。临床上以口腔黏膜、蹄部和乳房皮肤发生水疱和溃烂为特征。被世界动物卫生组织列为 A 类传染病,我国农业部列为一类传染病。

(1)病原:口蹄疫病毒属于微核糖核酸病毒科、口蹄疫病毒属。

病毒高度变异,目前已知有 7 个主型,即 A、O、C、南非Ⅰ、南非Ⅱ、南非Ⅲ和亚洲Ⅰ型,多种亚型。我国流行的主要为 O、A 和亚洲Ⅰ型。各主型之间几乎没有交互免疫保护力,在同型内的亚型之间有部分交叉免疫原性。

口蹄疫病毒对外界环境的抵抗力较强,耐干燥。在污染的环境和物品中存活数周甚至数月,在 −70℃可保存数年。高温对口蹄疫病毒有杀灭作用,60℃处理 15 分钟可灭活,85～100℃很快死亡,阳光直射下 60 分钟即可被杀死。病毒对常用的消毒剂敏感，2％～4％氢氧化钠、3％～5％甲醛溶液、0.2％～0.5％过氧乙酸等，均有良好的杀灭作用。

（2）传播途径：患病动物是主要的传染源，病畜的水疱、唾液、乳汁、粪便、尿液、精液等分泌物和排泄物，含大量病毒，可污染周围环境和物品。病毒除通过直接接触传播外，也可通过污染的空气、灰尘、饲料、草场、饮水和水源、交通运输工具、饲养管理用具以及接触过病畜的人员的衣物传播。

需要注意的是：病毒能随风散播到50～100千米以外的地方，传播速度快，造成本病远距离跳跃式传播，即从一个点、一个地区，迅速传播到另一个点、另一个地区。流行快、传播广、发病急、危害大，每次流行都造成严重的经济损失。

发病没有严格的季节性，但一般冬、春季较易发生大流行，夏季减缓或平息。在大群饲养的猪舍，本病并无明显的季节性。

（3）易感动物：口蹄疫病毒侵害多种动物，但主要为偶蹄兽。家畜以牛易感，其次是猪，再次为绵羊、山羊和骆驼。幼龄动物较老龄者易感性高。仔猪和犊牛不但易感而且死亡率也高。野牛、黄羊、鹿、麝和野猪等野生动物也可感染发病。

（4）主要症状：

①牛。病牛精神沉郁，闭口，流涎，体温可升高到40～41℃，1～2天后，在唇内面、齿龈、舌面和颊部黏膜发生蚕豆大至核桃大的水疱，口温升高。此时口角流涎增多，呈白色泡沫状，常常挂满嘴边，采食、反刍完全停止。水疱约经一昼夜破裂形成红色糜烂，水疱破裂后，体温降至正常，糜烂逐渐愈合，体况逐渐好转。

在口腔发生水疱的同时或稍后，趾间及蹄冠的柔软皮肤上红肿、疼痛，迅速发生水疱,并很快破溃、糜烂,或干燥结成硬痂,然后逐渐愈合。若发生细菌感染,可出现化脓、坏死,病牛站立不稳,跛行,甚至蹄匣脱落。

有时乳头皮肤也可出现水疱,很快破裂形成烂斑,泌乳量减少,甚至泌乳停止。

一般取良性经过,约经1周即可痊愈。如果蹄部出现病变,则病程可延至2～3周或更久。病死率很低,一般不超过1%～3%。在个别情况下,病牛的病情有时可突然恶化。病牛全身虚弱、肌肉发抖,特别是心跳加快、节律失调、反刍停止、食欲废绝、行走摇摆、站立不稳,因心力衰竭而突然倒地死亡。这种病型称为恶性口蹄疫,病死率高达20%～30%,主要是因病毒侵害心肌所致。

哺乳犊牛患病时,水疱症状不明显,主要表现为出血性肠炎和心肌炎,病死率可高达70%以上。病愈牛可获得1年左右的免疫力。

②羊。潜伏期1周左右,病状与牛大致相同,但感染率较牛低。山羊多见弥漫性口膜炎,水疱发生于硬腭和舌面。羔羊有时可见出血性胃肠炎,常因心肌炎而死亡。

③猪。潜伏期1～2天,病猪以蹄部水疱为主要特征,病初体温升高至40～41℃,精神不振,食欲减少或废绝。口黏膜(包括舌、唇、齿龈、咽、腭)形成小水疱或糜烂。蹄冠、蹄叉、蹄踵等部出现局部发红、微热等症状,不久逐渐形成米粒大至蚕豆大的水疱,水疱破裂后形成糜烂。如无细菌感染,1周左右痊愈;如有继发感染,严重者蹄壳脱落,出现跛行或卧地不起。病猪鼻镜、乳房也常见到烂斑,尤其是哺乳母猪,乳头上的皮肤病灶较为常见。妊娠母猪可流产。吃奶仔猪发病通常表现急性胃肠炎和心肌炎而突然死亡,病死率可达60%～80%。病程稍长的,也可见口腔及鼻面上有水疱和糜烂。

（5）诊断要点：口蹄疫具有传播速度快、急性经过等特点，主要侵害偶蹄兽，患病动物口腔黏膜和蹄部出现水疱、溃疡，一般为良性转归。典型的口蹄疫根据以上症状，可做初步诊断。确诊需送国家参考实验室进行（微量补体结合试验、查毒试验、液相阻断-酶联免疫吸附试验、RT－PCR等）。

（6）防控措施：

①平时的预防措施。加强饲养管理，提高动物抗病能力，保持畜舍的清洁卫生，及时清除粪便和尿液等排泄物，并定期进行消毒。

加强口蹄疫检疫制度，严禁从有疫病的国家或地区引进牛等易感动物，预防疫病的传入。

定期进行免疫接种，提高动物特异性免疫力。在疫区用与当地流行的相同血清型、亚型的疫苗进行免疫接种。目前，我国使用的疫苗主要有口蹄疫 O 型、A 型活疫苗，牛 O 型口蹄疫灭活疫苗，猪 O 型口蹄疫灭活疫苗，免疫期都为 6 个月。

②发病后控制措施。尽快确诊，并及时报告疫情，封锁疫区，严禁疫区内人、动物、车辆及所有污染物品的运出，同时对畜舍、用具及污染的场所进行严格消毒。对排泄物、被污染饲料、垫料、污水等，进行无害化处理。无害化处理可以选择深埋、焚烧等方法，饲料、粪便也可堆积发酵。消毒粪便可用 5％氨水，畜舍、场地和用具用 2％～4％烧碱液、10％ 石灰乳、0.2％ ～ 0.5％过氧乙酸喷洒消毒。

疫区周围设警示标志，在出入疫区的交通路口设置消毒站，禁止疫区内的动物及其产品向外流动，严格施行车辆、人员及货物的出入消毒制度。

口蹄疫确诊病例和同群畜要扑杀、焚烧、深埋。

在紧急情况下，可应用口蹄疫高免血清（或康复动物血清)进行被动免疫。对疫区和受威胁区内的健康家畜进行紧急接种,在受威胁地区的周围建立免疫带,以防疫情扩展(选用与当地流行毒株相同型、亚型的灭活疫苗)。

动物发病时,严禁治疗,应采取扑杀措施。在最后1头病畜死亡或急宰后3个月,再无疫情发生,并进行彻底终末消毒后,方可解除疫区封锁。

2. 牛病毒性腹泻(黏膜病)

牛病毒性腹泻,又称黏膜病,由牛病毒性腹泻病毒引起。临床上以腹泻、黏膜病、持续感染以及母畜流产为特征。

目前,该病在世界范围内广泛分布,我国已有20多个省(区、市)有发病报告,给养殖业造成巨大的经济损失。

(1)病原:牛病毒性腹泻病毒,是黄病毒科、瘟病毒属的成员,有囊膜,病毒粒子呈圆形。

病毒对外界环境的抵抗力较弱,常用消毒药能很快将其杀死。对高温敏感,56℃很快被灭活。在低温条件下较稳定,−70℃可保存多年。

本病毒与猪瘟病毒为同属病毒,存在抗原相关性,有血清学交叉反应。

(2)传播途径:患病动物和带毒动物是传染源。主要通过消化道和呼吸道感染,也可通过胎盘感染胎儿。

本病常年发生,通常多发于冬末和春季。

(3)易感动物:本病主要发生于牛,不同品种、性别、年龄的牛都易感本病,但以6~8月龄的小牛症状最重。封闭饲养的肉用牛群发病时往往呈暴发式,也可引起猪、羊、鹿、骆驼等多种动物感染发病。

(4)主要症状:临床上分为急性和慢性两型。

①急性型。急性病牛腹泻是特征性症状,常见于幼龄牛,发病率、病死率较高。一

般发病突然,体温升高至 40~42℃,持续 4~7 天。病牛精神沉郁,厌食,反刍停止,鼻、眼有浆液性分泌物,一般发病后 2~3 天鼻分泌物转变为黏液-脓性分泌物。唇、舌、齿龈、硬腭和口腔黏膜上出现溃疡和糜烂,舌面上皮坏死,流涎增多,呼出气恶臭。

在口腔内损害之后,常发生严重腹泻,并伴有较明显的腹痛症状。开始腹泻以后带有黏液和血,可持续 1~3 周。有的病牛可发生蹄叶炎,严重者趾间皮肤糜烂坏死,出现跛行。急性病例通常多死于发病后 1~2 周,年龄越小死亡越快,少数病程可拖延 1 个月。

②慢性型。慢性病牛很少有明显的发热。病牛被毛粗乱、逆立、无光泽,眼角有浆液分泌物,有的角膜混浊,最主要的症状是鼻镜上有成片的糜烂。病牛常发生蹄冠炎,趾间皮肤糜烂、坏死,跛行明显。皮肤通常为皮屑状,在鬐甲、颈部及耳后最明显。有的出现间歇性腹泻(也有的不出现腹泻),病程较长。多数病牛死于 2~6 个月,有些可拖延到 1 年以上。

妊娠母牛发病常出现流产,或产下有先天性缺陷的犊牛。最常见的是小脑发育不全,表现为轻度共济失调,不能协调和站立,有的失明。

(5)诊断要点:在本病严重暴发流行时,可根据发病史、症状及病变,做出初步诊断。确诊需进行病毒分离鉴定及血清学检查(如微量血清中和试验等)。

(6)防控措施:

①平时的防控规范。加强饲养管理,搞好环境卫生,定期进行消毒。

加强口岸、运输检疫,从国外引进种牛、种羊、种猪,或国内进行牛只调拨、交易时,都要做好检疫工作,防止本病的传入和蔓延。

免疫接种,常用疫苗有弱毒疫苗和灭活疫苗两种。可用弱毒疫苗对断奶前后数周内牛进行预防接种。对受威胁较大的牛群应每隔3～5年接种1次,育成母牛和种公牛于配种前再接种1次,多数牛可获得较好的免疫效果。活苗不稳定,可能引起胎儿感染,所以使用弱毒疫苗时应慎重。灭活疫苗安全,但必须多次免疫才获得较好的免疫效果。

② 发病后的控制措施。首先要消除传染源,对病牛隔离治疗或淘汰。

患病动物排出的分泌物、排泄物带有大量病毒,因此,对其污染的环境要进行严格消毒。对动物尸体采取无害化处理。

对患病动物可使用抗生素和磺胺类药物治疗,目的是预防控制细菌感染。

3. 蓝舌病

本病由蓝舌病病毒引起,多以昆虫作为传播媒介。绵羊多发,临床上以发热,口、鼻和胃黏膜有溃疡性炎症变化为特征。蓝舌病被世界动物卫生组织列为 A 类传染病,我国农业部定为一类动物传染病。

我国 1979 年首次确认本病的存在,目前在许多省(区、市)都有分布。

(1)病原:蓝舌病病毒属于呼肠孤病毒科、环状病毒属。

已知病毒有 24 个血清型,各型之间无交互免疫力。病毒对外界环境的抵抗力较强,对乙醚、氯仿、0.1%去氧胆酸钠有耐受力。在干燥的血液、血清和腐败的肉、下水中,可长期生存。蓝舌病病毒可被 3%氢氧化钠、过氧乙酸灭活。在 60℃条件下处理 30分钟,失去感染性。

(2)传播途径:发病动物、隐性感染动物是传染源。病毒主要存在于病畜的红细胞内,可通过库蠓传递。库蠓吸吮病畜带毒血液后,病毒在虫体内增殖,当再叮咬绵羊和牛时,即可发生传染,绵羊虱蝇也能机械传播本病。

发病公牛的精液排毒，可通过交配和人工授精传染给母牛。病畜与健畜直接接触一般不传染，但是胎儿在母畜子宫内可被感染。

本病的发生具有季节性，主要与库蠓的分布和生活史有密切关系。通常发生于5月至10月，多发生于池塘、河流较多的低洼地区。

（3）易感动物：绵羊不分品种、性别和年龄，都易感，但以1岁左右的绵羊最易感。牛和山羊的易感性较低，野生动物中鹿和羚羊易感性较高。

（4）主要症状：病羊体温升高达40.5～41.5℃，稽留2～6天，个别病例可能更长，高温稽留后体温降至正常。病羊消瘦、衰弱，跛行，可持续5～6天。出现厌食，精神委顿，流涎，口唇水肿，严重病例水肿可蔓延到面部、眼睑、耳以及颈部和腋下。典型病例口腔黏膜充血，呈紫色，发病后期，口腔发生糜烂，渗出血液，吞咽困难，呈现出蓝舌病特征症状。鼻腔流出炎性分泌物，鼻孔周围结痂，引起呼吸困难和鼾声。有的病例，其蹄冠、蹄叶发炎，严重的卧地不动。有的便秘或腹泻。病程一般为6～14天。如有肺炎或胃肠炎伴发，病死率升高。怀孕母羊感染可发生流产、胎儿脑积水或先天性小脑发育畸形。

山羊的症状与绵羊相似，但一般比较轻微。

牛通常缺乏症状，少数病例出现运动不灵、跛行等症状。

（5）诊断要点：根据典型症状、病理变化和流行病学特点，可做出初步诊断，确诊需做实验室检查。

①病毒分离。可采取病羊抗凝血、脏器（肝、脾、肾、淋巴结）、精液、库蠓等作为病料，用鸡胚进行病毒的分离，用荧光抗体法进行鉴定。

②抗体检查。可做蓝舌病微量血清中和试验，检测血

清抗体。聚合酶链反应等分子生物学诊断方法也用于病毒的分型鉴定。

(6)防控措施：

①无病地区的防控措施。加强口岸检疫和运输检疫，严禁从有本病的国家和地区引进动物。切实搞好冷冻精液的管理，严防用带毒精液进行人工授精。

加强防虫、杀虫措施，若邻近疫区地带，避免在媒介昆虫活跃期放牧，防止吸血昆虫对易感动物的侵袭。

选择高地放牧，尽量避免在低洼潮湿地区放牧和留宿，以减少感染的机会。

②流行地区或发病后的防控措施。发现本病，应采取紧急、强制性的防控措施，扑杀所有感染动物，严格消毒环境。疫区及受威胁区的动物，进行紧急预防接种，避免疫情扩散。

疫苗有弱毒活疫苗、灭活疫苗、亚单位疫苗等。本病流行地区，在每年发病前1个月进行免疫接种。需要注意的是：蓝舌病病毒血清型较多，不同型之间无交叉免疫，因此在接种前应确定当地流行的病毒的血清型，选用相同血清型的疫苗，方能收到满意的免疫效果。在实际工作中，以弱毒活疫苗应用较多。

对病羊应加强营养，精心护理，给予易消化的饲料。及时采取对症治疗措施，口腔用清水、食醋或0.1%的高锰酸钾液冲洗；蹄部可先用0.1%的高锰酸钾或3%来苏儿洗涤，涂磺胺类药物或抗生素，避免继发感染，加速康复过程。

4. 疯牛病

疯牛病，即牛海绵状脑病，由朊病毒引起，是一种慢性、进行性、致死性神经系统疾病。临床上以病牛大脑灰质呈现海绵状病变，引起大脑功能退化为特征。

1985年本病首次在英国发现，以后迅速在全世界养牛国家蔓延。目前已传播到整个欧洲、美洲。最近几年,亚洲也发现该病,日本和韩国已相继报道有确诊病例。

疯牛病不仅对养牛业造成严重损失,而且可通过食物链感染人类,引发人类的恐慌。

(1)病原:本病病原为朊病毒,不含核酸,是一种特殊的有致病力的糖蛋白。

朊病毒的抵抗力很强,对热、辐射、酸碱和常规消毒剂有很强的抵抗力。病畜脑组织匀浆经 $134\sim138℃$ 高温 1 小时,仍有感染力,加热 $180℃$ 1 小时仍有部分感染力,病畜组织在 $10\%\sim20\%$ 甲醛中浸泡几个月仍有感染性。

朊病毒感染,不引起免疫反应,因而用一般的免疫学方法难以检出。

(2)传播途径:一般认为病牛和发生痒病的羊可能是传染源,因为它们都带有朊病毒。当病羊、病牛组织被当作饲料添加剂(在加工中病原未被彻底杀灭)喂养健康牛时,可通过消化道引起健牛感染。

(3)易感动物:疯牛病是一种人畜共患病,宿主范围较广。牛的发病一般与性别、品种及遗传因素无关。除牛以外,羊、猪、羚羊、狒、猴、鹿、猫、狗、水貂、小鼠等也可感染,人长时间摄入用含毒材料制作的食物也可被感染。

(4)主要症状:本病的潜伏期长,一般 $2\sim8$ 年,因此在临床上以 $3\sim5$ 岁的奶牛发病多见。发病初期一般没有明显的症状,随着疾病的发展,多数病牛表现出中枢神经系统的症状,常见烦躁不安,行为反常,对声音和触摸(尤其是对头部触摸)极度敏感,常表现出攻击行为。病牛步态不稳,难以站立,经常乱踢、摔倒、抽搐,少数病牛可见头部和肩部肌肉颤抖和抽搐。后期出现强直性痉挛,粪便坚硬,产奶量下降。病程一般为半个月至几个月。临床症状一旦出现,呈进行性发展,病牛以死亡告终。

(5)诊断要点:该病至今尚无血清学诊断方法。主要依据流行病学、临床症状进行初步诊断。确诊需用实验室方法,包括病理切片检查、免疫组织化学诊断等方法。

(6)防控措施:为了控制疯牛病,在有本病流行的国家主要采取扑杀和销毁患牛,禁止在牛饲料中添加反刍动物蛋白(如肉骨粉等),严禁病牛产品进入市场流通,严禁销售病牛肉、内脏下水等方法。

我国尚未发现疯牛病,但仍有传入的危险,不可掉以轻心。应采取以下预防措施:

①加强口岸检疫和邮检工作,严禁携带和邮寄牛肉及其产品入境(特别是从有疫情的国家)。

②禁止从有疯牛病的国家进口动物性饲料产品。

③禁止使用同种动物原性蛋白饲料喂养同种动物,对于肉骨粉等添加剂的加工、生产,必须加以规范化,包括蒸

气高温、高压消毒。

④建立全国性的疯牛病监测系统,对疯牛病采取强制性检疫和报告制度,与有关国际组织和国家建立情报交换关系,防止疯牛病在我国出现。

⑤发现可疑病例,应立即屠宰,并取脑相应部位做病理学检查,一旦符合疯牛病的诊断标准,应对其接触牛群全部处死,尸体焚毁、深埋(至少3米)。

5. 绵羊肺腺瘤

绵羊肺腺瘤由肺腺瘤病毒引起,是绵羊的一种慢性肺脏肿瘤病。临床上以咳嗽、呼吸困难、消瘦、流大量鼻液为特征,又称驱羊病。

世界上多数养羊业发达国家和地区都有该病流行,我国内蒙古、新疆、甘肃等地也有发病报告。

(1)病原:绵羊肺腺瘤病毒,属反转录病毒科、乙型反转录病毒属。病毒不易在体外培养,只能用病料经鼻、气

管接种易感绵羊。

该病毒抵抗力不强,对氯仿和酸性环境敏感,普通消毒剂即可将其杀死,56℃加热30分钟可使其灭活。

(2)传播途径:病羊是本病的传染源,主要经呼吸道传播,尤其在气喘或咳嗽时,病毒随唾液或气流散布在空气中,邻近的羊只吸入即可造成传染。寒冷季节羊病情严重。国内本病分布多与患病种羊的调运路线相一致。

(3)易感动物:不同品种、性别和年龄的绵羊均能发病,良种羊,如美利奴羊的易感性较高,以3~5岁的发病较多,山羊也可感染。

(4)主要症状:潜伏期为3~6个月,呈散发或多发性流行。感染初期,不易发现异常,当剧烈运动或长途驱赶时,病羊呼吸加快,头伸直,鼻孔扩张。患病后期,绵羊在低头时从鼻孔里可流出大量液体,机体呈现衰竭、消瘦、贫血。病程长短不一,几个月或数年。病羊体温正常。感染羊死亡率几近100%。

(5)剖检病变:病羊的肺脏比正常大2~3倍。在肺尖叶、心叶和膈叶的下部,可见大量灰白-浅黄褐色结节。在气道中充满清亮的泡沫性的液体。

(6)诊断要点:根据本病的流行特点、临床症状、病理变化,特别是病理组织学检查,可做出诊断。一些分子生物学方法,已用于本病的诊断,如检测绵羊肺腺瘤病毒的环介导等温扩增法(LAMP法)。

(7)防控措施:本病目前尚无有效疫苗和治疗方法,因此在确诊后,对病羊要隔离捕杀,最好将全部羊及时淘汰,以彻底消除传染源。在非疫区,应加强饲养管理,改善环境卫生,严禁从疫区引进绵羊和山羊。对已引进的羊只要严格检疫,经隔离观察一段时间并进行详细的临床检查后,方可混群。

6. 牛传染性鼻气管炎

本病由牛传染性鼻气管炎病毒引起，是牛的一种急性、热性呼吸道传染病。临床上以高热、呼吸困难和上呼吸道炎症为特征。

本病目前在世界范围内流行。我国1980年从新西兰进口奶牛时首次发现该病，目前大部分省（区、市）各种牛群中均有存在，且呈上升趋势，对乳牛的产奶量、公牛的繁殖力造成了严重危害。

（1）病原：牛传染性鼻气管炎病毒，又称牛疱疹病毒Ⅰ型，是疱疹病毒α亚科、水痘病毒属的成员。病毒粒子呈球形，只有一个血清型。病毒可潜伏在被感染动物的三叉神经节和腰荐神经节内，当遇到应激因素或动物免疫力下降时，潜伏病毒活化，引起感染。

病毒对温度敏感，56℃经20分钟灭活，22℃可存活5天。在低温条件下较稳定，−70℃保存的病毒可存活数年。常用消毒剂，如0.5％氢氧化钠、1％漂白粉、1％酚类及5％甲醛溶液，能很快灭活病毒。

（2）传播途径：病牛和带毒牛是传染源，鼻液、泪液、阴道分泌物长期带毒。主要通过呼吸道传播，易感牛吸入被污染的空气、尘埃、飞沫即可感染。种公牛如精液带毒，也可经交配传播。病毒可通过胎盘侵入胎儿，引起流产。吸血昆虫也能传播本病。

（3）易感动物：本病主要感染牛，尤以肉用牛较为多见，其次是奶牛。肉用牛群的发病率有时高达75％，其中又以20～60日龄的犊牛最为易感。病死率也较高。

（4）主要症状：本病可表现为以下多种类型。

①呼吸道感染型。通常于每年较冷的月份出现。病情轻者表现轻微，一般察觉不到临床症状，重病时体温可达42℃，精神沉郁，厌食。发病初期鼻腔有大量浆液性分泌

物,后变为黏液脓性分泌物,鼻黏膜高度充血、溃疡和坏死,鼻镜上出现干的坏死痂。病牛鼻窦及鼻镜发炎、变红,所以本病俗称"红鼻子"。病牛咳嗽、呼吸音粗粝,出现呼吸困难、张口呼吸,呼出气有恶臭。如咽喉发炎,病牛伸颈,并伴有咽下障碍,采食的饲草料渣或饮水有时从鼻孔逆出。常伴发结膜炎而流泪,有时可见带血稀便,乳牛产奶量受到严重影响。重型病例数小时即可死亡,多数病程在10天以上。

②生殖道感染型。病牛初期发热,精神沉郁,无食欲。尿频,有痛感。病情轻者表现外阴部发生轻度肿胀,外阴部有少量黏稠分泌物,表面散布白色小脓疱,阴道黏膜轻度充血,阴道壁上附着淡黄色渗出物。病重母牛表现严重不安和痛苦,频频排尿,阴户肿胀,排出黏稠渗出液,黏膜潮红,上有圆形脓包,一般经10～14天痊愈。

公牛感染后表现精神沉郁、不食。有的不表现临床症状,有的生殖道黏膜轻度充血,一般1～2天后消退。严重病例表现发热,包皮、阴茎上发生脓疱、水肿,如无细菌感染,一般出现症状后两周开始恢复。

③脑膜脑炎型。主要发生于3～6个月的犊牛,发病率低,但死亡率高。病犊体温升高达40℃以上,表现共济失调,先沉郁,后兴奋、惊厥,口吐白沫,最终倒地,角弓反张,磨牙,四肢划动。

④眼炎型。可伴随呼吸道感染型一同出现,也可单独出现。主要症状是结膜角膜炎,表现结膜充血、水肿,并可形成粒状灰色的坏死膜,角膜轻度混浊,大量流泪,但不出现溃疡,眼、鼻流浆液脓性分泌物。

⑤流产型。妊娠母牛感染可导致流产。流产可发生在任何时期,但多数发生在妊娠的第6个月至第8个月。

流产后胎衣一般不滞留。呼吸道感染型和生殖道感染型的病牛,都可发生流产。

(5)诊断要点:根据流行病学特点、临床症状、病理变化,可做出初步诊断。确诊要做病毒分离鉴定和血清学检查(微量血清中和试验、ELISA 等)。

本病应与牛流行热、牛病毒性腹泻(黏膜病)和牛蓝舌病等相区别。牛流行热由吸血昆虫传播,常为流行性或大流行,病牛有口炎、流涎症状,发病率高,死亡率低。牛病毒性腹泻(黏膜病)多见于冬季,1 岁左右牛最敏感,可因蹄部皮肤发炎而出现跛行症状。蓝舌病,由吸血昆虫传播,病牛高热稽留,口腔糜烂,蹄部可出现炎症变化,温暖季节低湿地区多发。

(6)防控措施:目前有弱毒疫苗、灭活疫苗和亚单位苗,可供预防使用。使用疫苗并不能阻止野毒感染,也不能阻止潜伏病毒的持续性感染,因此采取综合性预防措施是防制本病的有效的途径。

①平时的预防措施。加强饲养管理,加强兽医防疫工作,定期进行疫病检疫,预防疫病的发生与传播。

加强口岸和运输检疫,严禁从有本病的国家和地区引进牛。从国外引进的牛,必须按照规定进行隔离观察和血清学试验,证明未被感染方准入境。

加强冷冻精液的管理以及检疫制度,避免通过人工授精而传播疾病。

②发病后的控制措施。发病时,应立即隔离病牛,可用广谱抗生素防止细菌性继发感染,再配合对症治疗,以减少死亡。

对污染的环境和饲养用具进行严格消毒。

由于本病尚无有效的治疗药物,并且病毒一旦入侵可导致牛群持续感染,因此,应借鉴国外的经验,采用敏感检测方法检出阳性牛,并予以扑杀,这是目前根除本病的唯一有效办法。

7.羊传染性脓疱

本病由传染性脓疱病毒引起,是一种急性、高度接触性的人畜共患病。主要侵害绵羊和山羊。

世界上几乎所有养羊的国家和地区都有发生。目前我国吉林等地本病有蔓延的趋势。

(1)病原:传染性脓疱病毒又称口疮病毒,属于痘病毒科、副痘病毒属。病毒所有毒株均属于同一血清型。

病毒对外界环境具有较强的抵抗力,尤其是对干燥有极高的耐受力。在干燥的痂皮中,病毒可存活几个月甚至几年,在地面上经过秋、冬两季,来年春季仍有传染性。对高温较为敏感,60℃加热30分钟或煮沸3分钟,可使其灭活。2%甲醛浸泡20分钟,紫外线照射10分钟,均能使病毒灭活。

(2)传播途径:病羊和带毒羊是传染源,唾液和脱落的痂皮含有大量病毒,可引起饮水、饲料、圈舍和牧场污染,通过皮肤或黏膜的擦伤造成其他羊感染。自然感染,主要因购入病羊或带毒羊而致。由于病毒抵抗力较强,本病在羊群中可连续为害多年。

(3)易感动物:本病只危害绵羊和山羊,且以1～3月龄羔羊发病最多。本病的发生无性别和品种的差异,并常为群发性流行。

(4)主要症状:人工感染潜伏期为2～7天,自然感染为4～7天。一年四季均可发生,但最常发生于初春或春末夏初。以在病羊口、唇、舌、鼻、乳房等部位的皮肤和黏膜上形成丘疹、水疱、脓疱、溃疡和结成厚痂为特征。羔羊最为敏感,常引起群体发病,尤其是饲养密集的羊群。

在临床上分为3型,也偶见混合型。

①唇型。最常见。首先在病羊口角或上唇,有时在鼻

镜上发生散在的小红点,很快即形成麻子大小的小结节,继而形成水疱或脓疱。脓疱破溃后,为黄色或棕色的疣状硬痂。若为良性经过时,这种痂垢逐渐扩大、加厚、干燥,在 1～2 周内脱落并恢复正常。严重时,患部继续发生丘疹、水疱。脓疱、痂垢,并互相融合,波及整个口唇周围及颜面、眼睑和耳郭等部,形成大面积龟裂、易出血的污秽痂垢,严重影响采食,病羊日趋衰弱而死亡。病程可长达 2～3 周。同时常有细菌继发感染,引起深部组织的化脓和坏死。

通过病羔羊的传染,母羊的乳头皮肤也可出现相似的病变。

②蹄型。仅侵害绵羊,多单独发生。常在蹄叉、蹄冠或系部皮肤上形成水疱或脓疱,破裂后形成溃疡。如有继发感染,则化脓坏死性变化可波及深部或蹄部。病羊表现为跛行,喜卧,有的还可在肺、肝和乳房中发生转移性病灶,严重者因衰弱或败血症而死亡。

③外阴型。较少见。母羊有黏性和脓性阴道分泌物,在阴唇和附近皮肤上有溃疡,乳房和乳头的皮肤上发生脓疱、烂斑和痂垢。公羊阴茎肿胀,阴茎上出现小脓疱和溃疡。单纯的外阴型病例很少死亡。

（5）诊断要点：根据临床症状及流行情况,可做出初步诊断。确诊可采用分离培养病毒,或对病料进行负染做电镜观察等方法诊断,还可用血清学方法诊断。

本病应注意与羊痘、坏死杆菌病、蓝舌病等进行鉴别诊断。羊痘病羊出现全身性的丘疹,且体温升高,全身反应严重,丘疹节结为扁平、圆形、凸出表面,且其界限明显,后呈脐状。坏死杆菌病主要表现为组织坏死,无水疱、脓疱病变。蓝舌病病变主要出现于口角部,有时可延伸到口腔黏膜,有严重的全身反应,死亡率高,由库蠓传播,发病有严格的季节性。

(6)防控措施:不要从疫区引进羊只和购买其产品。如必须购入羊时,应隔离检疫2～3周,进行详细检查,同时应将蹄部彻底清洗和进行多次消毒。

发病时,应对全部羊只进行检查,发现病羊立即隔离治疗,并用2%氢氧化钠溶液、10%石灰乳或20%草木灰水对用具和羊舍进行彻底消毒。

病羊治疗应及早开始。对唇型和外阴型病羊,可先用0.1%～0.2%高锰酸钾溶液冲洗创面,再涂以2%龙胆紫、5%碘酊甘油或5%土霉素软膏,每天2～3次。对蹄型病羊,可将病蹄在5%甲醛中浸泡1分钟,必要时每周重复1次,连续3次,或每隔2～3天用3%龙胆紫、1%苦味酸或10%硫酸锌酒精溶液重复涂擦,土霉素软膏也有疗效。为防止继发感染,必要时可应用抗生素或磺胺类药物。

应用免疫血清作紧急预防和治疗,也有较好的疗效。

在本病流行地区,可使用羊传染性脓疱性皮炎活疫苗进行免疫接种。在羊股内侧,划痕接种,剂量为0.2毫升,免疫期3～5个月。

本病主要通过创伤感染,平时应注意保护羊的皮肤和黏膜。幼羔口腔黏膜娇嫩,特别在出牙时易受伤,因此饲料和垫草中的芒刺、硬物应尽量拣出。另外,加喂适量食盐,可减少羊因啃土而造成的皮肤和黏膜损伤。

8. 绵羊痘

绵羊痘是痘病的一种,痘病由痘病毒引起,是多种家畜、家禽和人类的一种急性、热性、接触性传染病。

绵羊痘是各种家畜痘病中危害最重的一种。临床上以皮肤和黏膜发生痘疹,出现典型的斑疹、丘疹、水疱、脓疱和结痂等病理过程为特征。

(1)病原:绵羊痘病毒和山羊痘病毒,属于痘病毒科、脊椎动物痘病毒亚科、山羊痘病毒属。病毒呈砖形或椭圆形。

病毒对外界抵抗力较强，在干燥的痂块中可以存活几年。病毒对乙醚和氯仿敏感。

（2）传播途径：病羊以及病愈后带毒的羊是传染源。病毒主要存在于病羊皮肤、黏膜的痘疹中，主要经呼吸道感染，也可通过损伤的皮肤或黏膜感染。污染的护理用具、皮毛、饲料、垫草和外寄生虫等，都可成为传播媒介。

本病常发生于冬末春初，多为散发或地方性流行。气候严寒、饲草缺乏和饲养管理不良等因素，都可促使发病和病情加重。

（3）易感动物：不同品种、性别、年龄的绵羊都有易感性，以细毛羊最为易感，羔羊比成年羊易感，病死率也高。妊娠母羊易引起流产，因此在产羔前流行羊痘可招致很大损失。

（4）主要症状：潜伏期为6～8天。病羊体温升高，可达41～42℃，食欲减退，精神不振，结膜潮红，有浆液、黏液或脓性分泌物从鼻孔流出，呼吸和脉搏增速，1～4天后开始发痘。痘疹多出现于皮肤无毛或少毛部位，如眼周围、唇、鼻、乳房、外生殖器、四肢和尾内侧。开始为红斑，1～2天后形成丘疹，突出皮肤表面，随后丘疹逐渐扩大，变成灰白色或淡红色半球状的隆起结节。结节在几天之内变成水疱，水疱内容物起初稀薄，后变成脓性。如果无继发感染则在几天内干燥成棕色痂块，痂块脱落后，痂皮下有新的组织生长而逐渐愈合。

（5）剖检病变：皮肤和黏膜上发生痘疹，可见到典型的斑疹、丘疹、水疱、脓疱和结痂等病理过程。胃黏膜上有大小不等的圆形或半球形的结节，单个或融合存在，有的还形成糜烂或溃疡。

有些病例可见痘疱内出血，呈黑色痘。还有的病例痘疱发生化脓和坏疽,形成较深的溃疡,并发出恶臭,常为恶性经过,病死率高达 20%～50%。

(6)诊断要点:典型病例根据临床症状、病理变化和流行情况,可做出确诊。对非典型病例,则需进行实验室检查。

取丘疹组织进行涂片,做特殊染色(莫洛佐夫镀银染色法)后镜检,如在胞浆内见到深褐色圆形小颗粒(原生小体),即可确诊。也可进行动物接种试验,先将家兔或豚鼠的皮肤划痕,然后在其上接种可疑痘疹的浸液,36～72 小时后,皮肤上出现特异性痘疹,角膜出现混浊。经上述染色、镜检,可见角膜细胞内有原生小体。

此外,病毒中和试验、间接免疫荧光试验等,也用于本病的检测。

(7)防控措施:平时加强饲养管理,抓好秋膘,特别是冬春两季适当补饲,注意防寒过冬。

对本病常发地区的羊群,每年定期预防接种。用羊痘鸡胚化弱毒疫苗,不论羊只大小,一律在尾部或股内侧皮内注射疫苗 0.5 毫升,注射后 4～6 天产生可靠的免疫力,免疫期可持续 1 年。对已发病的羊群,应立即隔离病羊,对尚未发病的羊或邻近受威胁的羊群,应进行紧急疫苗接种。病死羊的尸体应深埋,如需剥皮利用,注意搞好消毒,防止病毒扩散。

高免血清有一定防治作用,预防量成年羊每只 5～10毫升,小羊 2.5～5 毫升,治疗量加倍,皮下注射。

治疗尚无特效药物,常采取对症治疗等综合性措施。发生痘疹后,局部可用 0.1%高锰酸钾溶液洗涤,擦干后涂抹紫药水或碘甘油等。抗菌药物对痘无效,但能防止继发感染,可根据实际情况合理选用。

（四）犬、猫病毒性传染病的防控

1. 犬瘟热

犬瘟热是由犬瘟热病毒引起的犬等肉食动物的一种高度传染性的疫病，以双相热、急性鼻卡他、支气管炎、肺炎、胃肠炎和神经症状为特征。

本病分布于全世界，1980年我国首次分离出病毒，目前我国各地常有发生。

（1）病原：本病病原为犬瘟热病毒，属于副黏病毒科、麻疹病毒属。本病毒抵抗力不强，对紫外线、乙醚、氯仿、热和干燥敏感，50～60℃加热30分钟灭活。常用消毒药如3％甲醛、5％石炭酸溶液、3％苛性钠等，对病毒都有良好的消毒作用。病毒在－70℃可存活数年，冻干可长期保存。

（2）传播途径：病犬、带毒犬和其他带毒动物是传染源。病毒可经鼻、眼分泌物、唾液、尿及粪便中排出，主要经呼吸道、消化道、眼结膜传染，也可经胎盘垂直传播。本病多发生于寒冷季节，传染性很强。

（3）易感动物：犬最易感，貂、雪貂、狼等多种肉食动物也可感染。不同年龄、性别和品种的犬都可感染，以3～12月龄的幼犬易感性最高，2岁以上的犬发病率逐渐降低。

（4）主要症状：潜伏期一般3～5天，少数长达30～90天。

病犬精神委顿，食欲缺乏。发热，约持续2天后降至常温，2～3天后再次发热并持续数周，即所谓的双相热（体温两次升高）。眼鼻流出浆液或黏液性分泌物，有时混有血丝。常有支气管炎和肺炎症状，呼吸困难。病犬常见呕吐，严重病例腹泻，粪便恶臭，混有黏液和血液。病后期可排水样便，呈暗黑色或草绿色。

有些病犬出现神经症状，表现为癫痫、共济失调、转圈运动、反射异常、颈部强直、肌肉痉挛、咬肌颤动等，这类病犬多死亡。

幼犬常出现心肌炎，引起急性死亡，有的发生双目失明。少数幼犬可在下腹部、股内侧和外耳道等处，发生水泡性-脓疱性皮疹。

妊娠母犬感染本病，可发生流产、死胎，仔犬成活率下降。急性病程2周或稍长。慢性病例病程较长，症状不太典型。有的病例鼻镜和脚垫表皮角质层增生，俗称"角化病"。

（5）剖检病变：本病缺乏特征性病变，多数病例见呼吸道、眼结膜呈卡他性或化脓性炎症。

组织学检查，可在多种组织细胞中发现核内和胞浆内嗜酸性包涵体。

（6）诊断要点：根据流行病学、症状及病变特点可怀疑本病，确诊需进行实验室检查。生前采取鼻、舌、结膜刮取物，死后采取膀胱、肾盂、胆囊黏膜刮取物，涂片染色镜检，如检查到包涵体，有助于确诊；其他还包括病毒分离鉴定、血清学检查（荧光抗体技术、酶标抗体技术和中和试验）、分子诊断技术（RT－PCR和核酸探针技术）等。

（7）防控措施：

①平时的预防措施。疫苗接种主要有犬瘟热鸡胚细胞弱毒苗，犬瘟热、犬传染性肝炎和犬细小病毒病三联苗，犬瘟热、犬传染性肝炎、犬细小病毒病、犬副流感病毒感染和狂犬病五联苗等，常规免疫程序是9周龄时首免，15周龄时二免，以后每年加强免疫1次。母犬在配种前加强免疫1次，可使仔犬从初乳中获得较充足的母源抗体。

②发病后的控制措施。发现病犬，应及时隔离，尽早治疗，其他健康犬紧急接种疫苗。目前尚未有特效疗法，可注射高免血清或纯化的免疫球蛋白，对症治疗，给予抗菌药物，以防细菌继发感染。随时消毒犬舍和污染环境，对病死犬进行无害化处理。

2. 狂犬病

狂犬病俗称"疯狗病",是由狂犬病毒引起的人及多种动物共患的一种急性传染病。临床上以神经系统兴奋和意识障碍,继之发生麻痹、死亡为特征。

本病在世界多数国家仍有不同程度的发生,但重点流行地区是亚洲,以东南亚国家为主,严重威胁人类的健康和生命安全。

(1)病原:狂犬病毒为弹状病毒科、狂犬病毒属的成员。狂犬病毒在 56℃ 条件下经 15~30 分钟,或 100℃ 条件下经 2 分钟可被灭活。病毒能抵抗自溶及腐败,在自溶的脑组织中可保持活力 7~10 天。在 50% 甘油缓冲溶液保存的感染脑组织中,病毒至少存活 1 个月,在 4℃ 以下低温可保存数月之久,在冷冻或冻干状态下可长期保存病毒。

(2)传播途径:患病及无症状的带毒犬和其他动物,是本病的传染源。病毒主要经唾液排出。已证明潜伏期的病畜可排毒。患狂犬病的犬是使人感染的主要传染源,其次是猫,也有外貌健康而携带病毒的动物可起传染源的作用。本病主要经咬伤而感染,但动物和人都有经呼吸道、消化道和胎盘感染的病例,值得注意。

(3)易感动物:狂犬病毒可感染人和多种动物,犬科动物更易感,犬最易感。蝙蝠是病毒的重要储主(带毒但不发病,排出的病毒对易感动物保有感染力)之一,已在多种蝙蝠体内分离到狂犬病毒。

(4)主要症状:潜伏期一般为 2~8 周,最短 8 天,最长可达 1 年以上。

①犬疾病分为 3 个发展时期。

A. 前驱期(沉郁期):此期 0.5~2 天。病犬精神沉郁,常躲在暗处,不愿和人接近,不听主人呼唤,性情反常,有异嗜现象。喉头轻度麻痹,唾液分泌增多。性欲亢进,咬伤处发痒,后期吞咽困难。

B. 兴奋期（狂暴期）：此期2～4天。表现为高度兴奋，攻击人畜，狂暴不安，或沉郁，斜视，惶恐，自咬四肢、尾及阴部，常在野外游荡。随着病势发展，出现意识障碍、反射紊乱、显著消瘦、叫声嘶哑、下颌麻痹、流涎、吞咽困难。

C. 麻痹期：此期1～2天。麻痹急剧加重，下颌下垂，舌脱于口外，流涎显著。不久四肢和后躯麻痹，卧地不起，最后因呼吸中枢麻痹和全身衰竭而死。

通常犬的整个病程为6～8天，一旦出现症状，病死率几乎达100%。

上述为典型的狂犬病经过，称为狂暴型狂犬病。少数病例兴奋期短，很快转入麻痹期，病程2～4天，称为麻痹型狂犬病。

②猫。症状与犬相似，但病程较短，一般在出现症状后2～4天死亡。见攻击行为，也见麻痹症状。

③牛。前驱期精神沉郁，食欲下降，行为异常。不久进入兴奋期，表现狂暴不安、攻击人畜、碰撞墙壁、嚎叫磨牙、流涎、叫声嘶哑、咬伤部奇痒，期间有沉郁间歇。麻痹期的病牛，肢体麻痹，卧地不起，很快死亡。病程3～4天。

④人。人患狂犬病，多因被病犬或带毒犬咬伤所致。临床表现头痛、乏力、恶心、呕吐。咬伤处发痒并有蚁走感。瞳孔散大、多泪、流涎、出汗，见到水表现恐惧，故名"恐水症"。病人时而表现恐怖和忧虑，时而出现狂躁，失去自制，常在发病后3～4天死亡。

（5）剖检病变：病犬外观病变不明显，尸体消瘦，多有咬伤及外伤，胃内空虚或有异物，胃肠黏膜、大脑及脑膜充血、出血。

（6）组织学检查，在中枢神经细胞（特别是海马角）和唾液腺细胞的胞浆内，可发现典型的嗜酸性包涵体（内格里小体）。

诊断要点：根据临床症

状、病理变化及流行病学特点，可做出初步诊断。确诊需做进一步的实验室检查，采取病犬的大脑海马角或唾液腺，制作触片或切片，染色镜检，如查到典型的内格里小体，可做出确诊。用以上病料，采用荧光抗体检测病毒，可做出快速诊断。其他方法还有中和试验、补体结合试验等，以脑或唾液腺等作为病料，分离病毒是最可靠的诊断方法，但耗时较久。

（7）防控措施：

①平时的预防措施。在城乡，应控制养犬的数量，对饲养的各类犬均应严加管理，进行免疫接种。我国目前应用的疫苗，主要是狂犬病弱毒细胞冻干苗和犬五联苗。要坚决消灭野犬。对接触犬机会多的人员，应提前接种人用疫苗。

②紧急防治措施。人一旦不慎被病犬或疑似病犬咬伤，应迅速用 20% 软肥皂水冲洗伤处，并用 3%～5% 碘酊处理伤口，之后及早接种人用疫苗。有条件时，可用抗狂犬病免疫血清或人源抗狂犬病免疫球蛋白，围绕伤口周围作浸润注射，效果更佳。坚决扑杀病犬和疑似病犬。

3. 犬细小病毒感染

犬细小病毒感染是由犬细小病毒引起的一种急性犬传染病。临床上以出血性肠炎或非化脓性心肌炎为特征，多发生于幼犬。

本病 1978 年首次发现于澳大利亚和加拿大，此后世界各国相继有发病报告。我国于 1982 年证实有此病，在各地的警犬和良种犬中陆续发生和蔓延，并已分离得到多株病毒。

（1）病原：本病病原为犬细小病毒，是细小病毒科、细小病毒属的成员。病毒对外界环境具有较强的抵抗力，在室温下能存活 3 个月，在 60℃ 条件下能活 1 小时。对甲醛、β-丙内酯、羟胺和紫外线敏感，能使病毒灭活，但对氯仿、乙醚等有机溶剂不敏感。

(2)传播途径:感染犬和康复期带毒犬是本病的传染源。病犬从粪便、尿液、唾液和呕吐物中排毒,而康复犬可能从粪、尿中长期排毒,污染饲料、饮水、垫草、食具和周围环境,主要经消化道感染。

本病的发生无明显的季节性,一般在寒冷季节多发。气温骤变,环境拥挤,卫生水平差和并发感染,可加重病情和提高病死率。

(3)易感动物:犬是本病主要的自然宿主,其他犬科动物,如丛林犬、鬣狗、郊狼和食蟹狐等,也可感染。不同品种、性别、年龄的犬都有易感性,但以幼犬的易感性更高,断乳前后的仔犬易感性最高,其发病率和病死率都高于其他年龄组,多以同窝暴发为特征。3~4周龄犬感染后多表现为急性致死性心肌炎,8~10周龄的犬则以肠炎为主,小于4周龄的仔犬和大于5岁龄的老犬发病率低。

(4)主要症状:本病在临床上分为肠炎型和心肌炎型。

①肠炎型。潜伏期1~2周,多见于青年犬。病犬精神沉郁,食欲废绝,体温升到40℃以上。先突发呕吐,后出现腹泻。粪便先黄色或灰黄色,覆以多量黏液和伪膜(由纤维素等病理产物形成,附着在粪便表面,呈灰白色),接着排出带有血液、呈番茄汁样的稀粪,恶臭难闻。病犬迅速脱水,因急性衰竭而死。也有些病犬只表现间歇性腹泻或仅排出软便。成年犬发病一般不发热。病程短的4~5天,长的1周以上。

白细胞数减少具有特征性,尤其在病初的4~5天内,可降低到每微升500~2 000个。

②心肌炎型。多见于8周龄以下的幼犬,常突然发病,数小时内死亡。感染犬精神、食欲正常,偶见呕吐,或有轻度腹泻和体温升高;或有严

重呼吸困难,持续 20～30 分钟,脉快而弱,可视黏膜苍白,听诊心律不齐。该型病死率高,只有极少数轻症病例可能治愈。

(5)剖检病变:

①肠炎型。病死犬脱水,可视黏膜苍白,腹腔积液,病变主要见于小肠中后段。浆膜暗红色,浆膜下充血、出血、黏膜坏死、脱落、绒毛萎缩。肠腔扩张,内容物水样,混有血液和黏液。肠系膜淋巴结充血、出血、肿胀。

病理组织学检查,后段空肠、回肠黏膜上皮变性、坏死、脱落,在变性或尚完整的上皮细胞内可见核内包涵体。

②心肌炎型。肺水肿,局部充血、出血,肺表面色彩斑驳。心脏扩张,心房和心室内有瘀血块。

病理组织学检查,心肌纤维变性、坏死,受损的心肌细胞中常有核内包涵体。

(6)诊断要点:根据流行病学、临床症状和病理变化,可做出初步诊断,确诊需进行实验室检查。

①包涵体检查。可采取小肠后段和心肌制作病理切片,镜检肠上皮和心肌细胞是否存在核内包涵体。

②病毒检查。用电镜检查病犬粪便材料,可发现大小均一的直径 20～22 纳米的圆形和六边形散在的病毒粒子,也可用原代或次代犬胎肾细胞或猫胎肾细胞,进行病毒的分离、鉴定。

③血清学检查。常用血凝试验(HA)和血凝抑制试验(HI)来检测血清或粪便中的抗体,也可用荧光抗体试验、ELISA 及免疫扩散试验等诊断本病。

(7)防控措施:

①平时的预防措施。养犬要坚持自繁自养,引进犬时应加强检疫。

搞好免疫接种是最重要的预防措施,预防本病的疫苗有同源的和异源的灭活苗和弱毒苗两类。异源苗是指猫泛白细胞减少症灭活苗或弱毒苗。现在国外多倾向使用犬细小病毒灭活苗或弱毒苗。国内已研制成功,有多家生物制品厂生产单苗、二联苗(犬细小病毒病和传染性肝炎)、三联苗(犬瘟热、犬细小病毒病和犬传染性肝炎)和五联苗(犬瘟热、犬细小病毒病、犬传染性肝炎、狂犬病和犬副流感)。一般幼犬于7～8周龄首免,灭活苗接种2次,间隔2～3周弱毒苗接种1次,以后每年加强免疫1次。母犬则在产前3～4周免疫接种。

②发病后的控制措施。发现病犬后,立即隔离饲养和治疗,心肌炎型病例转归不良。对肠炎型病例,应采用对症疗法、支持疗法和防止继发感染等治疗措施,可能获得痊愈或好转。及时、大量、快速、多途径补液,结合抗菌、解毒、抗休克、对症等疗法,可较快解除症状和缩短病程,降低病死率。如有条件可使用抗血清治疗,效果可靠。在护理上

要注意病初应禁食1～2天,恢复期应控制饮食,给予稀软易消化的食物,少量多次,逐渐恢复到正常饮食。

同时,应对其余健康犬进行紧急接种疫苗,随时消毒污染环境和用具,病死犬做无害化处理。

4. 犬传染性肝炎

犬传染性肝炎是由犬腺病毒Ⅰ型引起犬的一种急性传染病。临床上以发热、凝血障碍、肝炎为特征。

本病最早发现于1947年,目前已分布于全世界。我国于1983年发现此病,1984年分离到犬传染性肝炎病毒。

(1)病原:病原为犬传染性肝炎病毒,是腺病毒科、哺乳动物腺病毒属的成员。

病毒的抵抗力强,在污染物上能存活10～14天,37℃可存活2～9天,60℃条件下3～5分钟被灭活,冻干可长期保,对乙醚和氯仿有耐受性。苯酚、碘酊及烧碱是常用的有效消毒剂。

(2)传播途径:病犬及带毒犬是主要传染源。在急性期,病毒分布于病犬的全身各组织,通过分泌物和排泄物排出体外,污染周围环境。病愈犬仍带毒,并从尿中排毒达6～9个月之久。通过直接与间接接触,经消化道传染易感动物,也可经胎盘感染胎儿。体外寄生虫可能也传播本病,本病可发生于任何季节。

(3)易感动物:犬和狐(银狐、红狐)对本病易感性高,山狗、浣熊、黑熊也有易感性。任何品种、年龄、性别犬都可感染,发病常见于1岁以内的幼犬,尤以刚断奶的小犬最易发病。幼犬的病死率高。

(4)主要症状:潜伏期为3～9天。病犬体温升高到40～41℃,持续1天。然后降至接近常温,经1天左右,接着又第二次体温升高,呈所谓"马鞍形"体温曲线,心搏增强,呼吸加速。病犬食欲缺乏,渴欲增加,常见呕吐、腹泻和眼、鼻流浆性分泌物。病犬黏膜苍白,有时牙龈有出血斑,扁桃体常急性发炎肿大,常发生腹痛(剑状软骨部位)和呻吟。某些病例头颈和下腹部水肿,病犬血液不易凝结,如有出血,往往流血不止,出血时间较长的病犬,往往转归不良。

上述急性症状消失后7～10天,约有20%康复犬的一眼(偶尔双眼)呈暂时性角膜混浊(眼色素层炎),称为"肝炎性蓝眼病"。

病程一般2～14天,大多在2周内康复或死亡。幼犬患病时,常于1～2天内突然死亡,如耐过48小时,多康复。成年犬多能耐过,产生坚强的免疫力。

体温上升的早期,血液学检查可见白细胞减数,红细胞沉降率加快。

(5)剖检病变:常见血样腹水,暴露于空气常可凝固。肝稍肿大,被膜紧张,胆囊黑红色,胆囊壁水肿、增厚、出血,有纤维蛋白沉着。

组织学检查,肝实质呈不同程度的变性、坏死,窦状隙瘀血,肝细胞、库普弗细胞,以及胆管、支气管、肾小管上皮细胞见核内包涵体,呈圆形或椭圆形。

(6)诊断要点:根据流行病学、临床症状和剖检病变、包涵体检查,可做出初步诊断。确诊主要依靠病毒分离、鉴定和血清学试验。

①病毒分离。生前用发热初期血液、扁桃体拭子和尿液,死亡动物则取肝、脾等病料,经处理后,接种犬肾原代和继代细胞、易感幼犬或仔狐眼前房。细胞病变在接种后30小时至六七天出现,并可检出包涵体,眼前房接种者可见角膜混浊,产生包涵体。

②血清学试验。用荧光抗体法检查扁桃体涂片可提供早期诊断,也可采取发病初期和其后14天的双份血清进行凝集抑制试验。此外,补体结合反应、琼扩试验等,也可用于诊断。

(7)防控措施:

①平时的预防措施。主要是搞好免疫接种。使用的疫苗有甲醛灭活苗和弱毒苗2类。由于弱毒苗比灭活苗的免疫期长,效果可靠,所以当前多用弱毒苗。犬一般于9周龄初免,接种后14天即可产生免疫力,15周龄二免,以后每半年加强免疫1次。也可用犬瘟热、犬传染性肝炎和犬细小病毒病三联苗进行免疫。

②发病后的控制措施。发现病犬,立即隔离、治疗。治疗多采用综合性措施,早期用抗血清或康复犬的全血、血清、血浆或丙种球蛋白治疗,以抑制病毒繁殖和扩散。用含5%水解乳蛋白的5%葡萄糖盐水输液,用抗菌药物防止并发或继发感染。成犬患眼炎时可用疱疹净点眼剂进行治疗。

5. 犬副流感病毒感染

犬副流感病毒感染是犬一种主要的呼吸道传染病。

临床上以发热、咳嗽、流出大量不透明黏液性鼻分泌物为特征。

世界上所有养犬的国家几乎都有本病流行，特别是新购入的犬常呈暴发性呼吸道感染。

（1）病原：本病的病原是犬副流感病毒，为副黏病毒科、副黏病毒属的成员。

本病毒对热不稳定，在酸、碱溶液中易破坏，在中性溶液中较稳定，对乙醚敏感。病毒各毒株间抗原性基本一致，但致病性略有不同，例如猿猴副流感病毒 V 型与副流感病毒 Ⅱ 型抗原性相关，与腮腺炎病毒间也有密切的抗原关系。

（2）传播途径：急性期病犬是主要的传染源。病毒存在于患犬的鼻黏膜、气管和肺，咽、扁桃体、咽后淋巴结也含有低滴度的病毒。自然感染途径主要是呼吸道。人工用本病毒通过气溶胶感染和直接接触感染，可引起幼犬产生呼吸道症状，肌肉和皮下接种不能引起呼吸道感染，经膀胱接种可引起膀胱炎。此病在犬群中呈突然暴发、迅速传播的趋势。

（3）易感动物：不同品种、性别、年龄的犬都可感染，幼龄犬病情较重。

（4）主要症状：潜伏期较短，为 3～5 天。

病犬主要表现为突然发热，抑郁，厌食。出现呼吸道症状，有大量脓性鼻分泌物，咳嗽、呼吸困难。当与支气管波氏菌合并感染时，临床表现剧烈干咳（但很少为痰咳），成窝犬咳嗽，多发肺炎、结膜炎，眼有大量分泌物；病程 3 周以上，成年犬患病后症状较轻，大部分病犬可完全恢复。11～12 周龄幼犬的死亡率较高。

（5）剖检病变：鼻孔周围有脓性鼻分泌物，可见结膜炎、气管炎、支气管炎和肺炎。有神经症状的犬可见急性脑脊髓炎和脑积水。

（6）诊断要点：根据流行病学、临床症状和剖检变化，可做出初步诊断。确诊主要依靠病毒分离（用犬肾细胞）和血清学检查（血清中和试验、血凝抑制试验等）。

（7）防控措施：加强犬群饲养管理，新购入犬要进行隔离检疫。为预防本病，应定期免疫接种犬瘟热、犬传染性肝炎、犬细小病毒病、犬副流感病毒感染和狂犬病五联苗。

犬群一旦发病，要立即隔离病犬，加强环境消毒。对重病犬进行淘汰，对病死犬尸体进行无害化处理，其他健康犬进行紧急预防接种。

对发病犬，可试用广谱抗病毒药阿昔洛韦（静脉滴注）或利巴韦林胶囊（口服）治疗。有继发感染时，用抗生素或磺胺类药物治疗有效。多数病犬经治疗后可恢复健康。

6. 犬冠状病毒病

犬冠状病毒病是由犬冠状病毒引起的一种急性肠道性传染病。临床上以呕吐、腹泻、脱水为特征。

（1）病原：犬冠状病毒病，为冠状病毒科、冠状病毒属的成员。本病毒对热以及氯仿、乙醚、脱氧胆酸盐敏感，可用甲醛、紫外线灭活，病毒在粪便中可存活 6～9 天。

（2）传播途径：病犬和带毒犬是主要传染源。病毒通过直接接触和间接接触，经呼吸道和消化道传染给健康犬及其他易感动物。天气寒冷、气候突变、卫生条件差、犬群密度大、断奶转舍及长途运输等，都可诱发本病。

（3）易感动物：本病可感染犬、貂和狐狸等犬科动物，不同品种、性别和年龄犬都可感染，但在犬群中流行时，通常都是幼犬先发病，然后波及其他年龄的犬，幼犬的发病率和致死率均高于成年犬。

（4）主要症状：潜伏期 1～5 天。本病多发于寒冷的冬季，传播迅速，数日内常成窝暴发。主要表现为呕吐和腹泻。幼犬症状重剧，病初呕吐持续数天,当出现腹泻后,呕吐减轻或停止。腹泻物呈糊状、半糊状乃至水样,红色、暗褐色或黄绿色,恶臭,混有黏液或少量血液。病犬精神沉郁、喜卧、厌食,体温一般不升高,成年犬症状轻微。病程7～10天,有些病犬尤其是幼犬发病后1～2天内死亡,成年犬很少死亡。

(5)剖检病变:主要是胃肠炎。肠壁菲薄,肠管内充满白色或黄绿色、紫红色血样液体,胃肠黏膜充血、出血和脱落,胃内有黏液。

组织学检查,可见小肠绒毛变短、融合,黏膜上皮细胞变性,胞浆内出现空泡,黏膜固有层水肿,炎性细胞浸润。

(6)诊断要点:根据流行病学、临床症状和剖检变化,可做出初步诊断。确诊主要依靠粪便病料的电镜检查、病毒分离(用犬肾原代细胞)和血清学检查(荧光抗体检查、ELISA 等)。临床上应用正规试纸板(CCV 检测试纸,即犬冠状病毒检测试纸)进行测试确诊。

(7)防控措施:目前本病尚无有效疫苗预防,也缺乏特效疗法。发现本病,应隔离病犬。治疗以对症治疗和支持治疗为主,补液预防脱水,使用抗生素防止细菌继发感染在实践中很重要。应用0.2%～1%甲醛或1∶30漂白粉彻底消毒污染场地。

7. 犬轮状病毒感染

犬轮状病毒感染主要是幼犬的一种肠道传染病。临床上以腹泻为主要特征,成年犬感染后一般取隐性经过。

(1)病原:犬轮状病毒为呼肠孤病毒科、轮状病毒属的成员,呈圆形,双层衣壳,如车轮状。病毒抵抗力强,粪便中的病毒在室温下,经 7～12 个月,仍有感染力。5%来苏儿、70%酒精、氯胺等是有效消毒剂。

(2)传播途径:病犬和隐性带毒犬是主要的传染源。轮状病毒存在于病犬的肠道内,并随粪便排出体外,污染周围环境。消化道是本病的主要感染途径,痊愈动物仍可从粪便中排毒,但排毒时间多长尚不清楚。轮状病毒在人和动物间有一定的交互感染性,所以,只要病毒在人或一种动物中持续存在,就有可能造成本病在自然界中长期传播。多发生于寒冷季节,卫生条件不良常可诱发本病。

(3)易感动物:各种年龄的犬都可感染,成年犬一般多为隐性感染,缺乏明显的症状。

(4)主要症状:人工感染幼犬 20～24 小时发生腹泻,并可持续 4～8 天。病犬排大量水样至黏液样黄绿色粪便,严重病例粪便中混有少量血液。病程较长的死亡犬被毛粗乱,肛门周围皮肤被粪便污染、脱水。与其他病毒性疾病不同的是,病犬自始至终体温、精神、食欲正常,因此可作为临床鉴别的参考。

猫多呈亚临床感染,即使出现腹泻,也比较温和,或呈一过性。发生混合感染时,症状可能加重。

(5)剖检病变:主要集中在小肠。轻型病例,肠管轻度扩张,肠壁变薄,肠内容物中等量、黄绿色;严重病例,小肠黏膜脱落、坏死,有的肠段弥漫性出血,肠内容物中混有血液。其他脏器不见异常。

(6)诊断要点:通常根据上述变化,可做出初步诊断。确诊要靠电子显微镜检查粪便样本,ELISA 也是目前常用的一种诊断方法。

(7)防控措施:目前尚无疫苗可用。对于幼犬,应尽量保证通过摄取足量的初乳而获得免疫保护,也可试用皮下注射成年犬血清提供保护。

发现病犬,应立即隔离到清洁、干燥、温暖的场所,对症治疗,预防脱水,维持离子平衡,防止酸中毒,可使用抗生素类药物预防其他继发感染。

8.犬疱疹病毒病

犬疱疹病毒病是由犬疱

疹病毒Ⅰ型引起,主要危害幼犬。4周内的幼犬感染后以体温正常、呼吸困难、腹痛、腹泻、呕吐为特征。4周龄以上的犬和成年犬感染时,一般不表现出临床症状,怀孕母犬感染后往往发生流产。

本病毒1965年在美国被发现,目前本病已分布世界各地。

(1)病原:犬疱疹病毒Ⅰ型是疱疹病毒科、疱疹病毒甲亚科的成员。该病毒繁殖的最适宜温度是33℃,相当于上呼吸道和外生殖道的温度。4周龄内的幼犬由于体温调节能力低下,恰好处于病毒增值的最适宜温度,发病最严重。

该病毒对低温的抵抗力较强,而对高温的抵抗力较差,56℃经4分钟就可将其杀死,而在-70℃可保持毒力数月。病毒对脂溶剂(正己烷、氯仿、丙酮等)敏感。

(2)传播途径:病犬和带毒犬是主要传染源。病毒主要存在于病犬的唾液、鼻液、尿液和母犬阴道分泌物中,并向外排出。自然传播途径主要是消化道和呼吸道,也可以是产道。通常仔犬因出生时与带毒产道接触,或生后接触带毒母犬和含有病毒的飞沫而感染,幼犬间也可通过相互接触而感染。

(3)易感动物:本病只发生于犬,且主要引起4周龄以内幼犬的致死性感染。

(4)主要症状:

潜伏期3～8天。4周龄以内的仔犬感染后,精神迟钝,食欲减退或废绝,喜卧不爱动。鼻镜干燥,流浆液性或黏液性鼻液。体温一般正常,但出现呼吸困难。腹痛,按压腹部病犬呻吟或嚎叫,有的病犬在自然状态下也表现出不停地呻吟、嚎叫。呕吐,排稀软黄绿色粪便,但无臭味。一般在出现症状后24小时内死亡,个别耐过的仔犬,常遗留下后遗症,表现为共济失调、圆圈运动等神经症状。

4 周龄以上病犬，常不表现全身症状，可见流鼻液、打喷嚏、干咳等鼻炎和咽炎症状，病程持续 2 周左右后多可逐渐自愈。

孕犬感染本病常常发生流产和死胎，有时伴发阴道炎。公犬感染本病后，包皮有浆液性分泌物，有的还出现结膜炎，一般经 4～5 天即可自愈。

(5)剖检病变：幼犬以全身性出血和坏死为特征，典型病变是在脏器表面，见许多直径 2～3 毫米的散在性灰白色坏死灶和小出血点，尤以肾和肺脏最明显。

组织学检查，在鼻腔、咽喉和阴道等黏膜上皮细胞内可见核内包涵体，有时在肺、肝、肾等脏器的组织细胞内也可见到。

(6)诊断要点：根据流行病学、临床症状和剖检变化，可做出初步诊断。确诊需依靠病毒分离鉴定(用犬肾单层细胞)或血清学检查(用中和试验等)。

(7)防控措施：目前尚无特效疫苗，预防本病应采取综合性兽医卫生措施。不要从有病的犬场或犬群中购犬，平时认真消毒犬舍及周围环境，加强饲养管理，以提高犬的抗病能力，发现病犬及时隔离，对死亡幼犬焚烧或深埋。

治疗：以抗感染和对症治疗为主，同时加强护理。有资料报道，幼犬生后腹腔注射康复犬血清 2 毫升，对预防和治疗本病有一定的效果。

9. 猫泛白细胞减少症

猫泛白细胞减少症，又称猫传染性肠炎或猫瘟。临床上以突发高热，顽固性呕吐，腹泻，脱水，循环障碍及白细胞减少为特征。

本病毒于 1930 年首次报告，我国在 1984 年分离到病毒。本病目前在安徽、江苏等地时有发生。

(1)病原：本病病原是猫泛白细胞减少症病毒，属于细小病毒科、细小病毒属的一个成员。本病毒对乙醚、氯仿等有机溶剂具有一定抵抗力。组织中的病毒在低温下能较长时间保存其感染力。甲醛、次氯酸等能有效杀灭病毒。

(2)传播途径：病猫和带毒猫是主要传染源。康复后的猫带毒时间可达1年以上。病猫在患病初期，可随粪便、尿液，鼻、眼分泌物以及唾液排出病毒，污染环境，主要经消化道和呼吸道，造成易感动物的感染。妊娠母猫可通过胎盘垂直传给胎儿。本病多发生于冬末春初，发病突然，传播迅速，流行猛烈，具有地方流行性，发病率和病死率高是本病的特点之一。

(3)易感动物：猫科动物（家猫、野猫、山猫、虎、豹等）均易感，其中以幼猫尤为易感。此外，貂、浣熊等，也可感染并能引起死亡。

(4)主要症状：本病潜伏期2～9天，平均4天。

①最急性病例。病猫不显任何症状而突然死亡。

②急性病例。病猫精神沉郁,体温升高达40℃左右,持续24小时左右可能恢复至常温,食欲减退以致废绝。经2～3天后体温第二次上升,呈明显的双相热。病猫顽固性剧烈呕吐,每天达数十次,呕吐物呈黄绿色;口腔及眼、鼻有黏性分泌物;粪便黏稠或水样,后期带血;严重脱水、贫血,衰竭致死。怀孕母猫可引起胚胎吸收、流产、死胎,病猫多于病后72小时内死亡,病死率高。病程3～6天,如病猫能耐过7天,可有望存活。

(5)剖检病变:出血性肠炎,小肠黏膜肿胀、充血、出血、水肿,内容物灰黄色,水样,恶臭,肠膜淋巴结肿大、坏死。

在发病期间,病猫白细胞显著减少(正常时,猫外周血白细胞数为每微升15 000到20 000个,此时可降低到2 000个以下)具有重要病证意义。

(6)诊断要点:根据流行

病学、临床症状和剖检变化，可做出初步诊断。确诊需做病毒分离鉴定（接种易感仔猫或其肾、肺原代细胞）以及血清学检查（血凝试验、血凝抑制试验等）。

（7）防控措施：目前使用的疫苗有灭活苗、弱毒苗，以及猫泛白细胞减少症、猫鼻气管炎、猫杯状病毒病三联苗等，效果可靠。平时应加强饲养管理，注意卫生，增强机体抵抗力。

当猫发病后，应立即采取措施，对症治疗，控制继发感染，输液补糖可减少死亡。另外，可用高免血清按每千克体重4毫升皮下或肌内注射，有一定疗效。

对病猫污染的环境，可用3%甲醛、0.5%过氧乙酸或4%火碱水等进行消毒。

10. 猫传染性腹膜炎

猫传染性腹膜炎是猫科动物的一种慢性病毒性传染病。临床上以腹膜炎、大量腹水聚积和致死率较高为特征。

（1）病原：本病的病原是猫冠状病毒，属于冠状病毒科、冠状病毒属。病毒对外界环境抵抗力较差，室温下1天失去活性，一般常用的消毒药可将其杀死。对脂溶剂敏感，但对酚、低温和酸性环境抵抗力较强。

（2）传播途径：病猫和带毒猫是本病的传染源。病猫的粪尿可向外界排毒。传染途径还不太明确，但一般认为是经口鼻感染同居的猫，也可经衣服、食皿、寝具、人或吸血昆虫等途径传染，怀孕的母猫可经胎盘垂直传给胎儿。本病呈地方流行，首次发病的猫群发病率可达25%，但从整体上看发病率较低。

（3）易感动物：虽然不同品种、性别、不同年龄的猫均可感染，但雄性猫发病率高于雌性，老龄猫和2岁以内的猫发病率高于其他年龄的猫，外地引进的纯种猫发病率高于本地猫。猫科动物中的美洲狮、美洲豹也可感染发病。

（4）主要症状：实验感染的潜伏期为2～14天，自然感染的潜伏期估计可达4个月，或更长时间。

本病在临床上分为渗出性和非渗出性两种形式。

①渗出性猫传染性腹膜炎。病猫食欲减退或间歇性厌食，体重减轻，身体状况日渐衰弱。体温升高40.5℃左右，呈稽留热，血液中的白细胞总数增多。有些病猫可出现上呼吸道感染症状，胸腔、腹腔出现多少不等的渗出液，依据胸水量，病猫可从无症状到气喘或呼吸困难。病猫逐渐消瘦，但腹部呈现进行性膨大。雄猫可见阴囊肿大。病猫可见呕吐或腹泻，中度至重度贫血。病程2周至3个月，患猫多于发病两个月内死亡。

②非渗出性猫传染性腹膜炎。病猫除呈现厌食、消瘦、发热等症状外，常见不同器官、系统受损而出现的相应症状，如眼部损伤（见眼睛混浊、眼前房蓄脓、缩瞳、视力障碍），中枢神经系统损伤（见后躯麻痹、痉挛发抖、眼球震颤和个性改变），肝脏损伤（见黄疸、贫血等），肾、脾、肺脏、网膜及淋巴结出现结节病变，腹部触诊可摸到肠系膜淋巴的结节。

（5）剖检病变：

①渗出性猫传染性腹膜炎。腹腔中有大量的腹水，呈无色透明的淡黄色，腹膜浑浊，覆有纤维素，肝、脾、肾及肠浆膜上也有纤维素附着，也见胸腔积液和心包积液。

②非渗出性猫传染性腹膜炎。见眼结膜炎及角膜炎，脑水肿，肾脏表面凹凸不平，有肉芽肿样变化，肝脏见坏死灶。

（6）诊断要点：根据流行病学特点、临床症状及病理变化可做出初步诊断。确诊应结合实验室检查，可做病毒分离鉴定（取腹腔渗出液、血液或病变脏器匀浆，接种猫胎肺细胞），或血清学检查（ELISA、荧光抗体检测等）。

（7）防控措施：国外已有疫苗进行免疫，国内目前还没有厂家生产疫苗。应加强防护措施，消灭吸血昆虫（如虱、蚊、蝇等）及老鼠，一旦发现病猫，应立即隔离，被污染的猫舍用 0.2% 甲醛或 0.5% 洗必泰进行消毒，以防病情蔓延。

目前无特异性治疗药物。对症治疗和支持疗法有一定作用，例如，用广谱抗生素控制继发感染、投胃管强制进食、输液矫正脱水、胸腔穿刺舒缓呼吸症状等。出现典型临床症状的病猫（如明显腹水），多数预后不良。

11. 猫病毒性鼻气管炎

猫病毒性气管炎是由猫疱疹病毒 I 型引起的呼吸道传染病。临床上以打喷嚏、流泪、发生鼻炎和结膜炎为特征。

本病国际上 1957 年首次被报道，现分布于世界许多国家，我国也有本病存在。

（1）病原：病原是猫疱疹病毒 I 型，属于疱疹病毒科、疱疹病毒甲亚科的成员。该病毒对外界环境抵抗力弱，对酸、热和脂溶剂敏感，50℃ 加热 4～5 分钟可灭活，在干燥条件下 12 小时可灭活，但在 −60℃ 条件下能存活 180 天，可用甲醛和酚将其灭活。

（2）传播途径：病猫、带毒猫、自然康复猫是本病的传染源。病毒经鼻、眼、口腔分泌物排出。病猫和健猫直接接触，或经呼吸道吸入含有病毒的飞沫，都可造成感染。发病初期的猫，可通过分泌物大量排毒达 14 天之久。

（3）易感动物：不同品种、性别、年龄的猫均可感染，但幼猫比成年猫易感，死亡率也高。

（4）主要症状：

幼猫比成年猫易感且症状严重。患猫突然发病，体温升高到 40℃ 左右，稽留高热，数天不退。病猫见阵发性咳嗽和喷嚏，鼻部有浆性和脓性分泌物。出现结膜炎，羞明、流泪。病猫精神沉郁，食欲减退或不食,呈进行性消瘦。病程约1周,潜伏期为2~6天。幼猫死亡率约50%,如有继发感染死亡率更高。

成年猫感染出现结膜炎症状,眼上出现白色斑点,角膜充血,口腔糜烂溃疡,进食困难,由口腔不断流出黏性分泌物,有臭味。

慢性病例,可见鼻窦炎、咳嗽等症状。由于鼻腔炎症,使上呼吸道狭窄,严重的可引发呼吸困难,甚至窒息。

(5)剖检病变:眼观鼻黏膜、鼻甲骨、喉及气管黏膜呈弥漫性出血和灶状坏死。镜检除见炎症性病变外,可在呼吸道上皮细胞核内见嗜酸性包涵体。

(6)诊断要点:根据流行病学特点、临床症状及病理变化,可做出初步诊断。确诊必须依靠实验室检验,包括病毒分离鉴定(用棉拭子从鼻咽部和结膜取样,在猫肺或胎肾原代细胞培养)、包涵体检查、血清学诊断(荧光抗体检查、中

和试验等)。

(7)防控措施:目前国内尚无疫苗。预防本病主要采取一般性防疫措施,加强饲养管理,注意环境卫生,降低饲养密度,增强猫的抗病能力,发现病猫,及时隔离,健猫尽量避免和病猫接触,以防止被感染。国外生产的单价弱毒疫苗或多价联苗,有较好的免疫效果。

本病无特效治疗方法。可用抗菌药物,如庆大霉素、四环素、复方新诺明等,防止继发感染。配合对症治疗,如用2%~3%的硼酸溶液洗眼睛,然后涂擦四环素或可的松眼药。口腔溃疡可用碘甘油涂布口腔,口服多种维生素。当病猫进食量太少或发生脱水时,应及时补液。

(五)鸡病毒性传染病的防控

1. 高致病性禽流感

禽流感由A型流感病毒引起。由于病毒毒力不同,感染后可引起低致病性禽流感

或高致病性禽流感。临床上高致病性禽流感以严重的全身性、出血性、败血性症状和死亡率较高为特征。

本病传染性极强，可引起家禽全身性感染，造成多个组织器官严重损伤，病死率达75%以上。被世界动物卫生组织列为 A 类传染病，我国列为一类动物疫病。

（1）病原：本病病原属于正黏病毒科、A 型流感病毒。根据血凝素（HA）和神经氨酸酶（NA）的抗原性不同，目前划分为 16 个 H 亚型和 10 个 N 亚型，其间不同组合产生许多亚型，各亚型之间无交叉免疫力。引起高致病性禽流感的主要是部分毒力和传染性较强的 H5 和 H7 亚型病毒。

流感病毒对外界环境的抵抗力不强，对温热、紫外线、酸、碱、有机溶剂等均敏感，但耐低温和寒冷，对干燥有一定抵抗力。病毒在粪便中可存活 1 周，在水中可存活 1 个月，在羽毛中可存活 18 天，在骨髓中可存活 10 个月。病毒对低抗温抵抗力较强，4℃ 可存活 30 天以上，在冰冻池塘中可越冬，－70℃ 可存活数年。病毒在 65℃ 加热 30 分钟或煮沸 2 分钟以上可灭活，直射阳光下 40～48 小时即可灭活，如用紫外线直接照射，可迅速破坏其传染性。

一般消毒剂，如 0.1% 新洁尔灭溶液、1% 氢氧化钠溶液、2% 甲醛溶液、0.5% 过氧乙酸溶液等浸泡，可将流感病毒杀灭。

需要指出的是：2013 年上半年，我国发生多起人感染禽流感 H7N9 病毒的病例。截止到 2013 年 5 月 11 日，全国内地共报告人感染 H7N9 禽流感确诊病例 130 例，其中死亡人数 33 人，康复人数 45 人。病例分布于北京（1 例）、上海（33 例，死亡 14 例）、江苏（27 例，死亡 8 例）、浙江（46 例，死亡 7 例）、安徽（4 例，死亡 2 例）、福建（5 例）、江西（5 例，死亡 1 例）、山东

（2 例）、河南（4 例，死亡 1 例）、湖南（2 例）10 省市，另台湾有 1 例。病例仍处于散发状态，尚未发现人传人的证据。香港大学与浙江大学联合研究团队证实，病毒与从鸡身上测出的病毒高度同源，为 H7N9"禽传人"提供了科学证明。一般认为 H7N9 禽流感的传染来源是活禽市场。

（2）传播途径：很多野生禽类，包括具有迁徙习惯的候鸟，特别是水禽（野鸭），是病毒最主要的贮存宿主，这些候鸟能将禽流感病毒在世界范围内远距离传播。通过直接或间接途径，它们可引起鸡、鸭、鹅的感染。家禽感染后，互相之间进一步发生病毒传播，在这个过程中，病毒大量繁殖，毒力可能增强。实际上，某一地区禽流感的传染源主要是已经发病或带毒的鸡、鸭、鹅等家禽。通过咳嗽、打喷嚏、排便，污染的空气、饲料、饮水，经呼吸道、消化道感染其他禽类。本病还可以经

卵垂直传播。一年四季都可发生，但以晚秋和冬春寒冷季节多见。阴暗、潮湿、过于拥挤、营养不良、卫生状况差、消毒不严格、寄生虫侵袭等，都可促使本病的发生或加重病情。

（3）易感动物：许多家禽、野禽、鸟类，都能感染禽流感病毒。家禽中鸡、火鸡、鸭、鹅最敏感。珍珠鸡、鹌鹑、雏鸡、鸽子、鹧鸪、鹦鹉等也能感染。

（4）主要症状：潜伏期 3～5 天，但最短的仅为几小时，最长可达 21 天。多数可在没有任何症状的情况下突然发生大批死亡。多数病鸡发热，体温可达 41.5℃以上，病禽流泪，精神沉郁，羽毛松乱，身体蜷缩，喜卧不喜动，食欲减退。母鸡产蛋量明显减少，产软皮蛋、薄壳蛋、畸形蛋增多。多数病例呼吸道症状明显，如病禽打喷嚏、咳嗽、肺部出现啰音、呼吸困难，严重的张开嘴呼吸。按压鼻孔流出灰红色黏液。病鸡的头和

颜面水肿,鸡冠和肉垂发绀。有的病禽下痢,表现出消化系统的症状;也有些病禽出现神经症状,可见共济失调、不能行走或站立。急性病鸡发病后数小时死亡,多数病例病程为 2～3 天,病死率可达100%。

(5)剖检病变:病鸡鸡冠、肉髯高度水肿,有时发生出血和坏死,窦内有渗出物,腿部皮下出血。气管黏膜水肿,气囊壁增厚,有渗出物附着。心包积水,心外膜出血、坏死。腺胃乳头、肝、脾、肺、肾可见出血。产蛋鸡输卵管内有渗出物。

(6)诊断要点:急性发病死亡,脚鳞出血,鸡冠出血或发绀,头部水肿,是高致病性禽流感较特殊的表现,据此可做出初步诊断,确诊依赖于实验室诊断。

病原分离:用各种拭子从喉头、气管、泄殖腔中采集病料,从气管、肺、肝、脾、肾等组织中分离病原,粪便也常用于病毒的分离。无菌处理后的病料可接种 9～11 日龄无特定病原鸡胚进行培养,再用血清学试验进行鉴定。

血凝抑制试验(HI)是常用的诊断方法。琼脂凝胶免疫扩散试验、RT-PCR 等,已广泛用于本病的诊断和监测,具有很高的敏感性和特异性。

高致病性禽流感的一些症状,与鸡新城疫、传染性支气管炎、传染性喉气管炎、产蛋下降综合征等有相似之处,应注意鉴别。

新城疫也表现为呼吸困难、下痢,也可出现神经症状,但该病有腺胃乳头出血,肠道黏膜溃疡,盲肠扁桃体肿大出血、坏死、溃疡等特征性病变。

传染性支气管炎,表现显著的呼吸困难,咳嗽严重,可咳出带血渗出物,病死率一般不超过 30%。

传染性喉气管炎,成年鸡易感,感染率高但病死率较低,也可出现呼吸困难、咳嗽、下痢和产蛋下降,但喉头和气管肿胀出血,有黏条状分泌物堵塞。

产蛋下降综合征,主要感染开产前后的母鸡,产蛋突然下降,可出现软皮蛋、薄壳蛋和畸形蛋,一般无其他明显症状,很少死亡。

(7)防控措施:由于本病流行速度快,波及范围广,危害重,防控难度大,因此,应采取严格的综合性防治措施。

①平时的预防措施。养殖场应远离居民区、集贸市场、交通要道、水源等。在养殖场中,专门设置工作人员通道,强化出入消毒。对进出场车辆,以及场区环境、孵化厅、孵化器、鸡舍笼具、工作人员的衣帽和鞋等,进行严格的消毒。

饲养场地应与外界尽量隔离,严防与野禽接触,同时要加强灭虫、灭鼠工作,防止接触野鸟或啮齿类动物而感染病毒。及时进行免疫接种,以提高鸡群的免疫力。

加强科学管理,保证家禽处于最佳的生长状态,并具备良好的抗病力。养殖场要采用全进全出的养殖模式,实行封闭式管理,改善饲养条件,尽量避免寒冷、拥挤等不良因素的刺激,避免出现应激反应。对鸡舍定期消毒,保持舍内卫生。加强对粪便的消毒处理。

我国是世界上防控高致病性禽流感采取的行政措施、技术措施最严厉的国家之一。由于我国家禽饲养量大,管理水平低,加上全球8条候鸟的迁徙路线中有3条经过我国,这给防控工作造成了极大的困难。我国已研制成功几种禽用预防H5N1亚型病毒的疫苗,可供在实践中选用。

②发病后的控制措施。一旦发现疑似疫情,应立即向当地动物防疫监督机构报告。凡确诊为高致病性禽流感后(哈尔滨兽医研究所设国家禽流感参考实验室),由县级政府畜牧兽医管理部门划定疫点、疫区、受威胁区等,由同级

人民政府下令对疫点、疫区实行封锁。应坚决对疫点的病鸡、病鸭等禽类进行扑杀,对疫点3千米以内的鸡、鸭、鹅等所有家禽也要强制性扑杀,从源头上严格控制疫病蔓延。对扑杀的禽类做无害化处理,一般做法是挖3米深坑、焚烧禽尸体、用石灰和土分层填埋,填埋地点设立醒目的警示性标志。同时对环境进行彻底消毒。

在封锁期间,禁止感染或疑似感染的动物、动物产品流出疫区,禁止非疫区的动物进入疫区。对出入封锁区的人员、运输工具、有关物品,采取消毒或其他限制措施。

在疫区之外的5千米范围内,进行强制性免疫,建立有效的免疫带,防止禽流感疫情的扩散和蔓延。

在最后一只病禽处死后21天(世界动物卫生组织确定本病的最长潜伏期),如再没有新病例出现,经过彻底消毒后,由原下令封锁的机关宣布解除封锁。

特别提示:对于高致病性禽流感这一类的重大动物疫病,应严禁治疗,主要是基于两个关系的考虑:一是个体和整体的关系,二是动物和人的关系。如果应用抗病毒药物(如金刚烷胺、利巴韦林等),可能抑制了病毒的增殖,挽救个别鸡的性命,但实际上,保留下来了传染源,对鸡群、对整个养鸡业会构成巨大的威胁。另外,像高致病性禽流感这样的人与动物共患病,可从动物传播给人类,造成人类社会的危机。对此,临床兽医应该有明确的认知并在实际工作中严格执行。

2. 鸡新城疫

本病由新城疫病毒引起,发生于鸡和火鸡中,常呈败血症经过。临床上以呼吸困难、下痢、神经功能紊乱为特征,是世界动物卫生组织规定的A类传染病,我国农业部列为一类动物疫病。

鸡新城疫与高致病性禽

流感,是当前养鸡业面临的两大最重要的传染病。随着养鸡业的发展,新城疫出现了一些新特点,危害日趋严重。

(1)病原:新城疫病毒属于副黏病毒科,完整病毒粒子近于圆形。

本病毒存在于病鸡所有器官、体液、分泌物和排泄物中,以脑、脾和肺含毒量最高,骨髓含毒时间最长。

新城疫病毒只有一个血清型,但病毒毒株间存在一定的抗原性差异。

从不同地区和鸡群分离到的新城疫病毒,对鸡的致病性有明显差异,分为3种:速发型(或称强毒型毒株),对各种年龄的易感鸡引起急性致死性感染;中发型(或称中毒型毒株),仅对易感的幼龄鸡造成致死性感染;缓发型,即低毒型或无毒型毒株,表现为轻微的呼吸道感染或无症状肠道感染。

新城疫病毒对乙醚、氯仿敏感。病毒在 60℃ 条件下,

30 分钟失去活力,在直射阳光下,病毒经 30 分钟死亡。对化学消毒剂抵抗力不强,常用的消毒剂如 2％氢氧化钠、5％漂白粉、70％酒精,在 20 分钟即可将新城疫病毒杀死。

(2)传播途径:传染源是病鸡及带毒鸡。受感染的鸡在出现症状前 24 小时,其口、鼻分泌物和粪便中已有病毒排出。而痊愈鸡多数在症状消失后 5～7 天就停止排毒,个别鸡的排毒期可达 1 个月以上。在流行停止后的带毒鸡,是引起本病继续流行的原因。

传播途径主要是呼吸道和眼结膜,也可以是消化道,鸡蛋也可带毒而传播本病。创伤及交配也可引起传染。

本病一年四季均可发生,但以春秋两季发病较多,污染的环境和带毒的鸡群,是造成本病流行的常见原因。鸡舍通风不良,氨味过大,感染禽流感、法氏囊等疫病及各种应激因素,是引起本病爆发的诱

因。易感鸡群一旦被强毒株传染,可造成毁灭性后果。

近年来,由于免疫程序不当,或有其他疾病存在,抑制新城疫抗体的产生,常引起免疫鸡群发生非典型新城疫,以二免前后发生较多,发病率和病死率较低。

(3)易感动物:鸡、火鸡、珍珠鸡及野鸭都有易感性,以鸡最易感。不同年龄的鸡易感性也有差异,幼雏和中雏易感性最高,两年以上鸡易感性较低。

(4)主要症状:自然感染的潜伏期为3～5天。根据临床表现和病程的长短,可分为最急性、急性和亚急性(慢性)3型。

①最急性型。多见于流行初期,鸡群突然发病,常无特征性症状而迅速死亡,雏鸡多见。

②急性型。发病初期体温可升高达 43～44℃,食欲减退或废绝,有渴感。精神萎靡,不愿走动,垂头缩颈或翅膀下垂,眼半闭或全闭,似昏睡状。鸡冠及髯变为暗红色或暗紫色。母鸡产蛋停止或产软壳蛋。随着病程的发展,出现比较典型的症状,病鸡咳嗽,呼吸困难,常伸头,张口呼吸,有黏液性鼻漏,并发出"咯咯"的叫声。嗉囊胀满,倒提时常有大量酸臭液体从口内流出。粪便稀薄,呈黄绿色或黄白色,有时混有少量血液。有的病鸡出现神经症状,如翅膀和腿麻痹等,最后体温下降,不久在昏迷中死亡,病程2～5天。1月龄内的小鸡病程较短,症状不明显,病死率较高。

③亚急性(慢性)型。初期症状与急性型相似,以后逐渐减轻,多出现神经症状,患鸡翅膀和腿麻痹,跛行或站立不稳,头颈向后或向一侧扭转,常伏地旋转,动作失调,反复发作,最后瘫痪或半瘫痪。有的病鸡因采食受到影响而渐渐消瘦,最终死亡。多发生于流行后期的成年鸡,病死率

较低。个别病鸡可以康复,但部分会遗留神经症状,表现翅膀和腿麻痹或头颈歪斜。

近年来,在免疫鸡群中容易发生非典型新城疫,症状不典型,仅表现为呼吸道和神经症状,产蛋鸡主要表现为产蛋量下降。原因是由于雏鸡的母源抗体高,接种新城疫疫苗后,不能获得坚强免疫力,或因免疫后时间较长,保护力下降到临界水平。这种情况下,当鸡群内本身存在新城疫病毒强毒,或有强毒侵入时,可发生非典型新城疫,发病率和病死率较低。

(5)剖检病变:主要病变是全身黏膜和浆膜出血。嗉囊充满酸臭味的稀薄液体和气体。腺胃黏膜水肿,其乳头或乳头间有出血点,或有溃疡和坏死,这是比较有特征的病变,肌胃角质层下也常见有出血点。

小肠、盲肠和直肠黏膜有大小不等的出血点,肠黏膜上有纤维素——坏死性病变,有

的形成伪膜,伪膜脱落后即成溃疡。盲肠扁桃体常见肿大、出血和坏死。

气管出血或坏死,周围组织水肿。肺有时可见瘀血或水肿。心冠脂肪有细小如针尖大的出血点。产蛋母鸡的卵泡和输卵管充血,卵泡膜极易破裂引起卵黄性腹膜炎。脑膜充血或出血,做切片检查时可发现非化脓性脑炎。

非典型性新城疫,仅见黏膜卡他性炎症、喉头和气管黏膜充血,腺胃乳头出血少见,直肠黏膜和盲肠扁桃体可见出血。

(6)诊断要点:根据本病的流行病学、症状和病变,可做出初步诊断。

实验室检查有助于对新城疫的确诊。病毒分离和毒力测定,是诊断新城疫最可靠的方法,也可应用红细胞凝集抑制试验,对鸡群发病前后的双份血清进行新城疫抗体效价的测定。新城疫病毒有一个重要的生物学特性,就是能

吸附于鸡、火鸡、鸭、鹅及某些哺乳动物（小鼠、豚鼠）的红细胞表面，并引起红细胞凝集。这种血凝现象又能被抗新城疫病毒的抗体所抑制。因此，可用血凝试验和血凝抑制试验进行抗体监测和流行病学调查。

本病应注意与禽霍乱、传染性支气管炎和禽流感相区别。

禽霍乱可侵害各种家禽，鸭最易感，呈急性败血经过，病程短，病死率高。慢性的可见肉髯肿胀，关节炎，无神经症状，肝脏有灰白色坏死点，心血涂片和肝触片，染色镜检可见两极染色的巴氏杆菌，抗生素治疗有效。而新城疫有呼吸道和神经症状，腺胃乳头出血，消化道黏膜出血，盲肠扁桃体出血和坏死，肝脏不见坏死点。

传染性支气管炎主要侵害雏鸡，成年鸡表现为产蛋下降，产畸形蛋、薄壳蛋。无神经症状，消化道无明显病变。

高致病性禽流感病鸡没有神经症状，嗉囊无大量积液，以全身器官出血为特征。典型新城疫则表现为上呼吸道和消化道炎症，肠道溃疡和腺胃乳头出血。

（7）防控措施：防控新城疫是一项十分艰巨和复杂的任务，发达国家多采用扑杀的方法，我国主要采取免疫预防与扑杀相结合的综合性方法。

防控措施包括两方面：一是采取严格的生物安全措施，防止新城疫病毒强毒进入禽群。二是免疫接种，提高禽群的特异免疫力，其中防止新城疫病毒强毒进入禽群更为重要。

为防止新城疫病毒强毒进入禽群，必须采取严格的隔离、卫生、消毒制度，防止一切带毒动物（特别是鸟类）和污染物进入禽群，进出场的人员和车辆及用具消毒处理，饲料和饮水来源安全，不从疫区引进种蛋和苗鸡，新购进的鸡须隔离观察两周以上证明健康者方可合群,实行科学的管理制度,如全进全出等。

疫苗的免疫接种,是我国控制新城疫病毒强毒感染的基本策略。免疫效果的好坏受下列因素影响。

①疫苗种类。新城疫疫苗分为活疫苗和灭活疫苗两大类。活疫苗接种后疫苗毒在体内可复制增殖,刺激机体产生体液免疫、细胞免疫和局部黏膜免疫。目前国内使用的活疫苗有 4 种:鸡新城疫Ⅰ系苗、Ⅱ系苗(B₁ 株)、Ⅲ系苗(F 株)和Ⅳ系苗(Lasota 株)。其中Ⅱ、Ⅲ、Ⅳ系苗,都是弱毒疫苗,大小鸡均可使用,多采用滴鼻、点眼、饮水和气雾免疫方法。气雾免疫在鸡群存在支原体、大肠杆菌和其他呼吸道病毒感染时,易诱发呼吸病疾病,使用时应加注意。Ⅰ系苗是中毒疫苗,专供已经用上述弱毒疫苗免疫过的 2 月龄以上的鸡使用,不得用于雏鸡。以上疫苗的使用方法、免疫期都不相同,要特别注意。

灭活疫苗,优点是免疫持续时间长,抗体水平高,缺点是成本较高,操作麻烦,产生抗体速度慢,对细胞免疫和局部免疫无多大作用。目前使用最广的是新城疫油佐剂灭活疫苗,对不同日龄鸡的免疫期不同。

②母源抗体。产蛋母鸡接种鸡新城疫疫苗后,可通过卵黄将抗体传递给雏鸡。雏鸡在 3 日龄抗体滴度最高,以后逐渐下降。具有母源抗体的雏鸡有一定的免疫力,但对疫苗接种又产生一定的干扰作用,因此多数人主张最好在母源抗体刚刚消失前的 7 日龄时,做第一次疫苗接种,在 30～35 日龄时作第二次接种。在实践中,一般应对鸡群抽样采血做血凝抑制试验,根据对鸡群抗体水平监测结果,来确定初次免疫和再次免疫的时间,这种做法比较科学。

③疫苗接种途径。疫苗接种途径与免疫效果有直接关系。当鸡个体接种时,以皮

下或肌内注射效果最好,其次是点眼、滴鼻。当鸡群体接种时,气雾免疫效果最好,饮水次之。

④疫苗种类和接种次数。无论是活疫苗还是灭活疫苗,两次免疫均能产生强烈的免疫应答,使抗体水平有较显著的提高。对于已接种过活疫苗的鸡,再接种灭活疫苗,可显著提高抗体水平。

⑤鸡群健康状况。健康鸡群的预防免疫效果最好。当鸡群饲养管理水平低下,整体健康状况欠佳,特别存在免疫抑制性疾病(如马立克病、传染性法氏囊病、鸡传染性贫血、网状内皮组织增生症),甚至使用中等偏强毒力的传染性法氏囊炎疫苗时,都可使新城疫疫苗的免疫效果受到严重影响,血凝抑制抗体滴度比正常显著降低。

3. 传染性喉气管炎

传染性喉气管炎,由传染性喉气管炎病毒引起,是鸡的一种急性呼吸道传染病。临床上以呼吸困难,咳嗽,咳出含有血液的渗出物为特征。

本病已遍布养禽的国家和地区,我国呈地方性流行,传播快,死亡率较高。

(1)病原:传染性喉气管炎病毒是鸡疱疹病毒Ⅰ型,属于疱疹病毒科、疱疹病毒甲亚科。目前认为只有一个血清型,但由于不同毒株对鸡的致病力差异很大,给本病的控制带来不少困难。

病毒的抵抗力很弱,55℃只能存活10～15分钟,37℃存活22～24小时,但在13～23℃中能存活10天,低温冻干后在冰箱中可存活10年。对一般消毒剂敏感,如3%来苏儿或1%苛性钠溶液在1分钟内即可杀死病毒,在生产上用5%过氧化氢喷雾消毒可完全杀死该病毒。

(2)传播途径:病鸡和康复后的带毒鸡是主要传染源。约2%康复鸡可带毒,时间可长达2年。病毒存在于气管和上呼吸道分泌液中,通过咳出的血液和黏液,经上呼吸道和眼结膜传播。污染的垫料、饲料和饮水,可成为传播媒介。已证实三叉神经节是本病毒潜伏的主要部位,鸡受到应激时,抵抗力降低,该潜伏病毒就大量复制并排出。易感鸡与接种活疫苗的鸡长时间接触,也可感染发病,证明接种活苗的鸡可在较长时间内排毒。

在秋冬及早春发病较多,易感鸡群内传播很快,高产成年鸡病死率较高。病毒在鸡场很难清除,本病常呈地方性流行。

(3)易感动物:在自然条件下,本病主要侵害鸡,不同年龄的鸡均易感,但以成年鸡的症状最为典型,野鸡、孔雀、幼火鸡也可感染。

(4)主要症状:本病自然感染的潜伏期为6~12天,人工气管内接种为2~4天。

急性病例由高致病性病毒株引起,鸡群短期内出现精神沉郁,羽毛松乱,鸡冠发紫,食欲减退,有时排绿色稀粪。特征性临床症状是鼻孔有分泌物,呼吸时发出湿性啰音,继而咳嗽和气喘。严重病例,呈现明显的呼吸困难,咳出带血的黏液,有时死于窒息。检查口腔时,可见喉部黏膜上有淡黄色凝固物附着,不易擦去。病鸡迅速消瘦,衰竭死亡,病程5~7天或更长,有的逐渐恢复成为带毒者。

(5)剖检病变:喉部黏膜肿胀,有出血斑,并覆盖黏液性分泌物,有时这种渗出物呈干酪样伪膜,可将气管完全堵塞。炎症也可扩散到气管、支气管、气囊或眶下窦。

有些病例比较缓和,由低致病性病毒株引起。其症状为生长迟缓,产蛋减少,流泪,患结膜炎,严重病例见眶下窦肿胀。发病率仅为 2%～5%,病程长短不一。

(6)诊断要点:由于其他呼吸道病原体也能够引起相似的临床症状和病变,所以确诊需要借助于实验室检查。

只有严重的急性病例,根据流行病学特点、临床症状和病理变化,才能做出初步诊断。

①鸡胚接种。取病鸡的喉头、气管黏膜或分泌物,经无菌处理后,接种 10～12 日龄鸡胚尿囊膜上,接种后 4～5 天鸡胚死亡,见绒毛尿囊膜增厚,有灰白色坏死斑。

②包涵体检查。取发病后 2～3 天的喉头黏膜上皮,或将病料接种鸡胚,取死胚的绒毛尿囊膜作包涵体检查(细胞核内有嗜酸性包涵体)。

③中和试验。用已知抗血清与病毒分离物做中和试验,用来检查病毒。

此外,荧光抗体法、琼脂扩散试验等,也可用于本病的诊断。

临床诊断上要注意与新城疫、慢性呼吸道病、传染性支气管炎、传染性鼻炎等疾病相鉴别。

新城疫虽然有明显的呼吸道症状,但后期主要表现为神经症状,且剖检病变集中于胃肠道,如腺胃出血,盲肠扁桃体出血和坏死等。

有慢性呼吸道病的鸡,发病时间长,无继发感染时死亡率低,利用抗菌药物可以治疗。

传染性支气管炎病鸡具有呼吸道症状,但剖检时可见支气管的下 1/3 段出血,肾型传染性支气管炎还常可见肾脏肿大、苍白,肾小管和输尿管内有大量尿酸盐沉积,而传染性喉气管炎多为喉部与支气管的上 1/3 段出血。另外,传染性支气管炎可引起蛋的品质下降,而传染性喉气管炎通常不影响蛋的品质。

传染性鼻炎病鸡一般头肿大,鼻腔和鼻窦有浆液性和黏液性分泌物,眼睑水肿和结膜炎,严重时可导致失明。肉髯明显水肿,尤其是公鸡。有时发生下呼吸道感染,引起啰音。剖检可见鼻腔和鼻黏膜充血肿胀,并有大量黏液、凝块和干酪样坏死。

(7)防控措施:坚持严格

隔离、消毒等措施，是防控本病流行的有效方法。封锁疫点，禁止可能污染的人员、饲料、设备和鸡只的移动，是成功控制的关键。野毒感染和活疫苗接种，都可造成病毒的潜伏感染，因此，避免将康复鸡或接种疫苗的鸡与易感鸡混群饲养，尤其重要。

目前有两种疫苗可用于免疫接种。一种是鸡传染性喉气管炎活疫苗，点眼免疫，适用于 1 个月以上的鸡，接种 9 天后产生免疫力，免疫期为半年；另一种是基因工程疫苗（鸡传染性喉气管和鸡痘基因工程活载体疫苗），生产中使用，效果较好。

药物对症治疗可缓解呼吸困难等症状，并预防和控制继发感染。患结膜炎的鸡可用氢化可的松眼膏点眼，同时用红霉素、庆大霉素等药物治疗。呼吸困难的鸡可用平喘药物加以缓解，如盐酸麻黄素每只鸡每天 10 毫克，或氨茶碱 50 毫克，饮水或拌料投服，这对缩短病程、减轻症状、降低死亡率，有一定作用。

4. 鸡马立克病

本病由马立克病病毒引起，是鸡最常见的一种肿瘤性传染病。临床上以外周神经、各种器官和皮肤的肿瘤化淋巴细胞浸润为特征，传染性强。

本病存在于世界所有养禽国家和地区。自 20 世纪 70 年代广泛使用火鸡疱疹病毒疫苗以来，造成的损失已大大下降，但疫苗免疫失败屡有发生。近年来各地相继发现毒力极强的马立克病病毒，给本病的防控带来了新问题。

（1）病原：马立克病病毒属于疱疹病毒科、疱疹病毒甲亚科，分为 3 个血清型。Ⅰ型为致瘤的马立克病病毒，它是本病的原型病毒；Ⅱ型为从鸡分离的不致瘤的马立克病病毒；Ⅲ型为从火鸡分离的火鸡疱疹病毒，对鸡无致病性，可作为鸡的疫苗株。

从感染鸡羽囊随皮屑排

出的病毒粒子,对外环境有很强的抵抗力,皮屑中的病毒在室温下传染性可保持 4～8 个月,在 4℃条件下至少保存 10 年,常用化学消毒剂可使病毒失活。

(2)传播途径:病鸡和带毒鸡是主要的传染源。在羽囊上皮细胞中复制的传染性病毒,随羽毛、皮屑排出,使污染鸡舍的灰尘成年累月保持传染性。很多外表健康的鸡可长期持续带毒、排毒。病毒通过直接或间接接触,经气源性传播。一般条件下,马立克病病毒在鸡场中广泛存在(越老旧的鸡场越严重),因此,搞好新生雏鸡的预防接种非常关键。

(3)易感动物:鸡是最重要的自然宿主。不同品种的鸡均能感染,国外的伊莎、罗曼、海赛等蛋鸡品种,国内的北京油鸡和狼山鸡等,均对马立克病高度易感。感染时鸡的年龄对发病的影响很大,出雏和育雏室的早期感染,可导致高发病率和死亡率。年龄大的鸡发生感染,病毒可在体内复制,并随脱落的羽囊皮屑排出体外,但大多不发病。母鸡比公鸡对马立克病病毒更易感。

(4)主要症状:本病潜伏期较长,如 1 日龄雏鸡人工接种时,两周后开始排毒,3～5周为高峰。

急性暴发时病情严重,开始病鸡精神委顿,几天后有的出现共济失调,随后发生麻痹。由于被侵害的神经部位不同,表现的症状也不同,有的翅膀下垂,有的头下垂或头颈歪斜,有的引起嗉囊扩张或喘息。步态不稳是最早能够看到的症状,后期完全麻痹,不能行走,蹲伏地上,或呈一腿伸向前方,另一腿伸向后方的特征性姿势(坐骨神经受侵害的结果)。

有些病鸡虹膜受害,使一侧或两侧虹膜呈同心环状或斑点状,以致弥漫灰白色。瞳孔发病开始时边缘变得不齐,后期则仅为一针尖大小孔。

病程长的病鸡可表现为体重减轻、肤色苍白、食欲缺乏和下痢等。死亡是饥饿、失水或同栏鸡的踩踏所致。

(5)剖检病变：最常见的病变是外周神经损伤和各种器官(法氏囊除外)的淋巴瘤。受害神经(如坐骨神经)横纹消失，变为灰白色或黄白色，有时呈水肿样外观，局部或弥漫性增粗可达正常的2~3倍以上，病变常为单侧性。

最常被侵害的器官是卵巢，其次为肾、脾、肝、心、肺、胰、肠系膜、腺胃和肠道。上述器官中可见大小不等的肿瘤块，灰白色，质地坚硬而致密。

皮肤病变见于羽囊，病变可融合成片，呈清晰的白色结节，在拔毛后的胴体尤为明显。

(6)诊断要点：对典型病鸡，结合流行病学、临床症状特别是病理变化，可做出确诊。在实验室内，制备鸡羽髓浸出液，用琼脂扩散试验检查马立克病病毒抗原，操作简单，结果准确。本病应注意与淋巴细胞性白血病相鉴别。

马立克病一般发生于1月龄以上的鸡，2~7月龄为发病高峰期。病鸡常有典型的肢体麻痹症状，出现外周神经受害，法氏囊萎缩、内脏肿瘤等病变。

淋巴细胞性白血病，通常在鸡性成熟时发病率最高(16周)。病鸡法氏囊肿大，生成原发瘤，瘤细胞可转移至肝、脾。

如果有条件做显微镜检查，两者容易区分：马立克病在瘤灶处见大、中、小肿瘤化的淋巴细胞，而淋巴白血病的瘤细胞大小形态基本一致，因为都是起源于法氏囊的肿瘤化的淋巴细胞。

(7)防控措施：

①免疫接种。疫苗接种是防控本病的关键。常用疫苗有鸡马立克病火鸡疱疹病毒疫苗、鸡马立克病活疫苗

（疫苗毒 K 株）、鸡马立克病双价活疫苗（疫苗毒 Z_4、FC_{126} 株）。火鸡疱疹病毒疫苗使用最广泛，因为其价格便宜，而且可制成冻干制剂，保存和使用较方便。对出壳当天的雏鸡，免疫效果最好。雏鸡肌肉注射 0.2 毫升，接种后 10～14 天产生免疫力，免疫期为 1 年半。另外两种疫苗需要液氮保存，接种 7 天（或 8 天）后产生免疫力，免疫期为 1 年半（或终生）。

生长期短的肉鸡，不接种马立克病疫苗。生长期较长的"三黄"肉鸡、蛋鸡和种鸡，都需要进行疫苗接种。

很多因素可以影响疫苗的免疫效果。早期感染，可能是引起免疫鸡群大量死亡的最重要原因，因为疫苗接种后需几天才能产生免疫力，这段时间内在出雏室和育雏室都有可能发生感染。此外，一些引起免疫抑制的传染病（如传染性法氏囊病、网状内皮组织增殖症、高致病性禽流感、鸡

传染性贫血病等），都可干扰产生免疫力。还有，由超强毒株引起的马立克病暴发，常造成严重损失，用双价疫苗（或三价疫苗），由于不同型毒之间存在显著的免疫协同作用，其免疫效率会显著提高。

②抗病育种。具有不同遗传背景品种的鸡，对马立克病易感性有很大差别，因此选育生产性能好的抗病品种鸡，是未来防控本病的一个重要内容。

③防止雏鸡早期感染。加强鸡场管理，防止雏鸡的早期感染极为重要。因为疫苗接种后需几天才能产生免疫力，而这段时间内，在出雏室和育雏室都有可能发生感染。应采取综合卫生措施，严格加以防范。

5. 禽白血病

本病由禽白血病肉瘤病毒群中的病毒引起，是禽类多种肿瘤性疾病的统称。在自然条件下，以淋巴细胞性白血病最常见，其他病型出现率很

低。本节主要介绍淋巴细胞性白血病。临床上以病鸡 14 周龄后发生，法氏囊和肝脾肿大为特征。

（1）病原：禽白血病肉瘤病毒群属于反录病毒科、甲型反录病毒属。

根据本群病毒囊膜糖蛋白抗原差异、宿主范围和基因组的特性，病毒可分为 A～J 共 10 个亚群，淋巴细胞性白血病病毒是其中的一种。病毒抵抗力不强，对脂溶剂和去污剂敏感，对热的抵抗力弱。病毒材料需保存在 $-60℃$ 以下，在 $-20℃$ 很快失活。

（2）传播途径：淋巴细胞性白血病病毒的传播方式有两种，即垂直传播和水平传播。垂直传播在疫病流行上十分重要，即发病种母鸡体内的病毒可感染种蛋，这种胚胎对病毒发生免疫耐受，出壳后雏鸡带有病毒但无抗体，血液和组织中含毒量很高，到成年时母鸡再把病毒传给下一代。感染胚胎的胰腺有大量病毒，

可从新出壳鸡的粪便中排出，传染性很强，但因为病毒不耐热，在外界存活时间短，鸡通过间接接触受感染的机会不多。大多数鸡是通过与先天性感染鸡密切接触获得感染的。

通常感染鸡只有一小部分发病，不发病的鸡可带毒并排毒。出生后最初几周感染病毒，发病率高；感染日期推后，发病率迅速下降。

（3）易感动物：鸡是淋巴细胞性白血病病毒的自然宿主。人工接种野鸡、珍珠鸡、鸭、鸽、鹌鹑、火鸡和鹧鸪也可引起肿瘤。母鸡的易感性比公鸡高，年龄越小易感性也越高，通常在 4～10 月龄以内的鸡发病率最高，14 周龄以上的鸡很少发生本病。

（4）主要症状：淋巴细胞性白血病的潜伏期较长。自然病例可见于 14 周龄后的任何时间，但通常以性成熟时发病率最高。

病鸡症状无特征性，可见

鸡冠苍白、皱缩，有时发绀。食欲缺乏、消瘦和衰弱，也较常见。腹部增大，可触摸到肿大的肝和法氏囊。一旦显现临床症状，通常病程进展很快。

蛋鸡和种鸡的产蛋性能受到严重影响。排毒病鸡可少产蛋 20～30 枚，性成熟推迟，蛋小而壳薄，受精率和孵化率下降，发病肉鸡的生长速度也受影响。

(5) 剖检病变：病鸡法氏囊均肿大（原发瘤）。肿瘤常见于肝和脾（转移瘤），大小和数量差异大，可为结节状、粟粒状或弥散状，肾、肺、性腺、心脏、骨髓等也可受害。结节状肿瘤从针尖到鸡蛋大小，单个或数个分布，一般呈球形。粟粒状肿瘤多见于肝，均匀分布在实质中，肿大几倍至几十倍，呈浅灰白色，质脆。

(6) 诊断要点：主要根据流行病学和病理学检查结果做出诊断。病毒分离鉴定和血清学检查较少使用。

(7) 防控措施：由于本病以垂直传播为主，水平传播仅占次要地位，先天感染的免疫耐受鸡是最重要的传染源，所以疫苗免疫对防控的意义不大，目前也没有可用的疫苗。

在种鸡群中消灭淋巴白血病病毒，建立无白血病的种鸡群，是防控本病最有效的措施。具体方法由于费时、成本高、技术复杂，一般种鸡场还不能实行。目前通常的做法，是通过检测和淘汰带毒母鸡以减少感染率，在多数情况下均能收到一定成效。

因刚出雏的雏鸡对病毒接触感染最敏感，所以，每批之间对孵化器、出雏器、育雏室，都要做好彻底清扫消毒，这有助于减少健康雏鸡的感染。培育对本病有遗传抵抗力的鸡品种，是一个努力方向。

6. 鸡传染性法氏囊病

本病由传染性法氏囊病毒引起，是幼龄鸡的一种急性、高度接触性传染病。临床上以腹泻,法氏囊出血肿胀,可导致免疫抑制,并诱发多种疫病,或使疫苗接种失败为特征。

目前本病在世界养鸡的国家和地区广泛流行,也是严重威胁我国养鸡业的重要传染病之一。

(1)病原:病原是传染性法氏囊病病毒,属于双股双节段核糖核酸病毒科、双股双节段核糖核酸病毒属,病毒粒子无囊膜。

病毒分为两个血清型,即血清Ⅰ型(鸡源性病毒)和血清Ⅱ型(火鸡源性病毒),引起鸡发病的主要是血清Ⅰ型。血清Ⅰ型又分许多亚型,各亚型及变异毒株之间不能完全交叉保护。

病毒在外界环境中极为稳定,能够在鸡舍内长期存在,发病鸡舍空舍后122天,再放入鸡后仍可感染发病。病毒耐热,56℃条件下3小时病毒效价不受影响,60℃条件下90分钟病毒不被灭活,但70℃条件下30分钟可灭活病毒。

(2)传播途径:病鸡和带毒鸡是传染源。各种排泄物和分泌物均带毒,以粪便排毒量最大。病毒传染性强,传播迅速,主要经消化道传染,也可经呼吸道、可视黏膜传染。在易感雏鸡群中常造成暴发,发病率接近100%,病死率差异较大,经5～9天停息。

(3)易感动物:自然感染仅发生于鸡,各种品种的鸡都能感染,主要发生于2～15周龄的鸡,3～6周龄的鸡最易感,成年鸡一般呈隐性经过。

(4)主要症状:潜伏期2～3天。病鸡表现精神委顿,羽毛蓬松,采食下降或不食,畏寒聚堆。严重病鸡头垂地,闭眼呈昏睡状态。病鸡下痢,排出黄白色黏稠或水样稀粪。有的病鸡自啄肛门。病鸡可产生免疫抑制,易感染其他疫病,疫苗免疫效果下降。本病在鸡群内发病率高,病程短。

(5)剖检病变:典型病例

法氏囊呈胶冻样水肿、出血，胸肌和大腿肌出血，肾脏肿胀及尿酸盐沉积。

(6)诊断要点：根据流行病学、症状及病变特点，可做出初步诊断。确诊需进行实验室检查。

①病毒分离鉴定。病料主要采取法氏囊和脾脏，经绒毛尿囊膜接种 9～11 日龄鸡胚，进行病毒分离鉴定。

②血清学方法。主要有琼脂扩散试验与中和试验。琼脂扩散试验操作简单，适用于流行病学调查和免疫后的抗体检测，但不能区别血清型，中和试验可进行血清型、亚型鉴别。

本病需与鸡新城疫、传染性支气管炎、淋巴细胞性白血病相鉴别。鸡新城疫发病鸡，可能见到法氏囊充血、出血病变，但法氏囊不呈胶胨样水肿，典型的鸡新城疫有呼吸道症状和神经症状，法氏囊病一般没有神经症状。患肾型传染性支气管炎病鸡特征性病变是肾肿大，尿酸盐沉积，有时见法氏囊充血或轻度出血，但法氏囊无胶胨样水肿。患淋巴细胞性白血病的病鸡，肝、肾、脾多见肿瘤，法氏囊增生、胶胨样水肿或萎缩，但色彩一般呈灰白色，无出血，主要发生于 18 周龄以上，性成熟的鸡群，发病的年龄与法氏囊病有很大差别。

(7)防控措施：

①平时的防控措施。要注意对环境的消毒，特别是育雏室应作为重点。用有效消毒药对环境、鸡舍、用具、笼具进行喷洒，经4～6 小时后，再进行彻底清扫和冲洗，然后再经 2～3 次消毒，方可使用。

疫苗主要有活毒苗和油乳剂灭活苗两类，前者又分弱毒苗（如 A_{80} 株等）和中毒苗（如 B_{87}、K_{85}、BJ_{836}、J_{87} 株等）。常规免疫程序是：10～14 日龄首免（具体时间根据母源抗体水平而定），一般用中毒苗较好，如母源抗体很低应使用弱毒苗，饮水免疫；10～15 天后进行二免,中毒苗饮水免疫。种鸡在开产时(110～180日龄)用油乳剂灭活苗,皮下或肌内注射免疫。

由于病毒抗原性复杂且易变异,可能发生免疫失败现象,可及时更换疫苗,最好使用抗原谱较广的多价疫苗。如仍不能有效预防发病,可分离当地毒株,制备自家疫苗进行免疫。

②发病后的控制措施。对发病鸡群紧急接种高免卵黄液或高免血清(国内已生产鸡传染性法氏囊病精制蛋黄抗体),效果较好。注射抗体制剂10天后,应对鸡群进行疫苗主动免疫。如发病是由于疫苗毒与流行毒抗原性不符所致,应考虑更换疫苗及免疫程序。使用管囊散、法氏抗毒散等中药制剂进行对症治疗。随时消毒污染环境,对病死鸡做无害化处理。

7. 鸡传染性支气管炎

本病由鸡传染性支气管炎病毒引起,是鸡的一种急性呼吸道传染病。临床上以气管啰音、咳嗽、打喷嚏,雏鸡流鼻涕,母鸡产蛋量减少和蛋品质下降为特征。本病在世界范围内广泛流行,对养鸡业危害严重。

(1)病原:鸡传染性支气管炎病毒属于冠状病毒科、冠状病毒属。发现的病毒的血清型已超过了30种,各血清型间没有或仅有部分交互免疫作用。

多数病毒株在56℃加热15分钟灭活,-20℃能保存7年之久。病毒对一般消毒剂敏感,如在0.01%高锰酸钾溶液中3分钟内死亡。病毒在室温中能抵抗1%盐酸(pH为2)、1%石炭酸和1%氢氧化钠(pH为12)1小时,而鸡新城疫、传染性喉气管炎和鸡痘病毒在室温中不能耐受pH为2的溶液,这在鉴别上有一定意义。

(2)传播途径:病鸡和带毒鸡是传染源。主要通过病鸡咳出的带毒飞沫,经呼吸道传播,也可通过病毒污染的饲料、饮水和用具等,经消化道传播。鸡群拥挤、鸡舍通风不良和冷应激,可促进本病的发生。病毒传染力极强,特别容易通过空气在鸡群中迅速传播,数日内即可波及全群,病鸡耐过后产生免疫力,发病无季节性。

(3)易感动物:本病仅发生于鸡。各种年龄和品种的鸡均易感,以1～4周龄的鸡最易感。有母源抗体的雏鸡(约4周)有一定抵抗力。

(4)主要症状:自然感染潜伏期为36小时或更长,人工感染为18～36小时。

临床上常见呼吸道型、肾型、腺胃型等3种病型。

①呼吸道型传染性支气管炎。各日龄的鸡均易感,传播快,全群几乎同时发病。

发病初期表现为流鼻液、流泪、咳嗽、打喷嚏、呼吸困难,常伸颈张口喘气。夜间安静时,可听到病鸡伴随呼吸发出的喘鸣声。随后全身症状逐渐加重,精神萎靡、缩头闭眼沉睡、翅膀下垂、羽毛松乱无光、怕冷挤堆,同时伴有减食或下痢症状。康复鸡发育不良。病程一般为1～2周,有的拖延至3周。4周龄以下雏鸡的死亡率可达25％,6周龄以上的鸡死亡率较低。康复后的鸡具有免疫力,血清中的抗体至少存在1年。

成年鸡出现轻微的呼吸道症状,产蛋鸡产蛋量下降,严重时可减少一半,并产软壳蛋、畸形蛋或粗壳蛋。蛋的质量变差,如蛋白稀薄呈水样,蛋黄和蛋白分离,以及蛋白黏着于壳膜表面等。

剖检病变:雏鸡鼻腔及咽部有浓稠的黏液,气管内有黏液性或干酪样渗出物,气囊混浊,变厚,有黄色渗出物。

②肾型传染性支气管炎。发病日龄主要集中在20～40日龄的雏鸡。病鸡精神沉郁,常聚集在热源处,羽毛蓬乱,缩颈垂翅。发病初期有2～4天的轻微呼吸道症状,随后呼

吸道症状消失,出现表面上的"康复"。1周左右进入急性肾病变阶段,出现零星死亡。病鸡排出白色米汤样稀粪或水样下痢,迅速消瘦,饮水量增加。机体严重脱水,鸡爪干瘪,肌肉发绀。

剖检病变:肾脏肿大、苍白,输尿管变粗,内有大量白色的尿酸盐沉积,泄殖腔常见白石灰样稀粪。

③腺胃型传染性支气管炎。主要发生在20~80日龄的鸡群。发病初期仅表现为生长缓慢,继而出现精神不振,采食、饮水减少,拉稀,有呼吸道症状,消化不良,粪便中混有未消化的饲料,消瘦,生长停滞。发病中后期,病鸡精神高度沉郁,闭眼,耷翅,羽毛松乱,病鸡消瘦,鸡群内体重差异很大,很像不同日龄的鸡组成的鸡群,最后病鸡因严重衰竭而死亡。

剖检病变:病死鸡消瘦,发病初期气管内有黏液,中后期腺胃变大,如乒乓球状,腺胃壁增厚,腺胃黏膜有出血和溃疡,腺胃乳头肿胀、出血或坏死。

(5)诊断要点:根据雏鸡或幼鸡的急性呼吸道症状、高病死率和母鸡产蛋量显著下降、产出畸形蛋,结合剖检所见,可做出初步诊断。确诊需做实验室检查,包括病毒分离鉴定、病毒干扰试验、血清学诊断(琼脂扩散试验、血凝及血凝抑制试验)等。

呼吸道型传染性支气管炎应与禽流感、新城疫、产蛋下降综合征、传染性鼻炎、慢性呼吸道病等进行鉴别。

(6)防控措施:

①预防措施。不要从疫区引种。加强饲养管理,合理配制日粮,增加日粮中维生素(特别是维生素A)的含量。保持环境卫生,注意环境消毒、带鸡消毒。适度通风,舍温、湿度要合适。饲养密度合理,减少应激。

预防本病,有活疫苗、油乳剂灭活疫苗、几种联苗可供使用。对呼吸型传染性支气管炎,首免可在 7～10 日龄,用传染性支气管炎 H_{120} 弱毒疫苗点眼或滴鼻。二免可于 30 日龄,用传染性支气管炎 H_{52} 弱毒疫苗点眼或滴鼻。开产前用传染性支气管炎灭活油乳疫苗肌内注射,每只 0.5 毫升。对肾型传染性支气管炎,可于 4～5 日龄和 20～30 日龄,用肾型传染性支气管炎弱毒苗进行免疫接种,或用灭活油乳疫苗于 7～9 日龄进行免疫接种。对腺胃型传染性支气管炎,可在 15～20 日龄,接种新城疫-肾型传染性支气管炎-腺胃型传染性支气管炎三联油乳剂灭活苗,蛋鸡和种鸡在 120 日龄再免疫 1 次新城疫-减蛋综合征-多价传染性支气管炎-腺胃型传染性支气管炎四联苗。

②治疗措施。肾型传染性支气管炎,用消肾肿药(如 0.1％碳酸氢钠),让鸡饮水 3 天。降低日粮中蛋白含量。

合理给予抗菌药,选用土霉素、强力霉素、甲砜霉素、丹诺沙星或氨苄青霉素等,以控制细菌感染。

三、寄生虫和寄生虫病的防控

(一)寄生虫简介

寄生生活是自然界中不少生物采取的一种生活方式。寄生物从宿主身上获取所需的营养物质,并给宿主造成不同程度的伤害,严重的可引起宿主发病甚至死亡。而宿主对寄生虫则表现出一定的抵抗力。

1. 寄生虫的概念和类型

(1)寄生虫的概念:寄生虫是暂时或永久在宿主体内或体表过着寄生生活的动物。

(2)寄生虫的类型:

①内寄生虫与外寄生虫。这是根据寄生部位不同来区分的。凡是寄生在宿主体内的寄生虫称为内寄生虫,如吸虫、绦虫和线虫等。凡是寄生在宿主体表的寄生虫称为外寄生虫,如蚊、虻、螨、虱子等。

②专性寄生虫与多宿主

寄生虫。这是根据寄生宿主的特异性不同来区分的。凡是对宿主有严格的选择性,只寄生于一种特定宿主的寄生虫称为专性寄生虫,如马的尖尾线虫只寄生于马属动物等。而能够寄生于多种宿主的寄生虫,则称为多宿主寄生虫,如肝片形吸虫可寄生于绵羊、山羊、牛等多种反刍动物,还可寄生于猪、兔、鼠、马、犬、象等动物以及人。许多人畜共患寄生虫病的病原都属于多宿主寄生虫,这类寄生虫能在多种宿主间传播,往往给该类寄生虫病的防控带来一定的困难。

③长久性寄生虫与暂时性寄生虫。这是根据寄生虫寄生时间长短来区分的。某一个生活阶段不能离开宿主体,否则难以存活的寄生虫,称为长久性寄生虫,如旋毛虫。根据需要而暂时寄生生活的寄生虫,称为暂时性寄生虫,如蚊子、虻等。

④固需寄生虫与兼性寄生虫。这是根据对寄生生活的依赖程度不同来区分的。完全依赖于寄生生活而不能脱离其宿主的寄生虫,称为固需寄生虫,如绦虫、吸虫和大多数寄生性线虫。而可寄生也可不寄生自由生活的寄生虫,称为兼性寄生虫,如一些蝇类(绿蝇、丽蝇等)的幼虫(即伤口蛆),既可生活于动物尸体上,也可以寄生于活体的伤口中。

⑤引起动物寄生虫病的寄生虫主要有3类,即蠕虫、原虫和体外寄生虫。

蠕虫是一类多细胞的内寄生虫,包括吸虫、线虫和绦虫等。虫体长度从几毫米到几十厘米不等。它的特征是没有骨骼,身体柔软,两侧对称,运动类似蚯蚓,靠肌肉的收缩而蠕动,所以称为蠕虫。蠕虫大部分寄生动物的消化器官内,发育过程一般分为卵、幼虫和成虫3个阶段,成虫所产的虫卵随粪便排出体外。因此,从动物的粪便中检查虫卵,是诊断蠕虫病的主要方法之一。

原虫是一种单细胞动物,虫体微小,大小 1～30 微米。它的结构简单,由细胞膜、细胞质和细胞核组成。原虫寄生在动物的腔道、体液、组织和细胞内,如牛泰勒虫、鸡球虫等。

体外寄生虫,主要是蜱、螨、蝇类,以及跳蚤、虱子等。有的体形较小,如虱子长2～3毫米。有的体形较大,如牛皮蝇成蝇体长可达 15 毫米。它们在结构上的共同特点是身体左右对称,体和附肢分节,并具有外骨骼等。

2. 宿主的概念和类型

(1)宿主的概念:凡是体内或体表有寄生虫暂时或长期寄居的动物,都称为宿主。

(2)宿主的类型:

①终末宿主(终宿主)。寄生虫成虫(性成熟阶段)或有性生殖阶段所寄生的宿主。如人是猪带绦虫的终末宿主,猫是弓形虫的终末宿主。

②中间宿主。寄生虫幼虫或无性生殖阶段所寄生的宿主。如猪是猪带绦虫的中间宿主,其他动物(包括人)是弓形虫的中间宿主体。

③第二中间宿主(补充宿主)。某些种类的寄生虫在发育过程中需要两个中间宿主,后一个中间宿主称为第二中间宿主,也称作补充宿主。如双腔吸虫的第二中间宿主是蚂蚁。

④贮藏宿主(转续宿主)。宿主体内有寄生虫虫卵或幼虫存在,虽不发育繁殖,但保持着对易感动物的感染力,这种宿主叫做贮藏宿主或转续宿主。它在流行病学研究上有着重要意义,如蚯蚓是鸡异刺线虫的贮藏宿主。

⑤保虫宿主。通常寄生于某种宿主的寄生虫,偶然也可寄生于其他一些宿主,但寄生不普遍多量,无明显危害,把这种通常不被寄生的宿主称为保虫宿主,如耕牛是日本血吸虫的保虫宿主。这种宿

主在寄生虫病的流行上起一定作用。

⑥带虫宿主。宿主被寄生虫感染后，随着机体抵抗力的增强或药物治疗，处于隐性感染状态，体内仍存留有一定数量的虫体，这种宿主即为带虫宿主。它在临床上不表现症状，但仍可持续不断地向环境中释放病原，在疾病的防控过程中往往被人们所忽视。

以上讲述寄生虫与宿主的类型，是为了研究学习的方便，是人为划分的，实质上并无严格界限。

3. 寄生虫的生活史

寄生虫生长、发育和繁殖的完整循环过程，称为寄生虫的生活史或发育史。寄生虫的生活史可以分为若干个阶段，每个阶段的虫体有不同的形态特征，需要不同的生活条件。如线虫生活史一般分为卵、幼虫、成虫3个阶段，其中幼虫又分为若干期，原虫生活史可分为无性繁殖期和有性繁殖期两个阶段。

（1）寄生生活建立的条件：寄生虫完成其生活史，需要具备一系列条件，只有满足了这些条件，一种寄生虫才能完成其生活史而得以生存。

①寄生虫必须有其适宜的宿主，甚至是特异性的宿主，这是寄生生活建立的前提。

②虫体必须发育到感染性阶段（或叫侵袭性阶段），才能感染宿主。

③寄生虫必须有与宿主接触的机会，才能造成感染。

④寄生虫必须有适宜的感染途径，否则不会完成感染。

⑤寄生虫进入宿主体后，必须有适宜的移行路径，并最终到达其寄生部位（特异性的器官组织）。

⑥寄生虫必须能战胜宿主的抵抗力（免疫力）或保持平衡状态。

以猪蛔虫为例，猪蛔虫的感染需有猪的存在，虫卵需在外界适宜的温湿度环境下发育到感染性虫卵阶段,健康猪需能够通过粪便或土壤接触到这些感染性虫卵,感染性虫卵需通过饲料或饮水,经口进入猪体内,卵内幼虫出来后,需通过血液循环,经肝、心、肺,再上行到口腔,最后进入小肠寄生部位,发育为成虫,其间需战胜宿主的抵抗力,这样才能最终完成猪蛔虫的生活史。

(2)宿主对寄生虫生活史的影响:宿主遭受寄生虫感染后,可能会出现不同的反应和不同程度的病变,表现不同的临床症状或呈无症状的带虫状态。宿主机体也都会以不同的形式试图阻止寄生虫的寄生,在这一过程中,对寄生虫的生活史产生多方面的影响,这些影响往往与宿主的年龄、性别、体质和饲养管理等因素有关。

①遗传因素的影响。表现为某些动物对某些寄生虫种类的先天不感受性,如一般马不感染脑包虫,牛羊不发生猪肾虫病。

②年龄因素的影响。表现为不同年龄的个体对寄生虫的易感性有差异。一般来说幼龄动物对寄生虫易感,可能是由于其免疫机能低下,对外界病原的抵抗力较弱。

③机体组织屏障的影响。宿主机体的皮肤黏膜、血脑屏障以及胎盘等可有效地阻止一些寄生虫的侵入,如一般寄生虫难以通过皮肤、胎盘感染宿主。

④宿主体质及饲养管理情况的影响。营养合理,饲养管理优良,宿主体质健壮,则对寄生虫的抵抗力强,发病就少。如猪饲料中缺乏维生素及矿物质时,3～5月龄的仔猪则易感染猪蛔虫。

⑤宿主免疫作用的影响。包括细胞免疫和体液免疫。主要表现在两个方面,一是在寄生虫侵入、移行和寄生部位,发生局部组织抗损伤作用,免疫活性细胞浸润,释放酶类活性物质,杀灭侵入、寄

生的虫体,最后引起组织增生或钙化;二是寄生虫可刺激宿主单核-巨噬细胞系统发生全身性免疫反应,抑制虫体的生长、发育和繁殖。

寄生虫的免疫同其他病原微生物免疫相比,具有下述特点。

①免疫的复杂性。这主要是由于大多数寄生虫是多细胞动物,构造复杂,另外在其生活史中,常分为不同的发育阶段,许多因素造成了寄生虫抗原及免疫的复杂性。

②不完全免疫。即宿主尽管对寄生虫能起一些免疫作用,但不能将虫体完全清除,寄生虫可以在宿主体进行生存和繁殖。

③带虫免疫。寄生虫在宿主体保持一定数量时,宿主对同种寄生虫的再感染具有一定的免疫力。一旦宿主体内虫体完全消失(如健康羊胃肠道的绦虫等),这种免疫力也随之结束,这种免疫现象称为带虫免疫。

4. 寄生虫病的危害

寄生虫侵入宿主机体后,多数经过一段或长或短的移行过程并最终到达其特定寄生部位,发育成熟。在整个的侵入、移行和寄生的过程中,都会对宿主造成不同程度的损伤。另外,一些寄生虫病除危害畜禽外,还会对人体健康构成一定威胁。

由于各种寄生虫广泛寄生于动物体,以多种方式掠夺宿主营养,损害健康,降低动物的生产性能,从而造成生产成本增加,畜产品数量、质量下降,如牛皮蝇对牛皮的质量和制革工业造成很大影响。还有一些人畜共患寄生虫,既可以侵害畜禽,也可危害人体,如弓形虫、猪囊虫等。

寄生虫对宿主的危害,既表现在局部组织器官,也表现在全身,其中包括侵入门户、移行路径和寄生部位。具体危害主要有以下几个方面。

(1)掠夺宿主营养:寄生于消化道的寄生虫,多数以宿主体内的消化或半消化的食物营养为食,有的寄生虫还直接吸取宿主血液(如吸血节肢动物和某些线虫),也有的寄生虫(如某些原虫)则可破坏红细胞或其他组织细胞,以血红蛋白、组织液等作为食物。由于寄生虫对宿主营养的掠夺,使宿主长期处于贫血、消瘦和营养不良状态。

(2)机械性损伤:虫体以吸盘、小钩、口囊、吻突等器官,附着在宿主的寄生部位,造成局部损伤。幼虫在侵入宿主机体和移行过程中,造成皮肤黏膜损伤,形成虫道,导致出血、炎症。虫体在肠管或其他组织腔道(胆管、支气管、血管等)内寄生聚集,引起腔道堵塞甚至破裂。另外,某些寄生虫在生长过程中,还可刺激和压迫周围组织脏器,导致一系列继发症,如寄生于脑部的脑包虫,压迫脑组织引起神经症状。

(3)虫体毒素作用和免疫损伤:寄生虫在寄生生活期间所排出的代谢产物、有毒分泌物及虫体崩解后的物质,均可引起宿主局部或全身性的中毒和过敏反应,导致宿主组织及机能的损害。如蜱在吸血过程中所释放的抗凝血物质,可破坏血液凝固;寄生于胆管的肝片形吸虫的分泌物、代谢产物,可引起胆管上皮增生、管壁增厚;血吸虫虫卵分泌的可溶性抗原与抗体结合成的免疫复合物沉积于肾小球基底膜,在补体参与下引起肾小球基底膜损伤。

(4)继发感染:某些寄生虫侵入宿主体时,把其他病原体(细菌、病毒等)一同带入宿主体内。另外,寄生虫感染宿主体后,破坏了机体组织屏障,降低了抵抗力,也使得宿主容易继发感染其他一些疾病。还有一些寄生虫(特别是吸血节肢动物),本身就是一些病原的传播媒介。

5. 寄生虫病的防控

寄生虫病严重危害畜牧业的发展及畜产品的质量和

产量,有些也严重威胁着人类的健康,所以,有效预防和控制寄生虫病的发生,具有重要的现实意义。

由于寄生虫病病原种类繁多,生活史复杂,而其流行与人的生活习惯、社会经济状况、家畜屠宰管理、流通检疫情况等诸多因素关系密切,故对寄生虫病应采取综合性防控措施。

(1)控制感染源:要有计划地进行定期预防性驱虫。驱虫过程中要注意药物的选择,原则是要高效、低毒、广谱、价廉、使用方便。在驱虫药的使用过程中,要注意正确合理用药,避免连续几年使用同一种药物,尽量争取推迟或消除抗药性的产生。另外,要注意确定最佳驱虫时间,具体做法:一是在对当地寄生虫病做流行病学调查的基础上进行,否则会事倍功半。二是通常要赶在虫体成熟前驱虫,防止性成熟的成虫排出虫卵或幼虫对外界环境的污染。

三是可采取秋冬季驱虫的方式。此时驱虫有利于保护畜禽安全过冬,同时,由于秋冬季外界寒冷,不利于大多数虫卵或幼虫存活发育,这样可以减轻对环境的污染。驱虫应在专门的、有隔离条件的场所进行。驱虫后动物排出的粪便应统一集中,用生物热发酵法进行无害化处理(粪便堆积发酵达到一定温度可杀灭虫卵或虫体)。

除药物驱虫外,一些寄生虫还可利用生物控制(如利用自然界某些真菌来控制和降低羊线虫感染率)和虫苗(如牛环形泰勒虫病活虫苗、鸡球虫病虫苗等)免疫的方法来预防。

(2)切断传播流行途径:在充分了解寄生虫传播流行特点的基础上,采取相应措施,因地制宜、有针对性地阻断其传播过程。比如某些寄生虫的传播是通过饲料、饮水感染易感动物的,就可以通过搞好环境卫生,保持畜禽舍的清洁干燥,通风透光,定时处理粪便,防止饲料饮水被粪便污染等措施加以预防。而对那些通过中间宿主或传播媒介传播的寄生虫,可以采取一定措施,减少或消灭中间宿主,破坏其滋生地,尽量避免易感动物与中间宿主或传播媒介的接触。

(3)增强畜禽机体抵抗力:实行科学化养殖。加强日常饲养管理,保证饲料平衡、全价,合理放牧,减少应激,提高易感动物对寄生虫病的抵抗力,可以在一定程度上避免寄生虫病的发生或减轻寄生虫病的危害。另外,还可以选择一些抗寄生虫感染的品种进行饲养。

特别提示:在寄生虫病防控中,要认真贯彻"预防为主、防重于治"的原则。应该明确寄生虫病是除传染病之外的另一类对畜禽危害较为严重的疾病,其特点是慢性、渐进性消耗,饲料报酬率低,在不知不觉中,使畜牧业经济效益遭受重大损失。为做好日常性预防工作,要下气力对广大群众做好科普宣传,使广大群众明白寄生虫病是怎么发生的,又是怎样从一个畜体传到另一个畜体的,认识寄生虫病的危害,自觉地配合兽医做好防治工作。寄生虫病的有效控制,还依赖于相邻地区的通力合作及各种规章制度的完善和落实。

(二)猪寄生虫病的防控

1.猪囊尾蚴病(猪囊虫病)

猪囊尾蚴病,是由带科、带属的猪带绦虫(有钩绦虫)的幼虫——猪囊尾蚴寄生于猪的肌肉和其他器官中引起的。剖检时以肌肉中有豆粒大小的囊尾蚴寄生为特征,又称猪囊虫病,俗称豆猪肉、米猪肉。

本病人畜共患,是肉品卫生检验的重要项目之一。有猪囊尾蚴的猪肉不能作鲜肉出售,严重的需废弃。

(1)病原:猪囊尾蚴幼虫

和成虫均为病原体。

①幼虫。猪囊尾蚴也称作猪囊虫,成熟的囊尾蚴呈椭圆形,半透明囊泡状,约黄豆大小,囊内充满囊液,囊壁是一层薄膜。幼虫多寄生在中间宿主的横纹肌里,脑、眼和其他脏器也常有寄生。

②成虫。猪带绦虫成虫寄生在终末宿主(人)的小肠里,因其头节的顶突上有小钩,又名"有钩绦虫"。成虫体长 2~5 米,偶有长达 8 米的。整个虫体由 700~1 000 个节片组成。

(2)生活史:猪带绦虫的成虫只寄生在人的小肠中。虫卵或孕节(有繁殖力的虫体节段)随粪便排出,可污染环境或饲料、饮水。猪吞食了虫卵或孕节后,在猪体内繁殖出幼虫(猪囊尾蚴),主要在肌肉中寄生,以咬肌、舌肌、膈肌、肋间肌以及颈、肩、腹部等处的肌肉中最常见。内脏中以心肌较多见,在感染严重时,在肝、肾、肺、脑及脂肪中也可

发现。猪囊尾蚴在猪体可生存数年,年久后钙化死亡。本病也可感染犬、骆驼、猫等动物。

(3)流行特点:猪囊尾蚴病呈全球性分布,多见于亚洲、非洲、拉丁美洲的一些国家和地区。我国是猪囊尾蚴病的高发区,其中以华北、东北、西南等地区多发,北方多见,长江流域较少。本病一年四季均可发生,多为散发。

人感染猪带绦虫病,与饮食卫生习惯和烹调方法有关。北方人喜食饺子,做肉馅时先尝味道,偶然会吃入猪囊尾蚴。有时做凉拌菜时,切完生的带有囊虫的猪肉后,又切凉拌菜,使黏附在菜刀或砧板上的猪囊尾蚴混于凉菜中。此外,烹调时间过短,快锅爆炒肉片,火锅烫生嫩肉片,均有可能感染。我国西南地区有些人有吃生猪肉的习惯,也可发生本病。人如果食用了这种含猪囊尾蚴的猪肉,猪囊尾蚴在人的胃肠内经过2~3个

月发育为猪带绦虫的成虫,就可发生猪带绦虫病。一般只寄生 1 条,偶尔可寄生 2～4 条。成虫在人体内可存活数年或数十年之久。

患猪带绦虫病的病人,排出的粪便污染了饲料、牧草或饮水,被猪食人,可感染囊虫病。有些落后地区,人无厕所,随地大便,养猪无圈,到处乱跑,所以在这些地方发生猪患囊虫病比较普遍。

人也可感染猪囊尾蚴,主要有两种方式:一种是猪带绦虫的虫卵污染人的手、饮水和食物,被误食后引发感染。另一种是猪带绦虫的患者自身感染,在一些病理状态下,患者发生肠逆蠕动时,脱落的孕节随肠内容物一起逆入胃中,进一步在人体的一些组织器官中发育成囊尾蚴。常见的寄生部位是脑、眼、心肌及皮下组织等。

(4)主要症状:猪囊尾蚴病对猪的危害一般不明显。重度感染时,可导致营养不良、贫血、水肿及衰竭。大量寄生于脑部时,可引起神经症状,如鼻部触痛、强制运动、癫痫、视觉扰乱和急性脑炎,有时突然死亡。大量寄生于肌肉组织中时,出现肌肉疼痛、前肢僵硬、跛行、食欲缺乏等表现。寄生在眼内,会引起视力障碍,严重的可失明。侵害肺及喉头,则出现呼吸困难、声音嘶哑与吞咽困难。

(5)剖检病变:有时在猪的舌肌和眼部肌肉上,可看到突出的猪囊尾蚴。屠宰检疫时,在嚼肌、腰肌、心肌和骨骼肌上可检到白色椭圆形或圆形的猪囊尾蚴。

人体感染猪带绦虫时,可能有消化紊乱现象。如果感染囊尾蚴,则症状较猪严重,危害性取决于寄生部位和数量。寄生在脑可引起癫痫、头痛、恶心、呕吐、记忆力减退等,寄生于眼部可导致视力减退,甚至失明,寄生于肌肉组织时造成肌肉酸痛无力,严重的可以致死。

（6）诊断要点：猪囊尾蚴的生前诊断比较困难，根据病史、临床症状，特别是剖检病变，可做出初步诊断，确诊需进一步做实验室检测。

①病原分离鉴定。舌上寄生囊尾蚴的病猪（占27%～30%），通过舌检查法（分离、压片、镜检），可确定病原。

②血清学方法。做ELISA，检查猪全血血片，用酶联免疫检测仪来判读结果。

（7）防控措施：

①治疗。对猪囊尾蚴的治疗可用吡喹酮，按每千克体重50～80毫克喂服，隔两天再用药1次；也可用丙硫咪唑，按每千克体重20～50毫克1次喂服。

对人的猪带绦虫，治疗可用南瓜子槟榔合剂、仙鹤草根芽和氯硝柳胺（灭绦灵），对人的囊尾蚴病，治疗也可用吡喹酮、丙硫咪唑。

特别提示：对患寄生虫病的家畜驱虫时，建议先集合在畜舍或某处牧场，对排出的粪便、虫体等，要集中进行杀灭和堆积发酵，以彻底消灭可能残存的虫体和虫卵。

②预防。在猪囊尾蚴流行区内，应大力宣传科普知识，使群众知道猪囊尾蚴的危害，了解猪囊尾蚴与猪带绦虫的关系。应对居民进行猪带绦虫病的普查，以便查清病人，对症治疗，控制传染源。结合社会主义新农村建设，搞好民居和厕所的规划布局。猪圈要与人厕所分开，杜绝猪与人粪的接触机会，大便必须入厕，猪囊尾蚴流行区的猪必须圈养，不可散养。做到这些本病就能得到有效控制。

要严格执行肉品卫生检验，有囊尾蚴的猪肉，应做无害化处理。

2. 猪蛔虫病

猪蛔虫病由猪蛔虫寄生在猪的小肠内引起，呈世界性分布。临床上成年猪感染后多不表现明显的症状，但对仔猪发育危害严重。

（1）病原：猪蛔虫属于蛔

科、蛔属，是猪体内最大的一种线虫，主要寄生于小肠内。虫体呈圆柱状，两端较细，新鲜虫体呈淡红色或淡黄色。雄虫长 15～25 厘米，雌虫长 20～40 厘米。受精卵为短椭圆形，大小为（50～75）×（40～80）微米，黄褐色，卵壳厚，内含一个圆形胚细胞。

（2）生活史：雌虫在小肠内产卵，卵随宿主粪便排入外界，在适宜的条件下，发育成感染性虫卵（内含幼虫）。被猪食入后，卵内幼虫出来，钻入宿主肠壁血管。随血流先后到达肝脏、心、肺，在肺部停留 5～6 天，后随着宿主咳嗽，通过支气管、气管进入口腔，再被咽下，到达小肠，在这里由幼虫最后发育为成虫。虫卵在外界的发育时间为 10～30 天，幼虫在猪体内移行约20 天，从感染猪到成虫成熟需 2～2.5 个月，寄生时间 7～10 个月。

（3）流行特点：本病流行较广，集约化养殖和散养猪均

可发病。猪感染蛔虫，主要是由于采食了被虫卵污染的饮水和饲料，3～6 月龄仔猪危害尤其严重，以夏秋高温潮湿季节多发。母猪的乳房也容易沾染虫卵，使仔猪在吸奶时受到感染，此外也可经母体胎盘感染。造成该病广泛流行的原因：第一，虫体生活史简单，发育不需要中间宿主。第二，猪蛔虫繁殖能力强，造成环境中虫卵污染严重。第三，虫卵壳厚，对外界环境变化抵抗力强，5％～10％的石碳酸、2％～5％的热碱水、新鲜的石灰水或 5％的硫酸及苛性钠，才能杀死虫卵。饲养管理不良，环境卫生差可促进该病的发生和传播。

（4）主要症状：幼虫移行过程中，可造成肝、肺等器官损伤。在肝脏，引起肝组织出血、变性和坏死，肝脏表面形成云雾状蛔虫斑。在肺脏，造成肺脏点状出血和水肿，引发蛔虫性肺炎，病猪出现咳喘。成虫寄生在小肠时，往往导致

宿主营养不良,数量多时,会造成肠阻塞或肠破裂。另外,有些虫体还可能进入胆管、胰管,引起管道狭窄或阻塞,严重的可导致死亡。

仔猪感染症状明显,初期咳嗽气喘,体温升高,食欲减退,精神沉郁,伏卧,不愿走动。幼虫移行,还会引发荨麻疹和某些神经症状。慢性病猪表现为渐进性消瘦,发育不良,成为僵猪。

(5)诊断要点:两个月以上的仔猪,如有咳嗽、消瘦及生长发育停滞等现象时,均可作为疑似蛔虫病的依据。确诊可采用直接涂片法或饱和盐水漂浮法,检查粪便中有无虫卵。由于猪带虫普遍,当1克粪便中虫卵数达1 000个以上时,方可诊断为蛔虫病。对2月龄内哺乳仔猪,如未检出虫卵,而患猪有肺炎表现,可剖检死猪,从肝、肺组织进行幼虫分离、确诊。也可结合症状、流行病学资料进行诊断性驱虫来加以确诊。

(6)防控措施:

①治疗。左咪唑(磷酸左旋咪唑),按每千克体重6～10毫克,肌内注射或拌入饲料喂服。丙硫咪唑(抗蠕敏),按每千克体重5～15毫克,拌入饲料喂服。该药为广谱驱虫药,对一般的线虫、绦虫、吸虫都有效。伊维菌素,有效成分剂量为每千克体重0.3毫克,皮下注射(针剂)或口服(片剂)。多拉菌素,按每千克体重0.3毫克,1次皮下注射。精制敌百虫,剂量为每千克体重100毫克,总量不超过10克,溶解后均匀拌入饲料内1次喂服,出现副反应时,以阿托品解之。

②预防。定期驱虫。对本病流行的猪场或地区,每年春、秋各驱虫1次,对断奶到6个月的仔猪进行1～3次驱虫,孕猪在产前3个月驱虫。

保持猪圈的干燥与清洁,每天定时清理粪便并堆积发酵,以杀死虫卵。饲养用具及圈舍,每月1次用20%～

30％的热草木灰水或 4％的热火碱水（60℃以上）进行喷洒。断奶仔猪要多给富含维生素和矿物质的饲料，以增强抗病力。饲料中还可加入驱虫性药物添加剂进行预防。

3. 旋毛虫病

本病是一种人畜共患寄生虫病，成虫（肠旋毛虫）寄生在宿主小肠，而幼虫（肌旋毛虫）寄生于同一宿主肌肉内。旋毛虫宿主范围广，家畜中主要寄生于猪体，犬、猫、鼠类和人均可感染。

（1）病原：旋毛虫属于毛线科、旋毛虫属。成虫（肠旋毛虫）很小，雄虫长 1.4～1.6 毫米，雌虫长 3～4 毫米。虫体前部较细，后部较粗。幼虫（肌旋毛虫）长约 1.15 毫米，在肌纤维之间呈蜷曲状，外有包囊包裹。

（2）生活史：猪受到感染，主要是由于吃入带有肌旋毛虫包囊的肉食残渣，或吃进感染有旋毛虫的死鼠所致。幼虫进入猪小肠后，经 2 天发育

成熟，雌雄交配后，雌虫在肠壁淋巴间隙中产出大量幼虫，这些幼虫通过淋巴系统，然后经血液循环进入横纹肌发育，逐步蜷曲，形成包囊。

（3）流行特点：旋毛虫雌虫寿命约为 6 周，1 条雌虫可产幼虫 1 500 条左右。包囊中的幼虫抵抗力强，在 −12℃ 条件下可存活 57 天，在腐肉里可存活 125 天。盐浸、熏制只能杀死肉类表面的虫体，深层肌肉中的幼虫可存活 1 年以上，发生钙化的包囊中，幼虫仍可保持活力，达数年之久。只有 80℃ 以上的高温，才能杀死囊内的虫体。

动物间的相互捕食及粪便污染，是该病广泛流行的原因之一，因此，在该病流行地区，犬、猫很容易被感染。

人感染主要是吃了未煮熟的含肌旋毛虫的肉食所致。

（4）主要症状：人工感染试验证明，猪感染后 3～7 天，因成虫侵入肠黏膜而引起食欲减退、呕吐和腹泻。感染后

第2周末起,幼虫进入肌肉,引发肌炎,重度感染时,病猪表现体温升高,肌肉疼痛或僵硬,声音嘶哑,呼吸和咀嚼障碍,消瘦,有的出现眼睑和四肢水肿,死亡率低。

人感染时,症状明显。肠型患者出现肠炎、血性腹泻等,肌型患者出现肌炎、发热、肌肉疼痛、行走困难、眼睑水肿等症状,偶尔寄生于脑,可引起神经症状。

(5)诊断要点:宰后肉品卫生检验中必须检查肌旋毛虫。当发现膈肌(或腰肌、腹肌、舌肌)肌纤维间有细小白点时,应取样作压片镜检。方法是将被检肉样剪成米粒大小24块,放于旋毛虫检查器或两玻片之间,压薄,在低倍镜下观察有无包囊和虫体。也可用消化法检查,即将被检肉样用搅肉机搅碎,按每克肌肉加水60毫米、胃蛋白酶0.5克、浓盐酸0.7毫米混匀,放入37℃温箱中,间隔摇动。经半天或1天后,用幼虫分离法分离沉渣中的幼虫,或用旋毛虫检验投影仪观察。

生前诊断,可采用皮内变态反应、ELISA 和间接血凝试验等方法。

(6)防控措施:

①治疗。猪旋毛虫病可用丙硫咪唑每千克体重300毫克混入饲料中,连续饲喂10天,能彻底杀死肌旋毛虫。人旋毛虫病可用噻苯咪唑,疗效很好。

②预防。对猪实行圈养,洗肉水或混有肉屑的泔水要煮熟后再喂猪,经常性地捕杀饲养场或屠宰场内的鼠类。严格肉品卫生检验,凡检出虫体的肉,均应按检验规程处理。

对人旋毛虫病的预防,要大力进行科普宣传,杜绝吃生肉或半生不熟的肉。

4. 猪弓形虫病

弓形虫病是一种分布很广的人畜共患原虫病,猪、牛、羊、狗、猫等多种动物和人均可感染。临床上对猪可引起成批急性死亡,对绵羊往往导致流产,对人可引起流产和胎儿先天性畸形。

(1)病原:病原为刚地弓形虫,属于弓形虫科、弓形虫属。虫体在多种组织、器官的有核细胞内寄生,有时也散布于细胞外。虫体根据发育阶段的不同,可分为5种形态,即速殖子、包囊、裂殖体、裂殖子和卵囊。前2种出现在中间宿主体,后3种出现在终末宿主体。兽医临床上接触较多的是速殖子、包囊及卵囊。

①速殖子。单个速殖子主要见于急性病例的胸腹水及血液中。典型的速殖子呈新月形或弓形,一端较钝,另一端较锐,中央稍偏钝端处有一核。速殖子在宿主细胞内无性繁殖时形成"假囊",假囊内的虫体形态多样,如圆形、椭圆形、弓形等。宿主细胞遭破坏后,虫体可散布于细胞外。

②包囊。包囊又称组织囊,见于慢性病例的脑、眼、骨骼肌与心肌组织中,大小不等,囊内含数个至数千个慢殖子(形态与速殖子相似,仅是繁殖缓慢而已)。包囊囊膜较厚,通常呈球形或其他形状,可在宿主体寄生很长时间(数月、数年乃至宿主终生)。

③卵囊:类圆形或椭圆形,两层囊壁,表面光滑。每个卵囊内有两个孢子囊,每个孢子囊内含4个子孢子。

速殖子抵抗力弱,包囊抵抗力强,4℃时可存活70天左右。

(2)生活史:弓形虫整个发育过程需两个宿主,即终末宿主(猫类)和中间宿主体(其他动物,猫类也可作为中间宿主)。

当终末宿主猫吞食了速殖子、假囊、包囊或孢子化卵囊后,速殖子、慢殖子或子孢子侵入小肠上皮细胞内,进行裂殖生殖和配子生殖。最后产生卵囊,随粪排出体外。在外界,经2～4天,孢子化为感染性卵囊。

中间宿主猪等动物或人，如果接触到感染性卵囊、速殖子（包括假囊）、包囊，即可遭受感染。子孢子、速殖子、慢殖子可随血液、淋巴循环，到达全身各种组织有核细胞内，进行无性繁殖，引起发病。

（3）流行特点：该病呈全球性分布，在我国各地均有报道。感染来源主要是病畜和带虫动物。已经证明宿主的分泌物（唾液、痰、乳汁、胸腹水、眼分泌物）、排泄物（粪尿）、组织（肉、淋巴结、其他组织脏器）以及急性病例的血液，都可能含有速殖子、假囊、包囊或卵囊。

猫感染后 3～20 天，即可从粪中排出大量卵囊，这些卵囊孢子化后，便具有感染能力。卵囊抵抗力强，一般温湿度条件下，可存活 100 多天，最长可达 1～1.5 年。

中间宿主范围很广，人、畜、禽及许多种动物皆可感染，蝇类和蟑螂能起机械性传递作用。感染途径较多，可以经口、胎盘及损伤的皮肤、黏膜等途径感染，经口是最重要的感染途径。

本病无严格的季节性，一般秋季、早春发病率高，这可能与动物机体抵抗力因寒冷、妊娠等因素降低有关。

（4）主要症状：猪对弓形虫比较敏感。急性病例潜伏期短，一般 3～7 天，初期表现为体温升高，达 42℃ 以上，呈稽留热，精神迟钝，食欲减退甚至废绝。体表淋巴结，尤其是腹股沟淋巴结显著肿大，出现便秘或腹泻，粪便带黏液或血液，呼吸困难，气喘。随后体躯下部、耳部及四肢出现紫红色斑点，逐渐融合，色彩变深。后期有的病猪出现运动障碍、后躯麻痹、痉挛等神经症状。严重者卧地不起，衰竭而死，孕猪发生流产死胎。慢性病猪发育不良，成为僵猪。部分猪对弓形虫有一定的耐受力，感染后不表现临床症状，可在组织内形成包囊。

（5）剖检病变：可见肝脏

不同程度肿大,质度脆软,常有针头大的淡黄色病灶。肺脏膨隆、水肿、切面间质增宽,有时有灰白色小病灶,淋巴结肿大灰白色,肠黏膜上有出血斑点及溃疡、坏死。

(6)诊断要点:

①病原学诊断。采取病猪的血液、胸腹水或脏器,进行涂片、抹片、压片或切片检查。染色后,观察有无速殖子、假囊、包囊等虫体。

②免疫学诊断。用于流行病学调查和生前诊断,可采用间接血凝试验(IHA)等。

③动物接种试验。取猪肺、肝、淋巴结研碎后加 10 倍生理盐水,室温下放置 1 小时,取上清液 0.5～1 毫升,接种于小鼠腹腔,1～3 周后检查小鼠腹腔中有无滋养体(速殖子)。

(7)防控措施:

①治疗。本病以磺胺类药物和抗菌增效剂联合应用进行治疗。例如:磺胺嘧啶(SD)每千克体重 70 毫克和甲氧苄胺嘧啶(TMP)每千克体重 14 毫克,每天 2 次口服,连用 3～4 天。磺胺甲氧吡嗪(SMPZ)每千克体重 30 毫克和甲氧苄胺嘧啶(TMP)每千克体重 10 毫克,每天 1 次口服,连用 3 天。敌菌净、乙胺嘧啶、螺旋霉素等,对治疗弓形虫病也有效。

②预防。对流产的胎儿和屠宰废弃物,应严格处理,防止猪或其他家畜吃入。猪圈、食槽、饮水槽等,要定期清洁消毒,防止饲料、饮水被猫粪污染。饲养场严禁养猫,消灭老鼠。

定期对养猪场进行弓形虫病监测(用 IHA 试验),发现病猪,及时隔离、治疗或淘汰。人接触病猪时,应注意消毒防护,防止感染。

5. 猪虱病

猪虱病是一种体外寄生虫病,由血虱属的猪血虱寄生于猪体表引起。猪血虱吸食宿主血液,并可诱发皮肤病,常使猪(特别是仔猪)生长发育受到一定影响。该病在我国各地均有发生,尤其是在饲养管理不良、环境卫生差的猪场多发。

(1)病原:病原是血虱属的猪血虱。猪血虱背腹扁平,无翅,分头、胸、腹3部分。雌虱腹部末端分叉,雄虱末端钝圆。虫卵椭圆形,黄色,通常黏附于猪毛上。

(2)生活史:猪血虱为不全变态,其发育过程包括卵、若虫和成虫3个阶段。雌虱交配后,经2~3天开始产卵,一昼夜能产1~4个卵,卵经9~20天孵出若虫,若虫经3次蜕化变为成虫,自卵发育到成虫需30~40天。猪血虱终生不离开宿主,若虫或成虫都以吸食血液为生。

(3)流行特点:猪虱病多发于卫生条件较差的猪场和散养猪。传播方式主要是直接接触感染,即健康猪与患病猪互相接触而感染。其次,也可以通过混用的管理用具和褥草等传播。

(4)主要症状:猪血虱多寄生于耳基部周围、颈部、腹下和四肢内侧。在吸血时,分泌有毒素的唾液,刺激神经末梢,引起痒感、不安,影响猪采食和休息。有时在皮肤内出现小出血点、坏死灶。病猪到处擦痒,造成皮肤损伤,可能继发细菌感染。病猪被毛粗乱、脱落、消瘦,仔猪贫血、发育不良。

(5)诊断要点:检查猪体表,尤其是耳基部、腋下、四肢内侧等部位的皮肤和毛根部,发现虱或虱卵,即可确诊。

(6)防控措施:

①治疗。用杀虫剂喷洒猪体,0.5%~1%敌百虫水溶液进行喷洒或药浴,对各种兽虱均有良效。伊维菌素,每千克体重0.3毫克,1次皮下注射。还可应用溴氰菊酯、氰戊菊酯、蝇毒磷、倍硫磷等。

②预防。加强饲养管理,保持清洁卫生。猪舍要经常打扫、消毒,保持通风、干燥。对猪群定期检查,发现病猪应

及时隔离治疗。对新引入的猪应先做检疫,确认无本病,方可混群饲养。

（三）牛、羊寄生虫病的防控

1. 肝片形吸虫病

本病是由肝片形吸虫引起的一种疫病。肝片形吸虫寄生在牛、羊等反刍动物胆管内,临床上以引发肝炎和胆管炎,并伴有全身性中毒症状和营养障碍为特征,对绵羊和犊牛危害较严重,俗称肝蛭病。

（1）病原:肝片形吸虫为扁平叶状,前端呈椎状突起,后端钝圆,新鲜虫体呈红褐色。另外,还有一种大片形吸虫,主要分布在华南、华中和西南地区,形态与肝片吸虫基本相似,其区别主要是大片形吸虫较大,肩部不明显,虫体前后的宽度变化较小。

（2）生活史:肝片形吸虫的成虫在反刍动物（终末宿主）体内寄生,幼虫在螺蛳体内（中间宿主）寄生。发育经过卵、毛蚴、胞蚴、雷蚴、尾蚴、囊蚴和成虫几个阶段。

成虫在肝脏胆管内产卵,卵随胆汁排入消化道内,随粪便排出体外。卵在水中被孵化出毛蚴,毛蚴钻入螺蛳体内,在此发育成为胞蚴、雷蚴和尾蚴。尾蚴钻出螺蛳体外,在水中游动,附在草上形成囊蚴。囊蚴随草和水被牛、羊等反刍动物食入体内,在牛、羊胃肠道中的幼虫,通过肝脏进入胆管内寄生,并发育为成虫。

（3）流行特点:本病呈世界性分布,在我国分布广泛,多发生于水淖和低湿地带。中间宿主是多种椎实螺（包括小土窝螺、斯氏萝卜螺等）。每年夏秋季椎实螺大量出现时,易见本病流行。急性发病多在秋季,是幼虫大量移行至肝脏引起的,冬春季一般慢性病症较多,可因饲草不足和其他并发病造成牛、羊死亡。

（4）主要症状:一般情况下,牛寄生200条虫体以上,羊寄生40条虫体以上呈现症状。牛多为慢性经过,犊牛较成年牛严重。病牛病初表现为体温升高,食欲减少,腹胀,偶有腹泻,出现贫血,严重者几天内死亡。慢性病牛表现为消瘦,黏膜苍白,黄疸,胸下、腹下常发水肿,便秘和下痢交替出现。如不加以治疗,多在1～2个月后死亡。

家畜中以绵羊对肝片形吸虫最敏感,对羔羊的危害特别严重,可引起大批死亡。急性型主要发生在夏末和秋季,是由于短时间内随草吃进大量囊蚴(2 000个以上)所致。幼虫在体内移行时,造成"虫道",肝脏受损严重,引起急性肝炎。病羊精神沉郁,体温升高,食欲减退或废绝,偶尔有腹泻,可视黏膜苍白。通常在出现症状后3～5天死亡。慢性型多发于冬、春,病羊表现渐进性消瘦,贫血,食欲缺乏,被毛粗乱,眼睑、颌下水肿,有时也发生胸、腹下部水肿。后期可卧地不起,因恶病质而死亡。

(5)诊断要点:根据临床症状、流行病学资料、粪便虫卵检查和剖检病变,可做出综合判断。用反复沉淀法检查粪便中的虫卵,或剖检时在肝内发现幼虫(急性病例)、在胆管内发现成虫(慢性病例),有助于确诊。

(6)防控措施:

①定期驱虫。在流行区每年需进行两次驱虫,9～10月份一次,3～4月份一次。常用的驱虫药物有如下。

A. 三氯苯唑(肝蛭净):牛按每千克体重10毫克,羊按每千克体重12毫克,1次口服,对成虫和幼虫均有特效。用药14天后肉才能食用,10天后乳才能饮用。

B. 硝碘酚腈:牛每千克体重10毫克,羊每千克体重15毫克,1次皮下注射;或牛每千克体重20毫克,羊每千克体重30毫克,1次口服,对成虫和幼虫有效。

C. 硝氯酚(拜耳9015):牛每千克体重3～5毫克,羊每千克体重 3～4 毫克,1 次口服,对成虫有效。

D. 溴酚磷(蛭得净):牛、羊每千克体重 12～15 毫克,1 次口服,对成虫和幼虫均有效。

②消灭中间宿主。消灭椎实螺,切断肝片形吸虫生活史,是预防本病流行的重要措施。可用血防-67 灭螺,溶液浓度为百万分之 2.5,杀灭率达 94%～100%。这种药物对鱼类有毒,要慎用。沼泽地区可施用硫酸铜(1∶50 000)杀灭椎实螺。

③注意饮水和饲草卫生。本病多在低洼而潮湿的地区流行。牛、羊饮水或吃草时,最容易摄入囊蚴,因此应尽量选择高燥地带放牧,饮水最好用井水或流动的河水。

2. 泰勒虫病

牛、羊泰勒虫病是一类危害严重的原虫病。特别是几种致病性强的虫种(如牛环形泰勒虫、小泰勒虫、瑟氏泰勒虫、山羊泰勒虫等),对养牛业、养羊业可带来灾难性的后果,一旦发病会引起大批死亡。临床上以红细胞内出现典型虫体为特征。

本病为世界性分布,发病呈现很强的季节性,多为地方性流行。在我国西北、华北和东北的一些地区,发生率和致死率较高。

(1)病原:寄生于牛,致病性最强的是环形泰勒虫。红细胞内的虫体称为血液型虫体(配子体),有环形、杆形、逗点形、圆形、十字形等。用姬氏法染色,虫体原生质呈淡蓝色,染色质呈红色。寄生于巨噬细胞和淋巴细胞内的是多核虫体(裂殖体),状似石榴,俗称石榴体(柯赫蓝体)。

寄生于羊的泰勒虫,在我国为山羊泰勒虫,形态与牛环形泰勒虫相似。

(2)生活史:环形泰勒虫的子孢子由蜱吸血时传入牛体。子孢子进入后,首先在附近淋巴结的巨噬细胞和淋巴细胞内进行裂殖生殖,形成大裂殖体。大裂殖体成熟、破裂,释放许多大裂殖子,再侵入其他巨噬细胞和淋巴细胞进行裂殖增殖。经几代分裂后,一部分大裂殖子发育为小裂殖体,小裂殖体成熟、破裂,形成许多小裂殖子,小裂殖子进入红细胞变为配子体(血液型虫体)。

当蜱吸食牛血液时,配子体在蜱体内形成大配子(雌性)和小配子(雄性),二者结合形成合子,进而发育成为动合子、合孢体、子孢子。蜱叮咬健康牛时,子孢子进入牛体,就引起新的感染过程。

(3)流行特点:牛环形泰勒虫病的传播者是璃眼蜱属的各种蜱,在我国主要是残缘璃眼蜱。本病的流行与成蜱的活动规律一致,发病季节多在6~8月。在流行区内,当地牛发病轻、死亡率低,而从非疫区引进的牛发病率高、死亡率也高。1~3岁牛的发病率显著高于其他年龄的牛。在圈舍饲养条件下的奶牛发病较重。

在我国羊泰勒虫病的传播者是青海血蜱。羊泰勒虫病发生于4~6月份,5月份为高峰期。1~6月龄羔羊发病率高,死亡率也高,1~2岁羊次之,3~4岁羊很少发病。

(4)主要症状:牛环形泰勒虫病潜伏期为14~20天,多呈急性经过。病牛体温升高到40~42℃,稽留高热。病牛精神沉郁、呼吸加快、咳嗽、脉弱而频、食欲大减或废绝。可视黏膜及皮肤出现出血斑点,有的病牛颌下、胸前或腹下水肿。迅速消瘦,严重贫血,体表淋巴结肿胀,触诊有痛感,最后卧地不起,多在发病后1~2周死亡。耐过的牛成为带虫者。

羊泰勒虫病潜伏期为4~12天。病羊病初体温升高至40~42℃,稽留4~7天。病羊呼吸促迫,反刍减弱或停止,食欲减退,便秘或腹泻,结膜充血,继而苍白,轻度黄染,逐渐消瘦,体表淋巴结肿大,触之有痛感。

(5)剖检病变:血液稀薄，皮下出血，全身淋巴结呈不同程度肿胀。肝、脾肿大，表面有结节和小出血点。

(6)诊断要点:根据临床症状、流行病学调查，结合剖检病变，可做出初步诊断，确诊需查找虫体。

①血液涂片检查。采取耳静脉血，制作涂片，用姬氏液染色后，在显微镜下检查，环形泰勒虫的典型虫体为戒指状，山羊泰勒虫的典型虫体为圆形。

②体表淋巴穿刺检查。用注射器在肩前淋巴结内穿刺，吸取淋巴液作涂片，用姬氏液染色后，查找石榴体(柯赫蓝体)。

(7)防控措施:在牛环形泰勒虫病的流行区，可用牛环形泰勒虫病裂殖体胶冻细胞苗(活虫苗)对牛进行预防接种。每头牛臀肌注射1～2毫升，接种后21天产生免疫力，免疫期1年以上。

消灭传播媒介蜱是预防本病的重要措施。可以用有机磷杀虫剂混于泥巴中，将圈舍墙缝中所有洞穴堵死，阻止蜱侵扰牛。用有机磷或拟除虫菊酯类农药喷洒牛、羊体，在5～7月份可杀灭成蜱，在10～12月份可杀灭幼蜱或若蜱。1%阿维菌素注射液，对蜱各期幼虫都具有良好的杀灭作用。

治疗泰勒虫病的药物如下:

①三氮脒(贝尼尔)。牛、羊按每千克体重3～5毫克，1次肌内注射。

②阿卡普林。牛按每千克体重1毫克，用生理盐水配成1%～2%溶液，1次皮下注射。羊按每千克体重2毫克，1次皮下注射。

③磷酸伯氨喹啉(PMQ)。牛按每千克体重0.75～1.5毫克，每天口服1次，连用3天。

3.羊疥螨病

本病是由疥螨寄生于羊、牛等家畜体表所引起的一种慢性皮肤病。疥螨寄生在宿主表皮内,临床上以接触感染、剧痒和皮炎为特征,又称疥癣,俗称癞病。

(1)病原:本病病原是疥螨属的螨。疥螨可寄生于羊、牛、马、骆驼、猪、犬以及野生动物的体表,形态相似,在一定条件下可互相感染,也有人认为寄生于家畜身上的疥螨可能都是人疥螨的变种。

疥螨呈龟形,背面隆起,腹面扁平,浅黄色。分为雌螨和雄螨。雌雄交配,雌螨在其挖掘的皮肤隧道内产卵,每2～3天产卵1次,一生可产40～50个卵。

(2)生活史:疥螨是不完全变态的节肢动物,发育经过卵、幼虫、若虫和成虫4个阶段,全部发育过程均在动物身上完成。疥螨在宿主表皮挖凿隧道,以角质层组织和渗出的淋巴液为食,在隧道内进行繁殖、发育和变为成虫。疥螨整个发育周期为8～22天,平均15天。

(3)流行特点:以羊为例,疥螨病可由健羊与病羊直接接触而感染,也能通过被螨及其卵污染的羊舍、用具及活动场所,经间接接触引起感染,还可由饲养员、牧工的衣服及手传播。幼龄羊发病较重,成年、体质健壮的羊有一定抵抗力。

本病主要发生于冬季和秋末春初。因为这些时节光照不足,羊毛长而密,阴雨天多,厩舍潮湿,卫生不良,羊体表湿度较大,适合疥螨的发育繁殖。

夏季羊毛大量脱落,皮肤常受日光照射保持干燥,这对疥螨的生存不利,大部分虫体死亡,只有少数潜伏,羊没有明显症状,但到了秋季,随气候的改变,疥螨又重新活跃,发病羊增多,症状加重。

(4)主要症状:牛羊患疥螨病后,由于虫体本身和分泌的毒素刺激神经末梢,引起剧痒,这种剧痒可贯穿于疥螨病的整个过程。病羊不断在圈舍墙上、栏柱等处摩擦，患部出现局部损伤、发炎，形成水泡和结痂，并伴有局部皮肤增厚和脱毛。发病后，患畜因终日啃咬和摩擦患部，烦躁不安，影响了正常的采食和休息，日渐消瘦，严重的可因极度衰竭而死亡。

虽然山羊和绵羊均可患疥螨病，但多见于山羊，且多发于皮肤薄、被毛短而稀少的地方，如嘴唇周围、眼圈、鼻梁、耳部等处，可蔓延到腋下、腹下和四肢内侧。严重时口唇皮肤皲裂，采食困难，病变波及全身。

绵羊患疥螨病时，头部症状明显，病羊嘴唇周围、鼻梁、眼圈、耳根等处的皮肤上有白色坚硬的胶皮样痂皮，这种病羊俗称"石灰头"。

（5）诊断要点：根据症状和发病季节，确诊疥螨病并不困难，但症状不够明显时，需用凸刃小刀刮取健康与患病交界处的皮肤，刮到少量出血为止，采取皮屑，通过显微镜

检查有无虫体，才能确诊。

（6）防控措施：

①治疗。伊维菌素每千克体重 0.2 毫克，皮下注射，或伊维菌素浇泼剂每千克体重 0.2 毫克，1 次喷涂，严重病畜间隔 7～10 天重复用药 1 次。氯氰碘柳胺钠每千克体重 5 毫克，皮下注射。

涂药疗法适用于各种家畜，特别是病畜数量少、患部面积小和寒冷的季节，可选用碘硝酚、溴氰菊酯、二嗪农、敌百虫等药液进行涂擦或喷淋。治疗前应彻查所有病畜，检出病变部位，不要遗漏。首先，将患部及其周围 3～4 厘米处的被毛剪掉，用温肥皂水彻底刷洗，除去硬痂和污物，保证药物和虫体充分接触。然后再用 2% 来苏儿刷洗 1 次，擦干后涂药。最后涂擦药物，需涂擦 2～3 次（每次间隔 5 天），以便杀死新孵出的幼虫，达到彻底治愈。在处理病畜时，要注意对场地、用具等做彻底消毒，防止病原散布。治

疗后,病畜要安置到已经消毒的厩舍内饲养,以免再感染。

②预防。畜舍要宽敞、干燥、透光、通风良好,畜群不要过于拥挤。要经常清扫,定期消毒,最少每两周清扫消毒1次,饲养用具也要经常消毒。

经常观察畜群中有无发痒、掉毛的现象。及时挑出可疑病畜,并进行隔离饲养与治疗。

在治疗过程中,饲养人员要注意自身的消毒,以免通过手、衣服及用品扩散病原。治愈的病畜应继续隔离观察20天,如未复发再次用药处理,方可合入健康群。

引入种畜时,事先要了解有无疥螨病,引入后应密切观察畜群,并做仔细检查,最好先隔离一段时间,确认无病时,再混入畜群。

4. 羊痒螨病

本病是由痒螨寄生在动物体表,所引起的慢性皮肤病,常发生于牛、羊。痒螨寄生在宿主表皮上,临床上以剧痒、皮炎和长毛脱落为特征。

(1)病原:寄生于各种动物身上的痒螨形态相似。虫体呈长圆形,比疥螨大一些,肉眼可看见。分为雌螨和雄螨。以皮肤的渗出液为食。

雄螨雌螨交配后,雌螨经1~2天产卵,一生可产卵约40个,寿命42天。产在皮肤上的卵,约经3天孵化成幼螨,幼螨采食后,经几次脱皮,最后发育为成螨。痒螨整个发育过程需10~12天。

(2)流行特点:痒螨病主要发生于秋末和冬季,日光照射不足、毛长而湿度良好,最适合痒螨的发育。夏季绒毛脱落,皮肤表面受阳光照射,湿度下降,不利于痒螨的生存。这个时期,大部分痒螨死亡,仅有少数潜伏在耳壳、蹄毛间。秋冬季条件有利时,又活跃起来,大量繁殖,引起本病流行。

(3)主要症状:同疥螨病相似。寄生痒螨后引起动物剧痒,摩擦或啃咬,导致皮肤损伤、发炎并伴有皮肤增厚和脱毛。多发于绵羊，多见于被毛长而稠密之处，如颈前、背部和臀部，然后波及全身。羊毛可结成束，不断脱落，零散的毛丛悬垂在羊体上，严重时全身被毛脱光。患部皮肤湿润，形成浅黄色痂皮。

山羊痒螨主要见于耳壳内面，在耳内生成黄白色痂皮，将耳道堵塞，病羊常摇头。

（4）诊断要点：在发病季节，对蹭痒、啃咬、脱毛的羊进行痒螨检查。在小刀上蘸少许矿物油，在脱毛处的边缘刮取表面物，放到载玻片上进行镜检，必要时可重复操作。发现痒螨，即可确诊。

（5）防控措施：可参照疥螨病防控方法。

5. 牛皮蝇蛆病

本病由牛皮蝇的幼虫寄生在牛的背部皮下组织引起，是牛的一种慢性寄生虫病。幼虫寄生在体内长达 10 个月，临床上以病牛消瘦、发育受阻、产乳下降、皮革质量降低为特征。

（1）病原：由皮蝇科、皮蝇属的牛皮蝇引起。寄生于牛体内的皮蝇在我国有 3 种，即牛皮蝇、纹皮蝇和中华皮蝇。成蝇较大，有 3 对足，1 对翅，体表被有绒毛，外形似蜂，不能采食，也不叮咬牛只。

牛皮蝇、纹皮蝇主要分布于我国西北、东北、内蒙古牧区和其他地区，中华皮蝇主要分布于青海、西藏等高原地带。

（2）生活史：成蝇野居，不采食，也不叮咬牛只，只是飞翔、交配、产卵。雌雄蝇交配后，雄蝇死亡，雌蝇追逐牛只产卵。多在夏季晴朗无风的白天出现，产完卵后即死亡。牛皮蝇产卵于牛的四肢上部、腹部、乳房和体侧，纹皮蝇产卵于牛的后肢球节附近、前胸和前腿部。卵经 4～7 天孵出幼虫，幼虫沿毛孔钻入皮内，在皮下组织内边移行边发育。寄生 5～6 个月后，幼虫到达牛的背部皮下，形成"瘤包"和

"虻眼"。寄生 9～10 个月后，幼虫继续发育，并落地化蛹。蛹经过 1.5～2 个月后羽化成蝇，一年一个世代。

（3）流行特点：在我国北方地区，多见纹皮蝇和牛皮蝇，其中纹皮蝇为优势蝇种。纹皮蝇一般出现于每年的 4～6 月，牛皮蝇于 6～7 月大批出现，此时是蝇蛆感染牛的主要季节。在晴朗炎热的白天，雌蝇开始活动，追逐牛只产卵，阴雨有风天，雌蝇停止活动。

（4）主要症状：成蝇产卵时，牛表现为精神不安，快速奔跑，躲避成蝇的追赶，民间称此现象为"跑蜂"，严重影响牛的采食和休息，甚至引起牛摔伤，孕牛流产。幼虫钻入皮肤，引起皮肤痛痒，牛精神不安，在体内移行过程中，造成移行部位组织损伤，寄生在食道附近时，可引起周围组织发炎，造成吞咽困难。每年 2～4 月份在牛背皮肤形成隆起和皮肤穿孔，有脓汁和血液流出。感染严重时，牛表现出贫血、消瘦，奶牛产乳量下降。

病原偶能寄生于马、驴、羊和多种野生动物，人也可感染。

（5）诊断要点：本病感染初期不易诊断，当背部出现瘤包时，通过触摸即可发现，用手挤压瘤包，可将幼虫挤出。

近年来，国内外研究成功 ELISA 检测方法，简单、高效，可用做牛皮蝇蛆病的早期诊断。

（6）防控措施：消灭寄生在牛体内的幼虫，在防治牛皮蝇蛆病上具有重要作用。既可清除牛体内的虫体，减小对机体的损伤，又可防止幼虫落地化蛹，从而减少第二年的感染。每年施药预防时间为 9～11 月份，常用药物有如下。

①含 50% 乳油的倍硫磷注射剂，成年牛 0.4～0.6 毫升，1 次肌内注射。

②倍硫磷浇泼剂，按每千克体重 0.1 毫升施药，沿牛背部中线由前向后浇泼。

③伊维菌素或阿维菌素，每千克体重 0.2 毫克，配成 1‰溶液，1 次皮下注射；或每千克体重 0.2 毫克，1 次口服。

④氯氰柳胺，每千克体重 5 毫克，1 次口服，或每千克体重 2.5 毫克，1 次皮下注射。

6. 蜱病

蜱俗称"草爬子"、"狗豆子"、"扁虱"等，常寄生于牛、马、羊、骆驼等动物的体表，是一种体外寄生虫。临床上蜱以直接吸食家畜血液，传播其他疫病为特征。

(1)病原：蜱的种类很多，常见的主要是硬蜱科的蜱。硬蜱呈长椭圆形，红褐色或灰褐色，背腹扁平，芝麻至米粒大，雌蜱吸血后体积膨胀可达蓖麻籽大。通常将虫体分为假头和躯体两部分。

(2)生活史：硬蜱的发育包括卵、幼虫、若虫和成虫 4 个阶段。

多数硬蜱在宿主身体上交配，交配后吸饱血的雌蜱落地，爬到缝隙内或土块下，静伏不动，经过 4～9 天后，开始产卵。蜱一生只产一次卵，可产数千个，甚至达数万个以上。经 2～3 周，卵内孵出幼蜱，幼蜱在鼠类、兔或刺猬等野生动物上吸血，经几次蜕化后变为成蜱。

雌蜱吸饱血后，体积可胀大十几倍，产卵后死亡。雄蜱吸饱血后，虫体没有显著增大，寿命约 1 个月。一般从卵发育至成蜱的时间，为 3～12 个月，有的达 1 年以上。

(3)流行特点：硬蜱的种类较多，我国北方地区的硬蜱主要有草原革蜱、残缘璃眼蜱、亚东璃眼蜱和草原血蜱等。多数在春季侵袭家畜，个别种类（如全沟硬蜱）秋季也可出现小的感染高潮。各种年龄、性别及品种的牛、羊，均可感染。

蜱还是梨形虫病、莱姆病、脑炎、立克茨体等疫病的传播者。

(4)主要症状：大量的蜱

侵袭家畜吸血时,使病畜消瘦、贫血、生长缓慢、发育停滞,奶牛产奶量下降等。蜱的叮咬,可使宿主皮肤产生水肿、出血。蜱的唾液腺能分泌毒素,少数家畜由此可发生麻痹、瘫痪,甚至死亡。

(5)诊断要点:发现蜱后,可用手或镊子取下,直接进行鉴定,也可以保存在5%的甲醛溶液中,进一步做实验室检查。

(6)防控措施:采取综合防治措施,消灭畜体上、圈舍中和自然界中的蜱。

①消灭畜体上的蜱。可采用人工捕捉或药物杀灭的方法。捕捉时,应使虫体与动物皮肤垂直,轻拉,防止假头断在皮内,引起炎症。蜱的繁殖力极强,消灭畜体上1只雌蜱,等于消灭地面上上万只幼蜱。药物杀蜱,可选用拟除虫菊酯类、有机磷类、脒基类杀虫剂,或伊维菌素、阿维菌素类药物。用1%敌百虫溶液喷洒或涂擦。阿维菌素(克虫星)每千克体重0.2毫克,1次皮下注射。伊维菌素(害获灭)每千克体重0.1~0.2毫克,1次内服。溴氰菊酯(倍特)每千克体重25~50毫克,喷洒或涂擦。

②消灭畜舍的蜱。一些圈舍蜱,如残缘璃眼蜱,生活在畜舍的墙壁、地面、饲槽的裂缝内。为消灭这些蜱,可用水泥、石灰、泥土拌上药物,堵塞圈舍内所有缝隙和空洞,也可定期用药物(如1%~2%马拉硫磷、1%~2%倍硫磷乳剂等)喷洒圈舍。有条件的,可在蜱活动期间停止使用有蜱的圈舍。

③消灭自然界中的蜱:通过翻耕牧地、烧荒、清除杂草等方法,消灭蜱的滋生地。捕杀啮齿类等野生动物,对消灭蜱也有意义。

(四)犬、猫寄生虫病的防控

1. 犬、猫绦虫病

绦虫病是由多种绦虫的成虫寄生于犬、猫的小肠而引起的一种常见寄生虫病。临床上患病犬、猫以贫血、腹泻、腹痛、消瘦为特征。

(1)病原：在我国，寄生于犬、猫体的绦虫有多种，例如犬复孔绦虫、泡状带绦虫、细粒棘球绦虫、多头绦虫等。

绦虫的形态长扁如带状，由头节、颈节、体节构成，头节具有吸盘类结构，吸附在肠黏膜上。

(2)生活史：寄生于犬、猫体内的绦虫，都以犬、猫为终末宿主(除复孔绦虫以蚤为中间宿主外，其余都以动物如牛、马、猪、羊、兔、骆驼等为中间宿主)。当犬、猫食入含有绦虫幼虫的肉类(如感染绦虫蚴的家畜脏器、鱼类)后，幼虫在小肠内经过一段时间发育成为成虫。成虫在犬、猫体内可寄生数年之久。含有虫卵的孕节自虫体脱落后，可自行爬出肛门外或随犬粪便出体外，污染周围环境。孕节中的虫卵逸出后，又可感染中间宿主，由此而构成完整的绦虫生活史。

(3)流行特点：犬、猫绦虫病呈全球性分布。在我国，内蒙古、吉林、甘肃、陕西、新疆、青海、西藏、贵州、云南、四川等省、自治区，都有本病发生的报道。

本病的发生与生产、生活方式，中间宿主的存在及自然季节等有密切关系。

(4)主要症状：轻度感染时，常不引起注意，偶尔可见孕节附着在犬、猫肛门周围，或粪便中带有孕节。

严重感染时，常见食欲缺乏或亢进、消化不良、异嗜、呕吐、腹泻、腹痛，或便秘和腹泻交替发生、贫血、消瘦、高度衰弱。当虫体成团时，可能堵塞肠管，引起肠梗阻、套叠、扭转，甚至破裂。

(5)剖检病变：发病犬、猫全身性萎缩，肠道内可发现绦虫虫体。

(6)诊断要点：根据临床症状可做出初步诊断。检查粪便或肛门周围，如发现有类似米粒样的白色孕节片或短链体即可确诊,也可用饱和盐水浮集法检查粪便中的虫卵,根据粪便或孕节片中的虫卵形态,确认绦虫种类。

(7)防控措施:

①治疗。可用氢溴酸槟榔碱,犬、猫禁食 12～20 小时,按每千克体重 1.5～2 毫克口服,为防止呕吐,可在服药前 15～20 分钟,给予稀释的碘酊 1～2 滴。吡喹酮,犬每千克体重 5 毫克,猫每千克体重 2 毫克,1 次口服,4 周龄以下的犬、6 月龄以下的猫忌用。需要注意:因可感染犬、猫的绦虫种类较多,故选择药物要以正确的诊断为前提。

②预防。定期驱虫。驱虫时,要把犬、猫固定在一定区域,以便收集带有虫卵的粪便,彻底销毁。种犬应在交配前 3～4 周进行一次驱虫。不用肉类加工厂的废弃物喂犬、猫,不喂生鱼虾,及时灭除蚤、虱,大力防鼠灭鼠。保持犬舍、猫舍的清洁和干燥,绦虫

卵对外界环境抵抗力较强,在潮湿的地方能生存很长时间,可用苛性钠等定期消毒。

2. 犬、猫蛔虫病

犬、猫蛔虫病是由于几种蛔虫寄生于犬、猫的小肠内引起的寄生虫病。临床上影响幼犬、幼猫的生长发育,严重的可能导致死亡。

(1)病原:寄生于犬、猫体的蛔虫主要有犬弓首蛔虫、猫弓首蛔虫、狮弓首蛔虫等。

犬弓首蛔虫可感染犬、狼、狐、豺、浣熊、獾、啮齿类动物、鸟、人等,以半岁以内的幼犬最易感,而狮弓首蛔虫则寄生于半岁以上的犬。猫弓首蛔虫可感染猫及其他猫科动物。

(2)生活史:带虫犬和被感染的哺乳母犬是本病的主要传染源。病犬排出虫卵,在适宜的外界条件下发育为感染性虫卵,并污染饲料及饮水。幼犬经口吞入感染性虫卵后,在肠内孵出幼虫。幼虫经肝、肺移行并返回肠道而发

育为成虫。

猫弓首蛔虫的幼虫不能通过胎盘感染胎儿。蚯蚓、某些昆虫和鼠类可携带幼虫，并成为猫的感染源。

(3)流行特点：犬、猫蛔虫病呈世界性分布，在我国各地都可发生，属于犬、猫的常见寄生虫病。

(4)主要症状：幼犬、幼猫症状明显，表现食欲缺乏、消瘦、发育迟缓，先便秘后腹泻、腹痛，呕吐时可能吐出蛔虫。吸奶时有一种特殊的呼吸音，伴有鼻分泌物。腹围增大，严重者腹部皮肤呈半透明状。偶尔表现兴奋、痉挛、运动麻痹、癫痫等神经症状。幼虫移行到肺，可引起肺炎，出现咳嗽、呼吸困难、食欲减退、发热等表现。

(5)诊断要点：根据临床症状，结合粪便检查（直接检查法、饱和盐水浮集法），如能检出粪便中的虫卵或虫体，即可确诊。

(6)防控措施：

①治疗。左旋咪唑每千克体重10毫克，1次口服。噻苯咪唑每千克体重10毫克，连服3天或1次皮下注射。丙硫苯咪唑每千克体重250毫克，1次口服，对犬弓首蛔虫有特效。伊维菌素每千克体重0.3毫克，1次皮下注射，6天后再用1次（考利犬、苏格兰牧羊犬禁用，易出现严重的不良反应）。

②预防。应对犬、猫定期驱虫。由于犬先天性感染率很高，一般应于出生后20天开始驱虫，此后每月驱虫1次，8月龄以后，每季度驱虫1次。蛔虫产卵量很大（每条雌虫日产卵高达20万个左右），抵抗力强，故必须对犬、猫粪进行无害化处理，对犬、猫笼舍用喷灯或开水烧、烫，以彻底杀死虫卵。

3. 犬恶丝虫病

本病是由犬恶丝虫引起的一种寄生虫病。临床上以循环障碍、呼吸困难及贫血为特征。

(1)病原:犬恶丝虫是本病的病原,是丝虫科、恶丝虫属的成员,为细长白色,可感染猫、狼、狐等动物,人偶被感染。

(2)生活史:犬恶丝虫的中间宿主是犬蚤、猫蚤和蚊子。雌虫在犬的体内产生自由活动的微丝蚴(犬恶丝虫的幼虫,在每天的一定时间能移动到末梢血管中)。蚤、蚊吸血时把微丝蚴吸入消化道内,经5～10天,发育成有感染力的幼虫,并到达喙部。当蚤、蚊叮咬时,幼虫进入犬、猫的皮下,经皮下淋巴管进入血管,随血液循环到心脏并寄生下来,在此可存活数年,并不断产生微丝蚴。虫体到达性成熟时需8～9个月。在循环血液中,幼虫可通过胎盘感染胎儿。

(3)流行特点:本病分布广泛,全国各地几乎都有发现。犬、猫主要感染时间为蚊虫活跃的6～10月,感染最强期为7～9月。感染率与犬、猫经过的夏季数成正比,如经过3个夏季感染率可达92%。

(4)主要症状:犬恶丝虫的成虫寄生于犬的右心室及肺动脉中。由于虫体刺激心内膜,可引起心内膜发炎,并继发心肌肥大和右心室扩张。成虫寄生于肺动脉中,由于幼虫刺激,可造成上呼吸道感染,引起咳嗽、呼吸困难等症状。

典型症状是早期慢性咳嗽,运动时加重,病犬易疲劳。随着病情发展,可有呼吸困难、肝硬化、腹腔积水、腹围增大等症状。其他常见症状包括循环障碍、心脏杂音、心律不齐、贫血,重者全身衰竭。后期贫血严重,有的病犬因逐渐消瘦衰弱而死亡。

病犬常见多发性结节性皮肤病,局部瘙痒,易破溃。经治疗病情缓解后皮肤病变可消失。

(5)诊断要点:根据临床症状并在血液中检出微丝蚴,

即可确诊。

（6）防控措施：

①治疗。

A. 驱杀成虫。硫乙胂胺钠，每千克体重 0.22 毫克，静脉注射，每天 2 次，连用 2 天。左旋咪唑，每千克体重 10 毫克，口服，每天 1 次，连服 3 天。海群生，每千克体重 20 毫克，口服，每天 2～3 次，连用 3～5 天。

B. 驱杀微丝蚴。碘化二硫噻啉，每千克体重 4.2 毫克拌料，每天 1 次，连用 7 天。

②预防。消灭蚊子和犬蚤、猫蚤，防止夏季犬、猫被蚊虫叮咬。在蚊虫出没季节，可用硫乙胂胺钠静注，或用海群生拌料等方法，预防本病。

4. 蠕形螨病

犬蠕形螨病是由于犬蠕形螨寄生于犬毛囊或皮脂腺而引起的皮肤病，又称犬毛脂螨病或犬脂螨病。临床上，病犬以局部脱毛、皮炎、有难闻的奇臭味为特征。

（1）病原：犬蠕形螨是蠕形螨科的成员，虫体长形，呈蠕虫样，分为头、胸和腹 3 部分，呈半透明乳白色。

（2）生活史：犬蠕形螨终生寄生在犬体上，其生活史分为卵、幼虫、若虫和成虫 4 个阶段。犬蠕形螨从卵孵化后，由幼虫经若虫长至成虫到死亡，生命周期为 15 天左右，

（3）流行特点：本病主要发生于冬季和秋末春初被毛厚实时。通常是由于健康犬与病犬（或被患犬污染的物体）相接触而发生感染的。在正常的幼犬身上，也常有犬蠕形螨存在，但不致病。只有当机体抵抗力下降或皮肤发炎时，才大量繁殖，引起发病。本病具有遗传倾向，同窝犬的发病率高达 80%～90%。

（4）主要症状：犬蠕形螨常寄生在犬的眼、耳、唇以及前腿内侧的无毛处，多寄生在毛囊内，很少寄生在皮脂腺。感染初期，患部脱毛，逐渐形成与周围组织界限明显的圆形秃斑，皮肤潮红，被覆白色

有黏性的鳞屑。随病情发展，患部色素沉着，皮肤变成淡蓝色或红铜色，患部皮肤增厚，覆有糠皮状鳞屑。

严重病例，局部皮肤病变可扩展到全身，形成化脓性皮炎，有弥漫性脓疱疹，脓疱呈蓝红色，挤压时排出大量脓汁。皮肤增厚，形成皱襞，犬体发出难闻的恶臭味。由于全身感染，病犬沉郁，消瘦，食欲减退，体温升高，可因衰竭或脓毒败血症而死亡。

(5)诊断要点：当病犬出现上述症状后，用手术刀片钝端刮取病灶，特别是脓疱内容物，将刮取物置于载玻片上，滴加50%甘油水2～3滴，加盖玻片后镜检，如查到卵、幼螨和成螨，即可确诊。

(6)防控措施：

①治疗。原则是犬蠕形螨病与毛囊炎同时治疗，局部用药与全身用药相结合。

用碱性洗液（如硫黄皂液、宠物香波等）给犬全身浸泡10～20分钟，1周2～3次，严重者可隔日1次，连用1周。

伊维菌素每千克体重0.3毫克，1次皮下注射，6天1次，连用3～4次（考利犬、苏格兰牧羊犬禁用）。严重感染犬，全身应用氨苄青霉素等抗生素，肌内注射。

应用外用药（2%甲硝唑、1%氯菊酯、5%～10%硼酸溶液，或0.2%利凡诺尔溶液）涂抹患处，1天1次。

②预防。注意犬舍卫生，保持垫料干燥，定期消毒（蠕形螨的污染物如犬笼、垫料等可用50℃30分钟，或60℃10分钟热力消毒）。注意犬粮营养均衡，增强机体抵抗力，尽量避免健犬与患犬接触，以防止直接接触传播，患犬不宜用于繁殖。

5. 耳痒螨病

耳痒螨病是由于耳痒螨寄生于犬、猫的外耳道内所引起的一种寄生虫病。临床上以犬、猫耳道炎、耳道内有大量痂皮或耳垢、发痒为特征。

（1）病原：犬耳痒螨是痒螨科、耳痒螨属的一个成员。

（2）生活史：雌雄成虫交配后，雌虫产出虫卵，由产卵时的分泌物黏附在外耳道中。经过卵、幼虫、若虫、成虫4个时期，完成犬耳痒螨的发育，整个生活周期需18～28天。

（3）流行特点：发病与饲养管理不良有关，多是由于发病犬、猫与幼犬、幼猫直接接触引起。另外，病犬、猫污染环境，健康动物被周围环境中存活的耳痒螨感染，可造成本病的间接接触传染。临床上，犬、猫的耳痒螨的感染率较高，尤以小猫的发病率最高。

（4）主要症状：病变主要发生在犬、猫的外耳道内。耳痒螨靠刺破皮肤吸吮淋巴液和渗出液为生，这样引起大量的淋巴液外溢，形成黑褐色痂皮或耳垢。患病犬、猫耳部瘙痒，不停地摇头、抓耳、号叫、烦躁不安，在器物上摩擦耳部，造成耳部肿厚，甚至引起外耳道出血。

病犬、猫有时向耳病重一侧转圈，后期病变可蔓延到额部、耳壳背面甚至尾尖部，引起瘙痒性皮炎。

如继发细菌感染，外耳道病变可深入到中耳、内耳及脑膜等处，引发相应的症状。

（5）诊断要点：犬、猫出现耳道炎，耳道内有大量痂皮或耳垢，发痒，可怀疑为本病。确诊应通过耳镜检查，发现运动的螨虫，或取可疑病例的耳垢和病变部位的刮取物，在显微镜下发现螨虫和卵。有超过50％的犬外耳炎和85％的猫外耳炎病例，都与耳痒螨的感染有关。

（6）防控措施：

①治疗。选择刺激性较小的油类，如石腊油或耳垢溶解剂，滴入耳内，轻轻按摩，以溶解和消除耳内痂皮、耳垢。再用杀螨剂，如3％敌百虫水溶液，或康涅克斯溶液（含鱼藤酮），滴耳，每3～4天进行1次。

严重病例可应用杀螨药

物,如除虫菊氨基酸酯合剂,撒粉或药浴,每天1次。当发生继发性细菌感染时,应配合使用抗生素进行治疗。

②预防。加强犬、猫饲养管理,应避免接触有脱毛和瘙痒症状的动物,搞好环境、栏舍及用具的消毒和杀虫工作。

(五)鸡寄生虫病的防控

1. 鸡球虫病

本病是由艾美耳球虫寄生于鸡的肠道所引起的一种寄生虫病。成年鸡多为带虫者,对增重和产蛋有一定影响,是集约化养鸡中最常见、危害最重的寄生虫病之一。临床上雏鸡以消化紊乱、肠道出血、发生炎症为特征。

(1)病原:寄生于鸡的球虫属艾美耳科、艾美耳属。世界上报道的有9种艾美耳球虫,我国报告至少有7种,其中以柔嫩艾美尔球虫(又称盲肠球虫)及毒害艾美尔球虫(小肠球虫)致病性最强。艾美耳球虫均寄生于鸡的肠上皮细胞,除柔嫩艾美尔球虫寄生于盲肠外,其余的都寄生于小肠部位。

球虫卵囊呈圆形、椭圆形或卵圆形,囊壁光滑,无色或黄褐色。

(2)生活史:球虫发育过程分为无性生殖、有性生殖和孢子生殖3个阶段。以柔嫩艾美耳球虫为例,鸡吞食球虫成熟卵囊(内含孢子)后,在肌胃内囊壁崩解,孢子进胃肠,子孢子逸出,进入盲肠上皮细胞内变圆成为滋养体,滋养体的细胞核进行无性的复分裂,变为多核的裂殖体。在宿主肠上皮细胞崩解后,释放出许多裂殖子,再侵入新的肠上皮细胞,重复进行裂体生殖。如此反复两代后,大多数第2代裂殖子在宿主肠上皮细胞内发育为大、小配子体,继而产生大、小配子,形成合子,产生卵囊随粪排出宿主体外。在外界环境中进行孢子生殖,发育为具有感染性的成熟卵囊。

(3)流行特点:鸡是上述各种球虫的唯一天然宿主,各种品种不同日龄的鸡均可感染，但发病轻重有别。2周龄以内的雏鸡很少发病，15～50日龄的雏鸡发病率、死亡率较高，成年鸡多数带虫但不发病，产蛋受到一定影响。

病鸡是主要传染源，可持续排出卵囊达数月之久。被鸡粪污染过的饲料、饮水、土壤或器具等，都可能有卵囊存在，鸡通过摄入成熟卵囊而感染。此外，其他鸟类、家畜和某些昆虫，以及饲养管理人员等，也可成为球虫的机械传播者。

卵囊抵抗力很强，在土壤中可生存4～9个月，在阴凉的运动场可生存15～18个月。温暖潮湿有利于卵囊的发育，在合适的温度、湿度和氧气条件下，经过18～30小时发育为成熟卵囊，但卵囊对高温和干燥的抵抗力较弱。

本病呈全球性分布。饲养管理不良，拥挤，潮湿，环境卫生恶劣，能促使发病。多在温暖潮湿的季节流行，在我国北方，4～9月份为流行季，7～8月份最严重。舍饲鸡场中，一年四季均可发病。

（4）主要症状：根据病程可分为急性型和慢性型。

①急性型。多见于3～6周龄的雏鸡，感染柔嫩艾美耳球虫和毒害艾美耳球虫时，病程数天至数周。初期精神沉郁，食欲减退，渴欲增加，嗉囊胀满，粪稀带有血液，肛门处羽毛污秽。鸡冠、可视黏膜苍白，机体消瘦。病末期出现神经症状或痉挛性收缩，很快死亡。

剖检病变：可见两侧盲肠显著肿大（柔嫩艾美耳球虫所致），外观呈暗红色，肠管上有针尖大至小米粒大的白色或红色斑点，肠腔内充满血凝块。

②慢性型。多见于3个月以上的鸡，病程为数周到数月，症状不很明显，病鸡逐渐消瘦，有间歇性下痢，蛋鸡产蛋量下降，一般死亡较少。

（5）诊断要点：用饱和盐

水漂浮法和直接涂片法,检查粪便中的卵囊。由于鸡带虫现象普遍,仅在粪便和肠壁刮取物中检出卵囊,不足以作为鸡球虫病的确诊依据,需根据临床症状、粪便检查、流行病学调查和病理变化等,加以综合判断。

(6)防控措施:

①治疗。鸡场一旦暴发球虫病,应及时选用敏感药物进行治疗。如磺胺二甲基嘧啶(SM$_2$),按 0.1% 混入饮水,连用 2 天,休药期 10 天。百球清 2.5% 溶液,按 0.0025% 混入饮水,连用 3 天。

②预防。加强饲养管理,搞好环境卫生。对禽舍、运动场定期清扫、消毒。加强粪便清理,防止饲料和饮水被鸡粪污染。进入鸡场的人员、车辆严密消毒。雏鸡与成年鸡分开饲养。不要平养,提倡笼养、网上饲养。保证饲料平衡全价,富含维生素。根据情况,可使用抗球虫药物添加剂,如麦杜拉霉素、莫能菌素、氨丙啉、盐霉素、氯苯胍等,预防球虫病的发生。

虽然药物在鸡球虫病的防治上起到了一定作用,但球虫的抗药性,肉蛋中的药物残留却日显突出,使药物应用受到了极大限制。因此,球虫虫苗的开发越来越受到重视。目前,美国、加拿大、英国、捷克等国,已研制出球虫苗,在生产中应用,效果较好。国内也有一些教学和科研单位研制球虫苗,效果与进口球虫苗相当。

2. 鸡组织滴虫病

本病是由火鸡组织滴虫寄生于禽类的盲肠和肝脏而引起的一种急性原虫病。临床上以病鸡出现消化紊乱、鸡冠肉髯呈暗黑色为特征。

(1)病原:火鸡组织滴虫为多形性虫体,大小不一,近圆形或变形虫样。

(2)生活史:火鸡组织滴虫以二分裂法繁殖。寄生于盲肠的火鸡组织滴虫,可被鸡异刺线虫吞食,吞食后进入异刺线虫卵内,当异刺线虫卵排出时,组织滴虫存在于其中,并得到虫卵的保护,能在虫卵及其幼虫中存活很长时间。当鸡通过啄食感染异刺线虫后,也就同时感染了组织滴虫。蚯蚓体内可含有鸡异刺线虫虫卵或幼虫(组织滴虫隐匿其中),鸡在啄食蚯蚓时,也可造成组织滴虫感染。

(3)流行特点:病鸡和带虫鸡是主要传染源。病鸡排出的粪便中含有大量的原虫,污染饲料和饮水,当鸡食入后便可感染。鸡排出的异刺线虫卵,以及蚯蚓、蝇、蚱蜢、蟋蟀等,是传播的主要媒介。

本病多发于火鸡、鸡和其他家禽,也可感染珠鸡、孔雀、鹌鹑等野禽。火鸡最易感,尤其是 3～12 周龄的雏火鸡。鸡和鹌鹑感染后,死亡率较低,但鸡常作为组织滴虫的隐性宿主,散播虫体,引起其他禽类发病。一年四季均可发病,主要见于春夏潮湿温暖季节。

(4)主要症状:火鸡组织滴虫感染后,潜伏期 7～12 天,以雏火鸡易感性最强。病禽呆立,翅下垂,步态蹒跚,眼半闭,头下垂,畏寒,下痢,食欲缺乏。疾病末期,有些病禽因血液循环障碍,鸡冠、肉髯发绀,呈暗黑色,也称"黑头病"。病程 1～3 周。病愈鸡的体内仍有组织滴虫,带虫可长达数周或数月。成年鸡很少出现症状,如出现,主要为排水样硫黄色粪便,头有时发绀。

(5)剖检病变:可见盲肠壁肿胀,黏膜上有溃疡,肠腔内常见灰黄色的干酪样物。肝表面有近圆形、黄绿色、直径为 1 厘米左右的凹陷病灶。

(6)诊断要点:根据流行病学和典型病变,可做出初步诊断。刮取盲肠黏膜或做肝脏组织检查,发现虫体即可确诊。应注意与鸡球虫病相鉴别。

(7)防控措施:

①治疗。甲硝达唑(灭滴

灵),按每千克饲料加 250 毫克的比例混于饲料中。预防按每千克饲料加 200 毫克的比例混于饲料中,连用 3 天,为 1 疗程。停药 3 天,开始下一疗程,连续 5 个疗程。

②预防。要建立科学的饲养制度,如成年鸡和幼鸡分开饲养,防止家禽啄食到蚯蚓等。在流行区,可用抗组织滴虫药物,以预防量混入日粮中,进行药物预防。由于鸡异刺线虫在本病传播中起重要作用,因此杀灭环境中的异刺线虫虫卵也是一项有效措施。

四、感染和免疫

(一)感染简介

1. 感染的概念

病原生物侵入动物机体,并在一定的部位定居,生长繁殖,进而引起机体一系列病理反应,此过程称为感染。动物感染后,可有不同的表现,即无临床症状、有明显的临床症状甚至死亡。临床症状的严重程度,取决于病原本身的特性(致病力和毒力)、动物的遗传易感性、宿主的免疫状态以及环境因素等。

2. 感染的类型

病原生物引起的感染,在临床上常见的有以下几种类型。

(1)外源性和内源性感染:病原生物从外界侵入机体引起的感染过程,称为外源性感染,大多数传染病属于这一类。某些微生物平时存在于动物体内,不引起发病,但动物受不良因素的影响、抵抗力减弱时,可大量繁殖,引起机体发病,这就是内源性感染。如猪肺疫有时就是这样发生的。

(2)单纯感染、混合感染和继发感染:由一种病原生物所引起的感染,称为单纯感染,大多数感染过程都是由一种病原生物引起的。由两种以上的病原生物同时参与的感染,称为混合感染。动物感染了一种病原生物之后,在机体抵抗力减弱的情况下,又由另一种病微生物引起的感染，称为继发性感染。混合感染和继发感染的疾病表现复杂，给诊断和防治增加了困难。

（3）显性感染和隐性感染、顿挫型和一过型感染：表现出该病所特有的明显的临床症状的感染，称为显性感染。在感染后不呈现任何临床症状而呈隐蔽经过的，称为隐性感染。隐性感染的病畜或称为亚临床型，在机体抵抗力降低时也能转化为显性感染。开始症状较轻，特征症状未见出现即行恢复者称为一过型感染。开始时症状表现较重，特征性症状尚未出现之前即恢复健康者，称为顿挫型感染，常见于疾病的流行后期。

（4）局部感染和全身感染：侵入的病原生物被局限在一定部位引起的病变，称局部感染，如化脓性葡萄球菌引起的化脓创。病原生物冲破了机体的各种防御屏障，侵入血液，向全身扩散引起的感染，称为全身感染，其表现形式主要有菌血症（细菌进入血液）、病毒血症（病毒进入血液）、毒血症（细菌的毒素或炎症灶中各种有毒产物被吸收入血，引起机体中毒）、败血症（病原微生物侵入血流并持续存在，大量繁殖，产生毒素，引起机体严重物质代谢障碍和生理机能紊乱，呈现全身性中毒症状）等。

（5）典型感染和非典型感染：典型感染表现该病代表性的临床症状，非典型感染则表现或轻或重，不表现该病的典型症状。

（6）良性感染和恶性感染：良性感染不引起病畜大批死亡，恶性感染引起大批病畜死亡。例如，发生口蹄疫时，牛群的病死率一般不超过2%，属于良性感染；如果病死率大大超过此数，则为恶性感染。

（7）最急性、急性、亚急性和慢性感染：最急性感染的动物常在一天内突然死亡，症状和病变不明显,发生牛羊炭疽、巴氏杆菌病、羊快疫和猪丹毒等病时,有时可以遇到这种病型,常见于疾病的流行初期。急性感染病程一般几天至两三周不等,并伴有明显的典型症状,如口蹄疫、猪瘟、猪丹毒等。跟急性相比,亚急性感染症状不显著,病程稍长,较缓和,如疹块型猪丹毒和牛肺疫等。慢性感染的病程常在一个月以上,临诊症状常不明显,甚至不表现,如结核病、布鲁氏菌病等。

(8)病毒的持续性感染和慢病毒感染:持续性感染是指动物长期持续的感染状态,动物的抵抗力和病原微生物的致病作用处于平衡的状态,感染动物可长期或终生带毒,缺乏临床症状,但向体外排出病毒。慢病毒感染是指潜伏期长,疾病呈进行性发展,最后常以死亡为转归的病毒感染。如山羊关节炎-脑炎病毒感染、疯牛病等。

(二)免疫的基本知识

1. 免疫的概念和分类

免疫是指动物自身所具有的排除异物、保护自身的能力。免疫的基本功能包括抵抗感染、维持自身稳定和免疫监视。抵抗感染是指机体抵抗病原生物(如病毒、细菌、寄生虫等)的侵袭力,抗感染能力的强弱与动物遗传因素、年龄、营养状态、免疫状况等多种因素有关。维持自身稳定是指机体识别和清除自身衰老残损的细胞的能力,自身稳定功能失调时易导致自身免疫。免疫监视是指机体杀伤和清除异常突变细胞的能力,一旦功能低下,宿主易患肿瘤。

免疫分为特异性免疫与非特异性免疫两种。非特异性免疫又称天然免疫或固有免疫,是一种天然防御功能,是生物在种系发育过程中不断与病原生物斗争中形成的,并可遗传给后代。这种免疫的特点是不针对某一种特定的病原体,而是对多种病原体都有一定的防御作用。特异性免疫又称获得性免疫或适应性免疫，一般是机体在后天受微生物等抗原物质刺激后才形成的，它能识别再次接触的相同抗原，抵抗同一种微生物的重复感染，但不能遗传。特异性免疫分为细胞免疫与体液免疫两类。

2. 常用疫苗简介

疫苗是将病原生物（如细菌、病毒、原虫等）及其代谢产物，经过人工减毒、灭活或利用基因工程等方法制成的生物制品。临床上常用的疫苗主要包括用细菌、支原体、螺旋体等制成的菌苗，用病毒制成的疫苗，用细菌外毒素制成的类毒素等。目前在兽医临床上常用的传统疫苗主要有以下几种。

（1）弱毒疫苗和灭活疫苗：弱毒疫苗，又称活疫苗，是对自然病毒毒株经物理、化学方法减毒，或经生物体连续继代培养获得的。疫苗对原宿主动物的致病力丧失，或只引起轻微的亚临床反应，但仍保持有良好的免疫原性，如鸡新城疫Ⅰ系疫苗。一般弱毒疫苗的免疫效果良好，但由于弱毒疫苗存在毒力返强的危险性，因此某些情况下其应用范围受到一定限制（如曾发生用禽脑脊髓炎弱毒苗免疫后引起种鸡发病）。灭活疫苗，又称死疫苗，可通过对病原生物进行物理或化学的方法处理得到。灭活疫苗丧失对动物的感染性或毒性，但保持有良好的免疫原性，接种动物后能产生主动免疫，如口蹄疫灭活疫苗。相对于弱毒疫苗，灭活苗安全性较高，但其效果不如弱毒苗。

（2）单价疫苗和多价疫苗：单价疫苗是利用同一种微生物菌（毒）株，或一种微生物中的单一血清型菌（毒）株的增殖培养物所制备的，对相应的单一血清型微生物所致的疫病有良好的免疫保护性，如鸡马立克病火鸡疱疹病毒活疫苗。多价疫苗是指由同一种微生物中若干血清型菌（毒）株的增殖培养物制备的疫苗,如鸡马立克病双价活疫苗。相对于单价疫苗,多价疫苗的效果更好,应用范围更广泛。

(3)混合疫苗:混合疫苗,即多联苗,是两种或两种以上的互不影响作用的疫苗的混合物,其优点是一次免疫达到多种疾病的预防目的,如兽医实践中应用的猪瘟-猪肺疫-猪丹毒三联苗、犬五联活疫苗等。

(4)类毒素:细胞外毒素经甲醛处理后失去毒性,但仍保留免疫原性,即为类毒素。如破伤风类毒素等,可作为疫苗使用。

随着科技的发展,新出现了一些基因工程疫苗,如亚单位疫苗(病原生物的保护性抗原基因片段在体外表达的蛋白,有免疫原性)、重组活载体疫苗(如用无致病性的痘病毒作为载体,携带某种病原生物的免疫原性蛋白基因,注进动物体内,其表达的蛋白具有免疫原性)等。这些疫苗目前在畜牧生产中应用还不普遍。

3. 疫苗的保存

疫苗由于种类不同,在保存过程中对其温度要求也不相同。一般固体疫苗要冷冻保存,液体疫苗要求在 2～8℃条件下保存。常用的传统疫苗一般都怕热,需保存在低温环境。冷冻真空干燥的疫苗,冷冻需保存在－15℃的环境中,弱毒疫苗应冷冻保存且应避免反复冻融,灭活苗需低温保存在2～15℃环境中,不能过高也不能过低。疫苗保存温度过高或过低,都会使其效力降低。疫苗在保存中应避免强光和曝晒,瓶口开封后的疫苗不能再保存,特别是弱毒疫苗。

疫苗运输时,应包装完善,尽快运送,运送途中避免日光直射和高温。

使用疫苗时应严格按照说明书及瓶签上的各项规定做,并应进行详细登记。疫苗在临用前由冰箱取出稀释后应尽快使用,活毒疫苗一般应在 4 小时内用完。当天未用完的疫苗,应废弃,不得再用。

4. 免疫接种方法

免疫接种是通过给健康动物接种某种抗原物质,激发机体产生特异性抵抗力,使易感动物不易发生相应疫病的一种手段。不同的疫苗应采用不同的免疫接种方法。免疫接种常用的方法有肌内注射、皮下注射、皮内注射、点眼、滴鼻、饮水、喷雾等,究竟采用哪一种方法,主要考虑疫苗的特性及免疫效果,也要顾及工作方便及经济核算。因皮下接种和肌内接种操作简单,吸收快,较为常用。皮下注射是将疫苗注射到皮下疏松结缔组织中,马、牛、羊一般在颈侧下部或肩胛骨后方,小猪在腋窝、大腿内侧皮下,大猪在耳后皮下,鸡、兔在腹部进行皮下注射。肌内注射是将疫苗注入肌肉组织中,注射部位应该选择肌肉发达的部位,一般在颈侧或臀部,猪取颈侧耳根后部,鸡取胸肌为宜,犬、猫取脊柱两侧肌肉。

5. 免疫程序

一个地区、一个畜禽场可能发生的传染病、寄生虫病不止一种,因此往往需要使用多种疫(菌、虫)苗来预防不同的疾病。这些疫苗的性质不同,免疫期长短不一。所以,为了获得较理想的免疫效果,应该根据一定地区、畜禽场疫病的流行状况、动物健康状况和不同疫苗特性,合理地制订预防接种的次数、顺序和间隔时间,这就是所谓的免疫程序。

科学合理的免疫程序是获得有效免疫保护的重要保障。例如,不同的传染病其免疫程序一般不相同,同一种传染病在不同地区其免疫程序可能也不完全相同。目前国际上还没有一个可供统一使用的疫苗免疫程序,各国都在实践中总结经验,尽量制订出合乎本地区、本牧场具体情况的免疫程序,而且这种免疫程序还在不断改进中。科学制定免疫程序,通常以抗体检测作为重要的参考依据。

一般来说,免疫程序的制

定首先要弄清当地疾病的流行情况及严重程度,决定用哪种疫苗,达到什么样的免疫水平。此外,还要考虑母源抗体、上次免疫接种引起的残余抗体水平、动物的免疫应答能力、疫苗的种类和性质、免疫接种方法和途径、各种疫苗的配合、对动物健康及生产能力的影像等多种因素,这样才能使免疫程序更科学,免疫效果更理想。

举例1:蛋鸡免疫程序

日龄	病名	疫苗	免疫方法
1	马立克病	单联冻干苗 双价苗	颈部皮下注射0.2毫升 颈部皮下注射0.2毫升
7 27 120	鸡新城疫	Lasota弱毒苗 重复上述免疫 鸡新城疫-传染性支气管炎-减蛋综合征油佐剂灭活苗	滴鼻、点眼 滴鼻、点眼 肌肉注射0.5毫升
7	鸡支原体病	油乳剂灭活苗	肌肉注射0.5毫升
11 18	传染性支气管炎	H_{120}疫苗 油佐剂灭活苗	滴鼻 肌肉注射0.3毫升
14 22 120	鸡传染性法氏囊炎	中等毒力苗 中等毒力苗 油乳剂灭活苗	饮水 饮水 肌肉注射0.5毫升
20 60	鸡传染性喉气管炎	弱毒苗 弱毒苗	点眼 点眼
21 120	鸡传染性鼻炎	油乳剂苗 油乳剂灭活苗	肌肉注射0.25毫升 肌肉注射0.5毫升
27 120	鸡痘	鸡痘苗 鸡痘苗	刺种 刺种

注:此免疫程序仅供参考

举例2:猪免疫程序

(1)猪瘟:

①仔猪。仔猪出生后不吃初乳,立即用猪瘟兔化弱毒疫苗注射1次,注射后两小时再吃乳。待仔猪60～65日龄时再强化免疫1次,或仔猪在20日龄和60～65日龄时各免疫1次。

②种公猪。每年春秋各免疫1次。

③种母猪。每年春秋各免疫1次,产前30天免疫1次。

(2)猪肺疫和猪丹毒:

①仔猪。仔猪在30～35日龄断奶后,分别用猪肺疫和猪丹毒菌苗注射1次,或在70日龄时用这两种菌苗各免疫1次。

②种猪。每年春秋用这两种菌苗各免疫1次。

(3)仔猪副伤寒:

仔猪在30～35日龄断奶后,注射或口服1头份仔猪副伤寒菌苗。

(4)仔猪黄痢:

怀孕母猪在产前40～42天,产前15～20天用猪大肠杆菌菌苗各注射1次。

(5)仔猪红痢:

怀孕母猪在产前30天,产前15天分别用猪红痢菌苗各注射1次。

(6)猪细小病毒病:

①种公猪、种母猪。每年春季用猪细小病毒疫苗免疫1次。

②后备种公猪、种母猪。应在配种前1个月接种1次。

(7)猪喘气病:

①仔猪。用猪喘气病弱毒菌苗在10日龄接种1次,如用猪喘气病灭活疫苗,应在仔猪7日龄时进行第1次免疫,15日龄时再进行第2次免疫。

②后备种猪。配种前1个月用弱毒菌苗再免疫1次。

③种猪。每年用弱毒菌苗接种1次(右侧胸腔注射)。

(8)伪狂犬病:

①仔猪。断奶后(30～35日龄)接种1个剂量的猪伪狂

犬病灭活疫苗。

②怀孕母猪。产前 30 天、15 天各免疫 1 次。

(9)猪乙型脑炎:

每年在蚊蝇季节到来前(4~5 月份),用猪乙型脑炎弱毒疫苗对后备种猪免疫 1 次。

(10)传染性萎缩性鼻炎:

①仔猪。生后 1 周、4 周、8 周龄用猪传染性萎缩性鼻炎油佐剂二联灭活菌苗各免疫 1 次。

②种公猪、种母猪。春、秋各注射 1 次。

③怀孕母猪。产前 1 个月免疫 1 次。

(11)猪口蹄疫:

对 25 千克以上的猪,每 6 个月用猪 O 型口蹄疫 BEI (二乙烯亚脂)灭活油苗免疫 1 次。

注:猪口蹄疫、伪狂犬病、猪乙型脑炎、猪传染性萎缩性鼻炎等疫病的免疫工作,仅在疫区或周围受威胁地区使用。在使用这个免疫程序时,应根据猪场和当地发病情况灵活进行调整

6. 免疫失败的常见原因

动物免疫接种后,在其免疫有效期内不能抵抗相应抗原的侵袭,仍发生该种传染病,或免疫后效力检查不合格,均属免疫失败。

免疫失败的原因很多,在实践中常见的主要与病原变异、疫苗质量、动物状态和人员操作等因素有关。

病原变异可使疫苗所产生的抗体不能够有效地杀死变异抗原,从而造成免疫失败(在口蹄疫、禽流感免疫中经常遇到)。疫苗的保护性能差,疫苗运输、保存方法不当,也都会导致免疫失败。因动物状态导致免疫失败的原因主要有:母源抗体或上次免疫残留抗体的干扰,或免疫时动物处于潜伏感染状态,都有可导致免疫失败(母源抗体,一方面可以抵抗病原的传染,另一方面又能妨碍疫苗免疫。应根据母源抗体的检测结果,确定疫苗首次免疫

接种时间）。

此外，动物的年龄、性别、环境、应激等因素，都可影响免疫效果。对于老、弱、幼、孕、泌乳、病畜等进行免疫接种，可能出现明显的接种反应，免疫效果差，有时甚至可发病。因此免疫接种应针对健康畜（禽）群进行。免疫接种时，注射量过大或过小、接种途径或方法不正确、接种前使用影响免疫效果的药物等，都可能人为地造成免疫失败。例如，接种弱毒活菌苗前后10天，禽群应停止使用对疫苗菌株敏感的药物，以免影响免疫效果。

第三部分 畜禽普通病的防治

内容导读

畜禽普通病的防治部分,主要包括 4 个方面的内容:牛、羊普通病的防治,猪普通病的防治,犬、猫普通病的防治,鸡普通病的防治。

畜禽普通病,有如下几种类型:内科病、营养代谢病、中毒病、外科病、泌尿产科病等。

(1)内科病:内科病指的是畜禽非传染性的、内部器官的疾病,如前胃迟缓、肾炎、肝硬化等。

(2)营养代谢病:营养代谢病指的是畜禽因某种营养物质缺乏或过多所引起的疾病,如奶牛酮病、骨软症、水中毒等。

(3)中毒病:中毒病指一些有毒物质,例如饲料毒物、植物毒素、霉菌毒素、环境污染物等,进入畜禽体内引起的疾病,如亚麻籽饼粕中毒、黄曲霉毒素中毒、有机磷中毒等。

严格来讲,营养代谢病、中毒病也属于内科病的范围。本书把它们单列,只是为了强调这类群发病在目前的重要性。

(4)外科病:外科病指的是通过外科包括手术的方法,进行治疗的疾病,如创伤、外科感染、严重的皱胃变位等。

(5)泌尿产科病:泌尿产科病指的是与生殖有关的泌尿器官疾病,以及和畜禽繁殖、生育相关的疾病,如阴茎脱出、不孕症、胎衣不下等。奶牛产科病目前在临床上很受重视。

每种疾病，都从概述、病因、临诊要点、防治等方面加以叙述。其中，概述，介绍该病的概念、特征和中兽医命名或俗名。病因，简要介绍引起该病的原因，有些还从中西兽医不同角度简述发病机制。临诊要点，即临床诊断要点，主要介绍症状，有的还包括剖检病变或实验室检查。而防治部分，除了采用西药外，较多介绍了中兽医学的治则和方剂，以供基层兽医工作者灵活选用。此外，牛、羊疾病治疗时的药物用量，多以牛为主，务请留意。

这一类疾病有以下几个特点：

第一，任何一种疾病，都是由不同的病因引起的。例如，理化因素（一定强度的机械力、高温、低温、电流、噪音、辐射、强酸、强碱、化学毒物、动植物及微生物的毒性物质）、必需物质缺乏或过多（如缺乏氧、营养物质、各种微量元素，二氧化碳过多、水过多、氟过多）、过敏原（如微生物、寄生虫、昆虫毒液、异种动物血清、疫苗、动物皮毛和饲料、青霉素、磺胺类、阿司匹林、有机碘、汞剂）的作用等。

第二，有些畜禽普通病，也是由病原生物引起的，或病原生物在致病中发挥一定的作用。例如，奶牛乳房炎、化脓菌感染等。这一类疾病，一般不具有传染性和流行性，可称为感染性疾病。

第三，畜禽普通病，在我国广大农村、牧区，属于常见病、多发病，涉及面大，造成的损失也大，临床兽医日常性诊疗工作中所面临的疾病，大部分是这一类。在现阶段，各地城乡宠物门诊日趋活跃，为此用较大篇幅，介绍了犬、猫80余种普通病的诊疗方法，供临床参考。

搞好畜禽普通病的防治，对保证畜禽健康，维护畜牧业的可持续发展，保障兽医诊所的生存、发展，起着重要作用。

一、牛、羊普通病的防治

(一)牛、羊的内科病

1. 口炎

口炎是口腔黏膜炎症的总称,临床上以流涎、采食和咀嚼障碍为特征,中兽医称为"口疮"或"舌疮"。

(1)病因:

①由于使役负重,奔走太急,以至心胃积热。

②采食过多精料,致使体内产生热毒,积于心胃二经而发本病。

③因草料内混有木片、铁丝、钉子、玻璃碎片等异物,刺伤舌体或口腔黏膜,或误食有毒植物、霉败饲料引发口炎。很多口炎也可作为某些病原体感染的继发症(如口蹄疫继发的口炎)。

(2)临诊要点:

①卡他性口炎。口黏膜潮红,硬腭肿胀,唇部黏膜有散在的小结节和烂斑,舌苔为灰白色。重者,唇、齿龈、颊部、腭部黏膜肿胀甚至发生糜烂,大量流涎。

②水疱性口炎。在唇部、颊部及口腔的黏膜上,发生大小不一散在的或密集的透明水疱,破溃后形成溃疡。

③溃疡性口炎。齿龈肿胀,呈暗红色,疼痛,出血。病变部继而变为苍黄色或黄绿色糜烂性坏死,常蔓延至口腔其他部位,流涎,混有血丝带恶臭,间或有轻微的体温升高。

(3)防治:排除病因,采取消炎、收敛、净化口腔等治疗措施。

一般用1%食盐水、2%～3%硼酸冲洗口腔。口腔有恶臭味时,可用0.1%高锰酸钾冲洗。分泌物多时,用1%明矾或鞣酸冲洗。溃疡性口炎,冲洗后再涂碘酊甘油(5%碘酊1份,甘油9份)或2%龙胆紫。

中兽医认为,心胃二经热甚者,宜以泻心火、清胃热、凉血解毒为治则。患部宜涂冰硼散:冰片1克、硼砂30克、元明粉 4 克、朱砂 1 克、青黛 1 克，共研细末，每次取适量涂搽患部，每天 3 次。或用青黛散：青黛 15 克，薄荷 5 克，黄连、黄柏、桔梗、儿茶各 10 克，研为细末，装入布袋内，在水中浸湿，噙于口内，采食时取下，食后再噙上，每天或隔天换药 1 次，也可在蜂蜜内加冰片和复方新诺明各 5 克，噙于口内。并可内服黄连清心汤：黄连 20 克，栀子、麦冬、连翘、银花、黄柏、黄芩、牛蒡子各 30 克，生石膏 60 克、甘草 15 克，共煎水，1 次投服，也可针刺舌底、命牙、三关、血印、太阳等穴。

2. 咽喉炎

咽喉炎是咽喉黏膜及其邻近组织的炎症，临床上以咽喉肿痛、喉头敏感为特征，中兽医称为"颡黄"、"喉风"、"风火喉"或"束颡黄"。

(1)病因：主要因受寒感冒、过度疲劳所致，也可继发于其他热性病过程中。

①常因天气炎热，热积于心肺，心火上咽，热结咽喉，引起咽喉痛、呼吸喘促，或牛群在低洼地带放牧，采食了被水浸的和经太阳暴晒的污草，致使热毒侵入心肺，上冲咽喉而发病。

②较少见于误食粗硬饲草、饲料、异物，兽医粗暴或强行推送胃管，灌服某些浓度过高的刺激性药物等也可引发。如果是邻近器官炎症的蔓延及某些传染病的一个症候，则属于继发性病因。

(2)临诊要点：病畜精神沉郁，伸头直项，呼吸喘促，口内流涎，咽喉肿痛，水草难咽，咳嗽不爽，鼻流黏涕。或见饮水从鼻孔流出，口色赤红，口内发热，脉滑数。严重时，张口呼吸，状如抽锯，站立不安。

(3)防治：

①治疗。原则是除去病因，加强护理，消炎解毒，清咽利喉，缓解疼痛。

消除炎症：可于咽部进行冷敷（早期）或温敷（后期）每天 2～3 次，每次 20～30 分钟。咽部涂擦刺激剂，如10％樟脑酒精、樟脑软膏、鱼石脂软膏、复方醋酸铅散（醋调）。

可用青霉素 400～500 万国际单位，10％磺胺嘧啶注射液 30～40 毫升（首量加倍），分别肌注，每天 2～3 次，连用 2～3 天。体温升高者，配合选用 30％安乃近注射液 30～40 毫升，肌内注射。重症患畜可用青霉素 80 万国际单位，0.25％普鲁卡因注射液 40 毫升，于喉头周围进行封闭。

中兽医方剂，治则以清热解毒、消肿利咽为主。方一：连翘、黄柏、黄芩、山豆根、牛蒡子、玄参、桔梗、射干、寸冬各 30 克，知母 25 克，蒲公英 40 克，大黄 60 克，芒硝 120克，共煎水，1 次投服；方二：茵陈、连翘、淡竹叶各 30 克，银花、黄连、黄芩、黄柏各 25克，寸冬 20 克，海藻 60 克，共煎水，1 次投服；方三：冰片 2克，硼砂 6 克，青黛 9 克，薄荷

叶 9 克，麝香 0.1 克，山豆根、白芷、射干、大黄、黄柏各 6克，漂苍术 3 克，共研细末，用瓷瓶密贮备用，每次只可吹 3克。亦可针刺舌底、山根、血印等穴，如内肿甚者还可用冰硼散吹入咽喉中，外肿甚者，可在肿胀部位用大宽针向后方插入，并排连续扎 3 针，约扎 5 厘米深，穿刺时摆动针，即有污血流出，此时用烧酒洗擦，同时用力挤压肿胀处，加速排出污血。放出毒血后，在针孔周围肿胀处，用醋靛膏（醋 1 份，染布用的土靛脚子9 份，混合调匀，敷于患部，1日数次）外敷。

②护理。病畜置于温暖、干燥、通风良好的厩舍内。对轻症病畜，可给予柔软易消化的草料，并勤给饮水。对重病病畜，为防止误咽，禁止经口鼻灌服营养物质及药物。

3. 食道阻塞

本病是指食道突然被粗硬草料、团块或异物所阻塞。临床上以咽下障碍、流涎、并

发瘤胃鼓气为特征,中兽医称为"草噎"。

(1)病因:奶牛、羊可因喂饲过大的块状饲料,如萝卜、马铃薯,或未打碎、未浸软的豆饼块等,咀嚼不全,猛然吞入,或采食时受到突然惊吓,食团阻塞于食道,而引致本病。少见于误食毛巾、破布、塑料薄膜、木片或胎衣而发病。此外,也可由于饲料中混入砖石碎块、金属异物、玻璃碴片等异物引起。偶见于食道麻痹、食道痉挛、食道狭窄等疾病中。

(2)临诊要点:患畜采食突然停止,站立不安,反刍、嗳气停止,伸头缩颈,频频吞咽,欲咽不下,欲吐不出,张口伸舌,流涎,且有泡沫。奶牛、羊常阻塞于颈部食道,此时可在左侧颈部食道沟处,摸查到阻塞物。随后迅速引起瘤胃鼓胀,呼吸困难,口色赤紫,若治疗不及时,可因窒息而死亡。

(3)防治:

①治疗。原则是解除阻塞,疏通食道,鼓气时先行瘤胃穿刺放气。除去食道内阻塞物的方法,简介如下。

A. 由口内取出法:若阻塞物在咽或咽后不远的食道部,可装上开口器,用手、钳子或钢丝圈(做成圆环状,用时套在阻塞物上)取出(常需一助手在颈部将异物固定)。若阻塞物在颈部食道,应将病牛站立保定好,然后两人(一人在左侧,一人在右侧)同时用手置于阻塞部左右两侧,由下向上轻轻推挤,将阻塞物推至咽部时,用手捏住阻塞物,勿使下坠,再用上法取出。

B. 挤压法:适用于土豆、萝卜等阻塞于颈部食道。将病畜横卧保定,用平板或砖垫在食管阻塞部位;然后以手掌抵于阻塞物下端,朝咽部方向挤压,将阻塞物挤压到口腔,即可排除。羊羔常见谷物与糠麸引起的颈部食管阻塞,这时病畜需做站立保定,用双手手指从左右两侧挤压阻塞物,将阻塞物压碎,促进阻塞物软化,使其自行咽下。

C. 推送法:若阻塞物在食道下部,给牛带上开口器,选用直径 2～2.5 厘米且有弹力的橡胶胃管,在胃管外面涂石蜡油,然后插入食道中,轻轻地将阻塞物推入胃内。如不能推下,可向胃管中灌入 2%盐酸普鲁卡因 20～50 毫升,食用油 100～150 毫升,增加润滑性,同时肌内注射 2%静松灵 1～2 毫升,5～10 分钟开始用胃管缓缓下推。

阻塞物由口内掏出或送进胃内后,为了防止食道发生肿胀,可内服下方:玄参、花粉、麦冬各 25 克,桔梗、贝母、黄芩、防风各 20 克,薄荷、杏仁各 15 克,银花、山豆根、生石膏各 30 克,共煎水灌服。

锐利的异物阻塞时,宜进行食道切开术,取出异物。当继发瘤胃鼓气时,应及时施行瘤胃穿刺放气,并向瘤胃内注入防腐消毒剂。病程较长者,应注意消炎、强心、输糖补液或营养液灌肠,维持机体营养,提高治疗效果。排除阻塞物后 1～3 天内,应使用抗菌药物,防治食道炎。同时给予流质或柔软易消化的饲料。

②预防。对于刚断乳的犊牛、羔羊,特别是舍饲的牛、羊,应先喂草,后喂料,少喂勤添。饲喂块根、块茎类饲料时,应切碎后再喂;饲喂豆饼、花生饼等饼粕类饲料时,应经水泡制后,少量多次给予。

4. 前胃迟缓

本病是反刍动物的一种前胃肌肉收缩力减弱、瘤胃内容物运转缓慢的消化系统疾病。临床上以反刍减少,前胃收缩、运动延缓,内容物后送变慢,产生大量腐败产物,甚至引起全身机能紊乱为特征。属于中兽医的"脾胃虚弱"、"慢草不食"范畴。

(1)病因:根据发生原因,可分为原发性和继发性前胃弛缓。

①原发性前胃弛缓。主要是饲养、管理不当所致。如精饲料喂量过多,或突然食入

过量的适口性好的饲料,食入过量不易消化的粗饲料,饲喂变质或冰冻的饲料,如酒糟、豆渣、山芋渣等。误食塑料袋、化纤布,或分娩后母牛食入胎衣,均可引起前胃迟缓。管理不当,如经常更换饲养员,调换圈舍或牛床,或由于各种不良的应激反应,而引发前胃迟缓。

②继发性前胃弛缓。常继发于口腔疾病、创伤性网胃腹膜炎、迷走神经胸支和腹支损伤、瓣胃阻塞、酮病、布氏杆菌病等疾病。此外,在兽医实践中治疗用药不当,如长期大量服用抗生素类药物,也可造成医源性前胃弛缓。

中兽医认为,本病是因长期饲养失调或久病久劳伤及脾胃,以至脾胃功能失调而出现水草迟细,导致前胃疾病。

(2)临诊要点:按病程,可分为急性和慢性两种类型。

①急性型。病畜食欲减退或废绝,反刍减少、无力,时而嗳气并带酸臭味。体温、呼吸、脉搏一般无明显异常。瘤胃蠕动音减弱,蠕动次数减少,瓣胃蠕动音微弱。触诊瘤胃,其内容物黏硬或呈粥状。病初粪便变化不大,随后粪便变为干硬、色暗,被覆黏液。

②慢性型。病畜食欲不定,常常虚嚼、磨牙,发生异嗜,反刍减少,嗳出的气体带臭味。精神不振,日渐消瘦,被毛干枯,体质虚弱。瘤胃蠕动音减弱或消失,内容物黏硬或稀软,瘤胃轻度鼓胀,肠蠕动音微弱。粪便干硬、呈暗褐色,附有黏液,有时腹泻,粪便呈糊状、腥臭,或者腹泻与便秘交替发生。

(3)防治:原则是除去病因,加强护理,饲喂易消化的青草或优质干草,增强前胃机能。

增强前胃机能,可用硫酸钠 300～500 克,鱼石脂 20克,酒精 50 毫升,温水6 000～10 000毫升,1 次内服,或用液体石蜡 1 000～3 000毫升、苦味酊 20～30 毫升,1 次内服,或应用"促反刍液"(5%葡萄糖生理盐水注射液 500～1 000 毫升、10%氯化钠注射液 100～200 毫升、5%氯化钙注射液 200～300 毫升,20%苯甲酸钠咖啡因注射液 10 毫升),1 次静脉注射,并肌内注射维生素 B_1。此外,还可适量皮下注射新斯的明 10～20 毫克,或毛果芸香碱 30～100 毫克,但对于病情重剧,心脏衰弱,老龄和妊娠母牛则禁止应用。

可给病牛投服从健康牛口中取得的反刍食团,或灌服健康牛瘤胃液 4～8 升。对于采食大量精饲料、症状又较重的病牛,可采用洗胃的方法,排除瘤胃内容物,洗胃后应向瘤胃内接种纤毛虫。

重症病例应先强心、补液,再洗胃,防止脱水和自体中毒。可用 25%葡萄糖溶液 500 毫升、10%葡萄糖酸钙液 500 毫升、5%碳酸氢钠液 500 毫升、5%葡萄糖生理盐水 1 000 毫升,1 次静脉注射,每

天 1 次,连用 2～3 天,并用口服补液盐 150 克、碳酸氢钠粉 100 克,加水 1 次灌服,每天 1 次,连用 2～3 天。

中兽医辨证施治:

①病初,对体格壮实,口温偏高,口津黏滑,粪干,尿短的病牛,应清泻胃火,宜用加味大承气汤或大戟散。加味大承气汤:大黄、厚扑、枳实、苏梗、陈皮、炒神曲、焦山楂、炒麦芽各 30～40 克,芒硝 50～150 克,玉片 15～20 克,车前子 30～40 克,莱菔子 60～80 克,共为末,1 次灌服。大戟散:大戟、千金子、大黄、滑石、各 30～40 克,甘遂 15～20 克,二丑 20 克,官桂、白芷各 10 克,甘草 20 克,共为末,清油 250 毫升,1 次投服。

②对脾胃虚弱,水草迟细,消化不良的牛,应着重于健脾和胃,补中益气。宜用加味四君子汤:党参 100 克,白术、茯苓各 75 克,炙甘草 25 克,陈皮 40 克,黄芪、当归各 50 克,大枣 200 克,共为末,1

次投服,每天1剂,连服2～3剂。

③牛久病虚弱,气血双亏,应补中益气,养气益血,宜用加味八珍散:党参、白术、当归、熟地、黄芪、山药、陈皮各50克,茯苓、白芍、川芎各40克,甘草、升麻、干姜各25克,大枣200克,共为末,1次投服,每天1剂,连服数剂。

④病牛口色淡白,耳鼻俱冷,口流清涎,水泻,应温中散寒,补脾燥湿,宜用加味厚朴温中汤:厚朴、陈皮、茯苓、当归、茴香各50克,草豆蔻、干姜、桂心、苍术各40克,甘草、广木香、砂仁各25克,共为末,1次投服,每天1剂,连服数剂。此外也可用红糖250克、胡椒粉30克、生姜200克(捣碎),开水冲,候温,1次投服,具有和脾暖胃,温中散寒的功效。亦可针灸舌底、脾俞、百合、关元俞等穴,进行治疗。

5. 瘤胃鼓气

瘤胃鼓气是牛、羊采食了大量容易发酵的饲料,在瘤胃和网胃内异常发酵,产生大量气体,引起瘤胃和网胃急剧膨胀的一种疾病。临床上以瘤胃、网胃体积增大,充满气体为特征,又称瘤胃鼓胀,中兽医称为"气胀"或"肚胀"。

(1)病因:按病因可分为原发性和继发性鼓气。原发性瘤胃鼓气,是由于反刍动物直接饱食容易发酵的饲草、饲料后引起。继发性瘤胃鼓气,常继发于前胃弛缓、创伤性网胃炎、食道阻塞、食管痉挛等疾病。

按病的性质可为分泡沫性和非泡沫性瘤胃鼓气。泡沫性瘤胃鼓气,是由于反刍动物采食了大量的豆科牧草,或者喂饲较多量的谷物性饲料所引起(所产生的气体与液体、固形物混合在一起,不易分开,形成泡沫)。非泡沫性瘤胃鼓气,主要是采食了产生一般性气体的牧草,如幼嫩多汁的青草,或者采食经雨淋、霜冻的饲草、饲料等引起(所产生的气体积聚在固形物之间,容易分开,不形成泡沫)。

(2)临诊要点:急性瘤胃鼓气通常在采食后不久发病。腹部迅速膨大,左肷窝明显突起,严重者高过背中线,反刍和嗳气停止。腹壁紧张而有弹性,叩诊呈鼓音,瘤胃蠕动音减弱或消失。呼吸急促,甚至头颈伸展,张口呼吸,呼吸频率增至每分钟60次以上,脉率增快,可达每分钟100次以上。投入胃管检查和瘤胃穿刺时,非泡沫性鼓气时,从胃管和导管针内排出大量酸臭的气体,鼓胀明显减轻;而泡沫性鼓气时,从胃管和导管针内仅排出少量气体,针孔常被堵塞,不能解除鼓胀。病的后期,呼吸困难,黏膜发绀,目光恐惧,出汗,步态蹒跚甚至突然倒地,痉挛、抽搐,最终可窒息和心脏麻痹而死亡。

慢性瘤胃鼓气,多为继发性的,瘤胃中等鼓胀,时而消长,常为间歇性反复发作,经治疗虽能暂时消除鼓胀,但极易复发。

(3)防治:

①治疗。原则是排出气体,理气消胀,强心补液,恢复瘤胃蠕动。轻症病例,使病畜立于斜坡上,保持前高后低姿势,不断牵引其舌,或在木棒上涂煤油或菜油后,给病畜衔在口内,同时按摩瘤胃,促进气体排出。或用松节油20~30毫升,鱼石脂10~20克,酒精30~50毫升,温水适量,1次内服,也可灌服胡麻油合剂:胡麻油(或清油)500毫升,芳香氨醑40毫升,松节油30毫升,樟脑醑30毫升,常水适量,牛1次灌服。严重病例,当有窒息危险时,首先应实行胃管放气,或用套管针穿刺间歇性放气,防止窒息。非泡沫性瘤胃鼓气,放气后,为防止内容物发酵,用鱼石脂15~25克,酒精100毫升,常水1 000毫升,牛1次内服。泡沫性瘤胃鼓气,用二甲基硅油2~4克,1次内服,消胀片(每片含二甲基硅油25毫克,

氢氧化铝 40 毫克,100～150 片,1 次灌服),也可用松节油 30～40 毫升,液体石蜡 500～1 000 毫升,常水适量,1 次内服,或者用菜子油 300～500 毫升,温水 500～1 000 毫升制成油乳剂,1 次内服。民间有用奶油 400～500 克,灭沫消胀。当药物治疗效果不显著时,应立即施行瘤胃切开术,取出其内容物。

中兽医治疗原发性瘤胃鼓气,以行气消胀、通便止痛为主。方用消胀散:炒莱菔子 15 克,枳实、木香、青皮、小茴香各 35 克,玉片 17 克,二丑 27 克,共为末,加清油 300 毫升,大蒜 60 克(捣碎),水冲,1 次投服。也可用木香顺气散:木香 30 克,厚朴、陈皮各 10 克,枳壳、藿香各 20 克,乌药、小茴香、青果(去皮)、丁香各 15 克,共为末,加清油 300 毫升,水冲,1 次投服,同时针刺脾俞、百会、苏气、山根、耳尖、舌阴、顺气等穴。

继发性瘤胃鼓气,根据中兽医辨证,可分为气滞郁结型、水湿困脾型和脾胃气虚型。

A. 气滞郁结型:以行气破结、消积化滞为原则。可选丁香散:丁香、青皮、陈皮、生二丑、枳壳各 30 克,木香 15 克,藿香 25 克,炒萝卜子 60 克,共煎水,1 次投服。

B. 水湿困脾型:以逐水通便、消积导滞为原则。可选方剂:大黄 60～120 克,芒硝 250～500 克,厚朴 30 克,芫花、大戟、甘遂各 15～20 克,枳实、三棱、莪术各 30 克,甘草 25 克,共为末,开水冲,加植物油 500～1 000 毫升,1 次投服,孕畜忌用。或用以下方剂:鲜乌桕树根皮 200～400 克、炒萝卜子 60 克,共煎水去渣,加植物油 500 毫升,1 次投服。

C. 脾胃气虚型:以补中益气、消食化气为原则。可选补中益气汤加减:党参、当归、茯苓各 60 克,五味子、山药、山楂、麦芽、神曲各 30 克,陈皮、青皮、肉桂各 20 克，菖蒲、甘草各 15 克，白术、升麻各 25 克，共煎水，1 次投服。大便泄泻者，加诃子、石榴皮、猪苓。

②预防。搞好饲养管理。饲喂时应先饲喂干草，然后再饲喂青绿饲料，限制牛、羊进入到苕子地、苜蓿地，以防暴食幼嫩多汁豆科植物，舍饲育肥牛、羊，应在全价日粮中，至少含 10%～15% 的铡短的粗料，粗料最好是禾谷类蒿秆或青干草，应避免饲喂用磨细的谷物制作的饲料。

6. 瘤胃积食

瘤胃积食是牛、羊贪食大量粗纤维饲料，或容易鼓胀的饲料后，所引起的瘤胃扩张。临床上以内容物停滞，前胃机能障碍，造成脱水和毒血症为特征，又称急性瘤胃扩张，中兽医称为"宿草不转"。

(1)病因：多因一次贪食，或连续饲喂大量难消化、易膨胀，或富含粗纤维的草料所致，也可因食后大量饮水，运动不足，或突然更换可口饲料而发病。若牛、羊羸瘦，脾胃虚弱，腐熟运化无力，加上长期饲养管理不当，久喂粗硬干草，或久渴失饮，致草料难以消导，停滞于胃，不能运转，也易致病。

此外，过度紧张，或因中毒与感染，产生应激反应，也能引起瘤胃积食。前胃弛缓、创伤性网胃腹膜炎、瓣胃秘结以及皱胃阻塞等疾病，也能继发瘤胃积食。

(2)临诊要点：常在饱食后数小时内发病。在发病初期，病畜不安，目光凝视，鼻镜干燥，拱背站立，或不断起卧。食欲废绝，反刍停止，虚嚼、磨牙，常有呻吟、流涎、嗳气。病畜便秘，粪便干硬，色暗，间或发生腹泻。呼吸促迫，脉搏细数，一般体温不高。

触诊瘤胃，病畜不安，内容物坚实或黏硬，有的病例呈粥状，有疼痛感。腹部听诊瘤胃蠕动音开始减弱，以后消失，肠音微弱或沉寂。

（3）防治：

①治疗。原则是促进瘤胃内容物运转，消食化积，防止脱水与自体中毒。

首先对病畜进行禁食和瘤胃按摩，可先灌服酵母粉250～500克（或神曲400克，食母生200片，红糖500克），再按摩瘤胃，每次5～10分钟，每隔30分钟按摩1次。清肠消导，可灌服硫酸钠300～500克，液体石蜡500～1 000毫升，强心补液，可静脉注射10％氯化钠注射液100～200毫升，20％安钠咖注射液10～20毫升，5％维生素C注射液10～20毫升，5％葡萄糖生理盐水注射液2 000～3 000毫升，每天2次。解除酸中毒，可用5％碳酸氢钠注射液300～500毫升静脉注射，每天1次，或先用1％温食盐水20～30升洗涤瘤胃后，用10％氯化钙注射液100毫升，10％氯化钠注射液100毫升，20％安钠咖注射液10～20毫升，静脉注射。对病程长的病例，除反复洗胃外，宜用5％葡萄糖生理盐水注射液2 500～4 500毫升，20％安钠咖注射液10～20毫升，5％维生素C注射液10～20毫升，静脉注射，每天2次。对危重病例，当药物治疗效果不佳，病畜体况尚好时，应及早施行瘤胃切开术，取出内容物，同时接种健畜瘤胃液。

继发瘤胃鼓气时，应及时穿刺放气，并内服鱼石脂等制酵剂，以缓解病情。

中兽医辨证施治：

A. 过食者，为患畜饥渴之际，而贪食过多难于消化的精料或硬料，猛吃饱食后压住了正气，则气不周流，脾气闭塞，无法消化，乃胃实饱伤之症。治宜和气血，调胃气，助消化，消积导滞，攻下通便。方用大戟散：大戟、甘遂各25克，滑石60克，牵牛子、黄芪、大黄各60克，芒硝100克，巴豆霜5克，猪脂150克；或用加味大承气汤：大黄60～90克，枳实、厚朴、槟榔各30～

60 克,芒硝 150～300 克,麦芽 60 克,藜芦 10 克共为末,1 次投服,服用 1～3 剂。过食者加青皮、莱菔子各 60 克;胃热者加知母、生地各 45 克,麦冬 30 克;针刺脾俞、三江、苏气、百会、山根、滴明穴,重则针刺肷俞放气。

B. 脾胃寒者,主要因为心火及命门相火不足,使阴寒冷气侵袭脾胃,致脾胃阳气衰弱,不能熟腐草料,食物停留胃脘而致胀满。治宜温脾暖胃,散寒消脾胃。虚弱者宜补脾健胃,消积导滞。方用曲麦散:神曲 60 克,麦芽、山楂各 45 克,厚朴、枳壳、陈皮、青皮、苍术各 30 克,甘草 15 克,共研为末,入麻油 60 毫升,捣烂生萝卜 1 个,开水冲调,1 次投服;或四君子汤:党参、茯苓、炒白术各 60 克,炙甘草 30 克,共为末,1 次投服。

②预防。应加强饲养管理,防止过食或突然变换饲料,按饲养标准饲喂,避免外界各种不良因素的影响。

7. 瓣胃阻塞

瓣胃阻塞是瓣胃秘结、扩张的一种疾病。临床上以瓣胃收缩力减弱、内容物滞留、水分被吸收而干涸为特征,又称瓣胃秘结,中兽医称为“百叶干”。

(1)病因:

①原发性瓣胃阻塞。主要因长期用含有泥沙的细粉末饲料(糠麸、粉渣、酒糟等),或长期用豆秸、青干草、紫云英等含坚韧粗纤维的饲料(特别是铡得过短),饲喂牛、羊而引起。其次,放牧转为舍饲或突然变换饲料,饲养不正规,饲喂后缺乏饮水以及运动不足等,都可引起瓣胃阻塞。

②继发性瓣胃阻塞。常继发于前胃弛缓、瘤胃积食、皱胃阻塞、腹腔脏器粘连、黑斑病甘薯中毒等疾病。

(2)临诊要点:患牛初期呈现瘤胃迟缓的症状,饮食欲逐渐减退,反刍变慢,粪干色深。于右侧腹壁第 7～第 9 肋间肩关节水平线上下触诊,病牛疼痛不安，叩诊，浊音区扩大。

随着病程发展，病牛日渐消瘦，体质虚弱，呼吸浅快，心率增至每分钟 80～100 次。呻吟，腹胀，鼻镜干裂，口发臭，口色青黄，瘤胃收缩力减弱。用 15～18 厘米长穿刺针，于右侧第 9 肋间与肩关节水平线相交点进行瓣胃穿刺检查，进针时感到有较大的阻力，或让牛站立，用手掌在瓣胃区推动牛体左右晃动，当牛体向右侧晃动时，手掌突然进行冲击式触诊，可能触到坚硬的胃壁。

严重时牛卧地不起，头弯于腹部或贴于地面，脉沉迟，排粪减少、干硬成珠，瘤胃轻度鼓胀，瓣胃蠕动音微弱或消失。

直肠检查，多数牛直肠内空虚、有黏液，并有少量暗褐色粪便附着于直肠壁。

（3）防治：

①治疗。原则是增强瓣胃运动功能，促进瓣胃内容物排出。

病情轻者，灌服缓泻剂，如硫酸钠400～500 克，或液体石蜡 1 000～2 000 毫升。用 10％氯化钠溶液 100～200 毫升，安钠咖注射液 10～20 毫升，静脉注射。此外，可用 10％硫酸钠溶液 2 000～3 000毫升，液体石蜡（或甘油）300～500 毫升，普鲁卡因 2 克，盐酸土霉素 3～5 克，1 次瓣胃内注入。

对危重病例，如药物治疗效果不好，应及早施行瘤胃切开，用胃管插入网胃—瓣胃孔，冲洗瓣胃，效果较佳。

运用中兽医辨证施治，宜养阴润胃，清热解毒，泻下通便。实证以泻下为主，辅以滋阴，虚中兼实者，以滋阴为主，辅以泻下，均需做瓣胃内注射。

A. 实证：可用猪膏散加减：大黄 90 克（后下），当归 90 克，白术 60 克，二丑、大戟、甘草各30 克，水煎候温加芒硝 250 克，并以猪油 250

克、蜂蜜 200 克为引,每天投服 1 剂,视病情连用 1～3 剂,或增液承气汤加味:玄参、麦冬、生地各 50 克,大黄 80 克,芒硝 200 克,枳实、泻叶各 60 克,槟榔 50 克,厚朴、李仁、苦参、公英各 40 克,共为末,加液体石蜡油 1 000 毫升,1 次投服。

B. 虚证:可用元参大黄汤:元参 50 克,大黄 30 克,当归、李仁、芒硝各 100 克,枳实 30 克,小胡麻、太子参各 50 克,水煎候凉,加蜂蜜 250 克,每天投服 2 次,连服 3 天,或用藜芦润肠汤:藜芦、常山、二丑、川芎各 60 克,当归 60～100 克,水煎后加滑石 90 克,石蜡油 1 000 毫升,蜂蜜 250 克,1 次投服。

②预防。应避免长期应用混有泥沙多的饲料喂牛,同时注意适当减少坚硬的粗纤维饲料,多喂优质的干草,适当加大奶牛的运动量,多给饮水。

8. 创伤性网胃心包炎

创伤性网胃心包炎是由于牛吞食了混在草料中的尖锐异物,异物进入网胃、心包等器官,而引起网胃、心包的创伤性炎症。临床上以网胃区疼痛、消化障碍、间歇性鼓气为特征。

(1)病因:有些尖锐器物,如铁丝、铁钉、缝针、发卡及注射针头等,混入饲草料中被牛吞入。当异物由瘤胃到达网胃后,容易被网胃呈蜂窝状的皱襞结所卡住。在牛滑倒、爬胯,或怀孕牛胎儿增大,分娩努责,腹压增大时,都可促使尖锐异物刺破网胃壁,发生创伤性网胃炎。由于网胃体积小,收缩有力,尖锐异物常可穿透网胃壁,伤及心包等组织器官,进一步受到细菌感染而引起炎症。当饲料营养不平衡,奶牛发生异嗜癖时,易引发本病。

(2)临诊要点:网胃及心区多表现疼痛,尤其在侧卧、起立、排粪尿、走下坡路与转弯时,疼痛尤为明显。故在行动上表现步态强拘,喜走上坡路,当站立时前肢张开,肘部外展,以减轻疼痛。如并发心包炎或心肌炎时,初期体温短暂升高,脉搏增数,以后体温恢复正常,但脉搏反而增数、减弱。异物一旦穿透网胃壁,患牛可突然出现急性前胃弛缓症状。食欲降低或废绝,反刍减少或停止,瘤胃蠕动减弱,便秘,粪干、少、黑,外附黏液或血丝。

触诊网胃时牛表现不安,躲避检查。心区触诊,叩诊疼痛不安。心脏听诊,初期可听到心包摩擦音,以后可听到心包拍水音,心音和心搏动明显减弱。体表静脉怒张,颈静脉膨隆呈索状,颌下、肉垂、胸下及胸前等处水肿。用金属异物探测器进行检查,结合临床症状,有助于做出诊断。

(3)防治:

①手术疗法。用瘤胃切开术,切开瘤胃,将手伸入网胃中,取出异物。

保守疗法:让病牛站立在前方较后方高出 15～20 厘米的斜面床位上,用普鲁卡因青霉素 800 万国际单位,链霉素 5 克,溶于注射用水中,肌内注射,每天 1 次,连用 3～5 天。或用葡萄糖生理盐水 1 000 毫升,25％葡萄糖注射液 500 毫升,10％磺胺嘧啶钠注射液 200 毫升,1 次静注,每天 1～2 次,连用 3～5 天。也可投放由铅、钴、镍合金制成的永久性磁棒,经口投入瘤胃、网胃,吸附并固定金属异物,可最大限度地降低金属异物的危害。

特别提示:从实际应用角度看,临床兽医应该比较熟练地掌握瘤胃切开术、皱胃变位的复位术。特别在奶牛饲养比较集中的地区,尤显必要。

创伤性心包炎时,如有心包积液,可在胸腔左侧第 6 肋骨前缘,肘突水平线上,进行心包穿刺。排出积液,抽空心包积液后,再用生理盐水反复冲洗,直至抽出液变为透明为止。再灌注抗生素,隔 3 天冲洗1次。

②预防。饲养人员要经常检查和清除饲料中与运动场内的金属异物,如饲草过筛,也可用吸铁磁棒吸除金属异物。牛舍内外禁放金属器物,也不到金属厂矿附近放牧。奶牛可用小块永久磁铁投留于网胃内,吸取网胃内金属异物。给牛提供全价饲料,防止发生异食癖,有利于杜绝本病发生。

9. 牛、羊皱胃炎

牛、羊皱胃炎是指各种病因引起的皱胃黏膜及黏膜下层的炎症。临床上以影响水谷腐熟运化和引起消化障碍为特征。

(1)病因:

①原发性皱胃炎。多因饲喂粗硬、冰冻、发霉变质的饲料,或长期饲喂糟粕、粉渣等引起。当饲喂不按时,时饱时饥,或突然变换饲料,或劳役过度,各种应激反应,均可影响奶牛的消化功能,导致皱胃炎。

②继发性皱胃炎。常继发于前胃疾病、营养代谢疾病、肠道疾病、寄生虫病和某些传染病等。

(2)临诊要点:临床上分为急性和慢性皱胃炎两种。

①急性皱胃炎。病畜精神沉郁,鼻镜干燥,皮温不整,结膜潮红、黄染,体温一般无变化。食欲减退或废绝,反刍减少或停止,空嚼、磨牙。口腔黏膜被覆黏稠唾液,舌苔白腻,口腔散发恶臭气味,伴有糜烂性口炎。瘤胃轻度鼓气。粪便呈球状,表面覆盖多量黏液,有时腹泻。泌乳量降低甚至完全停止。触诊右腹部皱胃区,病牛疼痛不安。疾病末期,病情急剧恶化,往往伴发肠炎,全身衰弱,心率增快,脉搏微弱,精神极度沉郁甚至昏迷。

②慢性皱胃炎。病畜长期消化不良,异嗜,口腔干臭,黏膜苍白或黄染,唾液黏稠,有舌苔。瘤胃收缩力量减弱,便秘,粪便干硬。疾病后期,

病畜衰弱,贫血,血性腹泻。

（3）防治:

①治疗。原则是清理胃肠,消炎止痛。重症病例,应强心、输液,促进新陈代谢。

急性皱胃炎,在疾病初期,先禁食1～2天,并内服植物油500～1 000毫升或人工盐400～500克,同时静脉注射安溴注射液100毫升,并用氯霉素5～8克,酒精50毫升,冷开水适量配成溶液,进行瓣胃注入,每天1次,连用3～5天。必要时给予新鲜牛瘤胃液0.5～1升,同时用5%葡萄糖生理盐水2 000～3 000毫升,20%安钠咖注射液10～20毫升,40%乌洛托品注射液20～40毫升,1次静脉注射。病情好转时,可服用复方龙胆酊60～80毫升,橙皮酊30～50毫升等健胃剂。体质衰弱的牛应及时应用抗生素,防止感染。

中兽医辨证认为,本病是胃气不和,食滞不化,应以调胃和中,导滞化积为主。实热型,可选用清中汤:黄连、半夏各30克,栀子、草豆蔻各50克,陈皮、白茯苓各35克,甘草30克,水煎候温,1次投服。或二陈汤加味:半夏、橘红各60克,白茯苓50克,枳实、炙甘草各45克,黄连35克,水煎候温,1次投服。虚寒型,选用黄芪健中汤:黄芪、炙甘草、芍药各60克,桂枝、生姜各45克,大枣20枚,饴糖100克,水煎去渣加饴糖候温,1次投服。或四君子汤加味:党参60克,白术、茯苓、炙甘草各75克,干姜、肉豆蔻各30克,木香25克,水煎候温,1次投服。若是胃气不和,食滞不化,以调胃和中,导滞化积为主,宜用加味保和丸:焦三仙200克,莱菔子、川楝子各50克,厚朴40克,鸡内金、延胡索、焦槟榔各30克,大黄50克,青皮60克,水煎去渣,1次投服。若是脾胃虚弱,消化不良,皮温不整,耳鼻发凉,应以强脾健胃,温中散寒为主,宜用加味四君子汤:党参 100 克,白术 120 克,茯苓、肉豆蔻各 50 克,广木香、炙甘草各 40 克,干姜 50 克,共为末,开水冲,1 次投服。

康复期间,应注意护理,保持牛舍安静,尽量避免各种不良因素的刺激和影响。加强饲养,给予优质干草,加喂富有营养的饲料,并注意适当运动。

②预防。平时应加强饲养管理,给予质量良好的饲草料,饲料搭配合理。搞好畜舍卫生,减少应激因素。

10. 皱胃左方变位

皱胃通过瘤胃下方,移到左侧腹腔,介于瘤胃和左腹壁之间,称为左方变位。临床上以左侧肋骨弓突起、瘤胃蠕动音减弱、出现与瘤胃蠕动不一致的皱胃音为特征。

(1)病因:本病发生的确切病因还不清楚,可能与下列因素有关。

①饲养不当。日粮中含易发酵的饲料较多(如玉米等),或喂饲较多含高水平酸性成分饲料(如玉米青贮等)。结果导致挥发性脂肪酸量增加,减弱皱胃蠕动性。高精料日粮引起气体产生增加,可促进变位的发生。

②继发性因素。一些营养代谢性疾病或感染性疾病,如酮病、低钙血症、生产瘫痪、牛妊娠毒血症、子宫内膜炎、乳房炎和消化不良等,使病畜食欲减退,导致瘤胃体积减小,肠弛缓,促进皱胃变位的发生。

③遗传性因素。为获得更高的产奶量,在奶牛育种方面,通常选育后躯宽大的品种,这样,使腹腔容积相应变大,皱胃的移动性也变大,增加了发生皱胃变位的机会。

(2)临诊要点:较多发生于产后,发病高峰在奶牛分娩后 6 周内。成年高产奶牛的发病率较高。病畜精神沉郁,食欲减退,厌食精料,对粗饲料仍保留一定食欲,轻度脱水,产奶量明显下降。排粪量减少，呈糊状，深绿色，瘤胃蠕动音减弱或消失。若无并发症，体温、呼吸和脉率基本正常，有的病牛可出现继发性酮病。

从尾侧视诊，可发现左侧肋弓突起，若从左侧观察，肋弓突出更为明显。

在左腹部听诊（左侧肩关节和膝关节的连线与第11肋间交点处），能听到与瘤胃蠕动时间不一致的皱胃音（带金属音调的流水音或滴落音）。在听诊的同时进行叩诊（从左侧髋关节至肘关节，再从肘关节至膝关节连线区域内），可听到高亢的鼓音（"砰砰"声或类似叩击钢管的铿锵音）。

在左侧肋弓下进行冲击式触诊，可感到皱胃内液体的震荡。严重病例，皱胃鼓胀区域向后超过第13肋骨，从侧面观察可发现肷窝内有半月状突起。

直肠检查，可发现瘤胃背囊明显右移，左肾出现中度变位。

在听诊与叩诊结合区域的直下部进行穿刺检查，穿刺液的酸碱度偏低。

犊牛的皱胃左方变位，还表现为慢性或间歇性鼓气。典型的叩诊区在左肋弓后缘、向背侧可延伸至左肷窝。

（3）防治：治疗分保守疗法（药物治疗、翻滚治疗）和手术疗法。

①药物治疗。对发病时间较短的牛，可采用消食消滞，促进胃肠蠕动的药物治疗。

10%葡萄糖液 1 000 毫升，糖盐水 1 000 毫升，复方盐水 1 000 毫升，庆大霉素 160 万国际单位，维生素 B_1 50 毫升，维生素 C 50 毫升，静脉注射，每天 2 次。灌服油类泻药：石蜡油 1 000～4 000 毫升，滑石粉 500 克，消气灵 2 支，加适量水，1 次灌服，每天 1 剂。应用促反刍药物和拟胆碱药物，加速胃肠排空，此外，还应静脉注射钙剂和口服氯化钾。

中药方剂:黄芪200克,沙参、陈皮、川楝子、白术各50克,麻仁500克,莱菔子150克,枳壳、大黄各100克,当归、代赭石各80克,沉香20克,先煎代赭石30分钟,再煎其他药,煎汤灌服,每天1剂,连续投服3~5剂。

②翻滚治疗。患牛右侧横卧1分钟,然后转成仰卧(背部着地,四蹄朝天)1分钟。随后以背部为轴心,先向左滚转45度,回到正中,再向右滚转45度,再回到正中。如此来回地向左右两侧摆动若干次,每次回到正中位置时静止2~3分钟,此时皱胃往往"悬浮"于腹中线并回到正常位置,仰卧时间越长,从鼓胀的器官中逸出的气体和液体越多。将牛转为左侧横卧,使瘤胃与腹壁接触,然后马上使牛站立,以防左方变位复发。

也可以采取左右来回摆动3~5分钟,突然一次以迅猛有力动作摆向右侧,使病牛呈右横卧姿势,至此完成一次翻滚动作。如此反复进行,直至皱胃复位为止。然后,让牛自然站立,进行听诊、叩诊、冲击式触诊检查,确认恢复正常。

③手术疗法。对病程较长,或经保守疗法无效的病牛,可采用手术治疗。常用手术方法有3种:左侧腹壁切开整复皱胃,右侧腹底壁固定法(常用);左、右两侧腹壁切开、整复、右腹壁固定法;右侧腹底壁切开、整复与固定法;下面简介第1种方法。

在左腹部腰椎横突下方25~35厘米,距第13肋骨6~8厘米处,做垂直切口,导出皱胃内的气体和液体。然后,牵拉皱胃寻找大网膜,将大网膜引至切口处,用长约1米的12号缝合丝线,一端在皱胃大弯的大网膜附着部,做一褥式缝合并打结,剪去余端,带有缝针的另一端放在切口外备用。纠正皱胃位置后,右手掌心握着带缝合丝线的缝针，紧贴左内腹壁伸向右腹底部，并按着助手在腹壁外指示的皱胃正常体表位置处，将缝针向外穿透腹壁，由助手将缝针拔出，慢慢拉紧缝线。然后，缝针从原针孔刺入皮下，距针孔处1.5～2.0 厘米处，穿出皮肤，引出缝线，将其与入针处留线在皮肤外打结固定，剪去余线，腹腔内注入青霉素和链霉素溶液，缝合腹壁。

经上述治疗后，给病畜优质干草，增加瘤胃容积，防止皱胃左方变位的复发，促进胃肠蠕动。

11. 皱胃右方变位

皱胃从正常的解剖位置，以顺时针方向扭转到瓣胃的后上方，而介于肝脏与腹壁之间，称为皱胃右方变位。临床上以右腹膨大或肋弓突起、右腹部叩诊可听到高亢的鼓音(钢管音)为特征。

(1)病因：皱胃弛缓是发生本病的基础，而饲喂大量精料是诱因，舍饲牛缺乏运动、妊娠分娩应激等可促其发生，但本病发生的确切病因还不清楚。

(2)临诊要点：病牛食欲减退或废绝，不反刍，精神沉郁，泌乳量急剧下降，流涎。两后肢踢腹，或两后肢不时交替负重，有时呈蹲伏姿势。体温一般正常或偏低，心率每分钟 60～120 次，呼吸数正常或减少。瘤胃蠕动音消失，粪便呈黑色、糊状，混有血液。本病大都呈急性过程，死亡率高。

从尾侧视诊，可见右腹膨大或肋弓突起，在右肷窝可发现或触摸到半月状隆起。

在右腹部进行叩诊，可听到高亢的鼓音(钢管音)。鼓音的区域向前可达第 8 肋间，向后可延伸至第 12 肋间或至肷窝。右腹冲击式触诊，可发现扭转的皱胃内有大量液体。

直肠检查：在右腹部触摸到鼓胀而紧张的皱胃。从鼓胀部位穿刺皱胃，可抽出大量带血色液体，酸碱度偏低。

（3）防治：皱胃右方变位的治疗主要采用手术治疗法。在右腹部第 3 腰椎横突下方 10～15 厘米处，做垂直切口，导出皱胃内的气体和液体。纠正皱胃位置，并使幽门和十二指肠通畅。然后将皱胃在正常位置加以缝合固定，防止疾病复发。

对于早期的皱胃右方变位或轻度脱水病例，采取术后口服补液（每次 15～40 升）和氯化钾（每次 30～120 克，每天 2 次）。严重病例，则应在术前进行静脉补液和补钾，奶牛用复方氯化钠注射液 3 000～5 000 毫升，25％葡萄糖注射液 500～1 000 毫升，20％安钠咖注射液 10 毫升，静脉注射。对低钙血症、酮病等并发症，应在术后同时进行治疗。

12. 皱胃阻塞

皱胃阻塞是由于迷走神经调节机能紊乱，导致皱胃弛缓，内容物滞留，胃壁扩张而形成阻塞的一种疾病。临床上以机体脱水、电解质紊乱、碱中毒、进行性消瘦为特征，又称为皱胃积食。

（1）病因：

①原发性皱胃阻塞。由于饲养管理不当而引起，特别是在冬春缺乏青绿饲草，用谷草、麦秸、玉米秸秆铡碎喂牛，常引起发病。此外，如果牛、羊发生异嗜，舔食沙石、水泥、毛球、破布等，可引起机械性皱胃阻塞。犊牛、羔羊常因大量乳凝块滞留皱胃而发生阻塞。

②继发性皱胃阻塞：常继发于前胃弛缓、创伤性网胃腹膜炎、皱胃溃疡以及犊牛的腹膜炎等疾病。

由于食物和液体不能进入十二指肠吸收，所以机体出现脱水、电解质紊乱（如低血钾）、碱中毒（肠道内碱性肠液不能被酸中和而经毛细血管吸收入血）等表现。

（2）临诊要点。疾病初期，食欲减退，反刍减少、短促或停止，有的病畜贪饮，瘤胃蠕动音减弱,瓣胃音低沉。

随着病情发展,腹围显著增大,瘤胃内充满大量液体,冲击式触诊,呈现振水音。在左肷部听诊,同时以手指轻轻叩击(左侧倒数第 1 至第 5 肋骨或右侧倒数第 1、第 2 肋骨),即可听到类似叩击钢管的铿锵音。病牛常呈现排粪姿势,有时排出少量糊状、棕褐色的恶臭粪便,混杂少量黏液或紫黑色血丝和血凝块。尿量少而浓稠,呈黄色或深黄色,具有强烈的臭味。

重剧的病例,右侧中腹部到后下方呈局限性膨隆,在肋骨弓的后下方皱胃区进行冲击式触诊,病牛有躲闪、蹴踢等敏感表现,同时感触到皱胃体显著扩张而坚硬。如果是继发于创伤性腹膜炎的病例,由于腹腔器官粘连,皱胃位置固定,皱胃膨隆更为明显。

疾病末期,病牛精神极度沉郁,虚弱,皮肤弹性减退,鼻镜干燥,眼窝凹陷,结膜发绀,血液黏稠,心率每分钟 100 次以上,呈现严重的脱水和自体中毒症状。

直肠检查:直肠内有少量粪便和成团的黏液,混有坏死黏膜组织。体形较小的牛,手伸入骨盆腔前缘右前方,在瘤胃右侧的中下腹区,能摸到向后伸展扩张的部分皱胃,呈捏粉样硬度。

由多量乳凝块而引起的犊牛皱胃阻塞,表现为持续腹泻,瘦弱,腹部鼓胀而下垂。腹部做冲击式触诊,可听到一种类似流水音的异常音响。

(3)防治:

①治疗。原则是缓解幽门痉挛,促进皱胃内容物排出,防止脱水和自体中毒。

疾病初期,可用硫酸钠 300～400 克、液体石蜡 500～1 000 毫升、鱼石脂 20 克、酒精 50 毫升、常水 6～10 升,1 次内服。皱胃内 1 次注射 25%硫酸钠溶液 500～1 000 毫升,液体石蜡 500～1 000 毫升,乳酸 8～15 毫升。同时用木棒,在右下腹的周围做前后滚压动作,以促使皱胃内容物后移。为了提高胃肠活动,增强心脏机能,可应用10%氯化钠溶液200～300毫升,20%安钠咖溶液10毫升,1次静脉注射。当发生自体中毒时,可用樟脑酒精注射液200～300毫升,1次静脉注射。发生脱水时,应根据脱水程度和性质进行输液,通常应用5%葡萄糖生理盐水2 000～4 000毫升,20%安钠咖注射液10毫升,1次静脉注射。此外,可适当应用抗生素或磺胺类药物,防止继发感染。

当继发瓣胃秘结、药物治疗效果不好时,要及时施行瘤胃切开术,取出瘤胃内容物,然后用胃管插入网一瓣孔,通过胃管灌注温生理盐水,冲洗皱胃,达到疏通的目的。有条件的,可做右侧皱胃切开冲洗术。

中兽医辨证施治,以清热解毒、活血祛瘀、破积寻滞为治则。导滞散瘀汤加减:当归120～150克,大黄、丹皮、川楝子、赤芍、桃仁、双花、蒲公英、元胡、白芍各100克,郁李仁120克,1次投服,连服3～4剂。方中加海螵蛸120克,可以治疗皱胃炎。加味大黄牡丹汤:大黄、双花各120克,丹皮、赤芍各90克,桃仁100克,蒲公英、冬瓜子各250克,附子30克,水煎去渣取汁,灌服,每天或隔天1剂。当归苁蓉加醋汤:油炸当归250克,苁蓉90克,泻叶、枳壳、川扑各50克,木香20克,香附30克,瞿麦45克,水煎后加当归末,食醋500毫升,1次投服。当患畜气虚时,加党参、黄芪,排黑便时加地榆炭、槐花碳,发热时加双花、黄芩、连翘,体温低时加肉桂,耳鼻凉时加升麻,孕畜减瞿麦加白芍。中后期病例,可试用黄芪、党参、枳壳、香附、青皮、陈皮、肉苁蓉、丹皮、厚朴各60克,桃仁50克,双花70克,全当归80克,甘草40克,生姜40克,用常水煎好后,加入滑石粉300克,1次投服,每天1剂,连续投服 3～5 剂。

注意：奶牛皱胃阻塞多伴发胃肠炎，特别是幽门和十二指肠部位，可有不同程度的炎症和溃疡性病变。因此，在治疗奶牛的皱胃阻塞时，要注意对瓣胃的治疗性用药与消除胃肠道的炎症性病变。在促进皱胃内容物排出时，不能使用芒硝、大黄、硫酸镁、甲基硫酸新斯的明注射液等类药物，此类药物易导致奶牛的病情一时性加重或死亡。

②预防。加强饲养管理，应注意粗饲料和精饲料的调配，清除饲草料中的异物和泥沙等。

13. 牛肠便秘

牛肠便秘是各种原因引起粪便停滞于大肠，干燥秘结难下，造成肠管完全或不完全阻塞的一种疾病。临床上以起卧不安、后肢踢腹、排便障碍为特征，又称秘结、大肠秘结，中兽医称为"结症"。

(1)病因：长期饲喂大量精饲料而青饲料饲喂不足，造成肠管运动机能和分泌机能紊乱，引起奶牛便秘。老弱病瘦牛，气血双亏，津液干枯而招致本病。兽医治疗中给予过量含有鞣质的药物（如鞣酸、鞣酸蛋白）、阿托品类药物中毒，可引起肠蠕动弛缓，或慢性铅、锌中毒，使肠肌麻痹，均可发生便秘。其他因素，如采食后咀嚼不充分、唾液混合不全、食团囫囵吞下、牙齿磨灭不整、消化不良、肠道寄生虫侵袭等，都可促使肠便秘的发生。

(2)临诊要点：病牛表现不同程度的腹痛，起卧不安，后肢踢腹，后肢交替踏地。食欲、反刍减少或停止，有时弓腰努责，常呈排粪姿势，但往往排粪停止，或排出的粪便稍干，粪表面发黑，呈小饼状或算盘珠状。病重时不排粪，如皱胃阻塞时，可持续十几天不排粪。直肠麻痹时，直肠内蓄积大量粪便，常需将手伸入直肠掏取。口色变红或呈暗红色，口内发黏甚至干燥，舌苔色灰白带黄,厚腻形成裂纹,口腔有甘臭或稍有腐败臭。病情越重,病期越久,口腔变化也越明显。当继发肠炎、蹄叶炎、腹膜炎等疾病时,可引起体温升高。如脱水严重,可引起循环系统衰竭,乃至发生休克。

(3)防治:治疗原则为疏通肠管,解除肠迟缓。

①镇痛。常用安溴注射液 50～100 毫升,20%硫酸镁注射液 80～120 毫升,1 次静脉注射。30%安乃近注射液 20～40 毫升,1 次肌内注射。

②泻下。临床上常将油类与盐类泻剂合并应用,同时配合应用镇痛剂、止酵剂和酊剂(如大黄酊、陈皮酊)。硫酸镁 200～300 克,液体石蜡 500～1 000 毫升,加水溶解,1 次灌服。液体石蜡 150 毫升,甘油 100 毫升,鱼石脂 10 克,酒精 50 毫升,常水适量,1 次投服。

③补液强心。主要用于重症便秘或便秘后期,通常以复方氯化钠或生理盐水 1 500～2 000 毫升,加 20%安钠咖溶液 10～20 毫升,1 次静脉注射,或 10%葡萄糖溶液 1 000～1 500 毫升,1 次静脉注射。病畜酸中毒时,及时补给 5%的碳酸氢钠,补液量过大时,可以分次注射。

④减压。继发瘤胃扩张时,适时导胃和放气,以减轻腹压。

中兽医辨证施治,以通肠利便、消积理气为主。

A. 实热型:大便不通,小便黄短,间有腹痛,口干舌燥,舌苔黄腻,口色赤红,脉象沉实。治宜润燥散结、通肠泻下为主,内服承气汤加味:大黄 120 克,芒硝(不煎)500 克,枳壳 90 克,厚朴、滑石、槟榔各 60 克,共煎水去渣,调大戟粉 40 克,1 次投服。

B. 湿寒型:患畜倦卧,四肢发凉,怕冷寒战,流清涎,时有腹痛,腹围增大,肠内积水,行走闻有拍水音,大便艰涩,或有时排出少量稀粪,且带黏液,小便清长,口色淡白或青黄,舌有薄苔,脉象沉迟。宜以温中散寒、行走通便为治则,以肉桂、吴萸、乌药、厚朴、陈皮、续随子、大黄、苍术各50克,草蔻、木香各40克,干姜、二丑各100克,共煎水,1次投服。

C. 体虚型:年老体弱,气血亏虚,脾胃素虚,排粪无力,常作排粪姿势,却不见粪便排出。宜以滋补润肠为治则,用火麻仁150克,大黄120克,枳壳、厚朴、杏仁各50克,共煎水,1次投服。同时针刺尾根、交巢、脾俞等穴或电针关元俞或六脉穴。或用当归苁蓉汤:当归120～240克,肉苁蓉60～120克,广木香15～20克,川厚朴、炒枳壳、醋香附、番泻叶各30～60克,瞿麦15～20克,通草10～15克,神曲70克,共为末,开水调成糊状,慢火煎10分钟为度,注意搅动,勿令煎焦,候温加入生麻油250～500毫升,1次投服。怀孕奶牛去瞿麦、通草,加炒白芍。

若病情严重,结粪难下时,可考虑手术治疗。于四柱栏站立保定患畜,采用3％～5％普鲁卡因做腰旁神经传导麻醉。于右肷部切开腹壁,伸手入腹腔检查;若盲肠充气,重点检查结肠;若盲肠不充气,则重点查空肠、回肠。发现阻塞物后,从肠壁外稍加按压,使之移动,离开原部位。若结粪过硬,可先向结粪内注入生理盐水,使其软化,再按摩压碎。按常规缝合腹膜、腹壁及皮肤。

14. 牛肠炎

牛肠炎是指牛肠黏膜表层和深层组织的急剧性炎症,临床上以起病急、发热下痢、腹痛、脱水、酸中毒为特征,中兽医称为"肠黄"。

(1)病因:可分为原发性因素和继发性因素。

①原发性因素。饲喂霉败饲料或不洁的饮水,或误食了夹竹桃、棉子饼、蓖麻、巴豆等有毒物。兽医误用酸、碱、

重金属等有强烈刺激或腐蚀性的化学物质，引发肠炎，或滥用抗生素，导致肠道菌群失调引发肠炎。饲养管理条件差，存在应激因素，容易诱发本病。

②继发性因素。继发于皱胃炎、肠卡他、一些传染病和寄生虫病等。

(2)临诊要点：患牛精神沉郁，食欲与反刍减少或废绝，饮欲初期增加，后期废绝。眼结膜先潮红后黄染，舌苔厚腻，口腔干臭。排泄软粪甚至呈水样腹泻，粪便中混杂有血液、黏液和黏膜组织，有时混有脓液，具有恶臭味。有时肛门松弛，排便失禁，或屡屡呈现排粪动作，并无粪便排出，全身脱水和自体中毒现象明显。体温高达 40℃ 以上，皮温不整。严重病例，全身肌肉抽搐，呈现痉挛或昏迷。发生慢性肠炎的病牛，病程数周至数月不等，最终可因衰竭而死。

(3)防治：

①治疗。原则是消除炎症、止泄，维护心脏功能，纠正水、电解质及酸碱平衡紊乱，增强机体抵抗力。

A. 抑菌消炎：可灌服 0.1％的高锰酸钾溶液 2～3 毫升，或者用磺胺脒 25～30 克，次硝酸铋 20～30 克，饮水内服，也可内服诺氟沙星（每千克体重 10 毫克）等抗菌药物。

B. 止泻：当病畜粪稀如水，频泻不止，腥臭味不大，不带黏液时，应予止泻。可用药用炭 200～300 克加适量常水内服，或者鞣酸蛋白 20 克、碳酸氢钠 40 克，加水适量内服。

C. 补液：纠正酸中毒，可补充生理盐水、葡萄糖氯化钠注射液、5％碳酸氢钠等。为维护心脏功能，可用安钠咖、毒毛旋花子苷 K 等药物。

中兽医辨证施治，将本病分为 4 型。(a)湿热型：属于过食后引发的肠炎，治疗以清热解毒、消炎止痛、活血化瘀为主，宜用郁金散：郁金 36

克,大黄 50 克,栀子、诃子、黄连、白芍、黄柏各 18 克,黄芩 15 克。或白头翁汤:白头翁 72 克,黄连、黄柏、秦艽各 36 克,水煎,1 次投服。(b)实热型:系热毒积滞胃肠所致,属于原发性肠炎,治以清热解毒,导滞通便为则。方用黄连解毒汤:黄连、黄芩、黄柏各 35 克,栀子 45 克,共为末,开水冲调,候温,1 次投服。或用大承气汤加减:大黄 60 克、芒硝 60 克(后下)、厚朴 30 克、枳实 30 克,炙甘草 25 克,水煎,1 次投服。(c)毒热型:属于热毒入血分,或邪入心包症候。治以清热解毒,凉血止血。方以凉血地黄汤加减:黄芩、荆芥穗、知母各 25 克,蔓荆子 15 克,黄连、生地黄、柴胡、黄柏、藁本各 30 克,细辛 15 克,川芎、羌活、升麻、当归、防风各 25 克,甘草 50 克,红花 10 克,水煎,1 次投服。(d)虚热型:属于病之后期呈现正虚邪留之象。治以清热利湿,涩肠止泻为则。方可用

粉葛散加减:葛根、黄芩、炒大黄、柴胡、水角屑各 50 克,炙甘草 25 克,水煎,1 次投服。

②预防。应着重改善饲养管理,保持奶牛适当运动,防止各种应激因素的刺激,搞好定期预防接种和驱虫工作。

15.犊牛腹泻

犊牛腹泻是由多种原因引起犊牛排泄稀便的一种疾病,临床上以排出大量糊状或水样稀便为特征,又称犊牛下痢。

(1)病因:母牛产后瘀血未尽,恶露延久不净,或外感热邪,热毒注入血脉,传之于乳,犊牛食后,热积胃肠,清浊不分而泻。犊牛喂养不当,饮食不洁,外感风寒,饮污浊冷水,以至寒湿侵入,脾胃运化失职而泻。犊牛感染多种病原,损伤脾胃,亦能招致泄泻。此外,畜舍卫生条件差、通风不良以及营养不良、应激、舍温不适,都可成为发病诱因。

(2)临诊要点:以 1～6 月龄犊牛发病较多。病初精神

倦怠,泻粪如稀糊状,有时起卧,回头望腹,病重时,四肢软弱,行走无力,卧多立少,喜睡,呼吸稍喘,鼻镜干燥。

中兽医将本病分为湿热泄泻型、寒湿泄泻型、脾虚泄泻型、虫积泄泻型4种。

①湿热泄泻型。体温升高至40℃以上,口色赤红,两眼内凹。粪如糊状,呈黄白色或带血液,有泡沫,混有黏液,腥臭难闻,呈现里急后重。

②寒湿泄泻型。口色淡白,耳、鼻、四肢末端俱凉,腹响肠鸣,粪稀色白,可呈水样,有酸臭味,全身虚弱,有时发生痉挛。

③脾虚泄泻型。口色淡白带黄,大便或清稀,或完谷不化,身疲倦怠,卧地不愿起立,有时发生胸腹水肿,体瘦毛焦。

④虫积泄泻型。口色淡白,粪稀无臭,粪色灰白,可从粪中排出虫体,或镜检有虫卵,畜体消瘦,毛焦弓背,有时磨牙。

(3)防治:

①治疗。补液应该尽早进行。静脉补液常用5%葡萄糖生理盐水、复方氯化钠,口服可用口服补液盐:氯化钠14克,氯化钾4克,碳酸氢钠13克,葡萄糖43克,甘氨酸18克,加温开水至4 000毫升,按每次每千克体重60～130毫升剂量自饮,或灌服,也可以进行深部灌肠注入,每天2～3次。

为缓解胃肠道刺激作用,应禁食8～10小时,此时可饮用盐酸水(氯化钠5克,33%盐酸1毫升,温开水1 000毫升)或饮温茶水(红茶),犊牛250毫升,每天3次。促进消化,可口服胃蛋白酶、乳酶生、乳酸菌素片等。制止胃肠道异常发酵,可口服乳酸、鱼石脂等药物。防治胃肠道感染可肌内注射卡那霉素每千克体重10～15毫克、庆大霉素每千克体重1 500～3 000国际单位,每天2次。当犊牛腹泻不止时,可选用鞣酸蛋白、次硝酸铋、蒙脱石等药物灌服。

中兽医辨证施治：

A. 湿热泄泻者，宜以清热解毒，涩肠止泻，佐以利湿为治则，内服葛根芩连汤加味：葛根 60 克，黄芩、诃子、炒地榆、黄连各 20 克，藿香、苏叶、前仁、白术各 15 克，甘草 10 克，共煎水，1 次投服，或用黄连、诃子、乌梅、炒地榆各 20 克，槐花 15 克，共煎水，1 次投服。

B. 寒湿泄泻者，宜以健脾燥湿，祛寒止泻为治则，内服平胃散加味：苍术、白术、石榴皮、厚朴、藿香克、肉桂、乌梅、诃子、生姜各 15 克，陈皮、茯苓、甘草各 10 克，共煎水，1 次投服。或用苍术、白术、厚朴、猪苓、泽泻各 10 克，煨姜、陈皮各 15 克，共煎水，1 次投服。

C. 脾虚泄泻者，宜以健脾补气，兼以温肾为治则，内服四君子汤加味：党参、白术、藿香各 15 克，石榴皮、茯苓、山楂、麦芽、神曲、诃子各 10 克，葛根 30 克，木香 6 克，甘草 10 克，共煎水，1 次投服，或桂附理中汤加味：党参、白术各 15 克，干姜、甘草、附子、诃子、乌梅各 10 克，肉桂 8 克，共煎水，1 次投服。

D. 虫积泄泻者，宜以驱虫为治则，内服槟榔、贯众、雷丸、鹤虱各 10 克，苦楝树皮 8 克，使君子 15 克，共煎水，1 次投服，亦可针治：以电针或水针（药物穴位注射）交巢、关元俞、脾俞、六脉等穴。

②预防。怀孕母牛应注意加强饲养管理，增加富含营养的草料，以促进胎儿正常发育。母牛分娩时，注意保持畜舍清洁干燥。初生牛犊应注意增强抗病能力。

16. 鼻出血

本病是由多种病因引起的鼻腔内出血，临床上以血液从鼻内渗出、滴出或涌出为特征，中兽医称为"鼻衄"。

(1)病因：

①原发性鼻出血。因内

伤劳役、外感热邪或外受损伤所致。多因夏季气候炎热，牛、羊在太阳下暴晒，久渴失饮，暑热病邪由呼吸道侵入肺经。热邪侵入肺胃，使肺热极，胃热熏蒸，热盛血沸，上冲于鼻，致使鼻内火燥血瘀，损伤脉络，于是血液向外涌泄逆出，即发鼻出血之症。有时动物角斗或跌伤，兽医粗暴插入胃管伤及鼻腔血管，使血管破裂，血从鼻内涌出。

②继发性鼻出血。见于息肉、肿瘤、恶性卡他热、牛肺结核等病程中。

(2)临诊要点。患病动物鼻出血，由一侧或两侧鼻孔呈滴状或线状流出，一般多为鲜红，且无泡沫。若出血量多或历时久，则患畜口色和结膜苍白，呼吸困难，脉数无力，肌肉颤抖，皮肤表面冷感，最后摇摆不安，倒地死亡。肺热家畜表现为鼻孔燥热衄血，色多鲜红，不含泡沫，或有咳嗽，口红，脉数，胃热家畜表现为鼻衄，口渴贪饮，口干苔黄，大便

秘结，肝火上炎，家畜表现为鼻衄，目赤多眵，口色红燥，脉象弦数，患外伤家畜出现鼻衄，有跌打损伤病史，鼻部多有肿胀或损伤。

(3)防治：

外伤引起的鼻出血，可将患病动物头部高吊，用冷水浇灌额部和鼻部，肌内注射安络血 15～20 毫升，每天 2～3 次。用 0.1％肾上腺素浸湿的绷带条，填塞入出血的鼻腔中，进行压迫止血。

中兽医施治：

①外伤引起者，以止血消肿为主，内服中药：鲜紫花地丁 300 克，鲜旱莲草 500 克，鲜蒲公英 300 克，鲜白茅根 500 克，共煎水，加童便 1 碗，1 次投服。外用冰片 1 克、血余炭 3 克，共研末或用栀子炒炭研末，或用地龙烧灰、明雄各等份，共研末，用竹管吹入鼻孔内，可止血。病畜置于清凉安静之处，多给盐水自饮，喂予青草。

②肺胃热盛上壅气道而

引起者,以清热凉血为主,内服仙鹤草汤:仙鹤草、生石膏各 60 克,炒栀子、全当归、白茅根、贯众各 30 克,侧柏炭、旱莲草各 25 克,黑玄参、甘草各 15 克,共研末,用温开水调匀灌服,或鲜茅根 500 克,藕节 7 个,侧柏叶 120 克,仙鹤草 90 克,旱莲草 120 克,共煎水,加童便 1 碗,1 次投服。

③肝火上炎引起者,宜清肝泻火为主,也可内服龙胆泻肝汤:龙胆草、淮木通、建泽泻、全当归、炒栀子、车前子、枯黄芩各 45 克,生地黄 60 克,柴胡、甘草各 30 克,共煎水,1 次投服。

17. 支气管炎

支气管炎是支气管黏膜表层或深层的炎症,临床上以咳嗽、流鼻液和不定热型为特征,中兽医称为"气喘"。

(1)病因:主要是饲养管理及使役不当所致。管理上,如厩舍阴暗潮湿,通风不良,尘土飞扬,氨气积聚。使役上,如长途运输、劳役过重,降低机体抵抗力,使呼吸道内的病原菌增殖,导致上呼吸道炎症。饲料缺乏、维生素及矿物质不足时,引起牛、羊营养不良,易诱发本病。当牛、羊患咽炎、咽麻痹、破伤风时,误咽食物或误将药物灌入气管,也可引起本病。

此外,急性支气管炎还可继发于某些传染病或其他疾病,如牛恶性卡他热、结核病、维生素 A 缺乏症等,慢性支气管炎多由急性支气管炎未治愈迁延而来。

中兽医辨证本病的病机,可分为两个方面,外因主要是感受六淫之邪,内因主要是由于肺、脾、肾三脏亏虚所致。

(2)临诊要点:根据疾病的性质和病程分为急性和慢性两种。

①急性支气管炎。主要的症状是咳嗽。病初,表现干、短和疼痛咳嗽,以后变为湿而长的咳嗽。有时咳出较多的黏液或脓性的痰液,呈灰白色或黄色。胸部听诊肺泡

呼吸音增强,并可出现干啰音和湿啰音。人工诱咳,可出现声音高朗的持续性咳嗽。随着疾病的发展,体温升高 1～2℃,严重者出现吸气性呼吸困难,可视黏膜蓝紫色。胸部听诊肺泡呼吸音增强,可听到干啰音。

②慢性支气管炎。呈持续性咳嗽,一般在运动、采食、夜间或早晚气温较低时,常出现剧烈咳嗽,痰量较少,人工诱咳阳性,体温无明显变化。有的病畜因支气管狭窄和肺泡气肿,而出现呼吸困难。肺部听诊,初期可听到湿啰音,后期则转为干啰音,早期肺泡呼吸音增强,后期因肺泡性肺气肿,而使肺泡呼吸音减弱或消失。

中兽医辨证施治:急性支气管炎以外感风寒型、外感风热型、燥热型为多见,慢性支气管炎以劳伤型为多见。

A. 外感风寒型:病初多伴外感表证。病畜食欲缺乏,咳嗽剧烈有力,鼻流清涕,被毛竖立,耳鼻俱凉,口淡而润,脉多浮紧,或见恶寒,发热,遇暖咳轻,遇寒咳重。

B. 外感风热型:病畜食欲减退,眼睛发红,鼻镜微燥,鼻流稠涕,咳嗽不爽,呼吸微喘,小便黄短,口色红而乏津,口内发热,舌苔薄黄,脉浮数。

C. 燥热型:多因风寒化热或风燥所致。病畜咳嗽有力而痰少或干咳无痰,鼻镜干燥,鼻流黄涕,呼吸气粗喘促,白天咳重,大便干燥,小便赤黄,口色赤红而燥,脉洪数。

D. 劳伤型:多发生于年老体弱家畜。病畜咳嗽低弱无力,昼轻夜重,呼吸喘促,形体消瘦,行走无力。属阳虚者痰多而稀,怕冷喜暖,口色淡,苔薄白,脉细沉;属阴虚者,痰少而黏,舌红少苔,脉细数。

(3)防治:

①治疗。患牛频发咳嗽时,可用氯化铵 15 克,杏仁水 35 毫升,远志酊 30 毫升,温水 500 毫升,1 次内服。痛咳时,可选用复方樟脑酊 30～

50 毫升,1 次内服。当病牛呼吸困难时,可用氨茶碱 1～2 克,1 次肌内注射,或用 5% 麻黄素液 4～10 毫升,1 次皮下注射。

抗菌消炎可用青霉素 250 万国际单位、链霉素 300 万单位,溶于生理盐水 20 毫升,1 次肌内注射,每天 2～3 次,连注 3 天;磺胺二甲嘧啶,每千克体重 200 毫克,口服,每天 1 次,连续 3～5 天。如体温未能下降,可改用广谱抗生素治疗。在治疗过程中,根据病牛全身状况,适当应用 5% 葡萄糖生理盐水 1 000～1 500 毫升,25% 葡萄糖液 500 毫升,20% 安钠咖 10 毫升,1 次静脉注射,每天 1～2 次,氯化铵 25 克、碳酸氢钠 25 克,加水 1 次灌服,每天 2 次。

慢性支气管炎,可用盐酸异丙嗪片 10～20 片(每片 25 毫克),盐酸氯丙嗪 10～20 片(每片 25 毫克),复方甘草合剂 100～150 毫升,或复方樟脑酊 30～40 毫升,人工盐 80

～200 克,加赋形剂适量,作成丸剂,1 次投服,每天 1 次,连服 3 天。

中兽医辨证施治:

A. 外感风寒型以疏风散寒、宣肺止咳为主。可选荆芥、百部、陈皮、紫菀各 30 克,半夏 25 克,百合、瓜蒌、沙参各 20 克,远志、贝母、甘草各 15 克,共煎服。或用杏苏饮加减:杏仁、紫苏叶、前胡、陈皮、荆芥、桔梗各 30 克,青皮 15 克,姜半夏 25 克,冬桑叶 20 克,甘草、生姜各 15 克,共煎水,1 次投服。

B. 外感风热型以疏风清热、化痰止咳为原则。可选桑菊饮加减:冬桑叶 45 克,白菊花、苦杏仁各 30 克,炙栀子 25 克,薄荷叶 20 克,连翘、鲜芦根、桔梗各 45 克,甘草 15 克,共煎水,1 次投服。

C. 燥热型以清热润肺、化痰止咳为原则,可选黄芩 60 克,麻黄、杏仁、白芍、桑白皮各 30 克,大黄 60 克,生石膏 500 克,薏苡仁、天花粉各

60 克,苏叶、小茴香、厚朴、枳壳各 15 克,水煎去渣,冲白糖 150 克,1 次投服。

D. 劳伤型以养阴益气、化痰止咳为主,可选止咳散:枇杷叶、紫苏叶各 25 克,杏仁、贝母各 15 克,桑白皮、前胡、陈皮各 20 克,血余炭 3 克,共研细末,麻油 250 毫升,蜂蜜 120 克混合温水,1 次投服。服 1～2 剂,去血余炭,加神曲、麦芽各 30 克,甘草 20 克,再服 1～2 剂。或用参胶益肺散:党参、阿胶各 60 克,黄芪 45 克,五味子 50 克,乌梅 20 克,桑皮、款冬花、川贝、桔梗、米壳各 30 克,共研末,开水调制,1 次投服。亦可针刺山根、血印、丹田、苏气、肺俞、通窍、百会、垂珠等穴。

②预防。加强饲养管理,厩舍内防御贼风和冷风袭击,合理使役,勿使家畜过劳,投药和灌药时认真操作,防止误咽。

18. 肺炎

肺炎是指肺组织的炎症,分为支气管肺炎、大叶性肺炎等。临床上以发热、咳嗽、呼吸困难为特征,中兽医称为"肺热喘咳"或"肺黄"。

(1)病因:

病因有两种。

①病原微生物的侵入。常见的有巴氏杆菌、绿脓杆菌、大肠杆菌、葡萄球菌、肺炎球菌等。当机体抵抗力降低,细菌毒力增强,致使支气管发炎,并蔓延至肺而引起肺炎。除细菌外,病毒、霉菌、寄生虫的侵入也是发病因素。

②刺激性气体、烟雾的吸入,直接对肺的刺激而引起发炎。此外,饲养管理失调,营养缺乏,受寒感冒,维生素 A 缺乏,都会造成机体抵抗力降低而易发本病。

中兽医认为,因气候炎热、暑气熏蒸、热邪火毒蓄积于肺,或牛舍寒冷,地面潮湿不洁,致使寒湿毒邪侵入肺内而发本病。

(2)临诊要点:

①支气管肺炎。常见于

老弱牛、羊、犊牛及羔羊,常继发于其他病后。精神沉郁,食欲减退或废绝,可视黏膜潮红或发绀,体温升高 1.5～2℃,呈弛张热型。肺部叩诊呈局限性浊音区,听诊有捻发音和支气管呼吸音,并常可听到干啰音或湿啰音,肺泡音减弱或消失。

②大叶性肺炎。病情急剧,食欲废绝,体温迅速升高至 40～41℃,呈稽留热型。眼与口色赤黄,有铁锈色鼻液。咳嗽痛苦,鼻孔开张,呼吸急促,明显胸痛,呈混合性呼吸困难。初期出现短而干的痛咳,后期则变为湿咳。胸部叩诊浊音扩大,听诊肝变区有较明显的支气管呼吸音。严重者,全身肌肉发抖,皮温不整,呼吸浅促,紫绀,脉细数。病畜因呼吸困难而常站立,并发出呻吟声或磨牙声。

中兽医辨证施治,将本病分为风热犯肺型、热闭壅肺型、痰热壅肺型、热闭阳衰型4 种。

风热犯肺型:病畜精神不振,食欲、反刍减少,发热,咳嗽,微喘,鼻流黏涕带有小气泡,口色稍红,舌苔薄白,脉浮数。

热闭壅肺型:病畜精神沉郁,食欲、反刍减少或消失,壮热口渴饮水,眼睛充血,鼻镜干燥,鼻液黄稠,咳嗽短钝而有痛感,呼吸喘促,大便干燥,小便黄短,口色红燥或兼微黄,脉洪大。

痰热壅肺型:病畜委顿,不愿行走,站立时前肢张开,全身高烧,眼睛赤黄,鼻镜干燥,鼻中有铁锈色鼻液流出,咳嗽痛苦,呼吸喘促,大便干燥,小便赤黄或赤短,口内发烧,口色赤黄,脉洪数。

热闭阳衰型:病畜两前肢站立张开,全身肌肉发抖,皮温不整,咳声低弱,鼻液铁锈色,呼吸喘促,口色青紫,脉象细数。

(3)防治:

①治疗。对病畜加强护理,以抗菌消炎为主。可用新

霉素每千克体重 4 毫克,肌内注射,每天 2 次,连注 7 天,磺胺二甲嘧啶每千克体重 200 毫克,1 次口服,每天 1 次,连服 3～5 天。为促进渗出物的吸收,可用 5% 葡萄糖生理盐水 500～1 000 毫升,25% 葡萄糖液 500 毫升,10% 水杨酸钠液 100 毫升,40% 乌洛托品 20～30 毫升、20% 安钠咖液 10 毫升,1 次静脉注射,也可用青霉素 100 万～160 万国际单位,溶于 15～20 毫升蒸馏水中,缓慢向气管内注射。病牛呼吸困难时,可肌内注射氨茶碱 1～2 克,或皮下注射 5% 麻黄素液 4～10 毫升,也可用 3% 过氧化氢液 500 毫升,25% 葡萄糖液 1 500 毫升,静脉注射。强心,可用 20% 安钠咖液、10% 樟脑磺酸钠液等。为防自体中毒,可静脉注射撒乌安液 50～100 毫升,每天 1 次。

中兽医辨证施治:

A. 风热犯肺型:以辛凉解表、宣肺清热为治则,内服银翘散加减:银花 30 克,连翘 45 克,桔梗、薄荷、桑叶、菊花各 25 克,前胡、黄芩、杏仁各 30 克,甘草 20 克,共煎水,1 次投服,或用银花、连翘、板蓝根各 40 克,黄芩、杏仁、麻黄各 30 克,甘草 15 克,生石膏 60 克,共煎水,1 次投服。

B. 热闭壅肺型:以清热解毒、宣肺平喘、化痰止咳为治则,内服加味麻杏石甘汤:炙麻黄 25 克,苦杏仁、桑白皮、芦根、知母、郁金、百部各 30 克,桔梗、黄芩、栀子、旋复花、板蓝根、木通各 25 克、白茅根、葶苈子各 30 克,生石膏 60 克,甘草 15 克,共煎水,1 次投服。

C. 痰热壅肺型:以清热解毒、凉血清心、宣肺化痰为治则,内服清瘟败毒饮加减:生石膏 300 克,生地黄 60 克,水牛角(先煎)300 克,黄栀子、黑玄参、连翘各 30 克,知母、桔梗、黄芩、赤芍药、牡丹皮、淡竹叶各 25 克,共煎水,1 次投服。或清营汤加减:水牛角 300 克,生地黄、芦根各 60 克,黑玄参 30 克,金银花、连翘壳、冬瓜仁各 45 克,黄连、北杏仁、天冬各 25 克,鱼腥草 60 克,淡竹叶 20 克,共煎水,1 次投服。

D. 热闭阳衰型:以补阳益气、清热开窍、宣肺化痰为治则,内服参附汤加味:党参 80 克,附子 25 克,桂枝、白芍、天冬、五味子各 20 克,冬瓜仁 30 克,鱼腥草 60 克,知母、杏仁、钩藤、淡竹叶各 25 克,共煎水,1 次投服,亦可针刺三关、舌底、山根、胸膛、肺俞、苏气、百会、尾根、垂珠、八字等穴。

②预防。加强饲养管理,厩舍保持干燥、温暖和通风,饲料品质良好,营养全价,加强兽医卫生消毒,定期检疫,防止传染病的发生。

19. 中暑

中暑,现代医学称为"日射病"、"热射病",临床上以皮温升高、全身出汗、出现神经症状为特征,中兽医认为是炎热夏季,感受暑热病邪而引起的一种急性病。

(1)病因:在炎热季节,牛、羊头部受到强烈日光的直接照射,引起脑实质的急性充血,造成中枢神经系统机能紊乱,发生日射病。在潮湿闷热的环境中,机体散热困难,体温升高,中枢神经系统机能调节紊乱,发生热射病。

中兽医辨证认为,本病系暑热熏蒸致使心肺热极,气血瘀滞而致。

(2)临诊要点:多突然发生,发病牛、羊精神沉郁或兴奋,目瞪头低,步态不稳,有时昏迷倒地。呼吸急促,口流白沫,被毛竖立,口、耳、角、皮肤均热,全身出汗,体温达 42℃以上。口色赤红,脉象洪数,每分钟达 100 次以上。

严重时则四肢发冷,舌色青紫,脉象沉微,浑身颤抖出汗,倒地不起而死亡。

(3)防治:

①治疗。本病来势很急,必须采取急救疗法,简介如

下。

A. 水浇法：对初中期的患病牛、羊，拴于阴凉通风处，用布片或麻袋蒙住头部，以新汲井水浇头、洗尾，或用冷水灌肠。

B. 放血法：病初可针知甘、耳尖、山根、太阳、八字等穴放血，病至中后期，脉虚数者不宜大量放血。

C. 药物降温：用 2.5％氯丙嗪液 10～20 毫升，肌内注射，或混在生理盐水中静脉滴注。当体温降至 39℃ 时，即应停止降温。此时可先注射强心剂，接着静脉放血 1～2升，然后输复方氯化钠液或生理盐水 4～8 升。为纠正酸中毒，可静脉注 5％碳酸氢钠液500～1 000 毫升。为降低颅内压，可静脉注射 20％甘露醇 500～1 000 毫升，或静脉注射 50％葡萄糖液 300～500毫升。当病牛兴奋不安时，可静脉注射安溴注射液 100 毫升。

中兽医辨证施治，将中暑分为阳暑和阴暑。

A. 阳暑：体表发热，间或有汗，无寒战现象，继而高热昏迷，卧地不起。以清热解暑为治则，可选用清暑汤：香薷60 克，藿香、寸冬、黄柏、茯苓、薄荷各 25 克，木通 60 克，菊花、生地、白扁豆各 30 克，茵陈、牙皂、石菖蒲各 20 克，甘草 15 克，共煎水，候温，1次投服。或凉心散：栀子、生地、黄连、天竺黄各 30 克，黄芩、天门冬、茯神各 25 克，朱砂 6 克（另冲服），共煎水，候温，1 次投服。

B. 阴暑：因腠理闭塞，内热不得外泄，因而出现皮肤颤抖怯寒，体表四肢发冷，体表无汗，卧多立少，口色发白。治之可用银翘散：连翘、银花各 60 克，苦桔梗、薄荷、芥穗、淡豆豉、牛蒡子各 36 克，竹叶24 克，生甘草 30 克，水煎，候温，1 次投服。

② 预防。在炎热季节，牛、羊应勤饮水，经常洗刷牛体，保持凉爽清洁。在烈日暴

晒下,应有遮阴设施。厩舍要宽敞,通风良好。车船运输,不可过于拥挤。

20. 尿石症

尿石症是指尿路中形成的大小不一、数量不等的盐类结晶块,刺激尿路黏膜,引起出血性炎症和尿路阻塞,临床上以腹痛、排尿障碍和血尿为特征,又称尿结石,中兽医称为"沙石淋"。

(1)病因:引起尿石症的因素很多,如尿路细菌感染,损伤尿路,上皮细胞脱落,以其为核心形成结石。精料过多,而粗料特别是青草缺乏,引起钙、磷比例不当,形成结石。在舍饲牛、羊,喂给含维生素 A 和胡萝卜素的青饲过少,过饲精料,饮水不足有助于结石形成。公犊牛如在 4 个月龄内去势,有碍尿道发育,使尿道狭窄,造成结石排出困难。

(2)临诊要点:

①轻型病牛、羊。表现排尿淋漓不畅,尿色黄赤而混浊,有时夹有沙石,有时排尿突然中断。

②重型病牛、羊。完全不能排尿,甚至尿中带血。排尿时,弓背蹲腰,后肢张开,尾巴翘起,阴茎勃动,欲尿而不出,病牛疼痛不安,有时呻吟、吼叫,或阴茎外伸,肿大青紫,可致膀胱破裂。膀胱破裂时,则病畜转为安静,但精神高度沉郁,食欲废绝,体温升高达39.6℃以上,脉搏增数达每分钟 110 次以上,常继发腹膜炎或尿毒症。

直肠检查可发现膀胱胀得很大,用手压迫也难以排尿。如沙石位于阴茎中下段,以手顺着阴茎触摸,可以摸到坚硬的沙石。

(3)防治:

①治疗。轻型病例,用氯化铵每天 10~20 克,口服,连用 3~7 天为 1 疗程,同时应用维生素 A 10 万~25 万国际单位,维生素 D 2 万~4 万国际单位或维生素 AD 合剂5~10 毫升,肌内注射,连用 4

～14 天为 1 疗程。对重型伴发腹痛的病牛，可用盐酸氯丙嗪注射液，每天每千克体重 1～2 毫克，肌内注射。为防止膀胱或尿道破裂，应及早施行手术，取出结石，制造人工尿道来排尿。尿道已经阻塞时，首先在第一尾椎和第二尾椎之间进针，做硬膜外腔麻醉，然后将阴茎拉直至"S"弯曲处，用于检查及用探针（粗细与尿道相适应的、有一定硬度的中空塑料尿管）探查。如在龟头附近可用手取出或切开取出；若在"S"弯曲处，用尿道切开术取出。

中兽医辨证施治，在尿石病的初期，以清热利湿、排石通淋为治则，可选用石苇散加减：石苇、滑石、冬葵子、海金沙各 90 克，木通 30 克，车前草、瞿麦、赤苓各 60 克，金钱草 350 克，甘草 30 克，共煎水，1 次投服，或用滑石 50 克，木通 30 克，续随子 65 克，桂心 110 克，厚朴 10 克，豆蔻 20 克，白术 100 克，黄芩 95

克，二丑 30 克，共研末，分 4 份，早晚各 1 次，温水 1 次投服，连用 7～10 天。

②预防。牛、羊在舍饲状态下，应增加饮水，适当增喂多汁饲料，适当添加盐砖。在日粮中，应含适量的维生素 A。对泌尿器官疾病应及时治疗。公犊牛去势时间建议推迟到 4 月龄以后。

21. 膀胱炎

膀胱炎是膀胱黏膜的炎症，临床上以排尿疼痛、尿频、尿液中出现脱落上皮、脓细胞、红细胞为特征，中兽医称为"淋病"、"尿闭"。

(1)病因：膀胱炎多由于细菌感染所致。母牛阴道炎、子宫内膜炎，公牛尿道炎，可引起膀胱炎。当给牛导尿时，消毒不严，或动作粗暴，损伤尿道，配种和助产时，损伤尿道口，尿潴留、尿结石等，都可引起本病的发生。

(2)临诊要点：

①急性膀胱炎。常有排尿姿势，排尿次数增加，但仅

仅排出少量尿液。严重时,表现疼痛不安,呻吟,公畜阴茎频频勃起,母畜摇摆后躯,阴门频频开张。排尿时痛苦,尿量少或呈点滴状流出。严重时膀胱括约肌痉挛性收缩,引起尿闭,有时排出血尿,或混浊恶臭尿。直肠触诊膀胱,有疼痛收缩反应,膀胱体积缩小。当膀胱括约肌痉挛时,尿液潴留,膀胱高度充盈。

②慢性膀胱炎。病程较长,排尿疼痛不明显,机体营养状况差。

中兽医认为,本病分为湿热型和脾肾虚型两种。湿热型:其表现基本和急性膀胱炎相同。脾肾虚型:病畜一般表现精神委顿,毛粗焦枯,体瘦肉减,食欲、反刍减少,四肢无力,不愿行走,无显著排尿困难,疼痛较轻微,尿液混浊,形如米泔,甚至混有凝块,口色淡白带黄,脉象沉细。

(3)防治:

①治疗。抗菌消炎可用青霉素、硫酸卡那霉素、四环素,肌内或静脉注射,每天 2 次,连用 7 天。呋喃坦啶 0.5 克,溶于蒸馏水 50 毫升中,1 次肌内注射,每天 3～4 次。用刺激性小的消毒液,如 0.5％碳酸氢钠溶液,0.1％雷佛奴尔溶液,0.1％～1％氨苯磺胺溶液等,进行膀胱灌洗。

②中兽医辨证施治:

A. 湿热型:以泻膀胱湿热,通利水道为治则,内服知柏汤加味:知母、黄柏、茵陈各 125 克,瞿麦、滑石、栀子、川楝子各 30 克,木通、车前仁各 25 克,石苇 45 克,广木香 20 克,甘草梢 15 克,共煎水,1 次投服。或用石苇、三白草、凤尾草各 125 克,金钱草、车前草各 100 克,白茅根 250 克,共煎水,1 次投服。

B. 脾肾虚型:一般以健脾补肾为治则,但应照顾正邪双方的变化,可在补益中加入清利湿热药物:白术、土茯苓、芡实、熟地各 60 克,银花 25 克,连翘、天门冬、瞿麦各 30 克,怀山药 125 克,山茱萸 45

克,共煎水,1次投服。或用肉桂15克,泽泻30克,茯苓、猪苓、白术各45克,共煎水,1次投服,亦可针刺肾俞、安肾、百会等穴进行治疗。

②预防。加强兽医卫生消毒,减少泌尿生殖道感染的机会,发现泌尿生殖道感染的牛、羊,应及时治疗。

(二)牛、羊的营养代谢病

1. 奶牛酮病

奶牛酮病是泌乳奶牛常见的营养代谢病,由碳水化合物和脂肪代谢紊乱引起,临床上以发生酮血、酮尿、酮乳,出现低血糖、消化机能紊乱,产乳量下降,间有神经症状为特征,又称酮血症、酮尿病。

(1)病因:引起原发性酮病与下列因素有关。

①奶牛高产。在正常生理情况下,分娩后的 4～6 周奶牛出现泌乳高峰,但食欲恢复和采食量的高峰在产犊后 8～10 周。因此,在产犊后 10 周内乳牛的食欲较差,能量和葡萄糖的来源本来就不能满足泌乳消耗的需要,如果奶牛泌乳量过高,将势必加剧这种不平衡,所以高产奶牛酮病的发病率较高。

②日粮营养不平衡和供应不足。饲料供应过少、品质低劣,日粮不平衡,或精料过多、粗饲料不足等,均会使机体的生糖物质缺乏,可引起能量负平衡,产生大量酮体(由脂肪产生)而发病。

③干奶期供应能量水平过高。母牛产前过度肥胖,分娩后严重影响采食量的恢复,同样会使机体的生糖物质缺乏,引起能量负平衡,产生大量酮体。

④脂肪肝引起酮体代谢障碍。脂肪肝的发生多在临床型酮病的发生之前,由于脂肪肝引起肝脏代谢紊乱、糖原合成障碍而加剧了血中酮体含量的升高。

另外,酮病的发生与矿物质缺乏(如钴、碘、磷)有关。

继发性酮病,是由于发生子宫内膜炎、乳房炎、创伤性网胃炎、真胃变位等疾病,造成奶牛食欲下降,生糖物质摄入减少,动用脂肪,产生大量酮体所致。

(2)临诊要点:原发性酮病一般可分为消化型、神经型和瘫痪型(麻痹型)3种,其中以消化型为主,发生率高。

轻型症状无明显的临床症状,仅产奶量下降,食欲轻度减少,进行性消瘦。极度消瘦时,产奶量明显下降,病程可持续1~2个月。

①消化型。体温正常或略低,呼吸浅表,心音亢进。呼出的气体、尿液和乳中有刺鼻的酮臭味,精神沉郁,迅速明显消瘦,步态蹒跚无力。泌乳急剧下降,乳汁易形成泡沫,类似初乳状。初期吃些干草或青草,最后拒食,反刍停止,病牛呈拱背姿势,轻度腹痛。前胃弛缓,初便秘,后多数排出恶臭的稀粪。肝脏叩诊浊音界扩大,敏感疼痛。

②神经型。除有不同程度的消化型症状外,主要表现兴奋不安、吼叫、空嚼和频繁地转动舌头,无目的地转圈和异常步态。部分奶牛出现失明,感觉过敏,躯体肌肉和眼球震颤神经症状,有时兴奋和沉郁可交替发作。

③瘫痪型。出现上述酮病的一些主要症状,如食欲减退或拒食,前胃弛缓,以及对刺激过敏、肌肉震颤、痉挛、泌乳量急骤下降等,此外,病牛还出现与生产瘫痪相似的症状,单纯用钙制剂疗效不好。

诊断时应注意:酮病一般发生在产犊后几天至几周内,血清酮体含量升高,血糖降低,并伴有消化机能紊乱,体重减轻,产奶量下降,间有神经症状。实验性用葡萄糖或激素治疗,导致血中酮体减少。

在临床实践中,可采用快速简易定性法,检测血液、尿液和乳汁中有无酮体存在。所用试剂为亚硝基铁氰化钠1份,硫酸铵20份,无水碳酸钠20份,混合研细。方法是取其粉末 0.2 克放在载玻片上,加待检样品 2～3 滴,若立即出现紫红色,则为阳性,也可用人医检测尿酮的酮体试纸进行测定,需要指出的是,必须结合病史和临床症状,参考测定结果,才能进行确诊。

继发性酮病,可根据血中酮体水平升高,原发病本身的特点,用葡萄糖或激素做实验性治疗,不见血中酮体减少,而做出诊断。

(3)防治:

①治疗。原则是补糖抗酮,对症治疗。

A. 补糖和糖源性物质:50％葡萄糖液 500～1 000 毫升静注,每天 3～4 次;丙酸钠 110～225 克分 2 次加水内服;丙二醇或甘油 225 克加水投服,每天 2 次,连服 2 天后,药量酌减。

B. 激素疗法:对于体质较好的病牛,用促肾上腺皮质激素(促进生糖)200～600 国际单位,肌内注射,氢化可的松、强的松龙、地塞米松等,也

有良好效果。

C. 缓解酸中毒:5％碳酸氢钠静脉注射。

D. 其他对症治疗:水合氯醛首次剂量为 30 克(通常用胶囊剂投服,降低大脑兴奋性,破坏瘤胃中的淀粉,刺激葡萄糖的产生和利用),加水口服,第二次再给予 7 克(放在蜜糖或水中灌服),每天 2 次,连续几天。适当使用镇静剂(如安溴、氯丙嗪)及辅助治疗药物,如辅酶 A 或半胱氨酸、葡萄糖酸钙、B 族维生素、维生素 C、维生素 E 等。

E. 中药:生姜 30 克,大枣 10 枚,红糖、白糖各 120 克,1 次煎服。每天上下午各 1 次,连服 10 天。或用当归、元芪、党参各 50 克,槟片 40 克,陈皮、川朴、草果、五味子、豆蔻各 30 克,麦芽粉 100 克,酵母片 60 片,共为细末,开水冲,1 次投服。

②预防:怀孕母牛不宜过肥,干奶期应酌情减少精料,产前 3～4 周逐渐添加精料,

调整好消化机能。饲料中应含足够的维生素、微量元素。此外，在酮病的高发期喂服丙酸钠（生糖物质），每次 120 克，每天 2 次，连用 10 天，预防效果较好。

2. 瘤胃乳酸中毒

瘤胃乳酸中毒是由于牛、羊采食了过多富含碳水化合物的饲料，在瘤胃内发酵，产生大量乳酸所引起的一种疾病，临床上以毒血症、脱水、瘤胃蠕动停止、瘤胃酸碱度下降为特征，又称反刍动物急性碳水化合物过食症、中毒性消化不良等。

（1）病因：突然改变饲料，尤其平时以饲喂牧草为主，突然改喂含较多碳水化合物的谷类饲料，或在奶牛生产前后，突然添加大量的谷类精料，尤其是玉米粉、高粱粉等，易引起本病。饲喂酸度过高的青贮玉米、质量低劣的青贮饲料、糖渣等，也是常见的原因。此外，气候骤变，处于应激状态，消化功能紊乱，此时如不注意饲养方法，任其采食草料，舍饲牛、羊极容易引发本病。

（2）临诊要点：

①急性型。一般 24 小时内发病，有些病例可在两次饲喂之间（第一次饲喂后 3～5 小时内）突然死亡。瘤胃胀满并偶有腹痛。病情轻的牛，表现为恐惧、厌食、腹泻、粪便松软、瘤胃蠕动减弱、反刍减少、奶牛泌乳量减少。如病情稳定，通常不治疗可在 3～4 天内恢复采食。如发生急性蹄叶炎，蹄有热感，病牛起立和运动困难，大多呈横卧姿势，叩诊及钳压蹄部疼痛。

②慢性型。瘤胃弹性降低，蠕动减少或停止。精神迟钝，运动强拘，姿势异常，呈独特的强拘步态、关节肿大、拱背等症状。到后期蹄的形态明显改变，呈典型的"拖鞋蹄"。眼睑反射减弱或消失。随着病情的发展，后肢麻痹，卧地不起，眼球震颤，进一步发展，陷入昏迷状态后死亡。

（3）防治：

①治疗。原则是阻止瘤胃内乳酸的产生，调节水、电解质、酸碱平衡，促进前胃运动，强心补液及对症治疗。

发病初期泻血 3 000～5 000毫升，大量给予抗组胺药，如灌服苯海拉明 0.5～1.0 克，每天 1～2 次。中和酸可用饱和石灰水或 5％碳酸氢钠溶液洗胃，直至胃液的酸碱度呈碱性为止，然后移植健康牛的瘤胃液6～8 升，同时静脉注射 5％的碳酸氢钠溶液 1 000 毫升左右。静脉滴注复方生理盐水或葡萄糖生理盐水 10 000～15 000 毫升，在输液时加入强心药物，如安钠咖，还可应用维生素 B_1、酵母、丙酮酸钠等。

对症治疗：用抗组胺的药物治疗蹄叶炎（还应重视蹄的温浴，注意修蹄、削蹄），用皮质类固醇激素治疗休克，用副交感神经兴奋药物增强前胃运动。抗休克可补给平衡盐液、右旋糖酐等，以恢复有效循环血容量和保持电解质平衡。

中药可试用消食平胃散：槟榔、厚朴各 30 克，山楂 45 克，苍术 25 克，甘草 20 克，共为细末，每天 1 剂，开水冲，1 次投服，连用3～5 天。

②预防。关键是饲养管理，在饲喂高碳水化合物饲料时，要使牛逐渐适应，同时注意补充矿物质、微量元素及维生素。在育肥牛、羊饲养高谷物饲料的初期，适当增加干草等，并逐渐过渡。

3. 母牛卧地不起综合征

母牛卧地不起综合征是母牛分娩前后发生的一种疾病。临床上以病因较多，突发起立困难或根本站不起来为特征。

（1）病因：本病的发生与矿物质代谢紊乱，尤其是低磷酸盐血症、低钾血症和低镁血症有密切的关系。此外，拴系产房或牛舍内的分娩母牛，对蛋白需求量大的妊娠母牛，在分娩前补饲不够，导致潜在的肌肉损伤,一旦遭受某种外力作用,易诱发某些肌群断裂。饲喂高蛋白、低能量饲料的奶牛,瘤胃内异常发酵产生有毒物质,在分娩时诱发自体中毒,导致起立困难或站不起来。低钙血症、酮病、创伤性损伤等,也是引起该病的原因。

(2)临诊要点:在发病前,往往见不到症状。病牛卧倒不起,常发生于产犊过程中或产犊后 48 小时内。饮欲、食欲基本正常,体温正常或稍有升高,心率增加到每分钟80~100 次,脉搏细弱,但呼吸无变化,排粪和排尿正常。最初病牛常欲挣扎爬起,但其后肢不能充分伸展,后肢、后躯肌肉麻痹无力,被迫卧地。有的病例,头弯向后方,呈侧卧姿势,如果将其头部抬起并给予扶持,则与正常牛无异。

严重的病牛,在卧倒不起时出现四肢搐搦。耳根、角根冷凉,皮温不整。食欲消失,瘤胃蠕动正常或减弱,粪便正常或稀软。呼吸正常,而心跳次数增至每分钟 80~100 次以上,脉细而弱,心律不齐,可视黏膜潮红或发绀。随病情发展,用人帮助站立,牛也站不起来,即使勉强站立,也无力负重,卧地后四肢抽搐,头向后仰,病牛神志清醒,没有精神沉郁与昏迷的症状。

(3)防治:首先,应用25%葡萄糖酸钙注射液 500毫升,缓慢静脉注射。若病牛症状无明显改善时,可隔8~12 小时,再用药 1 次。同时配合维生素 B_1 和维生素 C 适量肌内注射,必要时结合乳房送风疗法(用乳房送风器打入空气后,乳房内的压力上升,乳房血管受压,血流减少,随血流进入乳中的钙也减少,可使血钙水平得以增高)。如果治疗无效,可用 15%磷酸二氢钠注射液 200~300 毫升,加复方氯化钠溶液 1 000 毫升,缓慢静脉注射。或用 5%氯化钾注射液按每千克体重10~20 毫克,加在 5%葡萄糖注射液 2 000 毫升中,缓慢静脉注射。还可用 20%～25% 硫酸镁注射液 100～200 毫升,静脉注射。上述方法可交替使用。对并发症,应采取对症疗法。当发生腰部或荐部肌肉神经损伤时,可用 0.25% 盐酸利多卡因 80～100 毫升,青霉素 480 万国际单位,醋酸泼尼松 250～500 毫克,维生素 B 40～130 毫升,于腰部百会、肾俞、大胯等穴注射,隔天 1 次,共用 3～5 次。

中兽医施治,以补虚活络安胎为主,兼用搜风之剂以驱邪,可用八珍搜风汤:党参、黄芪各 40 克,白术、茯苓、炙草、川芎、黄芩、防风、羌活各 25 克,当归 40 克,秦艽、白芍、生地各 30 克,大枣 5 枚,生姜 25 克为引,水煎,1 次投服。

对病牛要加强护理,饲养于宽敞场地或牛舍内,垫敷大量沙土或褥草,以防滑倒或发生褥疮。对侧卧病牛还要每天定时翻转或按摩,周身喷洒酒精,用草把按摩。

4. 青草抽搐

青草抽搐是反刍动物在放牧中突然发生的一种低镁血症,临床上以肌肉痉挛、惊厥、呼吸困难和急性死亡为特征,又称青草蹒跚。

(1)病因:本病的发生与血镁浓度降低有直接的关系。

引起血镁浓度降低的原因较多,如长期饲喂含镁量低的牧草或饲草,采食减少或腹泻,可影响对镁的吸收,草场大量施用钾肥、氮肥,可使牧草中镁含量降低。此外,日粮中可溶性糖和粗纤维不足,磷的含量过高,应激因素如兴奋、泌乳、不良气候、低钙血症,都可诱发本病。

(2)临诊要点:发病前吃草正常。急性病例常发病突然,兴奋不安,甩头、吼叫、盲目奔跑,呈疯狂状态。突然倒地,头颈侧弯,牙关紧闭,磨齿,口吐白沫,四肢划动,心跳过速,惊厥,背、颈和四肢震颤,出现阵发性或强直性痉挛。惊厥呈间断性发作,常在数小时内死亡。

慢性病例,走路缓慢,步态强拘,对触诊和声音过敏,排尿频繁。惊厥期可达 2～3 天,最后常因全身肌肉抽搐、病情恶化死亡。

(3)防治:

①治疗。对病牛可静脉注射 25％硫酸镁 50～100 毫升,10％氯化钙 100～200 毫升,用 5％葡萄糖注射液稀释,注射速度不要太快,并注意心跳节律、强度和频率的变化,心动过速时即停止注射。对重症病例可配合使用镇静药。

②预防。在发病季节,可在精饲料中补充氯化镁,牛 60 克,羊 10 克。

5. 奶牛低磷性血红蛋白尿

奶牛低磷性血红蛋白尿,常发生于产后奶牛。临床上以缺磷导致的急性溶血性贫血和血红蛋白尿为特征。常发于产后 4 天至 4 周的 3～6 胎高产奶牛。

(1)病因:产后血红蛋白尿,主要病因是饲草料中磷含量过低,加上奶牛产奶量高,磷排出量增加。其次,与饲喂十字花科植物,如芜菁、甘蓝甜菜叶及其残渣等有关(含有硫氰酸盐等溶血因子)。如果奶牛近期分娩,泌乳过多,而矿物质尤其是磷大量丧失,又得不到及时补充,也是形成本病的原因之一。本病的发生可能与土壤缺铜有关系(因为铜与红细胞正常代谢有关)。

(2)临诊要点:在分娩后 2～4 周内,奶牛突然排出呈红褐色、咖啡色的尿液,带泡沫状。在最初 1～3 天内,尿液逐渐由淡红、红色、暗红色,直至紫红色和棕褐色,当随症状减轻至痊愈时,尿液又逐渐由深变淡,直至无色。排尿次数增加,但每次排尿量减少。严重贫血时,食欲降低,奶产量下降,脉搏增数,呼吸急促,可视黏膜及皮肤变为淡红色或苍白色,黄染。血液稀薄,凝固性降低,血清呈樱红色。随病程发展,脉搏加速达每分钟达 80～100 次以上,颈静脉怒张,心搏亢进,心脏听诊,偶可发现贫血性杂音。呼吸浅表。体温降至 36℃ 以下,乳房、四肢末端冷凉,乳头、耳尖、尾梢易发生坏死。粪便干硬、量少,有时排恶臭稀粪。肝区叩诊界扩大并有疼痛反应。病牛迅速陷于虚脱,卧地。

(3)防治:应补充含磷丰富的饲料,如豆饼、麸皮、米糠和骨粉。应用磷制剂治疗有良好效果,如 20％磷酸二氢钠溶液 300 毫升,静脉注射,以后隔 12 小时注射 1 次,重症可连续治疗 2～3 次,也可静脉注射 30％磷酸钙溶液 1 000 毫升,且口服骨粉每次 120 克,每天 1～2 次。

注意:严禁用磷酸二氢钾替代磷酸二氢钠来治疗血红蛋白尿,因为高浓度钾离子注入血液后对心脏有影响,很容易造成病牛死亡。对严重贫血的,可静脉输入 300～800 毫升牛全血。为扩充血容量及供给能源,用复方氯化钠和 5％葡萄糖注射液,按 1:2 混合,静脉注射 5 000～8 000 毫升。

中药可试用党参 60 克,黄芪 40 克,菟丝子、巴戟、熟地、山药、山萸肉、茯苓各 30 克,泽泻、大蓟、小蓟各 20 克,研末水冲,1 次投服。

6. 牛生产瘫痪

生产瘫痪又叫乳热,母畜在分娩前后突然发生,临床上以昏迷、知觉消失、低血钙、肌肉松弛、四肢瘫痪以及卧地不起为特征,多发生于体质虚弱的母牛。中兽医称为"胎风"、"产后风"。

(1)病因:一般认为,本病是由于钙吸收减少和排泄增多,所引起的钙代谢急剧失调所致。

中兽医辨证认为,孕畜在怀孕期间饮喂失调,或分娩时间过长,过度疲劳失血过多,造成气血亏损,不能贯注经脉,致筋骨失养。又因气血亏损,以至卫阳不固,风寒湿邪乘虚侵入肌肤,导致知觉消失、四肢瘫痪、卧地不起的产后瘫痪之症。

(2)临诊要点:本病临床分为重型、轻型两种。

①重型。病情发展较快,从开始到表现典型临床症状,整个过程不超过 12 小时。病初食欲废绝,反刍、排粪、排尿停止。不愿走动,后躯摇摆,肌肉发抖。两目凝视,两耳下垂。随即表现瘫痪症状,瘫痪从后肢开始,站立不起来,病畜伏卧,四肢屈于躯干下,头向前伸,不久四肢伸展,头部弯向一侧至胸廓,如强行改变其姿势,仍会回复原状。病势严重时,病畜精神委顿,知觉消失,表现昏睡,眼睑反射减弱,瞳孔散大,对光线刺激不起反应,口微张,有时流涎,舌、咽肌肉麻痹。皮温不整,体温下降到 35℃～36℃,口色如绵,脉象迟涩。

②轻型。病牛精神沉郁,全身无力,食欲减退或废绝,体温不高而两耳发凉,反应迟钝,呈嗜睡状态。有的牛虽然能站立,但行动困难,步态不稳,当患牛卧下时头颈姿势不自然,由头至鬐甲部呈一轻度的"S"弯曲。

(3)防治:当母牛出现生产瘫痪症状后,应立即治疗,治疗越早,疗效越好。

①治疗

A. 钙疗法:静脉注射钙剂,牛常用 10% 葡萄糖酸钙 800～1 400 毫升,或用 50% 的葡萄糖氯化钙 800～1 500 毫升,绵羊常用 10% 葡萄糖酸钙 200 毫升,1 次静脉注射。

B. 对症疗法:瘤胃鼓气时进行瘤胃穿刺,并注入制酵剂。伴有低磷血症和低镁血症的,可用 15% 磷酸二氢钠 200 毫升,15% 的硫酸镁 200 毫升,10% 安钠咖 30 毫升,地塞米松注射液每千克体重 0.02 毫克,1 次静脉注射。若神经损伤引起的截瘫,还应使用 0.2% 硝酸士的宁 10 毫升,皮下注射或百会穴注射,每天 1 次,连用 5～7 天,以兴奋神经。

C. 乳房送风法:用乳房送风器,在使用前,应在金属筒内放入干的消毒棉,以便滤过空气,防止感染。送入空气前使牛侧卧,先挤尽乳房中乳汁,并用酒精消毒乳头孔,之后插入已消过毒和涂上滑润油的导乳管,并在每个乳瓣中先注入青霉素 10 万～15 万国际单位。操作时先从后二乳瓣开始,再送前二个乳瓣。送入空气量视乳房皮肤紧张度而定,可用手指轻敲乳房,若有鼓响声时,则送入空气已够。若送入空气过多,会使乳腺、腺泡破裂,发生皮下气肿,若是送空气过少,则达不到疗效。打进空气后,为防空气溢出,可用手指轻轻按摩乳头,使其括约肌收缩。若括约肌松弛,可用纱布条结扎乳头,经 2 小时再将纱布条解开。大多数病例只打 1 次空气,经

2～3 小时后即可痊愈,若经 6～8 小时仍未见好转,可重复 1 次。

D. 中兽医辨证施治:以补气养血,活血理气,祛风通络为治则。可用独活寄生汤加味:独活、秦艽、桑寄生、当归、芍药、杜仲、牛膝、党参、茯苓、熟地黄、防风各 30 克,细辛 15 克,川芎、桂枝各 25 克,骨粉 60 克,甘草 15 克,苍术 40 克,共煎水加红糖 250 克,1 次投服。若恶露不尽者,方中加红花、桃仁、炮姜、益母草等,或四物汤加味:当归、熟地、木瓜各 45 克,川芎、薏苡仁、白芍、党参、秦艽各 30 克,羌活、防己各 25 克,骨粉 60 克,甘草 15 克,苍术 40 克,水煎后加米酒 250 毫升,1 次投服。当外邪已解,气血尚虚,宜服加味补中益气汤:党参、黄芪、白芍各 60 克,当归 45 克,红花 25 克,陈皮 20 克,升麻、柴胡、泽兰、姜炭各 30 克,益母草 50 克,煎水,1 次投服。同时可针刺山根、丹田、

苏气、肾门、开风、百会、散珠、涌泉、滴水等穴位,进行治疗。

②预防。在干奶期,至少从预产期前2周开始,给母牛饲喂低钙高磷饲料,能有效预防本病。原因是,低钙可激活甲状旁腺的功能,促使甲状旁腺激素分泌,从而调动机体动用骨钙以及吸收钙的能力,结果可维持较正常的血钙水平。实践中,母畜在分娩前后4天,每天喂红糖200～300克,连服2～3天,产后给予大量盐水饮服,使降低的血压尽快恢复,对防止奶牛生产瘫痪的发生,也有益处。

7. 奶牛妊娠毒血症

奶牛妊娠毒血症是妊娠末期奶牛发生的一种急性代谢病,临床上以低血糖、酮血症、运动障碍、后期卧地不起为特征,又称肥胖母牛综合征。

(1)病因:主要因干奶期饲养失误,日粮中能量、蛋白质水平过高,超过了实际需要量所致。在高产牛场,精饲料丰富、质量好,糟粕类饲料也多,易造成日粮中精料、糟粕类饲料比例过大。有时奶牛粗饲料缺乏、品种少,常以精料来补充粗饲料的不足,在日粮中加大了精料喂量。也有的牛场,以肥胖程度来判断干奶期牛的健康状况,误导加料催膘,造成精料喂量增大。干奶期牛和泌乳期牛混群饲养,干奶期牛抢吃了泌乳期牛的精料,以至肥胖发病。

(2)临诊要点:分娩后就出现症状的患牛,精神沉郁,食欲废绝,瘤胃蠕动减弱,腹泻,粪呈黄色、恶臭,稀粥样。产乳少或无乳,可视黏膜黄染,体温升高到39.5～40.5℃,目光呆滞,步态拘谨,对外反应微弱,多于2～3天卧地不起或发生死亡。

分娩后2～3天发病的,主要表现为酮病症状,食欲降低或废绝,产乳减少或无乳,粪少而干,尿液有酮味,还可伴有乳房炎、胎衣不下、子宫弛缓等疾病,产道内蓄积多量褐色、腐臭的恶露,后期卧地不起,呻吟、磨牙。

(3)防治:

①治疗。为提高血糖浓度,用50%葡萄糖溶液500~1 000毫升,1次静脉注射。50%右旋糖酐注射液,初次用量1 500毫升,1次静脉注射,以后改为500毫升,每天2~3次静脉注射。丙二醇117~342克或丙酸钠114~228克,每天2次内服,同时用胰岛素200~300国际单位,每天2次皮下注射。

为抗脂肪肝形成,可用氯化胆碱粉50~80克,1次内服,或用10%氯化胆碱液250毫升,1次静脉注射。烟酸12~15克,1次内服,连服3~5天。泛酸钙200~300毫克,配成10%溶液,1次静脉注射,连续3天。

为防止酸中毒,可用5%碳酸氢钠液500~1 000毫升,静脉注射,每天1次。为增进食欲,改善瘤胃机能,可灌服健康牛瘤胃液5~10升,

隔天1次,连用3次。

当体温升高或为防止继发感染,可用金霉素、四环素200万~250万单位,1次静脉注射,每天2次。对黄疸病牛,用硫酸镁300~500克,加水灌服,连用3天。

中兽医认为此病多属阴虚内热和湿热过甚,故宜清热安胎,滋阴降火,渗湿利水,佐以补养气血,健脾开胃。中药可试用当归35克,川芎30克,熟地、山药、山楂各45克,白芍25克,生地、茵陈、党参各50克,黄精、泽泻、白术、茯苓、炙草各40克,研末水冲,1次投服,或用泄肝清胃汤:胆草35克,枸杞20克,柴胡、黄芩、阿胶、知母、黄柏、白芍、花粉、石斛、天冬、沙参、玄参、桑叶、琵琶叶、竹茹、泽泻各30克,生地40克,水煎,1次投服,亦可用加减逍遥散:柴胡45克,当归、何首乌各50克,白芍25克,茯苓、白术、薄荷、丹皮各30克,甘草20克,水煎,1次投服。

②预防。要合理饲养,防止干奶期母牛肥胖。日粮供给应按机体需要,控制精料,保证充足的干草。注意观察围产期奶牛食欲、精神及全身状况,发现异常,应及时诊断并迅速治疗。可用 25％葡萄糖溶液、20％葡萄糖酸钙溶液各 500 毫升,产前 5 天开始静脉注射,每天 1 次,直到产后母牛食欲正常为止。也可用丙二醇 200 克,产前 6 天饲喂,每天 1 次,连续饲喂 15～20 天。

8. 奶牛骨软症

本病是成年奶牛发生的一种骨营养不良,可进一步导致全身性矿物质代谢障碍,临床上成年奶牛以消化紊乱、异嗜癖、跛行、骨质软化及骨变形为特征。

(1)病因:本病由于饲料、饮水中磷含量不足或钙含量过多,导致钙、磷比例不平衡而引发,故常发生于土壤严重缺磷的地区。而继发性骨软症,则是由于日粮中补充过量的钙所致。乳牛的骨粉或含磷饲料补充不足时,特别在大量应用石粉或贝壳粉以代替骨粉的牧场,高产母牛的发病率显著增高。特别是妊娠或泌乳奶牛,随胎儿长大和泌乳量增加,对钙、磷的需求量也增加,如果供应不足或比例不当,容易发生骨软症。维生素 D 缺乏,在本病发生上起促进作用。

(2)临诊要点:病初食欲时好时坏,出现异嗜现象,如舔食厩舍墙壁、地面、粪水、石块、垫草等,不时空嚼、呻吟,病牛消瘦。体温、呼吸和脉搏一般正常。在异嗜出现一段时间之后,可见跛行,产后跛行加剧,表现为四肢僵直,走路后躯摇摆,或呈现四肢轮跛。卧地时由于四肢屈曲不灵活,常摔倒或滑倒。病牛拱背站立,或经常卧地不愿起立。有些母牛发生腐蹄病。严重者后肢瘫痪,可发生骨折。病牛尾椎骨发生变形,重者尾椎骨变软,最后几个椎体消失，人工可使尾椎卷曲，病牛不感痛苦。盆骨变形，重者可发生难产。肋骨与肋软骨接合部肿胀，易折断。

（3）防治：

①治疗。根据泌乳量，在日粮中适量添加碳酸钙、磷酸钙或乳酸钙粉。成年干奶期奶牛，钙、磷饲喂量每天分别不少于 55 克和 20 克，泌乳牛则每产 1 千克奶，分别添加 2.5 克钙和 1.8 克磷。

病的早期呈现异嗜症状时，即应开始在饲料中补充骨粉。病牛每天给予骨粉 250 克，5～7 天为 1 疗程。对跛行病例，在跛行消失后，仍应坚持 1～2 周。对缺磷性骨软症病牛，在日粮中除添加磷酸钠 30～100 克、磷酸钙 25～75 克或骨粉 30～100 克外，还可用 8％磷酸钠注射液 300 毫升，或 20％磷酸二氢钠注射液 500 毫升，静脉注射，每天 1 次，3～5 天为 1 疗程。

为防止出现低钙血症，可适量静脉注射 10％氯化钙注射液，或 20％葡萄糖酸钙注射液，同时应用维生素 D 制剂。

中药可内服益智仁、肉豆蔻、木香、五味子、黄芪、龙骨、草果各 35 克，槟榔、青皮各 20 克，芍药、枳壳、白术、党参、牡蛎、大枣各 40 克，生姜 25 克，苍术 30 克，甘草 25 克，研磨，1 次投服。或用苍术牡蛎散：牡蛎粉、龙骨各 45 克，桂心、棘刺各 25 克，苍术 60 克，白芍、炙草各 45 克，柏子仁 50 克，车前子 35 克，桑螵蛸 30 克，研磨，1 次投服。

②预防。定期检测牛群血液中钙、磷含量，做好疾病的预测。平时按饲养标准，结合牛群用途及所在地区的具体情况，配制日粮，增饲豆科牧草和优质青草，确保饲草中钙、磷含量，满足生理需求。高产奶牛，在冬季舍饲期间，可在日粮中添加矿物质饲料，肌内注射维生素 D_3 制剂，有条件应补充苜蓿干草和骨粉。

9. 犊牛佝偻病

本病是生长期犊牛,由于维生素 D 及钙、磷缺乏,或饲料中钙、磷比例失调所导致的一种骨营养不良性代谢病,临床上犊牛以消化紊乱、异嗜癖、跛行及骨骼变形为特征。

(1)病因:快速生长中的犊牛,饲料中原发性磷缺乏,或钙、磷含量比例不当,以及光照不足,维生素 D 缺乏,都是发病的主要原因。此外,年龄、健康状况,无机钙源的生物学效价,蛋白质、脂类缺乏,或草酸、植酸过剩,锌、铜、钼、铁、氟等缺乏或过剩等,均可引发该病。

(2)临诊要点:犊牛发病早期,食欲减退,消化不良,精神沉郁,喜卧,异嗜。有时伴有腹泻、咳嗽、呼吸困难和贫血。随后,病犊经常卧地,不愿起立和运动,严重时躺卧不起。随疾病发展,下颌骨增厚和变软,出牙期延长,排列不整齐,齿质钙化不足,齿面易磨损,不平整。牙齿咬合不全,口腔不能完全闭合,舌突出,流涎,吃草料困难。站立时,四肢交换负重,运步时步样强拘。骨骼变形,关节肿大,骨端粗厚。肋骨扁平,胸廓狭窄,脊柱弯曲,肋骨与肋软骨结合部呈串珠状肿胀。四肢长骨弯曲,如前肢腕关节外展呈"O"型,两后肢跗关节内收呈"X"型,病犊发育迟缓。

(3)防治:

①治疗。对于刚出现异嗜的轻症病例,应在饲料中补充骨粉,常可治愈。

重症病例,可用鱼肝油 10～15 毫升,内服,每天 1 次,发生腹泻时停止服用。骨化醇液 40 万～80 万国际单位,肌内注射,每周 1 次,或维丁胶性钙液 5～20 毫升,肌内注射,隔天 1 次,连用 5～7 次为 1 疗程,或用沉降碳酸钙 5～20 克,内服,每天 1 次,乳酸钙 5～10 克,内服,每天 1 次。10%氯化钙液 5～10 毫升,或 10% 葡萄糖酸钙液 10～20 毫升,静脉注射,每天

1次。

中药可用熟地、当归、山药、龙骨各15克,山萸肉12克,泽泻、丹皮、五味子、柴胡各10克,牡蛎20克,研磨,1次投服,每天1次,连用3～5天。或用龙牡壮骨冲剂(含党参、黄芪、麦冬、制龟甲、炒白术、山药、制五味子、龙骨、煅牡蛎、茯苓、大枣、甘草、乳酸钙、炒鸡内金、维生素D_2、葡萄糖酸钙,辅料为蔗糖),每天20克内服,连用14天。

②预防。关键是保证犊牛获得充足的钙、磷和维生素D。为提高母乳质量,要调制全价营养饲料,钙、磷比例应控制在(1.2∶1)～(2∶1)范围内,日粮中应有足够的维生素D。冬季舍饲犊牛群,应适当延长日光照射时间。

10. 牛铜缺乏症

铜缺乏症是由于饲料和饮水中铜缺乏,或钼过多,所引起的一种营养代谢病,临床上以被毛褪色、皮肤角化不全、下痢、贫血、共济失调、骨和关节肿大、繁殖性能降低为特征。牛的舔(盐)病、摔倒病,犊牛消瘦病,牛的消耗病,羔羊晃腰病,都与铜缺乏症有关。

(1)病因:

①原发性铜缺乏。因长期饲喂低铜土壤上生长的饲草,导致铜的摄入不足。

②继发性铜缺乏。因牛、羊对铜的吸收利用障碍所致,如饲料中干扰铜吸收利用的元素,如钼、硫、锌、铅、镉、银、镍、锰等含量太多,或饲料中植酸盐含量过高,维生素C摄食量过多,都能干扰铜的吸收利用。

(2)临诊要点:

①原发性铜缺乏症。患畜精神不振,贫血,产奶量下降。被毛无光泽、粗乱,黑毛变为铁锈色,红毛变为暗褐色。眼周由于褪色或脱毛,成为白色或无毛,似戴眼镜样。异嗜,间歇性腹泻,脱水,贫血。母畜发情周期延迟或不发情,或出现一时性不孕、早

产等繁殖障碍。犊牛消瘦,生长发育缓慢,多表现跛行,步样强拘,屈肌腱挛缩,运步时指尖着地,甚至行走时两腿相碰,关节肿大、变形,易骨折。驱赶运动时行动不稳,可呈犬坐姿势。有些牛有痒感和舔毛症状。重症患牛往往发生心力衰竭,突然伸颈,吼叫,跌倒,并迅速死亡。

②继发性铜缺乏症。病畜轻度贫血,持续腹泻。在含钼高的草场放牧数天后,呈水样拉稀,常不自主外排,粪便无臭味,后躯污秽,被毛粗乱、褪色。

(3)防治:成年牛每天口服硫酸铜2克或每周8克,犊牛从2～6月龄开始,每天1克或每周2克。还可用硫酸铜0.8克,溶解于1 000毫升生理盐水中,成年牛250毫升,1次静脉注射,间隔3个月后再重复治疗1次。对舍饲奶牛群,可用甘氨酸铜制剂,成年牛400毫克,犊牛200毫克,1次皮下注射,保护

期可持续3～4个月。有时给成年牛经口投服硫酸铜3克,每周1次,效果也好。预防性盐砖中含铜量为2%,可让奶牛自由舔食。

11. 牛、羊硒缺乏症

牛、羊硒缺乏症是由于体内硒和维生素E缺乏,引起肌肉组织局部变性、呈灰白色坏死的一种营养代谢病,临床上以营养性肌萎缩、生长缓慢、成年母畜繁殖障碍为特征,又称白肌病。

(1)病因:饲料中的硒来源于土壤,当硒含量低于每千克土壤0.5毫克时,即认为是贫硒土壤。土壤低硒直接引起所产饲草料低硒,是致病的直接原因。

饲料中含有大量不饱和脂肪酸,当发生酸败时,产生的过氧化物,可促进维生素E的氧化。生长动物、妊娠母畜对维生素E的需要量增加,一旦供给不足,也可引发维生素E缺乏。

长途运输,天气骤变,都

是本病的诱因。

硒和维生素 E 缺乏,共同作用,引起局部肌肉变性、坏死,呈灰白色,这是白肌病病名的来源。

(2)临诊要点:犊牛、羔羊急性硒缺乏,多见于 5～120 日龄,表现突然发病,心搏亢进,心跳加快达每分钟 140 次以上,心音微弱,节律不齐。共济失调,不能站立。很快死于心力衰竭。年龄稍大的犊牛、羔羊,精神萎靡,迈步缓慢,步态强拘,站立困难。心搏亢进,心音微弱。呼吸数达每分钟 70～80 次,有时流出黏液性鼻液。咳嗽,以腹式呼吸为主。肺部听诊有湿性啰音。四肢肌肉颤抖,颈、肩和臀部肌肉发硬、肿胀。有的全身出汗,卧地,四肢侧伸,头抬不起来,吸吮或采食困难,磨牙。多数病畜发生结膜炎,甚至发生角膜混浊和角膜软化,在 1～2 周内死亡。

慢性硒缺乏,病畜生长缓慢,消化不良性腹泻,肝区压诊敏感。站立时肌群震颤,易疲倦,多躺地不起。呼吸快,眼结膜黄染,腹水增多。尿频而量少,呈红褐色。成年母畜患病,繁殖性能降低,产死胎或造成胎衣不下。

(3)防治:

①治疗。母畜每 50 千克体重,肌内注射亚硒酸钠—维生素 E 注射液 3 毫克,或口服亚硒酸钠—维生素 E 液 10 毫克,间隔 2～3 天,再用药 1 次,也可应用维生素 E 注射液,每 50 千克体重 150 毫克,皮下注射,连用 3～5 天。

中药可试用沙苑子 240 克,续断(酒浸)、覆盆子、枸杞子各 60 克,菟丝子 90 克,山萸肉、芡实、莲须各 120 克,研为细末,1 次投服,每天 1 剂,连用 3～5 天。

②预防。可定期经口投服硒盐或硒添加剂。妊娠母牛,可在分娩前 1～2 个月,每千克体重用亚硒酸钠 0.1～0.2 毫克、维生素 E 750～1 000 毫克,混合后添加在饲

草料中饲喂,每天 1 次。或在分娩前,每隔 2 周,皮下注射 50～60 毫克亚硒酸钠注射液、100～200 毫克维生素 E 注射液。刚出生的犊牛、羔羊,可用 1.5～5 毫克亚硒酸钠注射液,20～150 毫克维生素 E 注射液,混合后肌内注射,间隔 2 周后再注射 1 次。

12. 牛、羊维生素 A 缺乏症

本病是由于维生素 A 或胡萝卜素缺乏或不足,而引起的一种营养代谢疾病,临床上以生长缓慢、上皮角化、夜盲症为特征,中兽医称为"雀盲"。

(1)病因:饲料中维生素 A 或胡萝卜素缺乏或不足,如饲料收割、加工、贮存不当,陈旧变质,其中所含胡萝卜素受到破坏,长期饲用可致病。北方地区天气寒冷,冬季缺乏青绿饲料,又长期不补充维生素 A 时,也可引起发病。幼龄犊牛和羔羊于 3 周龄前,如初乳或母乳中维生素 A 含量低下,或使用代乳品,或断奶过早,都易引起维生素 A 缺乏。

患胃肠道或肝脏疾病,或饲料中缺乏脂肪,影响维生素 A 或胡萝卜素在肠道的吸收。寒冷、潮湿、通风不良、缺乏运动以及阳光照射不足等因素,可诱导发病。

(2)临诊要点:夜盲症是一种突出的早期病征,在早晨、傍晚或月夜光线朦胧时,动物盲目前进,行动迟缓,碰撞障碍物。

患牛还可呈现中枢神经损害的病征,如骨骼肌麻痹而呈现的运动失调,最初常发生于后肢,然后见于前肢。犊牛还可引起面部麻痹、头部转位和脊柱弯曲,呈现强直性和阵发性惊厥及感觉过敏。

公畜和母畜生殖能力降低。母畜发情紊乱,受胎率下降,胎儿吸收、流产、死产,或生后胎儿衰弱及有缺陷。新生犊牛,可发生目盲、脑病、全身性水肿,或心脏缺损、膈疝等先天性缺损。

患病牛、羊,皮肤腺和汗腺萎缩,皮肤干燥,被毛蓬乱无光。牛的皮肤可见麸皮样痂块。黏膜上皮角化,腺体萎缩,抗病能力降低,易发生支气管炎、胃肠炎等疾病。

(3)防治:

①治疗。发病初期,应调整供应富含维生素 A 或胡萝卜素的饲草料,如新鲜青草、胡萝卜和维生素 A 强化饲料。用浓缩维生素 A 油剂,成年牛 15 万～30 万国际单位,犊牛 5 万～10 万国际单位,内服或肌内注射,每天 1 次或 2～3 天 1 次,连用 7 天为 1 疗程,也可用维生素 AD 注射液 5～10 毫升,肌内注射,每天 1 次,连用 7 天,随后每天按 1/4～1/3 剂量投服。但需注意,维生素 A 剂量过大或应用时间过长,可能引起中毒。

中兽医以滋补肝肾,养血明目为治则。中药可试用熟地、山药、泽泻、车前子、牛膝各 30 克,山芋肉、丹皮各 25

克,茯苓 45 克,熟附子 25 克,肉桂 20 克。或地黄散加减:熟地黄、生地黄、天门冬、地骨皮、柴胡、党参、黄芩、当归各 30 克,黄连 25 克,枳壳 20 克,炙甘草 25 克,研末水冲,1 次投服,每天 1 剂,连用 5～7 天。

②预防。做好饲草料的贮备,备足富含维生素 A 和胡萝卜素的饲草料。冬季胡萝卜素奇缺时,需补饲维生素 A 添加剂或鱼肝油制剂。舍饲牛、羊,冬季应保证舍外运动,夏季应进行放牧,以获得充足的维生素 A。

初生犊牛及时获得初乳,保证足够的喂乳量,不要过早断奶。在饲喂代乳品时,要保证质量,注意确保维生素 A 的足量。

(三)牛、羊的中毒病

1. 牛、羊栎树叶中毒

本病是牛、羊大量采食栎树叶后发生的中毒病,临床上以前胃弛缓、便秘或下痢、皮下水肿、体腔积水及血尿、蛋白尿为特征,栎树又称青杠树。

(1)病因:本病发生于生长青杠树的地区,尤其是乔木被砍伐后,新生长的灌木林带。牛、羊采食青杠树叶数量占日粮的50%以上,可引起中毒,超过75%,即中毒死亡。也有人采集青杠树叶喂牛、羊或垫圈,而引起中毒,当头一年因旱涝灾害造成草料不足时,翌年春季其他牧草发芽生长较迟,而青杠树返青早,这种情况下常引起大批牛、羊发病死亡。

(2)临诊要点:自然中毒病例,多在采食青杠树叶后5~15天出现症状。病初精神沉郁,食欲、反刍减少,常喜食干草,瘤胃蠕动减弱,肠音低沉。很快出现腹痛表现:磨牙、不安、后退、后坐、回头顾腹、后肢踢腹。排粪迟滞,粪球干燥、色深、外表有大量黏液或纤维性黏稠物,有时混有血液,严重时排出腥臭的糊状粪便,呈焦黄色或黑红色。鼻镜龟裂,舌面出现浅溃疡灶。

病初排尿频繁,量多,尿液稀薄而清亮,有的排血尿。随着病情加重,发生少尿或无尿。躯体下垂部位出现水肿,腹围膨大而均匀下垂。体温一般无变化。羊可见流产或胎儿死亡。病情进一步发展,病畜卧地不起,出现黄疸、血尿、脱水等症状,常因肾衰竭而死亡。

(3)防治:

①治疗。为促进胃肠内容物的排除,可用1%~3%盐水1 000~2 000毫升,瓣胃注射,或用鸡蛋清10~20个,蜂蜜250~500克,混合1次灌服。解毒可用硫代硫酸钠5~15克,制成5%~10%溶液,1次静脉注射,每天1次,连续2~3天。碱化尿液,可用5%碳酸氢钠300~500毫升,1次静脉注射。

对症疗法:对衰弱、体温偏低、呼吸次数减少、心力衰竭及出现肾性水肿者,使用含糖盐水1 000毫升,林格氏液

1 000 毫升,安钠咖注射液 20 毫升,1 次静注。对出现水肿和腹腔积水的病牛,可用利尿剂。对肠道有炎症的,可内服磺胺脒 30～50 克。可根据病情,选用解毒、利胆、生津等中药。

②预防。应贮足冬春饲草。在发病季节,不在青杠树林放牧,不采集青杠树叶喂牛、羊和垫圈。在发病季节,每天下午放牧后灌服 1 次高锰酸钾水,效果良好。方法是称取高锰酸钾粉 2～3 克于容器中,加清洁水 4 000 毫升,溶解后,1 次胃管投服或饮用,坚持至发病季节终止。

2. 牛棉子饼粕中毒

本病是牛长期或大量摄入榨油后的棉子饼粕发生的中毒病,临床上以出血性胃肠炎、全身性水肿、犊牛痉挛、失明流泪为特征。

(1)病因:棉子饼蛋白质含量高达33％～40％,是牛一种重要的蛋白质饲料,棉子和棉子饼粕中,含有 15 种以上的棉酚类色素,其中主要是棉酚,可分为结合棉酚和游离棉酚两类。在棉酚类色素中,游离棉酚、棉紫酚、棉绿酚、二氨基棉酚等,对动物均有毒性。如果长期饲喂未经加工、调制的棉子饼,可引起中毒。

(2)临诊要点:牛棉子饼粕急性中毒,主要表现食欲明显减退或废绝,反刍停止,腹泻,排恶臭粪便,呈黑褐色并混有黏液和血液,兴奋不安,弓背,肌肉震颤,结膜充血、发绀,尿频,呼吸急促,肺泡音减弱。后期下颌间隙、颈部、四肢水肿,心力衰竭,卧地不起。犊牛还出现明显的痉挛,失明流泪等症状。

(3)防治:

①治疗。目前尚无特效疗法。发生中毒病例,应立即停止饲喂棉子饼粕。为加速毒物的排出,可用 1∶(4 000～5 000)的双氧水,0.1％的高锰酸钾溶液,或 3％～5％碳酸氢钠溶液洗胃,奶牛投服硫酸镁 400～800 克,诱导缓

泻。制止出血可用 1‰ 鞣酸蛋白溶液 500～5 000 毫升，或硫酸亚铁 7～15 克内服。

②预防。用 2% 碳酸氢钠溶液浸泡棉子饼 24 小时，取出后用清水冲洗，也可将棉子饼煮沸 2～3 小时，进行脱毒处理。

3. 牛蕨中毒

本病是牛采食大量新鲜或晒干的蕨叶后发生的中毒，临床上以高热、贫血、血凝不良、全身性出血为特征，牛慢性蕨中毒又称牛地方性血尿病。

(1)病因：经过冬季的枯草期，每年早春，其他牧草尚未返青之时，蕨类植物已大量萌发并茂盛生长，短时期内成为放牧草场上仅有的鲜嫩食物。牛、羊在放牧中，一旦采食大量蕨的嫩叶，可导致蕨中毒。

(2)临诊要点：牛蕨中毒有较长的潜伏期(2～8 周)。最初表现精神沉郁，食欲下降，粪便稀软，呈渐进性消瘦，

步态蹒跚、喜卧，可视黏膜苍白或黄染。体温升高者病情急剧恶化，前胃蠕动减弱或消失，粪便干燥，呈暗褐红色或黑色。有的病牛腹痛，排出稀软红色粪便，严重的仅排出少量红黄色黏液或凝血块，努责加剧，甚者直肠外翻。孕牛常因腹痛和努责，导致胎动或流产。

慢性病例的典型症状是血尿。可视黏膜苍白或黄染，有出血斑点。内脏及体表各部位极易发生出血。病牛可能呼吸达每分钟 60 次以上，伴有明显的湿啰音，脉搏每分钟 80 次以上。

中毒犊牛表现迟钝，鼻孔和口腔周围有多量黏液，咽喉水肿，呼吸困难，出现喘鸣音，外部没有出血现象，2～4 月龄犊牛中毒后，有明显的心搏徐缓。

实验室检查，外周血红细胞、白细胞数量减少，凝血障碍。

(3)防治：

①治疗。发现中毒病例，停止在有蕨类植物的牧场放牧。用 1 克 DL－鲨肝醇，溶于 10 毫升橄榄油内，皮下注射，连续 5 天，对早期病例有一定效果。如果骨髓能够恢复再生能力，可采用鲨肝醇－抗生素疗法（鲨肝醇刺激骨髓造血，抗生素预防由于病牛白细胞减少而导致的继发感染）。同时进行输血疗法（第 1 次输入 4.5 升加有抗凝剂的血液，第 2 次减半），并同时静脉注射 10 毫升 1％硫酸鱼精蛋白（具有促凝作用）。辅助疗法是注射复方维生素 B 或内服反刍促进药，以刺激食欲。

②预防。蕨类的地下根茎粗大，富含淀粉，故可结合野生植物资源的利用，在冬季挖掘其地下根茎，从根本上清除对家畜的危害。在春季蕨类萌发期内，组织检查，对疑为中毒的家畜，及时发现，予以救治。

4. 牛黑斑病甘薯毒素中毒

本病是牛采食一定量发生黑斑病的甘薯后，发生的中毒性疾病，临床上以间质性肺气肿、皮下气肿、严重呼吸困难为特征，又称黑斑病甘薯中毒或霉烂甘薯中毒，俗称牛喘气病或牛喷气病。

(1)病因：引发甘薯黑斑病的病原是甘薯长喙壳菌和茄病镰刀菌，它们都是霉菌。这些霉菌寄生在甘薯的虫害部位和表皮裂口处，贮存一段时间后，在霉菌寄生部位密生菌丝，味苦，有毒，家畜采食或误食病甘薯后可引起中毒。此外，黑斑病甘薯毒素可耐高温，虽经煮、蒸、烤处理，仍不能破坏其毒性，故用黑斑病甘薯作原料酿酒、制粉时，所剩的酒糟、粉渣饲喂家畜仍可发生中毒。

(2)临诊要点：通常牛在采食后 24 小时发病。病初精神不振，食欲降低，反刍减少。特征性的症状是呼吸困难，呼吸次数可达每分钟 80～90 次以上。随着病情的发展,呼吸动作加深而次数减少,呼吸用力,呼吸音增强,似"拉风箱"音。不时出现咳嗽,听诊时,有干湿啰音,随后发生明显的呼气性呼吸困难(间质性肺气肿所致)。后期可于肩胛、腰背部皮下也发生气肿,触诊呈捻发音。病牛鼻翼扇动,张口伸舌,头颈伸展,并取长期站立姿势增加呼吸量。可视黏膜发绀,眼球突出,瞳孔散大和全身性痉挛等。在极度呼吸困难的同时,病牛鼻孔流出大量鼻液并混有血丝,口流泡沫性唾液。伴发前胃弛缓、瘤胃鼓气和出血性胃肠炎时,粪便干硬,有腥臭味,表面被覆血液和黏液。心脏衰弱,脉搏增数,可达每分钟 100 次以上。病牛多因窒息死亡。

(3)防治:

①治疗。排出毒物和解毒。如果早期发现,可用生理盐水大量灌入瘤胃内,再用胶管吸出,反复进行,直至瘤胃内容物的酸味消失。用碳酸氢钠 300 克、硫酸镁 500 克、克辽林 20 克,溶于水中,1 次投服。内服氧化剂:1％高锰酸钾溶液,牛 1 500～2 000 毫升,或 0.1％过氧化氢溶液,500～1000 毫升,1 次投服。

缓解呼吸困难,用 5％～20％硫代硫酸钠注射液,牛 100～200 毫升,静脉注射,可同时加入维生素 C。当发生肺水肿时,可用 50％葡萄糖溶液 500 毫升,10％氯化钙溶液 100 毫升,20％安钠咖溶液 10 毫升,混合,1 次静脉注射。呈现酸中毒时,应用 5％碳酸氢钠溶液 250～500 毫升,1 次静脉注射。胰岛素注射 150～300 国际单位,1 次皮下注射。

中药治疗可试用白矾散:白矾、贝母、白芷、郁金、黄芩、葶苈、甘草、石苇、黄连、龙胆各 50 克,蜂蜜 200 克,煎水调蜜,1 次投服。

②预防。应首先防止甘薯黑斑病的传播,可用 50℃温水浸种 10 分钟,温床育苗。

在收获时尽量不伤甘薯表皮，贮藏时地窖应干燥密封，温度控制在 $11\sim15℃$。对有病甘薯苗不能做饲料食用，并严防被牛误食，禁止用霉烂甘薯及其副产品喂家畜。

5. 牛、羊亚硝酸盐中毒

亚硝酸盐中毒，是牛、羊采食过量含硝酸盐或亚硝酸盐的饲料或饮水，引起的一种急性、亚急性中毒病，临床上以皮肤、黏膜发绀、血液变褐、呼吸困难为特征。

(1)病因：在大量施用有机肥料的土壤中，硝酸盐含量多。在这些土地上生长的饲草和饲料作物，如燕麦草、苜蓿、甜菜叶、包心菜、白菜、野苋菜、大麦、高粱、玉米等，以及用它们制成的青贮中，也都含有较多的硝酸盐。采食后在瘤胃内经硝酸盐还原菌还原，硝酸盐可生成有剧毒的亚硝酸盐，引起牛、羊中毒。另外，在饲喂前，饲草料贮存、调制不当，如嫩绿青饲料堆放过久，特别是经雨淋或日光暴晒，可使其中的硝酸盐转化为亚硝酸盐，牛、羊大量采食，也可引起中毒。

(2)临诊要点：连续几天或更长时间，饲喂富含硝酸盐饲草和饲料的牛、羊，多数在无任何征兆中突发中毒。表现精神沉郁，茫然呆立，不爱走动，运动时步态不稳，可视黏膜发绀，反刍停止，瘤胃鼓气。流涎，磨牙，呻吟，腹痛，腹泻。重症病例全身肌肉震颤，四肢无力，卧倒在地。体温降低，呼吸浅表、急促。心搏增强，脉搏数每分钟达 170 次以上，颈静脉怒张。孕畜多发生流产。发生虚脱后 $1\sim2$ 小时内死亡。

(3)防治：

①治疗。立即用 1% 美蓝液（亚甲蓝，一种特效解毒药），按每千克体重 20 毫克，静脉注射，或用 5% 甲苯胺蓝液，每千克体重 5 毫克，静脉或肌内注射，5% 维生素 C 液 $60\sim100$ 毫升，静脉注射，50% 葡萄糖液 $300\sim500$ 毫

升,静脉注射,还可用樟脑油、尼克刹米等药物,以强心和兴奋呼吸中枢。

中药可用甘草 150 克,绿豆 500 克,水煎,1 次投服。针刺天门、开关、苏气、百汇等穴,血针刺耳尖、尾尖、涌泉、滴水、山根等穴,颈静脉放血。此外,向瘤胃内投入抗生素,在一定程度上可阻止细菌对硝酸盐的还原作用。

②预防。在种植饲草和饲料作物的地里,要限制农家肥的用量。接近收割时不要再施硝酸盐类肥料。注意青绿饲料的堆放和调制。给牛、羊饲喂富含碳水化合物的饲料时,应添加碘盐和维生素 A、维生素 D 制剂,也可应用四环素饲料添加剂,每千克体重 30～40 毫克,或金霉素饲料添加剂,每千克体重 22 毫克,添加于饲料中,可在 2 周内有效控制硝酸盐转化成亚硝酸盐的速度。

6. 牛、羊氢氰酸中毒

牛、羊氢氰酸中毒是由富含氰苷配糖体的植物和青饲料,引起的一种中毒病,临床上以呼吸困难、黏膜鲜红、肌肉震颤、全身缺氧为特征。

(1)病因:牛、羊氢氰酸中毒是由于采食或饲喂含有氰苷配糖体的植物和青饲料,如苏丹草、红三叶草、高粱苗、玉米苗的新鲜幼苗等所引起的。另外,上述植物遭遇霜冻后,可释放出游离的氢氰酸,牛、羊采食后可发生中毒。

(2)临诊要点:牛、羊常在采食中或采食后半小时左右,突然发病。表现不安、腹痛、瘤胃鼓气、口角流出大量带白色泡沫的涎水。可视黏膜呈樱桃红色,血液鲜红。呼吸极度困难,抬头伸颈,张口喘息,呼出气带有苦杏仁味。体温正常或低下。随病程发展,全身衰弱无力,卧地不起,瞳孔散大,眼球震颤,心搏减弱,呼吸浅表,肌肉震颤,反射机能减弱,最后昏迷、死亡。

(3)防治:

①治疗。一旦发现牛氢

氰酸中毒,立即用亚硝酸钠 3 克、硫代硫酸钠 20～30 克,溶解在 300 毫升灭菌蒸馏水中,1 次静脉注射,必要时可重复注射。注意:在抢救时,应先静脉注射 1％亚硝酸钠液,经 2～3 分钟后,再静脉注射 10％硫代硫酸钠液。为阻止胃肠内氢氰酸的吸收,可内服或向瘤胃内注入硫代硫酸钠 30 克,也可用 0.1％高锰酸钾液洗胃。

中药可试用甘草 200 克,地耳草 60 克,生橄榄 30 克,双花 45 克,绿豆 750 克,鸡蛋清 7 个,水煎,1 次投服。

②预防。禁用高粱幼苗和玉米幼苗喂牛、羊。对可疑含有氰苷配糖体的青嫩牧草或饲料,应经过流水浸渍 24 小时以上,晾干再用。如用亚麻籽饼作饲料时,必须彻底煮沸,且喂量不宜过多,同时搭配其他饲料。

7. 牛、羊尿素中毒

本病指牛、羊采食、误食大量尿素,或补饲尿素方法不当,而引起的一种中毒病。临床上以发病急速、运动障碍、呼吸困难为特征。

(1)病因:在畜牧生产中,尿素作为蛋白质的替代品,可为牛、羊提供氮元素,但使用不当,可引起中毒。

常见的原因有:

①将尿素堆放在饲料的近旁,饲养员发生误用或被牛、羊偷吃。

②尿素使用方法不对,如将尿素溶解成水溶液喂给牛、羊,不严格控制限量饲喂,或添加的尿素未均匀搅拌,饲喂时尿素未经过逐渐增加用量,初次就按定量喂给等,都易发生中毒。此外,日粮中豆科饲料比例过大,肝功能紊乱等,可成为发病的诱因。

(2)临诊要点:牛、羊过量采食尿素后 30～60 分钟,即可发病。病初表现不安,呻吟,流涎,口炎,整个口唇周围沾满唾液和泡沫。肌肉震颤,体躯摇晃,步样不稳。瘤胃蠕动减弱,鼓气,全身强直性痉挛。呼吸困难,阵发性咳嗽,肺部听诊有显著的湿啰音。脉搏增数,心跳加快,心音混浊,脉数增至每分钟100次以上,节律不齐。

病末期,患病牛、羊高度呼吸困难,从口角流出大量泡沫样涎水。皮温不整,出汗,瞳孔散大。肛门松弛,排粪失禁,尿淋漓。羊常有角弓反张姿势。

急性中毒病例,多在1～2小时以内即因窒息死亡,如病程延长至1天左右,可发生后躯不完全麻痹。

(3)防治:

①治疗。一旦发现牛中毒后,为抑制尿素酶(脲酶)的活力,立即投服1%～3%醋酸3 000毫升,糖250～500克,常水1 000毫升,或食醋500毫升,加水1升,1次投服。解毒用10%硫代硫酸钠液100～200毫升,1次静脉注射,或配合使用10%葡萄糖酸钙液200～400毫升。强心用樟脑磺酸钠注射液10～

20毫升,1次皮下或肌内注射。镇静用三溴合剂200～300毫升,1次投服。对瘤胃鼓气者,可进行瘤胃穿刺放气。继发上呼吸道、肺感染者,用抗生素治疗。

②预防。存放尿素,要专门保管。用尿素做饲料添加剂时,用量不应超过日粮干物质总量的1%,或精料干物质的2%～3%。在饲喂方法上,应由少到多,不间断饲喂。严禁将尿素溶解在水中使用。不要单独饲喂尿素等饲料添加剂,应与富含糖类的饲料混饲。犊牛不宜饲喂尿素。

8. 牛、羊无机氟化物中毒

本病是指无机氟经饲料或饮水大量摄入,在体内长期蓄积,所引起的中毒性损害。临床上以牙齿出现斑纹、过度磨损、骨质疏松和骨骼变形为特征,又称氟病。

(1)病因:急性牛、羊氟化物,常见于牛、羊用氟化钠驱虫时用量过大,或牛一次食入大量氟化物或氟硅酸钠而引起。慢性氟中毒,是牛、羊长期连续摄入少量氟,并在体内逐渐蓄积,所引起的器官和组织的毒性损害(如牛、羊长期饮用含氟量较高的井水,引起地方性氟骨病)。一些厂矿排放的含氟废物,污染牧场,植物中氟含量升高,被牛、羊长期采食,引发氟病。另外,长期饲喂未脱氟的矿物质添加剂(如过磷酸钙、天然磷灰石等),也可引发慢性氟中毒。

(2)临诊要点:

①急性氟中毒。一般在摄入半小时左右出现症状,常表现流涎,腹痛,腹泻,有时病畜粪便中带有血液和黏液。呼吸困难,瞳孔散大。感觉过敏,不断出现咀嚼动作,肌肉震颤,严重时搐搦和虚脱。可在数小时内死亡。

②慢性氟中毒。犊牛、羔羊在哺乳期内一般不表现症状,断奶后放牧3~6个月,可见生长发育缓慢或停止,被毛粗乱,出现牙齿和骨骼的损伤,随年龄的增长日趋严重。

患畜牙齿上有淡黄黑斑点、斑块及大面积黄色及黑色锈斑。门齿松动,排列不齐,高度磨损,臼齿呈波状磨损或脱落。

头部肿大,下颌骨肿胀。颌骨、掌骨、跖骨和肋骨,呈对称性肥厚、变形。四肢变形、肿胀,关节周围软组织发生钙化,导致关节强直,腰荐部凹陷,坐骨及髋关节肿大,向外突出。病畜拱背,动物行走困难,运步强拘,常卧地不起,但病羊很少出现跛行及四肢骨、关节硬肿症状。

(3)防治:

①治疗。

A. 急性氟中毒:应立即灌服蛋清、牛奶、浓茶等。可用0.5%氯化钙或石灰水洗胃,同时静脉注射氯化钙或葡萄糖酸钙,以补充体内钙的不足。配合维生素D、维生素B_1和维生素C治疗,也可用20%葡萄糖酸钙注射液和25%葡萄糖注射液各500毫升,1 次静脉注射,每天 1～2 次,连用 5～7 天为 1 疗程。此外,应用乳酸钙 10～30 克、碳酸钙 50～120 克、磷酸二氢钠 60 克,每天投服,以降低氟化物的毒性。

B. 慢性氟中毒:目前尚无完全康复的疗法,应尽快使病畜脱离氟污染区,供给低氟饲草料和饮水,每日供给硫酸铝、氯化铝、硫酸钙等,也可静脉注射葡萄糖酸钙,或口服乳酸钙,以减轻症状,但牙齿和骨骼的损伤无法恢复。

②预防。要整治和减少厂矿含氟废物的排放。在高氟区应饮用深井水,给予优质饲料、饲草,以减轻环境高氟带来的损害。可试用肌内注射亚硒酸钠和投服长效硒缓释丸,来预防氟中毒。

9. 牛铅中毒

牛铅中毒是指牛摄入过量铅化合物或金属铅引起的一种中毒病。临床上以神经机能紊乱和胃肠炎为特征。

(1)病因:主要是牛误食含铅的油漆、颜料、机油、润滑油以及砷酸铅农药,或误饮被铅污染的井水、河水,以及长期饮用铅制饮水槽贮存的水等引起的。

(2)临诊要点:犊牛多发生急性铅中毒,表现口吐白沫,空嚼磨牙,眨眼,眼球转动,头、颈肌肉明显震颤,吼叫。对触摸和音响过敏,失明。角弓反张,步态僵硬,站立不稳。脉搏加快,呼吸急促,病畜多由于呼吸衰竭而死亡。

成年牛多为亚急性中毒,表现饮欲、食欲废绝,流涎,磨牙。眼睑反射减弱或消失,失明。腹痛,排恶臭稀粪。有的出现感觉过敏和肌肉震颤,间歇性转圈,卧地不起,最后死亡。

(3)防治:

①治疗。戊巴比妥钠每千克体重 15～20 毫克,用注射用水配制成 3%～5%溶液,1 次静脉注射,以缓解惊厥。为促使铅离子排出体外,

可用依地酸钙钠(乙二胺四乙酸钙钠,特效解毒药)按每千克体重 110 毫克,以 5％葡萄糖溶液,配制成 12.5％溶液,1 次静脉注射。或用 5％葡萄糖溶液,配制成 1％～2％溶液,每千克体重 60～100 毫克,皮下注射,每天 2 次,连用 4 天后停用。如与二巯基丙醇合用,疗效更好。用二巯基丙醇,首次剂量为每千克体重 5 毫克,以后每隔 4 小时再肌内注射半量,随后酌情减量。为排出胃内的铅,可用 1％～2％硫酸镁液洗胃。

②预防。要加强对含铅涂料等的保管,不用铅罐储水。刷牛舍、围栏时,避免使用带铅油漆,用时也要等彻底干后,再放进牛群。要注意日粮营养平衡,供应足够的钙及微量元素。在铅污染区可给牛补硒,减轻铅可能造成的危害。

10. 牛有机氟化合物中毒

本病是指牛误食一定量的有机氟化合物后,而发生的一种中毒病。临床上以发生呼吸困难、口吐白沫、兴奋不安为特征。

(1)病因:有机氟化合物有氟乙酰胺、氟乙酸钠等(用于杀鼠、杀作物害虫),属于我国禁止使用的剧毒有机氟类农药,但目前个别农村仍有使用。当对这类化合物保管、使用不当,被牛误食,或有机氟化合物污染饲草、饲料后,被牛食入,可引起急性中毒。

(2)临诊要点:牛有机氟中毒有急性型与慢性型两种表现形式。

①急性型。无前驱症状,摄入后 9～18 小时内,突然倒地,剧烈抽搐,惊厥或角弓反张,迅速死亡。有的病例虽可暂时恢复,但心动过速,心律不齐,卧地颤抖,迅速复发,口吐白沫,最后死亡。

②慢性型。一般在摄入毒物 5～7 天发病,初期食欲缺乏,反刍停止,离群而立或卧地,肘肌震颤,有时轻微腹

痛,个别病畜排恶臭稀粪。心率每分钟达 60～120 次,节律不齐。有些病例在中毒次日,表现精神沉郁,食欲、反刍减少。经 3～5 天,突发惊恐,全身震颤,吼叫,狂奔,呼吸急促,头颈伸直或屈曲于胸部,持续 3～6 分钟逐渐缓解,但可重复发作。病牛往往在抽搐中,因呼吸抑制、循环衰竭而死亡。死前四肢痉挛,角弓反张,口吐白沫,瞳孔散大,呻吟。

(3)防治:

①清除毒物。牛可用 0.05％～0.1％高锰酸钾洗胃,再灌服蛋清,最后用硫酸镁导泻。

A. 特效解毒:解氟灵(50％乙酰胺),每千克体重 50～100 毫克,肌内注射,首次用量加倍,每隔 4 小时注射 1 次,直到抽搐现象消失为止,可重复用药。乙二醇乙酸酯 100 毫升溶于 500 毫升水中口服,也可按每千克体重 0.125 毫升,肌内注射。95％

酒精 100～200 毫升,加适量常水,1 次口服,或用 5％乙醇和 5％醋酸,按每千克体重 2 毫升口服。

B. 对症治疗:解除肌肉痉挛,用葡萄糖酸钙溶液,静脉注射。镇静用氯丙嗪,肌肉注射。兴奋呼吸可用盐酸山梗菜碱,静脉注射,或尼可刹米,肌内或静脉注射。静脉补液,以 10％葡萄糖为主,另加维生素 B_1、辅酶 A、三磷酸腺苷二钠、维生素 C。

②预防。淘汰剧毒的有机氟类农药,要加强对农药的保管。

11. 牛、羊有机磷中毒

本病是牛、羊接触、吸入或误食有机磷农药制剂,所引起的一种中毒病。临床上以腹泻、流涎、肌群震颤为特征。

(1)病因:牛有机磷中毒的常见原因有以下几个方面。

①不按规定保管和使用有机磷农药,如施药后,用尚未超过危险期的田间杂草、牧草、其他作物以及蔬菜饲喂

牛、羊。

②牛、羊误食用有机磷农药拌过的谷物种子。

③不按规定使用有机磷农药做驱虫剂,偶见于人为的投毒破坏活动。

(2)临诊要点:牛、羊中毒后,表现不安,流涎,鼻液增多,微出汗。反刍停止,肠音亢进,粪便稀薄,粪便往往带血,并逐渐变稀,甚至出现水泻。肌肉痉挛,眼球震颤,结膜发绀,瞳孔缩小,不时磨牙,呻吟,骨骼肌纤维震颤。呼吸困难,听诊肺部有广泛性湿啰音。心跳加快,脉搏增数,肢端发凉,体表出冷汗。严重时全身抽搐、痉挛,大小便失禁。继而突然倒地,四肢做游泳状划动。随后瞳孔缩小,心动过速,最后因窒息死亡,怀孕母畜流产。

(3)防治:

①治疗。立即停止使用含有机磷农药的饲料或饮水。因外用敌百虫等制剂过量所致的中毒,应充分水洗用药部位(勿用碱性药剂)。同时,尽快用阿托品结合解磷定解救。阿托品治疗剂量为 10～50 毫克,首次用药后,若经 1 小时以上仍未见病情好转,可适量重复用药。解磷定每千克体重 20～50 毫克,溶于葡萄糖溶液或生理盐水 100 毫升中,静注、皮下注射或注入腹腔。重症病例,应适当加大剂量,给药次数同阿托品。

氯磷定可用于肌内注射或静脉注射,剂量同解磷定。双复磷的作用强而持久,剂量为每千克体重 40～60 毫克,此药能通过血脑屏障,对中枢神经系统症状有明显的缓解作用。

对症治疗,消除肺水肿,兴奋呼吸中枢,输入高渗葡萄糖溶液等,提高疗效。

②预防。应该建立、健全对农药的购销、保管和使用制度,落实专人负责,严防坏人破坏。对于使用农药驱除家畜内外寄生虫,可由兽医人员负责,定期组织进行,以防意

外发生。

(四)牛、羊的外科病

1. 脓肿

脓肿是指组织、器官内发生的局限性化脓性炎。临床上以炎区中心坏死液化，形成含有脓液的空腔为特征。

(1)病因：本病常由感染引起，主要是化脓菌(常为葡萄球菌和链球菌)，通过皮肤、黏膜的创伤引起。有时兽医临床上应用某些化学药品，如氯化钙、松节油等，由于操作不当，漏入肌内、皮下，也能引起发生。注射时未遵守无菌操作规程，可引起注射部位发生脓肿。脓毒败血症时，化脓菌的全身性转移，可引起不同组织、器官的多发性脓肿。

(2)临诊要点：浅表部位的脓肿，中央部位软化、增温，指压有波动感，中央皮肤变薄，边缘有坚实感。对于深在部位，应首先鉴别局部肿胀物是否为脓肿，可用穿刺方法。局部消毒后，采取无菌的16号针头进行穿刺，进入肿胀物内腔后，用10毫升注射器进行回抽。若为液化性化脓疮，可见大量脓汁，若为干酪性脓腔，则无脓汁，此时可将青霉素生理盐水注入腔内，再回抽，即可见到少许脓汁。结合浓汁的性状，并做细菌检查，可确定病原菌。

(3)防治：

治疗原则是初期促进炎症消失，防止脓肿形成，后期要促进脓肿成熟，排脓。

①急性炎症阶段可用冷敷法。用毛巾或纱布浸，以冷水敷于患部，反复更换或浇注冷水。炎性渗出停止后，可用温热疗法，以促进炎症产物的消散、吸收。局部可涂擦中药雄黄散(雄黄15克，龙骨25克，大黄、白及、白蔹各30克，共研细末，醋调，涂敷患部)。或白及拔毒散(白及、大黄、黄柏、雄黄、赤小豆各50克，白蔹、白矾、龙骨、木鳖子各30克，芙蓉叶10克，用法同上)。

②促进脓肿的成熟。急性炎症的中期，可用 $3\% \sim$

487

5％冰片酒精,10％樟脑酒精,冰片雄黄酒精,20％鱼石脂酒精,30％鱼石脂软膏等,涂擦患部,每天1次。急性炎症后期及亚急性炎症,可用较强的刺激剂,如10％碘酊,10％樟脑碘酊合剂。

③手术疗法。皮下脓肿,局部剃毛,充分消毒,用外科手术刀,在靠近脓肿下部的波动最明显部位,一刀切透,直至脓腔。然后用大量青霉素生理盐水,进行脓腔冲洗。冲洗完毕,用0.1％新洁尔灭溶液或2％双氧水进行冲洗,再用大量青霉素生理盐水,彻底进行脓腔清洗。将红霉素软膏涂抹在无菌纱布条上,塞入脓腔中。每隔3天将纱布条抽出,换药1次,连续换药3次。如果是有完整脓肿膜形成的小脓肿,特别是在关节处,可用较粗的针头抽出脓汁,再用大量青霉素生理盐水,反复进行脓腔清洗。待抽出的青霉素生理盐水已清净后,再注入抗生素溶液。

位于体表小的良性脓肿,可在不切破脓肿膜的前提下,进行手术摘除。

2. 风湿病

本病是肌肉和关节囊的一种疼痛性疾病。临床上以侵害对称的肌肉、肌群和关节,有时也伤及心脏为特征,中兽医称为"痹症"。

(1)病因:风湿病的发生与以下几方面的原因有关。

①饲养管理及使役不当,牲畜剧烈劳役,遭寒风骤雨淋漓全身,或劳役后又拴于寒冷通风之处,或厩舍内地面潮湿、寒冷,风寒湿邪侵入经络,均可招致本病。

②特异性抗原的作用,如细菌蛋白质、异种血清、经消化道吸收的蛋白质等,可使机体致敏而发病。

③某些细菌感染后,如溶血性链球菌感染后,通过变态反应引起本病。

(2)临诊要点:多发生于四肢和腰部。主要症状是发病肌群、关节及蹄的疼痛和机能障碍。疼痛时重时轻,部位多固定,但也有游走性的。大多数病畜表现精神不振,口色青黄,脉象沉细。食欲正常,或食欲、反刍减少。皮紧毛竖,四肢稍硬,行步跛拐,不愿站立,喜侧卧,有的一肢或四肢关节肿胀。病重者,卧地难起,心脏受损,四肢下端厥冷,有的关节肿胀处皮破流出黄水。

由于风寒湿三邪侵袭有所偏重,中兽医分为风痹型、寒痹型、湿痹型3种。

A. 风痹型:以风邪为主致病。病畜拱背夹尾,肌肉疼痛,痛无定处,疼痛游走,前肢与后肢轮换跛拐,或左肢与右肢轮换跛拐,或四肢轮换跛拐。行走时间长跛行症状减轻,患肢提举不高。偶有恶寒发热,口红脉浮。

B. 寒痹型:以寒邪为主致病。病畜耳、角、四肢下端及腰部发冷,肢体、关节痛甚,痛有定处,运动或得热痛减,遇冷痛剧。肢体关节屈伸不利,发于腰背,则腰胯强拘,脊背板硬,发于前肢,则患肢提举障碍,步幅短小,发于后肢,则后肢强直如杆,卧地难起,发于颈部,则颈项强拘,低头及左右转动困难,发于全身,则呈全身痉挛拘急,行动困难,卧地难起,口色淡白,脉弦。

C. 湿痹型:以湿邪为主致病。病畜肢体、肌肉麻木僵硬,活动无力不灵,关节肿胀,肌肉感觉迟钝,病处固定不移,痛有定处。延久失治,则肌肉萎缩,关节变形,跛行严重,终成残废。口色淡白,脉象沉缓。

(3)防治:

治疗原则:消除病因,加强护理,祛风除湿,解热镇痛,消除炎症。

①解热、镇痛、抗风湿。特别对急性肌肉风湿疗效较高。除用其粉剂(水杨酸钠、阿司匹林)口服外,还可将10%水杨酸钠溶液250~300毫升,10%葡萄糖酸钙溶液

300～400毫升,分别静脉内注射,每天1次,连用5～7次。保泰松片剂2～4克口服,每天2次,3天后剂量酌减,连用7天。

②用皮质激素类药物消炎、抗变态反应。临床常用醋酸可的松注射液、氢化可的松注射液、地塞米松注射液、醋酸氢化可的松注射液、醋酸泼尼松等,均能显著改善风湿性关节炎的症状,但易复发。

③用抗生素控制急性风湿病的链球菌感染。首选青霉素,肌内注射每天2～3次,一般应用10～14天。

④用碳酸氢钠、水杨酸钠和自家血液疗法,治疗急性肌肉风湿。每天静脉注射5%碳酸氢钠溶液500毫升,10%水杨酸钠溶液300毫升。自家血液的注射量为第1天80毫升,第3天100毫升,第5天120毫升,第7天140毫升。每7天为1疗程,每疗程之间间隔1周,可连用两个疗程。

⑤局部温热疗法治疗慢性风湿。将麸皮与醋按4:3的比例混合、炒热,装于布袋内,在患部进行热敷,每天1～2次,连用6～7天。

⑥局部涂擦刺激剂改善症状。可用水杨酸甲酯软膏(水杨酸甲酯15克,松节油5毫升,薄荷脑7克,白色凡士林15克),水杨酸甲酯莨菪油擦剂(水杨酸甲酯25克,樟脑油25毫升,莨菪油25毫升),也可涂擦樟脑酒精、氨擦剂等。

⑦根据风寒湿三邪的偏重,中兽医辨证施治。

A. 风痹型:宜以祛风通络,佐以散寒祛湿为治则。内服独活寄生汤:独活、桑寄生、杜仲、牛膝、熟地、防风、秦艽、当归各30克,川芎、肉桂、白芍、茯苓、党参各25克,细辛15克,甘草15克,共煎水候温,1次投服,连服2～5剂。寒痹加肉桂、制附子、千年健、汉防己各60克,湿痹加苍术45克,制附子、羌活、薏苡仁、汉防己各 30 克。或应用防风汤：防风 60 克，秦艽 45 克，威灵仙 25 克，羌活、汉防己、当归、白芍、茯苓、牛膝各 30 克，桂枝 25 克，黄芩、甘草各 20 克，共煎水候温，1 次投服。

B. 寒痹型：宜以温经散寒、佐以祛风利湿为治则。内服乌头汤：制川乌 20 克，麻黄、乳香、没药、桂枝各 25 克，秦艽、黄芪、汉防己、茯苓、苍术、羌活、独活各 30 克，甘草15 克，共煎水候温，1 次投服。

C. 湿痹型：宜以祛风散寒、利湿通络为治则，内服小活络汤加味：杜仲、制川乌、牛膝、制草乌、当归、续断、制乳香、川芎、独活、制没药、羌活、肉桂、桑寄生各 30 克，细辛 6克，陈皮、胆南星各 25 克，厚朴、甘草、附片各 15 克，共煎水候温，1 次投服，连服 3～5剂。

⑧针灸疗法。根据不同风湿病的患部进行针刺。前肢者，针刺丹田、三台、轩堂、抢风、滋元、肩井等穴，可先针后灸或火针，同时还可针刺追风、涌泉、八字等穴。后肢者，针刺安肾、百会、气门、大胯、后三里等穴，或针刺肾门、安肾、掠草、阳陵、小胯等穴，可先针后灸或火针，同时还针刺曲池、滴水、八字等穴。四肢者，针刺八卦穴、轩堂、大胯、小胯、后三里等穴，可先针后灸，同时还针刺追风、曲池、涌泉、滴水、八字等穴，针后用温酒喷在患部，用稻草推擦至发热。腰胯风湿可施行百会穴火烧法，再用老糠或棉子适量炒热至烫手，装于布袋内热敷患部，冷后再换。

3. 牛角膜炎

本病是指眼角膜组织的炎症。临床上以角膜表面粗糙、斑痕形成、眼羞明流泪为特征。中兽医称"外障眼"、"火蒙眼"、"眼生翳膜"。

（1）病因：引起角膜炎的主要病因一是外伤，如鞭稍抽打、尖锐异物的刺入等；二是化学物质的刺激，如农药、强酸、强碱等；三是结膜的炎症波及角膜。此外,某些传染病和寄生虫病能并发角膜炎。中兽医认为该病多系外感风热或内伤劳役或热季喂饲精料过多所致。

(2)临诊要点:

①轻度角膜炎。角膜表面粗糙不平。由外伤引起的,眼羞明、流泪、疼痛、敏感,角膜透明,呈淡蓝色或蓝褐色,可见点状或条状伤痕。

②较重的角膜炎。形成白色不透明的斑痕。羞明、流泪、敏感等症状较轻。角膜外伤引发细菌感染,可进一步导致角膜溃疡、穿孔及视力不同程度的消失。

中兽医分为热盛型、虚热型和外伤型3种。

A.热盛型:病初眼泡微肿,结膜瘀红,生眵流泪,黑睛上有蓝灰或灰白色云状翳膜,或在瞳孔之上,或在瞳孔之下,或在瞳孔一侧,或遮盖瞳孔,以至视力减退,2～3天后,则翳膜逐渐增大增厚,遮盖瞳孔及黑睛,以至视物不见,牵行乱走,高抬腿,慢落地,不避障碍,大便干燥,尿黄短,口色赤红。

B.虚热型:一般眼泡不肿,结膜如常,少有眵泪,黑睛上有一层灰白色云状翳膜,但翳膜增生较慢。

C.外伤型:发病突然,多在一只眼的黑睛上有伤痕,伤痕处四周瘀血,翳膜界限明显,有的结膜红肿流泪,一般病程较长,有时愈后在黑睛受伤处留有星状瘢痕。

(3)防治:轻度角膜炎,可用3％硼酸液冲洗病眼,羞明流泪的,可用2％普鲁卡因每天数次滴眼,或用四环素眼药水滴眼,用0.1％普鲁卡因2毫升、青霉素5万～10万国际单位、氢化可的松10毫克,结膜下注射(牛可将药液注射于第3眼睑内),隔天1次。可给成年牛灌服碘化钾9～12克,每天1次,连续5～7天。

较重的病例,进行角膜与结膜局部麻醉,以手拨开眼睑,如发现异物,用眼科镊子将其除去。当角膜化脓时,先用3%硼酸水洗净眼睑皮肤上的脓汁,后用0.1%高锰酸钾液或0.1%～0.2%硝酸银冲洗眼部,每天2～3次。新生的角膜混浊,可用3%黄色氧化汞软膏,或2%重硫酸奎宁软膏,每天2次涂混浊处。当角膜溃疡后已形成角膜翳时,可用2%～5%碘化钾0.5～0.7毫升,做结膜下注射。角膜穿孔或化脓严重,视力难以恢复时,应摘除眼球。

中兽医辨证施治。

①热盛型。宜以清肝明目退翳为治则,内服荆防散:荆芥、防风、前仁、谷精草各30克,川芎、木贼各25克,青葙、黄芩各45克,蝉蜕15克,甘草10克,共煎水,1次投服,每天1剂,连服至自愈为止。或防风汤:防风30克,甘草、蝉蜕各15克,青葙子、黄芩、荆芥各30克,草决明、没药、石决明各25克,黄连20克,胆草、酒黄柏、酒知母各

25克,共煎水候温,1次投服,每次灌时加蜂蜜60克、鸡蛋清3个,病轻服2～3剂。病重翳者,加木贼、菊花各30克,每天1剂,连服5～7天。也可用连翘60克,银花、苦桔梗、薄荷、牛蒡子各36克,淡竹叶、芥穗、淡豆豉各24克,生甘草30克,水煎,1次投服。外点拨云散:锻炉甘石120克,黄连30克,琥珀4.5克,炙珍珠3克,冰片4.5克,研成极细粉,用玻璃棒蘸开水再蘸药少许,每天2～3次点眼角内。

②虚热型。宜以滋阴降火为主,内服杞菊地黄汤加味:枸杞子、菊花各60克,决明子30克,茯苓45克,生地黄125克,木贼、蝉蜕各25克,女贞子、山药各60克,牡丹皮50克,泽泻45克,共煎水候温,1次投服,日服1剂,连服3～5剂。

③外伤型。宜以活血散瘀为主,内服桃红四物汤加味:蒲公英125克,密蒙花30

克,桃仁、红花各 50 克,生地 95 克,当归、赤芍各 60 克,没药、乳香、木贼、虫蜕各 30 克,共煎水候温,1 次投服。日服 1 剂,连服 3～5 剂,亦可针刺太阳、睛明等穴。

4. 牛结膜炎

本病是牛眼结膜的炎症,很常见。临床上以结膜充血、肥厚、化脓,眼羞明流泪为特征。中兽医称为"风火眼"、"暴发火眼"、"肝经风热"。

(1)病因:各种不良刺激,如结膜外伤、异物、寄生虫、烟雾、石灰、肥皂水、高浓度消毒液等,都可引起牛结膜炎,变态反应也能引起结膜炎。此外,在牛传染性角膜结膜炎、恶性卡他热、牛传染性鼻气管炎等传染病中,结膜炎是主要症状之一。

(2)临诊要点:

①急性结膜炎。结膜充血,眼羞明,流泪,疼痛,肿胀,炎症可蔓延到角膜,引起角膜混浊。

②慢性结膜炎。结膜轻

度充血、肥厚,在眼内角下方皮肤上可见到泪痕,形成湿疹样皮炎,被毛脱落,出现痒感。发生化脓性结膜时,见结膜显著充血,肿胀明显,疼痛剧烈,羞明,流泪,眼内流出多量黄色、脓性分泌物,历时久后,脓汁变稠,可使上下眼睑黏合。

中兽医辨证,将本病分为热盛型和风盛型。

①热盛型。发病较急,两眼同患,但往往一先一后,眼睑均红肿,结膜鲜红为重,眵泪交流,眵多于泪,黏结而干涸不能睁眼,甚则眼泡肿胀,羞明。

②风盛型。发病火急,来势猖獗,1～2 日可达极期,球结膜与眼睑红肿热痛,眼睑肿胀或外翻,眵泪交流,泪多眵少,热泪如汤,同时伴有食欲减退,精神不安,头左右摇摆,头低耳聋等全身症状。治疗不及时,角膜发生云翳,逐渐增大,形成翳膜,遮盖瞳仁。口色赤红,口内发热。

(3)防治:急性结膜炎,用

生理盐水,2%～3%硼酸液,0.1%新洁尔灭溶液洗眼。消炎止痛,可用金霉素眼膏、土霉素眼膏涂入结膜囊内。分泌物减少时,可用0.5%～2%硫酸锌滴眼,每天2～3次。较严重病例,用1%普鲁卡因2毫升,氢化可的松10毫克,青霉素5万～10万单位,做结膜下注射,隔天1次。慢性结膜炎,可用3%～5%硫酸锌液。

外用中药,可用薄荷3克,冰片1克,炒食盐3克,竹节(烧灰存性)3克,燕子屎(或麻雀屎)3克,烘干为黄色,共研极细末,瓶装密封备用,同时将新毛笔用开水泡软,再蘸药末点眼,每天2～3次。或用梅龙散:梅片(冰片)3克,龙衣(蛇蜕)3克,竹节烧灰2克,共研极细末,用小竹筒吹入眼内,连用2～3次。

中兽医辨证施治。

①热盛型。治以清热解毒、平肝明目为主。内服决明子汤:决明子95克,龙胆草30克,蒲公英100克,密蒙花、黄柏、生地黄各30克,防风、杭菊花、黄芩、赤芍、白芷、前仁、栀子各25克,大黄60克,芒硝155克,共煎水候温,1次投服。若有云翳,加木贼45克,蝉蜕30克,连翘30克。

②风盛型。治以清热散风、平肝明目为主。内服决明子汤或黄芩、杭菊花、白芷、赤芍、车前草、木贼各30克,蒲公英250克,薄荷、防风、蝉蜕各25克,共煎水候温,1次投服,亦可针刺太阳、睛明、血印、舌底等穴。

5. 角折

角折是反刍家畜的特发性外科病,多见于牛。临床上以角鞘脱落、角鞘破裂、角完全折断为特征。

(1)病因:主要是暴力损伤,包括直接暴力与间接暴力。前者如牛的角斗、跌倒于硬地、从高处坠落等;后者如保定不慎,仅将角拴紧在保定架上,家畜受惊而强力挣扎时,造成角折。

(2)临诊要点:牛的角由额骨的角突(角心骨,支持牛角)和角鞘(角壳,角质层包裹)组成。角鞘脱落时,可以活动甚至可取下,角突部骨质表面有大量混有血液的渗出物,角根部疼痛、灼热。角鞘破裂时,角突骨质可能出现骨裂或骨折,破裂口被污染,可引起感染。最严重而又常发的是靠近角基部的角折,从损伤部血管大量出血,与额窦相通的角突腔充满血液,血液也可从鼻腔流出。易继发感染,形成化脓性额窦炎。

(3)防治:已与角突失去联系的角鞘,应取下或切除,在角突上敷抗生素油膏并加包扎,一般经5～6天更换绷带1次,待创面结痂后可自生角质。天热时应在绷带外涂松馏油防蝇。对于角基部角折,角突与角鞘均已脱落,要充分止血,用骨锯修平残端。对新鲜创要用无菌术处理局部并包扎。对化脓创应细致处理创口,待化脓停止,出现肉芽组织,炎症消退时才可进行角修补术。角修补术主要是用各种材料(如固齿物或其他填塞物),封闭角的断端,要求确实固定、防水。

6.牛颈静脉炎

本病是牛颈静脉血管的炎症。临床上以颈静脉管壁增厚、变硬,颈静脉周围组织发炎为特征。

(1)病因:多因静脉注射或采血、放血时,不按照无菌操作规程,反复多次地刺激或损伤颈静脉,引起炎症。有时做颈静脉注射时,将刺激性药物(如氯化钙、水合氯醛)漏至血管外,导致颈静脉周围炎,并继发颈静脉炎。

(2)临诊要点:根据炎症发生的范围和性质,可分为下列4种。

①颈静脉炎。指单纯性颈静脉本身组织的炎症,静脉管壁稍增厚、变硬而有疼痛,一般发病后5～6天即可逐步恢复正常。

②颈静脉周围炎。颈静脉沟出现不同程度的急性炎症,患部肿胀、热、痛明显。后期在颈静脉沟中,可出现质地稍硬、高低不平的增生性肿胀。

③血栓性颈静脉炎。局部热、痛,颈静脉内有血栓形成,颈静脉沟出现炎性水肿,并见长索状粗大的肿胀物,质较硬。患侧眼结膜瘀血,甚至头颈水肿。

④化脓性颈静脉炎。局部温热、疼痛及炎性水肿。以后患处可出现一处或多处小脓肿,脓肿破溃后,不断排出混有组织碎片的脓汁。病畜表现精神沉郁,食欲与反刍减退、体温升高。头颈部活动受限,有时可见头部水肿。

(3)防治:当注射刺激性药物失误而漏至颈静脉外时,应立即停止注射,并向局部隆起处注入生理盐水,同时用20%硫酸钠热敷,也可在隆起周围用0.5%盐酸普鲁卡因封闭。若隆起过大,可在其下缘做切口,以排出漏出的药物。

血栓性颈静脉炎,可应用局部温热疗法,也可应用消炎消肿散、复方醋酸铅散等外敷。

颈静脉周围化脓时,应早期切开,切口要大,深达受侵害的肌肉,以有效地清除坏死组织和渗出液。亦可使用中药雄黄散:雄黄、白及、白蔹、龙骨、大黄,等分,共为末,醋调外敷,同时全身大量应用抗生素。

7. 犊牛脐疝

脐疝是动物腹腔内脏,通过脐孔脱落至局部皮下的一种疾病。犊牛脐疝比其他类型的疝发病率高,以先天性为主。临床上以犊牛脐部突然形成一个大的囊状物为特征,疝又称赫尔尼亚。

(1)病因:

①先天性脐疝。因腹壁脐孔未能完全闭锁,腹腔内脏器官,如网膜、皱胃或小肠,经未闭锁的脐孔漏于皮下而形

成的。犊牛先天性脐疝多数病例随日龄增长而逐渐消失，少数病例越来越大。

②后天性脐疝。由于存在脐带感染、脐静脉炎、脐部脓肿等，在腹内压增大的情况下，腹腔内脏器，特别是网膜、小肠，经扩大的脐孔漏于皮下，形成脐疝。

犊牛的脐疝还可能与不正确的接产有关，如扯断脐带血管时留得太短，脐带消毒不严造成感染等，都可导致脐孔变大。

（2）临诊要点：

①先天性脐疝。下生后即可看到犊牛脐部有囊状物，呈鸡蛋大、鹅蛋大、拳头大或更大，疝囊（由腹膜和腹壁筋膜构成）的大小有别，质地柔软。病初挤压疝囊时，疝内容物可回归腹腔。隔着疝囊壁仔细触诊，可触及到边缘肥厚、光滑而呈坚实感的疝孔。疝孔多呈圆形、卵圆形或裂隙状，大小不等。当疝囊内脏器过多时，在卧地后常引起疝囊底部皮肤磨损，被毛脱落，甚至发生感染。

②后天性脐疝。疝囊内常伴有大小不等的脓肿形成，并与疝囊内的脏器发生粘连，进行手术治疗时应该予以注意。

（3）防治：有保守和手术两种治疗方法，主要以手术治疗为主。

术前停食，患牛仰卧保定，术部剪毛，局部浸润麻醉。在疝囊底部做切口，向四周分离皮肤，将疝囊充分暴露，如疝囊与内容物不粘连，则将疝囊回归至腹腔后，疝孔做褥状缝合，皮肤做结节缝合。连续应用抗生素 3～5 天，术后 7～10 天限制摄食及活动，防止腹压增高。

8. 奶牛腹壁疝

奶牛腹壁疝是腹腔内容物通过腹壁肌肉的破裂孔道，脱入皮下形成的一种疝。常见的是发生在左侧的瘤胃疝及右侧剑状软骨部的皱胃疝。临床上以奶牛腹壁皮下突然形成一个大的囊状物为特征。

(1)病因:奶牛腹壁疝大多是牛角抵伤,或跌倒、倒卧于坚硬物体上,而突然发生的。一种特殊的腹壁疝,即腹壁切口疝,是腹部手术后切口愈合不良形成的。兽医临床上最多见的是剖腹产后的腹底壁疝。

(2)临诊要点:由外伤引起的腹壁疝,病初在受伤部出现带痛性肿胀,局部扁平、柔软,触诊局部皮肤可感到局部有轻重不同的擦伤,隔皮肤向深部仔细触诊可触及腹肌的断裂处,向腹内推送柔软囊状物为可复性。在受伤后 2～3 天内,局部肿胀呈捏粉样硬度,肿胀范围扩大,并向腹下、腹前蔓延,形成腹下水肿。腹下水肿常偏于发病的一侧腹底壁上,仅达腹中线或稍越过腹中线,向前可达胸下部,向后可达乳腺基部。

腹壁切口疝,腹部手术后,切口皮肤尽管愈合,但腹肌、腹壁筋膜等组织因缝合技术不良而未愈合,切口内感染化脓,导致腹肌等裂开,形成大的疝囊。

(3)防治:奶牛腹壁疝一旦确诊,应即进行手术治疗,方法可参考脐疝。

对腹壁切口疝,术前应控制感染,术后使用大剂量抗生素。

9. 骨折

在外力的作用下,使骨的完整性和连续性遭到破坏,称为骨折。临床上以骨的完全或不完全离断为特征。

(1)病因:分外伤性骨折和病理性骨折。

①外伤性骨折。骨折多发生于外来暴力作用的部位,如打伤、压伤、枪伤及撞击伤等。在一些特殊情况下,如母牛起卧过程中,可发生四肢长骨、髋骨或腰椎骨折,肢蹄嵌夹于洞穴、木栅缝隙等,也可引起骨折。

②病理性骨折。指在骨质疾病基础上(如骨髓炎、佝偻病、慢性氟中毒等),所造成

的骨折。

(2)临诊要点:

①局部症状。

A. 变形:完全骨折时,两断端出现移位,肢体表现弯曲、成角、延长或缩短。不完全骨折(即骨裂)时,通常不出现上述移位。

B. 异常活动:四肢部完全骨折时,可出现异常活动,类似假关节样。

C. 骨磨擦音:完全骨折时,骨折两断端间出现骨磨擦音。

D. 肿胀:骨折的同时,软组织也受到损伤,发生出血和炎性肿胀。

E. 疼痛:由于骨折伴随骨膜和神经的损伤,所以表现有明显的疼痛。

F. 功能障碍:骨起支架的作用,当四肢部骨折后,可出现严重跛行;肋骨骨折时,可出现呼吸功能障碍。

②全身症状。骨折后出现剧痛,有时可引起休克。开放性骨折易导致局部感染化脓,甚至引起骨髓炎,出现明显的全身症状。

(3)防治:治疗原则为急救、整复、固定、功能锻炼。

①急救。多在骨折现场进行,就地取材,用竹片、木板、树枝、钢筋等材料,将骨折处进行固定,以保护骨折部位,防止伤口污染,避免骨折的复杂化。

②整复。

A. 手法整复:适用于闭合性骨折,而且是长骨和肌肉少的部位。整复前应先进行局部麻醉,助手把骨的两断端拉开(可用手拉或拴绳拉),术者按压揉捏骨断端,使之恢复正常位置,然后再进行固定。

B. 手术整复:用于肌肉多,手法整复困难的,以及粉碎、开放性骨折。整复前应进行全身麻醉,然后用无菌方法做局部切开,暴露骨断端,去除坏死组织和粉碎的骨片,把骨断端整复好,再进行固定,最后闭合切口。

③固定。

A.夹板绷带:四肢骨折最常用,尤其是下部骨折,夹板一般用4～6根,长度应超出骨折处的上下两关节,有1～2根应和肢长相同,下部可触地,上部直达肩或胯部,里面衬垫的长度应超出夹板。固定时先把衬垫捆在骨折部位,然后外面用螺旋绷带固定,绷带外对称上夹板,最长的1～2根可放在患肢外侧,然后用绳捆好固定。

B.石膏绷带或石膏夹板绷带:多用于长骨部骨折。在打石膏绷带时,衬垫的长度应超出绷带。为了固定的更确实,可在打石膏绷带时把夹板打进去,即成石膏夹板绷带。这种绷带固定比较牢固,可塑性好,缺点是在骨折部明显肿胀时不能用,另外,石膏绷带检查时很不方便。

④功能锻炼.主要指患肢功能恢复性锻炼,一般应在治疗2～4周牵遛患畜,并逐渐增加活动量,不应静止不动,以避免关节变形及肌肉过度萎缩。

可内服中药进行治疗:当归60克,骨碎补、川芎、白芍各45克,炙乳香、五加皮、炙没药、广木香、杜仲、红花、续断、牛膝、煅然铜各30克,共研细末,加黄酒250毫升,温水调灌,1次投服,每天1剂,连用5～7天。或用当归、乳香、没药各60克,煅然铜95克,苏木、桃仁、土鳖虫、生地、红花各30克,共煎水,1次投服。骨折后期可用当归45克,党参、白术、续断各30克,熟地、黄芪、白芍各60克,肉桂10克,五加皮45克,共煎水,1次投服。

10.奶牛腕前黏液囊炎

本病是发生在奶牛腕关节前皮下黏液囊的炎症。临床上以一侧性(有时两侧同时发生)腕前黏液囊高度肿胀为特征,又称腕部水瘤。

(1)病因:饲养在狭窄的畜栏中,地面又比较坚硬,或运动场小而泥泞,当奶牛起立卧下时,对腕部造成挫伤,可引起本病。发生布氏杆菌病时,也可引起腕前黏液囊炎。

(2)临诊要点:腕前挫伤,腕前黏液囊逐步受到侵害,渗出物积聚,出现波动性的隆起,逐渐增大,无热无痛,一般没有跛行。覆盖黏液囊的皮肤,特别是背侧面皮肤由于经常与地面摩擦,常发生硬化和角化。黏液囊内出现感染时,内容物变成脓性渗出物,这时可导致全身症状,体温升高。

(3)防治:发现本病后应除去病因,以免疾病继续发展。

可实施保守疗法。急性腕前黏液囊炎,可将囊内的液体抽出,注入奴夫卡因青霉素,然后局部装压迫绷带。

对特大的腕前黏液囊炎,可实施手术切开或摘出。在肿胀前面正中略下方,做梭形切口,将黏液囊整体剥离,结节缝合手术创口。同时,肌内注射青霉素及链霉素,或磺胺类药物。

11. 腐蹄病

腐蹄病由厌氧菌引起,危害牛、羊蹄部。临床上以病肢跛行、甚至蹄壳脱落为特征,又称为传染性蹄皮炎。

(1)病因:病原主要是坏死杆菌。饲养管理不善,环境因素的影响,是引发该病的诱因。例如,牛体质弱,日粮中钙、磷比例不当,造成蹄的角质层疏松,运动场泥泞潮湿,有小石子、铁屑、煤渣等,易引起蹄部的损伤,厩舍潮湿,牛床太短,不及时清除粪、尿,造成牛蹄经常被粪、尿浸泡,使蹄底软化,一旦有尖锐的物体,可引起蹄底损伤,不定期修蹄,使奶牛出现变形蹄,极易发生挫伤,而引起感染,这些诱因对发病起重要作用。

(2)临诊要点:牛腐蹄病最明显的症状是病肢跛行。病初,跛行较轻,病变扩大并侵害深部组织以及关节,即出现严重肢跛。检查病蹄,趾间皮肤潮红、肿胀、敏感,切开皮肤可见黄色脓液及坏死组织,有恶臭味。向后扩延至蹄球,以至整个蹄间隙腐烂,严重的蹄底腐烂穿孔,最严重时引起蹄壳脱落。如果趾间裂发生蜂窝织炎,可波及系部及球节,伴有剧痛,引起全身反应。体温升高至 40～41℃,食欲减退,喜卧而不愿站立。

(3)防治:

①治疗。原则是清洗患部,削去坏死组织,防腐抑菌,减轻疼痛。

A. 先找出病灶,清洗蹄部:用 1％高锰酸钾或 3％双氧水,冲洗病变部位,扩创排浓,清除患部的坏死组织,对患病奶牛进行修蹄。

B. 为减轻疼痛,用醋酸氢化可的松 30 毫升,青霉素300 万单位,盐酸普鲁卡因 5毫升混合,在腕关节前上方或跗关节外上方,做人字形皮下封闭注射,隔天 1 次,连用 2次。

C. 为防腐抑菌,可在患部涂上磺胺软膏或魏氏油膏防腐抑菌药物,并包扎绷带,直至痊愈。同时全身应用抗生素和磺胺类药物治疗。

D. 中兽医治疗:清除坏死组织后,在患部填充青黛散(青黛 60 克,龙骨 6 克,冰片30 克,碘仿 30 克,轻粉 15克,共研成细末),并包扎蹄部。也可于修蹄后,将中药血竭粉撒布于清理好的蹄患部,再将烧红的烙铁放在血竭粉表面轻烙,使其熔化形成保护膜。

②预防。牛舍、运动场应及时清理粪便,排除污水,保持牛蹄部干净与干燥。每年于春、秋少雨季节,应对蹄修整 1～2 次。在雨季时,用4％硫酸铜溶液,向牛蹄部喷洒,对防止蹄病能起到一定作用。

12. 奶牛蹄叶炎

奶牛蹄叶炎是蹄真皮部的一种炎症。临床上以不同程度的跛行、蹄角质软弱、蹄底溃疡为特征,中兽医称为"五攒痛"。

(1)病因:牛蹄叶炎是全身性代谢紊乱的局部表现,如突然改喂高碳水化合物饲料，长期饲喂精饲料，粗饲料不足或缺乏。管理不善，特别是牛舍地面质量差，牛的运动量少，也与奶牛蹄叶炎发生有关。此外，遗传因素和季节因素等，也与蹄叶炎的发生有一定联系。蹄叶炎还可继发于牛胎衣不下、乳房炎、子宫内膜炎、酮病、瘤胃酸中毒等疾病。

中兽医认为，奶牛采食大量精料后，致使谷物凝于脾胃，料毒积于胸中，脾胃失运，料毒传于经络而痛，奶牛长期站立或长途运输，血瘀凝于膈中，滞气积于胸中，侵及四肢，滞而不通，导致本病发生。

（2）临诊要点：

①急性蹄叶炎。病牛步状僵硬，运步疼痛，背部弓起。前肢内侧趾、后肢外侧趾比其他趾多发病。若后肢患病，有时两前肢后踏，伸于腹下；若前肢患病，则后肢聚于腹下。病情严重的奶牛，蹄壁温度升高、敏感疼痛。为了减轻疼痛，往往两前肢交叉、两后肢叉开，或不愿站立，趴卧不起。

②慢性蹄叶炎。呈典型的"拖鞋蹄"，蹄扁阔而变长，蹄背侧缘与地面形成很小的角度，侧壁有崤和沟形成，出现弯曲、凹陷，蹄底切削发现角质出血、穿孔。

③亚临床型蹄叶炎。蹄背侧不出现崤和沟，无跛行，但削蹄时可见蹄底出血、角质变黄。

（3）防治：

①治疗。原则是消除病因，加强护理，及早治疗。

A. 急性病例：静脉泻血1 000～2 000毫升，并投给轻泻石蜡油，以有利于毒素的排除。脱敏（抑制变态反应，降低蹄小叶充血），可内服盐酸苯海拉明0.5～1.0克，每天1～2次，10%氯化钙或葡萄糖酸钙100～200毫升，10%维生素C溶液10～20毫升，静脉注射。瘤胃酸中毒时，可投服健康牛瘤胃液5～8升。

B. 慢性病例：应加强饲

养,给予对症治疗。

C. 中兽医治疗:以活血解毒,破滞开郁,消积破气,化谷宽肠为治则。可用方剂茵陈 50 克,红花、桔梗、川芎各 40 克,当归、紫苑、熟地、黄芪、没药、柴胡、青皮、陈皮、茯苓各 30 克,杏仁 20 克,甘草 20 克,共研为末,开水冲调,候温,1 次投服。或用红花散:红花 50 克,没药 40 克,神曲 60 克,桔梗、枳壳各 50 克,当归、山楂、厚朴、陈皮、黄药子、白药子各 45 克,麦芽 60 克,甘草 20 克,共研为末,开水冲调,候温,1 次投服,同时针刺放血:胸膛、肾堂、蹄头穴。

②预防。精饲料的喂量,加料催奶的时间,均要适当。饲料中添加碳酸氢钠或给予"舔砖"。产前、产后,奶牛应充分运动。待产青年牛,提前数周进入水泥地面的牛舍,以适应地面硬度。母牛产后数日内,每天精料饲喂次数不多于 2 次。成年牛要定期削蹄。

13. 荨麻疹

荨麻疹是家畜一种超敏反应性疾病。临床上以皮肤表面出现疹块或黏膜局部肿胀为特征,又称急性皮疹,中兽医称为"遍身黄"。

(1)病因:由于蚊、虻、蝇叮咬牲畜,牛、羊摄入异常饲料,接触、使用某些药品(如石碳酸、松节油、青霉素等),或突然受到大风、大雨的刺激,都可能发生过敏,而引发本病。

中兽医认为,劳役后体热未散,发汗后急感风邪,以致风湿相搏,或劳役后忽受阴雨苦淋,久卧湿地,湿热毒气侵入皮下,或皮肤不洁,尘堵毛窍,内热熏蒸,气血相凝。此外,食入某些霉败草料,胃肠积热随血运行,伤及肺卫,使皮下气血凝滞郁结,均可引起此病。

(2)临诊要点:发病突然,在身体各处出现数量较多的疹块,直径 0.5～10 厘米,呈圆形、椭圆形等形状。疹块隆起于皮肤表面,顶部扁平,边缘模糊。在有色素的皮肤上,疹块初呈红色,当扩大时中央颜色变淡,边缘仍呈红色。触摸时,可见皮肤损伤,或有渗出现象。除皮肤疹块外,有的牛、羊在眼睑、唇、外阴或肛门等处,出现明显肿胀。随着疹块的出现,牛、羊伴有颤抖、流涎、轻度瘤胃鼓胀、腹泻和体温升高现象。疹块常于几小时内消失,但可反复发作,故症状持续 3～4 天。除昆虫叮咬或接触有刺毛植物外,通常不具痒感。

(3)防治:

①解除过敏。可使用抗组胺、肾上腺皮质类固醇制剂、钙制剂等,如地塞米松 40 毫克,1 次肌内或静脉注射,肾上腺素 4～8 毫克,1 次皮下或肌内注射,盐酸苯海拉明 200～300 毫克,1 次皮下注射,每天注射 3～4 次,葡萄糖酸钙 500～1 000 毫升,1 次静脉注射。

②对呼吸困难,表现为肺水肿的病畜,可用速尿,每千克体重 0.5～1.0 毫升,1 次肌内注射。

③局部治疗。用冷水洗涤皮肤,并用 1‰ 醋酸溶液涂擦患部。

④中兽医治疗。以疏风清热解毒为主,外洗内服可同时进行。外用防风、荆芥、花椒、薄荷、苦参、黄柏、忍冬藤各适量,煎水,温热水洗患处,1 天数次。血针疗法,可在颈脉穴 1 次针刺放血 500～1 000毫升。亦可灌服中药蝉蜕消黄汤:蝉蜕、蒲公英、荆芥、防风、银花、朴硝各 30 克,黄芩、栀子、薄荷、连翘、茵陈各 20 克,大黄、知母、黄柏、生地各 25 克,木通、甘草各 15 克,共煎水,1 次投服。

14. 湿疹

湿疹是由致敏性物质引起皮肤的一种变态反应,不是一种独立疾病。临床上以皮肤出现红斑、丘疹、水疱、脓疱、溃烂,并伴有热、痛、痒为特征。

（1）病因：引起湿疹的病因较多。

①动物本身具有过敏性体质。

②各种致敏因素的作用。多种化学性物质，如有机碘、汞剂等，饲料中某些异常蛋白，昆虫叮咬，强烈日光照射，某些微生物、寄生虫感染，甚至炎性渗液、鼻漏和皮垢刺激，均可导致湿疹的发生。而皮肤不洁、机体代谢紊乱、维生素缺乏等，是湿疹发生的诱因。

（2）临诊要点：牛急性湿疹，常按照红斑期→丘疹期→水疱期→脓疱期→结痂期→鳞屑期的过程经过发展，但有些病例，可能出现糜烂期或湿润期的表现。病程较短，恢复较快。牛、羊的好发部位是眼的周围、颈部、腰部、四肢和尾根等处，且呈对称性发病。

慢性湿疹，引起皮肤肥厚、皲裂和苔藓样硬化，同时，出现黑色素沉着和剧烈瘙痒等症状。发生部位除上述外，还可见于腋下、股内侧、乳头、乳房和趾间等部位。

中兽医认为，湿疹由湿热、血热、湿阻、血燥所致。

①湿热：本型相当于急性湿疹，以皮疹潮红、糜烂、渗出、剧痒为辨证要点。

②血热：亦相当于急性湿疹，但渗液较少，皮损以红斑、丘疹、抓痕、血痂、口干、舌红为辨证要点。

③湿阻：多为亚急性湿疹，以皮损色暗，水疱少，但液水浸淫，苔白腻，脉濡滑为辨证要点。

④血燥：相当于慢性湿疹。以皮损肥厚、角化破裂、经久不愈为辨证要点。

（3）防治：

①局部清洗。治疗前，对皮损及其周围的被毛剪短剪净，再用 10%～20% 鞣酸溶液或 0.1% 高锰酸钾液清洗，去掉痂皮、分泌物等病理产物。

②药物治疗。根据湿疹的不同时期，采取不同药物治

疗。

急性无渗出时,可选用保护性粉剂(氧化锌 20 克,滑石粉、淀粉各 40 克),或清凉搽剂(石灰水、花生油各 50 毫升)。

渗出液或脓性分泌物过多时,宜收敛、消炎,选用复方粉剂(水杨酸 3 克,滑石粉 87 克,淀粉 10 克),或醋酸铅液(醋酸铅 5 克,明矾 10 克,加水至 100 毫升)涂擦。

当渗液减少或无渗液且形成痂皮的,选用防腐性鞣酸液(鞣酸 10 克,加水至 100 毫升),或炉甘石洗剂(炉甘石 10 克,氧化锌 6 克,石炭酸 2 克,甘油 10 毫升,加水至 100 毫升)洗擦。

处于结痂期的,宜用氧化锌软膏(氧化锌 20 克,水杨酸 5 克,淀粉 25 克,凡士林 100 克)涂擦。

慢性湿疹,尤其是皮肤肥厚、苔藓样硬化的,选用碘仿鞣酸软膏(碘仿 10 克,鞣酸 5 克,凡士林 100 克),或硫黄松

馏油软膏涂擦。

③抗菌疗法。常用青霉素 400 万～500 万国际单位、链霉素 300 万～400 万单位,1 次肌内注射,每天 2 次,连用 3～5 天。或用氯霉素 350 万单位、卡那霉素 500 万单位,溶于 500 毫升 5% 葡萄糖溶液中,1 次静脉注射,每天 2～3 次,连用 5～7 天。

④抗过敏疗法。可选用乳酸钙 15～20 克,溶于适量常水 1 次投服,10% 氯化钙注射液 100～200 毫升,静脉注射,每天 1 次。同时配合抗组胺制剂,如盐酸苯海拉明 0.5～1 毫克,肌内注射,或 30～60 毫克等口服。

中兽医辨证施治:

①湿热治法。清热利湿,凉血解毒。龙胆泻肝汤合二妙丸加减。龙胆草、黄芩、连翘、苦参、苍术、草薢、黄柏、茵陈各 30 克,丹皮 45 克,银花 60 克,生甘草 18 克。热盛加生石膏、白茅根各 60 克,毒热盛时加大青叶 60 克,大便燥

结加生大黄 30 克(后下)。

②血热治法。清热凉血,佐以利湿。鲜生地、白茅根各 60 克,黄连 18 克,茜草 45 克,丹皮、赤芍、山栀子、地肤子、苦参、海桐皮、车前草、生甘草各 30 克,水煎,每天 1 剂,分 2 次投服。

③湿阻治法。健脾除湿,养血润肤,除湿。以胃苓汤加减:苍术、白术、猪苓、山药、泽泻各 45 克,茯苓 40 克,生薏仁、车前草、陈皮各 30 克,茵陈 40 克,生甘草 18 克。胃纳不香者加藿香、佩兰,渗出多时加萆薢、苦参,有热象苔黄者去苍术加黄柏、滑石。

④血燥治法。养血疏风,除湿润燥。消风散或四物消风散加减:生地 60 克,白芍、鸡血藤各 45 克,丹参 40 克,当归、白鲜皮、地肤子、萆薢、茯苓皮各 30 克,蛇床子 20 克、生甘草 30 克,水煎,每天 1 剂,分 2 次投服。

(五)牛、羊的泌尿产科病

1. 阴茎脱出

阴茎脱出是公牛的一种外生殖器官疾病。临床上以阴茎脱垂于包皮外,不能收缩回去为特征,也称阴茎麻痹,中兽医称为"垂缕不收"。

(1)病因:由于饲养管理不良,机体瘦弱,空腹过饮冷水,致使肾经虚寒,引起阴茎麻痹脱出。或交配过多、肾气亏损引发本病,此外,牲畜阴茎外伤亦能引起。

中兽医辨证阴茎脱出病机:一是肾气亏损而虚寒,以致阴虚阳弱、下元不固,故阴茎脱垂难收。二是体内阴气过盛,传于肾经,肾阳衰败,浊水渗于脐下,积于包皮,凝结肿胀,故阴茎脱出难收。三是肾气损伤,伤及支配阴茎神经或阴茎退缩肌,故阴茎脱出,难以缩回。

(2)临诊要点:阴茎脱出包皮之外,轻者尚能部分收回,重者软而无力。经久难收,风吹瘀膜,形成肿胀,外结痂皮。日久则肿硬变成黑色而腐烂,气味很臭,排尿困难。

若口白脉弱,身体消瘦,畏寒肢冷,患部无损伤者,为肾气亏虚所致;若口红脉洪,体质强壮,患部有伤迹,流血,阴茎红肿疼痛,为外伤所致。

(3)防治:

外治方法:根据病情发展及不同症状分别治之。术前将病牛侧卧保定好,然后施术。

病初应保护脱出的阴茎,不要受到外界的进一步损伤。先用土茯苓、银花、白芷、甘草、明矾末,等分,共煎水,待温,洗涤患部。或 0.1%高锰酸钾水,洗患部。次用磺胺软膏、油剂青霉素或四环素软膏,涂搽患部。

若阴茎部分肿硬变黑色,将上述洗剂分两盆盛装,先用一盆洗净患部,次用缝衣针数个扎成一束,轻轻刺患部周围,放出毒血水,再用另一盆洗净患部毒血。拭干后用上述软膏,或用冰片、硼砂、雄黄、青黛各适量研细末,调麻油,涂搽患部。

若阴茎脱出后部分腐烂,用上述洗剂洗净患部,小心地除去腐烂部分,洗净拭干,再用上述软膏,或用冰片、青黛、血竭、明矾、白芷、雄黄,各等分研细末,调麻油,涂搽患部。

经上述处理后,用绷带将脱出的阴茎托到下腹壁上,或整复于包皮鞘内,并在外包皮口做不影响排尿的临时性袋口缝合。若损及肌组织与神经干时,除局部应用温热疗法、按摩、皮下注射士的宁外,可电针刺百会、肾俞、回缕(位于坐骨结节下方一掌,阴茎两侧处,左右各 1 穴,用圆利针直刺 3～6 次)等穴。

中兽医治则:

①肾气虚弱者。宜以祛寒湿、壮元阳、暖腰肾为主。可内服:补骨脂 30 克,党参 60 克,陈皮 25 克,巴戟天 20 克,黄芪、升麻、肉苁蓉、白术、柴胡、小茴香、当归各 30 克,甘草 15 克,共研细末,开水冲候温,1 次投服。或破故散:破故纸、芦巴子、肉豆蔻、川楝

子各 25 克,陈皮、巴戟天、厚朴、小茴香、生二丑、猪苓、青皮、泽泻各 15 克,共研末,开水冲候温,1 次投服。

②外伤引起者,宜以降阴火、解毒、利尿为主。可内服:酒知母、酒黄柏各 30 克,滑石 45 克,银花、没药、车前子各 25 克,当归、乳香、薄荷、黄芩各 20 克,甘草 15 克,共煎水,1 次投服。或三白草 250 克,灯芯草 250 克,白茅根 100 克,共煎水,加水酒 250 克、糖 100 克为引,1 次投服。

2. 种公牛性机能不全

本病是种公牛一组比较严重的生殖障碍性疾病。临床上以阴茎勃起不全或不能勃起,或未交配而泄精为特征。在中兽医属于"阳痿"、"滑精"的范畴。

(1)病因:

①多因喂养失调,如饲料不足或过于单纯,饲料中缺乏维生素 A、维生素 E 和矿物质,以及种公牛运动不足,致使肾虚火衰,肾精不固,故阳痿不坚。

②或交配过度,使阴精耗损过度,阴虚而阳亢,扰乱精室,精窍屡开,封藏失职,故见病初一举即泄精,继而阴伤及阳,下元虚惫,气失所纳,精关不固,乃现阳痿不坚,滑精频作。

③闪伤腰肾,亦可导致本病发生。

(2)临诊要点:见母畜兴奋欲交,但公畜阴茎不举,或举而不坚,或一举即泄。有的公畜虽有性欲,但射出精液中无精子,或精子发育不全,精子稀少,死精子或畸形精子。

中兽医将本病分为两型。

①肾阴虚弱型。患畜未交,一举即泄,有时见母牛精液即射出,口色淡红而津液短少,脉象细数。

②肾阳虚弱型。患畜阴茎常伸出,但软而无力,或阳痿不举,常阴茎不举而泄精,肢寒耳冷,腰腿无力,口色淡白,脉象沉弱。

(3)防治:中兽医辨证施

治。

①肾阴虚弱者,以滋补肾阴,固精为主。知柏地黄汤加减:知母 45 克,黄柏、龙眼肉、生地、玄参、沙参、寸冬、陈皮各 30 克,山药 60 克,枸杞子、泽泻各 20 克,甘草 15 克,共研末,开水冲,候温,1 次投服。或灯芯草 250 克,金樱子 60 克,三白草 250 克,共捣碎投服,每天 1 次,连服 2～3 天。

②肾阳虚弱者,宜补肾壮阳,固涩精室。可用金匮肾气汤加味:地黄、山萸肉、丹皮、党参、茯苓、阳起石、附子、肉桂各 30 克,菟丝子、枸杞子、补骨脂、淫羊藿、杜仲各 20 克,山药 60 克,甘草 15 克,共研细末,开水冲,候温,1 次投服。或用肉苁蓉、菟丝子各 25 克,白术、熟地各 20 克,金樱子、五味子、骨碎补、莲子肉、酸枣仁各 15 克,甘草 10 克,共煎水,1 次投服。闪伤腰肾者:应选乳香、没药、红花、桃仁、牛膝等活血祛瘀药,配伍治疗。

3. 妊娠水肿

妊娠水肿是奶牛在怀孕末期出现的一种症状。临床上以腹下及后肢出现轻重不同的水肿为特征。如果水肿轻微,面积小,并无其他症状,是妊娠末期的一种生理现象,一般不需治疗,产犊后多能自愈。如果水肿面积大,症状严重,才是一种病理状态,又称胎气、妊娠水肿。

(1)病因:怀孕母牛在怀孕后期,由于饲养不良,内伤阴冷,外感风寒,均可招致母体元气亏损,脾肾虚弱而致病。脾虚不能运化水湿,清气不得升,浊气不得降,胎气不舒,水湿下注,溢于腹下及后肢皮肤而成水肿,肾虚阳气不振,不能化气行水,不能上温脾阳,水湿不能下渗于膀胱,则水道不利而尿少,水湿停聚,可进一步出现水肿。

(2)临诊要点:病初精神食欲无显著变化,水肿常发生于奶牛身体下垂部位,如乳房、腹下及后肢下端,有时可见阴户及胸前等部。水肿特征是无热、无痛,压诊留有指印,至分娩后,水肿逐渐消失。

中兽医将本病分为脾虚、肾虚两型。

①脾虚型。一般病较轻,仅在脐后及乳房附近出现水肿,饮食减退,尿少便溏。

②肾虚型。水肿较重,除腹下以外,后肢甚至四肢均有水肿,行走拘束拖腰,甚或卧地不起,精神不振,食欲减退,尿少。

(3)防治:

①治疗。严重的孕畜,可应用强心利尿剂。注意:不可采用尖针乱刺的方法。还要注意:长期应用利尿剂,可导致钙的丢失。

中兽医辨证施治。

A. 脾虚型。以理气养血,健脾利水为治则。内服白术散加味:白术、苍术各 60克,党参 45 克,姜皮、陈皮、茯苓皮、大腹皮各 30 克,防己、泽泻各 25 克,共研细末,开水冲,候温,1 次投服。

B. 肾虚型。以益气养血,温阳利水为治则。内服温阳利水汤:炮附子 20 克,党参、黄芪、茯苓皮、当归、白芍、生姜皮、泽泻、白术各 30 克,陈皮 25 克,共研细末,开水冲,候温,1 次投服。或五皮饮加味:白术、茯苓皮、薏苡仁、当归各 30 克,姜皮、陈皮各 20 克,大腹皮、桑白皮各25 克,甘草 15 克,共为末,开水冲,1 次投服。

②预防。改善母牛的饲养管理,给予富含蛋白质、矿物质及维生素的饲料。限制饮水,减少多汁饲料及食盐。每天应进行牵行运动,并刷拭肢体,以促进气血循行。拴于温暖牛栏,防感寒邪。勿饮冷水,勿采食冷冻草料。

4. 胎动不安

胎动不安是指母牛怀孕期未满,由于气血衰弱不能固胎,或因意外损伤,使胎犊受病而引起母牛不安的一种症候。临床上以孕牛腹痛不安、从阴道流出液体为特征。多发生于怀孕后期,是流产的先兆,必须抓紧治疗。

(1)病因:

①怀孕母牛长期饲料品质恶劣,以致母牛身体消瘦、气血衰弱,气虚则固摄无力,血虚则胎失其养,故产生胎动不安。

②怀孕母牛管理失当,如跌扑碰撞、狂奔急转,致使损伤胎元,气血瘀滞,胎失气血所养,故发胎动不安。

③经太阳暴晒后过饮冷水,喂冰冻草料,或采食霉败有毒饲料,或误服怀孕禁忌药物等,均能伤及气血,扰动胎元而引起本病。

(2)临诊要点:病初孕牛表现精神不安,食欲、反刍减少,有时腹痛,回头望腹。重则时起时卧,行动不安,呼吸急促,弓背努责,排出少量尿液。右侧下腹部可见胎儿频频冲击腹壁,手按之可感知胎儿动荡不安。从阴门流出黄色浊液,阴唇不断外翻,甚或

引起流产。脉象浮紧,口色青黄。

诊断时应进行直检,以确定胎儿是否死亡。胎儿活,给予安胎药,胎死,应经产道取出。

(3)防治:本病轻者易治,重则多引起流产。早期可肌内注射孕酮,每天或隔天1次,连用数次。

中兽医辨证施治。若因体质虚弱而胎动者,宜以益气养血安胎为主。内服保胎汤:当归50克,川芎、厚朴、荆芥穗各25克,白芍、白术、菟丝子、艾叶、黄芪各30克,贝母、枳壳各20克,甘草15克,煎水或研末,甜酒100毫升为引,1次投服,或用白术、炒白芍各60克,党参、茯苓、当归、熟地、黄芪、黄芩、杜仲、续断、阿胶各30克,艾叶45克,煎水或研末,1次投服。

因损伤而胎动者,宜以理气养血、止痛安胎为主。内服救损安胎汤:酒当归、生地各60克,炒白芍、炒白术、党参

各 45 克,黄芪 30 克,苏木 25 克,制乳香、制没药各 20 克,阿胶 30 克,炙甘草 15 克,共煎水,1 次投服。或安胎散:当归、川芎、阿胶各 30 克,白术、白芍各 40 克,生地、栀子各 45 克,黄芩、黄芪各 25 克,苏梗 20 克,共煎水,1 次投服。

5. 流产

流产是由于胎儿或母体生理活动发生扰乱,或它们之间的正常关系受到破坏,而造成的怀孕中断。临床上以腹痛、排出未足月胎儿、胎死宫中、娩出死胎或弱胎为特征。流产可致胎儿早产或死亡,并引起奶牛不孕或其他产科疾病。

(1)病因:流产的原因很多,可分为以下几种。

①非传染性因素。

A. 营养不足或饲料中缺乏某些维生素、微量元素等,以致母牛营养不良,体质虚弱,气血耗损,气虚不能摄胎,血虚不能养胎,故使胎儿不能正常发育而流产。由于饲喂发霉、变质的饲料,或误食某些混有农药或有毒植物的饲料,而引起流产。

B. 损伤性和管理性因素:由于怀孕母牛突然急剧运动、摔倒、腹部受到顶撞、挤压等,则伤气动血,气血瘀滞,胎元不固,胎失其养而流产。

C. 应激性因素:奶牛长途运输,或牛舍环境过度潮湿、拥挤、闷热,怀孕母牛血必虚耗,扰乱胎气,热毒烁胎,则胎受其损,故失其滋养而流产。

D. 药物性因素:口服或注射某些药物,如腹泻药、麻醉药、驱虫药、利尿药、发汗药,禁止在怀孕期注射的疫苗,或引起子宫收缩的药物,如皮质激素、前列腺素等,均可引起流产。

E. 生殖器官疾病:由于生殖器官疾病,胎儿胎膜病变及其他全身性疾病,与怀孕有关的生殖激素失调等,也会导致胚胎死亡及流产。

②传染性因素。细菌感染,如化脓性放线菌、布氏杆菌、钩端螺旋体、李斯特菌等。病毒感染,如牛病毒性腹泻病毒、牛传染性鼻气管炎病毒等。霉菌、牛胎儿毛滴虫等,可引起母牛传染性流产。

(2)临诊要点:在流产之前,孕牛常拱腰,屡做排尿姿势,自阴门流出红色分泌物或血液。有腹痛现象。可产生以下后果:

①胎儿消失(隐性流产)。排出未足月胎儿。

②胎儿干尸化。胎儿死在子宫内,由于黄体存在,子宫颈闭锁,排不出体外,胎儿及胎膜的水分被子宫吸收,体积缩小、变硬,犹如干尸。

③胎儿浸溶。胎儿死在子宫内,非腐败性细菌侵入子宫,使胎儿软组织液化分解后排出。

④胎儿腐败分解。胎儿死在子宫内,腐败性细菌侵入子宫,使胎儿软组织腐败分解,产生气体。母牛腹围增大,体温升高,从阴门流出暗红色恶臭液体,子宫颈开张。

(3)防治:有早期胚胎死亡病史的母牛,在配种后6～7天,肌注黄体酮100毫克,可以提高奶牛妊娠率。在配种后半个月,肌注绒毛膜促性腺激素1 000～2 000国际单位,配种后第2个月和第3个月,各肌注1次,有利于保胎。

中兽医辨证施治:

①在胞衣未破,羊水没有流出,未见流产症状者,治以安胎为主。选服治胎动不安方剂。

②若已流产者,宜以活血祛瘀为治则。内服加味生化汤:当归60克,川芎、荆芥穗各25克,黑姜、桃仁各30克,大枣20个,炙甘草20克,益母草250克,苁实叶3张,红糖250克为引,共煎水,候温,1次投服。或用归尾、川芎、秦艽、陈皮各30克,红花15克,甘草10克,乌药15克,炒荆芥、益母草各60克,共煎水,加白酒250毫升,1次投

服。

③若流产后身体瘦弱,以扶助正气为主,宜以补养气血为治则。内服十全大补散:党参60克,茯苓、白芍各20克,当归、黄芪各30克,熟地、白术各25克,川芎、肉桂、甘草各15克,共研细末,开水冲,候温,1次投服。或用八珍汤加味:党参、茯苓、甘草、当归、川芎、熟地、白芍、阿胶、陈皮、炒白术各30克,大枣60克,共煎水或研末,1次投服。

若胎儿已死在宫中,应施行助产手术取出。然后,用消毒液或5%盐水冲洗子宫,并注射子宫收缩剂,促进液体排出。在子宫内投放抗生素,并注意全身治疗。

6. 不孕症

不孕症是由于各种因素,引起母畜繁殖障碍的多种疾病的总称。临床上以母畜生殖机能降低或暂时丧失为特征。

(1)病因:能引起不孕的原因多而复杂,如先天性因素、营养因素、管理和繁殖技术因素、环境气候因素、衰老和疾病因素及免疫性因素等。

中兽医认为,本病多因饲养管理不良,使役过度,体质虚弱,气衰血亏,肾阳不足,命门火衰,致寒湿留于胞宫,引起宫寒精冷,不能摄精成孕。或畜体肥胖,痰湿内生,脂肪壅结卵巢,闭塞胞宫,气机不畅,卵子难生难行,不能摄精成孕。

(2)临诊要点:患畜主要表现发情不正常,或发情不明显,甚至不发情。

中兽医辨证,将本病分为4种。

①血虚不孕。患畜体质消瘦,皮毛枯焦,精神倦怠,四肢无力,食欲、反刍减少,不发情,口色苍白,脉象沉细。

②脾肾虚弱不孕。患畜身体瘦弱,精神易于疲倦,行动缓慢,小便清长,时有腹响肠鸣,大便溏泻,发情不明显,口色淡白,脉象沉迟。

③痰湿不孕。患畜体质

过于肥胖,动则易喘,不能久劳,发情不明显或不发情。

④气血瘀滞不孕。在外阴和后躯,见从阴道流出的污浊物,气味腥臭。

(3)防治:中兽医辨证治疗。

①血虚不孕。宜以益气养血,滋肾为治则。内服养精种玉汤加减:熟地、酒当归、酒白芍、酒川芎各45克,茯苓、醋香附、陈皮、炒丹皮、生姜、醋延胡索各30克,水煎,1次投服,从发情起开始服药,每天服1剂,连服4剂,边服药,边注意观察,待发情明显时再行配种。如仍不孕,待下次发情时再服4剂。加减:如发情提前者,加酒黄芩、酒黄柏、益母草各15克,以清热行血;如发情延迟者,加干姜、肉桂、续断、艾叶、醋菟丝子各15克,以温肾壮阳;如气虚者,加黄芪、党参各30克,以补气虚;如阴道流出黄色液体者,加苍术、黄柏、柴胡、龙胆草、薏苡仁各15克,以清热燥湿。或

以四物汤加味治之:当归、熟地各60克,酸枣皮、枸杞子、川芎、菟丝子、覆盆子、白芍、川续断各30克,共煎水,1次投服。若气虚者,加党参、黄芪各30克;若阴虚火旺者,加丹皮25克,生地、旱莲草、赤芍、黄柏各30克,元参40克。

②脾肾虚弱不孕。宜以补脾肾,益精血为治则。内服养精种玉汤加减:淫羊藿、香附子各125克,菟丝子、阳起石(醋淬)、肉苁蓉各95克,益母草、当归各60克,共为细末,分为4包,每日早晚各用开水冲调,1次投服。

③痰湿不孕。要改善饲养管理,增加放牧、运动,可不予药治。

④气血瘀滞不孕。若发情不正常,可调节生理功能,用催情的方剂。选服淫羊藿、韭菜子各30克,枸杞子、丁香、肉苁蓉各15克,共煎水,1次投服。或用当归60克,白芍、月月红、香附、肉桂各30克,红花、川芎、熟地各25克,

共煎水内服。或用丹参 250 克,樱桃树根 500 克,煎水,1 次投服。

亦可用电针疗法。

①第一组穴。命门、百会和腰胯,每次通电 20～30 分钟,每天 1 次。

②第二组穴。阳关和百会,每次通电 20～30 分钟,每天 1 次。

7. 卵巢囊肿

卵巢囊肿是指卵巢上有卵泡状结构,但无正常黄体结构的一种病理状态。分为卵泡囊肿和黄体囊肿。临床上以母牛频繁而持续的发情(或乏情),丧失正常发情周期为特征。

(1)病因:

①内分泌失调。内分泌失调是引发卵巢囊肿最主要的原因。给予外源性孕激素、雌激素,也可能引起卵巢囊肿。

②营养因素。饲料中缺乏维生素 A 或含有大量的雌激素(如过量饲喂生大豆、三叶草等含植物雌激素高的饲料),都可能引起囊肿。饲喂精料过多而又缺乏运动,导致母牛肥胖也会增加发病率。

③管理失当。母牛多次发情而不予配种,也可导致囊肿的发生。卵巢囊肿发生与围生期应激有关,如子宫炎、胎衣不下、生产瘫痪的病牛,卵巢囊肿发生率较高。

(2)临诊要点:患卵巢囊肿的母牛,主要症状是频繁而持续发情,严重时发展成为慕雄狂。患病时间长的牛,其颈部肌肉逐渐增厚而类似公牛,荐坐韧带松弛,臀部肌肉塌陷,尾根高抬,尾根与坐骨结节之间出现一个深的凹陷,有些病牛,也可表现为不发情或乏情。

直肠检查,卵泡囊肿壁较薄,一个或多个存在于一侧或两侧卵巢上;黄体囊肿多为一个,大小与卵泡囊肿差不多,其壁厚而软。无论哪种情况,患牛均可丧失正常的发情周期。

（3）防治：

①治疗。

A. 激素疗法：治疗卵泡囊肿，可用 1 500～5 000 单位人绒毛膜促性腺激素，溶于 5％的葡萄糖溶液中，静脉注射。10～40 毫克氢化可的松，或 10～20 毫克地塞米松，肌内注射，对使用促性腺激素无效的牛治疗效果较好。治疗黄体囊肿，可用氯前列醇 0.4～0.8 毫克，1 次肌内注射，一般 2～3 天可消囊肿，并可出现发情。

B. 手术疗法：经直肠触摸到囊肿的卵泡后，把它握在手中，再用手指挤压、捏破囊肿，从而达到治疗的目的。这种方法只在囊肿中充满液体的时候，才好实施。

C. 中兽医辨证施治，以活血化瘀、理气消炎为治则。大七气汤：三棱 30 克，莪术、香附、藿香、青皮、陈皮、益智仁、桂枝各 40 克，肉桂 25 克，甘草 15 克，共为细末，候温，1 次投服。消囊散：炙乳香、炙

没药各 40 克，香附、益母草各 80 克，三棱、莪术各 45 克，黄柏、知母、当归各 60 克，川芎 30 克，鸡血藤 45 克，共研末，开水冲调，候温，1 次投服，隔日 1 剂，连用 3～6 剂。

②预防。合理的日粮配合非常重要，豆科牧草和豆科作物中含有植物雌激素，1 次饲喂量不宜过多。奶牛产后疾病应抓紧治疗，及时促进子宫复原。

8. 卵巢静止

卵巢静止指卵巢机能减弱，使卵巢长期处于一种停息状态。临床上以母牛长期不出现发情为特征，又称为卵巢功能减退，中兽医认为本病多属于肾虚不孕。

（1）病因：本病主要是由于饲养管理不当引起，如饲料量不足，饲料单纯和质量低劣，产后子宫复原不全等。另外，母牛过早衰老，运动和光照不足，长期患慢性疾病等因素，均可引发卵巢静止。

（2）临诊要点：母牛长期

不发情,体型消瘦,毛质粗糙无光泽。直肠检查:卵巢表面光滑,无卵泡,无黄体。有些静止的卵巢似蚕豆样大小,较软,有些卵巢质较硬、略小,并有黄体残留痕迹。隔 7～10 天,或一个性周期后作直肠检查,卵巢仍无变化。子宫收缩无力,甚至子宫体积缩小。

(3)防治:

①治疗。

A. 按摩疗法:即隔天直肠按摩卵巢、子宫颈、子宫体 1 次,每次 10 分钟,4～5 次为 1 疗程,同时结合采用中西药治疗。

B. 激素疗法:促性腺激素释放激素200～400 毫克,肌内注射,每天 1 次,连用 2 ～3 次。一般在用药后 11～33 天,可恢复正常发情。人绒毛膜促性腺激素,静脉注射 2 500～5 000国际单位,或肌内注射 1 万～2 万单位。孕马血清,每次肌内注射 20～40 毫升,隔天 1 次,2 次为 1 疗程。脑下垂体前叶促性腺

激素,每次 15～20 毫克,溶解于 10 毫升灭菌生理盐水,肌内注射,隔天 1 次,3 次为 1 疗程。

C. 中兽医辨证施治:以补肾壮阳,通络活血,祛瘀生新为治则。可用当归、菟丝子、淫羊藿、阳起石、炙黄芪各 35～40 克,川芎、巴戟天、续断、骨碎补、党参、白术、远志各 20～25 克,石菖蒲 15 克,黄酒 200 毫升为引,共研末,开水冲调,1 次投服,隔天 1 剂,连服 3 剂为 1 疗程。或用复方藿阳促孕汤:淫羊藿 130 克,阳起石 80 克,当归 90 克,益母草 120 克,鸡血藤 300 克,制首乌、熟地、菟丝子各 70 克,制附子、官桂、红花各 30 克,黄芪 100 克,党参 50 克,白术、茯苓、川芎各 40 克,共煎汁,取韭菜 2 000～2 500 克,捣烂滤汁,与黄酒 500～1 000毫升、红糖 250 克,冲入药汤,1 次投服,每天 1 剂,3 剂为 1 疗程。

D. 针灸:取穴后海穴、百

会穴、肾俞穴等,白针或电针,每天 1 次,每次 10～15 分钟,连用 5～7 次。

②预防。平时应加强对母牛的饲养管理,改善饲料营养成分,增喂维生素和矿物质。对患有慢性疾病的母牛应及时治疗。

9. 奶牛子宫复旧不全

子宫复旧不全是指奶牛分娩后 40 天左右,子宫还没有恢复到未孕的状态。临床上以产后恶露排出时间延长,可继发子宫内膜炎为特征,又称子宫迟缓。

(1)病因:多因饲养管理不善和子宫收缩无力造成。

①饲养管理不善。奶牛在妊娠后期,由于饲料、饲草单一或日粮比例不合理,钙、磷比例失调或不足,缺乏矿物质、微量元素、维生素,以及奶牛过肥或过瘦,运动量不足,均可导致肌肉紧张性降低,引起产后子宫肌收缩无力。

②产后子宫肌收缩无力。多见于奶牛难产、产双胎、胎儿过大、羊水过多、产程过长、产道损伤等情况,此时可使子宫扩张疲劳、弛缓、收缩无力。任何病因引起流产、胎衣不下等,可使内分泌失调,从而造成子宫复旧不全。

(2)临诊要点:子宫复旧不全的患牛,常无全身异常,仅见产后恶露排出时间延长。当子宫腔内有恶露积存时,触摸有波动感。因恶露不能排出或排出时间延长,可继发子宫内膜炎。走路或爬跨时产道内发出响声。病牛常流出黄白分泌物,不易受孕。

阴道检查子宫颈外口水肿,子宫颈开张,有分泌物流出。直检发现阴道扩张,子宫松弛,压之收缩微弱,子宫体积肥厚增大,子宫颈弛缓。

(3)防治:

①治疗。用催产素 100～120 单位,1 次肌内注射,每天 2 次,总量不要超过 400 单位。或雌二醇 4～10 毫克,1 次肌内注射。用 40～42℃的 5％盐水或其他温防腐剂,冲

洗子宫。在冲洗液完全排出后,用土霉素粉3～4克,蒸馏水250毫升,混合,1次灌入子宫内,隔天1次,连灌3～5次。用25%葡萄糖注射液500毫升,10%葡萄糖酸钙注射液500毫升,1次静脉注射,每天1次,连注3～5天。

中药可用:当归90克,川芎、桃仁、黄芪各45克,炮姜、炙甘草、益母草各60克,玄胡索、黄芩、党参、白术、木香、天花粉、瓜蒌各30克,木通20克,川断25克,或用黄芪、党参、当归、益母草、黄芩各30克,枳壳、陈皮、川芎、桃仁、黄柏、花粉、香附、甘草各20克,研末,1次投服,每天1剂,连用7天。

②预防。改善饲养管理,减少应激,加强运动。分娩后,应供应平衡日粮,及时诊治原发病。为增强机体抵抗力,对高产奶牛,产前、产后可用25%葡萄糖注射液和10%葡萄糖酸钙注射液各500毫升,1次静脉注射,每天1次,

产前2～3天开始,到产后5天为止。

10. 持久黄体

在排卵(未受精)后,卵巢上的黄体超过20天甚至30天不消退,并且保持黄体的功能,称为持久黄体。临床上以黄体持续分泌助孕素,抑制卵泡发育,致使母牛久不发情、不孕为特征,也称黄体滞留。

(1)病因:

①饲养管理不当。饲料单纯,品质差,饲料配合不全,矿物质、维生素不足或缺乏,母牛运动不足,过肥或过瘦,尤其是高产奶牛由于分娩后持续高产,体质消耗过大,而不平衡的饲养又不能保证高水平的代谢过程,致使卵巢机能减退,易引发本病。

②子宫疾患所致。慢性子宫内膜炎、子宫积液、胎儿浸溶或木乃伊、部分胎衣滞留、产后子宫弛缓等,均会影响黄体的及时吸收,而成为持久黄体。

(2)临诊要点:在产后或

一个发情周期过后,发情周期停止,长期不发情。检查子宫,无妊娠现象,有时伴发子宫疾病。外阴收缩呈三角形,有明显的皱纹,阴道壁苍白,不见分泌物流出。

直肠检查时,可发现一侧卵巢增大,持久黄体一部分呈圆锥状或蘑菇状突出于表面,比卵巢实质稍硬,有时黄体不突出表面,只是卵巢增大而稍硬。

(3)防治:应改善饲养管理,治疗子宫疾病,补喂富含维生素的青饲料及矿物质,加强运动。为使持久黄体迅速退缩,可选用以下中西药疗法。

①促卵泡生成素 100～200 单位,溶于 5～10 毫升生理盐水中,每隔 2 天,肌内注射 1 次,3 次为 1 个疗程。待黄体消失后,注射小剂量人绒毛膜促性腺激素 1 000～5 000 单位,促使卵泡成熟和排卵。

②前列腺素 $F_{2\alpha}$(一种特效药,可促进黄体退化或溶解)5 毫克,后海穴(或肌内)注射,或加入 10 毫升灭菌注射用水后,再注入发生持久黄体侧的子宫角内,效果较好,一般用药后 7 天内即可发情,但超过一星期后发情的母牛,其受胎率较低。有的牛用药后不发情,但直肠检查可发现有卵泡发育,随着按摩子宫,有黏液流出,呈现"暗发情"现象,此时如配种也可能受孕。

③卵巢按摩法,用手隔直肠按摩卵巢,使之充血,每天 1 次,每次 5 分钟,连续 2～3 次。

④中兽医辨证施治,以补肾壮阳、通络活血、祛瘀生新为治则。可用复方仙阳汤:仙灵脾、阳起石、益母草各 100 克,当归、菟丝子、补骨脂、赤芍、熟地各 75 克,黄精 60 克,莪术、荆三棱各 35 克,水煎,1 次投服,每天 1 剂,连用 3～5 剂。若口色淡白晦暗,粪稀溏,加附子、官桂。或用催情散:羊红膛 200 克,仙灵脾、阳

起石各 100 克,水煎,1 次投服,每天 1 剂,连用3～5 剂。

11. 奶牛阴道脱

阴道壁的一部分,翻脱于阴门之外,称为奶牛阴道脱。临床上以阴门张开,露出粉红色瘤状物为特征。

(1)病因:

①母畜怀孕期间饲养失调,卧地过久,运动不足。

②胎儿过大,胎水过多;或怀双胎,分娩时努责过强,使腹内压增高;或严重便秘和腹泻引起强烈努责,均能引起本病。

③怀孕末期,胎盘分泌的雌激素较多,或者摄食含雌激素较多的饲草,使盆腔内支持组织张力降低,引起本病。

(2)临诊要点:奶牛在产前,可发生阴道部分脱出。在奶牛卧地时,可见有一鹅蛋大或拳头大的粉红色瘤状物,夹在两侧阴唇之间,或露出于阴门之外。站立时,脱出部分多能自行缩回。如时间过长,则脱出的阴道壁肿胀,病牛起立后需经过较长时间,才能缩回,或不能完全缩回。阴道脱出时间过久,表面常被粪便、褥草、泥土等污染,可发生溃疡、坏死。阴道全部脱出时,可见到宫颈口,也可能触及胎儿的肢体。病牛常表现不安、拱背、努责,时常做排尿动作。如脱出的阴道损伤严重,可能引起胎儿死亡和流产。

(3)防治:本病应以手术整复为主,结合药物治疗,以提高疗效。

站起后能自行恢复的阴道部分脱出,特别是快要生产的病牛,分娩后多能自愈。对站起后不能自行缩回的,或阴道全部脱出的,病牛要站立保定,不能站立的要垫高后躯。用 2%普鲁卡因 10 毫升,在第 1、第 2 尾椎间隙进行硬膜外麻醉。用 1%明矾水、0.1%高锰酸钾液,清洗脱出的阴道。有出血和伤口的,进行止血和必要的缝合。有水肿的,用消毒针头针刺水肿黏膜,以清洁纱布紧裹,挤出水肿液。注意对孕牛子宫颈内黏液塞的保护,不要破坏和污染。用消毒纱布缠包脱出阴道,在助手帮助下,术者用手将脱出的阴道推送回盆腔,从靠近阴门处开始推送,或从顶端开始推送均可。送回盆腔后要使阴道复位,停留片刻,然后退出手和纱布。整复之后用袋口缝合法加以固定。

中兽医认为,本病是因气虚下陷而致,应以补气养血、升提固脱为治则。内服补中益气汤:党参、黄芪、白芍各45克,白术、当归、陈皮、升麻、柴胡各30克,甘草25克,共煎水或研末,1次投服。或用党参、山药各60克,熟地、杜仲、升麻、枳壳、当归各30克,酸枣皮、枸杞子各20克,益智仁25克,炙甘草15克,共煎水,1次投服。

手术复位后,宜以活血祛瘀、补气健脾为治则。内服十全大补汤加味:党参、茯苓、白术、当归、川芎、白芍、熟地、桃仁、乳香、没药、黄芪各30克,肉桂、赤芍各25克,红花15克,蒲公英60克,甘草20克,共煎水,1次投服。

若脱出阴道擦伤,出现溃烂等症状,则以清热利湿为治则。内服龙胆泻肝汤加味:黄芩、栀子、生地、柴胡、丹参、赤芍、乳香各30克,当归60克,泽泻、木通、龙胆草各25克,前仁20克,共煎水,1次投服。体虚者,加黄芪、党参各60克。并在阴道壁破损处,涂搽润阴膏(麻油500克,黄柏15克,白芷15克,地榆30克,将上述4种药物放油内慢火至药色焦枯,滤去药渣,将白蜡60克放油内熔化,再下冰片3克,充分搅拌,冷则成膏),1次投服,每天1次,直至痊愈。

12. 奶牛难产及助产

难产是指孕牛怀孕期已满,但在分娩过程中不能将胎儿顺利排出,使分娩过程中断。临床上以孕牛进入分娩程序,但胎儿长时间不能娩出为特征,助产指人为帮助胎儿产出。

(1)病因：引起奶牛难产的因素较为复杂。

①孕牛在怀孕期间，饲养失调，母畜体质衰弱，气血亏损。或胎儿过大和胎势、胎向、胎位异常等，均能引起母畜在分娩过程中，子宫肌和腹肌收缩次数少，引发难产。

②孕牛产道发生异常，如阴道和阴门狭窄，子宫颈闭锁和开张不全，以及骨盆腔狭窄等，导致胎儿排出受到阻碍，从而造成难产。

③孕牛在分娩时，胎膜破水过早而流尽，以致胎儿停滞，不能娩出。或胎膜破水过迟，引起胎儿窒息和胎势、胎向的改变，从而造成难产。

④助产不当，如胎儿头部尚未进入产道之前，过早地拉动其前肢，使胎头姿势反常；反之，当胎儿和前肢尚未进入产道，此时过早地拉动胎头，可使胎儿的前肢姿势反常，从而造成难产。

(2)临诊要点：孕牛发生阵痛，起卧不安，时做弓腰努责，阴门肿胀，并从阴门流出黄色浆液，或露出部分胎衣，或见胎儿的肢端或头部，但胎儿长时间不能娩出。

发现奶牛难产时，要对产牛进行全面细致的检查，做出正确诊断，制定出完善的手术助产方案，以便有计划、有步骤地进行助产。

①病史调查。通过向饲养员或畜主了解下列情况，并倾听他们对病况的意见。

A. 了解母牛是初产还是经产，配种年龄及胎次，前胎分娩情况如何。

B. 了解怀孕期的长短，怀孕过程（包括前胎怀孕过程）如何。

C. 了解母牛开始分娩已历时多长，阵缩和努责情况如何，有无破水及胎儿先露部分情况。

D. 了解母畜怀孕期间（尤其是怀孕后期）饲养管理情况。

E. 了解目前产畜的全身

状况，能否起立，是否经过产道检查或做过任何处理。

②全身检查。注意检查产畜的精神状态、可视黏膜色彩、体温、呼吸、脉搏以及大小便，还要观察和检查产畜的阵缩、努责等情况。

③产道检查。

A. 检查阴道及子宫颈扩张情况，注意是否有阴门、阴道狭窄及子宫颈闭锁或开张不全。因阵痛和努责微弱或努责过早引起难产，可发现子宫颈开张不全或闭锁。

B. 检查产道的松软程度和湿润情况。如果产道湿润松弛但扩张程度不足，是产期尚早的表现。如果产道干燥，则为产程过长、胎水流失的征候。

C. 检查产道有无水肿、创伤、出血及其他异常。当产程过长时，由于产畜长久卧地，容易引起产道水肿。如果产程为时不长，但产道黏膜水肿、干燥和损伤等，往往都是产畜事先遭遇长时间粗鲁助

产的结果。产道损伤，除了可以用手摸出来以外，根据流出的血液颜色也可鉴别，损伤出血是鲜红的，而胎膜血管流出的血液是暗红的。

D. 检查产道分泌物的性状、颜色和气味，有助于确定难产时间的长短和胎儿有无腐败等。

④胎儿检查。在检查产道的同时，结合检查胎儿的情况，鉴别胎儿的死活及进入产道的深浅程度。

A. 鉴别胎儿的前后肢：方法是利用腕关节与跗关节的不同形状及其可屈曲的方向，加以区别。同时要注意它们是否都是前肢或后肢，是否属于一个胎儿。

B. 鉴别胎儿的死活：

活胎。头位时，用手捏压或牵引胎儿，头及前肢有胎动反应，眼球及眼睑可以活动，口舌对手指插入有吸吮动作，触诊心区有心跳，尾位时，用手指插入肛门，可感到括约肌收缩，在内股部可感到股动脉

的搏动,牵拉后肢有胎动,脐带上的脐动脉有搏动。

死胎。与上述情况恰恰相反。如果在胎儿肛门外发现有胎粪,胎儿皮下及体腔有气肿,被毛大量脱落,蹄甲松弛,产道内排出腐败物质等,均表明胎儿已经死亡。

(3)防治:本病以手术助产为主,辅以中西药结合治疗。

①难产手术前的准备工作。

A. 产畜以站立保定为好。当不能站立时,可取侧卧姿势,但必须保持前低后高的位置。施术时,如果产畜表现极度不安,影响手术操作,可根据情况,选择尾根穴或尾节穴,注射 2%普鲁卡因 10~15 毫升,而取百会穴麻醉时为 30~40 毫升,多用于比较复杂的胎儿矫正术、切胎术及剖宫产术等。

B. 术部和术者手臂消毒。对母畜的阴唇、会阴、肛门、尾根和臀部周围,以及胎儿露出阴门外的部分,用肥皂水和消毒药水洗净,再用干净布巾擦干。将尾根部用绷带缠起来,拉向前方,缚于颈部,以避免将污物带入产道。

C. 准备好需使用的助产器械,并认真进行消毒。

②难产手术的基本方法。

A. 牵引术:适用于宫颈、阴门轻度狭窄,但组织较软能被撑开,或努责、宫缩微弱,或胎儿过大时。所用器械包括助产绳、助产棒、产科钩等。具体方法:用助产绳(或产科钩),缚住(或钩住)胎儿头(或两前肢,或两后肢)。随着母牛的努责用力,进行交替牵引,使胎儿通过产道。当胎儿头部和躯体通过阴门时,助手要护住阴门,以防被撕裂。为增加牵引力,先将助产绳固定在助产棒上,拉助产棒来牵引。

B. 矫正术:常用于产道开张良好,宫缩正常或微弱,胎儿的姿势、胎位、胎向异常时。所用器械包括绳导、产科挺、推拉挺、扭正挺等。具体方法:当胎儿头颈和肢的姿势轻度异常时,如头颈侧弯、头颈下弯、关节屈曲时,可徒手进行矫正,但通常都需要器械帮助进行矫正,各种姿势异常被矫正后,按牵引术要求,将胎儿拉出。

C. 切胎术:适用于死胎、畸形胎、其他异常胎等。所用器械包括隐刃刀、胎儿线锯、胎儿绞断器、长柄产科刀、剥皮铲、产科凿等。具体方法:包括颈部切断术、肢切除术等。颈部切断术常用于胎头弯转时。利用线锯将胎儿颈部锯断。然后,用产科钩钩住胎儿头部断端,先将头颈拉出来,再用产科钩钩住断端上的皮肤及肌,将胎儿拉出。肢切除术常用于胎头弯转、腕关节屈折、肩关节屈折时。可用隐刃刀沿着胎儿肩胛周围切开皮肤,切断肩关节周围的肌肉韧带,然后强拉前肢,使其脱离躯体。

D. 剖宫产术:适用于其他手术不能解救的难产患畜。所用器械包括腹腔手术常用器械。具体方法:基本与一般腹腔手术相同。术部选择右侧腹壁胎儿最清楚的部位。先切开腹壁完全暴露子宫,在腹壁切口处与子宫间,填塞大块灭菌纱布,以防胎水流进腹腔,子宫角大弯处切开子宫,取出胎儿,开始呼吸后断脐,子宫缝合前胎衣不必剥离,依次缝合子宫壁(用肠线)、腹膜、腹壁肌、皮肤。术后第2天起,直肠触摸子宫切口,以防切口与周围组织发生粘连。

特别提示:从生产实际看,农村牧区的临床兽医应该比较熟练地掌握奶牛难产助产术、胎衣不下的剥离术。在奶牛饲养比较集中的地区,更为必要。

③药物治疗。在生产初期,子宫颈口开张不全或闭锁,可用纱布热敷子宫颈口处(以不烫手为度),或根据子宫颈开张情况,使用直径1～3厘米顶端钝形的长15厘米的

光滑圆形硬物,经消毒后,涂上凡士林,缓慢插进宫颈口内,经1～2小时,子宫颈可能松弛开张,或用颠茄酊25～80毫升,浸一棉球,用长把钳钳住药棉球涂抹于子宫阴道部,经15分钟左右可舒张子宫颈。子宫颈完全开张后,但子宫收缩无力,而胎势、胎位、胎向正常的,可肌注催产素。

中药以破血催产为主。内服荫桐子汤:荫桐子(捣碎)60克,当归、赤芍各30克,红花10克,乳香、三棱、没药各20克,桃仁、陈皮各25克,苏木15克,香附60克,柴胡、乌药、土丹参、荆芥各30克,甘草10克,水煎,1次投服。若胎儿是活的,上方的药量应减去1/3。或用催生散:丹参95克,红花45克,当归60克,炙龟板95克,共研细末,烧酒250毫升,童便500毫升,温水冲调,1次投服。

难产母牛经助产娩出牛犊后,宜以活血祛瘀、理气健脾为治则。内服生化汤加减:

当归、川芎各35克,桃仁45克,炮姜、前仁各30克,大枣60克,甘草15克,荆芥穗60克,益母草95克,红花15克,共煎水,1次投服。术后有炎症者,减去红花、桃仁、炮姜,加生地、黄芩、银花、丹参、蒲公英各30克。

13. 奶牛子宫捻转

子宫捻转是整个妊娠子宫或一侧子宫角围绕本身的纵轴而扭转,扭转程度多为90°～180°。临床上多以发生在妊娠后期或分娩时,并造成分娩困难为特征。

(1)病因:子宫扭转的直接原因,与子宫的解剖构造及牛的起卧特点有关系。

①牛怀孕后,子宫大弯的游离性随之增大,怀孕子宫角几乎完全处于游离状态。

②牛在起卧时,都是后躯先起或后躯后卧,内脏瞬间前移,本已游离的怀孕子宫,容易出现短暂的悬空。起卧过程稍有不适,就极易发生子宫捻转。

③子宫捻转,多发生在母牛分娩急剧起卧和转动腹部时,强烈的胎动和过剧的阵缩时,母牛在坡路上或沟中跌倒、滚转时。由于受瘤胃的影响,子宫多发生向右捻转。

(2)临诊要点:发生在妊娠末期时,母牛表现不安,腹痛,食欲废绝,脉搏及呼吸加快,但体温正常。发生在分娩时,母牛阵缩及努责正常,但久不露出胎膜,也不流出胎水。扭转发生在子宫颈及阴道前部时,阴道检查,见一侧阴唇稍缩入阴道内,有皱襞,致使阴门外观极不对称,阴道腔变窄呈漏斗状,深部有螺旋状的黏膜皱襞。轻度扭转时(90°扭转),能摸到子宫颈,严重扭转时(180°扭转),仅能勉强伸入1~3个手指。有时胎膜及胎儿一部分被扭在皱襞中。如果在子宫颈前发生扭转时,则阴道变化不大,直肠检查时可摸到子宫体上扭转的皱襞和紧张的子宫壁,一侧子宫系膜紧张,其中血管怒张,搏动异常强盛。扭转严重的病例,血管搏动可消失。

(3)防治:对于子宫扭转主要靠手法矫正。

①产道内或直肠内矫正法。适用于分娩过程中发生的子宫扭转,且扭转程度较轻。患牛站立,前低后高,尾椎硬膜外腔麻醉。先向产道内灌注多量滑润剂(例如温肥皂水)。术者与助手相互配合,术者伸手入产道握住胎儿前置部分,向子宫扭转的相反方向扭转胎儿,助手在相应的腹侧部有节奏地进行压迫,当子宫扭正后,胎儿即可拉出。如果无法抓住胎儿时,术者用手伸入直肠内,隔着肠壁把手伸入子宫下面托起子宫。当子宫向右扭转时,可从右侧向左翻转子宫,与此同时,由一助手以背部抵于右下腹壁,向上并向左抬起,同时另一助手在左侧用拳从肋腹部上方向内下方推压腹壁,可扭正子宫。

②翻转牛体矫正法。根

据情况,可采用绕体躯轴转动牛的方法扭正子宫。如果子宫向右扭转,需使母牛右侧卧地,垫高后躯,并将两前肢及两后肢分别缚在一起。助产者从产道握住胎儿肢体某部或子宫颈,加以固定,由助手分别握住母牛前肢、头及后肢,急速翻转成对侧卧。此过程中,由于子宫落后于母体的转动,往往能够复位。如果一次无效,可反复进行。子宫复位后,产道变得松弛、宽阔,阴道皱襞消失。

如上述方法无效,可按剖腹产处理。从腹壁切口来矫正子宫,有困难时可切开子宫取出胎儿,子宫壁切口缝合后再整复。

14. 胎衣不下

奶牛在产后 8～12 小时内,胎衣不能自然完全脱落,称为胎衣不下。临床上以部分或大部分胎衣脱垂于阴门之外为特征。也称胎衣停滞或胎衣滞留。

(1)病因:

①产后子宫收缩无力。如饲料霉变,日粮搭配不合理,缺乏维生素及矿物质,运动不足,以及早产、产程过长、胎水过多、胎儿过大及双胎等因素,都可导致子宫迟缓,引起产后子宫收缩无力。

②胎盘炎症或充血。发生胎盘炎症时(如布氏杆菌病),可使胎儿胎盘和母体胎盘发生粘连;分娩过程中,子宫剧烈收缩可引起胎盘充血,造成胎盘组织间联系异常紧密,引发胎衣不下。

③其他。胎盘未成熟或老化、有关激素分泌失常、牛的胎次和年龄等因素,也可与胎衣不下有联系。

中兽医认为,胎衣不下的病机是:气血运行不畅、胞宫活力减弱,不能使胎衣正常排出。

(2)临诊要点:胎衣不下分为全部不下或部分不下。

①全部不下,即整个胎衣滞留在子宫内,只有少部分胎衣悬盘于阴门外,或整个胎衣

全部滞留在子宫和阴道内。

②部分不下,即大部分胎衣脱垂于阴门外,有少部分粘连于子宫内母体胎盘或大部分胎衣已脱落,只有极少部分滞留于子宫内。

母牛一般无全身症状,偶有举尾、弓腰、轻微努责。悬垂于阴门外的胎衣,经2~3天腐败分解,气味恶臭。滞留于子宫内的胎衣,若腐败分解时,阴门排出红褐色恶臭黏液,混有腐败的胎衣碎片,并可导致急性子宫炎。

少数胎衣不下的母牛,因胎衣腐败,恶露滞留于子宫内,细菌生长繁殖,产生毒素,从而引起自体中毒。病牛表现体温升高,精神沉郁,食欲减退,前胃弛缓,产奶量下降,严重的发生死亡。

(3)防治:

①治疗。原则是增加子宫收缩力,促进子母胎盘分离,预防胎衣腐败和子宫感染。治疗方法有药物疗法与手术剥离方法。

产后对症用药:产后应尽早静脉注射5%葡萄糖液、10%硼葡萄糖酸钙液各500毫升,灌服益母草水500毫升,并喂服麸皮1 000克、食盐50克和石灰粉50克。

使用促进子宫收缩的药物:垂体后叶素80~100国际单位,皮下或肌内注射,2小时再重复1次。或催产素(缩宫素)80~100国际单位,后海穴注射。促进子宫收缩药物宜早用。

预防胎衣腐败及子宫感染:用土霉素5~10克,溶于500毫升蒸馏水中,1次灌入子宫,隔天再灌1次,2~3次为一疗程。如果全身状况欠佳或伴有体温升高,则需全身补液及应用抗生素。

采用药物方法治疗无效的病例,可进行手术剥离。

A.手术剥离原则:容易剥离就剥离,不能强行剥离,以免损伤子宫,引起感染,尽可能将胎衣剥离干净。体温升高的病畜,证明子宫已有炎症,决定剥离一定要慎重,以免炎症扩散,加重病情。

B. 术前准备:母畜外阴部和术者手臂消毒。操作时需穿戴长臂乳胶手套、长统靴及橡皮围裙,必要时需带防护眼镜及口罩。

为了避免胎衣黏附在术者手上,可往子宫内灌入盐水500～1 000毫升。母牛努责强烈时,可在后海穴或荐尾间隙,注射普鲁卡因。

C. 手术方法:用左手扯紧露出阴门外的胎衣,右手沿其伸入子宫黏膜与胎膜之间,找到未分离的胎盘。先剥一个子宫角,再剥另一个子宫角。胎盘剥离的方法是,在母体胎盘与其蒂的交界处,用拇指及食指捏住胎儿胎盘的边缘,轻轻地将它从母体胎盘上扯开一点,或者用食指将它抠开一点。再将拇指或食指逐步伸入胎儿胎盘与母体胎盘之间,将它们分开。也可用另一种方法挤剥,即抓住胎儿胎盘,用拇指和食指将母体胎盘挤出。

在剥离过程中,左手要把胎衣拉紧,以便顺着它去发现尚未剥离的胎盘。为避免剥出的部分重量过大,把尚未排出的胎衣扯断,可将已露出的胎衣剪掉一部分。子宫角尖端的胎盘较难剥离,一方面是因为尖端的空间很小,胎盘彼此靠的较紧,妨碍操作,另一方面是手臂长度不够,难以达到。此时可轻拉胎衣,使子宫角尖端略微内翻,缩短距离,剥完以后要使内翻的子宫角恢复原位。

D. 术后处理:胎衣剥离完毕后,子宫内要放置露它净等消炎药物,隔日1次,连用3～5次,防止子宫感染。

剥离后,要注意检查病畜有无子宫炎及全身状况。一旦发现异常,要及时应用抗生素治疗。胎衣不下的病牛治愈后,配种宜推迟1～2个发情周期,使子宫有充足的恢复时间。

中医辨证施治,气虚则应

补气益血,佐以行瘀。内服加味生化汤:当归 60 克,川芎、荆芥穗各 25 克,黑姜、桃仁各 30 克,大枣 20 个,炙甘草 10 克,益母草 250 克,芡实叶 3 张,红糖 250 克为引,共煎水,候温,1 次投服。或下衣散:当归、五灵脂、生蒲黄各 30 克,芡实 60 克,川芎、没药各 25 克,陈棕(烧灰存性)15 克,共研细末,烧酒 150 毫升,温水冲调,1 次投服,或用当归、前仁(车前子)、木通、通草各 30 克,红花、三棱、莪术各 20 克,生地、丹参各 25 克,甘草 10 克,共煎水,候温,1 次投服。

②预防。孕牛饲喂富含钙及维生素的饲料,适当增加运动时间,产前 1 周减少精料。分娩后让母牛自己舔干犊牛身上的黏液,尽可能灌服羊水,并尽早让犊牛吮乳。分娩后立即给母牛注射葡萄糖酸钙溶液,或投服益母草及当归煎剂,有防止胎衣不下的作用。有条件时,分娩后催产素

50 国际单位,1 次皮下或肌内注射,或内服中药缩宫散、生化散等,可降低本病的发病率。

15. 奶牛子宫脱出

奶牛子宫角前端翻入子宫腔或阴道内,称为子宫内翻,而子宫全部翻出阴门之外,称为子宫脱出。临床上以母牛产后仍有明显努责,子宫颈管开张,子宫角内翻,继而脱出于阴门外为特征。

(1)病因:奶牛子宫脱出,主要和产后强烈努责、外力牵引以及子宫弛缓等有关。

①产后强烈努责。子宫脱出主要发生在胎儿产出后不久,存在某些能刺激母牛发生强烈努责的因素,如产道及阴门的损伤、胎衣不下等,使母牛继续强烈努责,腹压增高,导致子宫内翻及脱出。

②外力牵引。胎儿产出后,部分胎儿胎盘与母体胎盘分离,脱落的部分悬垂于阴门之外,会牵引子宫使之内翻,尤其当脱出的胎衣内存有胎

水时,会增加胎衣对子宫的拉力。此外,难产时,产道干燥,子宫紧包胎儿,如果未经很好处理,即强力拉出胎儿,子宫常随胎儿翻出阴门之外。

③子宫弛缓。许多子宫脱出病例,都同时伴有低钙血症(血钙降低),而低钙是造成子宫弛缓的主要因素。此外,母牛衰老、经产、营养不良、运动不足、胎儿过大、胎水过多等,也能引起子宫弛缓。

(2)临诊要点:子宫轻度内翻,在子宫复旧过程中,常可自行复原,而无明显外部症状。

子宫角尖端通过子宫颈进入阴道内时,患牛表现轻度不安,经常努责,尾根举起,食欲、反刍减少。如母牛产后仍有明显努责时,应及时进行检查。手伸入产道,可发现柔软、圆形的瘤样物。直肠检查时可发现肿大的子宫角似肠套叠,子宫阔韧带紧张。病牛卧下后,可以看到突入阴道的内翻子宫角。

子宫角内翻时间稍长,可能引起坏死——败血性子宫炎,有污红色、带臭味的液体从阴道排出,全身症状明显。如不及时处理,母牛持续努责时,容易导致子宫脱出。肠管进入脱出的子宫腔内时,患牛可有疝痛症状。

脱出的子宫较大,有时还附有尚未脱离的胎衣。如胎衣已脱离,则可看到黏膜表面上有许多暗红色的子叶(母体胎盘),并极易出血。脱出时间稍久,子宫黏膜瘀血、水肿,呈黑红色肉冻状,并发生干裂,有血水渗出。寒冷季节常发生冻伤、坏死。如子宫脱出继发腹膜炎、败血症等,患牛呈现全身症状。

(3)防治:

①治疗。对子宫脱出的病牛,需及早实施手术整复。整复脱出的子宫之前,必须检查子宫腔中有无肠管和膀胱,如有,应将肠管先压回腹腔,并将膀胱中尿液导出,再行整复。整复时助手要密切配合,

把握住子宫,并注意防备已送入的部分再脱出。

整复后为防止复发,需在阴门基部做几针扭孔状缝合,在阴门两侧分点注射适量酒精,并驱赶奶牛慢步活动,以促进子宫收缩复位。手术后6小时,尽量不让牛卧地。

为促进子宫康复,增加营养,改善血液循环,可1次静脉注射复方氯化钠液1 500毫升,5%葡萄糖液1 000毫升,5%碳酸氢钠液250毫升,10%氯化钠液500毫升,维生素C 30毫升。

中兽医治疗,以活血化瘀、健脾理气为主。内服生化汤加减:当归45克,川芎、荆芥穗、桃仁、柴胡、炮姜各30克,生地、红花各20克,鳖甲、枳壳各60克,黄芪、党参各45克,益母草120克,共煎,1次投服。或内服补益收宫散:当归、熟地各60克,川芎、黄芪、升麻、香附、焦白术各30克,煅龙骨、甘草各15克,共研末,米酒250毫升,温水冲

调,1次投服。

②预防。应对怀孕奶牛加强饲养管理。在临近分娩时,注意观察,如孕牛有不安、努责等现象,应详细检查,及时做好接产、助产等准备。临产时或产后,肌内注射催产素(缩宫素)100单位,可有效避免本病发生。

16. 奶牛产后子宫内膜炎

本病是由于子宫内膜损伤和外界病原侵入,引起子宫内膜的炎症。临床上以产后及流产后,从阴门中流出黏液性或黏液、脓性渗出物为特征。中兽医称为“带下”,意为从母畜阴门流出白色或赤白相杂的黏稠浊液,形如带状滴下。

(1)病因:分娩时或产后,病原微生物可通过各种途径侵入子宫内。正常情况下,奶牛产后首次发情期时,可排除子宫腔内的大部分甚至全部感染菌。首次发情推迟、子宫迟缓时,此过程受到抑制,可

引起子宫炎。特别在发生产道创伤、难产、助产不当、胎衣不下、子宫脱出时，容易引发子宫迟缓，从而导致子宫内膜炎。

中兽医认为，分娩时或产后期，热毒、寒湿浊邪侵注，气血瘀滞胞宫，可引起"带下"。

（2）临诊要点：根据疾病过程，分为急性、慢性子宫内膜炎。

①急性子宫内膜炎。多发生于产后或流产后。患牛体温稍增高，有时拱背努责，常作排尿姿势。从阴门中流出黏液性或黏液、脓性渗出物，有时掺杂有血液，卧下时排出量更多，有腥臭味。阴道检查时，子宫颈外口黏膜充血、肿胀，颈管稍开张，阴道底部积有炎性分泌物。直肠检查时，子宫角增大、疼痛，呈面团样硬度，有时有波动感。

②慢性子宫内膜炎。全身症状不明显，发情周期不正常，屡配不孕。卧下或发情时，从阴门流出较多混浊带絮状物的黏液或脓液。子宫颈外口充血、肿胀，多数开张1～2指。直肠检查时，一侧或两侧子宫角增大，出现柔软、硬固及有波动的部分（子宫蓄脓）。子宫收缩反应减弱或消失。

③中兽医将本病分为湿热型、气滞血瘀型（急性子宫内膜炎），以及虚寒型、气虚型（慢性子宫内膜炎）。

A. 湿热型：病畜阴道流出赤白相杂的黏稠污浊物，气味腥臭。畜体体温略升高，食欲、反刍减少。有时拱背努责，常作排尿状，尿短黄而频数。口色红，脉象数。

B. 气滞血瘀型：病畜从阴道流出暗紫色或棕红色污浊物，或带有灰白色黏膜组织小块，或带有黑色血凝块，气味腥臭。表现轻微腹痛，常作努责。如若血瘀化热，则恶露少量，色紫红，质稠而气臭。周身发热，体温升高，食欲、反刍减少或停止。口色赤红，脉象数。

C. 虚寒型:病畜从阴道流出白色或淡黄污浊物,量多而稀薄,连绵不断。一般不表现全身症状,但有时体温稍微升高,精神倦怠,四肢无力,日渐消瘦。口色淡白,脉象沉迟。

D. 气虚型:病畜从阴道流出淡红色污浊物,量多而质稀薄,气味不臭。患畜精神不振,四肢无力。口色淡白,脉象细弱。

(3)防治:

①治疗。子宫内冲洗。常用温热、刺激性小的冲洗液,如 0.1%雷佛奴尔溶液,0.1%高锰酸钾溶液。当子宫有出血时,可用 1%明矾溶液冲洗。冲洗时速度不宜过快,溶液量不宜过多,一般以 2 000毫升左右为宜,反复冲洗几次,尽可能将子宫腔内的污物冲洗干净。

脓性子宫内膜炎时,可用前列腺素 $F_{2\alpha}$ 4~8 毫克,肌内注射,一般 1~3 天可排出脓汁(前列腺素 $F_{2\alpha}$ 可促进子宫收缩)。脓汁排出后,再治疗 2 个疗程。对有全身症状的病畜,禁止冲洗子宫,应用抗生素及对症治疗。

中兽医辨证施治。

A. 湿热型:以清热利湿、活血散瘀为治则。内服连翘、金银花各 60 克,赤芍、桃仁各 125 克,牡丹皮 25 克,香附子、薏苡仁、黄芩、延胡索、丹参各 30 克,共煎水,候温,1 次投服,或服蒲公英、紫花地丁、三白草、桃仁、土茯苓、野菊花各 60 克,金银花藤 250 克、车前草 95 克、益母草 90 克,共煎水,候温,1 次投服。

B. 气滞血瘀型:以行血化瘀为治则。内服生蒲黄、益母草、茯苓各 30 克,当归 45 克,五灵脂、炙香附各 25 克,川芎、桃仁各 15 克,共研末,黄酒 125 毫升为引,开水冲调,1 次投服。或生化汤加减:当归 60 克,川芎、桃仁、红花各 30 克,炮姜、五灵脂、荆芥穗各 25 克,甘草、生蒲黄、蒲公英各 15 克,益母草 30

克,共煎水,1 次投服。

C. 虚寒型:宜以健脾燥湿、温阳祛寒为治则。内服补中益气汤加减:炙黄芪、党参、白术、艾叶、煅龙骨、煅牡蛎各30 克,当归、陈皮、肉苁蓉、酒知母各 25 克,杭白菊、炙甘草各 20 克,共煎水,1 次投服。或八珍汤加减:党参、白术、茯苓、当归、山药、黄芪、补骨脂各 30 克,熟地、白芍各 25 克,芡实 20 克,莲子、陈皮、肉桂各 15 克,巴戟 25 克,甘草各15 克,共煎水或研末,1 次投服。

D. 气虚型:宜以补气摄血为治则。内服归脾汤加减:党参、黄芪、当归各 60 克,白术、茯苓、白芍、熟地、生姜各30 克,大枣 50 克,木香、炙甘草各 15 克,共煎水或研末,1次投服。加减:若泄泻,减去当归,加山药、车前仁、升麻各30 克;若食欲缺乏,加鸡内金、草豆蔻各 30 克。

②预防。母牛分娩助产时,要认真消毒,正确操作,防止感染和损伤。对难产、胎衣不下、子宫脱等疾病,及早治疗。

17. 奶牛产后败血症

本病是因牛生产后抵抗力降低,病原微生物乘虚侵入体内,大量繁殖,从而引起的一种全身性严重疾病。临床上以稽留高热、呼吸浅快、食欲废绝、阴门有恶露排出、卧地呈半昏迷状态为特征,中兽医称为"产褥热"。

(1)病因:

①各种类型的难产,子宫内膜或子宫肌局部损伤,处理不当,均可引起败血症。

②胎儿腐败、胎衣不下、剥离胎衣不当、恶露滞留、子宫脱出、坏疽性乳房炎等,可进一步导致败血症。

(2)临诊要点:发病初期,奶牛体温突然上升至 40～41℃,整个病程中出现稽留热。触诊四肢末端及两耳有冷感。病牛精神极度沉郁,常卧下,呻吟,头颈弯向一侧,呈半昏迷状态。反射迟钝,食欲废绝,反刍停止,但喜饮水。

发病 2～3 天,完全停止泌乳。眼结膜充血,病后期发绀,有时可见小出血点。脉搏微弱,每分钟可达 90～120 次,呼吸浅快。

临近死亡时,体温急剧下降,且常发生痉挛。

病牛阴门有少量液体流出,恶臭,呈乌红色或褐色,内含组织碎片。阴道检查时,母牛表现疼痛不安,黏膜干燥、肿胀、呈乌红色。如阴道有创伤,其表面多覆盖一层灰黄色分泌物或薄膜。病牛往往有腹膜炎症状,腹部触诊敏感。随着病情的发展,出现腹泻,粪中带血,有腥臭味。由于脱水,病牛眼球凹陷,高度衰竭。

(3)防治:

①治疗。及时治疗原发病(如子宫内膜炎、阴道炎等),消除感染源,但绝对禁止冲洗子宫。为了使子宫内炎性产物和恶露迅速排出,可肌注催产素 100 单位。

A. 抗菌消炎:全身大剂量应用抗生素及磺胺类药物,直至体温降至正常为止。磺胺嘧啶钠,第 1 次剂量 60 克,用葡萄糖生理盐水稀释成 2%～3% 的溶液,1 次静脉注射,以后每次用 30 克,每天 2～3 次,连用3～5 天。或用青霉素 800 万国际单位,链霉素 4 克,注射用水适量,配成注射液,肌内注射,每天 2 次,连用4～5 天。也可用盐酸四环素4～6 克,溶于 5% 葡萄糖溶液 1 000 毫升,1 次静脉注射,每天 1 次,连用 3 天。

B. 对症治疗:为促进体内有毒产物排出,可大剂量静脉输液。25% 葡萄糖液 1 500 毫升,5% 碳酸氢钠液 500 毫升,生理盐水 2 000 毫升,维生素 C 5 克,10% 安钠咖液 20 毫升,1 次静脉输液,每天 2 次。同时,可静脉注射 10% 氯化钙溶液 150～200 毫升或 10% 葡萄糖酸钙溶液 500～800 毫升,每天 1 次。

中兽医认为,本病是因产后瘀血化热,热毒传入营血而致的血热症。治则为清热凉血、解毒祛瘀、消炎消肿、杀灭外邪。可用复方十草汤:黄花败酱草、白花蛇舌草、益母草、马鞭草、鸭跖草、白毛夏枯草、紫花地丁草、鱼腥草、蒲公英全草各 250 克,生甘草 20 克,忍冬藤 100 克,红藤 80 克,当归、赤白芍、丹参、丹皮各 50 克,生地 60 克,加水 10 升,煎汁 5 升左右,给牛灌服,并将药渣灌食,每天 1 剂,连服 3 ～4 剂。

②预防。对母牛精心护理,喂以营养丰富、易消化的饲料,充分饮水,加厚垫草,及时清理牛舍污物,防止造成各种感染和损伤。

18. 奶牛乳房炎

本病是多种原因引起的乳房的炎症,并有乳汁性质的改变。临床上以乳房肿胀、疼痛,泌乳减少,质量下降为特征,中兽医称为"乳痈"。

(1)病因:引起乳房炎的病因,有细菌、真菌、支原体、病毒等,其中主要是病原菌。

病原菌可分为传染性的和环境性的两大类。

①传染性病原菌。如无乳链球菌、支原体、金黄色葡萄球菌等。

②环境性病原菌。如大肠杆菌、停乳链球菌、乳房链球菌等。

病原可通过挤奶机、人工挤奶或环境污染乳头、乳池,引发感染。饲养管理不当,如牛舍寒冷、温度突变、通风不良、垫草不洁等,诱发乳房炎的发生。

中兽医认为,乳痈的发生,多因饲养管理失宜,亦可因乳头损伤,毒邪乘隙内侵,或因乳络不畅,乳头闭塞,产后精料过多,乳汁分泌过盛,乳汁停滞不通,肝气郁结,气机不舒,郁结而成本病。

(2)临诊要点:奶牛乳房炎可分为临床型乳房炎和隐性乳房炎。

①临床型乳房炎。乳房和乳汁均有异常。

A. 乳房:轻者乳房肿胀、

皮肤变红、质地硬,有疼痛,泌乳减少,不让挤奶,不喜欢下卧,卧地有痛感,急于起立,站立时两后肢张开。同时食欲减退,精神委顿。重者乳房坚硬如石、疼痛,泌乳停止。体温升高到 41℃ 以上。

B. 乳汁:轻者乳汁稀薄,色灰白,有絮状物。重者挤不出奶,挤出的少量乳汁变质,色黄白、黄褐或红色,有大小不等的黏稠性凝块。

②隐性乳房炎。在奶牛场发病率高,但临床症状不明显。主要通过测定乳汁中体细胞数、电导率等数值的变化,做出诊断。

A. 体细胞计数法:体细胞计数法是计算每毫升乳汁中的体细胞数,正常生理状况下,每毫升乳中不超过 10 万个。乳房受到感染后,引起白细胞不同程度的渗出和上皮的脱落,使乳中细胞数增加。通常规定,每毫升乳中体细胞数超过 50 万个,判定为隐性乳房炎。

B. 乳汁电导率:乳房发炎时,乳中氯化物含量增加,电导率值上升。因此用乳房炎诊断仪,检验乳汁电导率值的变化,可诊断隐性乳房炎,此方法比较快速、准确。

(3)防治:

①治疗。临床型乳房炎。对急性乳房炎的患牛,每头用青霉素 50 万国际单位,链霉素 0.5 克,溶于 50 毫升蒸馏水中,再加入 0.25% 普鲁卡因溶液 10 毫升,经乳导管注入,每天 2 次,也可在挤尽牛奶后,向每个乳区注入 1 支氨苄西林钠、氯唑西林钠混悬剂(泌乳期),每天 1 次,经乳导管注入,用药2～3 天,效果明显。对慢性乳房炎的患牛,一般采取局部刺激疗法,采用樟脑、鱼石脂软膏或碘甘油,将乳房洗净擦干后涂于患处,效果明显。

对隐性型乳房炎主要是进行控制和预防。

中兽医治疗,治则为清热解毒,消肿通乳。病初乳房肿胀,用艾叶、银花、葱各适量共煎水,乘热洗敷乳房,并行按摩,使乳房顺利下乳。并酌情挤乳1～2次,尽量挤尽乳房中乳汁。乳孔闭塞者,用消毒过的乳管疏通乳头孔,然后挤尽乳房乳汁,减轻肿痛。外用大黄、芙蓉花(无花用叶)各60克,共研细末,鸡蛋清、淡醋调敷,或用雄黄软膏(雄黄100克,鱼石脂250克,樟脑50克,冰片5克,凡士林100克,先将雄黄、樟脑、冰片分别研细末,再将鱼石脂、凡士林加热溶解拌匀,然后分别将雄黄、樟脑、冰片细末撒于溶解拌匀的鱼石脂、凡士林内,一边撒,一边搅拌,拌匀即可装瓶备用),涂敷患部。并用下列中药:知母、黄柏各60克,生蒲黄、栀子、海藻、五灵脂、皂角刺、广木香、乳香、没药、蒲公英、橘络、木通各30克,共研末,开水冲,候温,1次投服,或用蒲公英、陈皮、柴胡、牛蒡子、青皮、连翘、皂角刺、枯芩、银花各35克,生甘草

20克,栀子30克,共煎水,加米酒,1次投服。如乳房已化脓溃烂,先挤净脓汁,并用艾叶、银花、葱各适量,共煎水,洗净溃面。或用高锰酸钾水洗净溃面,然后用生肌拔毒散(乳香、没药、儿茶、龙骨、白蜡、松香、白芷各30克,枯矾、炉甘石各60克,冰片10克,共研细末,撒于患部,或用麻油或菜子油适量调制成糊状)搽敷,并水煎。灌服当归贝母汤:蒲公英、浙贝母、黑楂肉、当归、炒赤芍、瓜蒌仁、桃仁、炒木通、青皮、丝瓜络、党参各25克。

②预防。应搞好环境卫生,加强饲养管理,奶牛日粮中注意补充硒和维生素 E。规范挤奶操作,注意挤奶卫生。母牛在干乳前最后一次挤乳后,向每个乳区注入适量长效抗菌药物。加强对母牛相关疾病的治疗,减少应激反应。

19. 奶牛产后缺乳

缺乳是指母牛在产后泌

乳很少或完全无乳的病症。临床上以产后乳汁缺乏或稀薄，拒绝犊牛吮乳为特征，又称少乳或泌乳不足。

(1)病因：乳汁为血所化，赖气运行和约束，故乳汁的有无、多少和排出的情况，均与机体的气血有密切关系。如妊娠期母牛营养不良，气血亏虚，血少则不能化生乳汁，以致乳汁稀薄缺少。或母牛过早配种，生长发育不良，乳腺功能不全，产后血不能化生乳汁。或产后外感风寒、热毒，血凝气滞，乳房肿胀，均能引起气机壅遏瘀滞，管道不通而致缺乳。

(2)临诊要点：中兽医将本病分为气血虚弱型、气滞血瘀型。

①气血虚弱型。产后乳汁缺乏或量少稀薄，甚或无乳。乳房缩小、松软，皮肤松弛，母牛身体消瘦，皮毛干燥。精神不振，食欲、反刍减少。口色淡白，脉象虚细。

②气滞血瘀型。乳汁缺少，乳房胀满而痛，甚至有硬结，拒绝犊牛吮乳。母牛食欲减退，便秘，尿黄短，舌红，脉弦数。

(3)防治：中兽医辨证施治。

①气血虚弱者，以补气养血，通经下乳为治则。内服通乳汤：当归、黄芪、党参各60克，木通、麦冬、桔梗、王不留行各30克，共煎水，水酒500毫升，共调，1次投服。或用四物汤加味：当归、熟地、白芍、白术、阿胶、王不留行、通草各30克，川芎、杜仲各25克，黄芪、党参各45克，甘草15克，共煎水或研末，水酒250毫升，共调，1次投服。

②气滞血瘀者，以理气散瘀，清热下乳为治则。内服下乳涌泉散：当归、生地各45克，白芍、寸冬、王不留行、花粉各30克，柴胡、通草、青皮、川芎、白芷、蒲公英、漏芦各25克，甘草20克，共煎水，1次投服。或用黄芪、生地、蒲公英各60克，天花粉、漏芦、

白芍各 45 克,麦冬、王不留行、益母草各 95 克,白芷、皂角刺各 30 克,共煎水,1 次投服。

20. 奶牛血乳

血乳是指挤出的乳汁呈血色。它不是一种独立疾病,而是多种奶牛疾病中的常见症状,是在各种病因作用下,引起乳腺池或输乳管中的血管破裂,血液进入乳汁而引起。临床上以挤出的乳汁含红细胞、呈红色为特征。

(1)病因:分娩后,母牛乳房肿胀,水肿严重,乳房下垂,牛在运动或卧地时,常会受到后肢挤压;或牛出入圈舍时相互拥挤;或突然滑倒,而场地不平,有碎砖、石子、瓦片,这些情况,都可能引起乳房的损伤,发生血乳。此外,乳房炎、血凝障碍(如血小板减少)、甚至酮病和某些应激因素,也能引起血乳。

(2)临诊要点:各个乳区都可出现血乳。挤出的乳汁呈红色,轻者淡红,重者深红,

一般无血凝块。如将血乳装于试管中静置,血细胞下沉,上层出现正常乳汁。乳房充血、水肿、温热和疼痛,特别在挤奶时疼痛更明显。病牛的体温可能轻微升高,精神状况、食欲与反刍基本正常。

若在产后较长时间发生血乳,多因一个或两个乳区发生外伤所致。受伤乳区局部有外伤痕迹,红、肿、热、痛十分明显。挤出的乳汁可能含血凝块。经过几天后,血乳逐渐减轻至消失。

(3)防治:对奶牛血乳可用冷敷或冷浴治疗,或乳房内打入过滤灭菌的空气,也可使用止血敏 10～20 毫升,仙鹤草素注射液 30～40 毫升,安络血 20 毫升,1 次肌内注射,每天 2～3 次。在产后 1～7 天发生的,可用 10% 葡萄糖酸钙液 300～500 毫升,1 次静脉注射,每天 1 次,经 2～3 次治疗可治愈。

对出现血乳时间较长,用止血剂无效时,可往乳区内注

入 2％盐酸普鲁卡因液 10 毫升,每天 2～3 次。为防止继发感染,可用青霉素 250 万～300 万国际单位,1 次肌内注射,每天 2 次,连用 3 天。

因乳房炎引起的血乳,除静脉注射葡萄糖酸钙液外,还应采取抗菌消炎等措施,进行治疗。

中药可试用:党参、麦冬各 45 克,熟地、巴戟天、白术、白芍、荆芥炭、地榆炭、当归各 40 克,甘草 25 克,研末,1 次投服。

21. 奶牛乳头管狭窄及闭锁

本病是乳牛的多发病,指乳头或乳池结缔组织增生,导致乳头管内腔变窄或完全不通。临床上以乳汁排出障碍为特征。

(1)病因:通常由慢性乳房炎、乳池炎或粗暴挤奶所致。头胎牛出现乳头管狭窄,可能与在犊牛时期,犊牛间互相吸吮乳头,引起的乳头管慢性增生有关。本病与遗传因素有一定联系。

(2)临诊要点:乳头管狭窄时,挤奶困难,乳汁呈点滴状或细线状排出。

乳头管口狭窄时,乳汁射向一方或射向四方。

乳头管闭锁时,乳池内充满乳汁,捏挤不出奶,捻乳头末端,可感觉在乳头管的一些部位,有不同硬度、形状和大小的增生物。

如果整个乳头管全部闭锁,用手触诊乳头时,感到乳头管内似插入了一根筷子,有一种实心感。有时可发现,增生的肉芽组织,经乳头管开口向外赘生。如果闭锁仅由一层膜增生引起,则触诊不易搞清楚。

乳头管狭窄和闭锁的程度,可用探针来探查。完全闭锁时阻塞严重,探针不能通过,如仅为一层膜造成的闭锁,则稍用力即可通过。

(3)防治:可施行手术扩张乳头管,使之开通。

手术在局部麻醉下进行。

用乳头管刀穿入乳头管,纵行切大或切开管腔。随后,放入蘸有蛋白溶解酶的灭菌棉棒,或插入螺帽乳导管。挤奶时,拧下螺帽,奶便自然流出,挤完后,再拧上螺帽,也可插入乳头管扩张塞,至痊愈为止。

乳头管狭窄的奶牛,也可在挤奶前半小时,插入乳头管扩张塞,挤奶时取下。

使用乳头管扩张塞请注意:一要充分消毒;二要先用细的,由细到粗逐渐扩张;三是扩张塞在乳头管中停留时间不宜过长,以免压迫乳头管黏膜或造成括约肌麻痹而漏奶。

二、猪普通病的防治

(一)猪的内科病

1. 猪胃溃疡

猪胃溃疡是指胃黏膜深层的缺损,可造成胃出血甚至胃穿孔。临床上以贫血、食欲减退、排出黑色粪便为特征。

(1)病因:各种应激因素,如饲养密度过大,猪只斗架、受惊,长距离运输,饲料突变,或有异食癖等,均能引起本病。饲料品质不良,加工过细,饲料中缺乏维生素 E 及硒,或长期饲喂含高玉米淀粉、低蛋白的饲料,胃酸过多,也可引起。饲料中硫酸铜含量超标,可损伤猪胃黏膜,加之饲喂精细饲料,加剧炎症,也可造成溃疡。

(2)临诊要点:

①急性型。可见明显的贫血症状,病猪衰弱无力,呼吸加快,有时出现磨牙。呈现阶段性厌食、呕吐、排黑色柏油状粪便。有时大便干结。有的猪发病很急,常在活动之后忽然死亡或虚脱,死亡原因主要是胃溃疡出血。

②慢性型。病程持续时间较长。临床可见厌食、贫血、体重减退等。可见间歇性或持续性排出黑色粪便。有的临床症状很轻,仅偶见排弹丸样硬粪。

(3)防治:

①治疗。症状较轻的病

猪,应保持安静,减轻应激反应。可用镇静药,如盐酸氯丙嗪,每次每千克体重 1～2 毫克,肌内注射。

氢氧化铝硅酸镁或氧化镁等抗酸剂,使胃内酸度下降,保护溃疡面,防止出血,促进愈合。

为保护胃黏膜,于饲喂前投服次硝酸铋 2～4 克,每天 3 次,也可口服鞣酸蛋白(收敛消炎止泻),每次 2～5 克,每天 2～3 次,连用 5～7 天。

为维持食糜的正常排空,可用聚丙烯酸钠,每天 5～20 克溶于水中,饮服。

出血不止的,肌注止血敏、维生素 K,也可用氯化钙溶液或葡萄糖酸钙溶液加维生素 C,静脉注射。

②预防。

A. 饲料营养应全面。饲料成分中麦麸含量应占 10%～15%,并加入适量的维生素 E 和硒。

B. 减少应激因素。猪饲养密度合理,保持栏舍清洁,

防止咬架斗殴。定期驱虫,在保育期体重 20 千克左右时,口服伊维菌素,按每千克饲料 0.1 克拌料喂服。

C. 一旦发现胃溃疡病猪,应及时治疗,加强护理,保持安静。

2. 猪消化不良

消化不良,因胃肠道机能障碍引起。临床上以食欲减退、常发腹痛、大便秘结或排出稀粪为特征,又称胃肠卡他,中兽医称为"伤食"。

(1)病因:

①饲喂条件突然改变。如饲料温度变化无常,饲料霉烂变质,饲料粗硬或冰冻,饲料中混有泥沙或带有毒物质,饮水不洁,时饥时饱等。饲喂过多蛋白质、脂肪和含糖饲料,亦能伤害脾胃阳气,胃弱则不能受纳,脾虚则不能运化,脾胃功能失常,从而导致本病。

②某些传染病、中毒病和胃肠道寄生虫病等,也常可继发消化不良。

③治疗猪病时,误用刺激性药物,损伤胃肠道黏膜,也可引起。

(2)临诊要点:病猪精神不振,食欲减退。病初,口腔黏膜潮红,舌苔厚腻,唾液黏稠,口臭,嗳气或呕吐,并带有酸臭味。时有腹痛,排粪干稀不定。病势发展,发生肠卡他时,呈现大便减少、秘结,尿少色黄,食欲大减或废绝,但饮水增多,饮水后往往又复呕吐。发生大肠卡他时,则肠音增强,病猪时常努责排稀粪,粪中常夹杂黏液或血丝,稀粪污染肛门、后肢和尾部。

(3)防治:

①治疗。除去病因,改善饲养管理。对病猪少喂或停喂1~2天,或改喂易消化的饲料,如稀粥或米汤。用硫酸钠(镁)或人工盐30~80克或植物油100毫升,鱼石脂2~5克或来苏儿2~4毫升,加水适量,1次内服,进行清肠、止酵。

调整胃肠机能。仔猪可用乳酶生和胃蛋白酶各2~5克,稀盐酸2毫升,混合分2次内服。此外,还可用各种健胃剂,如酵母片或大黄苏打片3~10片,每天2次,混入饲料内服。病猪较多时,可取人工盐3.5千克,焦三仙1千克,混合后,按每头猪每次5~15克拌料喂服,小猪酌减。

积极治疗引起猪消化不良的原发病。

病猪久泻不止或剧泻时,应口服庆大霉素、氨苄青霉素、复方新诺明等。磺胺脒每千克体重0.1~0.2克(首次倍量),分3次内服,也可肌内注射吐泻宁。或庆增安注射液2~5毫升,每天1~2次。对于脱水的病猪,应及时静脉补给5%葡萄糖溶液、复方氯化钠液或生理盐水等。或口服补液盐。

中兽医以健脾胃、消食积为治则。可灌服健脾散:当归、白术、菖蒲、厚朴、砂仁、官桂、青皮、茯苓、泽泻、炙甘草、五味子各30克,干姜15克。

或加味理中汤：白术 70 克，党参、茯苓、白芍、车前子、神曲、山楂、麦芽各 35 克，甘草、干姜各 20 克，研末，每次 10～20 克，每天 1 次，可针刺脾俞、玉堂、后三里等穴。

②预防。改善饲养管理，合理调配饲料，定时定量定食温饲喂。每天补给适量的食盐（不超过饲料总量的 0.5％）。控制各种原发病。

3. 猪胃肠炎

猪胃肠炎指胃肠黏膜的重剧炎症。临床上以体温升高、剧烈腹泻及全身症状重剧为特征，中兽医称为"肠黄"。

(1)病因：与消化不良的病因基本相同，只是病因作用更剧烈，持续时间更长。

(2)临诊要点：初期病猪精神萎靡，表现消化不良的症状。进而食欲减退或废绝，口腔干燥，口臭，舌面皱缩，被覆多量黄腻或白色舌苔。以后体温升至 41℃，饮欲增加，鼻盘干燥。可视黏膜初暗红带黄色，以后则变为青紫。呕吐，腹泻。稀便呈粥样或水样，腥臭，混有黏液、血液或脓液。有不同程度的腹痛，呈现里急后重现象。

出血性胃肠炎，表现可视黏膜苍白，粪便变黑，呈煤焦油状。后期，肛门松弛，排粪失禁。随着病情恶化，病猪体温降至正常温度以下，四肢厥冷，脉搏微弱，体表静脉塌陷，精神高度沉郁、昏迷。

(3)防治：治疗的根本措施是抑菌消炎。可选用黄连素，每天每千克体重 5～10 毫克，分 2～3 次服用。对急性胃肠炎，以 5％葡萄糖液 250～500 毫升，1 次静脉注射，每天 1～2 次。同时应用 0.1％高锰酸钾溶液 300～500 毫升，内服或灌肠，有一定效果。

强心补液可用 5％葡萄糖生理盐水 500 毫升，10％维生素 C 注射液 5 毫升，40％乌洛托品液 10 毫升，混合后，1 次静脉注射。或用复方氯化钠液 500 毫升，25％葡萄糖液 200 毫升，20％安钠咖液 10

毫升,5%氯化钙液 50 毫升,混合后 1 次静脉注射(仔猪酌减药量)。

当病猪稀便如水,频泻不止,但腥臭气不大、不带黏液时,应止泻。可用药用炭10~25 克,加适量常水,1 次内服,或者用鞣酸蛋白 20 克,碳酸氢钠 5~8 克,加水适量,1 次内服。

中兽医治疗,以清热解毒、消炎止痛、活血化瘀为主。宜用郁金散:郁金 36 克,大黄 50 克,栀子、诃子、黄连、白芍、黄柏各 18 克,黄芩 15 克。或白头翁汤:白头翁 72 克,黄连、黄柏、秦皮各 36 克,水煎,1 次投服,每天 1 次,每次 20~50 毫升。

4. 猪肠便秘

本病是由于肠内容物不能后移,水分被吸收,致使粪便在肠管秘内停滞,变干变硬,而造成肠腔阻塞。临床上以食欲减退或废绝,有时饮欲增加,伴有严重消化障碍为特征。

(1)病因:分为原发性和继发性便秘。

①原发性便秘。饲料品质不良,如饲喂干硬不易消化的饲料,含粗纤维过多的饲料,精料过多,饲料中混有杂物,同时饮水不足,或突然更换饲料,气候骤变等,致使肠管机能降低,饲料不易腐熟与运化,导致糟粕停滞,肠内容物干燥、变硬,而发生秘结。妊娠后期或分娩不久,伴有肠弛缓的母猪,也可发生便秘。

②继发性便秘。主要发生在热性病(如感冒、猪瘟、猪丹毒等)、某些肠道寄生虫病(如肠道蛔虫病)的过程中,去势引起的肠粘连,均可导致继发性粪便燥结。

(2)临诊要点:病猪精神沉郁,食欲减退或废绝,有时饮欲增加,偶见腹胀、不安。病猪频频努责,初期排出干小粪球,被覆黏液或带有血丝,当直肠黏膜破损时,黏液中混有鲜红的血液,以后排粪可停止。当十二指肠便秘时,病猪可呕吐出液状酸臭物。

严重的肠便秘,直肠可充满大量粪球。便秘部的肠管压迫膀胱颈部时,可出现排尿障碍。病到后期,便秘部肠壁发生缺血、坏死,肠内容物异常发酵腐败,病理产物被吸收,导致体温升高,全身症状加剧。

听诊肠音减弱或消失,伴有肠鼓气时可听到金属性肠音。触诊腹部表现敏感、不安。

(3)防治:

①治疗。停止饲喂,或仅给病猪少量青绿多汁的饲料,同时饮用大量温水。硫酸钠(或硫酸镁)30～50克,或石蜡油50～100毫升,或大黄末50～100克,加入适量的水,内服进行导泻。并用温水、2%小苏打水或肥皂水,反复深部灌肠,配合腹部按摩,以软化结粪。

腹痛症状明显的重病例,肌注20%安乃近注射液3～5毫升,或2.5%盐酸氯丙嗪液

2～4毫升。当心脏衰弱时,可皮下或肌内注射10%安钠咖溶液2～10毫升,或强尔心注射液5～10毫升。病猪极度衰弱时,应静脉注射或腹腔注射5%葡萄糖液250～500毫升,并适时注射20%安钠咖2～5毫升,每天2～3次。如药物治疗效果不佳,且病猪体况较好时,应及时进行手术治疗。

中药可试用大黄25克,芒硝15克,枳实、厚朴、麦芽、神曲各20克,木香15克,陈皮12克,山楂30克,甘草9克,水煎投服,每天1次,每次50～100毫升。

②预防。改善饲养管理,合理搭配饲料,每天供应足够的饮水,给予适量的食盐,保证适当的运动。仔猪断奶初期、母猪妊娠后期和分娩初期,应给予易消化的饲料。积极治疗和控制原发性疾病。

5. 仔猪消化不良

仔猪消化不良是哺乳期仔猪胃肠消化机能障碍的统

称。临床上以出现明显的消化吸收障碍和发生不同程度的腹泻为特征。

(1)病因:

①妊娠母猪(特别是在妊娠后期),饲料中营养物质不足,可使母猪的营养代谢过程紊乱,出生的仔猪必然发育不良,极易患胃肠道疾病。

②当母猪患乳房炎或其他慢性病时,以及营养不良的母猪,初乳质量低劣,分泌初乳时间晚,多经1~2天即停止分泌。这样仔猪只能吃到量少、质差的初乳,极易引起消化不良。

③仔猪的饲养管理及护理不当,如卫生条件差,维生素缺乏,饲喂不洁的饲料和饮水,各种应激因素(气候变化等),也是引起本病的重要原因。

④由病原生物引起仔猪的一些疫病(如仔猪副伤寒、猪瘟等),可伴发消化不良。

(2)临诊要点:仔猪消化不良,分为单纯性消化不良和中毒性消化不良两种。

①单纯性消化不良。仔猪常在出生后3~4天开始发病,初期吸乳正常,随后食欲减退,精神萎靡,喜卧,有的仔猪发生呕吐。病猪腹泻,粪便为淡黄色、灰白色稀糊状或水样,粪便内含有黏液和泡沫。肛门周围、尾根和后肢,均被粪便污染。

②中毒性消化不良。疾病中,大量有毒产物被吸收,仔猪呈严重的消化障碍、明显的自体中毒和重剧的全身症状。仔猪体温升高,腹泻重剧,频排水样稀粪,呈灰色、灰绿色,混有大量黏液、血液,带强烈恶臭、腐臭气味,往往出现呕吐,脱水明显。结膜苍白、黄染,心跳加快、脉搏细弱,呼吸浅表疾速。病至后期,体温多突然下降,四肢及耳尖、鼻盘厥冷,抽搐,最终昏迷而死亡。

(3)防治:

①治疗。发现仔猪消化不良,可用乳酶生3~5片,胃

蛋白酶 0.2 克,混合内服,或口服稀盐酸合剂(99 毫升凉开水中加 1 毫升稀盐酸,3 克胃蛋白酶)。伴有低血糖时,可口服 10%葡萄糖溶液。

抑菌消炎,可用氯霉素 0.25 克,每天 2 次内服。磺胺脒 0.2～0.5 克,每天 2～3 次内服。

为防止仔猪脱水,可用含糖盐水 50～100 毫升,静脉注射或腹腔注射,也可口服补液盐(氯化钠 3.5 克、碳酸氢钠 2.5 克、氯化钾 1.5 克、葡萄糖 20 克、加凉开水至 1 000 毫升)。

当腹泻不止时,可选用蒙脱石、鞣酸蛋白、次硝酸铋等药物内服。有条件可进行输血疗法。

中药可试用乌梅、诃子各 15 克,郁金、姜黄、黄连各 10 克,干柿 1 个,水煎,1 次投服 5～10 毫升,每天 1 次,连用 3 ～5 天。

②预防。加强妊娠母猪和仔猪的饲养管理,保证妊娠后期母猪有足够的营养,设法使新生仔猪尽早吃到初乳。人工哺乳应定时定量,乳温应保持在 25～32℃,乳具要定期清洗消毒。控制相关原发性疾病。

6. 猪感冒

感冒是由病原微生物引起,以上呼吸道炎症为主要表现的一种急性疾病。临床上病猪以体温升高、咳嗽、羞明流泪和流鼻液为特征。

(1)病因:发生原因主要是饲养管理不当,猪舍防寒不好、阴暗潮湿,猪突然受到寒冷袭击,或长途运输,使猪体质下降,致使呼吸道内的常在菌大量繁殖而致病。

(2)临诊要点:病猪精神沉郁,低头弓腰,全身战栗,食欲减退,鼻盘干燥。体温升高达 40℃以上,皮温不整,畏寒怕冷。眼红多眵,羞明流泪。口色稍红,舌苔薄白或黄腻。鼻流清滋,频发咳嗽,呼吸不畅,呼吸音增强,脉搏增数。中兽医认为,本病分为风寒型和风热型,前者多见于秋冬,后者多见于春夏,仔猪易发。

(3)防治:病初,可应用解热镇痛剂。阿司匹林或氨基比林每次 2～5 克,扑热息痛每次 1～2 克,口服,也可肌注30%安乃近注射液;或安痛定5～10 毫升,每天 1～2 次。为防止继发感染,可肌注氨苄青霉素 0.5 克,每天 2 次,连用2～3 天。或磺胺嘧啶钠,每千克体重50～100 毫克,肌内注射。或环丙沙星,每千克体重 1～2 毫升,每天 2～3次,肌内注射。

中兽医治疗风寒型感冒,可试用荆防败毒散:荆芥、防风,茯苓各 10 克,川芎、柴胡、前胡、枳壳、桔梗各 6 克,羌活、独活、甘草各 8 克,水煎,1次投服。治疗风热型感冒,可用银翘散加减:银花、连翘各12 克,淡豆豉、桔梗、荆芥穗、淡竹叶、薄荷、牛蒡子、芦根各10 克,甘草 8 克,水煎,1 次投服。针刺山根、鼻梁、耳尖、尾尖等穴。

7. 猪支气管肺炎

本病是猪个别肺小叶或几个肺小叶及其相连接的细支气管的炎症。临床上以出现弛张热型、呼吸次数增多为特征,又称为猪小叶性肺炎。

(1)病因:由于猪管理失调,如受寒感冒,受到应激因素刺激,抵抗力降低,使多种细菌在肺内大量繁殖,引发本病。本病常继发或并发于许多传染病、寄生虫病、支气管炎。饲养不良,如维生素 A缺乏,可诱发本病。

(2)临诊要点:患病初期,病猪出现支气管炎的症状。随着病情的发展,精神沉郁,体温升高至 40～41℃,多呈弛张热,脉搏加快,呼吸困难,流鼻液,初为白色浆液,后为脓性鼻液。胸部叩诊,病变在肺脏表面时,可发现多个局限性浊音区,浊音区周围呈鼓音。胸部听诊,在病灶部位,病初肺泡呼吸音减弱,在病灶周围及其健康部位,肺泡呼吸音增强。病程后期可听到湿啰音或干啰音。

本病应注意与细支气管炎和大叶性肺炎相区别。细支气管炎热型不定,呼吸极度困难,叩诊呈过清音,听诊肺泡呼吸音亢进,并出现各种啰音。大叶性肺炎,呈稽留高热,典型病例常有较固定表现,有时见铁锈色鼻液,叩诊浊音区内肺泡音消失,出现支气管呼吸音。

(3)防治:首先要加强饲养管理,平时注意猪圈的保暖和清洁卫生,防止猪受寒感冒。仔猪的饲料要合理调制,给予充足的营养,以增强抗病力。

抑菌消炎,可用 20％磺胺嘧啶钠,10～20 毫升,1 次肌注,每天 2 次,或青霉素 80 万～160 万国际单位和链霉素 100 万单位,1 次肌注,每天 2 次,连用 5～7 天。

当病猪频繁出现咳嗽,鼻液黏稠时,可内服氯化铵 1～2 克,碳酸氢钠 1～2 克,每天 3 次,连用 2～3 天。出现频繁而疼痛的咳嗽,分泌物不多时,用可待因 0.05～0.1 克,1 次内服,每天 1～2 次。为制止渗出,用 10％氯化钙液 10～20 毫升,或 10％葡萄糖酸钙 10～20 毫升,1 次静脉注射,每天 1 次。

中兽医治疗,可用黄芩、桔梗、枯矾、甘草各 15 克,栀子、白芍、桑白皮、款冬花、陈皮各 13 克,麦冬、瓜蒌各 10 克,水煎,1 次投服,每天 1 剂,连用 3～5 天。

8. 猪应激综合征

猪应激综合征是猪遭受过于强烈的应激因素的刺激,出现一系列非特异性反应后出现的一组疾病。临床上以生长缓慢、免疫力下降、肉品质降低,甚至突发死亡为主要特征。疾病类型常见的有恶性高热症、背肌坏死症、运输性肌病等。

(1)病因:各种强烈的刺激因素,都可成为应激原,引发本病,如精神刺激、温度变化、过度疲劳,分群、断奶、驱赶、捕捉、长途运输、采血、检疫、预防接种,猪舍通风不良及有害气体的蓄积,日粮成分和饲养制度的改变等。本病的发生与遗传相关,杂交猪和某些瘦肉型猪,如兰德瑞斯猪、皮特兰猪,我国江浙一带的长白猪、大白猪、杂种白猪、金华猪等,发病较多。

(2)临诊要点:应激反应初期,尾、四肢及背部肌肉轻微震颤,很快发展为强直性痉挛,运步困难。浅色猪,皮肤红一阵白一阵,心动过速,可达每分钟200次,心律不齐。体温迅速升高,5~7分钟内升高1℃,死前可达45℃。呼吸困难,可视黏膜发绀。继之肌肉僵硬,站立困难,张口呼吸,口吐白沫。约有80%以上的发病猪在20~90分钟内死亡。应激反应最严重的猪,常突然死亡。

(3)剖检病变:尸体死后几分钟内就发生尸僵,肌肉温度高。急性死亡或急宰的病猪,受到损伤的肌肉,常在死后半小时内变成苍白、柔软、有渗出的猪肉(白猪肉)。反复发作而死亡的病猪,受到损伤的肌肉,变成色深而干硬的猪肉。

(4)防治:

①治疗。早期出现应激综合征的病猪立即单圈静养,充分休息,凉水喷洒全身,症状不严重的多可自愈。对皮肤已出现紫绀、肌肉已经僵硬的病猪,抗应激药物可选用氯丙嗪,每千克体重1~2毫克,1次肌内注射。抗变态反应性炎或过敏性休克,可用地塞米松,每千克体重2~5毫克,1次肌内注射或静脉注射,静脉注射宜用5%葡萄糖注射液500毫升稀释后再输入。延胡索酸,每千克体重100毫克,与饲料混合饲喂,可提高猪抵抗力和预防猪应激反应的不良后果。可静脉注射5%碳酸氢钠溶液300~500毫升,缓解酸中毒,也可选用水杨酸钠、巴比妥钠、维生素C等,消除或缓解猪的应激反

应。

中药治疗:刺五加液,每千克体重 1 毫升,1 次肌内注射,能明显提高猪的耐受力,并有降低基础代谢、抗疲劳作用。

②预防。首先应注意选种育种。凡有应激敏感病史,或易惊恐、皮肤易发红斑、体温易升高的应激敏感猪,一律不做种用。其次,改善饲养管理,减少或避免各种应激刺激。日粮营养要全价,要保证足够的微量元素硒和维生素 A、维生素 D、维生素 E 和维生素 C。在收购、运输、调拨、贮存猪的过程中,要尽量减少各种不良刺激,避免惊吓。

9. 僵猪

僵猪是由于仔猪先天发育不足、后天营养不良或患疾病,所导致的一种慢性生长障碍。临床上比同窝仔猪明显偏小,以生长速度极慢为特征,俗称"小老猪"、"小赖猪"。

(1)病因:本病的原因较多。

①胎僵。胎僵是由于近亲繁殖所造成的后代品种退化,生长发育停滞。或种猪年龄过大,体质降低。或过早进行交配,种畜自身发育不良而导致后代形成僵猪。

②奶僵。孕期因母猪的营养水平低下或者母猪生病,造成某些营养物质不能吸收,导致胎儿先天发育不良;或对新生仔猪护理不当,未能满足乳猪的营养需要,造成生长停滞。

③食僵。由于仔猪断奶后,日粮品质不良,营养缺乏,久之形成僵猪。

④病僵。因仔猪患有传染病、慢性胃肠炎、寄生虫病及其他慢性病,阻碍仔猪生长发育。

(2)临诊要点:该病多发于 10~20 千克的仔猪。被毛粗乱,体格瘦小,圆肚子,尖屁股,大脑袋,弓背缩腹,精神尚好,只吃不长,平均每天长不到 50 克,有的 6 个月末才达到 20 千克。

因各种疾病引起的僵猪，随疾病不同临床表现各异。如患有喘气病的，可有咳嗽和气喘症状；患仔猪副伤寒的，长期腹泻且时好时坏；患寄生虫病的，则表现为贫血，并有异嗜现象。

（3）防治：

①胎僵。应杜绝近亲繁殖，对妊娠母猪，饲喂全价饲料，每周内服复合维生素 B 30 毫克或鱼肝油 100 毫升和等量微量元素。

②奶僵。主要针对母猪状况进行治疗。中兽医治疗：母猪产后加强营养，多喂精料，使母猪乳足、品质好。可用 2～3 剂催乳散：党参、黄芪、当归、阿胶、王不留行各 25 克，通草、川芎、白术、川断、穿山甲各 15 克，木通、杜仲、甘草各 10 克，水煎，加米酒 300 毫升为引，1 次投服，每天 1 剂。对缺乳症用当归、王不留行、四叶参各 25 克，路路通、穿山甲、通草、川芎各 15 克，木香、瓜蒌、玄胡各 15

克，水煎加米酒 200 毫升，每天 1 次投服。

③食僵。应精心管理与饲养。断奶仔猪饲料种类要多样化（或喂乳猪全价料），每天喂4～5 次，每次八成饱，防止掉奶膘，还可用碳酸钙、硫酸亚铁各 30 克，复合维生素 B 35 毫克，拌匀分 5 次内服，每早服 1 次，并在饲料中添加 0.5％食盐。

④病僵。改善饲养管理，单独喂养，发病的应先治疗原发病。用土霉素 30 克，硫酸亚铁 30 克，复合维生素 B 35 毫克，搅拌均匀分 5 次内服，连用 2 周。同时用 1％亚硒酸钠 2 毫升，1 次肌内注射，7 天后注射补铁剂（如国产铁维素缓释补铁剂）2 毫升，两周后重复 1 次。中药可用紫金藤、土大黄、田螺壳各 150 克，西风草、山楂根、狗骨头、山肉桂各 100 克，金锁匙、钩藤各 75 克，台乌、甘草、薏苡仁各 50 克，共研粉末。体重 7.5 千克以下猪，每次服 10 克；体

重 7.5～20 千克,每次服 15 克;体重 20 千克以上,每次服 25 克,连用 21 天。

对寄生虫引起的僵猪,应进行驱虫和健胃。驱虫可用伊维菌素、丙硫咪唑等驱虫药。健胃可用马钱子酊 2～3 毫升,人工盐 25 克,大黄苏打 2 片(每片 0.3 克),1 次内服,每天 2～3 次。结合用中药,神曲、山楂、麦芽各 45 克,共为末,1 次内服,连用 3 天。

加强饲养管理,饲喂配合饲料或精饲料,加适量食盐、骨粉、微量元素,每天夜间加喂 1 顿夜食。饲料中加入畜用土霉素粉,按每口猪每天 1～3 克,内服。

10. 猪黄脂病

本病是指猪胴体内脂肪呈现黄色,并伴有特殊的鱼腥味,肉质变差。剖检病变以体脂呈淡黄色或黄褐色为特征,临床上无特殊症状,也称为黄膘、黄膘肉、黄疸肉。

(1)病因:猪黄脂病的发生原因主要有两种:一是病理性的,即因黄疸引起的黄疸肉。二是由于饲料因素形成黄膘。

①饲料中不饱和脂肪酸含量过高,或生育酚含量不足。

②饲料中黄色色素含量高,如胡萝卜、玉米等。在饲料的原料中添加了某些染色剂,如染色掺假棉粕、某些有色中草药。

③饲料霉变,如被黄曲霉毒素污染的玉米、花生等。

本病的发生,也与猪的遗传特性有关。

(2)临诊要点:临床症状不明显,大多数病猪食欲缺乏,精神倦怠,衰弱,被毛粗糙,增重缓慢,结膜色淡,有时发生跛行,眼有分泌物。黄脂病严重的猪,血红蛋白水平降低,有贫血的倾向,个别病猪突然死亡。

(3)剖检病变:体脂如肾周脂肪呈黄褐色,骨骼肌和心肌呈灰白(与白肌病相似),变脆,肝呈黄褐色,脂肪变性明显。

（4）防治：

①治疗。

A. 药源性黄膘肉，不能作为食用，应销毁处理。

B. 饲料源性黄膘肉，如饲喂黄玉米、南瓜、胡萝卜等所致，皮下脂肪和机体其他脂肪呈现淡黄色，但黏膜不发黄，且无其他疫病，肉品质良好的，可观察 1～2 小时，黄色有消退现象，则食用无碍。维生素 B_{12} 注射液，0.3～0.4 毫克，每天 1 次肌内注射，有一定疗效。

②预防。应做好品种的选育工作。在饲养过程中，要调整饲料日粮，减少饲料中不饱和脂肪酸的含量，特别是鱼粉的比例。在猪育肥后期，应尽量少喂含不饱和脂肪酸高的饲料。当新鲜青饲料缺乏时，应定期补喂含维生素 E 多的饲料。不能用霉菌污染的原料配制饲料。

（二）猪的营养代谢病

1. 猪异嗜癖

猪异嗜癖是一种常见的营养代谢紊乱性疾病。临床上病猪以舐食、啃咬不应该采食的东西，出现明显消化障碍为特征。

（1）病因：

①本病与饲料中缺乏某些矿物质、微量元素、维生素、蛋白质和氨基酸有关，尤其是含硫氨基酸的缺乏。饲料配方中以植物性蛋白为主，而缺乏动物性蛋白原料，也易引起。

②在一些疾病中可出现异嗜现象，如佝偻病、骨软症、慢性消化不良、寄生虫病等。

③不同日龄、体重相差悬殊的猪混养，也可引发本病。

（2）临诊要点：猪异嗜癖一般多从消化不良开始，接着出现味觉异常和异嗜症状，病猪舐食、啃咬墙壁、食槽、砖头瓦块、沙石等异物，食欲下降，生长发育不良。逐渐消瘦，皮肤干燥，被毛松乱无光泽，开始多便秘，后下痢，或便秘、下痢交替。母猪常引起流产，吞食胎衣和胎儿。仔猪则互相啃咬尾巴、耳朵等。个别病猪贫血、衰弱,若病情进一步恶化,甚至发生衰竭死亡。

(3)防治:根据饲料成分分析和当地土壤情况,补充所缺物质。按猪的不同年龄、用途和品种,对饲料配方进行适当调整,保证全价日粮。平时多喂青绿饲料。在猪舍内撒一些黄土,让猪自由舔食,以补充微量元素。积极治疗慢性胃肠疾病,定期驱虫。

氯化钴对猪异嗜癖有良好治疗作用,硫酸铜和氯化钴配合使用,效果更好。治疗用量为:每天每头猪氯化钴10～20毫克,硫酸铜75～150毫克,混入饲料中饲喂,连用14～21天。此外,可补充矿物质和复合维生素。

中药可试用苍术、厚朴、陈皮、甘草、生姜、龙骨、牡蛎、酒知母、三仙各10克,鸡内金5克,薏苡仁、丹参各8克,大枣6克,水煎或研末,1次投服,每天1次,5～7天为1疗程。

2. 幼猪佝偻病

本病是幼猪在生长期,由于维生素D及磷过高或钙、磷比例失调,而导致的营养代谢病。临床上以发育迟滞、消化紊乱、跛行和骨骼变形为特征。

(1)病因:

①多由于饲料配合不当,饲料中钙、磷比例失调,或缺乏钙、磷和维生素,或日粮中蛋白质或脂肪含量过高,在体内代谢中形成大量酸类,与钙形成不溶性钙盐,影响钙的吸收。猪舍潮湿阴暗,缺乏阳光照射,维生素D产生不足。

②先天性佝偻病,主要是由于在怀孕期间,母猪体内钙、磷或维生素D不足或缺乏所致。

③慢性胃肠病、寄生虫病,或先天性发育不良,及母乳营养不全等因素,可诱发仔猪佝偻病。

(2)临诊要点:病猪发育迟滞,精神不振,异嗜,喜卧嗜睡,步态蹒跚,突然卧地或短时间痉挛。继而跛行,不愿站立和行走。骨骼变形,前后肢呈"X"形,关节肿胀。骨端粗厚,肋骨和肋软骨连接处肿大,呈串珠状,压之有痛感。病猪常见消瘦、腹泻、贫血。

患先天性佝偻病的仔猪,生下来可见颜面骨肿大,硬腭突出,四肢关节因肿大而不能屈曲。

(3)防治:

①治疗。改善哺乳母猪和仔猪的饲养管理,给予无机盐和维生素 D 充足的饲料,如补给骨粉、蛋壳粉等,同时应适当运动。

仔猪可用维丁胶性钙注射液,每千克体重 0.2 毫克,1 次肌内注射,隔天 1 次。维生素 A、维生素 D 注射液 2～3 毫升,1 次肌内注射,隔天 1 次。或内服鱼肝油 10～20 毫升,每天 1 次。

②预防。要保证母猪饲料中钙、磷比例适当,仔猪日粮中,应合理补充富含钙、磷

的饲料和维生素 D 制剂,并多晒太阳。中药可用苍术 5～10 克,拌料饲喂,每天 2 次。

3. 猪骨软症

猪骨软症是成年猪易发生的一种骨骼代谢病。临床上以消化紊乱、异嗜癖、跛行和骨骼变形为特征,又称纤维性骨营养不良。

(1)病因:

①在饲料中钙、磷不足,钙、磷比例失调,特别是缺钙,是最常见的原因。猪常用的高磷低钙饲料,有麸皮、高粱、玉米等,长期大量饲喂这些饲料,而其他饲料搭配不当,常可引发本病。

②遗传性因素与本病发生有关系,生长快、瘦肉率高的商品猪,发病率较高。

(2)临诊要点:临床上本病多发生于成年母猪。猪发病后喜欢卧地,不愿站立,进而发生异嗜。异嗜现象出现一段时间后,病猪开始发生跛行,特征是单肢或多肢交替发

生跛行。病猪站立时腿骨弯曲,拱背缩腹。重症病例,卧地不起,不能站立,骨质松软,易发生骨折。

(3)防治:

①治疗。发病猪可用10%葡萄糖酸钙50～100毫升或3%次磷酸钙溶液60～70毫升,1次静脉注射,每天1次,连用3天,也可用20%磷酸二氢钠注射液30～50毫升,1次静注,还可补给酵母麸皮(1.5～2千克麸皮加50～70克酵母粉,煮后过夜,每天分次喂给)。

中药可试用何首乌20克,当归12克,熟地、党参、白术、山药各10克,陈皮、建曲、麦芽、茯苓各12克,研末拌料喂食,每天1次,连用7～14天。

②预防。合理调配日粮中钙、磷比例,平时多喂些豆科青绿饲料。对于妊娠后期的母猪,更应注意钙、磷、维生素D的补给,可在饲料中添加适量的骨粉、乳酸钙等,对

预防本病有一定效果。

4. 猪碘缺乏症

碘缺乏症是猪摄入碘不足引起的一种慢性营养缺乏病。临床上以母猪黏液性水肿、流产和死产,仔猪发育不良为特征,又称甲状腺肿。

(1)病因:

①原发性碘缺乏。原发性碘缺乏是因饲料中碘含量不足所致,当土壤碘含量低于每千克0.2～2.5毫克,饮水碘含量低于每升5微克,饲料碘含量低于每千克0.3毫克时,即致缺碘。

②继发性碘缺乏。继发性碘缺乏是因饲料中含有拮抗碘吸收和利用的物质(如硫氰酸盐、含氰糖苷等)。此外,由于钙摄入过多,可干扰肠道对碘的吸收,抑制甲状腺素合成,加速肾脏的排碘,也可致甲状腺肿。

(2)临诊要点:病猪甲状腺增生、肿大,生长发育缓慢,被毛生长不良,消瘦、贫血。

母猪不孕症发病率增多。

所产仔猪全身少毛、无毛,脱毛现象在四肢明显。体质极弱,生后可在 1～3 天内死亡。存活仔猪嗜睡,生长发育不良,关节、韧带软弱,四肢无力,走路时躯体摇摆。颈部皮肤黏液水肿,发亮。

(3)防治:通常猪对碘的需要量是每天 80～160 微克。在母猪怀孕后期,于饮水中加入 1～2 滴碘酊,产仔后用 3%碘酊涂擦乳头,让仔猪吮乳时吃进碘,都有较好的预防作用。

病猪可用碘化钾或碘化钠 0.5～2 克,每天内服 1 次,连用数天。或内服碘液(含碘 5%、碘化钾 10%),每天 10～20 滴,20 天为 1 疗程。也可在饲料中加喂碘盐(10 千克食盐中加碘化钾 1 克)。

5. 猪维生素 B_{12} 缺乏症

本病是由于体内维生素 B_{12} 缺乏或不足,所引起的一种营养代谢病。临床上以生长发育受阻、恶性贫血及繁殖障碍为主要特征,又称钴胺素缺乏症。

(1)病因:

①土壤缺钴。本病多呈地区性发生,缺钴地区发病率较高(饲料中钴胺素,即维生素 B_{12} 含量低)。

②其他原因。仔猪长期饲喂维生素 B_{12} 含量低下的代用奶,饲料中钴、蛋氨酸或可消化蛋白缺乏,长期大量使用广谱抗生素,使猪胃肠道微生物系统受到抑制或破坏,丧失合成维生素 B_{12} 的能力。

③患慢性胃病。由于内因子分泌减少,可影响维生素 B_{12} 的吸收。

(2)临诊要点:仔猪生长停滞,背部有湿疹样皮炎,逐渐出现恶性贫血症状,如黏膜苍白、红细胞数量减少等。临床上可见消化不良,异嗜,腹泻,跛行,后躯麻痹,倒地不起,继发肺炎等。

母猪易发生流产、死胎,胎儿发育不全、畸形,仔猪生活力差,多于生后不久死亡。

(3)防治:预防本病,应注

意保证日粮中含足量的维生素 B_{12} 和微量元素钴。为此，可适当增加动物源性饲料或补给含有维生素 B 族及钴、铁的饲料添加剂。

发病时，重点是查明病因，改善饲养管理，调整日粮组成，给予富含维生素 B_{12} 和钴的饲料，也可补加氯化钴等钴化物。用维生素 B_{12}（氰钴胺）注射液，母猪 0.3～0.4 毫克，仔猪 20～30 微克，1 次肌内注射，每天或隔天 1 次。对贫血严重的病猪，还可应用葡聚糖铁钴注射液、叶酸或维生素 C 等制剂。由胃肠疾病引起维生素 B_{12} 缺乏的病猪，还应积极治疗原发病。

6. 猪维生素 C 缺乏症

体内维生素 C（抗坏血酸）缺乏或不足，可引起本病。临床上以皮肤、内脏器官出血、齿龈溃疡为特征。

(1)病因：维生素 C 缺乏症，可发生于下列情况。

①长期饲喂缺乏维生素 C 的饲料，如煮熟的粉料、高温加工的饲料，以及因储存过久而霉变的饲料。

②仔猪不能合成维生素 C，如母乳中维生素 C 含量不足或缺乏，很容易引起仔猪发病。

③当患胃肠或肝脏疾病或患肺炎、慢性传染病及中毒病，体内维生素 C 大量消耗时，也可引起相对缺乏。

(2)临诊要点：病初，精神不振，食欲减退，仔猪生长发育缓慢，母猪生产性能下降。

新生仔猪往往发生脐管大出血，造成死亡。随病势发展，呈现特征性的出血性素质：背部和颈部皮肤出血，毛囊周围点状、斑片状出血，排血便、血尿以及鼻腔出血，齿龈黏膜肿胀、疼痛、出血、形成溃疡，严重时颊和舌也发生溃疡或坏死。齿龈损伤，牙齿松动，甚至脱落。大量流涎，口腔有不良气味。关节肿胀、疼痛，活动困难，多喜躺卧。皮肤出血部位，被毛易脱落。

(3)防治：

①治疗。用维生素C注射液 0.2～0.5 克，1 次皮下或静脉注射，每天 1 次，连用 7 天。维生素 C 丸，成年猪 0.5～1 克，仔猪 0.1～0.2 克，内服或混饲，连用 15 天。对口腔黏膜溃疡或坏死者，在补充维生素 C 的同时，可用 0.1％高锰酸钾溶液、庆大霉素溶液或其他抗菌药液，冲洗患部，并涂抹碘甘油或抗生素药膏。

②预防。应保证日粮中含足量的维生素 C。为防止新生仔猪脐管出血，可于产前 1 周，给妊娠母猪补饲维生素 C。一旦发病，应查明病因，调整日粮组成，给予富含维生素 C 的青绿饲料。

（三）猪的中毒病

1. 猪亚硝酸盐中毒

本病是指含硝酸盐的饲料，由于调制加工不当，产生大量的亚硝酸盐，猪采食了这类饲料后所发生的中毒。临床上以血液凝固不良，呈酱油色，可视黏膜发绀为特征，又称饱潲症。

（1）病因：猪常摄食的青饲料，如白菜、菠菜、甜菜、包心菜，以及一些野菜、瓜藤等，都含有较多的硝酸盐。如果这些饲料堆积存放过久，腐败发酵或蒸煮不透，如冬季利用锅灶余热，让饲料长久闷在锅中，这样就给硝酸盐还原菌的增殖提供了有利条件。在细菌作用下，饲料中的硝酸盐可转化为亚硝酸盐。

（2）临诊要点：多发生于精神良好，食量大的猪。猪采食上述饲料后 15 分钟到数小时，突然不安，流涎、呕吐、口吐白沫，走路摇晃，呈犬坐姿势。可视黏膜，呈蓝紫色或紫褐色。体温稍低，耳、鼻端及四肢发凉并呈紫色，耳尖、尾端的血液呈黑褐红色。肌肉战栗、痉挛。严重时呼吸困难，瞳孔散大，昏迷倒地而死。

（3）剖检病变：血液不易凝固，呈紫黑色酱油状，胃黏膜出现溃疡或脱落，气管及支气管有血样泡沫，肝、肾呈紫色。

（4）防治：

①治疗。发现猪中毒后，立即应用特效解毒药美蓝和甲苯胺蓝。1％美蓝溶液，每千克体重1～2毫升，1次静脉注射，注射后1～2小时仍不好转，可重复注射1次。甲苯胺蓝，每千克体重5毫克，配成5％的溶液，1次肌内或静脉注射。同时用维生素C，每千克体重10～20毫克，以及10％～25％葡萄糖液300～500毫升，1次静脉注射。

按每50千克体重投服植物油125毫升，或按每千克体重投服硫酸镁0.5克，可缩短硝酸盐、亚硝酸盐在胃肠内的停留时间；呼吸困难，可用尼可刹米；心脏衰弱，可用安钠咖。

②预防。无论生、熟青绿饲料，都要摊开敞放。用甜菜、白菜、萝卜叶等青绿饲料喂猪时，要新鲜生喂，且要少喂。若需熟喂，应加足火，敞开锅盖，迅速蒸煮，并不断搅拌，不要闷在锅里。

2. 猪食盐中毒

本病是猪食入过量的食盐或含盐饲料，同时饮水又受到限制，所发生的中毒病。临床上病猪以口渴、癫痫样痉挛发作为特征。

（1）病因：

①多见于配料疏忽，误投过量食盐，或对大块结晶盐未经粉碎和充分拌匀，或饲喂含盐分高的剩饭菜、泔水、酱渣、腌咸菜水等。

②也见于用硫酸钠、乳酸钠或其他钠盐治疗用量过大，或多次重复应用时。

③饮水不足，可促进本病的发生。

（2）临诊要点：病猪口渴，黏膜潮红，磨牙，便秘或下痢，皮肤瘙痒，呼吸加快。盲目徘徊，不避障碍，转圈或前冲后退。严重时全身衰弱，肌肉震颤，痉挛发作，有时呈强迫性犬坐姿势，直至仰翻倒地不能起立，四肢侧向划动。瞳孔散大，昏迷死亡。

（3）防治：

①治疗。猪发生食盐中毒后，应立即分多次少量给予清洁饮水，严禁暴饮。

急性中毒的猪，可用 1% 硫酸铜液 50～100 毫升，1 次内服，催吐后，内服黏浆剂及油类泻剂 50～100 毫升，使胃肠内未被吸收的食盐排出，也可在催吐后内服白糖 100～200 克。

为恢复体内离子平衡，用 10% 葡萄糖酸钙液 100～200 毫升，1 次静脉注射。为利尿排钠，用双氢克尿噻，每千克体重 0.5 毫克，1 次内服。为缓解脑水肿，用 25% 山梨醇或甘露醇，静脉注射，也可静注 50% 高渗葡萄糖液 50～100 毫升。为缓解兴奋和痉挛，用 25% 硫酸镁注射液 20～40 毫升，1 次静脉注射。或 2.5% 盐酸氯丙嗪 2～5 毫升，1 次肌内注射。

②预防。猪食盐添加量，应占日粮总量的 0.5%，或按每千克体重 0.3～0.5 克补饲食盐。用富含食盐的残渣剩汤喂猪时，需限制用量，并同其他饲料搭配饲喂。用钠盐治疗猪病时，要掌握好用量，应供应猪充足的饮水。

3. 猪氢氰酸中毒

猪采食富含氰苷的青绿饲料，经胃内作用，生成游离的氢氰酸，它被吸收后，即引起氢氰酸中毒。临床上以病猪呼吸困难、震颤、惊厥为特征。

（1）病因：主要是猪大量采食了氰苷含量高的植物或饲料，如高粱和玉米幼苗、亚麻及亚麻籽饼等。偶见于猪误食被氰化物污染的饲料或饮水。

（2）临诊要点：猪中毒后，最急性病例，无任何前驱症状，突然惨叫、蹦跳，几分钟内死亡。

一般在吃食后 15～20 分钟出现症状。病猪兴奋不安，呼吸高度困难，呼出气有苦杏仁味。可视黏膜鲜红，剪破耳尖、尾尖，流出的静脉血呈鲜红色。腹痛不安,呕吐,流出白色泡沫状唾液。后期卧地不起,体温下降,心搏迟缓,后肢麻痹,反射减弱或消失,瞳孔散大,昏迷死亡。

(3)防治:猪氢氰酸中毒,病情急迫,为抢救,可先用1%亚硝酸钠溶液,每千克体重1毫升,1次静脉注射。随后再用5%～10%硫代硫酸钠,每千克体重1～2毫升,1次静脉注射,同时静脉注射5%～10%含糖盐水。

对二甲氨基苯酚是一种抗氰新药,按每千克体重10毫克的剂量,配成10%溶液,1次静脉或肌内注射。若配伍硫代硫酸钠,对急性中毒猪疗效更佳。

中药可试用双花30克,绿豆粉60克,煎汤,1次灌服。

4. 猪酒糟中毒

猪摄食过多酒糟,经发酵酸败形成多种有毒物质,可引起中毒。临床上以出现神经症状、消化紊乱、视力障碍为特征。

(1)病因:酒糟是酿酒后的残渣。新鲜酒糟含有蛋白质、脂肪等营养成分,还含有残余的酒精(乙醇、正丙醇等)、甲醛和酸类。给猪少量饲喂酒糟,具有促食欲、助消化等作用。但长期单一饲喂酒糟,或猪偷吃大量酒糟,可引起中毒。如酒糟保管不当,霉败变质后,可产生醋酸、乳酸及真菌毒素,如果仍用于饲喂,更易引起中毒。

(2)临诊要点:

①急性中毒。病初精神沉郁,食欲减退,粪便干燥。以后病猪发生下痢,体温升高,腹痛,呼吸促迫,心跳疾速,四肢麻痹,卧地不起。

②慢性中毒。病猪便秘或腹泻,血尿,结膜发炎,视力减退甚至失明。出现皮疹和皮炎。病程长者可见黄疸,皮肤坏死,怀孕母猪流产。最后体温降低,由于呼吸中枢麻痹而死亡。

(3)剖检病变:胃内有酒

糟和醋味,胃肠黏膜充血、出血,直肠有出血和水肿。

(4)防治:

①治疗。目前尚无特效解毒药。

急性中毒猪,应立即停喂酒糟,以 1% 碳酸氢钠溶液 1 000～2 000 毫升,1 次内服或灌肠。同时用缓泻剂,如硫酸钠 30 克,植物油 150 毫升,加适量水混合后,1 次内服,并静脉注射 5% 葡萄糖生理盐水 500 毫升,加 10% 氯化钙液 20～40 毫升,疗效较好。严重病例应注意维护心、肺功能,可肌内注射 10%～20% 安钠咖溶液 5～10 毫升。

慢性中毒病猪,针对消化不良等症状,采取清肠、止酵、健胃等措施。便秘猪可内服缓泻剂,胃肠炎严重的应消炎,兴奋不安的使用镇静剂,如静脉注射硫酸镁、水合氯醛、溴化钙等。

②预防。可用新鲜酒糟饲喂猪,但酒糟的量不能超过日粮量的 1/3。对轻度酸败的酒糟,可加入石灰水,以中和其中的酸类,降低毒性,然后再搭配其他饲料饲喂。怀孕母猪不宜喂酒糟,以免发生流产、死胎及畸型胎。严重发酵变质的酒糟,不能再做饲料用。

5.猪霉饲料中毒

本病是由于猪采食了发霉的饲料,而引起的中毒性疾病。临床上以出现神经症状和消化紊乱为特征。

(1)病因:自然环境中霉菌种类很多,常寄生在青草、干草、青贮料、玉米、小麦、稻米、豆类制品或其他饼粕中。在温暖、潮湿的环境中,霉菌迅速生长繁殖,并产生大量毒素。猪采食这类饲料后,就会引起中毒。

(2)临诊要点:各种猪都可发生,以仔猪和妊娠母猪较为敏感。

仔猪中毒后,呈急性发作,头弯向一侧,头顶墙壁,数天内死亡。有的病程稍长,体温正常,食欲减退,仔猪的嘴、耳、四肢内侧、腹壁皮肤,出现红斑,后期停食,腹痛,便秘或下痢,粪便中混有黏液或血液。被毛粗乱,生长发育迟缓。妊娠母猪中毒后,常引起流产或死胎。

(3)剖检病变:肝脏肿大、色黄,质度变脆,全身黏膜、皮下、肌肉出血。胃黏膜有出血点或溃烂。

(4)防治:

①治疗。急性中毒的猪,用 0.1%高锰酸钾溶液,2%碳酸氢钠溶液进行灌肠、洗胃后,内服盐类泻剂,如硫酸钠 30～50 克。腹泻严重、全身衰弱的猪,用 5%葡萄糖液 300～500 毫升,40%乌洛托品溶液 20 毫升,20%安钠咖溶液 5～10 毫升,1 次静脉注射。青霉素 80～160 万国际单位,1 次肌内注射,每 4 小时 1 次。有神经症状的猪,用盐酸氯丙嗪注射液,每千克体重 1～2 毫克,1 次肌内注射。

中药可用防风 15 克,甘草 30 克,绿豆粉 250 克,白糖60 克,水煎,1 次投服。可针刺耳尖、尾尖放血,也可试用银翘解毒散加减:双花、连翘、茯苓、丹参、白芍、香附、益母草、茵陈、地肤子各 30 克,白术 50 克,甘草 20 克,水煎,每次投服 50～100 毫升,每天 2次,连用 5 天。

②预防。主要是设法防止饲料发霉变质。对轻度发霉的饲料,用 1.5%氢氧化钠溶液或草木灰水浸泡,再用清水冲洗数次,直至冲洗液清澈无色为止,但经处理的饲料中,仍含部分毒性物质,应限量饲喂,严禁饲喂发霉严重的饲料。

6. 猪马铃薯中毒

本病是指给猪饲喂在阳光下暴晒过久、发芽腐烂的马铃薯块,或开花、结果期的马铃薯茎叶,所引起的一种中毒病。临床上以胃肠炎、运动障碍,严重时出现神经症状为特征。

(1)病因:马铃薯全植株的龙葵素,茎叶中的硝酸盐,以及腐败变质块根中的腐败素,都是有毒物质。当贮存时间过长,发芽、变质或腐烂时,马铃薯中的毒素含量增多,此时用来大量饲喂猪,可引起中毒。

(2)临诊要点:猪采食变质马铃薯或茎叶后,4～7天出现中毒症状。

①严重中毒。病猪呈现神经症状。兴奋不安,走路摇摆,后肢麻痹,呼吸困难,心脏衰弱,全身痉挛,体温正常或偏低,最后昏迷。

②轻度中毒。病猪出现胃肠炎症状。食欲减退,流涎呕吐,腹胀腹泻,便秘或下痢,粪便带血,下腹部皮肤发生湿疹,眼睑、头、颈部出现水肿。

怀孕母猪马铃薯中毒后,可发生流产。

(3)防治:

①治疗。1次大量饲喂马铃薯后发生的中毒,内服1%硫酸铜溶液 50～100 毫升,可催吐,或用 0.1%～0.5%高锰酸钾液洗胃。

对狂暴不安的病猪,用2.5%盐酸氯丙嗪注射液 1～2 毫升,1 次肌内注射。同时,静脉注射 5%的葡萄糖液 250毫升,20%安钠咖溶液 2 毫升。

对于胃肠炎病猪,可用1%鞣酸 100～400 毫升,或用黏浆剂、吸附剂灌服,以保护胃肠黏膜。皮肤有疹块者,外用消毒药及涂擦软膏。脱水症状轻的,设法让病猪喝0.9%盐水或糖水,严重的应补液,直至尿量增多为止。

②预防。新鲜的马铃薯茎叶,可经晒干或制成青贮饲料后,再来喂猪,逐渐增加饲喂量,不宜饲喂过多。在加工处理马铃薯时,可加入醋酸,分解龙葵素;或加热处理,破坏有毒物质,怀孕母猪不要饲喂马铃薯。

7. 猪亚麻籽饼粕中毒

本病是猪摄食过量亚麻籽饼粕,所引起的中毒病。临床上以呼吸困难、肌肉震颤、惊厥为特征。

（1）病因：亚麻籽榨油后的饼粕富含蛋白质，但也有不少有毒成分，其中主要是生氰糖苷、亚麻籽胶和抗维生素 B_6 的物质。生氰糖苷在水解酶的催化下，可水解产生氢氰酸，亚麻籽胶不能被猪消化利用，食入过多可造成肠道梗阻。维生素 B_6 的拮抗性物质，能干扰氨基酸代谢，引起中枢神经机能紊乱。

（2）临诊要点：猪发生亚麻籽饼粕中毒后，出现精神沉郁，不安。剧烈腹痛和下痢，有时尿闭。呼吸急速，呼吸极度困难时，呈犬坐姿势。心跳急速，脉搏快而微弱，可视黏膜发绀。全身肌肉震颤，尤其肘部和胸前肌肉更明显，步态蹒跚，瞳孔散大，最终死于呼吸中枢麻痹。

（3）防治：

①治疗。急性中毒，可参考氢氰酸中毒的方法治疗。慢性中毒，主要补充维生素 B_6，进行对症治疗。

②预防。亚麻籽饼经水浸泡，而后煮沸 10 分钟（打开锅盖），使氢氰酸挥发，可消除其毒性。亚麻籽饼，应与其他饲料搭配饲喂，要控制用量，一般应低于饲粮的 20%，且最好饲喂半个月后，停喂一段时间。

8. 猪菜子饼粕中毒

菜子饼粕含硫葡萄糖苷的分解产物，猪大量食入后可导致中毒。临床上以急性胃肠炎、甲状腺肿、肺气肿、肺水肿为特征。

（1）病因：菜子饼粕是油菜子榨油后的副产品，作为蛋白质饲料被利用，但其中含有一些有毒物质，如异硫氰酸酯、恶唑烷硫铜等。异硫氰酸酯可强烈刺激消化道黏膜，引起胃肠炎。恶唑烷硫铜可干扰甲状腺素的合成，导致甲状腺肿大。

（2）临诊要点：

①急性中毒。病猪表现胃肠炎症状，如腹痛、腹泻、粪便带血。呼吸困难，咳嗽，可伴有肺水肿或肺气肿。

②慢性中毒。甲状腺肿大，体重下降，仔猪发育不良，生长缓慢，怀孕母猪妊娠期延长。

(3)防治：

①治疗。目前无有效治疗方法。发现猪中毒后，立即停喂菜子饼粕，用0.1%高锰酸钾溶液洗胃，内服淀粉浆、蛋清、牛奶等，以保护黏膜，减少毒物的吸收。

②预防。可用水浸、热处理、土坑埋等方法，降低菜子饼粕中毒物的含量。限制菜子饼粕在日粮中的比例，如母猪、仔猪可占饲料总量的5%，生长肥育猪占10%～15%。与其他饲料搭配使用，能降低饲料中的毒物含量，又利于营养互补。

9. 猪蓖麻中毒

本病是猪误食蓖麻籽、茎叶或未经处理的蓖麻籽饼，所发生的一种中毒病。临床上以呕吐、腹痛、腹泻、呼吸困难和运动失调为特征。

(1)病因：蓖麻榨油后的蓖麻籽饼，含有丰富的粗蛋白质和矿物质，常用来作为猪饲料，但在蓖麻籽饼以及蓖麻籽、蓖麻茎叶中，也含有一些毒素，如蓖麻毒素、蓖麻碱等。如果猪误食了蓖麻茎叶或落地的蓖麻籽，或在用蓖麻籽饼做饲料时，未经适当的加工处理即喂猪，喂的量又比较大，就容易引起中毒。

(2)临诊要点：食后15分钟至3小时发病。病猪精神沉郁，食欲减退，呕吐，腹痛，腹泻带血或黑色恶臭，肠音亢进。心跳、呼吸增速，肺部听诊有啰音或喘鸣音。排血红蛋白尿，黄疸明显，卧地不起，肌肉震颤。严重时，突然倒地，嘶叫和痉挛，尿闭，昏睡，最终死亡。

(3)防治：

①治疗。原则是排出毒物，维持心血管功能及对症疗法。

为排除胃内毒物，用0.05%高锰酸钾液反复洗胃，同时用5%碳酸氢钠液灌肠，或用硫酸钠或硫酸镁 25～50克,加水 250～500 毫升,1 次灌服。

为维持心血管功能,用10％安钠咖溶液 5～10 毫升,含糖盐水 300～500 毫升,25％维生素 C 2～4 毫升,1 次静脉注入或腹腔注入。对有神经症状的,用 10％溴化钠溶液 2～20 毫升,10％葡萄糖液 300～500 毫升,1 次静脉注射,或用 2.5％氯丙嗪,每千克体重 1～3 毫克,1 次静脉注射或肌内注射。

中药可试用防风 100 克,甘草 8 克,水煎,1 次灌服。

②预防。对蓖麻籽饼,需经高温(120～125℃,60 分钟),或用盐水浸泡后(6 倍量10％食盐水,浸泡 6～10 小时),方可用来喂猪。饲喂时,从少量开始,逐渐增加,让猪慢慢适应,控制用量。在猪舍周围,尽量不要种植蓖麻,妥善保管蓖麻籽。

10. 猪阿维菌素中毒

阿维菌素是当前畜牧生产中常用的一种抗生素,对肠虫和节肢动物具有强烈的杀灭作用,但用量超出其安全剂量可引起猪中毒。临床上以运动障碍和出现神经症状为主要特征。

(1)病因:在兽医临床上,阿维菌素广泛用于驱除动物体内的线虫,以及体外寄生虫。有些养殖户,由于对猪体重估算不准,计算错误药物用量,可造成阿维菌素急性中毒,个体敏感猪及仔猪,更易发生。

(2)临诊要点:中毒初期,病猪精神沉郁,步态不稳,继而肢体无力,后驱摇摆,嗜睡,严重时倒地不起,肌肉震颤,呈游泳状,口吐白沫,舌肌麻痹,舌尖露出口腔外,瞳孔散大,死亡。

(3)防治:

①治疗。阿维菌素中毒无特效解毒药。以补液、强心、利尿和促进肠蠕动为治疗原则。可用 10％葡萄糖液500～1 000 毫升,地塞米松

2.5～5 毫克,维生素 C 1～2 克,三磷酸腺苷注射液 2～4 毫升,辅酶 A 100～300 单位,混合,1 次静脉注射,强心可用安钠咖。

②预防。应准确测定猪的体重,并严格按规定剂量用药。阿维菌素,猪 1 次口服量或皮下注射量,均为每千克体重 300 微克。

11. 猪双香豆素中毒

猪双香豆素中毒,是指猪误食某些杀鼠药,或吞食杀鼠药毒死的鼠尸而引起的中毒病。临床上以鼻出血、便血和创伤后血流不止为特征。

(1)病因:双香豆素又称杀鼠灵、华法令,是一种抗凝血类杀鼠药。双香豆素中毒,多因猪误食含有双香豆素的毒饵,或吞食被双香豆素毒死的鼠尸所致。

(2)临诊要点:

①急性中毒。无前驱症状,病猪很快死亡。

②亚急性中毒。可视黏膜苍白,呼吸困难,鼻出血和便血为常见症状。此外,结膜、眼内出血,出血严重时,心搏减弱,心律不齐。时间稍长,则出现黄疸。稍有创伤,即长时间出血不止。病猪共济失调,关节肿胀、疼痛,卧地不能起立而死亡。

(3)防治:发现中毒后,保持病猪安静,避免受伤,及时应用止血药,扩充血容量。首选维生素 K_1,每千克体重 1 毫克,溶解于葡萄糖溶液中,1 次静脉注射,每天 2～3 次。同时,按每千克体重口服维生素 K_3 5 毫克,连续 3～5 天。此外,应对症治疗,必要时可输血。

12. 猪感光过敏

本病是白猪采食大量含有感光物质的植物,经日光照射后发生的一种疾病。临床上以暴露于日光下的皮肤,出现红斑、皮炎和坏死为特征。因饲喂苜蓿而引起的感光过敏,称为"苜蓿中毒";因饲喂荞麦而引起的感光过敏,称为"荞麦中毒"(或荞麦疹)。

（1）病因：本病可分为原发性和继发性两类。

①原发性感光过敏。原发性感光过敏是由于猪摄入外源性光能剂所致，包括灰菜、荞麦、野胡萝卜等。

②继发性感光过敏。几乎全部是由叶绿胆紫素引起的，如蒺藜、黄花羽扇豆以及猪屎豆等，当肝功能有障碍时，不能对叶绿胆紫素进行代谢分解，引发本病。

黄花苜蓿、紫花苜蓿、红三叶草、杂三叶草、野豌豆，也都能引起本病。

（2）临诊要点：主要表现为皮炎。轻症病猪，最初在背部和颈部的皮肤，出现较大面积的红斑、水肿区，并有痒感和痛感。病猪的痒感，在白天曝晒后加重，晚间减轻，在停喂或更换致敏饲料后，发痒缓解，数日后消失。严重病例，皮肤显著肿胀，疼痛，形成龟裂、坏死。同时，病猪食欲废绝，流涎，腹痛，腹泻，有时伴有黄疸。病猪出现兴奋不安、共济失调、痉挛、昏睡等神经症状。

（3）防治：放置病猪于阴凉处。病初可灌服油类及中性盐类泻剂。抗过敏，可肌肉注射盐酸苯海拉明，静脉注射葡萄糖酸钙或氯化钙溶液，防止感染，可应用抗生素，制止瘙痒，可给予镇静剂。

皮肤患部，用石灰水洗涤，涂 10% 鱼石脂软膏或石碳酸软膏，亦可用薄荷脑 0.2 克，氧化锌 2 克，凡士林 2 克，制成软膏涂抹。

立即停喂致敏饲料。尽量不要用荞麦及其副产品，饲喂怀孕后期的母猪和哺乳母猪，以免引起仔猪发病。

（四）猪的去势术和外科病

1. 小母猪去势术

（1）保定：小母猪通常在 1～3 个月龄，体重达 4～15 千克时进行去势。术前禁食 12 小时。保定时，术者左手提起猪的左后肢，右手抓住左膝前皱襞，使其右侧卧，头在术者右侧。术者右脚踩住猪右耳,左脚踩住猪的左后肢的蹴部。这时猪体被拉展,头、颈、胸部侧卧,腹部呈仰卧姿势。术者呈"骑马蹲裆式",身体重心落在两脚上,小猪即被固定。然后,术者左手中指顶住左侧髋结节,拇指压迫同侧腹壁,使左手拇指所压迫的腹壁点,与中指所顶住的髋结节点尽可能接近,两点的连线与地面垂直,这时拇指压迫点即为术部,切口位置距左侧乳头2～3厘米,此切口要根据猪的不同情况,即"肥朝前、瘦朝后、饱朝内、饥朝外"的原则,灵活掌握。

板凳保定法:板凳宽约30厘米、长约150厘米,高度约40厘米(以术者左脚踩踏板凳后,保定确实,操作舒适、方便为宜)。将猪右侧卧,头在术者右侧,用一皮套(或类似物)套住颈部,宿主协助固定头颈部。术者左脚踩住猪的左后肢的蹴部,即可进行手术操作,此法保定确实,术者

省力。

(2)手术方法:猪保定后,术部消毒。术者左手拇指用力按压腹壁,右手持刀并用食指逼住刀尖(控制深浅),沿左手拇指端边缘紧挨皮肤向下用力,刀尖刺透皮肤,切口长度0.6～1厘米,再用刀柄端捅破腹壁肌肉和腹膜,并向左右扩大,腹膜穿透后,随着拇指的压力,腹水和子宫角可从切口内涌出,若未出来,可左右摇晃刀柄。当子宫角露在切口之外时,术者可用左右手的食指第二指节的背面用力按压腹壁,再用两手拇指交替滑动拉出两侧的子宫角、卵巢及部分子宫体。以手指钝性挫断子宫体,将两则卵巢及子宫角一同摘除,切口不必缝合。提起猪后腿稍稍摆动,使皮肤、肌肉、腹膜的切口错位即可。

(3)注意事项:

①首先对小母猪要保定正确、牢靠,猪体充分伸展。

②其次手术部位应准确,

切口偏前,肠管易脱出;偏后,膀胱圆韧带易脱出。输卵管呈粉红色,伴有鲜红色的卵巢囊,而膀胱圆韧带为乳白色,质坚韧。

③切口边缘要整齐,拇指端一定要压在切口边缘上,这样有利于子宫角涌出。

④在捅破腹膜时应一次捅破,不可多次捅戳。当用刀尖做切口及刀柄端钩取子宫角时,不可过深,以免损伤大血管,造成大出血死亡。

⑤小猪子宫角细弱,极易拉断,向外牵拉时不可用力过猛,应以轻柔力量牵拉,同时防止因挣扎而扯断。卵巢连于子宫角末端,有时不易拉出,牵拉时必须紧压腹壁才易拉出。摘除前要检查是否连带卵巢,不可将卵巢遗留在腹腔。如卵巢较大,不易拉出,应将刀柄在切口内左右摇晃,扩大切口,使卵巢顺利脱出。

从动物福利考虑,为了减少动物去势时的痛苦,国际上有人主张采用"化学阉割法"。原理是给需要去势的动物注射某些性激素或某些化学制剂,抑制卵巢(或睾丸、附睾)的发育,甚至破坏其结构,但具体实施还有不少问题需解决。

特别提示:作为合格的临床兽医,应熟练地掌握家畜的去势术、疝修复术等。

2. 成年母猪去势术

(1)保定与手术方法:将大母猪右侧卧保定,在左侧髋结节前下方 6～8 厘米,剪毛消毒。右手持刀,将皮肤切开长 3～5 厘米的半月形切口。然后用右手食指捅破肌肉和腹膜,扩大切口。手指顺腹腔向后,在骨盆入口两侧触摸到卵巢。然后用手指肚钩住卵巢,沿腹壁内向外钩拉或触摸到子宫角拉出体外,并将卵巢拉出。连子宫体带卵巢动脉、子宫动脉一并结扎,切除卵巢后,将子宫角送回。腹膜做结节缝合,皮肤做连续缝合,涂碘酊,10 天后拆线。

(2)注意事项:母猪卵巢

摘出时,如果切口过大,腹膜缝合不确实,手术结束后,未将肠管及子宫角完全送回腹腔,易造成术后肠管或子宫角钻入手术切口形成嵌闭。当肠管嵌闭后,病猪呕吐,食欲废绝,肠鼓气,不排粪,症状逐渐加重,最后可死亡。而子宫角嵌闭时,猪临床症状不明显,创口处慢慢增大,局部触诊有热、痛感,病猪弓腰、精神沉郁、体温升高、食欲减退。

肠嵌闭应立即手术。局部消毒,拆线,分离粘连的组织,扩大切口,暴露肠管,如肠管已坏死,应做肠管部分切除术。用温的 0.1% 新洁尔灭溶液冲洗,还纳腹腔,密闭缝合腹膜及各层肌肉,皮肤结节缝合,涂碘酊。如果子宫角嵌闭,立即拆线,分离子宫角,用消毒液冲洗后,送回腹腔。如已化脓、坏死,应将其全部摘除,闭合腹腔,创口涂 5% 碘酊,术后放入清洁、保暖的圈舍,限食 1~3 天,肌内注射抗生素或磺胺类药物。

3. 公猪去势术

(1)保定与手术方法:小公猪一般于1~2 月龄,体重 5~10 千克时进行去势。去势时,术者右手提起右后肢,左手抓住同侧膝前皱襞,使之成左侧倒卧,背向术者。术者左脚踩住颈部,右脚踩住尾根。用左手腕推压上侧大腿后部,使该肢向前,充分暴露阴囊。局部消毒后,术者以左手中指背面由前向后隔着阴囊顶住上侧睾丸,拇指和食指固定两侧。右手持刀,与阴囊中缝际平行方向纵向切开阴囊和总鞘膜,切口长度 2~3 厘米。挤出睾丸,撕断鞘膜韧带,向深部理断精索。通过原切口切开阴囊纵隔,同法摘除下侧睾丸。创口涂 5% 碘酊,不必缝合。

如果是大公猪,进行侧卧保定,阴囊消毒。于平行阴囊缝际两侧 1~2 厘米处,各做一阴囊切口,同时切开总鞘膜,挤出睾丸,剪断鞘膜韧带,向深部结扎精索。在结扎线外侧1厘米处切断,摘除睾丸。用0.1%新洁尔灭溶液,冲洗阴囊内腔,之后撒入碘仿磺胺粉。

(2)注意事项:

①公猪去势后出血。主要由于精索断端血管没有完全挫灭,或结扎线松脱引起。可能在去势后立即出血,或过一段时间出血。阴囊壁血管出血,血液呈滴状流出,精索内血管出血,血液呈线状流出,流出的血液积聚在鞘膜腔内形成血凝块。发现阴囊壁出血时,清创后,用止血钳夹持一段时间,如能看到血管断端,可做结扎,创口内滴入0.1%肾上腺素,然后用浓碘酊涂擦。精索血管出血,找到精索断端,用止血钳夹住后做结扎,然后涂碘酊,最好在阴囊内用灭菌的大纱布块,配合磺胺粉撒布,进行填塞压迫止血,于48小时后取出纱布,用消毒液冲洗即可。

②公猪去势后肠脱出。给公猪去势时,如果腹股沟内环过大,偶在去势时或去势后数小时内,小肠发生脱出。当发现肠脱出于阴囊内或体外时,应立即进行手术治疗。将猪倒立保定,用温0.1%新洁尔灭溶液冲洗脱出的肠管,如有坏死,应做部分切除术。找到总鞘膜并将其扩开,把脱出的肠管送回腹腔内,然后再将总鞘膜提起并与肉膜下筋膜剥离开,尽量靠近腹股沟内环处将总鞘膜及精索一并结扎,于结扎线外方1厘米处切断总鞘膜及精索。如内环过大,应切开腹股沟内环处的皮肤,将脱出的肠管送入腹腔,结节缝合内环口,撒布磺胺粉,皮肤结节缝合,涂5%碘酊。

③公猪去势后精索及鞘膜发炎。化脓性精索炎、鞘膜炎是由于去势阴囊皮肤的创口小,阴囊皮肤与总鞘膜切口不一致,使渗出液积聚鞘膜腔,或精索断端留的过长而引起。此外,不遵守无菌操作,圈舍不卫生,也可造成创口感染。

初期阴囊肿大，甚至包皮水肿，精索断端肿胀，从创口流出脓性渗出液，以及精索断端组织溶解的碎片。触诊局部热、痛反应明显，体温升高，食欲减退，后期虽局部肿胀减轻，但精索断端变硬，形成精索瘘，经常排出少量脓汁，如蔓延到腹腔，可引起化脓性腹膜炎。

（3）治疗方法：局部消毒，扩大阴囊壁和总鞘膜切口，除去鞘膜腔内脓汁及坏死组织，用防腐消毒液彻底冲洗。如鞘膜病变严重，应将坏死部分全部切除。如精索部分化脓、坏死，应在其健康部位结扎，剪断坏死部分，如已形成精索瘘，应做瘘管切除，彻底清创后，创内撒入碘仿磺胺，创口周围涂碘酊，开放引流，按化脓创处理。同时，肌内注射抗生素，针对病情对症治疗。

4. 猪的疝

猪常发生脐疝和腹股沟阴囊疝。临床上分别以猪的脐部和腹股沟阴囊部，突发形成一个大囊状物为特征，疝又称为赫尔尼亚。

（1）病因：有先天性与后天性之分。

①先天性疝。多见于仔猪，是因解剖孔先天性过大引起的，并与遗传因素（特别是公猪）有关。

②后天性疝。常因外伤和腹压过大而发生。

（2）防治：

①猪脐疝的治疗。根治措施是手术治疗。病猪术前停食 1 天，以降低腹内压，便于手术。仰卧保定或倒立保定，局部剃毛，消毒，用 1‰ 盐酸普鲁卡因局部浸润麻醉。

小心地纵行切开皮肤和疝囊，仔细剥离肠管（不能剥破），剥离好后将肠管等小心送还腹腔。然后用间断内翻或水平纽扣缝合法将疝轮缝合，再用连续缝合法或结节缝合法缝合肌层、皮肤，手术部位周围涂上碘酊，打好绷带。缝合疝轮时应去除多余的增生组织，以保证疝轮正常闭合。术后病猪应肌内注射抗生素,饲养在干燥清洁的猪圈内,喂给易消化的稀食,术后1～2天不要喂得太饱,限制剧烈运动,防止腹内压过高。

②猪腹股沟阴囊疝的治疗。将病猪两后肢吊起保定,阴囊处剪毛、消毒、局部麻醉。依次切开皮肤、肉膜、肉膜下筋膜,暴露总鞘膜腔。用手指将总鞘膜剥离,从鞘膜囊顶沿纵轴捻转,此时,疝内容物逐渐还入腹腔。在确认还纳全部疝内容物后,将鞘膜管和精索一起拉出切口外,在深部进行贯穿结扎。在结扎线后方1厘米处,剪断鞘膜管和精索,精索断端涂碘酊。清创后,腹腔内注入一定量液体石蜡和青霉素,结节缝合腹股沟管内口,撒布磺胺粉,皮肤结节缝合。患阴囊疝的公猪具有遗传性,不宜做种用,术中应同时摘除睾丸。

5. 猪直肠脱

猪直肠脱指猪直肠的一部分或全部脱出肛门外。临床上以直肠黏膜翻出肛门外为特征。

(1)病因:由于猪体营养不良,运动不足,体质下降,使得肛门括约肌、直肠韧带和直肠黏膜下层组织松弛。当发生吃食过饱、慢性便秘、顽固性腹泻、使用刺激性药物灌肠、直肠炎和母猪难产等,引起猪强烈努责时,可能造成腹内压升高,而引发本病。

(2)临诊要点:病初患猪排便或卧地时,有少部直肠翻出,排便结束或站立时,直肠又能自行缩回。病程稍长,直肠黏膜脱于肛门外,呈半球状、球状或圆柱状,鲜红色,不能缩回。随时间延长,黏膜水肿、发炎,呈暗紫色,严重时干裂、出血、坏死。病猪精神委顿,食欲缺乏或拒食,排便困难,频频努责。

(3)防治:将猪倒吊立保定,在交巢穴(尾根与肛门间的凹陷处),先用封闭注射用针紧贴椎体下缘平行刺入4～6厘米,将2%盐酸普鲁卡因 10 毫升边注入,边慢慢往外拔注射针,进行骨盆神经麻醉。用 1%明矾水或 0.5%高锰酸钾水,洗净脱出的直肠及肛门周围,慢慢将直肠送回腹腔。脱出时间较长、水肿严重的,甚至部分黏膜已坏死时,可用 0.1%高锰酸钾水冲洗干净。或用防风汤:防风、荆芥、白矾、川椒、苍术、艾叶、薄荷、苦参、黄柏各 30 克,水煎 30 分钟,待温冲洗患部。小心剪除坏死的黏膜,然后轻轻整复,并在肛门左右上下分 4 点注射 95%酒精,每点 2～3 毫升。还可用注射针刺水肿的黏膜后,用纱布包裹住,挤出水肿液,再按压整复。之后在肛门周围做荷包口状缝合,缝合后打结应松些,使猪能够排便。术后肌内注射抗生素(中兽医治疗可参见奶牛阴道脱部分)。

6. 猪腰扭伤

猪腰扭伤是指由于外力作用,引起的腰部椎骨或软组织的损伤。临床上以后躯无力甚至麻痹,躯体运动障碍为特征,中兽医称为"肾伤"。

(1)病因:引起本病的原因,主要是腰部受到外力打击,猪跳跃圈栏跌倒受伤等。

(2)临诊要点:由于受伤组织器官的种类及程度不同,临床表现也不一样。

①轻度腰部损伤。椎间关节韧带或肌肉受到剧伸,后躯无力,运步时,两后肢不灵活,后退及转弯困难。触压背腰部时,有压痛反应。胸、腰椎棘突或腰椎横突骨裂时,局部肿胀、增温、疼痛。若发生全骨折时,则局部变形,出现热、肿、痛症状,卧地不起。

②重度腰部损伤。包括椎间关节脱位、椎体骨折等。间关节脱位时,沿背中线检查,可发现椎骨棘突有变位。椎体骨折,多为压缩性骨折,有时骨折和脱位同时发生,此时,患部外形和活动异常,可感知骨摩擦音。伴发脊髓损伤时,后躯出现麻痹,粪便蓄积,尿失禁。损伤后部皮肤感

觉丧失。

(3)防治:患猪应单独饲养,保持安静、少动。病变部位,应用消炎软膏或消炎止痛擦剂,可口服布洛芬、消炎痛等。针刺肾门、百会、尾根、大胯、小胯、后三里、后蹄叉等穴,每天 2 次。也可配合穴位注射维生素 B_{12}、维生素 B_1 注射液,每次 25～50 毫克,肌内注射,每天 2 次。硝酸士的宁注射液是治疗脊髓损伤的首选药物,但本品安全系数小,剂量稍大可引起中毒,应注意使用剂量。对粪便排出困难者,应用软肥皂水灌肠。重症腰损伤的病猪,多预后不良。

中兽医治疗,治则为强腰固肾,活血散瘀。可用杜仲 20 克,补骨脂、没药、归尾、五加皮各 15 克,共为末,加白酒 100 毫升,中猪分 2 次,小猪分 4 次,混入较好的饲料中饲喂。或用当归、乳香、没药、杜仲、川芎各 15 克,土虫、红花、元胡各 10 克,共为末,小猪分 4 次,混入饲料中饲喂。

(五)猪的产科病

1. 母猪消瘦综合征

母猪消瘦综合征是由于营养不足或能量消耗增加,致使体质亏损,机体代谢水平下降而引起的一种代谢病。临床上以体内贮备的脂肪、蛋白质和糖原分解加速,耗损严重,造成机体营养不良为特征,又称为营养性衰竭症。

(1)病因:

①主要原因是低营养水平的饲养,使机体营养供不应求。尤其在大群饲养条件下,为加快繁殖,往往采取提早断奶及快速重配等措施,这样使妊娠和产仔母猪负担太重,体重迟迟不能恢复,越来越瘦,甚至卧地不起。为避免母猪过肥影响繁殖力,而采取低水平饲养,猪舍寒冷等,也是常见的原因。

②大群饲养时,胆小的母猪长期吃不足料,一直处于饥饿状态也容易发生这种情况。

③母猪患有慢性消耗性疾病,如严重的寄生虫病、慢

性消化紊乱或某些传染病,常导致母猪消瘦。

(2)临诊要点:本病最突出的症状是进行性消瘦。母猪在停奶后不能恢复体重。随病程的发展,病猪被毛粗乱,皮肤枯干、多屑、弹性降低,骨骼凸出。可视黏膜苍白、肌肉萎缩、震颤。病猪无神,食欲缺乏,异嗜,过多饮水,经常卧地不愿起立。病猪易于疲劳,强迫运动时,呼吸加快,有时喘气,脉搏增速。

(3)防治:加强母猪的饲养管理,对怀孕和泌乳母猪,给予足够的营养,是防止本病的根本措施。对大多数患病母猪,停乳后才改善营养,效果并不显著。因此,在母猪泌乳期间,就必须维持足够的饲喂量。大群饲养时,发现有胆怯的猪只,应及时隔开单圈饲养。对妊娠后期和哺乳母猪,尤其是对快速重配和早期停奶母猪,要及时补充营养,保证满足母猪对各种营养物质的需要。对母猪定期驱虫,发

现慢性消耗性疾病的病猪,应及时采取相应的治疗措施。

对极度衰竭的母猪,除加强饲养,补充高能量的饲料外,还可配合耳静脉注射10%葡萄糖液 300～500 毫升,加入维生素 B_1 5～40 毫升,肌内注射维生素 C 5～10 毫升,皮下注射氧化樟脑 3～5 毫升。比较贵重的母猪,也可肌内注射三磷酸腺苷二钠 50～10 毫克,连续治疗 7 天。还可在饲料中添加适量的人工盐和酵母片。

中药可试用下方:党参、白术、茯苓、木香各 15 克,陈皮 10 克,菖蒲 15 克,大黄 10 克,山楂 15 克,神曲 10 克,莱菔子 15 克,甘草 10 克,水煎,1 次投服,或共为末,混于饲料中饲喂,每天 1 剂,连用 5～7 天。

2. 母猪无乳综合征

母猪无乳综合征,是因母猪产后缺乳或无乳所致。临床上以母猪厌食、排出恶露、对仔猪反应冷淡,仔猪体质

差、生长慢、断奶体重低为特征。又称泌乳失败。

(1)病因:

①母猪妊娠期饲料配合不全,营养成分缺乏。

②应激因素,如日粮结构突然改变,气候突变,母猪由怀孕猪舍转移至产仔猪舍,拥挤、惊吓、噪音等。

③内分泌失调,难产,低钙血症,母猪运动不足,患有全身性疾病或热性传染病,乳房炎,也可导致无乳及泌乳不足。

(2)临诊要点:母猪乳房外观一般无明显变化,但缺乳或无乳。有的母猪乳房皮肤松弛,乳腺不发达,挤不出奶或奶量逐渐减少。有的病猪厌食,饮水减少,便秘,排恶露,对仔猪反应冷淡,甚至拒绝哺乳。仔猪由于吃不饱或吃不到乳汁,经常尖叫,绕着母猪乱跑,在母猪乳房上寻找乳头或在猪舍内寻找食物。仔猪消瘦,有些死亡。

(3)防治:

①治疗。母猪发生乳房炎,体温升高时,选用敏感抗生素,抗菌消炎。同时用安痛定等药物进行降温。

无炎症性无乳综合征,应改善饲养管理,给予全价营养且容易消化的饲料,经常按摩乳房。并且可肌注 30～40 单位催产素或人工合成的雌激素。对于精神状态正常,乳腺充胀、疼痛,但不分泌乳汁的青年母猪,肌注 10 单位催产素即可。

对易激动、烦躁、拒仔吸乳、不理睬甚至伤害仔猪,且乳腺胀满、流不出乳汁的母猪,首先注射镇静药物,同时肌注 5 单位催产素。或先用温水热敷乳房,再将母猪放到一个宽敞的场区,尽量减少干扰,开始时放出 1～2 个仔猪进行哺乳,待母猪安静后,放出其他仔猪哺乳。

中兽医辨证施治:

A. 如果母猪是感染性少乳、无乳,属热毒壅滞,治则以消肿止痛,通经解毒为主。用瓜蒌牛蒡汤加减：牛蒡子、花粉、连翘、金银花各 10 克,黄芩、陈皮、生栀子、皂角刺、柴胡、青皮各 8 克,漏芦、王不留行、木通、路路通各 10 克。乳房有肿块者宜调和营血,加当归、赤芍各 10 克,恶露不尽者,宜祛瘀,加益母草 20 克,川芎、当归各 10 克,水煎自饮或拌入食内,每天 1 剂,连用 3～5 天。

B. 由应激因素、妊娠母猪过肥、内分泌失调引起者,属气血瘀滞,气机不畅,乳络运行受阻,以理气活血、佐以通乳为治则。方用下乳涌泉散加减：当归 20 克,白芍、生地、柴胡、花粉各 15 克,川芎、漏芦、通草、木通、白芷、甘草各 10 克,青皮 15 克,王不留行 30 克,水煎自饮或拌入食内。每天 1 剂,一般连用 3剂。

C. 由于精神紧张,引起肝气郁结,气机不畅者,方用酸枣仁汤加减：酸枣仁、蒲公英各 30 克,瓜蒌皮、知母、茯苓各 20 克,香附 15 克,青皮 9克,川芎、柴胡、甘草各 6 克,水煎自饮或拌入食内。每天 1 剂,连用 3 天。还可应用王不留行 40 克,穿山甲、白术、通草各 15 克,黄芪、党参、当归、白芍各 20 克,水煎,1 次投服,每天 1 次,连用 5 天。将仔猪留在哺乳舍内,使得母猪乳头能经常受到仔猪吮乳的刺激。

②预防。给妊娠母猪必须提供优质全价的饲料和适量的青绿饲料,还可在饲料中添加一些防止乳腺水肿、增强食欲、促进排粪、预防乳房炎的药物。如用硝酸钾 12 份、乌洛托品 4 份、磷酸氢钠 1份,混匀,在母猪产仔后 1 周内,每天喂两次（共 28 克）。在1 000千克日粮中混入 1.8千克硫酸钠,可起到轻泻作用,在分娩前 3～5 天,饲喂磺胺二甲氧嘧啶、甲氧苄氨嘧啶和磺胺噻唑,可以使产后乳房炎的发生率降低。应保持猪舍干燥、卫生、舒适,冬天注意

猪舍防寒保暖,夏天防止炎热酷暑,尽量控制猪舍噪音及其他不良应激。母猪应保持适当的运动。产前第 7 天可在饲料内添加母子安散:瞿麦、黄柏、黄芩各 30 克,当归 20 克,白芍、柴胡各 15 克,川芎、漏芦、通草、木通、陈皮、甘草各 10 克,王不留行 30 克。按饲料的 2%添加饲喂。

3. 猪繁殖障碍综合征

猪繁殖障碍综合征可由多种因素引起。临床上以母猪不发情、配种后早期流产、娩出死胎或弱仔为特征。

(1)病因:包括传染性因素和非传染性因素。

①传染性因素。主要包括病毒性疾病、细菌性疾病和寄生虫性疾病。例如,猪繁殖与呼吸综合征(病毒引起)、布氏杆菌病(细菌引起)、严重的蛔虫病(寄生虫引起)。

②非传染性因素。主要包括环境因素、营养因素、遗传因素、药物因素和管理失误等。不良环境因素引起的繁殖障碍,对散养和小型猪场影响不很明显,但对大中型猪场具有一定的影响力。猪群拥挤、剧烈和频繁的争斗咬架,圈舍构造不合理造成的机械性损伤等,都对猪的繁殖力造成不同程度的负面影响。

(2)临诊要点:母猪屡配不孕、假孕,不发情、乏情。胎儿早期溶解、流产,死胎、少产、产弱仔和木乃伊。母猪繁殖率、仔猪成活率下降,产后母猪易发生乳房炎、子宫内膜炎、无乳综合征。

(3)防治:

①治疗。要进行综合分析,找出病因,采取适当治疗措施。

对传染性因素引起的繁殖障碍,要控制、治疗原发病。

对非传染性因素引起的繁殖障碍,要在加强饲养管理的基础上,对因治疗。

例如,对临床上比较常见的子宫炎症,宜进行子宫内消炎灭菌。可用青霉素 320 万国际单位,链霉素 100 万单位,安乃近 20 毫克,注射用水 20 毫升,溶解后,使用输精管,直接插入母猪阴户内 25～30 厘米推入。同时肌内注射维生素 C、维生素 E,每天 1 次,连用 5 天。应用激素促进母猪发情、排卵受精,可用促卵泡素 50～100 万单位,1 次肌内注射,雌激素 3～10 毫升,1 次皮下注射,1～3 天重复 1 次。

中药治疗母猪不发情可用:当归 80 克,益母草、熟地、肉苁蓉、淫羊藿、杜仲各 80 克,红花、川芎各 25 克,阳起石 100 克,煎水 3 次,浓缩至 1 500 毫升,分 2 次投服,每天 1 次,连用 5 天。如果母猪阴道有炎症,可增加茵陈、栀子、车前子各 60 克、猪苓 10 克。

②预防。建立科学的免疫程序,杜绝影响繁殖的传染病发生。使用全价、营养丰富、维生素和微量元素均衡的优质饲料,最好使用母猪专用料。加强母猪和公猪的卫生管理,特别是在配种时,应用

高锰酸钾溶液清洗母猪阴户、公猪的阴茎、睾丸,以防外源性感染。

4. 新生仔猪溶血病

新生仔猪溶血病是由于血型不合所引起的一种免疫性疾病。临床上以新生仔猪贫血、黄疸和血红蛋白尿为特征,又称仔猪溶血性黄疸。

(1)病因:仔猪父母血型不合,仔猪继承的是父畜的红细胞抗原。由于胎盘损伤或生产时产道损伤,这种仔猪的红细胞进入了母体血液循环,母猪便产生了抗仔猪红细胞的抗体,且可进入初乳中。仔猪吸吮了含有高浓度抗体的初乳后,可引起急性溶血。

注意:新生仔猪在出生后几天内,小肠黏膜上皮细胞可以吸收未经消化的蛋白质,包括免疫球蛋白(抗体)。通过吸收初乳中的抗体,建立起被动免疫,这是猪在进化过程中形成的一种重要的免疫防御方式。当初乳中有抗仔猪红细胞抗体时,抗体被吸收进入

血液,与红细胞抗原结合,再激活补体,就会导致红细胞溶解、破坏。

(2)临诊要点:仔猪出生后精神、膘情良好,一切正常,但吮吸初乳后数小时到十几小时发病,引起红细胞大量溶解,病死率可达 100%,而且全窝陆续发病。病仔猪怕冷、发抖,愿钻入垫草中,两眼无神,结膜黄染,不吃奶。腋下及腹股沟皮肤苍白,站立不稳,尿呈红色,排尿次数增加,尿量减少。心跳急速,呼吸加快,血液稀薄,不易凝固,多数病猪于 2～3 天内死亡。

让发病仔猪窝的母猪,代养其他窝的仔猪时,仔猪不发病,且发育良好。

(3)剖检病变:病仔猪可视黏膜黄染,皮下组织、肠系膜也有不同程度黄染,膀胱内积聚棕红色尿液。

(4)防治:

①治疗。发现这种情况后,立即将该母猪所生的仔猪交由其他母猪代喂奶或人工哺乳。同时人工定时挤掉该母猪奶,经过 3 天后母奶可喂仔猪。如果有产仔期相近的母猪,且均很温顺,可将整窝仔猪调换哺乳。

②预防。可在预产期前 10 天之内,试进行产前催乳,投服生乳药或生乳糖浆,让怀孕母猪产前泌乳,并及时挤掉乳汁。或者在仔猪出生后进行隔离,禁吃母乳,进行人工哺乳。或由其他母猪暂时代养,72 小时以后再由原母猪哺乳。配种发生仔猪溶血病的公猪,不可继续配种,应严格淘汰。

5.新生仔猪贫血

新生仔猪贫血是仔猪发生的一种营养性贫血病。临床上以新生仔猪营养不良、黏膜苍白和突发运动障碍为特征。

(1)病因:主要原因是缺铁,多发生于寒冷的冬末、春初的舍饲仔猪。在木板或水泥地面上封闭式饲养,又无采取补铁措施,尤易发生,且多群发。仔猪出生后有一个生理性贫血期,在此期内,如仔猪不与含有铁质的土壤接触,而饲料中又不给予补铁时,就会引发本病。有些资料报道,仔猪贫血,不仅缺铁,而且缺铜、钴、维生素 B_{12} 及叶酸等参与造血物质。

(2)临诊要点:仔猪贫血多发于出生后 3～6 周龄,3 周龄为发病高峰,特别是饲养在全水泥地面、封闭式圈舍中。病仔猪精神沉郁,食欲减退,营养不良,被毛逆立,消瘦,腹泻便秘交替发生,异嗜,衰竭。可视黏膜淡染,严重病例,黏膜苍白,光照耳壳呈灰白色,几乎见不到明显的血管,针刺也很少出血。呼吸、脉搏数均增加,稍加运动,则心跳亢进,喘息不止。有的仔猪,外观肥胖,生长发育也较快,但可在奔跑中突然死亡。发病仔猪抵抗力降低,易感染发生仔猪白痢、链球菌病等。如能耐过 6～7 周龄,病仔猪开始采食后,可逐渐恢复。

(3)防治:

①治疗。改善仔猪饲养管理,让仔猪接触垫草、泥土或灰尘。口服铁制剂,常用硫酸亚铁 2.5 克,硫酸铜 1.0 克,水 1 000 毫升,按每千克体重 0.25 毫升,用汤匙灌服,每天 1 次,连服 7～14 天,也可用硫酸亚铁 100 克,硫酸铜 20 克,磨成细末后,混于 5 千克细沙中,撒在猪舍内,任仔猪自由舔食。如能结合每次补给氯化钴 50 毫克或维生素 B_{12} 0.3～0.4 毫克,同时配合应用叶酸 5～10 毫克,混饲给药,则效果更好。注射铁制剂,可使用右旋糖酐铁、葡萄糖铁钴注射液,2 毫升,1 次深部肌内注射,必要时 7 天后再半量注射 1 次。

中药可试用当归、熟地、白术、甘草各 3 克,何首乌 6 克,水煎,1 次投服,每日 1 剂,连用 5～7 天。

②预防。主要是加强妊娠母猪和哺乳母猪的饲养管理,增加哺乳仔猪外源性铁剂

的供给,最好让仔猪随母猪到舍外活动或放牧,也可在猪舍内放置红土等,任仔猪自由拱食。在水泥地面舍饲仔猪时,需从仔猪生后 $3\sim5$ 日龄开始补加铁剂,可将铁铜合剂撒在粒料或土盘内,或用硫酸亚铁 2.5 克、氯化钴 2.5 克,硫酸铜 1.0 克,常水加至 $500\sim1\,000$ 毫升,混合后过滤,涂在母猪乳头上,或混于饮水中或搀于代乳料中,让仔猪自饮自食。

6. 新生仔猪低血糖症

本病是新生仔猪的一种营养代谢病,多见于 7 日龄以下的仔猪。临床上以病仔猪血糖显著降低,出现神经症状为特征,又称"憔悴猪病"。

(1)病因:引起本病的主要原因是仔猪出生后吮乳不足。例如,仔猪患有严重的先天性疾病而无力吮乳,仔猪患传染病及胃肠道消化、吸收机能障碍,仔猪发生应激反应而致食欲不佳、消化不良,母猪产奶量减少或根本不产奶(母猪患乳房炎、无乳综合征等疾病)。

(2)临诊要点:一般在仔猪出生后第 2 天发病,病仔猪变得有气无力,不愿吮奶,离群独卧。继而停止吮奶,四肢无力,卧地不起。皮肤冷湿、苍白,体温低,低声嘶叫,肌肉震颤,对外界刺激反应迟钝或消失。四肢做游泳状,眼球不动,瞳孔散大,流涎,有的小猪歪腿站立,并用鼻唇部抵在地上,随后倒地不起。多数仔猪在发病后 2 小时内昏迷死亡。检查血糖显著降低。

(3)防治:

①治疗。发病仔猪,可每次口服 $10\%\sim25\%$ 葡萄糖生理盐水 $10\sim15$ 毫升,也可腹腔注射 5% 葡萄糖溶液,1 次 10 毫升,每天 4 次,连用 $3\sim5$ 天。同时,将病仔猪置于温暖环境中,温度应保持在 $27\sim32℃$。

②预防。怀孕母猪要给予全价优质饲料,保证产后有充足的乳汁供应。母猪一旦

发生疾病,要积极进行治疗,以恢复体质。在产后,让初生仔猪及早吃到初乳,并注意保暖。对吃不到母乳的仔猪,可适当人工哺乳。

三、犬、猫普通病的防治

（一）犬、猫的内科病

1. 唇炎

唇炎是指当犬、猫外伤或感染时,唇或唇皱发生的急性或慢性皮炎。临床上以唇和唇周围与皮肤结合部形成龟裂或痂皮为特征。

（1）病因:唇炎主要由于机械性损伤,如骨头、木片刺入唇内。或齿的位置异常,犬齿直接咬伤。也见于维生素 B 缺乏、过敏、双香豆素中毒、疥螨或皮肤真菌感染。幼犬急性脓疱性皮炎,以及邻近组织炎症的波及,均可继发本病。唇部皮肤皱襞发达的犬种（如西班牙犬、瑞士救护犬）,因唾液和脱落的黏膜组织等潴留的刺激,以及唾液分泌旺盛的犬,也可诱发本病。

（2）临诊要点:患病犬、猫不时用前肢搔抓患部,流涎,下颌前端被毛湿润、污秽,口腔恶臭并有溃疡,可在唇和唇周围及皮肤结合部形成龟裂或痂皮。

慢性唇炎有恶臭的黄色或褐色的黏稠物附着于唇周围。

疥癣、毛囊虫、皮肤真菌感染扩散引起的唇炎,可在患部取样镜检或培养鉴别。

（3）防治:祛除病因,患部用 0.1% 高锰酸钾、2% 硼酸、0.1% 雷佛奴尔溶液冲洗,然后涂擦复方碘甘油、抗生素软膏及皮质激素类软膏。维生素 B 缺乏症,应及时补给 B 族维生素;过敏时,可用地塞米松、苯海拉明、扑尔敏等脱敏药物。为防止全身感染,可全身应用抗生素类药物,也可以应用抗生素与抗真菌制剂,如四环素按每千克体重 20 毫克,每天 3～4 次,口服,两性霉素 B 按每天每千克体重 0.5～1 毫克,静脉注射,隔天

1次。

2. 急性胃炎

本病是胃黏膜的急性炎症。临床上以呕吐、胃区压痛及脱水为特征,是犬、猫常见的疾病,以犬多发。

(1)病因:原发性胃炎因摄食腐败变质的食物、刺激性药物(消炎痛、阿司匹林)引起。继发性胃炎,常见于某些传染病、肠道寄生虫病及应激反应等病程中。饲喂牛奶、鸡蛋、马肉或鱼肉,可引起个别犬、猫发生过敏性胃炎。

(2)临诊要点:病初,患病犬、猫精神沉郁,持续性呕吐,开始吐出食糜,后则吐出泡沫状黏液或胃液。饮欲增强,饮水后,呕吐加重。严重胃炎如伴有肠炎而腹泻腹痛时,患病犬、猫常伏卧冷暗处,腹部紧张,压迫胃有痛感,前肢前伸。迅速脱水,引起严重的水、电解质紊乱和碱中毒等症状。

根据病史和临床症状可做出初步诊断,结合胃内窥镜检查胃黏膜异常可确诊。

临床上,应与下列疾病相鉴别:

①胃内异物。胃部触诊疼痛,肋骨部敏感,有时可触到异物,采食后间歇性呕吐,渐进性消瘦。X光检查,可以发现异物。应注意猫的胃炎要与吐毛球相鉴别诊断。

②胃溃疡。慢性顽固性呕吐,呕吐物呈黑褐色,粪便呈煤焦油样。

③胃肿瘤。老龄犬、猫多发,体重逐渐减轻,呈慢性血性呕吐,呕吐与采食无关,胃有压痛,贫血,呈恶病质状态。

(3)防治:首先绝食12小时甚至24小时以上,病情好转后少量多次给予流质食物。镇静止吐,可肌内注射硫酸阿托品、氢溴酸东莨菪碱、胃复安等止吐药物。脱水时,用复方氯化钠液和5%葡萄糖液等量混合,按每天每千克体重40~60毫升,静脉注射,同时补充维生素C、维生素B_6等。健胃止酵,增加食欲,可用乳酶生、橙皮酊等口服。当胃炎较重时,抗菌消炎,可用庆大霉素、卡那霉素、小诺霉素(小单孢菌素)等药物肌注或静脉注射,必要时肌注地塞米松,每次犬 2～10 毫克,猫 0.1～5 毫克。胃有出血时,可给予维生素 K_3、止血敏等止血药物,或用甲脂胼胺每千克体重 4 毫克,每天 2～3 次,肌内注射。

3. 胃扩张-胃扭转综合征

胃扭转是胃幽门部从右转向左侧,并被挤压于肝脏、食道的末端和胃底之间,导致胃内容物不能后送的疾病,胃扭转之后很快发生胃扩张,因此,本病统称为胃扩张-胃扭转综合征。

(1)病因:饲料中钙、磷比例失调,脾肿大、胃下垂等使胃韧带伸长,易诱发本病。往往发生于饱食后打滚、跳跃,迅速上楼梯时的旋转、滚动时。较多见于大型犬及胸部狭长品种犬,雄犬发病率高,尤以中、青年或较老的犬多

发。此外,遗传因素也有一定作用。

(2)临诊要点:患犬突然表现腹痛、神态淡漠、呆立或躺卧于地,口吐白沫。由于胃扭转时,胃贲门和幽门均闭塞,而发生急性胃扩张,叩诊呈鼓音或金属音。腹部触诊可触摸到球囊袋状物,急剧冲击胃下部,可听到拍水音。干呕。胃管插不入胃内,若强行插入后,则见带有酸臭味气体和血样液体逸出。主要根据临床症状、X线检查及胃内插管来确诊。注意应与单纯性胃扩张、肠扭转及脾扭转相鉴别,通常用插胃管来区分。单纯性胃扩张,胃管插到胃内,腹部胀满可以减轻,但胃扩张时贲门痉挛也有不能插入导管的情况;胃扭转,胃管插不到胃,因而不能减轻腹部胀满;肠扭转及脾扭转,胃管插到胃内,但腹部胀满仍不能减轻,且即使胃内潴留的气体消失,患犬仍逐渐衰竭。

(3)治疗:尽早开腹手术。

手术可局部浸润麻醉或全身麻醉，切开腹壁（由剑状软骨到脐部后方），由口腔插入粗胃管将扭转部转到正常位置。胃整复困难时，用穿刺针放气后再整复。如果胃内容物洗不出来或有大肿物，应进行胃切开术，此时用温的灭菌生理盐水湿润的纱布包住胃，在胃腹侧面血管少处切开，用舌形钳或支持缝合拉开创口，除去全部内容物和切除胃壁的坏死组织，冲洗，整复至正常位置。进行双重缝合，将胃壁固定于腹壁上。如果脾脏损伤严重，则应摘除。

手术中及手术后，应维持水、电解质平衡，以林格氏液每千克体重 20～50 毫升、氨苄青霉素每千克体重 20～50 毫克，混合进行静脉滴注，连续 5～7 天。如胃不蠕动，用甲基硫酸新斯的明每千克体重 0.25～1 毫克，皮下注射，每天 2 次。如发生休克，给予强心剂、呼吸兴奋剂，同时补充电解质及碳酸氢钠。维生素 B_1、三磷酸腺苷皮下注射。

洗胃或胃切开 24 小时后，可喂少量易消化的食物。食物和饮水量逐渐增加，同时给予健胃助消化药物。

4. 肠炎

肠炎是肠黏膜的急性或慢性炎症。可作为肠黏膜的一种独立疾病，但临床上更常见的是以胃肠炎的形式出现。

（1）病因：病因与胃炎相似。继发性肠炎见于传染性和寄生虫疾病，如犬瘟热、钩端螺旋体病、细小病毒病、传染性肝炎、钩虫病、蛔虫病。过食或长期滥用抗生素也可引起肠炎。

（2）临诊要点：肠炎的主要症状是腹泻。当以胃、小肠的炎症为主时，频频呕吐，呕吐物中有时混有血液，饮欲亢进，大量饮水后又呕吐，伴有脱水，结肠炎时，可出现里急后重，粪便稀软，水样或胶冻状，并有难闻气味。小肠出血性肠炎，粪便呈黑绿色或黑红色；大肠出血性肠炎；粪便表面附有血液或血丝。中毒性和传染性胃肠炎，前述症状特别明显，同时多出现肾炎及神经症状。

慢性胃肠炎，症状和病变较急性轻微，由于反复腹泻或腹泻与便秘交替发生，患病犬、猫脱水，消瘦，营养不良。

根据病史及临床症状，易做出初步诊断，但要建立特异性诊断或确定病因，应进一步做实验室检查。

（3）防治：加强饲养管理，病初禁食，限制饮水，然后给无刺激性饮食，如菜汤、米汤、口服 ORS（口服补液盐）及腹部温敷。

镇痛止吐，可用氯丙嗪、硫酸阿托品，肌内注射。控制和预防病原菌继发感染，选用庆大霉素、阿莫西林、普康素、喹诺酮类口服。持续腹泻，用鞣酸蛋白、思密达进行收敛，防止脱水和引起自体中毒，及时静脉注射含糖盐水、林格氏液，加适量 10% 低分子右旋糖酐液。同时补加碳酸氢钠、

维生素 C、B 族维生素、维生素 K，强心和保护肝脏。有肠道出血，可口服云南白药或适量肌注止血敏，并配合肌注维丁胶性钙。

中毒性胃肠炎以解毒为主。传染性胃肠炎，采用抗血清和对症疗法、维持疗法相结合。寄生虫性肠炎，以驱虫为主，辅以对症疗法和支持疗法。

5. 急性小肠梗阻

急性小肠梗阻是犬、猫的一种急腹症，发病部位主要在小肠，常发生机械性阻塞，使肠内容物不能顺利下行。临床上以剧烈腹痛、呕吐、脱水为特征。

（1）病因：小肠急性梗阻多由肠内异物，如骨、果核、玩具、毛球，或大量肠道寄生虫突然阻塞所致，也可由于肠道内外肿瘤、肠管术后粘连所引起。在肠套叠、肠缠结及嵌闭性疝时，肠腔发生机械性闭塞，可引起机械性肠梗阻，但根据犬、猫的生理特点，很少

发生肠扭转,常见肠套叠。

(2)临诊要点:小肠梗阻部位愈靠近胃,症状发生愈迅速和剧烈。最显著症状为剧烈腹痛,持续性呕吐,迅速脱水。腹痛初期,表现腹部僵硬,拒绝触诊。梗阻位于前部时,呕吐为一种早期症状,呕吐物中有未消化食物及黏液,严重时可呕出胆汁,机体脱水、电解质紊乱及碱中毒,梗阻晚期发生尿毒症或休克。

慢性小肠梗阻主要表现患病犬、猫逐渐消瘦,体重下降,粪便稀薄,呈煤焦油状,或带有血丝,并有久治不愈的腹泻。

根据病史和临床症状,可做出初步诊断。腹部触诊,常在梗阻肠段的前方,触及充满气体和液体而扩张的肠管。肠套叠时,在腹中部可触及到"香肠状物体"。腹腔穿刺,有较多渗出液,颜色呈淡红或暗红色。

(3)防治:一旦确诊为小肠梗阻,应立即进行手术治疗,但术前、术中和术后,必须纠正水、电解质和酸碱平衡失调。为控制感染和毒血症,可肌内注射抗生素,如青霉素、链霉素。出现明显的感染和毒血症时,可静脉注射广谱抗生素,术后禁食 48～72 小时给予流食。

6. 便秘

便秘是犬、猫一种常见的疾病。其特征是肠蠕动机能发生障碍,肠内容物不能及时后送,滞留于大肠肠腔,水分被进一步吸收,内容物变干,形成秘结。

(1)病因:犬、猫对大肠便秘有较强的耐受性,有的发生数天至 20 天,临床无明显症状。但时间过久,则很难治疗,甚至诱发其他疾病。多数肠便秘为一过性,但也有反复发作,病因较为复杂。

①食物和环境的异常变化。长期饲喂干食物,限制摄取流体食物,食入骨、异物、毛与粪便缠绕一起,难以通过下行。长期饲喂肝、骨粉过多,

摄食过少,对肠道的机械及化学刺激不足,环境突然改变、运动不足,以及促进排便的肌肉松弛无力等,均可引起本病。

②直肠、肛门疾病。可因排便疼痛性疾病而引发便秘。肠道周围疾病、会阴疝、前列腺疾病等,阻碍粪便通过。另外,长毛犬、猫肛门周围粪便黏结,阻塞肛门,可引起便秘。

③医源性原因。某些药物,如阿托品、碳酸钙、氢氧化铝、硫酸钡等,可能导致便秘。

④支配排便的神经异常。脊髓损伤所致的后躯麻痹,老龄犬、猫迷走神经紧张性降低及特发性巨大结肠症等,都可导致便秘。此外,甲状腺功能减退和甲状旁腺功能亢进,也可诱发本病。

(2)诊疗要点:便秘犬、猫经常有排便姿势,但排不出,表现里急后重。初期精神、食欲多无太大变化,久则出现食欲废绝、不安、腹痛,呕吐甚至呕粪。发病犬、猫尾巴伸直,步态紧张,脉搏、呼吸加快,可视黏膜发绀。轻症反复努责,排出少量秘结便,重症排出少量混有血液或黏液的液体,肛门发红和水肿。

触诊后腹部,常可触到粪结。直检有时能触到硬的粪块,结肠不全梗阻时,可发生积粪性腹泻,排出褐色水样粪液。X线照片可见肠管扩张状态,其中常含有致密粪块或骨头等异物投影。

(3)防治:早期单纯性便秘,用液体石蜡或温肥皂水、2%苏打水反复灌肠,腹部轻轻触压粪块。或服用缓泻剂,例如:硫酸钠或硫酸镁 5～30 克,或液体石蜡 5～30 毫升,或芒硝、大黄各 3～10 克为末,用蜂蜜调和内服。番泻叶 20～50 克,或大黄、麻仁、桃仁、郁李仁各 3～5 克,水煎去渣,加 30 毫升液体石蜡灌服。

直肠后段或靠近肛门处便秘时,为保护犬、猫安全,应进行全身麻醉,冲洗肠腔,然后用止血钳或镊子取出结粪。

严重结肠便秘,用上述方法不能奏效时,可行外科手术,取出结粪,术后注意护理。对继发性便秘,应治疗原发病,肠便秘时,应注意对症治疗,采取补充体液、强心等措施。

肠便秘解除后,为防止复发,可投与石蜡油等轻泻剂,促使肠内容物排出。

平时饲喂应注意定时定量,并要适当运动,观察每天排粪情况。当只见吃不见排便时,注意有无便秘征兆,可投服液体石蜡或植物油10~30毫升,或肛门内注入甘油或开塞露,促使排粪。

7. 犬肛门腺炎

本病是肛门囊内的腺体分泌物贮积于囊内,刺激黏膜而引起的炎症。肛门囊疾病是肛门部最常见的疾病,一般包括肛门囊阻塞、肛门囊炎和肛门囊脓肿三种。犬、猫均有发生,但以犬发病较多。

(1)病因:犬的肛门囊位于内、外肛门括约肌之间的腹侧,左右各一个,呈球形。中型犬的肛门囊直径为1厘米左右。肛门囊以2~4毫米长的管道开口于肛门黏膜与皮肤交界部,把犬尾部上举时,开口部突出于肛门,易于看到。肛门囊壁内衬腺体,分泌灰色或褐色含有小颗粒的皮脂样分泌物。

常见于肛囊过度分泌、肛囊的导管阻塞,犬过度肥胖,使外括约肌收缩功能不良,室内犬运动不足,排便受限。饲料中脂肪含量过高,导致粪便松软,绦虫节片阻塞肛囊导管开口。在以上病因的作用下,使囊内分泌物滞留,引起病原菌侵入、增殖,发生炎症反应,导致腺体感染,甚至发生脓肿。

(2)临诊要点:病犬肛门呈炎性肿胀,发痒疼痛,常有擦肛动作,甩尾并试图啃咬肛门,排便困难,疼痛,拒绝抚拍臀部,犬体有腥臭味。当肛门腺感染时,从肛门流出灰色或褐色分泌物,混有脓汁,气味难闻。运动时,两后肢向外摆动不自然。脓肿破溃后，流出大量黄色稀薄脓汁，有时可形成肛门腺与皮肤相通的瘘管，疼痛严重。排粪时，由于疼痛，往往继而引起便秘。

（3）防治：单纯肛门囊腺导管口阻塞时，将犬尾高举，暴露肛门，用拇指和食指挤压肛门囊口，或将食提伸入肛门，与外面拇指配合挤压，除去内容物。

肛门囊腺化脓时，先排空腺囊内的脓汁，再用生理盐水或 0.1% 高锰酸钾溶液冲洗，然后滴入抗菌药物。炎症较重或伴有全身症状时，全身应做抗感染治疗。如有复发，可囊内注入复方碘甘油每天 3～4 次，连用 4～5 天，然后注入碘酊，每周 1 次。若已形成溃烂或瘘管，可行外科手术摘除，但应注意不要损伤肛门括约肌和提肛肌。

8. 急性肝炎

本病是肝细胞出现不同程度的急性弥漫性变性、坏死，以及炎性细胞浸润的一种肝脏疾病。临床上以黄疸、急性消化不良和出现神经症状为特征。

（1）病因：急性肝炎主要由传染性和中毒性因素所引起。

①传染性肝炎。见于犬瘟热、猫泛白细胞减少症、钩端螺旋体病、犬传染性肝炎、疱疹病毒感染等疾病中。另外，化脓杆菌、巴贝斯虫、肝片形吸虫等病原体侵入肝脏或其毒素作用，也可致病。

②中毒性肝炎。见于化学物质，如铜、砷、硒、汞、氯仿、防腐剂（尤其对猫）中毒，或采食腐败发霉食物所致。反复或长期投与氯丙嗪、睾酮、氯噻嗪或磺胺类药物，也可引发。猫由于缺乏葡萄糖醛酸转移酶，肝脏解毒功能较差，对某些化学药品，如阿司匹林、酚类转化速度慢，易发生蓄积中毒，引发肝炎。

（2）临诊要点：患病犬、猫病初食欲缺乏或废绝，体温稍高。可视黏膜黄染，无力，呕吐。粪便先干燥后稀软,色淡,严重呈灰白色,恶臭。肝区触诊疼痛,叩诊肝浊音区扩大。尿液呈豆油状。皮肤瘙痒,腹痛,拱腰,后躯无力,步态蹒跚,呻吟。严重患病犬、猫肝解毒机能降低,发生自体中毒,表现肌肉震颤、痉挛、抽搐、共济失调、起立困难、昏睡等症状。

血清学检查,谷-丙转氨酶、谷-草转氨酶、碱性磷酸酶、乳酸脱氢酶活性增高,尤以乳酸脱氢酶活性增高明显。血清胆红素定性试验呈双相反应(肝细胞性黄疸时,血清中非酯型胆红素和酯型胆红素都增多,但以后者增多为主,其中结合 2 个葡萄糖醛酸分子的酯型胆红素,反应时出现颜色反应快,而结合 1 个葡萄糖醛酸分子的酯型胆红素,反应时出现颜色反应慢,故呈双相反应),红细胞脆性增加,凝血酶原活性降低,血凝时间延长。

根据临床症状,肝触诊、叩诊变化,结合血检、尿检可以确诊,但应进行鉴别诊断:

①中毒性肝炎。粪便恶臭,血性腹泻,中性粒细胞增加,核左移。

②药物性肝炎。病症稍轻,胆汁严重瘀滞,血清乳酸脱氢酶明显增高,谷-丙转氨酶稍升高,嗜酸性粒细胞和中性粒细胞增加。

③食物性肝坏死。血清胆固醇及游离脂肪酸升高,血清中磷脂质量、总蛋白及白蛋白降低。

④犬传染性肝炎。呈流行性,多侵害幼犬,常伴有高热($41℃$),血凝和血凝抑制试验检查阳性。

⑤钩端螺旋体病。多发生于夏秋季节,以 7～9 月较多,血、尿中可检出病原体,血清凝集试验检查阳性。

⑥华支睾吸虫病。消化机能紊乱,黄疸显著,有饲喂淡水鱼病史,对因治疗有明显疗效。

(3)防治:应使患病犬、猫

安静,避免刺激。饲喂富含碳水化合物、蛋白质、维生素的食物,限制食入盐、脂肪的量,减少饮水量。

保肝解毒,用 25% 葡萄糖液 50～400 毫升、维生素 B_1 20～50 毫克、维生素 B_2 5～10 毫克、维生素 B_{12} 10～50 毫克、维生素 K_1 10～20 毫克、维生素 C 100 毫克。或者 5% 葡萄糖液 50～500 毫升、林格氏液 100～200 毫升、维生素 C 100～500 毫克、乌洛托品液 10 毫升、复方氨基酸液 20～100 毫升,静脉注射,每天 2 次。口服硫酸镁、人工盐、硫酸钠及利胆药促进胆汁排泄。为增加肝脏的解毒功能,可适当应用谷氨酸,犬每次 0.5～2 克。或肝泰乐,犬每次 0.1～2 克,内服,每天 2～3 次。

进行性黄疸和转氨酶增高的犬、猫,可用地塞米松(1 天量为 0.125～1 毫克),肌内或静脉注射,强力宁 20～40 毫升,静脉注射,每天 2～3 次。具有出血性素质的患病犬、猫,及时用地塞米松、10% 葡萄糖酸钙液 10～20 毫升,静脉注射,必要时用维生素 K_3 1～3 毫升,肌内注射。

控制感染,用对肝无害或损害较轻的抗生素,如青霉素、氨苄青霉素、庆大霉素等。也可用中药制剂,如苦黄注射液、板蓝根注射液、柴胡注射液,肌内注射;茵陈蒿汤等,内服。

9. 犬急性胰腺炎

急性胰腺炎是一组不同原因导致的胰腺组织受损、胰腺功能受不同程度影响的疾病。临床上以腹部剧痛、休克及腹膜炎为特征,多发于中年肥胖雌犬。

(1)病因:饲喂高脂食物,胆管疾病,中毒性疾病,某些传染病、寄生虫病如弓形体病、猫传染性腹膜炎,可损害侵害胰腺,引起胰腺炎。十二指肠液或胆汁逆流入胰腺,也可引起急性胰腺炎,肥胖、高血脂症、甲状腺功能减退、糖尿病时,也可引发胰腺炎。

（2）临诊要点：病理类型有水肿型胰腺炎、出血坏死型胰腺炎之分。

①水肿型胰腺炎。患犬食欲缺乏、呕吐、腹泻，有时症状不明显。

②出血坏死型胰腺炎。患犬昏睡、呕吐、剧烈腹泻乃至血性腹泻。腹部有压痛或弥漫性腹痛，腹壁紧张，饮水后立即呕吐。重者血压下降、黏膜干燥、体温降低、意识丧失或痉挛、休克。腹水中有淀粉酶。

典型的胰腺炎可根据 X 线检查（右上腹部密度增加），腹水中检出淀粉酶等，做出诊断。应注意与急性肾衰竭和小肠梗阻相鉴别。

（3）防治：为抑制胰腺分泌，应禁食 4～5 天，或者用异丙酰胺每千克体重 0.3 毫克，口服。或每千克体重阿托品 0.01 毫克，口服，每天 4 次。甲磺酸加贝酯每次 100 毫克，治疗开始 3 天每天用量 300 毫克，症状减轻后改为每天 100 毫克，疗程 6～10 天（先以 5 毫升注射用水注入盛有甲磺酸加贝酯的冻干粉针瓶内，待溶解后，移注于 5％500 毫升葡萄糖或林格氏液中，供静脉点滴用）。

病情好转后给易消化低脂肪饮食。禁食时需维持水、电解质平衡，常用 5％含糖盐水或林格氏液 50～500 毫升、维生素 C 500 毫克、维生素 B_1 100 毫克、维生素 K_3 0.25～2 毫克、5％碳酸氢钠液 10～20 毫升静脉注射。

防止休克可用氢化可的松 5～20 毫克，溶于葡萄糖溶液中静脉注射。防止疼痛性休克可用每千克体重吗啡 5～10 毫克、度冷丁 2～5 毫克，肌内注射。

弥漫性胰腺炎、胰腺形成脓肿时，以广谱抗生素或多种抗生素联合应用，如氯霉素、四环素、链霉素、卡那霉素、头孢菌素等肌内注射。炎症初期可用地塞米松每千克体重 0.5～1 毫克，肌内注射。

低血钙的患犬,用10%葡萄糖酸钙液10～20毫升,静脉注射。高血糖及糖尿病犬可考虑投与胰岛素。如胰腺发生坏死,可行手术切除。

10. 鼻炎

鼻炎是指鼻腔黏膜的炎症。临床上以鼻黏膜肿胀、呼吸困难、打喷嚏、分泌多量鼻液为特征。

(1)病因:原发性鼻炎,可因感冒、化学物质(如二氧化碳、氨气)刺激、吸入尘埃或花粉、昆虫爬入鼻腔,使鼻黏膜受损所致。

某些传染病和寄生虫病,如犬瘟热、支气管败血性波氏杆菌感染、犬鼻螨、犬肺棘虫螨,可继发鼻炎。某些过敏性疾病也可引发鼻炎。

某些邻近器官疾病,如咽喉炎、支气管炎、齿槽骨膜炎、副鼻窦炎、龋齿、咽麻痹、软鄂先天性缺损,可诱发鼻炎。

(2)临诊要点:

①急性鼻炎。初期鼻黏膜充血肿胀,因黏膜发痒而打喷嚏、摇头,用前爪搔抓鼻端。随病程进一步发展,从一侧或双侧鼻孔流出水样、浆液性至脓性鼻液。鼻黏膜可能有糜烂、溃疡。鼻黏膜肿胀严重时,呼吸迫促,张口呼吸,吸气时出现鼻呼吸杂音。伴发结膜炎时,羞明流泪,有眼眵。伴发咽喉炎时,吞咽困难,颌下淋巴结肿大,咳嗽。

②慢性鼻炎。病程发展缓慢,长期流黏脓性鼻液,混有血液,散发腐败臭味。鼻黏膜增生或有溃疡,颜面部肿胀及变形。

依据临床症状可做出诊断,但应做好类症鉴别。

A. 流感:强流行性,呈结膜炎、高热,全身症状明显。

B. 副鼻窦炎:多为单侧性鼻孔流脓性鼻液,特别在低头和打喷嚏时,量增多,且有臭味,对副鼻窦叩诊呈浊音,慢性副鼻窦炎时颜面部畸形肿胀。

(3)防治:排除病因,将患病犬、猫移至温暖通风良好的舍内,轻症可不治而愈。

原发性或继发性细菌感染的犬、猫,用氨苄青霉素每千克体重 20 毫克,口服,每天 3 次。青霉素每千克体重 4 万国际单位,肌内注射,每天 2～3 次,肌内注射。真菌感染时,用酮哌噁咪唑每千克体重 10～30 毫克,口服,6～8 周。酮康唑每千克体重 10 毫克,口服,每天 1 次。

去除黏脓性鼻液和异物,可用温的 0.9% 氯化钠、0.01%～0.02% 高锰酸钾、1%～2% 碳酸氢钠冲洗鼻腔,每天 2～3 次,然后滴入青霉素溶液(5 毫升生理盐水含青霉素 20 万～40 万国际单位)。

鼻黏膜肿胀严重,可用 0.1% 肾上腺素、1% 氯化铵或 1% 克辽林吸入,促使鼻黏膜血管收缩,降低鼻黏膜敏感性。过敏性鼻炎,用扑尔敏每千克体重 4～8 毫克,口服,每天 2 次。

慢性鼻炎,地塞米松每千克体重 0.125～1 毫克,口服或肌注,每天 1 次。

11. 肺水肿

肺水肿是由于肺毛细血管内血液量异常增多,血液液体成分渗漏到肺泡及肺间质,而引起的一种非炎性肺疾病。临床上以突发呼吸困难,黏膜发绀,流泡沫样鼻液为特征,多见于犬。

(1)病因:多在炎热季节或极大强度运动后,突然发生。本病最常发生于过敏反应、充血性心力衰竭的充血之后,也可发生于吸入烟尘后及毒血症过程中。

上述原因可引起肺毛细血管内流体静力压升高,或毒素及缺氧损伤毛细血管壁,结果导致血液的液体成分外渗。临床常分为心源性肺水肿(犬、猫常发该种肺水肿)和非心源性肺水肿两种病型。

(2)临诊要点:突然发病,出现高度进行性呼吸困难及弱而湿的咳嗽。鼻翼扇动,甚至张口呼吸,两侧鼻孔常流出含有粉红色泡沫状的鼻液,呼吸数明显增加,可达每分钟60～80次。体温升高,黏膜发绀,眼球突出,体表静脉怒张,脉搏频数。肺部叩诊呈浊音。胸部听诊,可听到广泛的水泡音和捻发音,肺泡音减弱或消失。X线检查,肺阴影一致性加深,肺门血管纹理变粗。肺视野的阴影呈散在性增强,呼吸道轮廓清晰,支气管周围增厚。补液过量引起的肺水肿,肺泡阴影呈弥漫性增加,大部分血管几乎难以发现。肺泡气肿所致的肺水肿,X线片可见斑点状阴影。左心机能不全并发的肺水肿,肺静脉较正常清晰,而肺门呈放射状。根据病史、临床特征,可做出初步诊断。在临床上应与下列疾病相鉴别。日射病和热射病,除呼吸困难外,尚呈现中枢神经机能障碍,全身衰竭和体温极度升高。肺出血,两鼻孔流出含有泡沫的鲜红血液,黏膜色泽变浅,乃至呈苍白色。

(3)防治:应使患病犬、猫保持安静,可选用镇静剂盐酸吗啡,按每千克体重0.2～0.5毫克,肌内或静脉注射,戊巴比妥钠按每千克体重6～10毫克,静脉注射。或重酒石酸氢化可的松每千克体重1～2毫克,静脉注射。为改善气体交换,可以每分钟5升的速度迅速输氧,或消泡剂40%乙醇吸入。为缓解呼吸困难,减少循环血量,可按每千克体重静脉放血6～10毫升。支气管痉挛时,用氨茶碱按每千克体重6～10毫克,静脉注射。强心利尿,可用强尔心,按每千克体重2～5毫升,肌内或静脉注射。速尿,按每千克体重2～4毫克,静脉注射,异羟基洋地黄毒甙,按每千克体重0.01～0.02毫克,分3次静脉注射。心律不齐的患病犬、猫,用心得安按每千克体重0.04～0.06毫克,静脉注射。因过敏引起的肺水肿,用0.1%肾上腺素0.5～1毫升肌内注射。渗透性肺水肿,用大剂量类皮质醇,如甲基去氧氢化可的松按每千克体重 30 毫克,静脉注射,每天 2 次。并发感染时,须用广谱抗生素。制止肺水肿并使肺水肿局限化,可用 10% 葡萄糖酸钙液 5～20 毫升静脉注射,每天 2 次,同时静脉滴注地塞米松 5 毫克。

12. 支气管肺炎

支气管肺炎是指支气管及肺泡的炎症,又称为小肺性肺炎。临床上以弛张热、呼吸次数增多、叩诊有散在性浊音区、听诊有捻发音及啰音为特征。

(1)病因:

①原发性病因。过劳、感冒、应激及各种理化因素刺激,降低了机体抵抗力,为各种内、外源性病原体,如某些细菌以及病毒、衣原体等入侵、繁殖创造了条件,而发生本病。

②继发性病因。本病多数是气管支气管炎的蔓延。常继发于疱疹病毒感染、犬瘟热、传染性支气管炎、猫呼吸道综合征等病程中。此外,有时真菌感染、肺吸虫感染、弓形体感染、蛔虫病,也可引起。

(2)临诊要点:初期常呈现急性支气管炎和细支气管炎的症状,继而精神不振,嗜睡或不安,体温升高达 40℃以上,呈弛张热型,但机体特别衰弱时,也可能不表现发热。呼吸频率增加,节律改变,阵发性咳嗽。

病灶常出现于肺的前下部。在病灶部位,病初听诊肺泡音增强,有啰音和捻发音,以后肺泡音消失,可听到粗粝的支气管呼吸音。病灶周围健康部位,肺泡呼吸音增强,常可听到各种啰音。叩诊肺尖叶、心叶部位时,可出现局灶性浊音,浊音区周围,叩诊可听到过清音。X 线检查,肺纹理增重,伴有多发性大小不等、界限模糊的斑状阴影。

根据病史和临床特征,基本可以确诊。必要时进行渗出液和黏液的涂片检查和培养试验,以确定病原。

本病应与细支气管炎、大叶性肺炎鉴别:

①细支气管炎。热型不定,胸部叩诊呈过清音,甚至鼓音,叩诊界扩大。听诊肺部肺泡音亢盛并有各种啰音。

②大叶性肺炎。呈稽留热型,病程发展迅速,而在典型病例中常呈定型经过。胸部叩诊有大片浊音区,听诊肺的肝变区有较明显的支气管呼吸音,并在病程中有铁锈色鼻液,X线检查病变部有明显而广泛的阴影。

(3)防治:控制炎症可用广谱抗生素,四环素按每千克体重 5~10 毫升,静脉注射,每天 2 次,青霉素按每千克体重 4 万国际单位、链霉素按每千克体重 10 毫克,联合肌内注射,每天 4 次,也可用甲硝唑注射液10~100 毫升,静脉注射,每天 1 次,同时配合磺胺类药物内服。

霉菌性肺炎,可用两性霉素 B 按每千克体重 1.8 毫克,静脉注射,7 天为一疗程,中断 7 天再进行下一疗程。

制止渗出,用 10% 葡萄糖酸钙 10~15 毫升静脉注射,维生素 C 1.0~2.0 克、10%水杨酸钠溶液 5~10 毫升,混于含糖盐水中静脉滴注,每天 1 次。促进渗出物吸收,可给予利尿剂,或 10% 苯甲酸钠咖啡因溶液 2~5 毫升、40%乌洛托品溶液 10~15 毫升、10%水杨酸钠溶液 5~10 毫升,静脉注射,每天 1 次。低血氧症或呼吸困难,可用麻黄素 10~30 毫克,皮下注射,10%~20%乙酰半胱氨酸喷雾或吸氧治疗。镇咳祛痰可使用复方甘草合剂、鲜竹沥口服液等。

13. 猫支气管哮喘

猫哮喘原发于支气管收缩引起的气管的可逆性阻塞。临床上以干咳、呼吸困难、哮喘为特征。

(1)病因:猫的支气管疾病从根本上认为是过敏性的,但确切的过敏原尚未弄清。

某些病例可能是烟、喷洒喷雾剂、羽毛和猫的排泄物等引起。继发性细菌感染可能使其临床病症恶化。伴发平滑肌肥大、黏液分泌增多和慢性支气管炎的猫,也可能患有支气管哮喘。

(2)临诊要点:突然发生阵发性干咳、呼吸困难、哮喘,常伴有明显的呼气困难。X线检查,有些病例变化不明显,有些病例则显示出支气管增大,或 X 线透过性增加,胸腔增大。

(3)防治:控制肥胖以提高呼吸系统功能。选用适当的抗生素治疗,以控制继发性细菌感染。糖皮质激素治疗反应良好,进行静脉注射后可使病情立刻得到缓解。病情严重时可进行吸氧。

慢性病例可使用支气管扩张药物,如氨茶碱按每千克体重 10～20 毫克,口服,每天 1 次。或用特布他林按每千克体重 1.25 毫克,口服,每天 2～3 次。

14. 心力衰竭

心力衰竭不是一个独立的疾病,而是在许多疾病中出现的临床综合征。临床上以心肌收缩力减弱,心脏排血量减少,静脉血回流受阻,全身血液循环障碍为特征。

(1)病因:任何引起心肌收缩力减弱,以致心输出量不足的因素,均可成为心力衰竭的病因。

①心肌负荷过重。是引起急性心力衰竭的最常见原因,如瓣膜闭锁不全、先天性心脏畸形、治疗中过量过快的输液,以及不常运动的犬、猫突然做剧烈运动等。

②心肌供血不足。见于冠状动脉痉挛、血栓形成、栓塞等,因心肌缺氧,造成收缩力减弱。

③心肌受损。见于急性传染病(犬瘟热、细小病毒感染)、寄生虫病(弓形体病)、中毒性疾病(如锑中毒)、维生素 B_1 缺乏、甲状腺功能亢进等。

④心包疾病。如急性心

包炎、心包积血,可使心包内压增高,心脏受压迫,心输出量减少,导致冠状循环供血不足,发生心肌收缩力减弱。

⑤严重的心律失常。如心室颤动、心动过缓、心跳暂停,使心脏排血量减少,而发生心力衰竭。

(2)临诊要点:根据发生速度,可分为急性与慢性心力衰竭。

①急性心力衰竭。多突然发生,表现高度呼吸困难,精神沉郁,脉搏细数而微弱,可视黏膜发绀,体表静脉怒张,心搏动亢盛,第一心音极为高朗。神志不清,突然倒地痉挛,体温降低。并发肺水肿时,胸部听诊有广泛的湿性啰音,两侧鼻孔流出泡沫样鼻液。

②慢性心力衰竭。病情发展较为缓慢,患病犬、猫精神沉郁,易疲劳,呼吸困难,黏膜发绀,体表静脉经常怒张,四肢末梢水肿,运动后水肿减轻或消失。听诊心音减弱,出现心内杂音及心律不齐,心脏叩诊浊音界扩大。

根据发生部位,可分为左心衰竭、右心衰竭等。

①左心衰竭。易发生肺水肿。表现呼吸加快和呼吸困难,听诊有各种啰音,并发咳嗽,偶有干呕,叩诊心区扩大。

②右心衰竭。右心室和右心房瘀血,阻碍静脉回流,全身浅表静脉充盈,肝、脾肿大,X线检查心影增大。

③充血性心力衰竭。当发生心衰特别是慢性心衰时,由于水钠潴留,血容量增多,出现心腔扩大,静脉瘀血和组织水肿,称为充血性心力衰竭。

发病犬、猫出现呼吸困难,咳嗽,易疲劳,腹围增大,精神沉郁,偶有黏膜发绀等症状。心脏听诊心动过快或过缓,心音沉浊,心律异常,有缩期杂音。心脏叩诊及 X 线检查心脏肥大。

根据病因、血液循环障碍

和心音、脉搏的变化,进行综合分析,确定诊断。

急性心力衰竭,应与中暑、肺充血和肺水肿相鉴别。

(3)防治:应让发病犬、猫安静休息,饲喂易消化和吸收的食物。缓解呼吸困难,可用鼻导管给氧,氧流量为每分钟4～6升。

急性心力衰竭时,可应用速效强心剂,洋地黄毒甙按每千克体重 0.2～1.0 毫克,用 5％葡萄糖稀释 10～20 倍后,静脉注射,以后每隔 8 小时注射 0.2 毫克。毒毛旋花子甙K 0.25～0.5 毫克溶于 25％葡萄糖中静脉注射,必要时 2小时甚至 4 小时后,以小剂量再重复注射 1 次。如并发肺水肿,可用 0.1％异丙肾上腺素 0.2～0.4 毫克加入 10 毫升 25％葡萄糖中,缓慢静脉注射。

减轻心脏负担,可酌情放血。抑制心搏过速,可肌注奎宁,同时用速尿按每千克体重0.6～0.8 毫克,肌内注射,每

天 1～2 次,连用 3～4 天。减轻心脏后负荷,可用血管扩张剂,如苄胺唑啉 5～10 毫克,或硝普钠 5～10 毫克,加入10％葡萄糖溶液 200 毫升中,静脉注射;氢化可的松 5～20毫克,加入 10％葡萄糖溶液50～100 毫升中,静脉注射。

慢性心力衰竭时,应限制活动,必要时口服镇静剂,如安定 10～20 毫克,每天 3 次,或苯巴比妥 100～200 毫克,每天 3 次。消除水钠潴留,可应用利尿剂,并及时补钾。

心力衰竭时心肌代谢显著增加,临床上多用三磷酸腺苷、辅酶 A、细胞色素 C、维生素 B_6 和葡萄糖等组成的能量合剂,作为辅助疗法,来改善心肌代谢。

15. 肾小球肾炎

犬、猫肾小球肾炎是指肾脏弥漫性肾小球损伤性疾病。临床上以肾区疼痛,尿量减少,尿液中含有病理产物,并呈全身性症状为特征。

(1)病因:其病因大多数

与机体的免疫机制有关。感染性因素:外源性抗原,如细菌(溶血性链球菌、葡萄球菌、钩端螺旋体)、病毒(犬瘟热病毒、犬传染性肝炎病毒、猫冠状病毒)、寄生虫(弓形虫、犬心丝虫)等,其感染后形成的免疫复合物在肾小球沉积,可致本病。

①中毒性因素。内源性中毒,如胃肠道炎症、代谢疾病、皮肤疾患、重度烧伤时,产生的毒素、代谢产物等。外源性中毒,如摄食腐败食物、有毒物质或强刺激药物(砷、汞、磷、水杨酸等),经肾排出时产生强烈刺激而发病。

②自身免疫病。如全身性红斑狼疮疾病过程中,所形成的自身免疫复合物,可沉积于肾小球而致病。

另外,恶性肿瘤的肿瘤抗原或磺胺等药物,以及击打、撞击等外伤,也可引起该病。

(2)临诊要点:

①急性肾小球肾炎。犬、猫患病后精神、食欲缺乏,发热,有时呕吐,可视黏膜苍白,口臭,排便迟滞或腹泻。由于肾区敏感疼痛,表现拱腰,强迫行走时步态强拘。触诊肾区,肾脏肿大且敏感性增高,拒绝检查。频频排尿,但尿量少,有血尿或无尿。病后期眼睑、胸及腹下水肿,严重则呈现尿毒症症状,呼吸困难,意识障碍或昏迷,全身肌肉抽搐或痉挛,呼出气中有尿味。

②慢性肾小球肾炎。食欲缺乏,消瘦,口臭,口腔和齿龈黏膜溃疡,间歇性呕吐,于眼睑、胸腹下、四肢末稍出现水肿,尿量不足,触诊肾脏萎缩变硬,病程长时,下颌骨肿胀及软化,后期可发展成尿毒症。

根据病史、临床症状可做出初步诊断,结合实验室检查可确诊。

实验室检查:急性肾小球肾炎,血清尿素氮明显升高,血清总蛋白降低,尤其白蛋白明显降低,血清胆固醇、血清肌酐和尿素氮增多,尿量减少至每千克体重 10～20 毫升，比重增加，尿中蛋白急剧增加。少尿的犬猫可出现酸中毒和高钙血症。慢性肾小球肾炎，外周血红细胞数减少，白细胞数稍高或正常。肾功能试验，如酚红排泄、内生肌酐廓清、尿素廓清等减退。尿沉渣中可见管型和少数白细胞及肾小管上皮细胞。

（3）防治：改善饲养管理条件，给予易消化、含盐少、蛋白质含量高的饲料，并限制饮水。怀疑有感染时，可选用普鲁卡因青霉素按每千克体重 4 万～8 万国际单位，肌内注射，每天 4 次。氨苄青霉素按每千克体重 20 毫克，肌内注射，每天 2 次。红霉素按每千克体重 10～20 毫克，静脉注射。

抑制免疫反应，早期可应用肾上腺皮质激素，如醋酸可的松 50～100 毫克，口服，每天 1 次。强的松龙 10～20 毫克，口服，每天 1 次。地塞米松按每千克体重 0.1～0.2 毫克，肌内注射。也可应用烷化剂，如环磷酰胺按每千克体重 10 毫克，静脉注射，每天 1 次，连用 7～10 天。

有明显水肿时，可用速尿，2～4 毫克，每天 3 次，口服或静脉注射，25% 葡萄糖液 10～30 毫升静脉注射。

多尿的患病犬、猫可补充乳酸林格氏液，少尿的犬、猫限制输液。

当脱水、高钙血症、代谢性酸中毒时，以 5% 葡萄糖加乳酸林格氏液以 2:1 的比例静脉注射，同时补充维生素 B_1。

当出现心力衰竭时，可用咖啡因 200～400 毫克，肌内注射，或用洋地黄制剂。

当出现尿毒症时，可用 5% 碳酸氢钠 10～30 毫升，溶于 200～500 毫升 5% 葡萄糖溶液中，静脉注射（成犬）。机体丢失大量蛋白质时，可应用蛋白合成激素醋酸氯睾酮 5～10 毫克口服。当有大量血尿时，应用止血药。

16. 急性肾功能衰竭

本病是指各种原因造成的急性肾实质性损害而导致的肾功能抑制。临床上以发病急骤、少尿或无尿、代谢紊乱和尿毒症为特征。

（1）病因：犬、猫急性肾衰的病因是多方面的。如肾脏严重缺血（大出血、严重呕吐和腹泻、大面积烧伤、急性心力衰竭等）、肾中毒（氯仿、磺胺类药物、蛇毒、生鱼胆等），均可引起急性肾功能障碍。

（2）临诊要点：急性肾衰的临床表现可分为 3 期。

①少尿期。表现尿生成减少，在犬每天每千克体重少于 7 毫升，发生水肿、氮血症、血压升高、心力衰竭、高血钾症、低血钠症及代谢性酸中毒，并可伴发感染。尿比重初期高于 1.025，此后略有下降，若耐过则转为多尿期。

②多尿期。除多尿外，其他症状依然存在，水及氮质代谢产物潴留显著。由于钾排出过多，出现低血钾症，患病犬、猫表现心力衰竭症状，有时后肢瘫痪，而且多死于该期。耐过多尿期后症状好转，转为恢复期。

③恢复期。尿量逐渐转入正常。由于患病犬、猫组织蛋白消耗严重，肌肉无力、萎缩，恢复甚慢。如肾小球滤过功能长期不能恢复可转为慢性肾衰。

可依据病史、临床症状、实验室检查结果进行确诊。

（3）防治：

①少尿期。应治疗原发病并纠正高血钾、钠和水潴留。防止休克，可及时补液和输血。高血钾严重时，用胰岛素 10 国际单位，加入 10%葡萄糖溶液中，静脉注射。或静脉注射 5%碳酸氢钠溶液 100 毫升。也可用等渗盐水或乳酸林格氏液静脉注射。若伴有酸中毒，可用 5%碳酸氢钠与等渗盐水以 2∶1 补给。利尿可口服呋喃胺酸，按每千克体重 4～6 毫克，每天 2～3 次。或用 20%甘露醇或 25%葡萄糖按每千克体重 1～3 毫升，

静脉注射。抗感染,应选用对肾脏无毒性抗生素,如红霉素、氯霉素、氨苄青霉素等。抗休克,可用地塞米松,按每千克体重 0.4～0.8 毫克,肌内注射,每天 1～2 次。

②多尿期。血中尿素氮升高,但尿量增加,应及时补充水和电解质。要适当补钾,可按每千克体重 50～100 毫克,口服钾盐,并按尿量的 1/3 补液。

③恢复期。应注意营养,给予含高蛋白、高碳水化合物和维生素丰富的食物。

17. 犬、猫尿石症

犬、猫尿石症是指尿路中无机盐(或有机盐)结晶的凝集物刺激尿路黏膜而引起的出血析出形成的炎症和阻塞的一种泌尿器官疾病。本病常见于老龄犬、猫,并有明显的家族倾向。临床上以排尿障碍、肾性腹痛和血尿为特征。

(1)病因:尿石的形成有多种因素,但主要与饲料和饮水的数量和质量,机体矿物质代谢,以及泌尿器官、特别是肾的机能活动有关。

促使尿石形成的因素有:细菌感染尿路,使尿中细菌、炎性产物、脱落的上皮细胞增多,形成盐类沉淀的核心,长期饮水不足、尿潴留,使盐类浓度过高,或使尿成碱性,促使结石的形成。维生素 A 缺乏和雌激素过剩,使上皮细胞脱落形成结石核心。甲状旁腺功能亢进、维生素 D 过多等,也可促进结石形成。

某些具有遗传性代谢缺陷的犬种,如英国斗牛犬、约克夏犬等(尿酸遗传代谢缺陷),易形成尿酸铵结石,而机体代谢紊乱,有利于胱胺酸结石的形成。

尿结石成分复杂,磷酸铵一氧化镁结石约占犬尿结石的 60%,并多见于雌犬,而含磷酸钙的磷灰石或含磷酸铵镁的鸟粪石多见于猫。

尿结石形成后,可刺激尿道黏膜,引起尿路黏膜发炎、出血和排尿障碍。

(2)临诊要点：尿石症主要症状为排尿障碍、肾性腹痛和血尿，但由于尿石存在部位不同，对组织损伤程度不同，症状也不一致。但尿频和血尿，提示有本病的可能。

①结石位于肾盂。多呈肾盂肾炎症状，并有血尿，严重时形成肾盂积水。患病犬、猫肾区疼痛。当结石移动时，引起短时间的急性疼痛，犬大声吠叫，运步强拘，步态紧张，触诊膀胱空虚。

②结石位于输尿管。患病犬、猫表现剧痛、呕吐，不愿活动，腹部触诊疼痛。输尿管部分阻塞时，有血尿、脓尿及蛋白尿；完全阻塞，膀胱空虚。若有感染则体温升高。

③结石位于膀胱。尿频及血尿，膀胱敏感性增高。但结石小、位于膀胱腔时则不表现症状。当尿石大而多时，则呈现明显的疼痛及排尿障碍，频频做排尿姿势，尿量很少或无尿。

④结石位于尿道。腹壁触诊膀胱膨满，按压时无尿液排出。尿闭后，腹围迅速膨大，引起尿毒症或膀胱破裂。膀胱破裂时，转为安静，出现休克。腹部迅速膨大，腹腔穿刺有大量棕黄白色，有尿臭味液体流出。

(3)诊断：

①触诊和探诊。膀胱结石可通过腹部触诊确定，膀胱内尿少时，可触及结石。尿道结石多发生于公犬、猫，部位在阴茎骨后端或坐骨弓处，触诊尿道外有疼痛感，且可触及结石，尿道探诊时可明确结石所在部位。

②仪器探测。用 X 线对侧位和仰卧位的整个泌尿系统进行摄影，对诊断有意义。还可借助空气造影，诊断尿酸盐结石，用金属探针插入雌犬、猫的膀胱内，如探针触到结石，有时可听到"咯咯"声。

③治疗性诊断。按每千克体重 4 万国际单位，肌内注射普鲁卡因青霉素，连用 3

天,或按每千克体重磺胺甲噻二唑 50 毫克,分 2 次口服,连服 3 天。如果由结石引起的血尿,治疗无效,而膀胱炎的血尿可以消退,其他症状改善。

(4)防治:怀疑有尿石症的病例,可给大量流体食物、饮水,必要时给予利尿剂,并结合冲洗尿道,使小的结石排出。对大的膀胱结石应手术取出。膀胱内结石少而小时,可考虑超声波碎石。术后用透明质酸酶 10 赖氏单位(10 RFU),肌内注射,每天 1 次,连续 7 天。

尿道结石,轻症犬、猫,把导尿管插入尿道,边压迫骨盆缘处的尿道边向内注入生理盐水和液体石蜡,压力提高后,迅速放开,使注入的液体流出,小结石随之流出。无效则用导尿管将结石推入膀胱进行治疗,或行尿道切开术。

为缓解疼痛,可用盐酸吗啡按每千克体重 1 毫克,皮下注射。预防感染,可用氨苄青霉素、氯霉素、呋喃坦啶等。

预防本病可采取如下措施:

①食盐疗法。根据犬、猫大小每天添加 0.5～10 克盐,增加犬、猫的排尿量及饮水量。

②食饵疗法。对不同类型的结石,采用不同的食物配方。如磷酸铵－氧化镁结石和草酸盐结石,饲喂米饭和动物性蛋白为主的酸性食物,可使尿液酸化。胱氨酸结石和尿酸结石,饲喂添加碳酸氢钠的低蛋白食物,可使尿液碱化。草酸盐结石,可给予低钙食物。胱氨酸结石,按每千克体重 25 毫克口服 D-青霉胺,可使结石变为可溶性物质。另外,用透明质酸酶复合剂,每天 1 片,口服,对尿石症有治疗和预防作用。

18. 膀胱炎

膀胱炎是指膀胱黏膜或黏膜下层的炎症。临床上以疼痛性尿频,尿液浑浊、甚至血尿和膀胱部位有触痛为特征。

(1)病因:膀胱炎主要由于病原微生物感染所致,如葡萄球菌、化脓杆菌、变形杆菌、大肠杆菌等,通过血道或尿道侵入膀胱,引起膀胱炎,其中肠道阴性菌为膀胱炎的主要病原菌。

机械性损伤,主要由于插入导尿管、膀胱内结石、膀胱内肿瘤,以及经肾排泄有强烈刺激性药物,损伤黏膜所致。

当患有肾炎、尿道炎和阴道炎时,可蔓延到膀胱,过敏、尿潴留、神经性排尿障碍,也可引发膀胱炎。另外,用环磷酰胺治疗可致无菌性出血性膀胱炎。

(2)临诊要点:

①急性膀胱炎。主要表现排尿疼痛,尿少而频,或呈点滴状不断排出,血尿混浊恶臭。触诊膀胱时,疼痛不安,膀胱缩小,严重时膀胱括约肌痉挛,引起尿闭,表现极度不安、呻吟。定点排尿的习惯被破坏。

②慢性膀胱炎。无排尿困难,但病程较长,膀胱触诊能感知肥厚的黏膜或发现肿瘤。

膀胱炎,根据病史、临床症状及膀胱触诊可做出初步诊断,如确诊应做尿液实验室检查。必要时做膀胱充气造影、X线检查或膀胱内窥镜检查。

(3)防治:饮食中添加食盐和饮水,促进炎性物质和细菌随尿排出。

①使用抗生素。氨苄青霉素按每千克体重4.9毫克,静脉注射或口服,每天3次。氟哌酸每千克体重20~50毫克,口服,每天3次。磺胺二甲异噁唑每次0.1~2.0克,口服,每天2~3次。

②局部冲洗膀胱。用温生理盐水反复冲洗后,再用消毒药冲洗2~3次。常用药液有0.05%高锰酸钾溶液、0.02%呋喃西林溶液、0.1%雷佛奴尔溶液、1%~2%硼酸溶液等。慢性膀胱炎,可用

0.01%～0.0%硫酸银溶液,冲洗完后,灌注青霉素溶液(5～10毫升蒸馏水中的溶解青霉素 20～40 万国际单位)。

③其他。促进尿液酸化,可口服氯化铵按每千克体重 100 毫克,每天 2 次。有出血,可肌内注射安络血注射液,每次 0.5 毫升,每天 1～2次;口服云南白药胶囊,每次1.0 克,每天 3 次。

19. 脑震荡及脑挫伤

脑震荡是由于颅骨受到钝性暴力的作用,致使脑神经受到全面损伤的疾病,临床上以昏迷、反射机能减退或消失为特征。脑挫伤比脑震荡严重,多伴发脑组织水肿、出血。

(1)病因:犬、猫发生脑震荡及脑挫伤,主要由于冲撞、打击、坠落、交通事故而引起。

(2)临诊要点:临床症状因损伤部位和程度不同,表现不一。

①脑震荡。病情较轻的站立不稳,失去知觉,经过片刻,又清醒过来,可能存在某些脑症状。病情严重的,瞬间倒地,立即死亡,或倒地昏迷,知觉和反射减退或消失,瞳孔散大,呼吸缓慢,脉搏增数,脉律不齐,有时呕吐,大小便失禁,经过数分钟至数小时后,患病犬、猫苏醒,反射机能逐渐恢复,肌肉抽搐,收缩性不断增强,眼球震颤,抬头向四周巡视,经过挣扎,可以站立。

②脑挫伤。脑挫伤的一般症状与脑震荡相似,但意识丧失时间较长,恢复较慢。并且由于脑组织受到不同程度损害,发生灶性病变,出现偏瘫或癫痫症状。颅内压增大,脑脊液中含有血液。

根据病史、临床症状,可做出确诊,但如病史不清,则应与中毒和代谢性疾病进行鉴别。中毒和代谢性疾病通常早期表现皮层机能抑制状态,以后影响脑干机能,一般无灶性病灶。如有必要,可用进一步做 X 线、CT 检查。

(3)防治:对昏迷的患病犬、猫,首先应保持呼吸道通畅。例如:伸展患病犬、猫的头颅,把舌拉向前方,消除口咽部的呕吐物、血液,必要时进行气管切开术或氧气吸入。

应用冰袋对头部冷敷。为降低颅内压,可用 50% 葡萄糖溶液、20% 甘露醇溶液 100 毫升或 25% 山梨醇溶液 100 毫升,静脉注射,每天 2~3 次。

为促进脑细胞功能恢复,可酌用细胞色素 C 10~20 毫克,加入 25% 葡萄糖中,静脉注射,或三磷酸腺苷 10~20 毫克,肌内注射。

对休克犬、猫,可用皮质类固醇药物,如氢化可的松、强的松龙、地塞米松,同时与林格氏液静脉注射进行抢救。

防止脑出血,可用维生素 K_3、安络血等。

当发生抽搐或兴奋不安时,应给予盐酸氯丙嗪、苯巴比妥钠等镇静剂。当合并感染、体温升高时,应给予抗生素。

20. 日射病和热射病

日射病是日光直接照射头部所致,以脑及脑膜充血和脑实质急性病变、中枢神经系统机能严重障碍为特征。

热射病是在高温、高湿、通风不良的环境中,引起的中枢神经机能紊乱,以体内产热和散热失去平衡、导致机体过热为特征。

(1)病因:在高温、通风不良的场所或酷暑时强行训练;或炎热季节犬、猫头部被日光照射过久;或麻醉时气管插管置留时间过长,心血管、泌尿系统障碍;以及过度肥胖阻碍散热,均可引发本病。易出现上呼吸道疾病的短头品种犬,以及经常不安、极度神经质的犬容易发病。

(2)临诊要点:发病犬、猫常缺乏前驱症状,体温突然急剧上升,可达 42℃ 甚至 44℃ 以上,突然晕厥倒地,意识丧失。呼吸急速,出现陈—施二氏呼吸,张口伸舌,口鼻流出淡粉红色泡沫。脉搏疾速而微弱,可视黏膜发绀,血液黏稠、呈暗红色,静脉塌陷。濒死前,体温下降,昏迷不醒,痉挛,抽搐,陷于窒息和心脏麻痹状态。

(3)防治:迅速将患病犬、猫移至通风、凉爽、背阳处,用冷水浇头或放置冰袋。

氯丙嗪按每千克体重 1～2 毫克,肌内注射,进行降温治疗。昏迷的,皮下注射洋地黄或安息香酸钠咖啡因。兴奋狂躁的,用利血平、眠而通,肌内注射。陷于休克的,出现酸中毒时,用 5‰碳酸氢钠或洛克氏液(氯化钠 8.5克、氯化钙 0.2 克、碳酸氢钠0.2 克、葡萄糖 1 克、蒸馏水100 毫升)300～500 毫升、地塞米松按每千克体重 1 毫克,静脉注射,伴发肺水肿时,立即静脉泻血 100～300 毫升(犬),随即静脉输入复方氯化钠溶液或 10%葡萄糖液 300～500 毫升。针灸疗法,用三棱针,针刺耳尖、尾尖等穴位放血。

　　21. 癫痫

癫痫是脑神经功能的突发性一过性障碍。临床上以突然发生、迅速恢复、反复发作、短时间的意识障碍和反复出现的强直性痉挛为主要特征。犬的发病率比猫高。

(1)病因:原发性癫痫,一般认为与遗传因素有关。

继发性癫痫,可继发于多种脑部疾病,及引起脑组织代谢异常障碍的全身性疾病,如一氧化碳中毒、有机磷中毒、低血糖症、低血钾症、高胰岛素血症、脑创伤、脑肿瘤、血管性脑病及犬瘟热等。

(2)临诊要点:癫痫的主要症状是意识丧失和强直性痉挛。

①原发性癫痫。发作前,患病犬、猫表现不安、焦虑,然后突然倒地、惊厥,发生强直性和阵发性痉挛,全身僵硬,四肢伸展,意识丧失,牙关紧闭。有时大小便失禁,口吐白沫,瞳孔散大,可反复发作,恢复较快。数分钟后,患病犬、猫恢复知觉,但呈沉郁状态,

可持续数秒至数天,极少数犬狂奔或攻击人。

②继发性癫痫。有痉挛和肌肉紧张的表现,与原发性癫痫类似。其他症状依病因不同而有别:如因低血钙和维生素缺乏所致的癫痫,数分钟重复间歇性痉挛;脑缺血及低血糖性痉挛,则以意识丧失为主。

(3)防治:应设法使患病犬、猫安静,避免外界刺激,固定头部,以防发作时意外事故发生。

原发性癫痫由于病因不清,主要应用抑制痉挛发作的药物进行对症治疗,如扑癫酮,犬按每千克体重 20～40毫克,猫按每千克体重 0.125毫克,皮下注射,每天 2 次。苯妥英钠,犬按每千克体重 2～6 毫克,猫按每千克体重 0.5～1.0 毫克,每天 2 次,口服。安定,犬按每千克体重 2.5～10 毫克,肌内注射,每天 2～3 次。

癫痫发作时,苯巴比妥按每千克体重5～20 毫克,分 3次口服。安定每天按每千克体重 1.5～5.0 毫克,分 2～3次口服,处于发作中的犬可肌注或静脉注射。复方中药白金丸和神康宁,对犬原发性癫痫有一定疗效。

继发性癫痫,应先祛除病因,采取相应措施,控制和缓解症状。

(二)犬、猫的营养代谢病

1. 犬糖尿病

本病是由于犬机体内胰岛 β 细胞分泌功能降低引起的一种综合征。临床上以高血糖、糖尿、多饮、多食、多尿、体重减轻为特征。

(1)病因:胰岛 β 细胞损伤是糖尿病发生的主要原因,常见于胰腺炎、胰腺肿瘤、胰腺萎缩以及外伤、手术损伤等。

某些内分泌疾病,如生长激素分泌过多、肾上腺皮质激素分泌亢进,常伴发糖尿病。药源性因素,如长期应用促肾上腺皮质激素、肾上腺皮质激素、雌激素、胰高血糖素、噻嗪类利尿药等,也可诱发糖尿病。过度肥胖,是糖尿病的重要诱因,妊娠时,胎盘分泌大量雌激素和孕酮,这些激素在糖代谢方面与胰岛素有拮抗作用。另外,遗传因素对某些品种犬糖尿病的发生有一定相关性。

(2)临诊要点:糖尿病的典型症状是多饮、多尿、多食、消瘦("三多一少")。随着病程的发展,患病犬、猫表现为呕吐和腹泻,血糖持续升高,呼出气体有酮臭味,尿中含有大量葡萄糖。酸碱平衡失调,严重时出现酸中毒,最后陷入糖尿病性昏迷。后期可继发角膜混浊、溃疡、白内障以及尿路感染和肝肿大等。

根据发病史、典型临床症状和实验室检验结果,可做出诊断。

糖尿病应与下列疾病相鉴别:

①遗传性肾性糖尿。因先天性肾小管糖再吸收障碍而引起,表现为糖尿、多尿、蛋白尿、多食,血糖值基本正常。

②尿崩症。患病犬、猫的临床突出表现是多尿和烦渴,尿比重降低,无糖尿。

(3)防治:对轻症或中症型患病犬、猫,主要进行食饵疗法,可给予高蛋白、低碳水化合物的食物,如肉类、牛奶等,饲喂时应定时、定量、多次少量,另外还应供给富含维生素 B 族的食物,口服降血糖药物。

重症病例应用胰岛素。常用制剂有普通胰岛素、低精蛋白锌胰岛素、精蛋白锌胰岛素。犬起始胰岛素剂量为每千克体重 0.5～1.0 国际单位,猫为每千克体重 0.25 国际单位。然后根据每天早晨血糖、尿糖变等具体情况进行调整。在糖尿病得到确诊,但尚未出现酮症和酸中毒时,可皮下注射低精蛋白锌胰岛素,犬为每千克体重 0.5～1 国际单位,猫为每千克体重 0.25～0.5 国际单位,每天 1 次。

精蛋白锌胰岛素,犬为每千克体重 0.66～1.1 国际单位,皮下注射,每天 1 次。

糖尿病酮症、电解质紊乱、酸中毒等症状出现时,应给予大剂量普通胰岛素尽快控制糖尿病,同时要输液,静脉滴注生理盐水或复方生理盐水以及氯化钾,以纠正水和电解质紊乱,应用碳酸氢钠或乳酸钠,纠正酸中毒,恢复酸碱平衡,必要时应给予抗生素控制感染。

2. 犬低血糖症

本病常发生于母犬和幼犬。母犬低血糖症,是指在产仔前后应激、多胎胎儿对营养的过大需求、产后大量哺乳等,引发的血糖降低,临床上以出现类似产后缺钙的神经症状为特征。

幼犬低血糖症是指生后至 3 个月龄时血糖含量过低。临床上以幼犬表现虚弱和不愿活动为特征。

(1)病因:母犬低血糖症的主要原因是妊娠后期和哺乳期严重的营养不良,加上怀仔多、产前产后营养需要和泌乳过多所致。

幼犬低血糖症的主要原因是母犬产仔多、奶少或质量差引起饥饿,仔犬受凉(体温低于 34.4℃)时体内消化吸收功能停止,以及败血症所致。

(2)临诊要点:

①母犬低血糖症:主要表现为神经症状。病犬肌肉痉挛,步态强拘,共济失调,腱反射功能亢进,肌肉抽搐,间歇性癫痫样发作,神经过敏。体温高达 41～42℃,呼吸和心跳加速,尿有酮臭味。

②幼犬低血糖症。初期精神不振,虚弱,不愿活动,嘶叫,心跳缓慢,呼吸困难,后期出现抽搐,很快陷入昏迷而死亡。

根据临床症状和血糖、尿糖及血液中酮体检测结果,可做出诊断。

(3)防治:母犬低血糖发作时,用 20% 葡萄糖按千克体重 1.5 毫升,静脉滴注,同时可配合用醋酸泼尼松,按千克体重 0.2 毫克,口服或皮下注射,1 次 3～4 小时,直到症状缓解并能进食为止。如果是怀疑产后抽搐症,也可以在静脉注射葡萄糖的同时,加入 10％葡萄糖酸钙溶液 10～30 毫升。在预防上平时要加强饲养管理,分娩前后注意营养供给,可以适量多饲喂一些碳水化合物性食物。

幼犬首先维持体温正常,然后按每千克体重 10 毫升,静脉滴注 10％葡萄糖溶液,同时让其多吃母乳或替代性乳制品。

3. 肥胖症

本病是脂肪组织在体内过度蓄积所导致的一种代谢障碍性疾病。

(1)病因:引起犬、猫肥胖症的主要原因是能量的摄取超过消耗,可分为两种。

①内源性因素。某些内分泌代谢紊乱性疾病如垂体瘤、甲状腺功能减退、肾上腺皮质功能亢进、胰腺分泌过剩、绝育手术、性腺功能低下等。患有呼吸道疾病、肾病和心脏病的犬猫也容易导致肥胖。此外与年龄、性别、品种及遗传因素也有很大的关系。

②外源性因素。主要由于摄取高脂肪、高碳水化合物食物过多或运动不足而引起。

(2)临诊要点:患病犬、猫体躯丰满,皮下脂肪丰富,体力减弱,运动障碍,容易疲劳,不耐热。轻度肥胖症有时出现消化不良,皮炎和性欲降低。高度肥胖症,因其心、腹腔脂肪过多,膈肌运动受限,而引起呼吸困难、心悸等,又因血液循环障碍,可继发肝、肾或胰腺的机能障碍。患病犬、猫血液胆固醇和血脂升高。

由内分泌和其他疾病引起的肥胖症,除上述症状外,还表现出各种原发病的症状。如甲状腺功能减退和肾上腺功能亢进引起的肥胖症有特征性的脱毛、掉皮屑和皮肤色素沉积等变化。

根据症状和体重,可做出诊断,但应对内源性和外源性肥胖做出鉴别。

(3)防治:由继发因素引起的肥胖症,应主要治疗原发病。

由外源因素引起的肥胖症,首先进行减食疗法,饲喂高蛋白、低碳水化合物和低脂肪的食物,并逐渐增加患病犬、猫的运动量。也可用药物减肥,如淀粉酶阻断剂、催吐剂等消化抑制剂。或用甲状腺素、生长激素等提高代谢率的药物。

4. 维生素 A 过多症

本病是因长期饲喂过量维生素 A 或含大量动物肝脏的食物而引起的疾病,又称维生素 A 中毒。临床上以跛行、四肢关节肿胀和疼痛为特征。

(1)病因:犬、猫大量长期食用动物肝脏、特别是生肝脏,维生素 A 在体内蓄积,大量的维生素 A 抑制成骨细胞功能,使韧带或肌腱附着处的管状骨骨膜发生增生性变化。此外,长期大量投予维生素 A 制剂,也可造成医源性维生素 A 中毒。

(2)临诊要点:患病犬、猫厌食,甚至不食,体重减轻,感觉过敏,全身震颤,尿失禁及便秘。由于骨质疏松,颈椎和前肢关节周围生成外生性骨疣,结果使颈部发硬,前肢肘部及腕部骨骼融合,出现四肢骨肿胀、疼痛、跛行。当脊椎骨融合时,猫因颈部活动不灵活,不能正常梳理被毛而显得被毛不顺,无光泽,常似袋鼠样蹲坐,此外,引发齿龈炎的可发生牙齿脱落。

(3)防治:合理和正确补充维生素 A。使用维生素 A 治疗皮肤疾病,一旦出现中毒症状,应立即停用,停食动物肝等维生素 A 含量高的食物,症状可在几周内逐渐消失。为缓解关节肿胀和疼痛,可用地塞米松按千克体重 $0.5 \sim 1.0$ 毫克,肌内注射,每天 1 次,连用 3~5 天。

5. 维生素 B_2 缺乏症

本病是体内维生素 B_2 缺乏引起的一种代谢性疾病。

(1)病因:犬、猫维生素 B_2 缺乏的主要原因是食物中维生素 B_2 含量低,摄入不足。其次是机体的需要量增加。正常时,犬、猫小肠内微生物能合成部分维生素 B_2,当发生胃肠疾病、引起转化吸收障碍时,可造成维生素 B_2 合成减少。

(2)临诊要点:患病犬、猫生长缓慢,厌食,消瘦,脱毛,口炎,结膜炎,角膜混浊甚至发生白内障,后肢肌肉萎缩,阴囊炎,睾丸发育不全等。

诊断主要依靠维生素 B_2 缺乏病史、临床症状等,维生素 B_2 治疗后能获得迅速而显著的疗效,有助于该病的诊断。必要时,可测定尿中及红细胞中维生素 B_2 的含量。

(3)防治:犬每日每千克体重维生素 B_2 的需要量为 60~100 微克。每日每千克食物(干物质)中维生素 B_2 的供给量应为犬 5~10 毫克,猫 8~10 毫克。如能合理调配食物,给予富含维生素 B_2 的食物,既有疗效,也有预防作用。

治疗可口服维生素 B_2 片,1 次内服量,犬 10~20 毫克,猫 5~10 毫克,每日 1 次,连续给药 10 天左右。

6. 佝偻病和骨软病

佝偻病和骨软症是因维生素 D 缺乏及钙、磷代谢紊乱所引起的骨骼疾病。佝偻病发生在幼龄犬、猫,骨软症发生在成年犬、猫。临床上以消化紊乱、异食癖、跛行及骨骼变形为特征。

(1)病因:病因主要是维生素 D 缺乏以及饲料中钙、磷不足或比例失调。

①维生素 D 缺乏。维生素 D 缺乏是引起佝偻病的主要原因。幼龄犬、猫体内的维生素 D 主要来源于母乳和食物。当母乳中维生素 D 缺乏,断乳后食物中维生素 D 供给不足;或户外活动减少,

运动不足,长期阳光照射不足;以及患胃肠、肝、肾等疾病,使维生素 D 的吸收、转化发生障碍时,均会引起机体维生素 D 缺乏,进而影响钙、磷代谢和骨钙的沉积,而发生佝偻病。

②钙、磷失调。一般情况下食物中的钙磷比例,犬为(1.2～1.4):1,猫为(0.9～1):1,并应占日粮总成分的 0.3%。当日粮中钙、磷缺乏或比例失衡,蛋白不足或钙含量过高,维生素 A 慢性中毒,慢性胃机能不全等,均可导致佝偻病或骨软症的发生。

(2)临诊要点:

①佝偻病。

A. 先天性佝偻病:犬、猫出生后体质虚弱,肢体异常、弯曲,出生后数天仍不能站立。

B. 后天性佝偻病:最初表现异嗜,喜舔食墙壁、地板、泥沙、污物等,或舔食邻近动物或自身皮肤。食欲缺乏,换牙晚,拱腰凹背,关节疼痛,运步时四肢僵直,伸屈不灵活,跛行或卧地不能起立。胸部两侧有肋骨串珠畸形,胸骨凸出,肋骨内陷形成鸡胸。四肢畸形,两膝内翻成“O”型腿或外翻成“X”型腿,常发生腕(跗)关节粗大。脊椎骨弯曲,骨盆狭窄,易骨折。X 线检查,可见长骨骨骺端不规则及骨化不全。若患病犬、猫血钙降低,还可出现全身惊厥、肌肉抽搐等神经症状。血液学检查,血清钙、磷降低,碱性磷酸酶活性明显升高。

②骨软症。早期症状不明显。随病程的发展,患病犬、猫行动困难,易骨折,并伴有消化不良、异嗜癖等症状。血液学检查,血清钙降低,磷升高,碱性磷酸酶活性也升高。

依据病史,临床症状,骨骼 X 线检查,血清钙、磷和碱性磷酸酶化验结果,可做出诊断。

(3)防治:犬、猫每天每千克体重维生素 D 的需要量分别为 11 国际单位和 2 国际单位,犬、猫每千克日粮(干物质)中维生素 D 的需要量分别为 800～1 200 国际单位和 1 500～2 000 国际单位。如加强对动物的饲养管理,保证日粮中有足够的维生素 D、钙、磷比例适当,并使动物多晒太阳、适当运动,可有效地预防佝偻病和骨软化症的发生。

治疗主要应用维生素 D 和钙盐制剂。维生素 D 制剂可选用鱼肝油,每次 5 钙盐制剂 10 毫升,每天 1 次;维生素 D_2 胶囊,每次 500～4 000 国际单位,口服,每天 1 次;维生素 D_2 胶性钙注射液,每次 0.25 万～0.5 万国际单位,皮下或肌内注射,连用 5～7 天。

钙盐制剂常用的有乳酸钙,每次犬 0.5～2 克,猫 0.2～0.5 克,内服;葡萄糖酸钙,犬 0.5～2 克,猫 0.5～1.5 克,静脉注射,连用 5～7 天。钙盐制剂还有骨粉、贝壳粉或磷酸氢钙等,可将其拌入日粮

中饲喂。

7. 产后癫痫

本病是产后犬、猫的一种严重代谢性疾病。临床上以孕期低血钙和产后发生全身肌肉痉挛为特征。

(1)病因:胎儿(特别是多胎)的发育、骨骼形成需要大量的钙,这些钙全由母体供应;幼犬、幼猫吸吮大量乳汁,使血钙进入乳中的量增加,导致母体细胞外液中的钙显著降低,神经肌肉的兴奋性增高,从而引起肌肉强直性痉挛;饲喂低营养或营养不均衡的食物,也是本病发生的重要诱因。

犬较多发。多发生于分娩后 7～20 天的产仔数多的小型母犬,偶见于产前或分娩过程中以及产后 2 周之内的中型或大型犬。

(2)临诊要点:母犬初呈现神经兴奋症状,并有轻度定向力障碍,胆怯,恐惧,偶尔发出号叫,呼吸频数,不久全身肌肉强直性或间歇性痉挛,卧

地不起。抽搐是间歇性的,并且逐渐加重,在短时间内可发展为惊厥。体温在痉挛期间升高达 41.5℃ 以上,呼吸促迫,脉搏加快,心悸亢进,可视黏膜发绀,眼球向上翻动,口吐白沫,颈和腿伸直,全身僵直,局部肌肉轻微震颤和收缩。病程发展迅速,如不及时治疗,多于 1～2 天死于窒息。

本病根据临床症状结合血钙的测定即可确诊。

(3)防治:首先应加强护理,保证呼吸道通畅,防止误咽。10%～20% 葡萄糖酸钙或硼酸葡萄糖酸钙,犬 10～30 毫升,猫 10～30 毫升,缓慢静脉注射,并同时肌内注射戊巴比妥钠按每千克体重 10 毫克,或泼尼松按每千克体重 2 毫克。心律不齐也可改服钙制剂。伴有低血糖者,可静脉注射 50% 溶液,并口服维生素 D 按每千克体重 30 国际单位,连服 10 天。若病情有所缓解,可按每千克体重给予乳酸钙 500 毫克,维生素 D 每天 5 000～10 000 国际单位,口服,每天 1 次,连用 1～2 个月。如有酸中毒症状,应同时口服碳酸氢钠,连用 3～5 天。

母犬发病后要与仔犬隔离,仔犬采取人工哺乳,以改善母犬的营养状况。

治愈的母犬在下次分娩前后,应供给富含钙、维生素 D、矿物质及能量平衡的日粮,泌乳期给予高能量的食物。在下一个泌乳期用泼尼松按每千克体重 0.2 毫克,口服,可预防产后癫痫的发生。

8. 甲状腺功能亢进症

甲状腺功能亢进症,简称甲亢,是由于甲状腺激素分泌过多所引起的内分泌疾病。临床上以高代谢率、神经兴奋性增高、甲状腺肿为特征。

(1)病因:甲状腺增生、肿大或肿瘤等,均可引起甲状腺功能亢进症。

(2)临诊要点:甲亢初期出现多尿,食欲增强,随后体重逐渐减轻,躁动不安,易疲劳,虚弱,心率和呼吸次数增多,心搏亢进,眼球突出,眼睑水肿,羞明流泪。颈下触诊,甲状腺肿大。如为弥漫性肿大,多为两侧对称,腺体质软,触之有弹性,如为结节性肿大,多为两侧不对称,有单个或多个结节,质地较硬。

实验室检查,血浆中甲状腺素(T_4)和三碘甲状腺原氨酸(T_3)浓度升高。血清碱性磷酸酶浓度也升高。

(3)防治:应用抗甲状腺药,可选用丙硫氧嘧啶,犬按每天每千克体重 10 毫克,口服;猫每天 5 毫克,分 2～3 次,口服(注意:该药可能损害肝脏)。他卡巴主要治疗猫的甲状腺功能亢进,按每天每千克体重 5 毫克,分 3 次服完。

未发生转移的甲状腺癌、长期服用抗甲状腺药物无效或停药后复发的犬、猫,可考虑甲状腺切除术,甲状腺完全切除后,应注意防止术后并发症,需终身服用甲状腺粉。

其他治疗措施有口服心得安(抗心律失常),补充多种维生素和高热量食物等。

9. 肾上腺皮质机能亢进症

肾上腺皮质机能亢进症是由于糖皮质激素分泌过多所引起的症候群,又称柯兴氏综合征。本病多发于 7～9 岁犬。

(1)病因:常见于双侧肾上腺皮质增生,或单侧性肾上腺皮质肿瘤促肾上腺激素分泌过多而引起,长期或大量使用糖皮质激素 H 治疗动物疾病,引起类似柯兴氏综合征,某些非内分泌腺肿瘤,使肾上腺皮质分泌大量糖皮质激素。

(2)临诊要点:病犬最初表现烦渴、多尿、排尿增加。腹部触诊,肝肿,腹部增大,下垂呈壶腹状。被毛脱落,嗜睡,肌肉无力,甚至肌肉萎缩,肥胖水肿,呼吸急促。母犬停止发情,公犬睾丸萎缩。病犬常伴有骨质疏松和病理性骨折。个别患犬肌肉强直,呼吸短而快,严重病例出现呼吸困难。库兴氏综合征与甲状腺、卵巢、睾丸和生长激素等内分泌紊乱一样，也出现皮肤色素沉着，身体对称性脱毛，皮肤变薄、萎缩。脱毛从身体突出部位开始向腹部、会阴、腹下发展。皮肤变薄，皮下静脉清晰可见。毛囊萎缩，被毛生长缓慢，毛囊内充满角蛋白和碎片，颜色变黑，成为黑头粉刺。异常的皮肤和毛囊导致皮肤抵抗力下降，容易感染，发生脓皮病。皮肤色素沉着多为分散性、灶状分布。在颞部、背中线、颈部、服下和腹股沟部，常有钙质沉着，称为异位钙质沉着。

依据临床症状及化验室检查结果，可做出初步诊断，进一步诊断需进行 CT 扫描。本病须与肥胖病、糖尿病、肾衰竭以及其他原因引起的低血钾症相鉴别。

可做促肾上腺皮质激素兴奋试验，即经 8 小时内静脉注射促肾上腺皮质激素 10 单位。正常犬注射促肾上腺皮质激素后，血浆中 17 -羟皮质类固醇值为 9.5～22 微克/100ml，而患病犬则高达50～60 微克/100ml。

（3）防治：对肾上腺皮质增生、肿瘤，应进行手术切除，但手术后必须施行皮质激素代替疗法，也可选用氯苯二氯乙烷，按每千克体重 50 毫克，口服，每天 2 次，连服 7 天，直至临床症状减轻。症状减轻后每周服用 1 次，也可使用酮康唑，它能阻断肾上腺皮质合成或分泌皮质醇，开始 7 天，每千克体重 5 毫克，每天 2 次，然后每千克体重 10 毫克，每天 2 次，连用7～14 天。

（三）犬、猫的中毒病

1. 磷化锌中毒

磷化锌是一种速效灭鼠药和熏蒸杀虫剂，纯品为黑色或灰黄色粉末，有类似大蒜的气味。本病是由于犬、猫食入含有磷化锌的毒饵或被毒死的老鼠而引起的一种中毒病。犬磷化锌致死量大约是每千克体重 40 毫克。

（1）病因：犬、猫磷化锌中

毒,常由于误食磷化锌毒饵或被磷化锌毒死的老鼠等引起。

(2)临诊要点:中毒初期表现为厌食和嗜睡,随即发生呕吐和腹痛、腹泻,甚至便中带血,呼吸深而快。继而出现共济失调、虚弱、气喘和挣扎。后期,呼吸极度困难,痉挛发作,最后陷入昏迷状态后,在3~48小时内死亡。有些犬、猫中毒后主要出现中枢神经系统兴奋症状,表现为号叫、咬牙、震颤、肌肉僵硬或痉挛性发作,体温可达41℃。尸体剖检可见肺部充血、水肿,胸膜有渗出液,胸膜下出血,肝、肾充血,严重胃肠炎,胃内容物有大蒜味。

根据有与磷化锌接触史,临床症状和病理剖检以及胃内容物有特殊的大蒜味,可做出初步诊断。在胃内容物中检出磷化锌或锌离子,即可确诊。

(3)防治:如能及早发现中毒,可用5%碳酸氢钠洗胃,亦可灌服0.2%~0.5%

硫酸铜溶液催吐。静脉注射葡萄糖酸钙和乳酸钠可用于防止酸中毒。静脉注射5%葡萄糖可用以减轻肝和肾损害。犬、猫出现狂躁和惊厥时,可给予苯巴比妥钠按每千克体重2~4毫克,静脉滴注。安定,犬按每千克体重0.5毫克,猫按每千克体重0.2~0.6毫克,静脉滴注。

2.抗凝血杀鼠药中毒

由于急性毒鼠药物的不安全性,国家已禁止使用,推荐使用慢性毒鼠药。慢性毒鼠药物多为抗凝血杀鼠药。主要包括敌鼠、氯敌鼠、华法令(杀鼠灵)、杀鼠迷、杀鼠隆(大隆)、溴敌隆、敌鼠钠等。临床上中毒犬、猫以全身各部位大出血、血液凝固不良为特征。

(1)病因:犬、猫中毒多由于误食其毒饵或吃被敌鼠钠毒死的老鼠所引起。犬中毒量为一次每千克体重20~50毫克,重复(5~15天)剂量为每千克体重1~5毫克。

（2）临诊要点：急性中毒时，常常未见任何症状，犬、猫便已死亡。

亚急性中毒时，可视黏膜苍白、贫血、体温下降、呼吸困难、虚脱、呕血、鼻出血、粪便带血、出血部位出现功能障碍，共济失调，甚至引起休克。当中毒过程较持久时，多引起黄疸。

尸体剖检可见，中毒犬、猫各部位普遍出血。

根据接触抗凝血杀鼠药的病史、严重而广泛的出血症状，可做出初步诊断。确诊须测定血浆中或尸肝中抗凝血杀鼠药的浓度。此外，维生素K对中毒犬、猫治疗有效，有助于确诊。

（3）防治：可给予镇静药或安定药，使犬猫保持安静，尽量避免受伤，并降低组织需氧量。当呼吸困难或发生严重贫血时，可输氧延长生命。根据病情可输入新鲜的抗凝血全血，犬按每千克体重20毫升，静脉注射，其中一半应迅速注入，其他部分以每分钟20滴的速度静脉滴注。

给予特效解毒药维生素K_1，犬、猫按每千克体重5～25毫克，加入5％葡萄糖或生理盐水内缓慢静注，每天2～3次，连用3～4天。也可肌内注射维生素$K_1$5～30毫克，每天3次，连用6～7天。若与维生素K_3配合使用，可提高疗效。出血制止后，再配合其他对症治疗措施。

3. 氟乙酰胺中毒

有机氟化合物是一种高效农药，主要包括氟乙酰胺、氟乙酸钠、甲基氟乙酸等，常用作杀虫剂和杀鼠剂。

（1）病因：犬、猫可因误食毒饵或吞食了被这类化合物毒死的鼠类而中毒。

（2）临诊要点：犬、猫摄入此类毒物30分钟到2小时出现临床症状，病程发展很快。

犬中毒早期出现呕吐，频繁地排粪、排尿。在短时间的精神沉郁后便出现反射亢进、兴奋不安、盲目徘徊或直线狂奔,狂吠乱叫,口吐泡沫,间隔性痉挛发作,然后处于半昏迷状态并喘息。在症状出现 2～12 小时后,由于呼吸衰竭而死亡。

猫中毒表现为心率失常,心搏快而弱,感觉过敏和吼叫,症状重复发作,强直而死。

尸体剖检可见血色变暗,脑膜充血、出血。心肌松软、变性,心内膜有出血点。肝、肾充血、肿胀。

根据病史、临床症状、尸体变化,以及可疑诱饵、呕吐物、胃内容物中检出有机氟化合物,即可确诊。

(3)防治:中毒初期应立即用1∶5 000高锰酸钾溶液或石灰水洗胃,并及早给予特效解毒药,如乙酰胺按每千克体重 0.1～0.3 克,每天 3～4次,肌内注射,首次用日用量1/2,连用5～7 天。单乙酸甘油酯按每千克体重 0.1～5 毫克,肌内注射。也可内服50%乙醇 20～30 毫升和 5%乙酸或食醋20～30 毫升。解

除呼吸抑制可用尼克刹米,犬每次按 0.125～0.5 克,猫按每千克体重 0.78～31.2 毫克,皮下或肌内注射,必要时间隔 2 小时重复给药 1 次。

此外,因氟乙酰胺中毒常使血钙降低,还应静脉注射葡萄糖酸钙,以控制低血钙性所致的痉挛。贵重犬、猫可用辅助解毒药如三磷酸腺苷、辅酶A、细胞色素 C 以及维生素 B_1等。

4.青霉素类药物中毒

青霉素类药物在兽医临床上广泛应用,主要作用于革兰阳性菌。

(1)病因:青霉素类药物的毒性极微。但当药质不纯、超量应用或使用药物不当时,亦可引起犬、猫中毒。

(2)临诊要点:

①皮肤过敏反应。表现为皮疹,其中以荨麻疹最为多见。

②血清样反应。主要表现为发热、关节肿痛、皮肤瘙痒、全身淋巴结肿大,严重时

可发生血管神经性水肿。

③过敏性休克。严重时可引起过敏性休克,发病迅速,甚至在注射药物时立即发生。主要症状是喉头水肿和肺水肿,呼吸困难甚至喘息,黏膜发绀,心跳加快,脉搏细弱,血压下降,昏迷,抽搐等。若抢救不及时可致死。

根据与青霉素类药物的接触史和临床症状,可做出确诊。

(3)防治:在用药过程中如发现有中毒可疑现象时,应立即停止用药,并皮下注射肾上腺素,犬0.1～0.3毫克,猫0.1～0.2毫克。严重者以10%葡萄糖注射液做10倍稀释后缓慢静脉注射或滴注。必要时加用氢化可的松,犬5～10毫克,猫1～5毫克,用生理盐水或葡萄糖注射液稀释后静脉注射。对惊厥发作的犬、猫,可应用巴比妥类药物或安定。

5. 四环素类药物中毒

四环素类属于广谱抗生素,兽医临床上常用的有四环素、土霉素、脱氧土霉素、金霉素等。

(1)病因:本类药物合理应用时,一般不易引起犬、猫中毒,但当使用不当,给药剂量过大,或长时间连续用药,特别是肾功能不良时,可引起中毒。

(2)临诊要点:主要表现食欲缺乏、恶心、呕吐、腹泻等症状。如果用药时间较长则出现二重感染,临床表现为口疮、腹胀、下痢、腹泻及B族维生素和维生素K缺乏等,严重时可致死。

幼龄犬、猫如果使用四环素类药物不当,可引起生长发育缓慢、乳牙釉质发育不全及黄色沉积,甚至造成畸形。

可根据犬、猫与四环素类接触史、用药情况以及临床症状,做出诊断,必要时可进行动物试验。

(3)防治:发现有中毒可疑症状时,应立即停药,并采取相应的治疗措施。

内服药物中毒时,应立即灌服 1%～2%碳酸氢钠溶液,也可同时静注 5%碳酸氢钠或 10%氯化钙,或葡萄糖酸钙等注射液。

出现二重感染的可疑症状时,应及时进行血液、病灶或排泄物等的细菌学检查及药敏试验,改用其他有效抗菌药。

6. 磺胺类药物中毒

磺胺类是兽医临床上一类常用的抗菌药物,种类繁多。

(1)病因:主要是由于用药不当,给药剂量过大或长期连续用药造成的。此外,对磺胺类药过敏的犬、猫,虽用量较小,也可出现过敏反应。

(2)临诊要点:

①急性毒性。主要见于静脉注射磺胺类钠盐时,速度过快或剂量过大。中毒犬、猫主要表现神经兴奋、感觉过敏、痉挛性麻痹、共济失调、呕吐、癫痫样惊厥等。

②慢性毒性。用药超出

1 周时可出现犬、猫慢性毒性。主要表现为结晶尿、血尿、蛋白尿,甚至尿闭、恶心、呕吐、食欲缺乏、腹泻等症状。

血液学检查红细胞减少,血色素降低,颗粒性白细胞减少,可能有出血性变化。

根据与磺胺类药物的接触史、临床症状及血液学检查结果,可做出诊断。

(3)防治:磺胺类药物出现中毒症状时,应立即停药,并静脉注射 5%碳酸氢钠、复方氯化钠、5%葡萄糖溶液。口服过量药物时,及早洗胃。采取对症治疗措施,减少溶血,如静脉滴注高渗葡萄糖、维生素 C。1%美篮按每千克体重 5～10 毫克,静脉滴注。

7. 阿托品类药物中毒

阿托品类药物是从植物中提取的 M 胆碱受体阻断药。主要有阿托品、东莨菪碱、山莨菪碱、颠茄以及后马阿托品等。

(1)病因:当治疗时用量过大,注射达1～2 克,多数死亡。食入含有大量阿托品类的兔肉，均可引起中毒。有些对阿托品过敏的犬，用量虽少也可以引起严重反应。

（2）临诊要点：早期口腔干燥，口渴，吞咽困难，便秘，肠音减弱，瞳孔散大，心动过速，呼吸加快，高度兴奋，骚动不安，共济失调。随着病程发展，犬、猫胃肠道鼓气，狂暴不安，阵发性痉挛，反射迟钝，四肢厥冷，呼吸浅表而缓慢，最后因呼吸麻痹而死亡。根据病史、临床特征及实验室检查可做出诊断。

（3）防治：对口服本类药物中毒者，用 0.05% 高锰酸钾溶液或 2%～4% 鞣酸洗胃，然后用盐类泻药导泻，同时应用拮抗药，给予毛果芸香碱，每 6 小时 1 次，直至瞳孔缩小，口腔湿润为止。对症治疗，对狂躁、兴奋不安、惊厥的患病犬猫，可用镇静药、抗惊厥药，如氯丙嗪、苯巴比妥等。若出现中枢神经抑制时，则禁用镇静药。呼吸严重抑制时，

应及时输氧。此外，还应静脉滴注 5% 葡萄糖生理盐水或 10% 葡萄糖溶液，以促进毒物排泄。

8. 洋葱和大葱中毒

洋葱和大葱属百合科，葱属。犬、猫洋葱中毒后，主要表现为排绯红色或红棕色尿液，多见于犬，猫少见。

（1）病因：当犬、猫采食了大量洋葱或有葱的食物后，如包子、饺子、铁板牛肉、大葱包羊肉等，便可引起中毒。洋葱中所含有的有毒成分 N-丙基二硫化物或硫化丙烯，能降低红细胞内葡萄糖-6-磷酸脱氢酶的活性，其能保护红细胞内血红蛋白免受氧化变性，当葡萄糖-6-磷酸脱氢酶活性降低时，可使血红蛋白氧化形成海恩茨氏小体，含有海恩茨氏小体的红细胞被网状内皮系统大量吞噬后而引起贫血，此外，洋葱还可损害骨髓。

（2）临诊要点：急性中毒的犬于采食洋葱 1～2 天，可见绯红色或红棕褐色的尿液，

且散发葱臭味,患犬食欲缺乏,眼结膜或口腔黏膜发黄,精神沉郁,心脏功能障碍,并伴有贫血、呕吐和腹泻等症状。病理解剖可见血浆呈溶血色,红细胞数、血红蛋白量减少,网织红细胞增多。有明显的多染性和大小不等的红细胞。血液涂片,多染性红细胞和含有海恩茨氏小体的红细胞增加。根据病史,临床症状及红细胞内或边缘有海恩茨小体可做出诊断。

(3)治疗:轻度中毒犬、猫,在停止饲喂洋葱后即可自然恢复。急性严重中毒犬、猫,应及时催吐、洗胃,防止毒物被吸收。呋噻咪,可促进血红蛋白随尿液排出,犬按每千克体重2~4毫克,猫按每千克体重1~3毫克,肌内注射,每天2~3次。地塞米松,犬、猫按每千克体重1~2毫克,肌内或静脉注射。同时应用抗氧化剂维生素E,并进行对症治疗,如补液、给予抗贫血药等。

(四)犬、猫的去势术和外科病

1. 母犬卵巢子宫切除术

(1)适应证与术前准备:健康犬在5~6月龄是手术适宜时期,成年犬在发情期、怀孕期不能进行手术。在发情后3~4个月可进行手术,幼犬应在断奶后6~8周施术。

对因治疗子宫坏死、蓄脓、子宫肿瘤等疾病进行卵巢子宫切除术,则不受时间限制,卵巢子宫切除术不能与剖腹产同时进行。

术前禁饲12小时以上,禁水2小时以上。对犬进行全身检查,对因子宫疾病进行手术的动物,术前应纠正水、电解质代谢紊乱和酸碱平衡失调。应备有子宫切除钩或米氏钳、小挑刀。

(2)手术方法:全身麻醉,仰卧保定。脐后腹中线切口,根据动物体型大小,切口长4~10厘米。腹侧壁手术通路同样可用。沿切口切开皮肤、皮下组织及腹白线、腹膜,显露腹腔。术者持卵巢子宫切除钩（或米氏钳或小挑刀等器械），伸入切口内探查右侧子宫角。先探查右边子宫角，可避免探查左边子宫角时脾脏对卵巢的干扰。

术者将子宫切除钩的钩端对着腹腔内面，沿着腹壁将钩伸入腹腔背壁，当钩到达腹腔内脊背部时，将钩旋转 180°角，钩端对着腹壁面，从脊背部沿着腹壁向切口处探查子宫角，将子宫角拉出切口外，用生理盐水纱布覆盖在子宫角上，用手抓持固定，以防缩回到腹腔内。术者继续向切口外牵引子宫角，可显露出子宫角前端的卵巢。继续向外牵引子宫角和卵巢，即可显露卵巢悬吊韧带。左手牵引子宫角，右手的食指端向卵巢悬吊韧带的前方和背面进行钝性分离，以便显露足够长度的卵巢悬吊韧带。分离时应仔细，以防撕破卵巢动、静脉血管。

在卵巢悬吊韧带被充分显露后，用"三钳法"切断卵巢悬吊韧带。在卵巢系膜无血管区切一小口，经此切口对卵巢悬吊韧带装置三把止血钳。在紧靠卵巢的悬吊韧带上装置第一把止血钳，依次在第一把止血钳的外侧（即肾脏侧）的悬吊韧带上装置第二把、第三把止血钳。这样就完全夹闭了卵巢悬吊韧带内的动、静脉血管。在第一把与第二把止血钳之间，切断卵巢悬吊韧带和卵巢动、静脉血管，将右侧子宫角和卵巢全部拉出切口外，然后结扎卵巢悬吊韧带的断端。在紧靠第三把止血钳的近肾脏侧的悬吊韧带上，用 4～7 号丝线集束结扎，当第一个结扣接近拉紧时，松去第三把止血钳，使线结恰好位于钳痕处，迅即拉紧结扎线并完成结扣，剪去线尾。用镊子夹持卵巢悬吊韧带断端的少许组织，再松开第二把止血钳，在确信断端无出血情况下松去镊子，卵巢悬吊韧带的断端迅即缩回到腹腔内。

将右侧子宫角完全拉出腹壁切口外,继续向外导引出子宫体,从子宫体找到对侧子宫角,再按"三钳法"结扎卵巢悬吊韧带和切断韧带。

切断子宫体完整摘除卵巢和子宫:两侧卵巢和子宫角完全拉出切口外后,显露子宫体。成年犬子宫体两侧的子宫动脉应进行双重结扎后切断,子宫体经结扎后切断。对幼犬可将子宫体及其子宫体两侧的子宫动脉一起进行集束结扎后切断。子宫体切断的部位:对健康犬可在子宫体稍前方经结扎后切断;当子宫内感染时,子宫体切断的部位尽量靠后,以便尽量除去感染的子宫内膜组织。如果手术是单纯绝育手术,只需要卵巢摘除而不必做子宫切除术。腹壁切口按常规缝合。

(3)注意事项:手术切口用绷带包扎,可用伊丽莎白项圈控制犬头部,防止动物自身舔舐切口。术后6～8天拆除缝线,术后10～12天内应限制动物剧烈活动。

附:母猫的卵巢子宫切除术

(1)术前准备:与犬相同。

(2)手术方法:腹中线切口,脐与骨盆耻骨连线的中点为切口中点,向前、向后切开4～8厘米。

其余操作和犬基本相同,因猫的体型小,手术应更加细心。

2. 公犬去势术

(1)适应证:本手术适用于犬的睾丸癌或经一般治疗无效的睾丸炎症。两侧睾丸都切除用于良性前列腺肥大和绝育。去势术又用于改变公犬的不良习性,如发情时的野外游走,跟别的公犬咬斗、尿标记等。公犬去势后不改变公犬的兴奋性,不引起嗜睡,也不改变犬的护卫、狩猎和玩耍表演能力。

(2)术前准备:术前对去势犬进行全身检查,注意有无全身变化,如体温升高、呼吸异常等,如有应待恢复正常后再行去势,还应对阴囊、睾丸、前列腺、泌尿道进行检查。若泌尿道、前列腺有感染,应在去势前一周进行抗生素药物治疗。直到感染被控制后再行去势。去势前剃去阴囊部及阴茎包皮鞘后 2/3 区域内的被毛。

(3)手术方法:全身麻醉。仰卧保定,两后肢向后外方伸展固定,充分显露阴囊部,显露睾丸。术者用两手指将两侧睾丸推挤到阴囊底部,使睾丸位于阴囊缝际两侧的阴囊最低部位。从阴囊最低部位的阴囊缝际向前的腹中线上,作一 5～6 厘米长的皮肤切口,依次切开皮下组织。术者左手食指、中指推顶一侧阴囊后方,使睾丸连同鞘膜向切口内突出,并使包裹睾丸的鞘膜绷紧,固定睾丸,切开鞘膜,使睾丸从鞘膜切口内露出。术者左手抓住睾丸,右手用止血钳夹持附睾尾韧带,并将附睾尾韧带从附睾尾部撕下,右手将睾丸系膜撕开,左手继续牵引睾丸,充分显露精索。

结扎精索、切断精索、去掉睾丸,可用"三钳法"。在精索的近心端钳夹第一把止血钳,在第一把止血钳的近睾丸侧的精索上,紧靠第一把止血钳钳夹第二、第三把止血钳。用 4～0 号丝线,紧靠第一把止血钳钳夹精索处进行结扎,当结扎线第一个结扣接近打紧时,松去第一把止血钳,并使线结恰位于第一把止血钳的精索压痕处,然后打紧第一个结扣和第二个结扣,完成对精索的结扎,剪去线尾。在第二把与第三把钳夹精索的止血钳之间,切断精索。用镊子夹持少许精索断端组织,松开第二把钳夹精索的止血钳,观察精索断端有无出血,在确认精索断端无出血时,方可松去镊子,将精索断端还纳回鞘膜管内。在同一皮肤切口内,按上述同样的操作,切除另一侧睾丸。在显露另一侧睾丸时,切忌切透阴囊中隔。

缝合阴囊切口:用 2～0

号铬制肠线或 4 号丝线间断缝合皮下组织,用 7～4 号丝线间断缝合皮肤,外打以结系绷带。

(4)注意事项:术后阴囊潮红和轻度肿胀,一般不用治疗。伴有泌尿道感染和阴囊切口有感染倾向者,在去势后应给予抗生药物治疗。

附:公猫去势术

(1)适应证:为了防止猫的乱交配和对猫进行选育,对不能作为种用的公猫进行去势。公猫去势后可减少其本身特有的臭气,减少公猫发情时的性行为,如猫在夜间的叫声对周围环境的影响等。

(2)术前准备:剃去阴囊部被毛和进行常规消毒。

(3)手术方法:全身麻醉。左侧或右侧卧保定,两后肢向腹前方伸展,猫尾要反向背部提举固定,充分显露肛门下方的阴囊。将两侧睾丸同时用手推挤到阴囊底部,用食指、中指和拇指固定一侧睾丸,并使阴囊皮肤绷紧。在距阴囊缝际一侧 0.5～0.7 厘米处平行阴囊缝际做一 3～4 厘米皮肤切口,切开肉膜和总鞘膜,显露睾丸。术者左手抓住睾丸,右手用剪刀剪断阴囊韧带,向上撕开睾丸系膜,然后将睾丸引出阴囊切口外,充分显露精索。结扎精索和去掉睾丸的方法同公犬去势术。两侧阴囊切口开放。

(4)注意事项:一般不需治疗,但应注意阴囊区有无明显肿胀。若阴囊切口有感染倾向,可给予广谱抗生素治疗。

3. 犬、猫乳房切除术

(1)适应证:乳腺肿瘤是犬、猫乳房切除术的主要适应证。另外,乳房严重外伤或感染,有时也需做此手术。

(2)手术方法:全身麻醉。仰卧位保定,四肢向两侧牵拉固定,以充分暴露胸部和腹股沟部。

乳腺切除的选择取决于动物体况和乳房患病的部位及淋巴流向。有以下 4 种乳腺切除方法,可选其中的任意一种。

①单个乳腺切除。仅切除一个乳腺。

②区域乳腺切除。切除几个患病乳腺或切除同一淋巴流向的乳腺。

③一侧乳腺切除。切除整个一侧乳腺链。

④两侧乳腺切除。切除所有乳腺。

皮肤切口视使用方法不同而异。对于单个、区域或同侧乳腺的切除,在所涉及乳腺周围做椭圆形皮肤切口。切口外侧缘应是在乳腺组织的外侧,切口内侧缘应在腹中线。第一乳腺切除时,其皮肤切口可向前延伸至腋部;第五乳腺的切除,皮肤切口可向后延至阴唇水平处。对于两侧乳腺全切除者,仍是以椭圆形切开两侧乳腺的皮肤,但胸前部应作 Y 形皮肤切口,以免在缝合胸后部时产生过多的张力。

皮肤切开后,先分离、结扎大的血管,再做深层分离。分离时,尤其注意腹壁后浅动、静脉。第一、第二乳腺与胸肌筋膜紧密相连,故需仔细分离使其游离。其他乳腺与腹壁肌筋膜连接疏松,易钝性分离开。若肿瘤已侵蚀体壁肌肉和筋膜,须将其切除。如胸部乳腺肿块未增大或未侵蚀周围组织,腋淋巴结一般不予切除,因为该淋巴结位置深,接近臂神经丛。腹股沟浅淋巴结紧靠腹股沟乳腺,通常连同腹股沟脂肪一起切除。

缝合皮肤前,应认真检查皮肤内侧缘,确保皮肤上无残留乳腺组织。皮肤缝合是本手术最困难的部分,尤其切除双侧乳腺。大的皮肤缺损缝合需先做水平褥式缝合,使皮肤创缘靠拢并保持一致的张力和压力分布。然后做第二道结节缝合以闭合创缘。如皮肤结节缝合恰当,可减少因褥状缝合引起的皮肤张力。如有过多的无效腔,特别在腹股沟部易出现血清肿,应在手术部位安置引流管。

(3)注意事项:使用腹绷带2～3天,压迫术部,消除无效腔,防止血清肿或血肿、污染和自我损伤,并保护引流管。术后应用抗生素3～5天,控制感染。术后2～3天拔除引流管,并于术后4～5天拆除褥式缝线,以减轻局部刺激和瘢痕形成。术后10～12天拆除结节缝线。

4. 创伤

创伤是因锐性外力或强烈的钝性外力作用于机体,使组织器官遭受破坏,并与外界相通的机械性损伤。

按致病原因分类:可以分为刺创、切创、挫创、咬创、毒创、撕裂创、火器创、复合创等。按经过的时间分类:可分为新鲜创和陈旧创。按有无感染分类:可分为无菌创、污染创、感染创。

(1)病因:常发生于犬、猫被车辆碾压或挤压、棍棒打击、锐性物体刺入、砍伤或切割、枪弹伤、摔跌等。

(2)临诊要点:主要症状是出血、组织液外流,创口裂开或缺损,以及疼痛和机能障碍,严重创伤可引发创伤性休克。

①新鲜创。创伤局部一般出现创口裂开、出血、疼痛及机能障碍反应。反应的程度随创伤部位、形态、程度而不同。

②感染创。创伤局部感染,肿胀增温,疼痛。创腔内有坏死组织和异物,形成脓汁从创腔流出,创伤周围有脓痂,严重时可引起败血症。

③肉芽创。感染创的后期。创内出现粉红色颗粒状的肉芽组织,表面附有少量黏膜、灰白色的脓性分泌物,肿胀消退,疼痛减轻,趋向愈合。

(3)防治:

①新鲜创的治疗。若创伤内仍在出血,应采取各种方法止血,清洁创围,用灭菌纱布覆盖创面后,除去外围被毛及血痂,然后用70%酒精和2%碘伏消毒创围皮肤。为顺

利清洗创面,对患病犬、猫可进行局部麻醉或全身麻醉,用生理盐水、0.1%高锰酸钾溶液或 0.1%新洁尔灭溶液冲洗创面,进行清创。闭合创口,对受伤时间短(不超过 6 小时),污染轻或清创彻底的创伤,可在清创后,创内撒布磺胺粉,一次缝合创口。对受伤时间长,污染严重的创伤,在清创、撒布药物后,可行创口部分缝合,留引流口。包扎创伤,处理好的新鲜污染创及容易污染部位的创伤,应进行包扎。

②感染创的治疗。扩大创口或做辅助切口,排除脓汁、异物,去除坏死组织,用3%过氧化氢、0.1%高锰酸钾、0.1%雷佛奴尔进行冲洗。创面水肿严重的,用高渗盐水冲洗,用魏氏油膏、碘仿蓖麻油或磺胺乳剂涂布或灌注,然后行开放疗法。

③肉芽创的治疗。用油剂或软膏类药物,如磺胺软膏、10%磺胺鱼肝油涂擦创面,促进肉芽生长,保护肉芽组织不受损伤和继发性感染。促进上皮生长时,可用氧化锌软膏或 3%鱼肝油涂布,如肉芽生长速度过快,形成赘生肉芽,可进行手术切除,或用高锰酸钾粉、硝酸银棒等进行腐蚀,打上压迫绷带。皮肤缺损过大,必要时,可采取植皮手术。

④全身治疗。创伤出血过多时,应输血、输液。创伤损伤严重、污染严重时应全身应用抗生素,预防感染。如已发生感染,且炎症剧烈,出现全身症状时,应及时应用抗生素,静脉注射 5%氯化钙或10%葡萄糖酸钙、5%碳酸氢钠等。

5. 烧伤

烧伤是热力、电流和化学物质作用于犬、猫机体,所引起的组织损伤。

(1)病因:高温如火焰、蒸汽,炽热的液体或固体直接接触犬、猫体表,或犬、猫撕咬电线造成电线短路产生热,使口腔遭受严重的烧伤。强酸、强碱液体洒在犬、猫身体上,均可引起烧伤。

(2)临诊要点:烧伤程度主要取决于烧伤深度、烧伤面积及热力作用的时间、部位等。

烧伤深度是指局部组织被损伤的深浅。根据烧伤深浅,可分为一度、二度和三度烧伤:

①一度烧伤。仅皮肤表皮遭受损伤,被毛烧焦,皮肤变红,疼痛,7 天后烧伤处不留瘢痕而愈合。

②二度烧伤。皮肤表层和真皮层遭受损伤,有些表皮的附件及毛囊仍残存,局部疼痛,出现水疱、充血、肿胀,大量液体渗出,伤处湿润。

③三度烧伤。皮肤全层或皮肤整个结构遭受破坏,甚至深达肌肉或骨,伤处组织蛋白凝固,血管栓塞,形成焦痂,呈现褐色干性坏死状态。

烧伤面积越大,烧伤程度越重。严重烧伤的多于体表面积 10％～15％ 时,预后须慎重。

烧伤部位对疾病的发展和预后也很重要,如头部、四肢或生殖器的烧伤创面,较难处理,并且对机体影响也较大。

烧伤后常伴有全身性代谢紊乱,在病程发展过程中引发休克,还可能出现肝解毒功能减退、酸中毒、肺水肿、心力衰竭及进行性贫血,治疗中必须注意。

(3)防治:采取急救措施和早期处置,使烧伤的深度和面积控制在最小范围内。

①急救和早期处置。烧伤后立即用冷疗,阻止热的侵袭,进行止痛。为减轻疼痛,犬常用吗啡或乙酰普马嗪进行镇静,猫可用氯胺酮加安定进行镇痛。为防止休克,应及时补液,补充电解质及碳酸氢钠,以纠正水、电解质和酸碱平衡的失调。创面处理,首先剪除烧伤及周围皮肤的被毛,用中性肥皂水、清水或防腐液

清洗，去除坏死组织，再用5％～10％高锰酸钾溶液连续涂布2～3次，使创面形成痂皮，也可用5％鞣酸或3％龙胆紫等涂布。创面也可以涂布烧伤膏8号、紫草膏、大黄地榆膏或烧伤湿润膏。

②创面的晚期处理。为了促进干痂脱落和控制感染，可采用呋喃西林软膏、抗生素软膏或蛋白分解酶软膏涂布，去除干痂，或手术除痂。再用0.1％新洁尔灭溶液冲洗，干燥后涂布上述软膏，如有绿脓杆菌感染，可使用烧伤宁、春雷霉素、甲磺灭脓湿敷。

③防治败血症。中等度以上烧伤的患病犬、猫，在伤后两周内，大剂量应用抗生素，以控制全身感染，有败血症症状时，按败血症治疗。

如果烧伤面积过大，愈合时间较长，易引起瘢痕挛缩，应及时进行植皮术。

此外，应使犬、猫安静，为防止对烧伤处咬啃、搔抓和摩擦，可用伊丽莎白氏颈圈固定颈部，并用圆筒形石膏夹固定四肢。

6. 冻伤

由于低温作用所引起组织的局部损伤称为冻伤。若低温反复或长期作用于组织，发生慢性炎症病理状态，称为冻疮；若出现组织和器官机能障碍的全身冻伤时称为冻僵。

冻疮的特征是局部皮肤颜色发绀、肿胀，形成皲裂和表在性溃疡，呈现痒感和疼痛。

(1)病因：冻伤发生的主要原因是低温，长时间暴露于潮湿的环境之中，如室温过低，镇静和麻醉时间过长，而体温不能调节。或在寒冷中停留时间过长，都可引起冻伤。冻伤常发生于四肢和耳尖。

(2)临诊要点：临床上根据冻伤程度可分为一度、二度、三度冻伤：

①一度冻伤。以皮肤及皮下组织瘀滞性充血、轻度水胀和疼痛为特征，数日后即消

失。

②二度冻伤。皮肤和皮下组织出现弥漫性水肿或水疱、疼痛剧烈、水疱自溃后形成愈合迟缓的溃疡。

③三度冻伤。以血液循环障碍引起的不同深度和范围的组织坏死为特征,患部冰冷无感觉,周围组织肿胀,易继发感染而发生湿性坏疽。

冻僵见于瘦弱的犬、猫,其全身症状表现肌肉战栗,运动强拘,起立困难,反应迟钝,体温降低及四肢厥冷。

(3)防治:治疗原则为消除寒冷作用,使冻伤组织复温,恢复组织内的血液和淋巴循环,并预防感染。

首先迅速将患病犬、猫移入暖舍,先用温肥皂水轻洗患部,然后用 10％樟脑酒精擦拭,或进行复温治疗。复温治疗时,以18～20℃的温水进行热敷或温水浴,在 25 分钟内,不断向其中加热水,使水温逐渐达到 38℃。当冻伤处一旦变软和血液循环开始恢复时,

即停止温热。复温后用肥皂水轻洗患部,再用 75％酒精涂擦,然后以保温绷带包扎或覆盖。一度冻伤复温后可能迅速充血水肿,故先用樟脑酒精涂擦患部,再涂碘甘油,然后打保温绷带,或用按摩和紫外线疗法。二度冻伤,患部可能有水疱、溃疡,深部可能有损伤,可涂擦 5％龙胆紫或 2％碘酊。为预防感染,早期应用抗生素。为了减少血管内凝集与栓塞,静脉内注射右旋糖酐和肝素。三度冻伤,已坏死组织应切除或截肢,坏死部可切开、排脓,早期注射破伤风抗毒素,并对症治疗。

冻疮的治疗,可用按摩疗法、紫外线照射法和超短波疗法,以此减轻水肿、发痒,并能改善血液循环。

7. 骨软骨病

骨软骨病是关节软骨和骺软骨内骨化障碍的一种疾病。临床上以无外伤史、跛行、疼痛为特征。

常见的骨软骨病有:剥脱

性骨软骨病、肘突不闭合、尺骨冠状突分裂、骺生长骨板迟滞等。

（1）病因：该病主要发生在快速生长的大型犬和巨型犬（4～8 月龄）。全身很多关节软骨和骺骨都可发病，具体病因还不清楚，某些因素引起软骨局限性损害。营养过剩、降钙素、激素失调及其他关节疾病所致的骨坏死，均可引起本病。有的无损伤史，但有家族史，提示可能与遗传因素有关。

（2）症状：主要症状为跛行。跛行逐渐加重，呈持久性，常休息后关节不灵活或运动后加重，多为一肢关节发病，也有多肢关节发病。患肢关节伸屈可引起疼痛反应，其中肩关节疼痛更明显。慢性病例，关节可听到"咔嚓"声响，肌肉萎缩，如不及时治疗，持续跛行可继发退行性关节病。

根据体型、年龄、病史及临床症状可做出初步诊断，确诊需经 X 线检查。发病早期（4～6 月龄），由于分离的软骨还未分化，X 线检查可见一扁平的软骨下骨，随着骨骺进一步生长，其缺损部呈浅碟形（6～7 月龄），随后，软骨瓣开始钙化，但其仍停留在关节面缺损处（7～8 月龄或更大），严重者，钙化的软骨瓣突出于肱骨头表面，甚至脱落至肱骨头后下方，即为"关节鼠"。

（3）防治：临床症状较轻，病程未超过 1 个月，X 线检查未发现钙化软骨瓣者，可采用保守疗法。犬强制休息 6 周，或患肢悬吊，限制活动。疼痛严重，可使用消炎镇痛药，但犬仍需要强制休息，否则会加重病情。

X 线检查发现软骨瓣或已脱落，应尽早采用手术治疗，将其去除，并清除已坏死的肱骨头软骨缺陷组织。

8. 关节脱位

本病是指关节因机械外力作用、病理因素，使骨间关节面正常接合受到破坏而发生的移位。犬、猫好发部位是髋关节、肩关节、肘关节和膝关节。

(1)病因:关节脱位在临床最常见原因,是以间接外力或者直接外力(打击、冲撞、跌倒)作用于关节所致。先天性因素在犬多见。

(2)临诊要点:

①关节变形。解剖学上的正常隆起与凹陷发生改变。

②异常固定。异常固定是因关节骨头与关节窝错开卡住,并有韧带和肌肉的高度紧张,在非正常的位置上固定不动,并带有弹拨性。

③姿势改变。在脱位关节的下方发生姿势改变,如肢体内收、外展、屈曲、伸张等姿势。

④患肢延长或缩短。是患肢与健肢在长度上相比,根据关节脱位的性质和位置不同,可使患肢延长或缩短,一般在不全脱位时,患肢延长,完全脱位时则患肢变短。

⑤机能障碍。由于关节

异常变位、疼痛,运动时患肢出现跛行。

上述是关节脱位的共同症状。在不同关节脱位时,还会各自有其特征性表现:

如犬常发膝盖骨内方脱位,表现患肢外展,膝直韧带向内倾斜。先天性膝盖骨脱位时,X线检查,可见股骨远端和胫骨近端呈弯弓状。肘关节脱位,脱位关节屈曲呈收缩姿势,运步时,呈外展姿势。肩关节脱位,表现患肢缩短,臂骨头突出于关节的前方或外方。关节活动时,疼痛剧烈。

关节脱位,根据病史及临床症状可做出初步诊断。关节端发生的骨骺骨折或干骺端骨折,易被误诊为脱位。脱位的确诊,应以X线检查为准。

(3)防治:治疗原则为早期整复,确实固定,促进断裂韧带的修复,恢复机能。

①整复。脱位的整复是将脱出的关节通过关节囊的

破裂口回到原来的位置,整复时间越早越好。整复前应进行全身麻醉或神经阻滞麻醉,使肌肉、韧带松弛,减少疼痛,便于整复。可采用按、揣、揉、拉及抬等方法,使脱位骨端正好对准关节囊裂口,将骨端还纳至原位。

②固定。整复后,为防止再发,应立即进行固定,可根据不同部位进行内固定和外固定。下部关节脱位,可装着石膏绷带或夹板绷带、托马斯支架10～15天。然后取下绷带或支架,并进行运动,促进机能恢复。

整复困难的脱位,或发生关节内骨折的脱位,应进行手术治疗。

9. 关节扭伤

关节扭伤(关节捩伤)是指在突然外力作用下,而导致的关节韧带或关节囊的损伤。常发于肩关节、掌骨关节、跖骨关节、肘关节和跗关节。

(1)病因:关节突然受到机械外力作用,使关节超越了生理活动范围,瞬时间过度伸展、屈曲或扭转。常见于犬、猫剧烈奔跑时急转、急停、跳跃时跌倒,保定不合理或误踏深坑等,使关节活动超出生理限度而发病。

(2)症状:突然表现急性跛行,患病关节肿胀,疼痛。检查关节时,如使受伤的关节韧带紧张则疼痛加剧,同时转动关节向受伤一方,使损伤韧带松弛,则疼痛减轻。关节腔穿刺正常或有积血、过量渗出液及软骨碎片等。转为慢性时,可能继发关节囊纤维化或骨化,关节僵直。

犬、猫膝关节扭伤,常造成十字韧带撕裂和半月状板碎裂或侧韧带断裂,关节松动。跗关节扭伤常引起侧韧带撕裂。

根据病史及临床症状,可做出诊断。当关节扭伤伴发可疑骨折时,可用X线来确诊。

关节扭伤易与挫伤发生误诊。关节挫伤发生后,迅速出现溢血肿胀,但跛行及疼痛却常较轻微。

(3)防治:发病初期 1~2 天内,制止进一步出血和渗出,可进行冷疗和包扎压迫绷带,必要时可注射止血药,如维生素 K_3、10％氯化钙。急性炎性渗出减少后,应使用温热疗法,如热敷、石蜡疗法、电疗等。如关节内出血不能吸收,可做关节腔穿刺排出,同时通过穿刺针向关节腔内注入 0.25％盐酸普鲁卡因青霉素溶液。镇痛,可肌注氟尼辛葡甲胺注射液等,或局部涂擦轻刺激剂,如 10％樟脑酒精。有韧带、关节囊损伤严重或怀疑有骨损伤时,应视情况包扎石膏绷带。

转为慢性的病例,患部可涂碘樟脑醚合剂,同时进行按摩,之后做包扎,以防犬、猫舔舐。

10. 退行性关节病

本病是一种非化脓性关节疾病。临床上以关节软骨破坏、软骨下骨硬化、关节周围形成骨赘为特征。犬多发生在髋关节、膝关节、肩关节、肘关节等,是一种常见病。

(1)病因:本病可继发于先天性关节疾病,如关节骨软骨病、髋关节发育异常、髌骨脱位、先天性骨关节构型不良等,也可继发于一些后天性关节疾病,如关节扭伤、创伤、滑囊炎等。发生于老龄犬、猫,是衰老性关节软骨退化的一种表现。

(2)临诊要点:患病犬、猫不愿行走、跳高、赛跑和狩猎。关节不灵活,卧地或坐后难站立。关节难以支持体重,行走出现跛行。运动或他动运动、气候变冷时,疼痛加重。触诊患病关节肿胀、温热或不热,关节活动范围小,活动时关节内可能有摩擦音,慢性病例患肢肌肉萎缩。

X 线检查见关节间隙变窄,关节面不平滑,关节周围矿物质沉积,关节缘有骨疣,软骨下骨硬化。

根据病史、临床症状、X

线检查和关节穿刺,可做出确诊。

（3）防治:体重过大的犬、猫,可采取减肥措施。患病动物应置于温暖、干燥的地方。每天慢走,可使肌肉保持松弛,促使关节润滑和营养吸收,但过量运动,可加重疼痛。

治疗要先除去病因,治疗原发病。疼痛较重时用非甾醇类消炎止痛药,如保泰松、阿司匹林（保泰松,每次按每千克体重20毫克,口服,每天2次,3天后酌减。阿司匹林,每次剂量为每千克体重10～25毫克,口服,每天2～3次。注意:保泰松易引起犬、猫中毒,应慎用）。严重病例可用皮质类固醇。

11. 髋关节发育异常

本病是一种髋关节发育或生长异常的疾病。特征为关节周围软组织不同程度的松弛、关节不稳（不全脱位）、股骨头和髋臼变形和退行性变。

（1）病因:本病多发生于大型犬和快速生长的幼年犬。目前认为本病的发生,与遗传因素及环境改变有密切关系。患病动物体内存在许多缺陷基因,当受到环境因素影响时,缺陷基因的表型充分显现。例如:病犬髋关节周围肌肉和其他软组织不能协调地固定髋关节,骨骼生长过快,肌肉不能与骨骼以相似速度发育成熟,致使主要依赖肌肉组织固定的关节（髋关节）,不能保持稳定。

（2）临诊要点:多数犬首次发病在5～12月龄,很少迟于36月龄发病。往往一后肢或两后肢突然跛行,步幅异常。行走弓背或后躯左右摇摆,耐受锻炼能力差。起立困难,患肢不敢负重。行走或他动运动时,听到"喀嚓"声。疼痛明显,尤其他动运动时,患犬呻吟或反抗。大腿肌肉萎缩,被毛粗乱。病情严重者食欲减退,精神不振,个别患犬体温升高。

他动试验是检验髋关节

松弛的一种方法。检验时,患犬侧卧位保定,患肢在上。检查者一手握住膝关节,其大拇指抵在股骨中部外侧,其他手指在内侧。另一手掌顶住髋关节,使食指抵在大转子上。提起股骨使其与诊疗台面平行,向上缓慢推压膝关节,使股骨头产生不全脱位(如关节松弛,股骨头滑上髋臼前外侧),然后,膝关节外展,股骨头就会滑回髋臼窝中,并产生一种撞击震动而被另一握住髋结节的手感觉到。关节严重松弛时,甚至可以听到"喀嚓"声。X线检查是诊断髋关节发育异常的最可靠方法。

根据病史、临床症状和上述检查结果,可做出确诊。

(3)防治:病犬应强制休息,限制活动或关在笼内,两后肢屈曲,呈坐立姿势,减少髋关节压力摩擦,防止不全脱位进一步发展。如疼痛明显,可用阿司匹林、保泰松等镇痛药,减轻疼痛。肥胖患犬,应控制食物,改变营养成分,减轻体重,有助于发病关节的恢复。

保守疗法无效时,可考虑手术治疗。较常用的手术有耻骨肌切开术、骨盆切开术和股骨头颈切除术。

12. 椎骨间盘突出

椎间盘突出是指椎间盘变性、纤维环破坏、髓核向背侧突出压迫脊髓,从而引起运动障碍的一种疾病。临床上以疼痛、共济失调、麻木、运动障碍或麻痹为特征。常发生于腰椎和颈椎部位。

(1)病因:很多因素与本病的发生有关,外伤是发病的重要因素,内分泌失调(如甲状腺功能减退)在椎间盘蜕变过程中起重要作用,自身免疫现象可作为椎间盘退变的启动因子引起一系列变化,对软骨营养障碍类犬(如腊肠犬),遗传因素有一定作用,椎间盘受到异常脊椎应激的影响,椎间盘的营养(如缺钙)、溶酶体酶活性改变,也可引起椎间盘基质的变化。

常见于体型小、年龄大的软骨营养障碍类犬（如北京犬、西施犬等），其他犬也可发生。

（2）症状：

①颈部椎间盘突出。开始患犬颈部、前肢过度敏感，颈部肌肉疼痛性痉挛，鼻尖抵地，腰背弓起，头颈不愿伸展、抬起，甚至嘴唇也难高过碗口，行走小心，耳竖起，触诊颈部可引起剧痛或肌肉极度紧张。重者，颈部、前肢麻木，共济失调或四肢瘫痪。疼痛是最突出的示病症状，呈持续或间歇发生。

②胸腰部椎间盘突出。病初患犬严重疼痛、呻吟、不愿挪步或行动困难。急性患犬，剧烈疼痛后突然发生两后肢运动障碍（麻木或麻痹）和感觉消失，但两前肢往往正常。患犬尿失禁，肛门反射迟钝。麻痹超过 24 小时多预后不良。

本病确诊除病史、一般体检外，主要取决于神经学检查和 X 线检查。

（3）防治：

①保守疗法。包括强制休息、限制活动、镇静消炎等。地塞米松是治疗本病的首选药，开始用量为每千克体重 0.2～0.4 毫克，静脉注射，每天 2 次，连用 2～3 天，严重患犬，剂量可加大至每千克体重 2 毫克。保泰松为每千克体重 20 毫克，口服，每天 2 次，3 天后减量。尿失禁患犬，每天定时挤压膀胱排尿 2 或 3 次。另外，还可采用针灸、电针、按摩、温敷和穴位药物注射等方法。

②手术疗法。包括开窗术和减压术两种。开窗术，指通过两椎体间钻孔，刮取椎间盘组织。减压术，指切除椎弓骨组织，取出椎管内椎间盘突出物，以减轻脊髓压迫。

13. 脊髓挫伤及脊髓震荡

椎体因受挫伤而发生脱位或骨折，压迫和损害脊髓，为脊髓挫伤，病变不明显的为脊髓震荡。

由于脊髓受到损害，传导径被阻断，故临床上以感觉障碍、截瘫以及出现病理性反射等为特征。

(1)病因：犬、猫受到外力的作用，如车辆冲撞、跌倒、跳跃、受打击、从高处跌落，以至引起椎骨脱臼、破裂和骨折，均可引发本病。

患有佝偻病、骨软症、脊椎炎和椎间内软骨瘤的犬、猫，因骨质的韧性降低，极易发生椎骨骨折而诱发本病。

(2)临诊要点：患病犬、猫表现不安、疼痛、呻吟，出现不同程度的弛缓性麻痹，卧地不起，排粪尿发生障碍，严重病例可发生休克。

由于脊髓损伤部位不同、程度不同，表现症状也不尽相同。

①颈部脊髓损伤。如全横径受损，除四肢麻痹外，膈神经与呼吸中枢联系中断，使呼吸停止，立即死亡；若部分损伤，前肢反射机能消失，全身肌肉痉挛，大小便失禁或便秘与尿闭，呼吸困难。

②胸部脊髓损伤。损伤部后方运动麻痹，感觉消失，反射机能正常或亢进，后肢发生痉挛性麻痹。

③腰部脊髓损伤。损伤部如在腰脊髓的前 1/3 时，引起臀部、荐部、后肢的运动和感觉障碍，如损伤腰脊髓的中 1/3 时，股神经运动核被侵害，引起膝与膝反射消失，股四头肌麻痹，后肢不能站立。如损伤腰脊髓的后 1/3 时，通常荐脊髓也受侵，坐骨神经所支配的区域感觉和运动障碍，大小便失禁，肛门松弛，肛门反射消失。

根据病史、病因、临床症状及脊椎损伤情况可以确诊。必要可进行脊椎 X 线检查、脊髓造影检查等。

(3)防治：如怀疑发生脊髓损伤时，限制患病犬、猫活动，尽量保持脊椎不动，可用宽绷带或夹板绷带，围绕脊椎固定。

病初,疼痛不安可给予镇静剂和止痛药,对损伤部进行冷敷,然后热敷或樟脑酒精涂布。麻痹部位可施行按摩、电疗。为防止脊髓水肿,用20%甘露醇每千克体重5毫升,静脉注射,或用地塞米松每千克体重2～4毫克,静脉注射。

为维持膀胱功能和排粪功能,可实施膀胱内插管导尿,用温水灌肠,以排出直肠内积粪。当脊髓被压迫时,应紧急施行开窗手术。

14. 面神经麻痹

本病是面神经干及其分支,在各种致病因素作用下,发生的传导障碍。

(1)病因:中枢性面神经麻痹,多由脑病引起,如脑炎、脑损伤、犬瘟热、脑结核等。

末梢性面神经麻痹,常见于表皮下神经分支受损,或附近炎症蔓延所致,如中耳炎、外耳炎或咽炎。腊肠犬的自发性单侧或双侧面神经麻痹,可能是甲状腺功能不足引起的一种外周神经病。另外,受凉、腮腺部肿瘤、颞骨岩部的溃疡,也可引发本病。

(2)临诊要点:除中枢性病因引起的双侧面神经全麻痹外,其余的由于神经损伤的部位和程度不同,神经传导的机能障碍情况和麻痹分布范围也不一样。单侧性面神经麻痹,可见一侧耳不能自主活动,原来竖立的耳下垂,歪斜或呈水平状,上眼睑下垂,眼睑反射消失,口歪眼斜,面部不对称,患侧鼻孔狭窄,下唇下垂。采食和饮水发生困难,咀嚼障碍。如双侧面神经麻痹,除两侧出现上述症状外,鼻孔塌陷,呼吸困难。当面部肌肉完全丧失神经支配,可较快使受害侧的唇肌和耳肌发生纤维样变性和挛缩,同时伴有原发病的症状。

面神经麻痹的主要并发症为干性角膜炎。

根据颜面部的对称性,犬、猫睡眠时眼睑是否闭合,音响刺激耳郭是否活动,触诊眼角是否眨眼等,进行确诊。

(3)防治:中枢性或全身性麻痹,应首先治疗原发病。局部治疗,可对患侧面肌、耳肌进行按摩、电针治疗。局部注射维生素 B_1 和维生素 B_{12},也可在神经径路上,注射硝酸士的宁及复合维生素 B。

由炎症所引起的,可使用抗生素和肾上腺皮质激素。如泪腺机能丧失,可用手术方法,将一侧唾液腺管游离,在皮下潜行至眼结膜囊内。因肿瘤或脓肿压迫引起的面神经麻痹,可行手术摘除或切开排脓。对鼻孔严重狭窄的患病犬、猫,为缓解呼吸困难,可行鼻开张术或气管切开术。

15. 三叉神经麻痹

本病是三叉神经在各种致病因素作用下,发生的传导障碍,多见于犬。

(1)病因:双侧三叉神经麻痹,多发生于脑病(犬瘟热、脑肿瘤、脑脓肿)、维生素 B_1 缺乏、上颌关节脱位及中耳疾病等。另外,当犬咬住一件沉重巨大的物体,或咀嚼一块硬骨头时,由于三叉神经的运动支被挤压于强烈收缩的咬肌与颞骨的关节突之间,可导致三叉神经的挫伤或压迫。

(2)临诊要点:当三叉神经的分支完全麻痹时,患病犬、猫采食和咀嚼困难,神经分布区域内的感觉完全消失。由于眼神经麻痹,额部直至耳根及眼睑和角膜的感觉完全丧失。当上、下颌神经麻痹时,使其支配区域均失去感觉,舌常在咀嚼时发生咬伤。下颌神经麻痹还可引起咀嚼肌麻痹。两侧支完全麻痹时,口腔张开,下颌下垂,舌伸出口外,口吐唾液,不能饮水。

本病与下颌关节脱位基本相似,但脱位时,不能被动地使之闭口,一直固定于张口状态。如疑似狂犬病,应严密观察。

(3)防治:治疗方法基本同面神经麻痹的治疗。对不能采食的患病犬、猫,应进行人工饲喂。

16. 四肢神经损伤

(1)桡神经麻痹：

①病因。不合理的倒卧保定、冲撞，长时间结扎止血绷带、石膏绷带、夹板绷带、赘生物及异物对神经的压迫，均可引起桡神经麻痹。

②临诊要点。患病犬、猫运步时，腕关节和指关节屈曲，不能伸展，患肢变长。负重时以指关节的背面触地。触诊臂三头肌弛缓无力。皮肤对疼痛刺激的感受性降低或消失，以后肌肉萎缩。

诊断本病可利用"肘试验"确诊。即先提举患病犬、猫健前肢，使头弯向健侧，向前牵引患病犬、猫，而转移其重心。出现肘关节以下各关节屈曲，患肢不能负重，即为桡神经麻痹。

③防治。可参考面神经麻痹的防治。

(2)肩胛上神经麻痹：

①病因。主要是由于肩胛前缘下1/3部，遭受由前方来的暴力(冲撞、打击、牵引、压迫及外伤等)，使该部神经受到损伤，而发生一时性或损伤性麻痹。

②临诊要点。患肢着地时，肩关节偏向外方而与胸壁离开，出现凹陷，同时肘关节也高度向外突出。如提举健肢，则患肢上述症状更明显。患肢提举前进无异常，但在着地负重的瞬间，肩关节外偏。

根据病因、临床症状及局部无明显炎性变化，即可确诊。

③防治。可参考面神经麻痹的防治。

(3)坐骨神经麻痹：

坐骨神经分布于大腿后部的肌肉内，并起屈曲膝关节和伸展髋关节的作用。坐骨神经损伤的同时，胫神经、腓神经也可发生损伤。

①病因。坐骨神经常因骨盆骨折、股骨骨折、肌内注射刺激性药物、摔倒或打击而发生。另外，中毒、犬瘟热及布氏杆菌病等，也可诱发本病。

②临诊要点。坐骨神经麻痹后,除股四头肌外,后肢所有肌肉的自动能力丧失。除指关节外,其他关节丧失屈曲能力。患肢变长,不能负重,跟腱弛缓。患肢不能运动,以三肢跳跃前进,时间稍长,坐骨神经支配的肌肉萎缩。

③防治。可参考面神经麻痹的防治,同时要注意对原发病的确诊及治疗。

17. 脱毛症

本病指在无皮肤病变的情况下,发生的局部性或全身性被毛脱落。临床上皮肤病变轻微,以脱毛为特征。

(1)病因:

①先天性脱毛。近亲繁殖所生的先天性无毛和垂体性侏儒症。

②后天性脱毛。见于全身性疾病,如神经疾病、内分泌功能紊乱(甲状腺功能减退、肾上腺皮质功能亢进、脑垂体功能失调)、慢性疾病(寄生虫病、消化器官疾病)、代谢性营养不良(脂溢性皮炎、缺乏碘或维生素)、中毒性疾病(甲醛、铊、汞、碘中毒),外部机械性、化学性刺激(如摩擦、烧伤、外伤、使用人用洗发香波或洗澡过勤)。遗传性稀毛症及还有些属于原因不明性脱毛。

(2)临诊要点:脱毛常从局部开始,然后相邻脱毛区相互融合,秃毛面积逐渐增大,常伴有落屑。脱毛的过程较为缓慢,瘙痒程度不一。

①垂体性侏儒症。患病犬、猫与同窝犬、猫相比,体格极小。成年前除头部、四肢外,全身脱毛,且有色素沉着和大量鳞屑,背部有时呈层状皱襞。脱毛后的毛囊充满角化物,外观呈丘疹状。由于垂体激素障碍,导致生殖功能减退、甲状腺和肾上腺功能障碍。

②肾上腺皮质功能亢进。脱毛部位与垂体侏儒症相同,色素沉着,脱毛皮肤变薄,无紧张感,毛囊阻塞钙化,有点

状或斑状出血,易继发皮炎。

③卵巢功能不全。表现阴部周围、股内侧等部位色素沉着明显,皮肤增厚形成痂皮,易诱发脂溢性皮炎。

④先天性脱毛症。可能出生时,被毛较为整齐,但不久开始脱毛,鳞屑增多,呈全身性脱毛,无其他异常。

⑤铊中毒。皮肤多处发生红斑性皮炎,引起脱毛、痂皮和溃疡,病变仅发生于躯体摩擦部位和黏膜与皮肤交界处,同时还出现消化道和肾脏中毒的症状。

⑥原因不明的脱毛。主要在犬、猫耳部呈周期性对称性的圆形脱毛,过几个月则可自愈。

综合病史、临床症状、饲养管理情况及实验室检查结果,进行确诊。

(3)防治:首先查明病因,对症治疗。因营养不良引起的,应保持营养齐全,给予充足的维生素,同时注意环境卫生,保持皮肤清洁。

对内分泌性脱毛,可用激素疗法,如甲状腺功能减退,可内服甲状腺制剂,每天2片,逐渐增至6~8片。垂体性侏儒症性脱毛,可试注射生长激素、甲状腺素或类固醇激素等。雄性激素缺乏性脱毛,可注射泼尼松每千克体重2毫克,投与雄性激素或去势。卵巢功能不全性脱毛,可摘除子宫和卵巢。铊中毒性脱毛,除对症治疗外,可投与胱氨酸及蛋氨酸。耳郭圆形脱毛,除全身治疗外,对局部除去鳞屑,刺激毛根,扩张皮肤毛细血管,使毛囊营养充足,如用水杨酸18克、鞣酸18克、乙醇600毫升,混合后涂于患部;也可用1%毛果芸香碱软膏、40%卵磷酯软膏、1%氯化乙酰胆碱软膏、合成雌激素吸水软膏等,进行患部涂擦,可收到一定的疗效。

18. 犬脓皮病

本病是由化脓菌引起的皮肤化脓性疾病,也称为化脓性皮炎,犬多发,猫较少见。

(1)病因:原发性脓皮病,常与化脓菌感染有关,包括金色葡萄球菌、表皮葡萄球菌、化脓性链球菌、溶血性链球菌、化脓棒状杆菌、大肠杆菌、绿脓杆菌及变形杆菌等。

继发性脓皮病,常因代谢紊乱、内分泌异常、外伤或皮炎等引起。

(2)临诊要点:幼犬主要发生在前后肢无毛部表层皮肤,成年犬的发病部位不确定,都在皮肤上出现脓疱、脓性分泌物等。

①脓疱疹。是表皮的化脓,常见于3天至1周岁龄的幼犬。当化脓性炎症蔓延到皮下时,可形成脓肿或蜂窝织炎。

②皮脂腺炎。易发于患病犬、猫颌下部,形成丘疹或脓疱疹。

③皮肤皱襞的脓皮病。多见于口唇、鼻、尾、臀部,母犬外阴及爪周围皮肤皱襞间,以皱襞和皱间的摩擦性炎症为特征,从皱襞中流出恶臭的渗出物。

④毛囊炎。是毛囊口的局限性化脓性炎,当炎症沿毛根向深部蔓延到毛囊、皮脂腺及周围结缔组织可形成疖,多数疖融合后形成疖病或痈。

⑤胼胝性脓皮症。见于大型犬的肘、膝及前胸部等,由于长期压迫或摩擦形成胼胝,并发毛囊炎或蜂窝织炎。

⑥干性脓皮症。常侵害4周至9月龄的短毛品种幼犬。在跗关节、肘关节、颏及足侧面,形成角蛋白样痂皮,角质增厚,如除去痂皮,下面见红斑性表皮炎。

⑦多发性或全身性脓皮症。是指全身各部位形成脓疱或局限性病灶,患病犬、猫表现发热和淋巴结肿大,通常取慢性经过或反复发作。

可用病变皮肤直接涂片做细菌培养分离,根据药敏试验结果,指导临床用药,也可取活组织进行病理检查,来确认病变性质。

(3)防治:治疗原则是应

增强机体抵抗力,改善饲养管理,治疗原发病,除去诱发因素。

患病早期用温热的防腐消毒剂,如 0.1％雷佛奴尔、新洁尔灭、呋喃西林以及高锰酸钾液,进行冲洗患部,2～3 天 1 次,然后局部涂擦各种抗生素软膏。

全身选用有效抗生素,如红霉素每千克体重 10～20 毫克,口服,每天 3 次,连用 3～5 天。阿卡米星,犬每千克体重 5～15 毫克,皮下或肌内注射,每天 1～3 次;猫每千克体重 10 毫克,皮下或肌内注射,每天 1～3 次。拜有利,每千克体重 1 毫升,皮下或肌内注射,每天 1 次。恩诺沙星,每千克体重 2.5～5 毫克,口服、皮下或静脉滴注,每天 2 次。速诺,犬、猫每千克体重 0.1 毫升,皮下或肌内注射,每天 1 次。

附:犬趾间脓皮病

本病是犬趾间皮肤的化脓性感染。

(1)病因:因犬舍潮湿,外伤、异物刺激,或缺乏维生素、微量元素等,导致犬趾间皮肤的毛囊和皮脂腺阻塞,进而导致细菌、真菌或因螨感染而发病。多发于短毛品种犬、腊肠犬、哈巴狗及牛斗犬等。

(2)临诊要点:患犬单肢或四肢都可发生,病灶部出现柔软而有疼痛性肿胀的脓疱,破溃后,排出带有血色的水样或皮脂样分泌物。病程稍长,形成窦道。患犬频频舔舐患部。本病难以自愈,多取慢性经过,病程长的可达数月或几年。

(3)防治:切开脓疱挤出内容物,用 0.1％利凡诺溶液、0.1％新洁尔灭溶液或 0.1％双氧水清洗,涂布氯霉素或硫酸庆大霉素软膏。全身使用敏感的抗生素,如氨苄西林钠,每千克体重 20～30 毫克,口服、皮下注射或静脉滴注,每天 1～2 次。头孢唑林钠,每千克体重 15～30 毫克,肌注或静脉滴注,每天 2

～3 次。速诺,犬、猫每千克体重 0.1 毫升,皮下或肌内注射,每天 1 次。

19. 犬、猫皮肤瘙痒症

犬、猫皮肤瘙痒只是一个症状,并不是一种独立性疾病。临床上以皮肤未见特殊病变而呈现不同程度的瘙痒为特征。

(1)病因:常见于中枢神经系统疾病、慢性肾炎、尿毒症、慢性消化不良、糖尿病、内分泌功能障碍、变态反应性疾病、维生素缺乏症、伪狂犬病等病程中。

另外,长时间将犬、猫拴系或囚禁,犬、猫的欲望达不到,可引起精神性瘙痒。

(2)临诊要点:主要症状是瘙痒,当剧痒时,由于搔抓、啃咬、摩擦常引起脱毛和外伤。

瘙痒一般是阵发性,持续时间长短不一,瘙痒程度不同。患病犬、猫咬、啃、舔、摩擦发痒局部。局限性瘙痒常见于肛周、外耳道等处,常因皮肤瘙痒而咬损皮肤,有的呈色素沉着及湿疹样变化。由于经常搔擦,全身各处常有伤痕,皮肤剥脱、皲裂、潮红、湿润和血痂等。如为全身性瘙痒,最初发生于局部,逐渐波及全身,多为潜在性疾病所致。严重瘙痒,可咬断尾,甚至咬烂四肢肌肉。

(3)治疗:应尽量查出潜在性疾病,对因治疗,同时配合使用止痒剂。

局部瘙痒,可外用皮质类激素,如 0.1％～0.25％醋酸氢化可的松软膏、0.025％地塞米松软膏,每天 2～4 次,涂于患部;剧痒的,可局部用 0.25％奴夫卡因进行封闭,或涂布0.5％～10％鱼石脂、1％～10％水杨酸、10％优乐散等。

全身性瘙痒,可口服或静脉注射止痒剂,如扑尔敏,犬按每千克体重 0.5 毫克,口服,每天 2～3 次;猫按每千克体重 2～4 毫克,口服,每天 2次。苯海拉明,按每千克体重

1～2毫克,口服、肌内注射,每天1次。泼尼松龙,每千克体重2～4毫克,口服、肌注或静脉缓慢滴注,每天1～2次,也可用肾上腺皮质激素、水杨酸制剂内服或静脉注射。维生素缺乏引起的瘙痒,可给鱼肝油或维生素制剂。应当注意:尽管皮质类固醇类的药效确实,但是许多动物可能会终生需要服用以控制瘙痒。因此,先用非皮质类固醇类抗瘙痒药物治疗1个月,如果有临床治疗效果,则可以避免长期服用皮质类固醇类药物给患病动物带来的副作用。

20. 脂溢性皮炎

本病是犬、猫的一种皮肤脂质代谢紊乱性疾病。

(1)病因:病因可分为原发性和继发性因素两种。

①原发性脂溢性皮炎。有先天性因素,可能与遗传有关,而代谢性脂溢性皮炎与甲状腺功能减退、生殖腺功能异常、食物中缺乏脂质、脂质吸收不良,以及肠、胰、肝等功能障碍引起的脂质代谢异常有关。

②继发性脂溢性皮炎。见于体表寄生虫病、脓皮病、皮肤真菌病、自身免疫性疾病、肿瘤以及过敏性皮炎等。

(2)临诊要点:

①原发性脂溢性皮炎:发病部位多散在性位于背部、头部、四肢末端。根据症状不同,可分为:

A. 干性型:临床表现皮肤干燥,被毛中散在有灰白色或银色干鳞屑,脱毛较轻,呈疏毛状态。

B. 油性型:表现皮脂腺发达的尾根部皮肤与被毛,含有多量鳞屑或黏附着黄褐色的油脂块。外耳道有多量耳垢,有的发生外耳炎,可闻到特殊的腐败臭味。

C. 皮炎型:在患部表现瘙痒、红斑、鳞屑增加及脱毛严重,痂皮形成明显。患病部位,多见于背部、耳郭、额、尾背、胸下、肘等处。因瘙痒啃咬,患部扩大且病情加重。

②继发性脂溢性皮炎。患病部位不局限于皮脂丰富发达的部位,多发生于原发病灶,皮肤受到损害的部位。如蚤过敏性皮炎的病灶多见于背和腰荐部,犬、猫疥螨病的病灶分布于面部及耳郭边缘,蜱感染的病灶在背部多发,脓皮病病灶多见于背部,真菌病在面部、耳郭及四肢末端,落叶状天疱疮在鼻梁,菌状息肉症和蠕形螨呈全身性分布。

伴有胃肠功能紊乱的患病犬、猫,可检查食物中脂肪酸含量及血液中磷脂含量。患病犬、猫的血磷脂明显升高。

食物和血脂如无异常,应检查甲状腺功能,甲状腺功能低下时,T_3 和 T_4 值明显下降,且伴有肥胖及嗜睡症状。

如由于生殖腺异常引起,临床除皮肤症状外,母犬、猫表现不孕、性周期紊乱,假孕,雄性犬、猫表现狂暴、不安,性机能增强等症状,去势后,可以痊愈。

根据病史、临床症状及实验室检查,可做出确诊。

(3)防治:可投与肾上腺皮质激素,如泼尼松,每千克体重 0.2~2 毫克,口服每天 2 次,直至症状减轻后酌减。或地塞米松,每千克体重 0.2~1.0 毫克,口服或静脉滴注,每天 1~2 次。

患部止痒和去除角质,可用 0.5%~10% 鱼石脂、1% 二硫化硒、10% 水杨酸酒精、10%~50% 间苯二酚软膏涂布。

先天性和营养性脂质缺乏的犬、猫,日常食物中少量添加玉米油、花生油及牛肉、鸡蛋等,或注射维生素 A、维生素 D。先天性脂质缺乏犬、猫,可能与遗传有关,应禁止其繁育。激素性患病犬、猫,投与甲状腺粉 0.1~0.3 毫克,每天 3 次,若 6 周后,皮肤仍无好转,应停止用药。生殖腺功能异常的犬、猫,可去势或摘除卵巢与子宫。

21. 猫的种马尾症

本病是发生于繁殖期公猫的一种内分泌性疾病。

(1)病因:由于雄性激素分泌过盛,使尾背部出现粉刺样病变,并且可能继发细菌感染,最终导致本病。

(2)临诊要点:繁殖期公猫的整个尾背部皮脂腺和顶浆腺分泌旺盛,在尾背部出现黑头粉刺,蜡样,无疼痛。可能发展成为毛囊炎、疖、痈,甚至蜂窝织炎,皮肤溃烂,并且向周围健康组织扩散。

(3)防治:尾部剪毛后,平时用抗皮脂溢的香波洗患部。

治疗使用70%的酒精,涂擦黑头粉刺发生的部位,将黑头粉刺挤出,涂布抗生素软膏,尾部用绷带包扎或者不包扎,也可以接着使用黄体酮,每次2～5毫克,肌内注射。

如发生皮下蜂窝织炎,先用3%的双氧水溶液清洗患部,再用生理盐水冲洗干净,然后局部涂布抗菌素软膏,全身应用抗生素。

考虑到患病公猫在几年之内均有复发性,手术摘除睾丸是彻底的治疗措施。

22.犬黑色棘皮症

黑色棘皮症是多种病因导致皮肤中色素沉着和棘细胞层增厚的临床综合征。在小动物中主要见于犬,尤其是德国猎犬。

(1)病因:病因包括局部摩擦、过敏,各种引起瘙痒的皮肤病、激素紊乱等,黑色棘皮症中有些是自发性的,还有些是遗传性的。

(2)诊治要点:主要症状是皮肤瘙痒和苔藓化,患病的犬、猫搔抓皮肤引起红斑、脱毛、皮肤增厚和色素沉着,皮肤表面常见油脂多或者出现蜡样物质。黑色棘皮症发生的部位因病因不同而不确定,主要病患部位是背部、腹部、前后肢内侧和股后部。本病通过实验室化验确定病因。包括活组织检查、过敏原反应检测、激素测试和外寄生虫检查等。有些犬的黑色棘皮症是自发性的。

（3）防治：对于自发性黑色棘皮症的病例，推荐给予褪黑色激素 1 国际单位，口服，每天 1 次，连续使用 3 天。维生素 E 200 国际单位，口服，每天 2 次，连用 1～2 个月。泼尼松龙每千克体重 0.5 毫克，口服，每天 2 次，连用 5～10 天，后逐渐减低剂量。减肥和外用抗皮脂溢洗发剂，对患黑色棘皮症的肥胖犬有益。

23. 外耳炎

外耳炎是指外耳道上皮以及周围组织的急、慢性炎症。多发生于耳下垂和长毛的犬种，猫也时有发生。

（1）病因：外耳道中存在水、耳垢、泥土、异物等，对耳道有刺激，可造成损伤，引发感染。感染可能是长毛品种及垂耳品种的犬、猫（如波斯猫）耳部被毛长，耳道狭小，当洗浴、游泳或其他原因使水进入外耳道后，因耳道内与外界空气流通不足，耳道内温度高和湿度大，容易继发金黄色葡萄球菌、β-溶血性链球菌、中间葡萄球菌、假单胞菌、变形杆菌肠杆菌或皮屑芽孢菌属、白色念球菌、犬小芽孢菌等真菌、犬糠疹癣菌感染。猫外耳炎还多与耳痒螨感染有关。耳疥螨寄生在耳道表面，吸吮淋巴液，经常刺激，可引起外耳炎。耳郭周围皮肤的湿疹蔓延等，均可诱发本病，有时变态反应也可致外耳炎。

（2）临诊要点：患病犬、猫表现不安、疼痛，摇头抓耳，常引起耳壳皮肤擦伤、出血。耳下垂，头歪向一侧，颈部僵硬，眼眵较多。初期触诊耳根有压痛，并由耳内发生声响，后期拒绝检查耳道。耳道内有大量黄色、巧克力色或棕色油脂状分泌物，有异常臭味。本病可一侧发病，也可双侧发病，后期则耳道被肿大的组织所阻塞，听力减退，从耳道排出黏脓性分泌物。有的病例，炎症向周围蔓延，继发耳周皮肤炎。体温略微升高，食欲缺乏。

因感染的病原菌不同，耳

垢和分泌物的性状也有差异。葡萄球菌或糠疹癣感染,耳垢呈褐黑色鞋油状,酵母菌和变形杆菌感染,耳垢易碎,呈黄褐色,假单胞菌感染时,耳垢为淡黄色水样脓性分泌物,并有臭味,霉菌性外耳炎,形成干燥的鳞片状沉积物,紧贴于皮肤上,耳螨感染时,可在耳道内找到耳螨。

根据临床症状及耳垢分泌物的性状,可做出初步诊断,必要时可进行致病菌分离鉴定。

(3)防治:因本病常取慢性经过,故需长期治疗。

保定患病犬、猫,或给予镇静或全身麻醉。剪去或拔除耳郭及外耳道入口的被毛,用温生理盐水或耳垢溶解剂清洁外耳道。可用 0.1% 双氧水冲洗,干棉球吸干,去除耳垢,也可滴入复方新霉素等抗生素类滴耳液,或用来源方便的氯霉素眼药水和醋酸氢化可的松眼药水交替滴耳,每天 3～5 次。

细菌感染的轻症,可用复方新霉素滴耳油,每天 3～4 次,重症用 0.1% 新洁尔灭冲洗,去除脓汁、耳垢及痂皮,再用氯霉素滴耳油。

霉菌性外耳炎,先用 0.02% 硝酸苯汞乙醇溶液清洁耳道内沉积物,再用制霉菌素软膏、克霉唑软膏涂入耳内,2 天 1 次,直至鳞痂消失。

寄生虫性外耳炎,应用杀螨剂及口服伊维菌素粉剂(每千克体重 0.2 毫克)。

耳道增生变硬的患病犬、猫,可先用碘制剂使皮肤增厚消失,除去皮肤上的增生物,再涂布磺胺粉或消炎软膏。分泌物较多时,可撒布滑石粉或淀粉与磺胺粉的等量混合物。

对体温升高,伴有化脓性症状的患病犬、猫,全身应用抗生素。疼痛剧烈时,可给予安定镇痛剂。慢性外耳道炎,耳道过分狭窄或堵塞时,需进行耳道部分切除,手术矫正。

24. 中耳炎

本病是中耳发生的一种炎症,由外耳炎蔓延感染,经穿孔的鼓膜直接感染或经咽鼓管感染的蔓延而形成的炎症。常向深部蔓延继发内耳炎,引起耳聋和平衡失调。

(1)病因:常见的原因是由严重的外耳炎继发所致,最常见的细菌为中间葡萄球菌,其他型葡萄球菌、假单胞菌、变形杆菌和链球菌也较常见,真菌也偶尔可见。在某些传染病过程中常并发化脓性中耳炎。非感染性中耳炎的发生多见于咽鼓管的机械性阻塞、咽和扁桃体的慢性炎症或肿瘤和息肉。

(2)临诊要点:中耳炎的症状与外耳炎相似。患病犬、猫听力减退,头歪向患侧,摇头或做旋转运动。耳镜检查,鼓膜轻度充血和内陷,如有中耳积液,可见到液面的界限。转为慢性时,鼓室内有粘连,一般无积液现象。

化脓性中耳炎,体温升高,食欲缺乏,经常横卧。鼓膜穿孔,耳根有压痛,流脓,并有臭味,触摸颈部周围有抵抗。

单侧中耳炎时,将病犬、猫患耳朝下,有时出现回转、滚转运动。双侧性中耳炎时,患病犬、猫低头伸颈。检耳镜检查可见脓汁溢出部位有搏动性反光。如并发内耳炎,患病犬、猫体温升高,干呕或呕吐,可出现眼球颤动和运动失调,向患侧转圈明显,并跌倒,不能站立,最后因继发脑膜炎或小脑脓肿而死亡。

咽鼓管感染,检耳镜可观察到鼓膜变色和凸起。X线检查,可发现鼓膜液体和鼓室听骨硬化。

根据临床症状,可做出初步诊断。确诊最好用检耳镜检查,同时配合X线检查。

(3)防治:全身应用敏感抗生素,配合中耳冲洗及治疗鼻咽部的炎症。

抗生素可用红霉素,每天每千克体重20~40毫克。或氯霉素,每天每千克体重25~

50毫克,分3次口服,如果效果不好,可配合用地塞米松5~10毫克,皮下注射。用复方新霉素滴耳油或耳康,每天3~4次,滴耳。如鼓膜已穿孔,可用0.1%双氧水滴耳,拭干后用抗生素皮质醇类制剂(每毫升含新霉素3毫克、杆菌肽500单位、硫酸多黏霉素1 000单位、氢化可的松100毫克、蓖麻油适量)。0.5%黄连素溶液或10%~30%磺胺醋酸钠溶液滴耳,每天2~3次。拜有利,每天每千克体重1毫升,皮下或肌内注射,每天1次。

25. 眼睑内翻

本病是指部分或全部眼睑向眼球方向翻转,导致睫毛对眼球异常刺激的一种病态。犬较多见。

(1)病因:

①先天性。眼睑内翻多数为先天性的,轻症仅下眼睑缘外侧内翻,重症则上眼睑和下眼睑部分乃至全部内翻,在一些运动型犬的幼犬的发育过程中出现。成年犬随体重和肌力的变化,眼睑内翻可能消退。

②后天性。眼睑内翻也可见于某些急性或疼痛性眼病,如角膜损伤、眼内异物,使眼睑眼轮匝肌痉挛,慢性结膜炎或结膜手术后,眼睑结膜形成瘢痕收缩,而引致眼睑内翻。

(2)临诊要点:临床上以下眼睑内翻较多见。由于睫毛可持续性刺激眼球,使眼睑痉挛,流泪,眼球疼痛,眼球充血,眼分泌物增多。角膜浅层有新生血管形成,严重时发生角膜溃疡。

根据眼睑向内侧弯曲即可确诊。为鉴别是痉挛性眼睑内翻,还是瘢痕性眼睑内翻,可用0.5%盐酸丁卡因点眼表面麻醉,或用2%盐酸普鲁卡因阻滞耳睑神经,如是痉挛性眼睑内翻,则症状消失。

(3)防治:首先应确定和消除眼睑内翻病因。若为痉挛性眼睑内翻,应治疗引起内翻的原发性眼病。同时可将眼睑裂外1/3做暂时性缝合，以消除睫毛的持续性刺激。在6月龄之内的患病犬、猫，采取药物疗法和暂时性部分眼睑缝合术。猫的先天性眼睑内翻，随年龄增长，大多可改善症状。

难以保守治疗的瘢痕性眼睑内翻，应施以手术矫正。在距眼睑缘2～3毫米处，用爱丽丝钳挟住内翻部分，使其外翻，切除一椭圆形皮肤条，其长度与内翻眼睑缘相等，宽度以恰使内翻得以矫正，并且切除皮肤内与切口等长的眼轮匝肌，皮肤切口结节缝合，10～14天拆线。术后应用抗菌消炎眼药水滴眼，每天3～4次。如未发生角膜溃疡，合并应用醋酸氢化可的松药水，效果更好。

26. 眼睑外翻

本病是患病犬、猫的眼睑向外翻转，离开眼球，眼睑结膜及角膜异常暴露在外的状态，但圣伯纳犬、纽芬兰犬及西班牙长耳犬等犬种，有生理上的眼睑外翻，为正常容貌。

(1)病因:多为先天性的，如某些犬种的生理性眼睑外翻，为正常容貌。

后天性的,发生于眼睑外伤、慢性眼睑炎、眼睑手术、皮肤炎和眶骨骨膜炎等疾病,所引起的眼睑皮肤瘢痕性收缩,当面神经麻痹引起眼轮匝肌失去张力,结膜、眼睑和眼眶部位发生肿瘤时,也可发生本病。

另外,老龄犬、猫的眼睑皮肤弛缓、眼轮匝肌纤维变性、下眼睑下垂等,也可引起本病。

(2)临诊要点:轻者仅眼睑缘离开眼球,重者可见部分或全部眼睑结膜暴露于外。眼睑缘离开眼球表面,眼裂闭合不全,流泪,有眼分泌物。结膜长期暴露引起结膜充血、粗糙及增厚,角膜混浊,甚至干燥,也可因眼裂闭合不全而发生色素性角膜炎。

根据检查结果,即可确

诊。

（3）防治：应首先治疗原发病，如面神经麻痹引起的外翻，应治疗面神经麻痹。肿瘤引起的，应进行肿瘤摘除术。若有睑裂闭合不全，则应经常涂以大量软膏，保护角膜。当外翻是由于瘢痕收缩所致时，可施行手术疗法。手术方法有外眼角楔形切除法和 V－Y 字切开术两种。

外眼角楔型切除法：患犬全身麻醉，眼周围剪毛、消毒。于外眼角三角形切开至眼轮匝肌。三角形的一边外转与眼睑延长线一致，再除去三角形组织片，分离下眼睑皮肤和眼轮匝肌，逐渐切除眼睑缘，但不能超过眼睑缘全长的 1/4。分离下眼睑皮肤和眼轮匝肌时，要向外眼角侧拉，结节缝合，10～14 天拆线。

V－Y 字切开术：适用于轻度眼睑外翻。在下眼睑至眼轮匝肌做"V"字型切开，切口大小依外翻程度而定。分离皮肤和眼轮匝肌，修复眼轮

的睑缘至正常位置，将其缝合成"Y"形，使下眼睑组织上推，10～14 天拆线。

27. 瞬膜腺突出症

本病是由于瞬膜腺肥大等原因，使瞬膜（第三眼睑）从内眼角露出或反转而致的疾病，又称为樱桃眼，多为两侧性发病。

（1）病因：瞬膜腺肥大外露，腺体附着于眶骨膜的结组织发育不良，或受异物刺激、引起瞬膜腺发炎所致。由于瞬膜血管丰富，腺体分泌过剩，容易引发本病。本病发生可能与遗传变异有关，多见于幼龄发育的犬，并以小型犬多见，如柯卡犬、京巴犬、斗牛犬、比格犬、斯班达尼犬、拉萨犬等。

（2）临诊要点：患犬内眼角露出异常瞬膜，有浆液性或黏液性分泌物流出，结膜充血。内眼角内侧有黄豆或蚕豆大小的半球状肿物，肿物表面充血、肿胀、密集小滤泡状物，由瞬膜外缘露出。由于长

期暴露在外,腺体充血和肿胀。

(3)防治:只能通过手术治疗。全身浅麻后用0.5%普鲁卡因或利多卡因液,先往眼角内滴入数滴,再用止血钳提起突出的腺体,往腺体内注入0.5毫升上述麻醉剂。术者左手持一把弯止血钳提起突出腺体,右手持一把直止血钳尽量往下紧紧夹住腺体基部,稍停留后用弯止血钳从反方向紧贴直钳紧紧夹住腺体,然后一只手固定好直钳,另一只手拿弯钳按顺时针方向扭转几圈,几秒钟后腺体脱落。直钳继续夹住切口用手术刀沿直钳边缘修整一下伤口,用酒精消毒后即可。术后最好用抗生素眼药水滴眼2天,持续7天,以防止继发感染。患犬带伊丽莎白圈。

28. 结膜炎

本病是眼睑结膜和穹隆部结膜,受外界刺激和感染而引起的炎症。临床上以畏光、疼痛、结膜充血、水肿及眼分泌物增多为特征。

(1)病因:

①机械性刺激。见于眼睑位置改变(眼睑内翻、睫毛异常)、结膜外伤、结膜囊异物(灰尘、沙土、花粉、被毛)等。

②化学性刺激。见于化学用品、药物的喷溅进入眼内,或长期使用阿托品、庆大霉素、新霉素及硫黄制剂点眼。

紫外线、放射线及温热的刺激也可引起结膜炎。

③感染性结膜炎。常见于多种传染病中,如犬瘟热病毒、流感病毒、疱疹病毒、衣原体及支原体感染。细菌感染多继发于结膜损伤或病毒性结膜炎之后,常见细菌有金黄色葡萄球菌、溶血性链球菌、沙门菌、芽孢杆菌及棒状杆菌等。感染性结膜炎也经常继发于角膜炎、泪囊炎、鼻炎、副鼻窦炎等。

(2)临诊要点:

①浆液性或浆液-黏液性结膜炎。为最常见的一种类

型。

A. 急性型：患眼羞明流泪，结膜充血、水肿，从内眼角流出浆液性或浆液-黏液性分泌物，眼睑裂闭锁或狭窄。

B. 慢性型：羞明流泪等症状减轻，结膜充血，表面形成乳头或滤泡，缺乏光泽，泪液分泌减少引起干性球结膜炎，眼睑痉挛。

②化脓性结膜炎。表现除眼的一般症状明显外，主要见眼内流出多量黏液脓性或脓性分泌物，上下眼睑缘和睫毛常被黏稠脓性物粘连在一起。若炎症持续发展，可发生结膜坏死，眼球粘连，甚至角膜溃疡，同时眼睑及皮肤发生湿疹，并有痒觉。

③滤泡性结膜炎。主要见于猫疱疹病毒 1 型感染，也可见于慢性结膜炎，在结膜及瞬膜形成多数小而圆，色泽苍白发亮的淋巴滤泡，同时伴有较多的浆液性或黏液性分泌物。

④伪膜性结膜炎。是猫支原体感染的典型特征，在结膜和瞬膜表面，经常覆盖一层由炎性细胞、纤维蛋白和黏液构成的灰白色不透明薄膜，结膜轻微出血，眼的一般症状较轻。

结膜炎根据病史和临床特征、治疗试验结果，可做出初步诊断。必要时应进行眼分泌物的微生物学、细胞学及患病犬、猫的血液学检查。

（3）防治：应除去病因，若是症候性结膜炎，以治疗原发病为主，同时改善环境，置犬、猫于温暖、清洁、干燥避光的环境中。

浆液性或浆液-黏液性结膜炎的急性期，用 2%～4% 硼酸溶液、生理盐水或 0.1% 利凡诺溶液洗眼，冷敷，去除异物，同时用 0.5% 金霉素、1% 新霉素、1% 氯霉素等眼膏涂于结膜面，每天 3～4 次。如果疼痛严重，可用 2% 可卡因点眼。

浆液性或浆液-黏液性结膜炎的慢性期，可进行温敷，用 0.5％～2％硫酸锌、0.5％～1％明矾、2％～5％蛋白银溶液或 2％黄降汞眼膏点眼，每天 3～4 次。

过敏性结膜炎，除去致敏原，用硫柳汞或 0.5％可的松点眼，每天 3～4 次。支原体和衣原体感染所致结膜炎，用氯霉素点眼液点眼，每天 2～3 次。

病毒性感染时可用疱疹净眼药水、盐酸吗啉胍眼药水滴眼，每天 3～4 次。滤泡性结膜炎，可应用黄降汞或四环素可的松眼膏点眼，每天 3～4 次。

顽固性化脓性结膜炎，应选用 1％碘仿软膏涂布，同时应用普鲁卡因青霉素（青霉素 10 万国际单位，0.25％普鲁卡因 2 毫升）于眼底封闭。如患眼剧痒，用苯海拉明按每千克体重 1～4 毫克，口服。

真菌性结膜炎，应选用两性霉素 B 隔天结膜下注射，连用 2 周，本药对结膜组织有毒性，不可点眼。

29. 角膜炎

角膜炎是眼角膜的炎症。临床上以角膜混浊，角膜周围形成新生血管或睫状体充血，眼前房内纤维素样物沉着，角膜溃疡、穿孔、留有角膜斑翳为特征。由于角膜与结膜和虹膜关系密切，本病常伴有结膜炎和前色素层炎。

（1）病因：角膜炎多因外伤、异物、化学性刺激，细菌感染，变态反应或角膜营养失调所引起。此外，在结膜炎、角膜暴露及某些传染病（犬瘟热、犬传染性肝炎、猫疱疹病毒感染、流感、真菌病）时，也可并发或继发角膜炎。维生素 A 缺乏、泪管阻塞，可引发干性角膜炎。

（2）症状：角膜炎的共同症状为羞明、流泪、疼痛、眼睑闭合、角膜混浊、角膜缺损或溃疡等。

①外伤性角膜炎。可出现角膜浅创、深创或透创，损伤部粗糙不平，角膜上皮损伤。如继发感染，则形成白色

隆起。如形成溃疡,则表现疼痛剧烈,眼睑痉挛,浆液性或黏液-脓性分泌物增多,呈淡黄色或纯黄色混浊,溃疡周围形成血管网。大面积溃疡时,可见角膜白斑翳,严重时可造成角膜瘘管。

②表层性角膜炎。表现羞明流泪和结膜炎的症状。角膜上皮下有血管形成,呈树枝状充血,同时角膜发生局限性或弥漫性混浊。

③深层性角膜炎。患眼羞明流泪,触诊疼痛,初期角膜缘开始出现混浊,最后角膜变成白色不透明,角膜周围充血,角膜深层形成血管,呈刷状,当深层血管显著增生时,角膜出现血液状的红色浸润,常并发结膜炎和虹膜睫状体炎。

④干性角膜炎。眼球结膜及角膜上皮干燥,失去光泽,弹性减退,上皮脱落,形成溃疡及眼前房积脓。

根据病史和临床症状可做出初步诊断,如确诊应进行实验室检验(如荧光素染色以判断角膜溃疡、上皮缺损处的程度)。

(3)防治:角膜炎急性期冲洗和用药同结膜炎。

为了促进角膜混浊的吸收,可向眼内涂布等分的甘汞和乳糖、40%葡萄糖溶液或自家血点眼,或用地塞米松眼膏结膜囊涂布。

①深层性角膜炎。为了防止虹膜粘连,可用1%硫酸阿托品溶液点眼,并用1%氯霉素2毫升结膜下注射。

②溃疡性角膜炎。交替用硫酸阿托品软膏、氯霉素软膏或四环素软膏,眼内涂布,并配合氯霉素结膜下注射,每天2次。对猫还应使用抗病毒药,如疱疹净眼药水,每天4~6次点眼。

角膜水肿严重时,可滴用2%～5%灭菌氯化钠溶液。

深在性角膜溃疡,可滴用5%～10%乙酰半脱氨酸溶液,同时应用瞬膜瓣保护角膜,保留2～4周。

③干性角膜炎。可口服维生素类药物,当发生化脓性全眼球炎或眼球肿瘤时,可施行眼球摘除术。

30. 白内障

白内障是晶状体或晶状体囊发生混浊,视路受阻,导致视力障碍的一种眼病。

(1)病因:可分为先天性和后天性两类。

①先天性。因晶状体及其囊先天性发育不全,或后天性代谢异常而引起。与遗传性疾病、母体孕期感染、营养不良、代谢紊乱及应用药物有关。

②后天性。主要继发于晶状体及其囊的损伤、虹膜炎、视网膜炎或糖尿病等。

(2)临诊要点:病初期,晶状体混浊时视力正常,当晶状体失去透明性,瞳孔散大变为蓝白色或灰色,具有珍珠样光泽时,视力降低或消失。病后期,晶状体变硬,皱缩变小,可发生自然脱位。

①先天性白内障。在晶状体上发生点状、带状、环状、星状等部分混浊,病变多不蔓延。

②外伤性白内障。其混浊初期呈局限性,后期为弥漫性。

③症候性白内障。多见于遗传性或维生素缺乏,初期表现混浊,仅局限于晶状体赤道,以后变为弥漫性,呈均匀淡白色。

本病肉眼检查可以确诊,或者充分散瞳后用检眼镜检查。

(3)防治:对晶状体周围部分透明的患病犬、猫,可滴用1%硫酸阿托品溶液,每天2~3次,还可配合使用1%地塞米松点眼,每天2~3次,或配合球结膜下注射甲基强的松龙8~10毫克,隔天再注射1次。

手术疗法是目前唯一可能改善视力的方法,包括晶状体抽吸术、囊内或囊外摘除术,但只适用于视网膜正常、无色素层炎和虹膜后粘连病例。

31. 青光眼

本病是因眼房角阻塞，眼后房液排出障碍，眼内压升高，引起视力障碍的一种严重的眼病。进一步发展，可损害视网膜和视神经乳头。

（1）病因：病因分为原发性、继发性两类。

①原发性。由于前房角结构发育缺陷，造成眼房液排出受阻而引起，这种类型在犬、猫常有遗传性。

②继发性。由眼内出血、前色素层炎、晶状体脱位、眼肿瘤等，造成前房角狭窄或阻塞，眼房液排出不畅而引起。

（2）临诊要点：青光眼可发生于一侧或双侧眼。原发性青光眼发展较缓慢，表现流泪，角膜水肿和巩膜外层充血。如眼压持续升高，眼球显著增大，指触呈坚实感。疼痛常引起眼睑痉挛，瞬膜突出，角膜呈云雾状混浊，有新生血管和色素沉着形成。瞳孔散大，失去对光反应能力，视力减退或丧失。患眼在阳光下表现为绿色或淡青绿色，角膜比正常要凸出些，眼前房变小，眼房液不透明。瞳孔对缩瞳药反应迟钝或消失。晶状体无异常。检眼镜检查，可见视神经乳头萎缩或凹陷，视网膜也萎缩，血管偏向鼻侧，晚期视神经乳头呈苍白色。

依据临床症状、眼内压测定、眼底检查结果，可以确诊。

（3）防治：一旦确诊，应立即使用药物治疗。

为迅速降低眼内压，可用适利达（拉坦前列素滴眼液）1滴滴眼，20％甘露醇按每千克体重5毫升，静脉滴注，或口服50％甘油按每千克体重1～2毫克，必要时8小时后重复用药。同时用1％～2％硝酸毛果芸香碱点眼，最初半小时每10分钟1滴，以后每6小时1滴。

为促进眼房液排出和减少眼房液生成，可用二氯磺胺按每千克体重2～3毫克，口服；乙酰唑胺按每千克体重2

毫克,口服,每天3次。

药物治疗无效时,尽早进行手术治疗。

(五)犬、猫的泌尿产科病

1. 睾丸炎

本病是睾丸实质的炎症。由于睾丸和附睾紧密相连,容易并发附睾炎。

(1)病因:睾丸炎多因睾丸损伤及某些剧性药物刺激引起。还可继发于传染病,如结核病、布氏杆菌病、放线菌病、犬瘟热等,或由泌尿生殖道的化脓性炎蔓延引起。

(2)症状:

①急性睾丸炎。睾丸肿大,触之较硬,具有热痛,拒绝触诊,体温升高。站立时两后肢叉开,运步时小心,怕触碰睾丸。在患布氏杆菌病性睾丸炎时,除上述症状外,阴囊腔内积有大量渗出液。

②慢性睾丸炎。睾丸硬固,热痛不明显,睾丸与总鞘膜常粘连,后肢运步缓慢。

③化脓性睾丸炎。多为双侧性,局部和全身症状更为

明显,脓汁往往蓄积于总鞘膜内,向外破溃,形成瘘管,患病犬、猫频频舔舐。

检查精液,质量下降,畸形精子增多,炎症持续则无精子。精液中可能有中性粒细胞和单核细胞。怀疑传染病时,应做血清学诊断。

根据临床症状和实验室检查结果,即可确诊。

(3)防治:急性睾丸炎症24小时内应局部冷敷,以后改用温敷,局部涂樟脑软膏,配合全身应用抗生素和磺胺类药物等。如疼痛严重,可用盐酸普鲁卡因青霉素精索内封闭。睾丸肿大严重,可用少量雌激素,全身应用抗生素。氨苄西林,每千克体重20～30毫克,口服,每天2～3次。头孢噻唑钠,每千克体重10～20毫克,静脉滴注、皮下或肌内注射,每天2次,连续用2周。

布氏杆菌引起的睾丸炎治疗,可用链霉素,每千克体重20毫克,肌内注射,每天2

次,连续用 2 周。四环素,每千克体重 10～20 毫克,口服,每天 3 次,连续用 4 周。

化脓性睾丸炎和慢性睾丸炎,最好去势,将睾丸摘除。

2. 龟头包皮炎

本病是龟头表面黏膜的炎症,当淋巴滤泡肿胀波及龟头所在的包皮部分时,称为龟头包皮炎,是犬的常发病,几乎所有的公犬都存在轻度的龟头包皮炎,但一般无症状,在猫少见。

(1)病因:公犬的包皮腔为细菌生长提供了极好的条件,几乎所有的公犬都存在轻度的龟头包皮炎,但一般无症状。由于包皮内积留尿液和包皮垢,很不清洁,一旦遭受损伤,原来潜伏于包皮腔内的病原菌,就可乘机侵入而发生急性感染。

慢性龟头包皮炎常因尿液和包皮垢的分解产物长期刺激黏膜而引起,或由附近炎症蔓延而来,也可因与患生殖道疾病的母犬交配而感染发病。

(2)临诊要点:

①急性包皮炎。包皮口肿胀,有温热、疼痛反应,瘀血,呈紫红色,流出浆液性或脓性渗出物,呈浅绿色,阴茎频频伸出。

如果炎症严重,则包皮口紧缩狭窄,阴茎不能伸出,患犬排尿困难,尿液呈细线状或滴状流出,触诊局部呈捏粉状,极为敏感。

②慢性包皮炎。包皮增厚,阴茎与包皮粘连,形成包茎。

(3)防治:先剪除包皮口毛丛,用 0.1％新洁尔灭、0.01％呋喃西林、5％碳酸氢钠或 0.2％高锰酸钾溶液冲洗。清洗后,用纱布刮出包皮内的淋巴滤泡。包皮腔内先充气,后撒布抗菌粉剂或涂布抗生素软膏,每天 1 次,连续用 3～5 天。若有全身症状,应用抗生素,如氟哌酸每千克体重 6～8 毫克,口服,每天 3～4 次,连续用 3～5 天。本病治疗后会复发,预后慎重。

3. 前列腺肥大

本病是由于性激素失调而引起的一种老龄犬前列腺功能障碍的常见病。临床上以排便困难为特征。

(1)病因:可能与内分泌失调有关,即由雄性激素和雌性激素之间失调,或雌激素过剩有关。

兽医病理学上把前列腺肥大分为腺型、纤维型和纤维一腺型 3 种。雄性激素分泌过剩可导致腺型肥大,雌激素分泌过剩可导致纤维型肥大。

(2)临诊要点:前列腺肥大压迫直肠引起排便困难,表现频频努责,仅排出少量黏液,呈顽固性便秘。有的病例引起无尿或少尿,有时排血尿。后肢明显跛行,但全身症状不明显。直肠触诊前列腺呈囊状、两侧对称性肿大。

通过直肠和腹部触诊可发现前列腺肿大,X 线检查可以确诊,膀胱、尿道造影有助于诊断。

(3)防治:去势是治疗前列腺肥大的最好办法,也可以间断投服己烯雌酚,每千克体重 0.1 毫克,以促进前列腺萎缩。

4. 猫泌尿系统障碍综合征

本病是由多种原因引起的猫后部泌尿道功能障碍的一个征候群。临床上以排尿困难、努责、频尿、血尿、尿道阻塞为特征。

(1)病因:饲喂含过量镁的干食物,是导致本病的主要原因。此外,由病毒、细菌、支原体、真菌、寄生虫(如毛细线虫)等,造成猫后部泌尿道感染,尿石、炎性产物、脱落的泌尿道上皮、血凝块、尿道肿瘤等,引起尿道阻塞,以及各种原因导致的尿道损伤,也可引发该病。神经性因素,如泌尿道收缩肌协调异常、尿道痉挛、膀胱麻痹等,也可致病。饮水不足,过度肥胖等因素,会增加患病的易感性。

(2)临诊要点:主要症状

有尿血、尿频、排尿困难、尿淋漓或无尿。尿闭后腹围迅速膨大。病猫屡屡做出排尿姿势,做下蹲状,初期常被误诊为便秘。有时尿中混有细菌、脓细胞等。病猫精神沉郁,昏迷,如伴有肾衰竭时则很快死亡。

根据临床症状可做出初步诊断。结合导尿管的探诊、X射线检查、超声检查和剖腹探查等,有利于该病的确诊。

(3)防治:根据诊断结果采取相应的治疗措施。一般采取缓解症状、控制感染、利尿、酸化尿液(蛋氨酸每天0.5~0.8克、氯化铵每天0.8~1克,或酸性磷酸钠每天40毫克,拌食饲喂)等措施。同时增加病猫的饮水量,合理安排猫的日粮配方。

5. 子宫蓄脓综合征

本病是子宫内蓄积大量脓性渗出物,并伴有子宫内膜囊泡性增生,是犬、猫发情后期的一种疾病。

(1)病因:子宫蓄脓综合征常继发于化脓性子宫内膜炎,急、慢性子宫内膜炎,化脓性乳房炎及其他部位化脓灶转移。子宫对感染的抵抗力降低、子宫颈持续闭锁、子宫肌肉松弛等,是本病发生的重要诱因。

(2)临诊要点:患病犬、猫持续发情,外阴部增厚肿大。按子宫颈开放与否分为闭锁与开放两种类型。

子宫颈开放型的病例,阴道排出脓性或血性分泌物,污染阴门、尾、飞节周围,脓汁有难闻的特殊甜臭味,精神沉郁。

宫颈口闭塞的病例,体温明显升高,并表现中毒症状。慢性子宫颈闭塞犬的腹部呈洋梨形,触诊敏感,可触摸到扩张的子宫角。

根据病史、临床症状,特别是触诊到膨大的子宫,再结合X线及B超检查结果,即可确诊。

(3)防治:本病最好的根治方法是尽早实行卵巢子宫

切除术,但术前应纠正体液平衡失调,术中、术后应强心、输液,预防休克。全身应用广谱抗生素进行治疗,如头孢菌素每千克体重 35 毫克,静脉注射,每天 3～5 次,连续 3～4 天。β-内酰胺类抗生素,每千克体重 35 毫克,静脉注射,每天 3～4 次,连续 4～7 天。

如子宫颈口开放型,用前列腺素每千克体重 250 微克,皮下注射,同时并用抗生素。催产素,每次犬 5～10 单位,猫 0.5～3 单位,肌内或静脉注射,30 分钟重复 1 次,可促进子宫内脓液排出。

内科疗法治愈后,在下次发情期可能还会复发,应引起注意。

6. 阴道炎

阴道炎是由于阴道及前庭黏膜受损伤和感染所引起的一种炎性疾病。多发生于经产母犬、雌猫。临床上以阴道有异常分泌物排出为特征。

(1)病因:可分原发性与继发性两种。

①原发性阴道炎。多发生于性成熟前的大型犬、猫。

②继发性阴道炎。常在交配、分娩、难产及阴道检查时,由滴虫、霉菌、细菌感染所致。泌尿道感染、阴道脱、子宫脱、子宫内膜炎等,可继发阴道炎。阴道或子宫颈手术缝合线形成瘘管,或慢性消耗疾病抵抗力,均可诱发本病。

(2)临诊要点:性成熟前,犬、猫阴道持续流出大量脓性分泌物,多为原发性阴道炎。

继发性阴道炎,患病犬、猫烦躁不安,经常舔阴门,尤其是排尿后。从阴道流出黏性血样或脓性分泌物,阴道黏膜充血、瘀血、肿胀或溃烂,阴道有结节状增生物。通常缺乏全身症状,偶有轻度嗜睡和食欲缺乏,有可能继发膀胱炎。

用电光检耳镜检查阴道,可见阴道黏膜潮红、肿胀,有红色小结节、小脓疱或肿大的滤泡。根据临床症状,结合检查结果,即可确诊。

（3）防治：犬性成熟前的阴道炎，通常不需要治疗，用0.1％三氯化铁，每天犬60～300毫克，猫30～200毫克，口服，连用2周。耐过第一发情期多可自愈。

继发性阴道炎，可用0.1％高锰酸钾、2％碳酸氢钠、0.02％呋喃西林、1％硫酸铜溶液冲洗阴道，每天2次，阴道内涂布药膏，如碘甘油、抗生素软膏，或阴道填塞洗必泰栓。

为控制感染可进行全身疗法，氯霉素每千克体重45～65毫克、磺胺二甲基异恶唑每千克体重50～100毫克，每天分3次口服。治疗应持续到症状消失后5天，甲硝唑每千克体重75毫克，口服。或交配前2～4天，口服氨苄青霉素或三甲氧苄氨嘧啶，至交配后第4天停止。

由附近器官炎症引起的阴道炎，应治疗原发病。

7. 阴道增生症

本病指母犬的阴道底或壁及外阴部黏膜的水肿和增生，并向后脱出于阴门内或阴门外。主要见于母犬发情前期和发情期。

（1）病因：该病与雌激素分泌剧增有关，有些品种犬可能与遗传因素有关。在发情前期和发情期，雌激素反应过大，致使阴道底壁黏膜褶水肿、增生、隆起，并向后脱垂。可发生于发情周期中的滤泡期，最常见于第一次发情。一般到间情期（黄体期）增生物可退缩，但以后发情可再度出现。

（2）临诊要点：初期病犬阴唇肿胀、充血，并频频舔舐阴唇。主人错认为该犬已发情，但试交配，患犬并不愿与公犬接触。

患犬努责、下蹲、起卧不安。当其卧地时，阴门张开，内露出一增生物，粉红色，质地柔软。以后增生物脱至阴门外，像拳头样大小，顶部光滑。增生物被擦伤后，可导致感染、化脓。增生物常在动情期后不久消退,但下次发情时可能复发。

本病应与阴道脱出和肿瘤相区别。犬阴道脱不多见,且可整复,但阴道增生则不能。犬的阴道和阴唇肿瘤,多为良性,可通过镜检加以区分。

(3)防治:对有阴道增生症病史的犬,在发情前期使用醋酸甲地孕酮,每天每千克体重 2 毫克,肌内注射,连用 1 周。也可用促性腺激素释放激素,50 微克,1 次静脉注射,但应注意:已出现阴道增生时,应用醋酸甲地孕酮可能会引起排卵前黄体化或卵巢囊肿。

患犬要减少活动,颈部安置颈枷,限制头回转舔咬患部。局部涂布抗生素油膏,防止增生物干燥和感染。增生物小者,一般不影响配种,不必特殊处理。

凡组织增生严重,脱出于阴门外者,犬不能交配,可采用手术疗法。具体方法如下:犬全身麻醉,腹卧保定,后躯垫高,尾向前转曲固定。肛门内塞一块纱布或临时做烟包缝合,防止手术时粪便排出。会阴部(包括阴门)剃毛、消毒,阴道、尿生殖前庭及增生物用生理盐水冲洗。为辨认和保护尿道,术前务必插入导尿管。

用两把肠钳分别钳压外阴上联合两侧,切开外阴联合处至阴道背侧壁水平处,将其外翻,充分暴露阴道、尿生殖前庭和增生物。自增生物背面(基部前方)至其腹面外尿道口前部(基部后方),做弧形切口,由前向后仔细锐性分离黏膜下组织,将增生物全部切除。分离时,应触摸导尿管,掌握分离深度,避免损伤尿道。彻底止血后,用 4～0 号丝线连续或结节闭合阴道壁损伤,最后,连续缝合外阴切口黏膜和结节缝合皮肤。

术后连续应用抗生素 3 ～5 天,安装颈枷或伊丽莎白项圈,以保护术部。术后 10

天拆除外阴皮肤缝线。

本病根治疗法是采用卵巢子宫切除术。

8. 难产

难产指犬、猫分娩经过明显延长,在没有外力协助下,不能将胎儿顺利排出体外。

(1)病因:犬、猫的难产原因主要是母体先天性骨盆狭窄、畸形、发育不全,或患全身性疾病,犬、猫孕期运动不足,饲喂过量高蛋白、高脂肪食物,使身体过度肥胖,胎儿过大、过多,或胎儿死于子宫内时间过长及发生气肿等,胎位不正、胎儿畸形、子宫捻转、阴道水肿及产道肿瘤,上述原因均可引起难产

(2)临诊要点:有下列情况即判为难产:分娩发生阵痛后4小时才娩出第一个胎儿;间隔4~6小时娩出第二个胎儿;直肠温度下降后24小时,仍未产出胎儿;腹部强烈收缩30~60分钟仍未产出胎儿;阴道内流出绿色排泄物,胎儿经数小时仍不能娩出;分娩

犬、猫频频排尿,精神沉郁,阴道流出黑色脓性或血性分泌物;怀孕期超过70天以上。

由于产程延长,难产犬、猫痛苦哀叫,其状可怜。

(3)防治:胎位正常,产道通畅,宫颈全部开张,阵缩与努责无力时,可先对腹壁进行按摩,同时给饮一定量糖水或静脉补液,催产素3~20单位,皮下注射,以30分钟间隔,连续3次,并在第2次注射前缓慢静注10%葡萄糖酸钙液5~10毫升,同时可用手指压迫刺激产道,刺激增强努责的力量,但宫颈未开者严禁用宫缩药。

如产道异常、胎位不正、胎儿过大,注入润滑剂助产无效,则应助产。将母犬、猫以站立姿势保定于手术台上,清洗阴门区,向产道灌入适量灭菌的润滑剂,手指消毒,配合产钳或镊子伸入产道,夹住胎儿前置部位,同时在腹壁外将胎儿固定,进行整复,有必要可以进行碎胎。

助产无效时,可进行剖宫产手术。术后注意补充水及电解质,全身应用抗生素,并对症治疗,预防子宫内膜炎。

9. 假孕症

本病是指未经配种或配种后未孕的雌性犬、猫,出现腹部膨大、乳房发育、泌乳及有筑巢行为等的一种异常妊娠症候群。

(1)病因:可能与排卵后黄体持续分泌孕激素,或少量雌激素促使子宫内膜和乳房发育有关。

(2)临诊要点:主要症状一是乳腺发育胀大并能泌乳,母犬、雌猫吸吮自己分泌的乳汁,或给其他犬、猫的幼仔哺乳。乳汁呈水样或白色。

二是行为发生变化,如出现构巢,母性增强,不安及急躁。早期出现呕吐、腹泻、多尿、喜欢饮水,以及厌食或贪食现象。阴道经常排出黏液。腹部扩张、膨大。

触诊腹壁,假孕犬、猫的子宫增大,直径变粗,富有弹性。少数病例甚至还会出现分娩样的腹肌收缩及阵痛表现。

根据病史、腹部触诊、X线及 B 超检查结果,可以确诊。

(3)防治:轻症无须治疗,通常在预产的时间内,自阴道中排出血性分泌物,症状随之消失。

重症可用甲基睾丸酮每千克体重 1～2 毫克,肌内注射,每天 1～2 次,连用 1～2天。或前列腺素每千克体重每次 1～2 毫克,肌内注射,每天 1～2 次,连用 1～2 天。

异常兴奋的犬、猫,可给予镇静剂。长期假孕的,可施行卵巢子宫全切除术。

四、鸡普通病的防治

(一)鸡的内、外科病

1. 鸡嗉囊卡他

嗉囊卡他是嗉囊黏膜的一种炎症。临床上以嗉囊黏膜发炎、嗉囊膨胀和柔软为特征,又称软嗉病。

（1）病因：家禽采食了霉败变质、容易发酵的饲料，在嗉囊内产生有毒分解产物和气体。或过食难以消化的饲料，长期停滞在嗉囊中，均可引发本病。此外，有些传染病、寄生虫病、维生素缺乏，某些中毒，如磷、砷、食盐中毒，以及饲养管理不当，如舍温过低或忽高忽低，或饲槽高，雏鸡体小嗉囊在饲槽处受到碰撞，或者突然变换饲料等，均可诱发本病。

（2）临诊要点：本病多见于雏禽，偶见于成年禽。病禽食欲减退或食欲废绝，精神委靡，羽毛蓬松，嗉囊膨大，柔软，充满大量气体，用手触摸，嗉囊柔软、富有弹性。当用手挤压时，口腔中流出带黄色酸臭黏液，并混有气泡，发出恶臭或酸败的臭味。严重病禽，常见反复伸颈，吞咽困难，频频张嘴，呼吸极度困难，最后终因窒息而死亡。本病多呈急性经过，若病期延长则可发展为嗉囊下垂。

（3）防治：

①治疗。清除嗉囊内容物，将病禽尾部抬高，头朝下，并轻轻挤压嗉囊，使酸臭液体经口排出，再灌服或嗉囊内注射 0.2% 的高锰酸钾溶液，或 1.5% 的碳酸氢钠溶液，至嗉囊略感膨胀时，轻轻揉捏嗉囊 1～2 分钟，再倒提病禽使药液排出。在注入或挤出药液过程中，用力不宜过猛，同时防止消毒液进入气管。冲洗完毕后，给予消毒、收敛药液，如 2% 硼酸、1% 硫酸亚铁或 3% 明矾等，每次一茶匙。并在饮水中加入 1% 稀盐酸或 5% 人工盐，也可在冲洗后喂服大黄苏打片（雏鸡每只 1/6 片，成年鸡每只 1/3 片），以中和发酵时产生的酸。

冲洗嗉囊后，按每千克体重喂给氨苄青霉素 5 000 国际单位，土霉素 0.05～0.07 克。或磺胺类药。亦可用大蒜 1 瓣，加酵母片 0.5 克，大黄苏打片 0.15 克饲喂，捣碎灌服，每天 2 次。或用绿茶叶

30 克煎水,待冷后,饮喂1 000只雏鸡,每天 2 次。

②预防。主要是加强饲养管理,防止饲喂霉败变质、容易发酵、粗硬而不易消化的饲料,禽舍应保持温暖和一定湿度,保证饮水清洁、充足。

2. 鸡嗉囊阻塞

鸡嗉囊阻塞是因嗉囊内食物积滞,不能向胃肠运送而致。临床上以嗉囊膨大、坚硬为特征,又称硬嗉病。

(1)病因:长期饲喂粗硬纤维和发霉的饲料,采食过量的干硬谷物,或者长期饲喂糊状饲料,均可使嗉囊阻塞扩张。此外,突然增加饲料,或劣质饲料转换为优质饲料,饥饱不均或维生素、矿物质缺乏等,也都可诱发本病。

(2)临诊要点:病禽食欲废绝,精神沉郁,呆立不动,冠髯青紫色,翅下垂。触摸嗉囊,高度膨胀而坚硬,长时间不能排空。若嗉囊蓄积气体,则常张口并流出酸败恶臭液体。严重时由于气管被挤压,

病鸡呼吸急促。有时可因嗉囊破裂或穿孔,引起死亡。

(3)防治:

①治疗。排除阻塞物。轻度阻塞时,可给病禽饲喂20~30 毫升植物油,或 2~10毫升白醋,也可直接向嗉囊内注入。将病禽头向下垂,尾部抬高,然后轻轻按摩嗉囊,使停滞在嗉囊内的食物软化,让阻塞物排入食道。也可往嗉囊内注入 1.5% 碳酸氢钠溶液或生理盐水,轻轻揉压嗉囊,使积食和水从口腔排出,可反复进行,直至将阻塞物排完为止。

当上述措施无效时,可采取嗉囊切开术,取出阻塞物。手术方法:切口为嗉囊正中线,术部拔毛,用 2% 碘酊消毒。做 3~4 厘米长的切口,切开皮肤和浅筋膜,再切开嗉囊前壁,用镊子取出嗉囊阻塞物。然后先缝合嗉囊,再缝合皮肤,并用 5% 碘酊消毒切口。手术后禁食、禁水 12 小时,1~2 天内喂些易消化的

饲料,1 周后拆去皮肤缝线,即可恢复正常。

②预防。严格遵守饲喂制度,保证充足饮水和足够运动,并经常清扫禽舍。雏鸡饲料中的纤维含量一般不超过 3%,成年鸡饲料中不超过 5%。不喂干硬、难以消化的饲料。

3. 肌胃溃疡

本病是指鸡的肌胃类角质层出现糜烂和溃疡。临床上以黑色嗉囊内容物、排褐色稀粪、消瘦为特征,又称肌胃腐蚀症。

(1)病因:

①饲养管理不当,鸡舍寒冷,不适当的垫料,水槽不洁,鸡食入含有大量霉菌毒素的饲料,鸡群拥挤和阳光不足等。

②硫酸铜使用过量,超量或长期使用磺胺类、呋喃唑酮等,也会导致肌胃角质膜的变性或坏死。

③鱼粉尤其是秘鲁鱼粉,其中含有过量的肌胃糜烂素,

如果加热处理饲喂,较易引起该病。另外饲料中缺少维生素、硒、锌等。其他疾病特别是一些慢性消耗性疾病和传染病,也可诱发本病。

(2)临诊要点:多见于 1～7 周龄的肉鸡,尤以纯种肉用鸡更多发。病鸡精神沉郁,食欲减退或拒食,羽毛蓬乱无光泽,鸡冠和肉髯苍白。嗉囊肿胀,内容物有波动感,倒提病鸡,从口腔和鼻腔中流出棕黑色的液体,嗉囊外观淡褐色。严重病例,排出黑褐色混有血液的粪便。

(3)防治:

①治疗。本病无特效疗法,立即停用原来的饲料或鱼粉,改用优质的饲料。在饮水中加入 0.2%～0.4%的碳酸氢钠,或 0.05%的硫酸铜,早晚各饮服 1 次,中午饮 5%～8%葡萄糖水,连用 2 天。每千克饲料中,加维生素 K_3 2～8 毫克,维生素 C 30～50 毫克,维生素 B_6 3～7 毫克,同时按每千克体重加喂 3～5 毫克

泛酸,可减少死亡。严重病例,可肌内注射维生素 K_3 注射液 $0.5\sim1$ 毫升,或止血敏 $50\sim100$ 毫克,每天 2 次,连用 4 天。按每千克体重 5 国际单位给病鸡注射青霉素,并在每千克饲料中加 0.5 克甲氰咪胍。

②预防。日粮中鱼粉的含量控制在 8% 以下。做好种鸡的免疫接种工作,控制传染病的发生。防止肉鸡群体密度过大、空气污浊、鸡舍温度过高等应激因素。在每千克饲料中添加甲氰咪胍 10 毫克,有一定预防作用。

4. 蛋鸡惊恐症

蛋鸡惊恐症即"炸群",是由于应激突然发生而引起的鸡群高度恐慌,主要发生在产蛋鸡群。临床上以高度神经质的鸡表现惊恐和间歇性"炸群"为特征。

(1)病因:内因是产蛋鸡的神经高度敏感,尤其是轻型来航鸡。外因有:饲料中蛋白质严重不足,缺乏维生素,镁含量过高,这些易引起神经过敏性惊恐,创伤、疼痛,易使神经过敏的鸡惊飞而扰动全群,应激因素,如突发噪音、闪动的光照、断水断料、密度过大、饲养员陌生、飞机飞过等,也易引起。

(2)临诊要点:有神经质的鸡易出现惊恐症、间歇性"炸群"现象。母鸡高伸头颈,眼睛圆睁,显出高度紧张状态,稍有动静就炸叫乱飞,波及全鸡舍,甚至有时无明显的刺激因子也出现"炸群"现象。"炸群"现象多出现在 $36\sim37$ 周龄,或在产蛋高峰期。网上平养和地面平养鸡较少见。

频发惊恐症,母鸡除发生死伤以外,往往产蛋率下降,出现软壳蛋,破蛋率明显提高。

(3)防治:保持环境安静,避免出现异常声响、突然的闪光、陌生人等,防止鼠、猫进入鸡舍骚扰。此外,应适度分群,减少笼养密度。

可给鸡喂服氯丙嗪和红

霉素,每 15 只鸡 1 次用红霉素 0.5 克、氯丙嗪 0.3 克,拌在饲料中。或化水喂鸡,1 天 2 次,隔 5 天重复 1 次。每 1 000 千克饲料中,加入 200 克烟酸,能缓解"炸群"现象。"炸群"后,可在每千克饲料中添加少量维生素 B_1。也可用刺五加片,每只鸡每次 0.3～0.5 片,每天 3 次,连用 2～3 天,有一定效果。

5. 鸡脱肛

鸡脱肛指鸡的泄殖腔翻出于肛门之外,常发生在每年 4～5 月的产蛋盛期。多见于高产鸡,尤其是当年的产蛋鸡。临床上以泄殖腔黏膜翻出于肛门外,引起鸡群啄肛、病鸡失血死亡为特征。

(1)病因:常见的原因有蛋鸡输卵管发炎,频繁的产蛋刺激,病鸡长期脱水,生殖道干涩,产蛋时过度努责,饲料中蛋白含量过高,鸡偏肥,产大蛋、双黄蛋,造成肛门裂伤等。此外,过强、过早地补充光照,造成体成熟与性成熟不

一致,过早开产,发生难产等,也可引起脱肛。育成期运动不足,可促进本病发生。

(2)临诊要点:脱肛常见于蛋鸡开产后不久,产蛋时间延长或产后久不离窝,蛋壳带血。病鸡肛门发红水肿,继而泄殖腔外翻,有 3～4 厘米长的肉红色脱出物悬垂于肛门外。历时稍久,受外界污染,脱出物变成暗红色。如不及时处理,可发生溃烂,失去自行恢复的能力。

(3)防治:隔离病鸡,单独饲养,以免引起鸡群啄肛。可用鱼肝油粉,按 50 克兑水 250 升,同时加阿莫西林或强力霉素,让鸡自由饮用,连用 1 周。

病初可先用饱和盐溶液热敷脱出物,再用 0.1% 高锰酸钾水洗净,小心地推回原处。若再度脱出,可重新整复,并用纱布系住两脚倒挂一段时间,直到不再脱出。如发生肛门周围慢性炎、并有恶臭味时,可用金霉素软膏涂抹。

中药可用防风、荆芥、升麻、党参、黄芪、当归、白术、五倍子、诃子、郁李仁各 50 克，研末，以每千克体重 2 克剂量，拌料中饲喂，连用 3～5 天。

6. 鸡啄癖症

啄癖是鸡的一种异常行为。临床上患啄癖的病鸡以啄食羽毛、肛门及其他异物为特征。

(1)病因：啄癖发病因素比较复杂。

①饲养条件不良。如饲养密度过大，鸡群太拥挤，鸡舍内光线过强、亮度过高，鸡舍内相对湿度过低或过于闷热，产蛋箱内光照过强，鸡舍潮湿，蚊虫叮咬等。

②饲料中缺乏某些蛋白质和氨基酸、矿物质、维生素，饲料中精料过多、粗纤维不足。

③鸡群中强弱不均，或健康鸡和病鸡混养，或不同日龄的鸡混养。

④鸡群中的病鸡或死鸡未及时拿走，鸡体表有虱、螨等寄生虫，鸡体表有创伤、出血或发生脱肛，易诱发本病。

(2)临诊要点：根据啄癖的行为和所表现的症状不同，可将啄癖分为以下几类。

①啄肛癖。啄肛癖是最严重的一类啄癖，多发生于产蛋母鸡，啄食肛门及肛门附近部位。例如，一只鸡发生脱肛，其他鸡开始啄食其肛门。当鸡尝到血腥味后，这种恶癖将继续并更加严重，往往是群起而啄之。有的鸡在腹泻或脱肛后，也会发生自啄肛门的现象。

②啄羽癖。鸡啄食自身的羽毛或已脱落在地上的羽毛，或互相间啄食羽毛，导致羽毛稀少残缺。多发生在小鸡换羽期，以及小鸡开始生长新羽时。鸡体表有寄生虫，可能引发本病。

③啄蛋癖。由于饲料中缺乏钙或蛋白质，引起母鸡啄食刚产下的蛋，或别的鸡产下的蛋，多发生于产蛋旺季。

④啄趾癖。鸡啄食彼此的脚趾或自己的脚趾,可造成脚趾出血和跛行。

⑤食肉癖。鸡啄食体表有创伤或已死亡的鸡,甚至啄食体弱有病的鸡。造成被啄食的鸡创伤扩大或致残、致死。

⑥异食癖。病鸡啄食在正常情况下不吃或少吃的异物,如垫草、水泥、碎砖瓦、沙砾、石子、粪便等。

(3)防治:预防啄癖的有效措施是断喙,以减少啄癖的发生。在啄癖发生后,应立即采取相应的措施清除原因,防止啄癖进一步蔓延。首先,改善饲养管理条件,降低饲养密度,防止拥挤,调整光照强度,调整鸡舍温度。其次,要检查饲料配比是否适宜及饲料中各营养成分是否充足,可在饲料中补充 0.1%～0.2% 的氯化钠,连用 2～3 天,或补充生石灰、维生素等。再次,及时挑出被啄伤的鸡,发现鸡有外伤时也应尽快挑出,以免诱发其他鸡啄食。

7. 鸡胚胎病

鸡胚胎病是指鸡在胚胎发育过程中,出现的各种异常和疾病。临床上以受精蛋孵化率下降,鸡胚胎发育不良甚至死亡,孵化出的幼雏生长发育和成活率都低于健康雏为特征。

鸡胚胎病可分为 3 类:营养性胚胎病、孵化技术不当引起的胚胎病和传染性胚胎病。

(1)营养性胚胎病:当母禽饲养不当,例如饲料中缺乏一种或多种营养物质,或各种营养物质配比不当,使种蛋内营养成分失常,可引起营养性胚胎病。特征为胚胎骨骼端软骨早期发生变性,使肢体短缩,足肢和颈变曲,骨的生长发育受阻。其他组织器官也相应发生营养不良现象。

①病因。营养性胚胎病,除一部分可能由遗传因素引起外,大部分是由于对种鸡不合理的饲养管理所致。维生素、矿物质和微量元素不足。

蛋白质和与鸡胚生长发育有关,如氨基酸的缺乏。给种母鸡饲喂腐败变质的饲料,如腐败的肉类和鱼产品等。

②临诊要点。常见的营养性胚胎病有如下几种:

A. 维生素 A 缺乏症:孵化初期死胚多,且胚胎生长迟缓。死胚肾脏肿胀,胸膜、心包膜、肠管、肠系膜及卵黄囊内有结晶盐类沉着。出壳时间推迟,皮肤和绒毛有色素沉着。眼睑中有干酪样物。

B. 维生素 D 缺乏症:种蛋壳薄,蛋白较稀,蛋黄可移动性较大。胚胎在 10～16 日胚龄死亡较多。孵出的雏禽体弱,可发生佝偻病。

C. 维生素 B_1 缺乏症:该病多发生鸭,特别是母鸭在放养期间大量采食鱼虾、蚬、蛏蜥和贝类,而谷类饲料(糠麸)补充不足时最易发生。幼雏出壳时间延长,往往闷死于蛋内。若能孵出,雏鸭即出现神经症状。

D. 维生素 B_2 缺乏症:胚胎于孵化的第 9～第 14 天死亡最多。死胚表现躯体短小、水肿、贫血,关节明显变形,颈部弯曲,绒毛呈结节状。

E. 维生素 B_{12} 缺乏症,胚胎于孵化第 16 至第 18 天时出现高死亡率。特征性病变为胚胎生长缓慢,短喙,弯趾,皮肤呈弥漫性水肿,肌肉萎缩等。

F. 短肢性营养不良:种禽饲喂非全价的蛋白性饲料,生物素、叶酸、胆碱、锰等缺乏,引起胚体短小,足肢短而弯曲,颈弯曲,喙呈特征性的"鹦鹉嘴"。

G. 硒缺乏症:硒缺乏症时表现孵化率降低,胚胎皮下水肿,呈渗出性素质(注意:如果种禽日粮硒得过多,可使种蛋孵化率降低甚至为零)。

(2)孵化技术不当引起的胚胎病:

临诊要点。

A. 温度过高或过低:温度过高,胚胎发育加速,使尿囊早期萎缩,出现过早啄壳现象,孵出的雏鸡弱小。温度过低,胚胎发育缓慢,幼雏出壳延缓,腹部膨大,肠内充满卵黄物质和胎粪。胚胎颈部呈黏液性水肿。

B. 湿度过大或过小:湿度过大,妨碍蛋内水分的蒸发,影响胚胎正常发育。幼雏出壳时间不一致,体表附有黏液,腹部膨大,体弱。湿度过小,胚胎生长不良,胚胎与壳膜粘连,出雏困难,幼雏瘦小,绒毛枯而短。

C. 翻蛋不当:不定时翻蛋,或种蛋垂直摆放、位置不改变时,胚胎容易与蛋壳粘连,造成胚胎发育不良,或引起胚胎死亡。

(3)传染性胚胎病:多种病原微生物可能通过种蛋－病胚－病雏的途径进行扩散。引起传染性胚胎病的病原微生物,有的来自患病或病愈的雌禽体内,在蛋的形成过程中,以内源性途径进入蛋内,有的则是通过破损的或无破损的蛋壳,以外源性途径进入蛋内。

①临诊要点。

A. 鸡白痢沙门菌感染:胚胎发育明显受阻,蛋黄呈绿色,血管网充血。胚胎在孵化后期常发生大量死亡。死胚的肝、脾肿大,心、肺、肝、脾等器官,有许多细小的点状坏死灶。

B. 禽大肠杆菌感染:胚体各器官出现广泛的坏死灶,蛋黄和蛋白变稀,呈青绿色或污褐色。孵化后15天死亡的胚胎可见皮肤广泛充血,羊膜腔出血和肝脏坏死。

C. 鸡败血支原体感染:胚胎发育不良,关节发炎、肿大,关节腔积液。孵化末期的死胚,发生气囊炎,肺和气管均受感染。

D. 病毒性关节炎病毒感染:鸡胚可在3～5天内死亡,胚体充血、出血。较迟死亡者,发育不良,胚体暗紫色,肝、脾肿大,有小坏死点。

E. 禽脑脊髓炎病毒感染:种蛋在孵化的第1周死亡

较多,在出壳前 2～3 天又出现死亡高峰期,死胚可见胚体出血,脑组织软化、水肿。能出壳的雏鸡,很快出现头颈震颤、共济失调的症状。

F. 减蛋综合征病毒感染:种蛋孵化率降低,胚胎发育不良,胚体蜷缩,死胚充血和出血。

G. 禽白血病病毒感染:胚胎发育不良,肝、脾极度肿大,死亡高。

②防治。加强对种鸡的管理,供给全价饲料。种蛋在孵化前要正确储存保管,孵化措施要得当。禁止有病的种鸡所产的蛋做孵化之用。种蛋入孵前后要按规定进行严格的消毒,目前国内多采用 3 次甲醛蒸汽熏蒸法。

A. 熏蒸要求:室内温度为 25～27℃,湿度为 70%～80%,门窗封闭。消毒人员要穿防护衣,佩戴眼镜、口罩。先将准备好的甲醛与水混合装在一个容器内,然后将高锰酸钾快速倒入,最后消毒人员

要迅速离开。

B. 具体做法:第 1 次熏蒸,在鸡舍内进行,甲醛 30 毫升/立方米(消毒场所每立方米的空间用甲醛 30 毫升),高锰酸钾 15 克/立方米,水 15 毫升/立方米,熏蒸 20 分钟。第 2 次熏蒸,在种蛋库内进行,甲醛 28 毫升/立方米,高锰酸钾 14 克/立方米,水 14 毫升/立方米,熏蒸 30 分钟。第 3 次熏蒸,在出雏机内带鸡消毒,甲醛 14 毫升/立方米,高锰酸钾 7 克/立方米,水 7 毫升/立方米,熏蒸 5～10 分钟。

(二)鸡的营养代谢病

1. 鸡痛风

鸡痛风是由于蛋白质代谢障碍,导致尿酸盐在体内蓄积而引起。临床上以病鸡腿、翅关节肿大、厌食、跛行、衰弱和腹泻为特征。

(1)病因:

①大量饲喂富含核蛋白和嘌呤碱的饲料。包括动物性饲料,如内脏、肉骨粉、鱼粉

等,植物性饲料,如大豆、豌豆、莴苣、菠菜等,在代谢中都能产生大量尿酸盐。

②疾病因素。传染性因素,如鸡传染性支气管炎病毒。中毒性因素,如一些化学毒物、药物及细菌毒素。

③其他因素。饲料中长期缺乏维生素A,大剂量应用磺胺类药物,可使肾脏受损致病。高钙和高镁,也可引起。饮水不足或食盐过多,造成尿量下降,尿酸排泄障碍,都能引发痛风。

(2)临诊要点:痛风可分为内脏型和关节型两种。

①内脏型。初发病时无明显症状,随病情加重,可逐渐表现精神委靡,食欲减退,日渐消瘦、贫血,鸡冠苍白而萎缩。粪便稀薄,内含大量的白色尿酸盐,呈淀粉糊样。肛门松弛,稀便污染周围羽毛。个别鸡有啄羽现象。可出现心跳增速,气喘,皮肤瘙痒甚至神经症状。发病后期,病鸡陆续死亡。

②关节型。常为慢性,可见关节肿胀、疼痛,运动迟缓,跛行。病鸡趾间有可移动的结节,导致关节和足趾显著变形,运动受限。

(3)剖检病变:内脏型病鸡,肾脏以及心、肝、脾、肠系膜、胸膜和腹膜等处,覆盖一层薄膜状白色尿酸盐沉积物。关节型病鸡,关节肿大,关节腔、关节面有石灰样沉积物。

(4)防治:

①治疗。没有特效的治疗方法。在鸡的饮水中,用5%碳酸氢钠,配成浓度为0.1%~0.5%的饮水,加入适量的氨茶碱和维生素A、维生素C,同时注意防潮、通风、减少应激因素,对降低本病发生有一定意义。

②预防。配制鸡饲料应注意营养均衡,减少富含核蛋白的饲料,适量增加维生素A等。有条件的地区,可喂一些绿青饲料,给予充足的饮水。

2. 笼养鸡疲劳症

本病是由于钙磷代谢障

碍或运动缺乏等因素所引起的笼养产蛋鸡的骨质疏松症。临床上以病鸡两腿发软、不能站立、腿骨变脆、关节变形、易发生骨折为特征。

(1)病因:高产蛋鸡在形成蛋壳过程中,需消耗大量的钙,若不能及时从饲料摄取钙,或饲料中钙、磷比例失调,饲料中长期缺乏维生素 D,都是发生本病的主要原因。现在大多都采用蛋鸡笼养的方式,鸡从开产前的第 17 周甚至第 18 周龄起,终生在狭小的鸡笼内饲养,无活动余地,长期站立,运动不足,可促进本病的发生。

(2)临诊要点:最初病鸡精神、食欲基本正常,产蛋也不受太大的影响。主要表现是站立困难,腿软无力,以跗关节和尾部支撑身体,甚至发生跛行、骨折,伏卧于笼底。重症病鸡,体重逐渐减轻,产蛋量下降,并伴随产软壳蛋、薄壳蛋。

(3)剖检病变:常见胸椎受压骨折,脊椎和胸部变形,椎肋与胸肋交接处呈串珠状,腿骨变薄而脆,可见骨破裂或折断。

(4)防治:上笼鸡的周龄应控制在 17～18 周龄,此前最好平养,自由运动。母鸡在开产前 5 周,饲料中应补充磷酸二氢钠、维生素 D_3 和钙质,使饲料中钙含量为 3.5%～4.5%,可利用磷保持在 0.45%。夏季鸡舍温度应控制在 27℃以下。鸡舍内应保持安静,防止鸡在笼内受惊挣扎而损伤腿脚。

发病后,病鸡可转移到宽松笼内或平地上饲养,在饲料中补充钙、磷和维生素 D_3,连续喂 5～7 天,一般可逐渐恢复正常。

3. 肉用仔鸡腹水综合征

肉用仔鸡腹水综合征是危害快速生长的幼龄肉鸡的一种营养代谢病。临床上以腹腔积液、右心扩张、肺瘀血水肿为特征。

(1)病因:

①在高海拔地区,本病的发生与空气中缺氧有关。在低海拔地区,寒冷的冬季,为了保暖紧闭门窗,造成通风换气不足,也引起缺氧。

②仔鸡过于肥胖,饲喂高蛋白的饲料,饲料中含高浓度的氯化钠、呋喃唑酮、莫能菌素过量等,可使发病率升高。

③遗传因素也是病因之一,快速生长的肉用仔鸡易发生。

(2)临诊要点:病鸡食欲减退,生长缓慢,体重减轻,羽毛松乱,两翅下垂,呼吸急促,但体温正常,鸡冠、肉髯呈蓝紫色或苍白,可突然死亡。典型症状为病鸡腹部膨胀,用手触压有波动感,用注射器可从腹腔内抽出不等量的腹水。病鸡不愿站立,或以腹部着地,喜卧地,行动迟缓。本病发展快,常在出现腹水后1~3天内死亡。有时抓鸡时病鸡发生抽搐而死亡。

(3)剖检病变:腹腔内有大量草黄色或淡红色液体,内含纤维素块及少量细胞,右心肥大、扩张,心包积液,肺瘀血、水肿。

(4)防治:尚无有效的治疗方法。预防措施如下。

①改善饲养管理条件。例如,冬季在鸡舍内安装恒温装置,使空气流通、交换,减少空气中的尘埃,降低饲养密度等。

②调整饲料中蛋白质、高能物质和氯化钠的含量,不能过高,日粮中补充维生素C。

③在肉仔鸡2~3周龄时,采取限制采食量的措施。

④有条件时,应选择对本病有抗性的品种进行繁殖。

4.蛋鸡脂肪肝综合征

蛋鸡脂肪肝综合征是肝脏发生严重脂肪变性的一种营养代谢病。临床上以肥胖、脂肪过度沉积、产蛋减少、可发生出血性肝破裂为特征,又称脂肪肝出血综合征。

(1)病因:

①由于长期采食高能量的日粮,能量过剩而转化为脂

肪,在肝脏、皮下、腹腔等部位蓄积。

②当体内缺乏蛋氨酸、胆碱、B族维生素、胰岛素和肌醇时,肝内脂蛋白合成运输发生障碍,大量脂肪在肝内蓄积。

③高温天气,鸡舍通风不畅,运动不足,饲料霉变,也会引发本病。

④遗传因素对本病发生有一定影响。

(2)临诊要点:都是母鸡发病,表现过度肥胖。产蛋量骤降,但食欲不减。鸡冠苍白,腹大而下垂,多伏卧,少运动。严重时嗜睡、瘫痪。重症病鸡可因肝破裂、肝内出血而突然死亡。

(3)剖检病变:腹腔脏器官周围及肠系膜有大量脂肪沉积。肝脏肿大,呈黄色油腻状,质度极脆。

(4)防治:调整饲料配方,注意补给蛋氨酸、胆碱及维生素,降低日粮中的能量水平,限饲,是预防本病的有效措施。

如鸡群发病,可将日粮中15%的谷物饲料用麸皮代替,或用5%的蚯蚓粪代替谷物饲料。在每千克饲料中加入22～110毫克胆碱,连用7天,有一定效果。每吨饲料中,加氯化胆碱1 000克,维生素E 10 000国际单位,维生素 B_{12} 12毫克,肌醇900克,连用2～4周或更长时间,效果也佳。

5. 鸡脂肪肝和肾综合征

本病是青年鸡的一种营养代谢性疾病。临床上以肝、肾肿胀沉积大量脂类,病鸡嗜睡、麻痹和突然死亡为特征。

(1)病因:

①营养代谢失调,如低蛋白、低脂肪饲料可诱发本病。

②鸡配合饲料中缺乏生物素。

③饥饿和其他应激因素,在本病发生中起一定作用。

(2)临诊要点:本病多为群发、突发。病鸡营养状况良好。发病时表现嗜睡,颈胸部麻痹,垂头站立或趴伏在地面。个别病鸡有生物素缺乏症状,如足底粗糙、龟裂出血、喙周围发生皮炎,羽毛无光、变干、变脆、易折断,生长缓慢等。

(3)剖检病变:肝、肾肿大,色彩变浅,周围有脂肪沉积。

(4)防治:合理搭配饲料,尽量给予含生物素、利用率高的玉米、豆饼一类的饲料。有条件的地区,可补充青绿饲料。病鸡可按每千克体重口服生物素 0.05~0.10 毫克,或每千克饲料中加入 150 微克生物素,连喂 7 天左右,效果较好。还可补充多种维生素,每千克饲料中添加维生素 E 10 国际单位,维生素 B_{12} 0.012 毫克,氯化胆碱 1 克,连用 2~4 周。

6. 鸡维生素 B_1 缺乏症

本病因鸡体内维生素 B_1 缺乏或者不足所致。临床上以多发性神经炎、运动障碍为特征。

(1)病因:主要是长期饲喂缺乏维生素 B_1(硫胺素)的饲料。或饲料过度加热,用碱处理破坏了维生素 B_1。或肠道吸收不良,均可引起本病。长期大量应用抗生素、氨丙啉时,能抑制体内细菌合成维生素 B_1,也可发生本病。

(2)临诊要点:雏鸡维生素 B_1 缺乏,10 天左右可发病。表现为采食量下降,腿软无力,个别有下痢现象。继而出现多发性神经炎,病鸡腿不能站立,常双腿屈曲叉开,尾部着地,仿佛坐于地面,头向后仰,呈特殊的"观星"姿势,有时倒地不起,头依然向后仰。

成年病鸡除上述症状外,鸡冠常呈蓝紫色。神经炎症状逐渐明显,从脚趾的屈肌开始,然后向上扩展到腿,再到翅、颈的伸肌,逐渐麻痹。有的贫血、拉稀,体温下降,呼吸次数减少,因衰竭而死亡。

(3)防治:改善饲养管理,在鸡的日粮中,应尽量搭配维生素 B_1 含量较高的全价日粮,并控制抗生素等药物的应用时间和剂量。

对于病鸡,可用盐酸硫胺治疗,每只雏鸡每次皮下或肌注 1～2 毫克,成年病鸡 5～10 毫克,连用数天。每千克饲料添加维生素 B_1 10～20 毫克,连用 1～2 周。

7. 鸡维生素 B_2 缺乏症

本病是因鸡体内维生素 B_2 缺乏或不足,所引起的一种营养代谢病。临床上以生长缓慢、腿爪卷缩及飞节着地为特征。

(1)病因:维生素 B_2(核黄素)在酵母、麸皮、米糠和谷子中的含量较高。如果长期饲喂缺乏维生素 B_2 的饲料。或饲料被日光暴晒及经碱处理,维生素 B_2 受到破坏。以及大量使用抗生素,造成维生素 B_2 在体内合成受阻,都可引起本病。

(2)临诊要点:维生素 B_2 缺乏,雏鸡发病一般在 1～2 月龄。病鸡营养状况较差,生长缓慢,羽毛无光泽,绒毛较

少,个别鸡有腹泻现象。特征性症状是趾向内蜷曲,中趾尤为明显,两腿不能站立,以跗关节着地,并将翅膀展开。病鸡行走困难,很难吃到食物,常导致衰竭死亡。

成年鸡缺乏维生素 B_2 时,产蛋量下降,种蛋孵化率降低,胚胎可有异常。

(3)防治:根据鸡不同生长阶段的需要,饲喂富含维生素 B_2 的全价饲料。在饲料加工过程中,要防止维生素 B_2 被碱性物质和紫外线破坏。一般配合饲料中,每千克含维生素 B_2 3 毫克左右,含量不足时用多维素来补充。

病鸡可用维生素 B_2 治疗,每千克饲料中加 5 毫克(1片),连用 1～2 周。或用维生素 B_2(核黄素)注射液,每千克体重 0.1～0.2 毫克,1 次皮下或肌内注射,7～10 天 1 疗程。如果雏鸡缺乏多种维生素时,可用鱼肝油 1 毫升,维生素 B_1 0.5 毫克,维生素 B_2 1 毫克,配成合剂,滴入雏

鸡嘴中,每天 2 次。

8. 鸡维生素 D 缺乏症

本病是鸡体内维生素 D 缺乏或不足,所引起的以钙、磷代谢障碍为主的一种营养代谢病。临床上以生长停止,运动无力,容易骨折,产薄壳蛋和软壳蛋为特征。

(1)病因:舍饲鸡缺乏日光照射,饲料中未补充维生素 D 及鱼肝油。或饲料中钙、磷比例失调,饲料长期存放、霉变、日光照射,使维生素 D 破坏等,可引起维生素 D 缺乏。另外,胃肠、肝、肾疾病或长期使用磺胺类药物,也可引致本病。

(2)临诊要点:维生素 D 缺乏的幼雏,一般在 1 月龄左右出现症状。发病幼禽生长停止,两腿无力,跛行,步态不稳。喙、爪、胸骨变形,肋骨沿胸廓呈内弧形,使胸廓及骨盆发生畸形。长骨变脆,易骨折,羽毛生长不良,有的腹泻。

产蛋母鸡初期产薄壳蛋和软壳蛋,继而产蛋量下降,甚至完全停产。种蛋孵化率显著下降。严重时不能站立,常蹲伏于地,趾爪、腿骨、胸骨、肋骨变软。

(3)防治:有效治疗药物是维生素 D 制剂,如鱼肝油、维生素 A - D 油等。鱼肝油,雏鸡以 0.5% ～1% 的比例,拌在料内饲喂。维生素 A - D 油,成年鸡口服,每次 2～3 毫升。维生素 D_2 胶性钙注射液 1.5 万单位,成年鸡 1 次肌内注射。

笼养和舍饲鸡要补充维生素 D,同时注意饲料中钙、磷含量与比例。患有胃肠、肝、肾疾病时要及时治疗。

9. 鸡维生素 E 缺乏症

本病是因机体内维生素 E 缺乏或者不足,所引起的一种营养代谢病。临床上以脑软化、渗出性素质、营养不良为特征。

(1)病因:由于饲料加工、保存不当,或配制有误,使饲料中维生素 E 发生损失,造成含量不足。生长发育快的肉仔鸡,因脂肪代谢旺盛,对硒和维生素 E 需求量高,如未及时补充,也可导致本病。球虫病和其他肠道疾病,可降低维生素 E 的吸收和利用率。

(2)临诊要点:本病多发生于幼禽,出现以下症状。

①脑软化,常在 15～30 日龄左右发病。表现为共济失调,头向下或向后痉挛,有时向一侧扭曲,两腿节律性收缩、放松。

②渗出性素质,常在 20～60 日龄发病。表现皮下组织水肿,严重时腹部皮下蓄积大量液体,呈淡蓝绿色,两腿不能靠拢而叉开,有时突然死亡。

③营养性肌肉萎缩(白肌病),雏鸡在 4 周龄左右发病。表现腿软,翅松软下垂,运动失调,颈部及四肢肌肉痉挛,冠髯贫血,严重时呈躺卧姿势。剖检,见胸肌和其他肌肉组织出现灰白色变性坏死灶。

成年禽无明显症状,但所产种蛋的孵化率显著降低,常在孵化过程中出现胚胎死亡。公禽睾丸发生变性,引起生殖机能减退。

(3)防治:饲料宜现配现喂,不宜长期存放,全价饲料应添加抗氧化剂。生长快的肉仔鸡,可在每千克饲料中,添加亚硒酸钠维生素 E 预混剂 1 克。

治疗时,在每千克饲料中,添加维生素 E 20 单位,同时,每千克饲料中添加亚硒酸钠 0.2 毫克,蛋氨酸 2～3 克。症状严重的鸡,用亚硒酸钠维生素 E 注射液 0.2 毫升,1 次肌内注射。

10. 鸡泛酸缺乏症

本病是由于体内泛酸缺乏或不足所引起。临床上以皮炎、断羽、胫骨粗短为特征。

(1)病因:主要是饲料干热或加酸加碱处理时,使泛酸(维生素 B_6)被破坏所致。给鸡长期饲喂玉米,易造成泛酸缺乏。种鸡在维生素 B_{12} 不足时,对泛酸的需要量增加,如补充不足,可引起泛酸相对缺乏。

（2）临诊要点：雏鸡泛酸缺乏，表现为生长停滞，羽毛粗乱无光泽，头顶的羽毛部分脱落。眼睑常被黏性分泌物黏合。趾间和足底表皮剥脱，行走时疼痛。

成年种母鸡患病时，鸡胚出现严重的水肿和皮下出血现象，甚至鸡胚死亡。

（3）防治：为预防本病，应采取全价日粮。注意饲喂酵母、苜蓿粉或脱脂乳等富含泛酸的饲料。

鸡发病时，可在每千克饲料中补充20～30毫克泛酸钙，连用14天。同时适当增加动物性饲料（肝粉、脱脂乳等），以补充泛酸。

11. 鸡生物素缺乏症

本病是由于鸡体内生物素缺乏或不足所引起。临床上以皮炎、脱毛、生长鸡胫骨短粗为特征。

（1）病因：生物素（维生素H）缺乏的原因：育雏时采用过多的生鸡蛋清（内含抗生物素物质）拌料，长期饲喂玉米、麦类等谷物饲料（内含生物素少），持续服用磺胺类药物或抗生素（影响肠道内生物素的合成），均可导致生物素缺乏。

（2）临诊要点：雏鸡缺乏生物素，表现为食欲降低，生长迟缓，羽毛变干、变脆，趾爪、喙底、眼周围皮肤发炎，出现胫骨短粗等症状。

成年鸡缺乏生物素，种蛋孵化率降低，鸡胚呈先天性骨短粗症。

（3）防治：许多饲料是生物素的良好补充物，如黄豆粉、玉米粉、鱼粉等，在配制日粮时要充分考虑到。每千克饲料添加生物素150微克，可预防本病发生。雏禽禁用生蛋清拌料饲喂。治疗病鸡时用生物素，每千克体重0.5～1毫克，1次肌内注射。

12. 鸡叶酸缺乏症

本病是体内叶酸缺乏或不足所引起。临床上以造血机能障碍、羽毛褪色、生长缓慢和繁殖功能低下为特征。

(1)病因:见于长期饲喂缺乏蛋氨酸、赖氨酸的饲料,或煮熟的饲料。单一饲喂玉米或其他谷物,而不给青绿饲料,也易患病。大量服用抗生素或其他抑菌药,可影响叶酸在体内的生物合成。发生胃肠道疾病时,影响叶酸的吸收和利用。

(2)临诊要点:雏鸡食欲缺乏,生长缓慢。羽毛生长不良,易折断。有色鸡的羽毛缺乏色素而褪色,出现贫血和血小板减少。

有病母鸡产的种蛋,孵化率低下,胚胎可见畸形。

雏火鸡发病,表现颈麻痹,头颈直伸,双翅下垂,不断抖动。

(3)防治:保证日粮中有足量的叶酸。应用鱼粉或豆饼做蛋白性饲料时,要注意补充叶酸,通常每吨饲料可添加5～10克。在服用磺胺或抗菌药期间,或日粮中蛋白质含量不足时,应适当增加 B 族维生素的含量。

鸡发病时,应改善饲养管理,调整日粮组成,给予富含叶酸的饲料,如苜蓿、豆谷、酵母、青绿饲料等。

临床上可用叶酸注射液,雏鸡每只50～100 微克,育成鸡 100～200 微克,1 次肌内注射。或叶酸片剂,每千克体重 200～400 微克,1 次内服。均每天 1 次,连用 5～10 天。

13. 鸡锰缺乏症

本病是因饲料中锰含量不足而引起。临床上以骨骼畸形、繁殖机能障碍及新生雏运动失调为特征,又称为脱腱症、骨短粗病。

(1)病因:

①原发性原因。饲料本身含锰少(如低锰土壤生产的饲料),而在添加时量不足,可导致锰缺乏。

②继发性原因。饲料中钙、磷、铁、植酸过多,或发生球虫病和其他肠道疾病,都会影响对锰的吸收。

(2)临诊要点:雏鸡锰缺乏的典型症状是滑腱症,腿骨粗短,跗关节肿大、扭转,上下骨骼弯曲变形,腓肠肌的腱从关节后面的骨突上滑脱,使患肢不能站立、走动。雏鸡还会出现共济失调,姿势类似于维生素 B_1 缺乏时的"观星"状,但鸡锰缺乏时,骨骼并不变软易折。

产蛋鸡锰缺乏时,产蛋量下降,种蛋入孵后,胚胎发生营养不良,出雏前 1～2 天大批死亡。孵出的小鸡易患短肢性营养不良,头呈圆球样,喙短而弯(所谓"鹦鹉嘴")。

(3)防治:治疗本病,可在 100 千克饲料中加硫酸锰 12～24 克。也可用1∶3 000浓度的高锰酸钾液作为饮水,饮两天,停两天,反复循环。锰缺乏的病鸡除补充锰外,同时还应在每千克饲料中加氯化胆碱 1～1.2 克,多维素 0.4 克。有条件的鸡场可加喂青绿饲料,以补充其他元素。

14. 鸡锌缺乏症

本病是由于饲料中锌含量绝对不足或相对不足所引起。临床上以生长缓慢、皮肤角化不全、产蛋率低下为特征。

(1)病因:

①原发性病因。饲料中锌含量不足,如长期不添加或添加物质量低劣,可导致锌缺乏。

②继发性病因。饲料中钙、磷、铜、铁、铬、碘、镉和钼含量过高,可干扰锌的吸收。消化机能障碍,可引起锌的摄入不足。

(2)临诊要点:雏鸡缺锌时,生长停滞,羽毛生长不良。骨骼发育异常,表现为腿骨短粗,跗关节肿大、僵硬。皮肤出现鳞屑、皮炎,脚掌干裂。

产蛋鸡产蛋减少,孵化率降低,胚胎畸形,表现为躯干和肢体发育不全。

(3)防治:

①治疗。鸡锌缺乏,可在每千克饲料中添加硫酸锌 0.1～0.2 克或碳酸锌注射液,每千克体重 2～4 毫克,1 次肌内注射,每天 1 次,连续

10天。

②预防。保证鸡日粮中有足够的锌含量,同时适当补充维生素A等多种维生素。

(三)鸡的中毒病

1. 鸡棉子饼中毒

本病是因长期饲喂棉子饼而引起鸡的一种中毒病。临床上以出血性胃肠炎、间歇性抽搐或瘫痪为特征。

(1)病因:棉子饼中的有害物是棉酚等。有些地区用带壳的土榨棉子饼(未进行脱毒)喂鸡,或在棉子饼加工过程中温度低,或使用的溶剂不合适,都使棉酚含量高。另外,鸡日粮中棉子饼的配比过大,这些原因都可引起鸡棉子饼中毒。饲料中缺乏蛋白质、钙、铁、维生素A等,可使鸡对棉酚的敏感性升高。

(2)临诊要点:中毒鸡精神不振,食欲降低,饮水量增多。鸡冠稍肿,呈暗紫色。羽毛松散,结膜呈蓝紫色。下痢,粪便恶臭,混有黏液和血液。两腿软弱无力,间歇性抽搐或瘫痪。蛋清发红,蛋黄呈淡绿色。

(3)防治:发生鸡中毒,应立即停止用棉子饼喂鸡。

①治疗。用硫酸亚铁,以0.5%比例拌料,喂服病鸡,连用3天后剂量减半,再用7天。同时可使用维生素E,每千克饲料添中加40单位,拌料喂服,连喂7天,以促进恢复产蛋。个别严重病鸡,可用0.5%～1%鞣酸或0.05%～0.1%高锰酸钾洗胃。

②预防。棉子饼脱毒后再用,并控制用量及使用时间。为防止棉酚在体内蓄积,可在连续饲喂鸡1～2个月,停喂2～3周。同时补充富含多种维生素的青绿饲料,增强机体对棉酚的解毒能力。

2. 鸡黄曲霉毒素中毒

本病是因鸡误食大量黄曲霉毒素而引起。临床上以贫血、消化机能紊乱、出现神经症状为特征。

(1)病因:黄曲霉毒素是黄曲霉和寄生曲霉等产生的

有毒代谢产物。黄曲霉可污染玉米、花生、豆类、麦类及其副产品，引起发霉变质，产生大量的黄曲霉毒素。鸡吃进这种饲料，可引起黄曲霉毒素中毒。

（2）临诊要点：幼鸡中毒后，食欲降低，衰弱，嗜睡，翅膀下垂，贫血，鸡冠苍白，排绿色或带血色稀粪，凄叫，死前可出现惊厥和角弓反张。

黄曲霉毒素慢性中毒，可诱发肝癌。

（3）防治：

①治疗。发现本病，应立即用硫酸镁或硫酸钠，按每只鸡每天 1～5 克溶于水中，让鸡自由饮用，连饮 2～3 天。对急性中毒的，可喂给 5% 的葡萄糖水，维生素 C 100 毫克和维生素 K_3 4 毫克，每天 1 次。饲料中应添加复合维生素。

②预防。加强饲料保管，防止霉变。在饲养中，要不喂发霉饲料。经常更换鸡舍内垫料、用具，并用 0.2% 次氯酸钠溶液消毒。病鸡舍及存放霉变饲料的库房，要及时消毒，可用甲醛熏蒸或用过氧乙酸喷雾消毒。

3. 鸡肉毒中毒

鸡肉毒中毒是因肉毒梭菌产生的外毒素引起。临床上以运动神经麻痹和迅速死亡为特征，又称为软颈症。

（1）病因：肉毒梭菌在适宜的环境中，可产生并释放外毒素。本病常在温暖季节发生，因气温高，有利于肉毒梭菌生长和产生毒素。鸡可因食入含有肉毒梭菌外毒素的饲料，而引起发病。

（2）临诊要点：鸡突然发病，无精神、打瞌睡。头颈、腿、眼睑、翅膀等发生麻痹，麻痹从腿部开始，扩散到翅、颈和眼睑。重症的头颈伸直，平铺地面，不能抬起（软颈病的来源）。病鸡腹泻，排出绿色稀粪。后期由于心脏和呼吸衰竭而死亡。

（3）防治：

①治疗。尚无特效药物，

只能对症治疗。可试用维生素 E、维生素 A、维生素 D 和硒等。为加速有毒的肠内容物排出,可按75～100只成年鸡,投给泻盐450克,混拌在饲料中进行大群治疗。个别治疗时,每只鸡可喂服蓖麻油5毫升。

②预防。要着重清除环境中肉毒梭菌及其毒素的潜在来源,及时清除死鸡和淘汰病鸡。被病鸡污染的一切用具,应彻底消毒。

4. 鸡聚醚类抗生素中毒

当聚醚类药物用量过大在鸡体内造成蓄积时,可引起鸡中毒。临床上以精神沉郁、出现瘫痪、运动障碍为特征。

(1)病因:聚醚类药物,包括莫能霉素、盐霉素、拉沙里菌素、海南菌素、马杜霉素等,是常用的抗球虫药。如果临床上使用这些药物时间过长、用量过大,可能造成鸡中毒。

(2)临诊要点:病鸡精神沉郁,羽毛蓬松,饮食减少,口流黏液,嗉囊积食。两翼下

垂,两肢无知觉,不愿活动,发生瘫痪。病鸡伏卧于地,颈腿伸展,头颈贴于地面,两腿向外侧伸展。病鸡排稀软粪便,最后口吐黏液而死。

成年鸡除麻痹和共济失调等症状外,还表现为呼吸困难。

(3)防治:发现中毒,立即停用聚醚类药物。

可试用 5％葡萄糖溶液,或在水中加入维生素 C,让鸡饮用。

药物使用前仔细阅读说明书,应注意有效成分,勿将同一成分不同名称的两种药物并用,以防发生中毒。

5. 鸡喹乙醇中毒

喹乙醇在饲料中非法添加过多或饲喂时间过长,可引起鸡中毒。临床上以胃肠出血、昏迷为特征。

(1)病因:喹乙醇能促进鸡生长,节约饲料,降低成本,但有蓄积毒性,对动物有明显的致畸作用,对人也有潜在的致畸、致突变、致癌的不良影

响,因此喹乙醇在美国和欧盟,都被禁做饲料添加剂。

2005 年,我国已明令禁止喹乙醇在养禽生产中使用,但是在某些饲养场或农村地区,因有利可图,仍在非法使用。盲目加大用量,或使用时间过长,或拌料不均匀,都可引起鸡喹乙醇中毒。

(2)临诊要点:中毒后鸡精神不振,食欲废绝,鸡冠呈黑紫色,粪便稀软呈黄白色。死前痉挛,昏迷,角弓反张。

剖检病变:胃肠道有出血,肝、肾肿大。

(3)防治:发生中毒,应立即停喂混有喹乙醇的饲料。可试着让中毒鸡饮用口服补液盐或饮用 5% 的葡萄糖注射液。维生素 C 制剂,每天每只病鸡 25～50 毫克,可饮水、拌料或肌内注射。

6. 鸡磺胺类药物中毒

鸡对磺胺类药物较为敏感,当用量过大或用药时间过长,容易引起中毒。临床上病鸡以拒食、鸡冠及肉髯苍白、

便秘或下痢为特征。

(1)病因:磺胺类药物是防治鸡病的常用药,用于鸡伤寒、鸡白痢和鸡球虫病等多种疾病的治疗。使用量过大或连续使用时间过长,可引发鸡磺胺类药物中毒。

(2)临诊要点:

①急性中毒。患鸡表现兴奋、拒食、腹泻、痉挛、麻痹等症状,短时间可死亡。

②慢性中毒。常在超量用药连续 1 周左右发生。病鸡表现为精神委靡,食欲废绝,饮水量增加。鸡冠及肉髯苍白,头肿大并发紫。便秘或下痢,粪便呈酱油色。产蛋鸡产软壳蛋或薄壳蛋,产蛋量明显下降。

(3)防治:3 周龄内的雏鸡和蛋鸡产蛋期间,应慎用磺胺类药物。使用磺胺类药物,除首次加量以外,均不可超剂量使用。

常用的磺胺类药物,一般混饲量为 0.1%～0.2%,连续用药时间不超过 1 周,拌料

混药要均匀。

如果发现鸡群中毒,应立即停药,并给予大剂量的饮水。可试用:在饮水中添加0.5%～1.0%的碳酸氢钠或5%的蔗糖。每千克饲料中,同时添加维生素 B_1 25 毫克,维生素 C 0.2 克。用维生素 B_{12} 1～2 微克,叶酸 50～100 微克,1 次肌内注射。

7. 鸡一氧化碳中毒

本病是由于鸡吸入大量一氧化碳气体所引起的中毒。临床上以机体缺氧、可视黏膜呈樱桃红色为特征,又称为煤气中毒。

(1)病因:如果育雏鸡舍的取暖煤炉安装不当,不安装烟筒,或烟筒内积聚煤灰过多,引起排烟不畅,室内通风不良,都可引起一氧化碳在鸡舍中含量增高。幼雏在含0.1%～0.2%一氧化碳的环境中,就会中毒。

(2)临诊要点:急性中毒的病雏,烦躁不安,流泪,发出尖锐的"咯咯"声。呼吸困难,咳嗽。可视黏膜呈樱桃红色,呼吸迫促,运步失常,头向后仰,站立不稳或呆立,嗜睡或倒于一侧,最后痉挛死亡。

(3)剖检病变:可见死鸡血液呈樱桃红色。

(4)防治:

①治疗。发现鸡中毒后,应立即加强通风,或将鸡转移到空气流通的鸡舍。轻度中毒的鸡,很快可恢复正常。

中毒鸡,可皮下注射葡萄糖氯化钠溶液和强心剂,还可在饮水中加入食醋,让鸡自由饮水,以缓解中毒。

②预防。要经常检查烟筒是否通畅,随时清除烟灰。育雏室内应安装排风换气扇,保持室内空气新鲜。

8. 鸡氨气中毒

本病是鸡吸入一定量的氨气后发生的一种中毒病。临床上以鸡群骚动不安,咳嗽、流泪、角膜混浊、溃疡,呼吸麻痹为特征。

(1)病因:鸡舍中的氨气是由鸡的粪、尿,雏鸡垫料,以及饲料残渣腐败分解后产生的。如长期不清理粪便，又无通风设施，就会造成鸡舍内氨气等有害气体的大量蓄积。当室内空气中氨气的含量超过 0.002％ 时，便会引发中毒。

(2)临诊要点：氨气刺激鸡的黏膜。初期鸡骚动不安，结膜潮红、充血，角膜发炎，鸡咳嗽、流泪、口流泡沫性黏液，呼吸道分泌物增多。若氨气量达到 0.005％ 时，可引起病鸡角膜混浊、溃疡，最后痉挛、死亡。

(3)防治：及时清除鸡舍内粪、尿等污物，坚持 2～3 天喷雾消毒 1 次。每天清理料槽，剩余饲料要打扫干净。将过氧乙酸或乙酸用温水稀释后，洒在鸡舍通道和墙壁四周，能中和鸡舍内氨气，有效降低氨气浓度。

鸡群发生中毒后，要开窗通风换气，转移鸡舍。给病鸡饮用 1∶3 000 的硫酸铜水溶液。病鸡饲料中，增加维生素A 及维生素 D_3 的添加量。病情严重的鸡，注射安钠咖或樟脑磺酸钠等兴奋剂，同时使用抗生素类药物，防止继发感染，也可用硫酸阿托品肌内注射，以减轻肺水肿。

第四部分 畜禽尸体剖检等后期处置及相关文件

内容导读

本部分简要介绍了畜禽尸体剖检及处置的方法和相关文件,具体包含 6 个方面的内容,即畜禽尸体剖检、病理组织学材料的选取和运送、病原学诊断的方法、细菌的分离培养、消毒、相关文件。

学习这一部分内容,需要注意以下几点。

(1)畜禽尸体剖检是基层临床兽医应该熟练掌握的一门实用技术。尸体剖检的意义主要体现在两个方面。一是可以检验医生对动物生前疾病的诊治是否正确,及时总结经验,不断提高诊疗工作的质量。二是对于一些群发性疾病,例如传染病、寄生虫病或中毒病等,通过尸体剖检可以提示诊断方向,或能直接做出诊断,有利于及时有效地采取防控措施。因此,这里较详细地介绍了不同畜禽的尸体剖检方法。

(2)大多数基层临床兽医,都有较强的肉眼识别病变的能力。为了进一步提高病理学诊断水平,需要在尸体剖检时,采集合适的材料,经过适当修整后,运送到有条件的单位制备病理切片。因此,结合实际需要介绍了有关病理组织学材料的选取和运送的基本要求。

(3)病原学诊断是确诊畜禽传染病、寄生虫病的主要方法之一。根据现实需要和可能,简要介绍了病原学材料的采集、直接镜检、病原(特别是细菌)分离培养和鉴定、动物接种实验、免疫学诊断、分子生物学诊断等方法,希望对兽医作者有所帮助。

(4)按照要求,认真、细致地做好剖检地点及发病场所的消毒工作,对防止病原扩散,保护其他健康动物,维护人类和环境的安全,具有重要意义,同时,也是兽医工作者的社会职责所在。这里简要介绍了预防性消毒、随时消毒、终末消毒的要求和方法,应引起广大兽医工作者的高度重视。

(5)在附录中,一共收录了11项重要的公告、办法、规程、条例等。包括:《一、二、三类动物疫病病种名录》《人畜共患传染病名录》《2010年国家动物疫病强制免疫计划》《食品动物禁用的兽药及其他化合物清单》《禁止在饲料和动物饮用水中使用的药物品种目录》《病死及死因不明动物处置办法(试行)》《病害动物和病害动物产品生物安全处理规程》《中华人民共和国动物防疫法》《中华人民共和国兽药管理条例》《乡村兽医管理办法》及《执业兽医职业道德行为规范》。这些文件对做好临床兽医所承担的业务工作,具有重要的指导作用。需要注意的是,公告、规程中的一些具体内容、项目等,可能会不断做出增补、更新、调整,希望兽医工作者随时给予关注,并按新的要求,在畜禽疫病诊疗实践中贯彻、执行。

一、畜禽尸体剖检

对因病死亡或因病迫杀的畜禽尸体,按一定方法,由体表到体内,对各器官、系统的病理变化进行检查,最后完成尸体剖检报告,这项工作就叫作畜禽尸体剖检。畜禽尸体剖检需要一定的病理学基础,更需要实践经验。广大临床兽医要敢于动手,勤于动手,在实际工作中增长聪明才智,不断提高临床诊疗水平。

（一）尸体剖检的目的和要求

1. 尸体剖检的目的

（1）发现病变，做出病理诊断，为确诊疾病特别是传染病提供依据。

（2）检验对畜禽生前疾病的诊治是否正确，及时总结经验，不断提高临床兽医的诊疗质量。

（3）根据需要采取各种病料和组织块，为病原分离鉴定、毒物检查、组织学检查等做好准备。

2. 尸体剖检的要求

（1）剖检场地：为了防止病原扩散和污染环境，同时也为了保护剖检人员的自身安全和便于消毒，剖检尸体特别是剖检传染病尸体，应在有一定条件的实验室内进行。特殊情况下在野外剖检时，剖检结束后要进行彻底的清理和消毒。

（2）剖检时间：剖检应在动物死后立即进行。尸体放久后，容易腐败分解，尤其在夏天，这会影响对原有病变的观察。一般死后超过24小时的尸体，就失去剖检意义。此外，剖检最好在白天进行，因在灯光下，一些病变颜色（如黄疸、变性等）不易辨认。

（3）器械和药品的准备：

①剖检常用器械。剥皮刀、脏器刀、外科剪、骨剪、外科刀、镊子、骨锯、双刃锯、斧、骨凿、探针、量尺、量杯、注射器和针头、天平、磨刀棒或磨刀石等。

②剖检常用的消毒药品。3%～5%来苏儿、石炭酸、臭药水、0.2%高锰酸钾液、70%酒精、3%碘酒等。最常用的固定液是10%甲醛溶液。此外，还应准备凡士林、滑石粉、肥皂、棉花和纱布等。

③剖检人员的工作服。胶皮或塑料围裙、胶皮手套、线手套、工作帽、胶鞋、口罩和眼镜等。

（4）了解病史：尸体剖检前，应先详细了解发病畜禽所在地疾病的流行情况、生前病史,包括临床症状、检查、临床诊断治疗,以及饲养管理和临死前的表现等。如发现可疑炭疽时,应尽快采取新鲜尸体的末梢血液做涂片染色检查,检查猪则做下颌淋巴结的涂片染色检查,以便确诊。

(5)剖检前尸体的处理:剖检前应在尸体表面喷洒消毒液,搬运尸体,特别是搬运炭疽、开放性鼻疽等传染病尸体时,应先用浸透消毒液的棉花团塞住天然孔,并用消毒液喷洒体表,然后方可运送。运送用的车辆和绳索等工具,都要严格消毒,污染的土层、草料等要焚烧后深埋。

(6)剖检人员的自身防护:剖检畜禽尸体,特别是传染病尸体时,剖检人员应穿着工作服,外罩胶皮或塑料围裙、戴胶手套、线手套、工作帽、穿胶鞋,必要时还要戴口罩和眼镜。

在剖检中不慎切破皮肤时,应立即消毒和包扎。在剖检过程中,应保持清洁和注意消毒。常用清水或消毒液洗去剖检人员手上和刀、剪等器械上的血液、脓液和各种排出物。剖检后,双手先用肥皂洗涤,再用消毒液冲洗。为了消除粪便和尸腐臭味,可先用0.2%高锰酸钾溶液浸洗,再用2%~3%草酸溶液洗涤退去棕褐色后,再用清水冲洗。经常参加剖检工作的人员应做好相关疾病的疫苗接种(例如狂犬病、破伤风等)。

(二)尸体剖检方法

尸体剖检方法主要是根据不同畜禽解剖结构的特点、疾病的性质以及操作的简便和繁杂等情况决定的,其中也包含很多前人实践经验的总结。剖检一般是由体表开始,再到体内,体内通常从腹腔开始,继之胸腔,再到骨盆腔、颅腔等。器官通常是先取出,再检查,但剖检步骤也不是一成不变的,应根据畜禽种类、不同疾病而有一定的灵活性和检查重点。

1.家禽的尸体剖检方法

(1)外部检查：

①天然孔的检查。注意口、鼻、眼等有无分泌物及其数量与性状。检查鼻窦时可用剪刀在鼻孔前将口喙的上颌横向剪断，以手稍压鼻部，注意有无分泌物流出。检查泄殖孔的状态，注意其周围的羽毛有无粪便污染。例如雏鸡白痢时，在泄殖孔的外口常有石膏样灰白色的稀便黏附。

②皮肤的检查。检查头冠、肉髯的色泽，注意头部及其他各处的皮肤有无痘疹等病变。检查腿部皮下有无水肿、出血、关节肿胀。龙骨突有无变形、弯曲等现象。

③病禽的营养状况。根据用手触摸胸骨两侧的肌肉丰满度及龙骨的突显情况来判断。

(2)内部检查：

①体腔剖开。外部检查后，用1%石炭酸溶液或清水将禽体羽毛浸湿，拔掉胸腹和颈部羽毛，切开大腿与腹侧连接的皮肤，用力将两大腿向外翻压直至两髋关节脱臼，使禽体背卧位平放于磁盘上（此时可切断大腿内侧肌肉检查坐骨神经的状态）。由喙角沿体中线由前向后剪开皮肤，直到与泄殖孔前做的一条皮肤横切线相交，并向两侧分离皮肤，即可将腹部和胸部皮肤整片分离，此过程中可检查皮下组织的状态（如有无出血、水肿、坏死等）。再按上述皮肤切线的相应部位剪开腹壁肌肉，两侧胸壁可用骨剪自后向前将肋骨、乌喙骨和锁骨一一剪断，然后握住龙骨突的后缘用力向上前方翻拉，并切断周围的软组织，即可去掉胸骨，露出体腔。

剖开体腔后，注意检查各部位的气囊，有无浑浊、增厚，或表面被覆有无渗出物或增生物。同时注意体腔内液体多少、有无渗出物和其他病变。

②脏器的取出。

A. 体腔内器官的取出：可先将心脏连心包一起剪离，

再采出肝,然后将肌胃、腺胃、肠、胰腺、脾脏及生殖器官一同采出。肺脏和肾脏位于肋间隙内及腰荐骨的陷凹部,可用外科刀柄剥离取出。

B. 颈部器官的取出:先用剪刀将下颌骨、食道、嗉囊剪开。注意食道黏膜的变化及嗉囊内容物的分量、性状以及嗉囊内膜的变化,再剪开喉头、气管,检查其黏膜及腔内分泌物。

C. 脑的取出:可先用刀剥离头部皮肤,再剪除颅顶骨,即可露出大脑和小脑,然后轻轻剥离,将前端的嗅脑、脑下垂体及视神经交叉等部逐一剪断,即可将整个大脑和小脑采出。

③脏器的检查。

A. 心脏:将心包囊剪开,注意心包腔液的数量、心包囊与心壁有无粘连。剪开两侧心房及心室,检查心内膜及观察心肌的色泽及性状。

B. 肺:注意观察其形态、色泽和质地,有无结节,切开

检查有无充血、坏死灶等变化。

C. 腺胃和肌胃:先将腺胃、肌胃一同切开,检查腺胃内容物和黏膜的状态,有无寄生虫等。再剥离肌胃的角质膜,检查胃壁性状。

D. 肠:检查黏膜有无充血、出血、坏死、溃疡,内容物的性状及有无寄生虫等,两侧盲肠也应剪开检查。

E. 肝:检查肝的大小、色泽、质地,表面有无坏死灶、坏死点、出血点、结节,以及切面的性状。

F. 脾:注意检查脾的大小、色泽、质地,表面及切面的性状等。

G. 肾:分为3叶,境界不明显,无皮质髓质区别,检查时注意其大小、色泽、质地、表面及切面的性状等。肾有尿酸盐沉着时,可见灰白色点状物,肾肿大。

H. 胰:分为3叶,有导管2～3条,分别开口于十二指肠,且与胆管开口部相邻,注

意检查有无出血等病变。

I. 睾丸：成禽注意其大小、表面及切面的状态。

J. 卵巢和输卵管：左侧卵巢较发达，右侧常萎缩。输卵管与卵巢接近处为漏斗部，其后为卵白分泌部。当患急性传染病时，卵泡的表面常见有充血、出血，甚至卵泡破裂。检查输卵管时，注意其黏膜和内容物的性状，有无充血、出血和寄生虫。

K. 脑：注意脑膜血管有无充血、出血及切面脑实质的变化。脑组织的病变主要依靠切片检查。

2. 猪的尸体剖检方法

（1）外部检查：在剥皮之前检查尸体的外表状态。

①自然状况。品种、性别、年龄、毛色、特征、营养状态等。

②皮肤状况。被毛的光泽度，有无脱毛、褥疮、溃疡、脓肿、创伤、水肿、气肿、肿瘤、外寄生虫等，有无粪泥和其他病产物污染等。

③天然孔状况。眼、鼻、口、肛门、外生殖器等开闭状态，有无分泌物、排泄物及其性状、量、色、味和浓度等，可视黏膜的色泽，有无出血等。

（2）内部检查：在剖开体腔前可以剥皮，也可以不剥皮，一般小猪不剥皮。

①剥皮和皮下检查。尸体取背卧位。从颌下正中向胸、腹方向做一条纵行切线，直到肛门，切透皮肤，边剥皮边进行皮下检查，注意观察有无出血、水肿、坏死等，还要观察体表淋巴结的变化。

②腹腔的剖开。从剑状软骨后方沿白线由前向后，直至耻骨联合做第一切线，再从剑状软骨沿左右两侧肋骨后缘至腰椎横突做第二、第三切线，使腹壁切成两个大小相等的楔形，把这两个楔形向两侧翻开，就暴露出腹腔。可见结肠呈盘状卷曲，位于腹腔后稍偏右方，盲肠位于左腰部，其盲端可到骨盆，小肠位于腹腔的左前方与右后方，胃与结肠

之间是网膜。

腹腔剖开后,观察腹腔液的数量和性状,腹腔内有无异常内容物,如气体、血凝块、胃肠内容物、脓汁、寄生虫、肿瘤等。腹膜的性状,有无充血、出血、纤维素、脓肿、肿瘤等。腹腔脏器的位置和外形,有无变位、扭转、粘连、肿瘤、寄生虫结节、淋巴结的性状,横膈膜是否完整等。

③骨盆腔的剖开和脏器取出。先锯开骨盆联合,再用刀切离直肠与骨盆腔上壁的结缔组织。母畜还要切离子宫和卵巢,再由骨盆腔下壁切离膀胱和阴道,在肛门、阴门做圆形切离,即可取出骨盆腔脏器。

④腹腔脏器的取出。

A. 脾脏和网膜的取出:在腹前部可见脾脏。提起脾脏,并在接近脾脏部切断网膜和其他联系后取出脾脏,然后再将网膜从其附着部分分离采出。

B. 胃肠道的取出:找到并切断胃膈韧带,在胃的前方切断食道,再切断肠道和机体背部的联系,提起食道切口处将胃向后提拉,与此同时,将直肠内容物向前推,并切断直肠,此时可将整个胃肠道从腹腔内采出。

C. 肝脏的取出:剪断肝脏与周围组织间的韧带,把肝脏和胆囊一起采出。

D. 肾脏的取出:切断肾脏与周围组织的联系,从腰部将肾脏连同输尿管、膀胱一起采出。

⑤胸腔的剖开。分离胸壁的肌肉组织,用刀切断两侧肋骨与肋软骨的接合部,再切断横膈,除去胸骨,即可露出胸腔。

胸腔剖开后,要观察胸腔液的数量和性状,胸腔内有无异常内容物,如气体、血液、脓汁、寄生虫、肿瘤等,胸膜有无出血、充血、炎症、粘连等病变。

⑥颈胸部器官的取出。用手将舌拉出,切断与其联系

的软组织、舌骨支,再分离咽喉头、气管、食道周围的肌肉和结缔组织,将舌、喉、气管、肺脏和心脏一并取出。

⑦脏器的检查。

A. 脾脏:检查大小、色彩、质地、有无瘢痕形成,然后做横切或纵切,检查脾髓、滤泡和脾小梁的状态,有无结节、坏死、梗死和脓肿等。

B. 肝脏:检查大小、色泽,有无出血、结节、坏死等。切开肝组织,观察切面的色泽、含血量,注意切面有无脓肿、寄生虫性结节和坏死等。切开胆囊,检查胆汁的色彩、数量、黏稠度和胆囊壁的性状。

C. 胰腺:检查大小、色泽和质地,并沿胰腺的长径做切面,检查有无出血、寄生虫和坏死等变化。切开胰管,检查管腔内容物和管壁的性状。

D. 肾脏:检查大小、色泽和质地。将肾纵切为相等的两半,观察被膜有无粘连。剥离被膜后,检查肾表面有无出

血、瘢痕、梗死等病变。观察肾盂有无积尿、积脓、结石及其黏膜面的性状。检查输尿管和膀胱,注意有无结石,膀胱充盈度,尿液色泽和性质,以及黏膜有无充血、出血、水肿、坏死、溃疡等变化。

E. 肾上腺:检查大小、色泽和质地,检查切面上皮质和髓质的厚度和色泽。

F. 胃和十二指肠:检查胃的大小、浆膜面的色泽、有无粘连等,然后剪开,检查胃内容物的数量、性状、气味、色泽、寄生虫等,最后检查胃黏膜有无肿胀、充血、溃疡等病变。剪开十二指肠,先检查肠内容物,再检查黏膜面。

G. 小肠和大肠:检查肠管浆膜面有无粘连、肿瘤、寄生虫结节等,然后剪开肠管,注意肠内容物的数量、性状、有无血液、异物、寄生虫等。除去肠内容物,再检查肠黏膜有无肿胀、充血、出血、寄生虫和其他病变。

H. 心脏:先检查心脏纵

沟、冠状沟的脂肪量,有无出血,再检查心脏的外形、大小、心外膜的性状,然后切开两侧心房及心室,检查心内膜,观察心肌的色泽及性状。

I. 肺脏:检查肺的体积、色泽、有无渗出物附着,有无委陷或气肿病灶。用剪刀沿着气管、支气管剪开,检查黏膜的性状,有无出血、渗出物或异物等。最后将左右肺叶做纵切和横切,检查各切面的色泽、含血量和有无渗出、化脓、结节等变化。

J. 公畜生殖器:先检查包皮、龟头,然后由尿道口将阴茎剪开,检查尿道黏膜的状态。检查睾丸和附睾的大小、质地,观察切面有无充血、出血、瘢痕、结节、化脓和坏死等。最后检查输精管、精囊、前列腺、尿道球腺有无病变。

K. 母畜生殖器:观察子宫的大小、子宫体和子宫角的形状,然后用肠剪伸入阴道,剪开阴道、子宫颈、子宫体,直至子宫角的顶端,检查黏膜

面、内容物的性状。用手触摸检查输卵管,剪开后注意管壁厚度、黏膜状态、有无阻塞。检查卵巢外形、大小、色泽等,然后做纵切,检查黄体和滤泡的状态。

⑧颅腔剖开。清除头部的皮肤和肌肉,先在两侧眶上突后缘做一条横锯线,从此锯线两端经额骨、顶骨侧面至枕脊外缘做两条平行的锯线,再从枕骨大孔两侧做一"V"形锯线与二纵锯线相连。此时将头的鼻端向下立起,用锤敲击枕嵴,即可揭开颅顶,露出颅腔。

小心地取出大脑、小脑、延脑和脑垂体,观察脑膜有无出血、充血等变化。

脑的病变主要依靠切片检查。

⑨剖检小猪。可自下颌沿颈部、腹部正中线至肛门切开,暴露胸腹腔,切开耻骨联合露出骨盆腔,然后将口腔、颈部、胸腔、腹腔和骨盆腔的器官一起取出,再逐一检查。

3. 犬的尸体剖检方法

（1）尸体采取仰卧位固定、剥皮，或在剖开体腔前先不剥皮，皮下检查可结合切开体腔的过程同时进行。

（2）腹腔的剖开和腹腔脏器的采出：切断肩胛骨内侧与胸壁的联系，切断髋关节周围的肌肉，使四肢摊开，然后从剑状软骨后方沿腹壁正中线切开至肛门部之间的腹壁，再沿两侧最后肋骨纵切腹壁至脊柱部，这样腹腔脏器全部暴露，此时检查脏器位置及腹腔内容物有无异常，然后由横膈处切断食管，在骨盆后部切断直肠，握提起食管断端，分离腹腔器官与躯体的联系，将胃、肠、肝、胰、脾一起采出，分别检查，也可按脾、胃、肠、肝、肾的顺序分别采出。

犬胃由贲门、胃底、胃体、胃窦和幽门组成。胃的容积较大，中等体型的犬胃容积可达 2 升。左侧的贲门、胃底和胃体占去胃的大部分体积，呈圆形。右侧的幽门及胃窦较

小，呈圆筒状。胃空虚时胃窦可收缩变细。胃大弯的长度约为胃小弯的 4 倍。

犬的肠管比其他动物的肠管短，为体长的 3～4 倍。小肠分为十二指肠、空肠和回肠，呈祥状盘曲，位于肝和胃的后方。大肠管径与小肠相似，但肠壁上缺乏纵带或结肠袋。盲肠是回肠与升结肠交接部的标志，长 6～8 厘米，其尖端一般指向回肠末端的右后方，内径较粗，肠壁内含有许多孤立淋巴结。结肠分为升结肠、横结肠和降结肠。

腹腔脏器的检查与猪等动物的检查相似。

（3）胸腔的剖开：用骨剪或刀切断肋软骨和胸骨间的连接处，再切离其他软组织，除去胸壁腹面，胸腔即可露出。

口腔、颈部、胸腔器官的采出方法是剥去下颌部和颈部皮肤后，用刀切断两下颌内侧与舌连接的肌肉，一手指伸入下颌间隙，将舌拉出，剪断

舌骨,将舌、喉、气管、肺脏和心脏一并采出。

胸腔脏器的检查方法与猪等动物的检查相似。

(4)剖检小犬:可参照剖检小猪的方法,自下颌沿颈部、腹部正中线至肛门切开,暴露胸腹腔,切开耻骨联合露出骨盆腔。然后将口腔、颈部、胸腔、腹腔和骨盆腔的器官一起取出。

(5)颅腔剖开:可参照猪的病理剖检方法进行。

脑的病变主要依靠切片检查。

猫的尸体剖检可参照犬的病理剖检方法进行。

4. 牛、羊的尸体剖检方法

(1)外部检查

①剥皮和皮下检查,要注意皮下有无出血、水肿、脱水、脓肿等病变,观察皮下脂肪组织的多少、性状等。

②注意体表淋巴结,特别是下颌、肩胛、膝上、乳房上和腹股沟淋巴结的检查。观察其色泽、大小、硬度、切面变化等。

③剥皮后,应对肌肉(丰瘦、色彩、出血、水肿、气肿等)、乳房(外形、体积、重量、硬度、乳头有无病变)做初步检查。

(2)内部检查:牛、羊是反刍动物,有四个胃,占据腹腔左侧的绝大部分,因此,剖检方法上也要有相应的改变,尸体应采取左侧卧位,以便腹腔脏器的采出和检查。

①腹腔的剖开。从右侧䏯窝部沿肋骨弓至剑状软骨切开腹壁,再从髋结节至耻骨联合切开腹壁,然后将被切成楔形的右腹壁向下翻开,即暴露出腹腔。

②腹腔脏器的取出。腹腔剖开后,在剑状软骨部可见网胃,右侧肋骨后缘为肝脏、胆囊和皱胃,右腹部可见盲肠,其他脏器被网膜覆盖。因此,为了采出腹腔脏器,应先将网膜切除,然后再依次采出小肠、大肠、胃和其他器官。

A. 网膜的切除：以左手牵引网膜，右手拿刀，将大网膜浅层和深层分别自其附着部切离，再将小网膜从其附着部切离，此时小肠和肠盘都显露出来。

B. 空肠和回肠的取出：在右侧骨盆腔前缘找到盲肠，提起盲肠，沿盲肠体向前见一连接盲肠和回肠的三角韧带，即回盲韧带。切断回盲韧带，分离一段回肠，在距盲肠约15厘米处将回肠做二重结扎并切断，由此断端向前分离回肠和空肠，直到空肠的起始部，即十二指肠空肠曲，再做二重结扎并切断，取出空肠和回肠。

C. 大肠的取出：在骨盆腔口找出直肠，将直肠内粪便向前方挤压，在其末端做一次结扎，并在结扎的后方切断直肠。然后握住直肠断端，由后向前把降结肠从背侧脂肪组织中分离出来，并切离肠系膜直至前肠系膜根部。再将横行结肠、肠盘与十二指肠回行部之间的联系切断。最后把前肠系膜根部的血管、神经、结缔组织一并切断，取出大肠。

D. 胃、十二指肠和脾脏的取出：先检查有无创伤性网胃炎、横膈炎和心包炎，以及胆管、胰管的状态。如有创伤性网胃炎、横膈炎和心包炎时，应立即进行检查，必要时将心包、横膈和网胃一同采出。

通常先分离十二指肠肠系膜，切断胆管、胰管和十二指肠的联系。将瘤胃向后方牵引，露出食道，在其末端结扎并切断。助手用力向后下方牵引瘤胃，术者用刀切离瘤胃与背部相联系的结缔组织，并切断脾膈韧带，即可将胃、十二指肠、胰腺和脾脏同时取出。

腹腔内其他脏器的取出方法和猪基本相同。

③反刍动物胃的检查。先将瘤胃、网胃、瓣胃之间的结缔组织分离，使其有血管和淋巴结的一面向上，按皱胃在

左,瘤胃在右的位置平放在地上。用剪刀沿皱胃小弯部剪开,至皱胃与瓣胃交界处,则沿瓣胃的大弯部剪开,至瓣胃与网胃口处,又沿网胃大弯剪开,最后沿瘤胃上下缘剪开。这样胃的各部分可全部展开,如网胃有刨伤性炎症时,可顺食道沟剪开,以保持网胃大弯的完整性,便于检查病变。

胃内容物和黏膜的检查与猪的检查相同,检查网胃时,应特别注意有无异物和创伤。

④颅腔剖开。为了便于打开颅腔,可从枕骨大孔沿枕骨片的中央及顶骨和额骨的中央缝加做一纵锯线,最后用力将左右两角压向两边,颅腔即可暴露,脑的病变主要依靠切片检查。

(三)剖检记录和尸体剖检场所的处理

1. 尸体剖检记录

尸体剖检记录应在剖检的当时进行,不可凭记忆事后补记,以免遗漏或错误。记录的顺序应与剖检顺序一致。记录的内容要力求完整详细。对尸体的各种病理变化,尽量用通俗易懂的语言进行描述,用词要明确,不能含糊不清。但是,大多数疾病的病变,总是较明显地发生于某些器官、某个系统,因此,记录时也应突出重点,有主有次,详略得当。

2. 尸体剖检报告

一份完整的尸体剖检报告应包括以下几部分。

(1)概述:包括畜主信息,畜禽的种类、性别、年龄、临床摘要及临床诊断、死亡时间、剖检日期、剖检地点、剖检序号,剖检人员等。

(2)剖检所见:以尸体剖检记录为依据,按尸体所出现病理变化的主次顺序进行详细、客观地记载。

(3)病理学诊断和结论:要对剖检记录进行整理,根据各器官的病理变化进行综合分析,做出病理学诊断(例如,"猪大叶性肺炎"),提出结论

（例如，"猪巴氏杆菌病"）并提供防治建议。

3. 尸体和尸体剖检场所的处理

剖检后的场地要做好终末消毒。剖检器械、衣物等都要消毒和洗净。胶皮手套消毒后，用清水洗净、抹干、撒上滑石粉。金属器械消毒清洁后擦干，涂抹凡士林，以免生锈。

凡患有严重的人畜共患病或危害性较大的传染病、寄生虫病、肿瘤、中毒等疾病的畜禽尸体，可采用焚烧（常用尸体焚烧炉）或其他无害化处理方式（如通过湿化机进行湿化，小动物可用高压消毒锅消毒）。

极特殊情况下在室外剖检时，应选择地势较高、环境较干燥、远离水源、道路、房舍和畜禽舍的地点进行。剖检前挖深达 2 米的深坑，剖检后将内脏、尸体连同被污染的土层投入坑内，再撒上石灰或 10% 的石灰水、3%～5% 的来苏儿或臭药水，然后用土掩埋，最好是焚烧后再深埋。

特别提示：对于炭疽等病死畜禽尸体，根据我国颁布的国家标准《病害动物和病害动物产品生物安全处理规程》（GB16548－2006）的规定，只能进行焚毁处理，不能掩埋，更不能剥皮或食用。

二、病理组织学材料的选取和运送

为了查明患病畜禽发病原因，做出正确的诊断和采取恰当的防控措施，需要在剖检的同时，选取病理组织学材料，并及时固定，送到病理切片实验室制作切片，然后进行病理组织学检查，但是，大多数基层乡镇兽医院，都没有自己的病理切片实验室。因此，为了进行病理学诊断，需要采集病理材料后，运送到有条件的单位，制备病理切片。

病理组织切片能否完整地、如实地显示原来的病理变化，在很大程度上取决于材料的选取、固定和寄送。在这个过程中,要注意如下几点。

(1)刀剪要锋利:切取组织块所用的刀剪一定要锋利,切时必须迅速而准确,不要使组织块受挤压或损伤,以保持组织完整,避免人为的损坏。因此,对柔软或易变形的组织(如胃、肠、胆囊、肺),以及水肿的组织等,切取时要更加注意。为了使胃肠黏膜保持原来的形态,剖检小动物可将整段肠管剪下,不加冲洗或挤压,直接投入到固定液内。黏膜面所附着的病理性产物,一经触摸,即被破坏,故在采取标本时应该特别注意。水分的接触可改变其微细结构,所以组织在固定前,勿使沾水。

(2)取材要全面:有病变的器官或组织,要选择病变显著部分或可疑病灶。取样要全面而具有代表性,能显示病变的发展过程。在一块组织中,要包括病灶及其周围的正常组织,且应包括器官的重要结构部分。如胃、肠应包括从浆膜到黏膜各层组织,且能看

到肠淋巴滤泡。肾脏应包括皮质、髓质和肾盂。心脏应包括心房、心室及其瓣膜各部分。在较大而重要病变处,可分别在不同部位采取组织多块,以代表病变各阶段的形态变化。

(3)取材的组织不可厚:组织块的大小,通常长宽1~1.5厘米,厚度为0.4厘米左右。必要时组织块的大小可增大到1.5~3厘米,但厚度最厚不宜超过0.5厘米,以便固定。尸检采取标本时,可先切取稍大的组织块,待固定几小时后,切取镜检组织块时再切小、切薄。修整组织的刀要锋利、清洁,切块垫板最好用硬度适当的石蜡做成的垫板(可用组织包埋用过的旧石蜡做),或用平整的木板。

(4)柔软组织要特殊处理:为了防止组织块在固定时发生弯曲、扭转,对易变形的组织如胃、肠、胆囊等,切取后将其浆膜面向下平放在稍硬厚的纸片上,然后徐徐浸入固

定液中。对于较大的组织片，可用两片细铜丝网放在其内外两面系好，再行固定。

（5）区分病变面：特殊病灶的组织切块时，需将病变显著部分的一面平切，另一面可故意切作不整齐，以便区别，使包埋时不致倒置。

（6）类似组织莫搞混：当类似组织块较多，易于造成彼此混淆时，可分别固定于不同的小瓶中，或将组织切成不同的形状（如长方形、正方形、三角形等），使易于辨认。此外，还可用铅笔标明的小纸片和组织块一同用纱布包裹，再行固定。

（7）取材后要迅速固定：为了使组织切片的结构清楚，切取的组织块要立即投入固定液中，固定的组织愈新鲜愈好。固定液的种类较多，不同的固定液又各有其特点，可按要求进行选择。最常用的固定液是 10％ 的甲醛水溶液，其他固定液如纯酒精或岑克尔液等亦要准备齐全，以便需

要时即可应用。固定时间不宜过长或过短，如以甲醛液固定，只需 24～48 小时即可，以后用水冲洗 12 小时则可应用。用岑克尔液固定 12～24 小时，经水冲洗 24 小时也可应用。固定液的量要相当于组织块总体积的 5～10 倍。固定液容器不宜过小，容器底部可垫以脱脂棉花，以防止组织与容器粘连，造成组织固定不良或变形。肺脏组织比重较轻易漂浮于固定液面，可盖上薄片脱脂棉花，借棉花的虹吸现象，可不断地浸湿标本。

（8）病例要编号：组织块固定时，应将病例编号用铅笔写在小纸片上，随组织块一同投入固定液里，同时将所用固定液、组织块数、编号、固定时间写在瓶笺上。

（9）符合要求后再运送组织块：将固定完全和修整后的组织块，用浸渍固定液的脱脂棉花包裹，放置于广口瓶或塑料袋内，并将其口封固。瓶外再裹以油纸或塑料纸，然后用

大小适当的木盒包装,即可派人运送。同时应将整理过的尸体剖检记录及有关材料一同带去。在送检单上说明送检的目的要求,组织块的名称、数量以及其他应说明的问题。

(10)多保留一套组织块:除寄送的病理组织块外,本单位还应保留一套病理组织块,以备必要时复查之用。

三、病原学诊断的方法

病原学诊断,又称为微生物学诊断,是应用微生物学的方法对病原进行检查、确定,是确诊畜禽传染病的主要方法之一。

病原学诊断所采取的一般步骤和方法包括。

1. 病原学材料的采集

病料力求新鲜,最好在濒死期或死后数小时内的动物尸体上采取。在病料采集过程中,要注意两点:一要尽量减少杂菌污染病料;二要避免污染环境散播病原,因此应无

菌操作,所用器皿等用前应消毒处理,对污染的环境及用过的器皿要进行消毒灭菌。采取病料的总原则是采取病原含量多的部位,可根据事先掌握的情况决定主要采取哪些器官或组织,如果缺乏资料或难于判断,则应全面地采集病料,特别应采取有病变的部位。如怀疑炭疽,原则上不能做尸体剖检,只割取一块耳朵即可(送相关实验室进一步做凝集试验等)。

2. 病料直接镜检

如怀疑病原是细菌,可用病料直接涂(触)片、染色(常采用革兰染色法、瑞氏染色法或美兰染色法,个别细菌采用特殊染色法),然后进行光学显微镜检查。对于特征性较强的细菌(如炭疽杆菌、巴氏杆菌),综合症状、病变及流行病学特征,即可做出确诊。对于大多数传染病而言,只能作为进一步检查的依据或参考。

如怀疑是病毒性传染病,有时可根据具体情况对病料

直接进行电镜观察,例如,轮状病毒性腹泻时,可用电镜观察到具有典型形态特征的轮状病毒。

3. 病原分离培养和鉴定

采用人工的方法,从病料中分离出病原微生物并进行鉴定,是确诊传染病的主要方法之一。对于细菌、真菌、螺旋体等,可选择适当的人工培养基进行分离培养,对于病毒,可选择适当的组织细胞、鸡胚或动物进行分离培养。病原分离后再进行形态、生理生化、动物接种及免疫学等试验,最终做出鉴定。

4. 动物接种试验

选择对疑似传染病病原体敏感的动物进行人工接种,然后根据对不同动物的致病力、症状及病理变化等特点进行诊断。当接种动物死亡或剖杀后,再观察其病理变化,并采取病料进行涂片检查和病原分离,以便做出确诊。

一般采用实验小动物(如小鼠、大鼠、豚鼠、兔等)进行

接种试验。当无合适的实验动物又在非常必要时,也可采用易感的大动物。例如马传染性贫血病毒的研究工作只能在马属动物身上进行。

5. 分子生物学诊断

分子生物学诊断主要是针对不同病原微生物所具有的特异性核酸序列和结构进行测定。自20世纪70年代以来,分子生物学诊断方法取得巨大进展。例如,建立了DNA限制性内切酶图谱分析、核酸电泳图谱分析、寡核苷酸指纹图、核酸探针杂交、聚合酶链反应(PCR)、Western杂交、DNA芯片等多种技术方法,极大地推动了病因学诊断向特异、快速、简便的方向发展。在传染病诊断方面,具有代表性的技术主要有3类,即核酸探针、PCR技术和DNA芯片技术。

6. 免疫学诊断

利用免疫学的一般原理,采用免疫学的方式进行的诊断,主要包括血清学试验和变

态反应。免疫学诊断是确诊传染病的一种重要的传统方法。

（1）血清学试验：即抗原和抗体在体外适宜条件下，所发生的特异性免疫反应。可以用已知抗原检测被检病料中的特异性抗体，也可以用已知抗体检测被检病料中的特异性抗原。

血清学试验主要有中和试验（病毒中和试验、毒素中和试验）、凝集试验（直接凝集试验、间接凝集试验、间接血凝试验、SPA 协同凝集试验）、沉淀试验（环状沉淀试验、琼脂扩散沉淀试验、免疫电泳）、溶细胞试验（溶菌试验、溶血试验）、补体结合试验、免疫标记技术（免疫荧光技术、免疫酶技术、放射免疫技术）、单克隆抗体技术等。

（2）变态反应：动物感染某些慢性传染病时，对其病原或某种产物的再次进入可产生迟发型变态反应，故用这些病原的某种成分（如结核菌素、鼻疽菌素等）人为接种家畜，观察其是否出现变态反应，可用于这些传染病的诊断。例如，精制结核菌素皮内接种，可引起病畜接种部位充血、渗出、肿胀，据此可判断是否感染了结核杆菌。

在传染病诊断过程中，还经常用到临床诊断、流行病学调查和病理学诊断等方法。这些方法多数是传染病的非特异性诊断方法。非特异性诊断在一般情况下，不能做出确认，只能做出怀疑或初步诊断（个别特征性强的疫病例外，例如，鸡马立克病、牛结核等）。而病原学诊断是染病的特异性诊断方法，特异性诊断是确认传染病的主要方法。

四、细菌的分离培养

1. 病料的采集

供病原检验或分离的病料，应在灭菌条件下采取含病原量高的血液、器官组织（有病和健康交界处的组织）、分泌物和排泄物并置于灭菌容器中。若 1～2 天内能送到实验室,可放在有冰的保温瓶内,也可放入灭菌液体石蜡或 30％甘油生理盐水内暂时保存。

2. 细菌的分离培养及纯化

(1)细菌分离培养及纯化的一般原则:

①选择适当的培养基和培养条件。分离培养前应充分考虑所分离的细菌特性,选择适合其生长的培养基(如伊红美蓝琼脂培养基)及培养温度(病原菌一般为 37℃)等。

②严格无菌操作、防止污染。培养基和一切用具必须彻底灭菌,操作时必须靠近火焰。操作前后,接种环必须经火焰彻底灭菌。

③防止过热的接种环杀死欲分离培养的细菌。接种环在烧灼灭菌后,应稍许冷却,再进行接种。

(2)平板划线分离培养法:

①物品的准备。

A. 将琼脂培养基融化并冷却至 60℃左右,倾入灭菌平皿中,每个平皿约 15 毫升,使其分布均匀,凝固后备用。根据细菌种类的不同选择不同的培养基,如分离培养大肠杆菌时应选择伊红美蓝琼脂培养基,分离培养金黄色葡萄球菌时应选择高盐甘露醇琼脂培养基。

B. 接种前应准备好待检病料、酒精灯、接种环、火柴、酒精棉球、试管架等。如在超净工作台中划线接种,应先打开通风机和紫外线灯,10～15分钟,开始工作。

②平板划线。右手持接种环,将其金属部分伸入酒精灯火焰中烧红灭菌,准备蘸取材料,左手取琼脂平板,接种环同培养基平面成 45°。接种环经烧灼灭菌、冷却后,蘸取欲分离的材料少许(若欲分离的材料为组织,接种前应将组织表面用灼热的手术刀片进行灭菌,再在灭菌部位上进行取材),在琼脂培养表面进行

划线。注意不要划破琼脂,不要过多重复旧线,操作时靠近酒精灯。划毕,将培养皿盖盖好,接种环烧灼灭菌,于皿底用记号笔标记被分离材料的名称及日期,倒转培养皿,置37℃恒温箱中培养。

③细菌的纯培养。首先观察并选择可疑的单个菌落,然后以记号笔在可疑菌落下面的平皿底上做记号,用灭菌的接种环蘸取菌落少许,做抹片、染色、镜检。经染色,若其形态与所怀疑的致病菌一致,即将剩余菌落接种于适当的斜面培养基,置于37℃恒温箱中培养。

对纯培养的细菌,可进一步进行各种鉴定。

3. 细菌抹片的制备

进行细菌染色之前,须先做好细菌抹片,其方法如下。

(1)玻片准备:载玻片应清晰透明,洁净而无油渍,滴上水后,能均匀展开,附着性好。如有残余油渍可按下列方法处理:滴95%酒精2～3滴,用洁净白布揩擦,然后在酒精灯外焰上轻轻拖过几次。若仍不能去除油渍,可再滴1～2滴冰醋酸,用白布擦净,再在酒精灯外焰上轻轻拖过。

(2)抹片:

①液体材料(如液体培养物、血液、渗出液、乳汁等)。可直接用灭菌接种环取一环材料,于玻片的中央均匀地涂布成适当大小的薄层。

②非液体材料(如菌落、脓、粪便等)。应先用灭菌接种环取少量生理盐水或蒸馏水,置于玻片中央,然后再用灭菌接种环取少量材料,在液滴中混合均匀涂布成适当大小的薄层。

③组织脏器材料。可先用镊子夹持中部,然后以灭菌或洁净剪刀取一小块,夹出后将其新鲜切面在玻片上压印(触片)或涂抹成一薄层。

(3)干燥:涂片应让其自然干燥。

(4)固定:有两类固定方法。

①火焰固定。将干燥好的抹片,使涂抹面向上,以其背面在酒精灯外焰上如钟摆样来回拖过数次,略做加热(但不能太热,以不烫手为度),进行固定。

②化学固定。血液、组织脏器等抹片要做姬姆萨染色,不用火焰固定,而用甲醇固定,可将已干燥的抹片浸入甲醇中2~3分钟,取出晾干,或者在抹片上滴加数滴甲醇使其作用2~3分钟,自然挥发干燥。抹片如做瑞氏染色,则不必先做特别固定,因瑞氏染料中含有甲醇,可以达到固定的目的。

固定好的抹片就可进行各种方法的染色。

五、消毒

消毒是消灭传染源散播于外界环境中的病原体,以切断传播途径,防止疫病蔓延的主要措施。根据消毒的目的,可将消毒分为以下3种。

1. 预防性消毒

结合农村、牧区、畜禽养殖场平时的饲养管理,对畜舍、场地、用具和饮水等进行的定期消毒,以达到预防一般传染病的目的。预防性消毒对防患于未然非常重要,不可忽视。

2. 随时消毒

在发生传染病时,为了及时消灭刚从病畜体内排出的病原体而采取的消毒措施。消毒的对象包括病畜污染或可能污染的一切环境、用具、饮水等。随时消毒对防止传染病的流行、蔓延,发挥重要作用。

3. 终末消毒

在病畜解除隔离、痊愈或死亡后,或者在疫区解除封锁之前,为了消灭疫区内可能残留的病原体所进行的全面彻底的大消毒。

消毒方法主要有4种。

(1)机械性清除:即用机械的方法,如清扫、洗刷、通风等办法清除病原体。

将畜舍等环境中污染有

病原体的粪便、垫草、饲料残渣等，采用机械性方法清除掉，是全面彻底消毒的第一步。清扫出来的污物，根据病原体的性质，进行堆沤发酵、掩埋、焚烧或其他药物处理。通风可使畜舍内空气交换，减少病原体的数量。机械性清扫不能达到彻底消毒目的，必须配合其他消毒方法才能将病原体消灭干净。

（2）物理消毒法：即采用物理的方法进行消毒。

采取的具体方法，包括阳光、紫外线、干燥，以及火焰消毒、煮沸消毒、蒸汽消毒等高温方法。

（3）化学消毒法：即采用化学消毒剂进行的消毒，这是当前各地最常用的消毒方法。

根据化学消毒剂对蛋白质的作用，可将化学消毒剂分为如下 5 类：

①凝固病原蛋白的消毒剂。如酚（石炭酸）、甲酚、来苏儿、克辽林、醇、酸等。

②溶解病原蛋白的消毒剂。如氢氧化钠、生石灰等。

③氧化病原蛋白的消毒剂。如漂白粉、氯胺、过氧乙酸等。

④使病原蛋白变性的消毒剂。如甲醛、戊二醛等。

⑤阳离子表面活性消毒剂。如新洁尔灭、洗必泰等。

不同的消毒剂对不同的病原体的消毒效果并不一致，应根据具体情况选择合适的消毒剂。选择消毒剂的总原则是：消毒力强、对人畜安全、不损害被消毒的物体、易溶于水、在消毒环境中比较稳定、价廉易得和使用方便。

（4）生物性消毒法：主要是对粪便进行的一种消毒法，是利用粪便堆沤过程中，其中的微生物发酵产热来杀死病原体。该方法可用于不能产生芽孢的细菌、病毒等微生物的消毒，但这种方法，不能杀死细菌的芽孢，故不能用于由这类细菌引起的传染病的消毒。

参考文献

[1] 韩博. 动物疾病诊断学[M]. 北京:中国农业大学出版社,2004.

[2] 张德群. 兽医专业实习指南[M]. 北京:中国农业大学出版社,2004.

[3] 李斯. 兽医临床鉴别诊疗[M]. 北京:世图音像电子出版社,2002.

[4] 东北农业大学. 兽医临床诊断学[M]. 第3版. 北京:中国农业出版社,2001.

[5] 陈越,刘应文. 兽医临床鉴别诊断[M]. 北京:中国林业出版社,1996.

[6] 李毓义,张乃生. 动物群体病症状鉴别诊断学[M]. 北京:中国农业出版社,2003.

[7] 冯淇辉,戎耀方. 兽医临床药理学[M]. 北京:科学出版社,1983.

[8] 陈杖榴. 兽医药理学[M]. 第2版. 北京:中国农业出版社,2004.

[9] 阎继业. 畜禽药物手册[M]. 第2版. 北京:金盾出版社,2001.

[10] 王小龙. 兽医临床病理学[M]. 北京:中国农业出版社,1995.

[11] 王小龙. 兽医内科学[M]. 北京:中国农业大学出版

社,2004.

[12] 于船,蒋次升,翟自明．中国农业百科全书——中兽医卷[M]．北京:农业出版社,1991.

[13] 刘忠杰,许建琴．中兽医学[M]．第 3 版．北京:中国农业出版社,2005.

[14] 许剑琴,张克家,范开．中兽医方剂精选[M]．北京:中国农业出版社,2001.

[15] 陈北亨,王建辰．兽医产科学[M]．北京:中国农业出版社,2001.

[16] 赵兴绪．兽医产科学[M]．第 3 版．北京:中国农业出版社,2002.

[17] 林德贵．兽医外科手术学[M]．第 5 版．北京:中国农业出版社,2011.

[18] 王洪斌．家畜外科学[M]．第 4 版．北京:中国农业出版社,2007.

[19] 李毓义,杨宜林．动物普通病[M]．长春:吉林科学出版社,1994.

[20] 史秋梅．猪病诊治大全[M]．第 2 版．北京:中国农业出版社,2009.

[21] 姜平,郭爱珍,邵国青,黄克和．兽医全攻略——猪病[M]．北京:中国农业出版社,2009.

[22] 卫广森．兽医全攻略——羊病[M]．北京:中国农业出版社,2009.

[23] 朴范泽．兽医全攻略——牛病[M]．北京:中国农业出版社,2009.

[24] 钱存忠．新编羊场疾病控制技术[M]．北京:化学工业出版社,2009.

[25] 李德昌,杨亮宇,王生奎.奶牛常见疾病诊疗手册[M].北京:中国农业出版社,2009.

[26] 张泉鑫,朱印生,高叶生.畜禽疾病中西医防治大全——牛病[M].北京:中国农业出版社,2007.

[27] 王春傲.奶牛临床疾病学[M].北京:中国农业科学技术出版社,2007.

[28] 齐长明.奶牛疾病学[M].北京:中国农业科学技术出版社,2006.

[29] 王俊东,董希德.畜禽营养代谢与中毒病[M].北京:中国林业出版社,2001.

[30] 熊云龙,王哲.动物营养代谢病[M].长春:吉林科学技术出版社,1995.

[31] 黄有德,刘宗平.动物中毒与营养代谢病学[M].兰州:甘肃科学技术出版社,2001.

[32] 崔恒敏.禽类营养代谢疾病病理学[M].第2版.成都:四川科学技术出版社,2007.

[33] 孔繁瑶.家畜寄生虫学[M].第2版.北京:中国农业大学出版社,1997

[34] 汪明.兽医寄生虫学[M].第3版.北京:中国农业出版社,2003.

[35] 陆承平.兽医微生物学[M].第4版.北京:中国农业出版社,2007.

[36] 哈尔滨兽医研究所.兽医微生物学[M].北京:中国农业出版社,1998.

[37] 邓普辉.动物疾病病理学[M].乌鲁木齐:新疆人民卫生出版社,2012.

[38] 马学恩.家畜病理学[M].第4版.北京:中国农业出

版社,2007.

[39] 李佑民.家畜传染病学[M].北京:蓝天出版社,1993.

[40] 蔡宝祥,等.动物传染病诊断学[M].南京:江苏科学技术出版社,1993.

[41] 蔡宝祥.家畜传染病学[M].第4版.北京:中国农业出版社,2001.

[42] 费恩阁.动物传染病学[M].长春:吉林科学技术出版社,1995.

[43] 费恩阁,李德昌,丁壮.动物疫病学[M].北京:中国农业出版社,2004.

[44] 殷震,刘景华.动物病毒学[M].第2版.北京:科学出版社,1997.

[45] 哈尔滨兽医研究所.动物传染病学[M].北京:中国农业出版社,1999.

[46] 王明俊,等.兽医生物制品学[M].北京:中国农业出版社,1997.

[47] 闫若潜,李桂喜,孙清莲.动物疫病防控工作指南[M].北京:中国农业出版社,2009.

[48] 甘孟侯,杨汉春.中国猪病学[M].北京:中国农业出版社,2005.

[49] 甘孟侯.中国禽病学[M].北京:中国农业出版社,1999.

[50] 王建辰,曹光荣.羊病学[M].北京:中国农业出版社,2002.

[51] 姚龙涛.猪病毒病[M].上海:上海科学技术出版社,2000.

[52] 宣长和,任凤兰,孙福先.猪病学[M].北京:中国农业

科技出版社,1998.

[53] 宣长和. 猪病学[M]. 第3版. 北京:中国农业大学出版社,2010.

[54] 肖定汉. 牛病防治[M]. 北京:中国农业大学出版社,2000.

[55] 中国标准出版社第一编辑室. 动物防疫标准汇编[M].北京:中国标准出版社,2004.

[56] Calnek B W. 禽病学[M]. 第10版. 高福,苏敬良,主译. 北京:中国农业出版社,1999.

[57] 高波,杨文平. 鸡病防控与治疗技术[M]. 北京:中国农业出版社,2004.

[58] 马兴树,阎志民. 鸡病诊断与治疗[M]. 第2版. 北京:中国农业出版社,1997.

[59] 胡维华. 鸡病快速诊治技术[M]. 北京:中国农业出版社,1999.

[60] 陈光源. 疾病防治实用技术[M]. 北京:中国农业出版社,1997.

[61] Babra E S,等. 猪病学[M]. 第9版. 赵德明,张仲秋,沈建忠,主译. 北京:中国农业大学出版社,2008.

[62] William C R. 奶牛疾病学[M].赵德明,沈建忠,主译. 北京:中国农业大学出版社,2002.

[63] 中国兽医协会.2010年执业兽医师资格考试应试指南[M]. 上,下册. 北京:中国农业出版社,2010.

[64] 李培锋. 实用兽医教程[M]. 第2版. 呼和浩特:内蒙古大学出版社,2006.

[65] 王进修. 桃花散治疗耕牛角折[J]. 中兽医学杂志,1997,89(4):42.

[66] 崔慧贤,王庆波,周丽娟. 奶牛湿疹的病因分析与诊疗方法[J]. 疫病防治,2008,(5):90—91.

[67] 崔寅生,徐跃莲,等."复方十草汤"治疗奶牛产后败血症[J]. 中兽医学杂志,2004,116 (1):26—27.

[68] 石晓青. 牛百叶干的诊治[J]. 中兽医学杂志,2005,127(6):27—28.

[69] 杨保军. 中兽医理论指导防治犊牛腹泻[J]. 中国牛业科学,2010,36(1):92—94.

[70] 孙国强,王世成. 中西医结合治疗奶牛腐蹄病[J]. 中国奶牛,2001(2):42.

[71] 祁保元,刘得元. 中西医结合治疗奶牛瘤胃鼓气病[J]. 现代农业科技,2008(7):186—189.

[72] 许建军,陈冲. 中兽医辨证论治牛脾胃疾病的基本经验[J]. 中国动物检疫,2002,19(8):39—40.

[73] 杨云. 前胃迟缓的中兽医辨证治疗[J]. 中兽医学杂志,2009 年增刊:400—401

[74] 韩博. 犬猫疾病学[M]. 第 3 版. 北京:中国农业大学出版社,2011.

[75] Morgan R V. 小动物临床手册[M]. 施振声,主译. 北京:中国农业出版社,2005.

[76] 林德贵. 动物医院临床技术[M]. 北京:中国农业大学出版社,2004.

[77] 刘海. 动物常用药物及科学配伍手册[M]. 北京:中国农业大学出版社,2008.

[78] 董军. 宠物疾病诊疗与处方手册[M]. 第 2 版. 北京:化学工业出版社,2012.

[79] 吴树清. 犬猫疾病诊疗学[M]. 第 2 版. 呼和浩特:内

蒙古人民出版社,2003.

[80] 贺生中.犬病临床诊疗实例解析[M].北京:中国农业出版社,2011.

[81] 钱存旺.犬猫病误诊误治与纠误[M].北京:化学工业出版社,2012.

[82] Mark S T.犬猫疾病鉴别诊断[M].曹杰主,译.北京:中国农业科学技术出版社,2012.

中华人民共和国农业部网站:www.moa.gov.cn.

附　录

附录一　一、二、三类动物疫病病种名录

一类动物疫病（17 种）

口蹄疫、猪水泡病、猪瘟、非洲猪瘟、高致病性猪蓝耳病、非洲马瘟、牛瘟、牛传染性胸膜肺炎、牛海绵状脑病、痒病、蓝舌病、小反刍兽疫、绵羊痘和山羊痘、高致病性禽流感、新城疫、鲤春病毒血症、白斑综合征。

二类动物疫病（77 种）

多种动物共患病（9 种）：狂犬病、布鲁氏菌病、炭疽、伪狂犬病、魏氏梭菌病、副结核病、弓形虫病、棘球蚴病、钩端螺旋体病。

牛病（8 种）：牛结核病、牛传染性鼻气管炎、牛恶性卡他热、牛白血病、牛出血性败血病、牛梨形虫病（牛焦虫病）、牛锥虫病、日本血吸虫病。

绵羊和山羊病（2 种）：山羊关节炎脑炎、梅迪—维斯纳病。

猪病（12 种）：猪繁殖与呼吸综合征（经典猪蓝耳病）、猪乙型脑炎、猪细小病毒病、猪丹毒、猪肺疫、猪链球菌病、猪传染性萎缩性鼻炎、猪支原体肺炎、旋毛虫病、猪囊尾蚴病、猪圆环病毒病、副猪嗜血杆菌病。

马病（5 种）：马传染性贫血、马流行性淋巴管炎、马鼻疽、马巴贝斯虫病、伊氏锥虫病。

禽病（18 种）：鸡传染性喉气管炎、鸡传染性支气管

炎、传染性法氏囊病、马立克氏病、产蛋下降综合征、禽白血病、禽痘、鸭瘟、鸭病毒性肝炎、鸭浆膜炎、小鹅瘟、禽霍乱、鸡白痢、禽伤寒、鸡败血支原体感染、鸡球虫病、低致病性禽流感、禽网状内皮组织增殖症。

兔病(4 种):兔病毒性出血病、兔黏液瘤病、野兔热、兔球虫病。

蜜蜂病(2 种):美洲幼虫腐臭病、欧洲幼虫腐臭病。

鱼类病(11 种):草鱼出血病、传染性脾肾坏死病、锦鲤疱疹病毒病、刺激隐核虫病、淡水鱼细菌性败血症、病毒性神经坏死病、流行性造血器官坏死病、斑点叉尾鮰病毒病、传染性造血器官坏死病、病毒性出血性败血症、流行性溃疡综合征。

甲壳类病(6 种):桃拉综合征、黄头病、罗氏沼虾白尾病、对虾杆状病毒病、传染性皮下和造血器官坏死病、传染性肌肉坏死病。

三类动物疫病(63 种)

多种动物共患病(8 种):大肠杆菌病、李氏杆菌病、类鼻疽、放线菌病、肝片吸虫病、丝虫病、附红细胞体病、Q 热。

牛病(5 种):牛流行热、牛病毒性腹泻/黏膜病、牛生殖器弯曲杆菌病、毛滴虫病、牛皮蝇蛆病。

绵羊和山羊病(6 种):肺腺瘤病、传染性脓疱、羊肠毒血症、干酪性淋巴结炎、绵羊疥癣、绵羊地方性流产。

马病(5 种):马流行性感冒、马腺疫、马鼻腔肺炎、溃疡性淋巴管炎、马媾疫。

猪病(4 种):猪传染性胃肠炎、猪流行性感冒、猪副伤寒、猪密螺旋体痢疾。

禽病(4 种):鸡病毒性关节炎、禽传染性脑脊髓炎、传染性鼻炎、禽结核病。

蚕、蜂病(7 种):蚕型多角体病、蚕白僵病、蜂螨病、瓦螨病、亮热厉螨病、蜜蜂孢子虫病、白垩病。

犬、猫等动物病(7 种):

水貂阿留申病、水貂病毒性肠炎、犬瘟热、犬细小病毒病、犬传染性肝炎、猫泛白细胞减少症、利什曼病。

鱼类病（7种）：鲴类肠败血症、迟缓爱德华氏菌病、小瓜虫病、黏孢子虫病、三代虫病、指环虫病、链球菌病。

甲壳类病（2种）：河蟹颤抖病、斑节对虾杆状病毒病。

贝类病（6种）：鲍脓疱病、鲍立克次体病、鲍病毒性死亡病、鲍纳米虫病、折光马尔太虫病、奥尔森派琴虫病。

两栖与爬行类病（2种）：鳖腮腺炎病、蛙脑膜炎败血金黄杆菌病。

（农业部：2008年12月11日）

附录二　人畜共患传染病名录

牛海绵状脑病、高致病性禽流感、狂犬病、炭疽、布鲁氏菌病、弓形虫病、棘球蚴病、钩端螺旋体病、沙门氏菌病、牛结核病、日本血吸虫病、猪乙型脑炎、猪Ⅱ型链球菌病、旋毛虫病、猪囊尾蚴病、马鼻疽、野兔热、大肠杆菌病、李氏杆菌病、类鼻疽、放线菌病、肝片吸虫病、丝虫病、Q热、禽结核病、利什曼病。

（农业部会同卫生部：2009年1月19日）

附录三　2010年国家动物疫病强制免疫计划

一、高致病性禽流感免疫计划

（一）要求

对所有鸡、水禽（鸭、鹅）和人工饲养的鹌鹑、鸽子等禽只进行高致病性禽流感强制免疫。

对进口国有要求且防疫条件好的出口企业，以及提供研究和疫苗生产用途的家禽，报经省级兽医行政管理部门批准后，可以不实施免疫。

（二）免疫程序

规模养殖场可按推荐免疫程序进行免疫，对散养家禽在春秋两季各实施一次集中免疫,每月对新补栏的家禽要及时补免。

1. 种鸡、蛋鸡免疫

雏鸡 7～14 日龄时,用 H5N1 亚型禽流感灭活疫苗或禽流感-新城疫重组二联活疫苗(rL－H5)进行初免。在 3～4 周可再进行一次加强免疫。开产前再用 H5N1 亚型禽流感灭活疫苗进行强化免疫,以后根据免疫抗体检测结果,每隔 4～6 个月用 H5N1 亚型禽流感灭活疫苗免疫一次。

2. 商品肉鸡免疫

7～14 日龄时,用禽流感-新城疫重组二联活疫苗(rL－H5)初免,2 周后,用禽流感-新城疫重组二联活疫苗(rL－H5)加强免疫一次或者 7～14 日龄时,用 H5N1 亚型禽流感灭活疫苗免疫一次。

3. 种鸭、蛋鸭、种鹅、蛋鹅免疫

雏鸭或雏鹅 14～21 日龄时,用 H5N1 亚型禽流感灭活疫苗进行初免,间隔 3～4 周,再用 H5N1 亚型禽流感灭活疫苗进行一次加强免疫。以后根据免疫抗体检测结果,每隔 4～6 个月用 H5N1 亚型禽流感灭活疫苗免疫一次。

4. 商品肉鸭、肉鹅免疫

肉鸭 7～10 日龄时,用 H5N1 亚型禽流感灭活疫苗进行一次免疫即可。

肉鹅 7～10 日龄时,用 H5N1 亚型禽流感灭活疫苗进行初免,3～4 周,再用 H5N1 亚型禽流感灭活疫苗进行一次加强免疫。

5. 散养禽免疫

春、秋两季用 H5N1 亚型禽流感灭活疫苗各进行一次集中全面免疫,每月定期补免。

6. 鹌鹑、鸽子等其他禽类免疫

根据饲养用途,参考鸡的相应免疫程序进行免疫。

(三)紧急免疫

发生疫情时,要对受威胁区域的所有家禽进行一次强化免疫。边境地区受到境外

疫情威胁时,要对距边境30公里范围内所有家禽进行一次强化免疫。最近1个月内已免疫的家禽可以不强化免疫。

(四)受变异毒株威胁区免疫

宁夏、山西、陕西、河南、河北、山东(含青岛)、北京、天津、内蒙古、辽宁(含大连)、江苏、浙江(含宁波)、上海、安徽使用重组禽流感病毒 H5 亚型二价灭活疫苗(H5N1,Re - 5＋Re - 4 株)或选择使用禽流感灭活疫苗(H5N1,Re - 5 株)、禽流感灭活疫苗(H5N1,Re - 4 株)对鸡进行免疫。水禽仍使用禽流感灭活疫苗(H5N1,Re - 5 株)进行免疫。其他地区根据监测情况,可使用变异毒株疫苗进行免疫,报农业部备案。

(五)H5 - H9 二价灭活疫苗免疫

H5 - H9 二价灭活疫苗的使用同 H5N1 亚型禽流感灭活疫苗。

(六)使用疫苗种类

禽流感-新城疫重组二联活疫苗(rL - H5),重组禽流感病毒 H5 亚型二价灭活疫苗(H5N1,Re - 5＋Re - 4 株),禽流感灭活疫苗(H5N1,Re - 4 株),禽流感灭活疫苗(H5N1,Re - 5 株),H5 - H9 二价灭活疫苗。

(七)免疫方法

各种疫苗免疫接种方法及剂量按相关产品说明书规定操作。

(八)免疫效果监测

实行常规监测与随机抽检、集中监测相结合。各地应对免疫抗体进行及时检测,将组织两次全国性免疫效果监测和评价活动。

1. 检测方法

血凝抑制试验(HI)。

2. 免疫效果判定

(1)弱毒疫苗的免疫效果判定:商品肉雏鸡第二次免疫14天后,进行免疫效果监测。鸡群免疫抗体转阳率≥50%判定为合格。

（2）灭活疫苗的免疫效果判定：家禽免疫后21天进行免疫效果监测。禽流感抗体血凝抑制试验（HI）抗体效价≥24判定为合格。

存栏禽群免疫抗体合格率≥70%判定为合格。

二、口蹄疫免疫计划

（一）要求

对所有猪进行O型口蹄疫强制免疫，对所有牛、羊、骆驼、鹿进行O型和亚洲Ⅰ型口蹄疫强制免疫，对所有奶牛和种公牛进行A型口蹄疫强制免疫，对广西、云南、西藏、新疆和新疆生产建设兵团边境地区的牛、羊进行A型口蹄疫强制免疫。

（二）免疫程序

规模养殖场按推荐免疫程序进行免疫，散养家畜在春秋两季各实施一次集中免疫，对新补栏的家畜要及时免疫。

1. 规模养殖家畜和种畜免疫

（1）仔猪、羔羊：28～35日龄时进行初免。

（2）犊牛：90日龄左右进行初免。

所有新生家畜初免后，间隔1个月后进行一次强化免疫，以后每隔4～6个月免疫一次。

2. 散养家畜免疫

春、秋两季对所有易感家畜进行一次集中免疫，每月定期补免。有条件的地方可参照规模养殖家畜和种畜的免疫程序进行免疫。

（三）紧急免疫

发生疫情时，对疫区、受威胁区域的全部易感家畜进行一次强化免疫。边境地区受到境外疫情威胁时，要对距边境线30公里以内的所有易感家畜进行一次强化免疫。最近1个月内已免疫的家畜可以不进行强化免疫。

（四）使用疫苗种类

（1）牛、羊、骆驼和鹿：口蹄疫O型-亚洲Ⅰ型二价灭活疫苗、口蹄疫O型-A型二价灭活疫苗和口蹄疫A型灭活疫苗。

（2）猪：口蹄疫 O 型灭活类疫苗、口蹄疫 O 型合成肽疫苗（双抗原）。

空衣壳复合型疫苗在批准范围内使用。

（五）免疫方法

各种疫苗免疫接种方法及剂量按相关产品说明书规定操作。

（六）免疫效果监测

猪免疫 28 天后，其他畜 21 天后，进行免疫效果监测。

1. 检测方法

（1）亚洲 I 型口蹄疫：液相阻断 ELISA。

（2）O 型口蹄疫：灭活类疫苗采用正向间接血凝试验、液相阻断 ELISA，合成肽疫苗采用 VP1 结构蛋白 ELISA。

（3）A 型口蹄疫：液相阻断 ELISA。

2. 免疫效果判定

（1）亚洲 I 型口蹄疫：液相阻断 ELISA 的抗体效价≥26 判定为合格。

（2）O 型口蹄疫：灭活类疫苗抗体正向间接血凝试验的抗体效价≥25 判定为合格，液相阻断 ELISA 的抗体效价≥26 判定为合格，合成肽疫苗 VP I 结构蛋白抗体 ELISA 的抗体效价≥25 判定为合格。

（3）A 型口蹄疫：液相阻断 ELISA 的抗体效价≥26 判定为合格。

存栏家畜免疫抗体合格率≥70% 判定为合格。

三、高致病性猪蓝耳病免疫计划

（一）要求

对所有猪进行高致病性猪蓝耳病强制免疫。

（二）免疫程序

规模养殖场按推荐免疫程序进行免疫，散养猪在春秋两季各实施一次集中免疫，对新补栏的猪要及时免疫。

1. 规模养猪场免疫

（1）商品猪：使用活疫苗于断奶前后初免，4 个月后免疫 1 次，或者使用灭活苗于断奶后初免,可根据实际情况在初免后一个月加强免疫 1 次。

(2)种母猪:使用活疫苗或灭活疫苗进行免疫。70 日龄前免疫程序同商品猪,以后每次配种前加强免疫 1 次。

(3)种公猪:使用灭活疫苗进行免疫。70 日龄前免疫程序同商品猪,以后每隔 4～6 个月加强免疫 1 次。

2. 散养猪免疫

春、秋两季对所有猪进行一次集中免疫,每月定期补免。有条件的地方可参照规模养猪场的免疫程序进行免疫。

(三)使用疫苗种类

高致病性猪蓝耳病活疫苗、高致病性猪蓝耳病灭活疫苗。

(四)紧急免疫

发生疫情时,对疫区、受威胁区域的所有健康猪使用活疫苗进行一次强化免疫。最近 1 个月内已免疫的猪可以不进行强化免疫。

(五)免疫方法

各种疫苗免疫接种方法及剂量按相关产品说明书规定操作。

(六)免疫效果监测

活疫苗免疫 28 天后,进行免疫效果监测。高致病性猪蓝耳病 ELISA 抗体 IRPC 值＞20 判为合格。

存栏猪免疫抗体合格率≥70％判定为合格。

四、猪瘟免疫计划

(一)要求

对所有猪进行猪瘟强制免疫。

(二)免疫程序

规模养殖场按推荐免疫程序进行免疫,散养猪在春秋两季各实施一次集中免疫,对新补栏的猪要及时免疫。

1. 规模养猪场免疫

(1)商品猪:25～35 日龄初免,60～70 日龄加强免疫一次。

(2)种猪:25～35 日龄初免,60～70 日龄加强免疫一次,以后每 4～6 个月免疫一次。

2. 散养猪免疫

每年春、秋两季集中免疫，每月定期补免。

（三）紧急免疫

发生疫情时对疫区和受威胁地区所有健康猪进行一次强化免疫。最近 1 个月内已免疫的猪可以不进行强化免疫。

（四）使用疫苗种类

政府招标专用猪瘟活疫苗，传代细胞源疫苗在广东、广西、四川、河南、山东、江苏、辽宁、福建等省份批准使用。

（五）免疫方法

各种疫苗免疫接种方法及剂量按相关产品说明书规定操作。

（六）免疫效果监测

免疫 21 天后，进行免疫效果监测。

猪瘟抗体阻断 ELISA 检测试验抗体阳性判定为合格，猪瘟抗体正向间接血凝试验抗体效价≥25 判定为合格。

存栏猪抗体合格率≥70% 判定为合格。

五、小反刍兽疫免疫计划

（一）要求

根据风险评估结果，对西藏自治区等受威胁地区羊进行小反刍兽疫强制免疫。

（二）免疫程序

新生羔羊 1 月龄以后免疫一次，对本年未免疫羊和超过 3 年免疫保护期的羊进行免疫。

（三）紧急免疫

发生疫情时对疫区和受威胁地区所有健康羊进行一次强化免疫。最近 1 个月内已免疫的羊可以不进行强化免疫。

（四）使用疫苗种类

小反刍兽疫活疫苗。

（五）免疫方法

疫苗免疫接种方法及剂量按相关产品说明书规定操作。

附录四　食品动物禁用的兽药及其他化合物清单

为保证动物源性食品安

全,维护人民身体健康,农业部制定了不得用于食品动物的一些兽药及其他化合物品种清单。在该清单中停止经营和使用的兽药品种包括原料药、单方及其复方制剂:

(1)兴奋剂类:克仑特罗(瘦肉精)、沙丁胺醇、西马特罗及其盐、酯及制剂。

(2)性激素类:己烯雌酚及其盐、酯及制剂。

(3)具有雌激素样作用的物质:玉米赤霉醇、去甲雄三烯醇酮、醋酸甲孕酮及制剂。

(4)氯霉素及其盐、酯及制剂。

(5)氨苯砜及制剂。

(6)硝基呋喃类:呋喃唑酮、呋喃它酮、呋喃苯烯酸钠及制剂。

(7)硝基化合物:硝基酚钠、硝呋烯腙及制剂。

(8)催眠、镇静类:安眠酮及制剂。

(9)林丹(丙体六六六)杀虫剂。

(10)毒杀芬(氯化烯)杀虫剂、清塘剂。

(11)呋喃丹(克百威)杀虫剂。

(12)杀虫脒(克死螨)杀虫剂。

(13)双甲脒杀虫剂。

(14)酒石酸锑钾杀虫剂。

(15)锥虫胂胺杀虫剂。

(16)孔雀石绿抗菌、杀虫剂。

(17)五氯酚酸钠杀螺剂。

(18)各种汞制剂:氯化亚汞(甘汞)、硝酸亚汞、醋酸汞、吡啶基醋酸汞杀虫剂。

在清单中不准以抗应激、提高饲料报酬、促进动物生长为目的在食品动物饲养过程中使用的原料药及其单方、复方制剂产品有:

(1)性激素类:甲基睾丸酮、丙酸睾酮、苯丙酸诺龙、苯甲酸雌二醇及其盐、酯及制剂。

(2)催眠、镇静类:氯丙嗪、地西泮(安定)及其盐、酯及制剂。

(3)硝基咪唑类:甲硝唑、

地美硝唑及其盐、酯及制剂。

（4）抗病毒药：抗病毒药物被禁止兽用或慎用，如金刚烷胺、金刚乙胺、利巴韦林等。

（农业部：2008 年 4 月 9 日）

附录五　禁止在饲料和动物饮用水中使用的药物品种目录

一、肾上腺素受体激动剂

1. 盐酸克仑特罗（Clenbuterol Hydrochloride）：《中华人民共和国药典》（以下简称《药典》）2000 年二部 P605。β2 肾上腺素受体激动药。

2. 沙丁胺醇（Salbutamol）：《药典》2000 年二部 P316。β2 肾上腺素受体激动药。

3. 硫酸沙丁胺醇（Salbutamol Sulfate）：《药典》2000 年二部 P870。β2 肾上腺素受体激动药。

4. 莱克多巴胺（Ractopamine）：一种 β 兴奋剂，美国食品和药物管理局（FDA）已批准，中国未批准。

5. 盐酸多巴胺（Dopamine Hydrochloride）：《药典》2000 年二部 P591。多巴胺受体激动药。

6. 西马特罗（Cimaterol）：美国氰胺公司开发的产品，一种 β 兴奋剂，FDA 未批准。

7. 硫酸特布他林（Terbutaline Sulfate）：《药典》2000 年二部 P890。β2 肾上腺受体激动药。

二、性激素

1. 己烯雌酚（Diethylstibestrol）：《药典》2000 年二部 P42。雌激素类药。

2. 雌二醇（Estradiol）：《药典》2000 年二部 P1005。雌激素类药。

3. 戊酸雌二醇（EstradiolValerate）：《药典》2000 年二部 P124。雌激素类药。

4. 苯甲酸雌二醇（EstradiolBenzoate）：《药典》2000 年

二部 P369。雌激素类药。《中华人民共和国兽药典》(以下简称《兽药典》)2000 年一部 P109。雌激素类药。用于发情不明显动物的催情及胎衣滞留、死胎的排除。

5．氯烯雌醚（Chlorotrianisene)《药典》2000 年二部 P919。

6．炔诺醇（Ethinylestradiol)《药典》2000 年二部 P422。

7．炔诺醚（Quinestrol)《药典》2000 年二部 P424。

8．醋酸氯地孕酮（Chlormadinone acetate)《药典》2000 年二部 P1037。

9．左炔诺孕酮（Levonorgestrel)《药典》2000 年二部 P107。

10．炔诺酮（Norethisterone)《药典》2000 年二部 P420。

11．绒毛膜促性腺激素（绒促性素）（Chorionic Gonadotrophin)：《药典》2000 年二部 P534。促性腺激素药。

《兽药典》2000 年版一部 P146。激素类药。用于性功能障碍、习惯性流产及卵巢囊肿等。

12．促卵泡生长激素（尿促性素主要含卵泡刺激 FSHT 和黄体生成素 LH）（Menotropins)：《药典》2000 年二部 P321。促性腺激素类药。

三、蛋白同化激素

1．碘化酪蛋白（Iodinated Casein)：蛋白同化激素类，为甲状腺素的前驱物质，具有类似甲状腺素的生理作用。

2．苯丙酸诺龙及苯丙酸诺龙注射液（Nandrolone phenylpropionate)：《药典》2000 年二部 P365。

四、精神药品

1．(盐酸)氯丙嗪（Chlorpromazine Hydrochloride)：《药典》2000 年二部 P676。抗精神病药。《兽药典》2000 年

一部 P177。镇静药。用于强化麻醉以及使动物安静等。

2. 盐酸异丙嗪（Promethazine Hydrochloride）：《药典》2000 年二部 P602。抗组胺药。《兽药典》2000 年一部 P164。抗组胺药。用于变态反应性疾病，如荨麻疹、血清病等。

3. 安定（地西泮）（Diazepam）：《药典》2000 年二部 P214。抗焦虑药、抗惊厥药。《兽药典》2000 年一部 P61。镇静药、抗惊厥药。

4. 苯巴比妥（Phenobarbital）：《药典》2000 年二部 P362。镇静催眠药、抗惊厥药。《兽药典》2000 年一部 P103。巴比妥类药。缓解脑炎、破伤风、士的宁中毒所致的惊厥。

5. 苯巴比妥钠（Phenobarbital Sodium）。《兽药典》2000 年一部 P105。巴比妥类药。缓解脑炎、破伤风、士的宁中毒所致的惊厥。

6. 巴比妥（Barbital）：《兽药典》2000 年一部 P27。中枢抑制和增强解热镇痛。

7. 异戊巴比妥（Amobarbital）：《药典》2000 年二部 P252。催眠药、抗惊厥药。

8. 异戊巴比妥钠（Amobarbital Sodium）：《兽药典》2000 年一部 P82。巴比妥类药。用于小动物的镇静、抗惊厥和麻醉。

9. 利血平（Reserpine）：《药典》2000 年二部 P304。抗高血压药。

10. 艾司唑仑（Estazolam）。

11. 甲丙氨脂（Meprobamate）。

12. 咪达唑仑（Midazolam）。

13. 硝西泮（Nitrazepam）。

14. 奥沙西泮（Oxazepam）。

15. 匹莫林（Pemoline）。

16. 三唑仑（Triazolam）。

17. 唑吡旦（Zolpidem）。

18. 其他国家管制的精

神药品。

五、各种抗生素滤渣

抗生素滤渣：该类物质是抗生素类产品生产过程中产生的工业三废，因含有微量抗生素成分，在饲料和饲养过程中使用后对动物有一定的促生长作用，但对养殖业的危害很大，一是容易引起耐药性，二是由于未做安全性试验，存在各种安全隐患。

（农业部、卫生部、国家药品监督管理局：2002 年 2 月 9日）

附录六　病死及死因不明动物处置办法（试行）

第一条　为规范病死及死因不明动物的处置，消灭传染源，防止疫情扩散，保障畜牧业生产和公共卫生安全，根据《中华人民共和国动物防疫法》等有关规定，制定本办法。

第二条　本办法适用于饲养、运输、屠宰、加工、贮存、销售及诊疗等环节发现的病死及死因不明动物的报告、诊断及处置工作。

第三条　任何单位和个人发现病死或死因不明动物时，应当立即报告当地动物防疫监督机构，并做好临时看管工作。

第四条　任何单位和个人不得随意处置及出售、转运、加工和食用病死或死因不明动物。

第五条　所在地动物防疫监督机构接到报告后，应立即派相关人员到现场做初步诊断分析，能确定死亡病因的，应按照国家相应动物疫病防治技术规范的规定进行处理。对非动物疫病引起死亡的动物，应在当地动物防疫监督机构指导下进行处理。

第六条　对病死但不能确定死亡病因的，当地动物防疫监督机构应立即采样送县级以上动物防疫监督机构确诊。对尸体要在动物防疫监督机构的监督下进行深埋、化制、焚烧等无害化处理。

第七条　对发病快、死亡率高等重大动物疫情,要按有关规定及时上报,对死亡动物及发病动物不得随意进行解剖,要由动物防疫监督机构采取临时性的控制措施,并采样送省级动物防疫监督机构或农业部指定的实验室进行确诊。

第八条　对怀疑是外来病,或者是国内新发疫病,应立即按规定逐级报至省级动物防疫监督机构,对动物尸体及发病动物不得随意进行解剖。经省级动物防疫监督机构初步诊断为疑似外来病,或者是国内新发疫病的,应立即报告农业部,并将病料送国家外来动物疫病诊断中心(农业部动物检疫所)或农业部指定的实验室进行诊断。

第九条　发现病死及死因不明动物所在地的县级以上动物防疫监督机构,应当及时组织开展死亡原因或流行病学调查,掌握疫情发生、发展和流行情况,为疫情的确诊、控制提供依据。

出现大批动物死亡事件或发生重大动物疫情的,由省级动物防疫监督机构组织进行死亡原因或流行病学调查,属于外来病或国内新发疫病,国家动物流行病学研究中心及农业部指定的疫病诊断实验室要派人协助进行流行病学调查工作。

第十条　除发生疫情的当地县级以上动物防疫监督机构外,任何单位和个人未经省级兽医行政主管部门批准,不得到疫区采样、分离病原、进行流行病学调查。当地动物防疫监督机构或获准到疫区采样和进行流行病学调查的单位和个人,未经原审批的省级兽医行政主管部门批准,不得向其他单位和个人提供所采集的病料及相关样品和资料。

第十一条　在对病死及死因不明动物进行采样、诊断、流行病学调查、无害化处理等过程中,要采取有效措施做好个人防护和消毒工作。

第十二条　发生动物疫情后,动物防疫监督机构应立即按规定逐级报告疫情,并依法对疫情做进一步处置,防止疫情扩散蔓延。动物疫情监测机构要按规定做好疫情监测工作。

第十三条　确诊为人畜共患疫病时,兽医行政主管部门要及时向同级卫生行政主管部门通报。

第十四条　各地应根据实际情况,建立病死及死因不明动物举报制度,并公布举报电话。对举报有功的人员,应给予适当奖励。

第十五条　对病死及死因不明动物各项处理,各级动物防疫监督机构要按规定做好相关记录、归档等工作。

第十六条　对违反规定经营病死及死因不明动物的或不按规定处理病死及死因不明动物的单位和个人,按《动物防疫法》有关规定处理。

第十七条　各级兽医行

政主管部门要采取多种形式,宣传随意处置及出售、转运、加工和食用病死或死因不明动物的危害性,提高群众防病意识和自我保护能力。

（农业部 2005 年 10 月 21 日）

附录七　病害动物和病害动物产品生物安全处理规程

GB16548-2006

一、范围

本标准规定了病害动物和病害动物产品的销毁、无害化处理的技术要求。

本标准适用于国家规定的染疫动物及其产品、病死毒死或者原因不明的动物尸体、经检验对人畜健康有危害的动物和病害动物产品、国家规定的其他应该进行生物安全处理的动物和动物产品。

二、术语和定义

下列术语和定义适用于

本标准。

生物安全处理（biosafty disposal）

通过焚毁、化制、掩埋或其他物理、化学、生物学等方法将病害动物尸体和病害动物产品或附属物进行处理，以彻底消灭其所携带的病原体，达到消除病害因素，保障人畜健康安全的目的。

三、病害动物和病害动物产品的处理

（一）运送

运送动物尸体和病害动物产品应采取密闭、不渗水的容器，装前卸后必须要消毒。

（二）销毁

1. 适用对象

（1）确认为口蹄疫、猪水疱病、猪瘟、非洲猪瘟、非洲马瘟、牛瘟、牛传染性胸膜肺炎、牛海绵状脑病、痒病、绵羊梅迪/维斯纳病、蓝舌病、小反刍兽疫、绵羊痘和山羊痘、山羊关节炎脑炎、高致病性禽流感、鸡新城疫、炭疽、鼻疽、狂犬病、羊快疫、羊肠毒血症、肉毒梭菌中毒症、羊猝狙、马传染性贫血病、猪密螺旋体痢疾、猪囊尾蚴、急性猪丹毒、钩端螺旋体病（已黄染肉尸）、布鲁氏菌病、结核病、鸭瘟、兔病毒性出血症、野兔热的染疫动物以及其他严重危害人畜健康的病害动物及其产品。

（2）病死、毒死或不明死因的动物尸体。

（3）经检验对人畜有毒有害的、需销毁的病害动物和病害动物产品。

（4）从动物体割除下来的病变部分。

（5）人工接种病原微生物或进行药物试验的动物和病害动物产品。

（6）国家规定的其他应该销毁的动物和动物产品。

2. 操作方法

（1）焚毁：将病害动物、病害动物产品投入焚化炉或用其他方式烧毁碳化。

（2）掩埋：本法不适用于患有炭疽等芽孢杆菌类疫病，以及牛海绵状脑病、痒病的染疫动物及产品、组织的处理。具体掩埋要求如下：

①掩埋地应远离学校、公共场所、居民住宅区、村庄、动物饲养和屠宰场所、饮用水源地、河流等地区。

②掩埋前应对需掩埋的病害动物尸体和病害动物产品实施焚烧处理。

③掩埋坑底铺 2 厘米厚生石灰。

④掩埋后需将埋土夯实，动物尸体和病害动物产品上层应距地表 1.5 米以上。

⑤焚烧后的动物尸体和病害动物产品表面，以及掩埋后的地表环境应使用有效消毒药喷洒消毒。

（三）无害化处理

1. 化制

（1）适用对象：除上文规定的动物疫病以外的其他疫病的染疫动物，以及病变严重、肌肉发生退行性变化的动物的整个尸体或酮体、内脏。

（2）操作方法：利用干化、湿化机，将原料分类，分别投入化制。

2. 消毒

（1）适用对象：除上文规定的动物疫病以外的其他疫病的染疫动物的生皮、原毛以及未经加工的蹄、骨、角、绒。

（2）操作方法：

①高温处理法。

适用于染疫动物的蹄、骨和角的处理。

将肉尸做高温处理时剔出的骨、蹄、角放入高压锅内蒸煮至骨脱胶或脱脂为止。

②盐酸食盐溶液消毒法。

适用于被病原微生物污染或可疑被污染和一般污染动物的皮毛消毒。

用 2.5% 盐酸溶液和 15% 食盐水溶液等量混合，将皮张浸泡在此溶液中，并使液温保持在 30℃ 左右，浸泡 40 小时，1 平方米的皮张用 10 升消毒液。浸泡后捞出沥干，放入 2% 氢氧化钠溶液中，以中和皮张上的酸，再用水冲洗后晾干。也可按 100 毫升 25% 食盐水溶液中加入盐酸

1 毫升配制消毒液,在室温15℃条件下浸泡 48 小时,皮张与消毒液之比为1∶4。浸泡后捞出沥干,再放入 1％氢氧化钠溶液中浸泡,以中和皮张上的酸,再用水冲洗后晾干。

③过氧乙酸消毒法。

适用于任何染疫动物的皮毛消毒。

将皮毛放入新鲜配制的 2％过氧乙酸溶液中浸泡 30 分钟,捞出,用水冲洗后晾干。

④碱盐液浸泡消毒法。

适用于被病原微生物污染动物的皮毛消毒。

将皮毛浸入 5％碱盐液(饱和盐水内加 5％氢氧化钠)中,室温(18～20℃)浸泡24 小时,并随时加以搅拌,然后取出挂起,待碱盐液流净,放入 5％盐酸液内浸泡,使皮上的酸碱中和,捞出,用水冲洗后晾干。

⑤煮沸消毒法。

将鬃毛于沸水中煮沸 2～2.5 小时。

附录八　中华人民共和国动物防疫法

第一章　总　则

第一条　为了加强对动物防疫活动的管理,预防、控制和扑灭动物疫病,促进养殖业发展,保护人体健康,维护公共卫生安全,制定本法。

第二条　本法适用于在中华人民共和国领域内的动物防疫及其监督管理活动。进出境动物、动物产品的检疫,适用《中华人民共和国进出境动植物检疫法》。

第三条　本法所称动物,是指家畜家禽和人工饲养、合法捕获的其他动物。本法所称动物产品,是指动物的肉、生皮、原毛、绒、脏器、脂、血液、精液、卵、胚胎、骨、蹄、头、角、筋以及可能传播动物疫病的奶、蛋等。

本法所称动物疫病是指动物传染病、寄生虫病。

本法所称动物防疫是指

动物疫病的预防、控制、扑灭，动物、动物产品的检疫。

第四条 根据动物疫病对养殖业生产和人体健康的危害程度，本法规定管理的动物疫病分为下列三类：

（一）一类疫病，是指对人与动物危害严重，需要采取紧急、严厉的强制预防、控制、扑灭等措施的；

（二）二类疫病，是指可能造成重大经济损失，需要采取严格控制、扑灭等措施，防止扩散的；

（三）三类疫病，是指常见多发、可能造成重大经济损失，需要控制和净化的。

前款一、二、三类动物疫病具体病种名录由国务院兽医主管部门制定并公布。

第五条 国家对动物疫病实行预防为主的方针。

第六条 县级以上人民政府应当加强对动物防疫工作的统一领导，加强基层动物防疫队伍建设，建立健全动物防疫体系，制定并组织实施动物疫病防治规划。

乡级人民政府、城市街道办事处应当组织群众协助做好本管辖区域内的动物疫病预防与控制工作。

第七条 国务院兽医主管部门主管全国的动物防疫工作。

县级以上地方人民政府兽医主管部门主管本行政区域内的动物防疫工作。

县级以上人民政府其他部门在各自的职责范围内做好动物防疫工作。

军队和武装警察部队动物卫生监督职能部门分别负责军队和武装警察部队现役动物及饲养自用动物的防疫工作。

第八条 县级以上地方人民政府设立的动物卫生监督机构依照本法规定，负责动物、动物产品的检疫工作和其他有关动物防疫的监督管理执法工作。

第九条 县级以上人民政府按照国务院的规定，根据统筹规划、合理布局、综合设置的原则建立动物疫病预防控制机构，承担动物疫病的监测、检测、诊断、流行病学调查、疫情报告以及其他预防、控制等技术工作。

第十条　国家支持和鼓励开展动物疫病的科学研究以及国际合作与交流，推广先进适用的科学研究成果，普及动物防疫科学知识，提高动物疫病防治的科学技术水平。

第十一条　对在动物防疫工作、动物防疫科学研究中做出成绩和贡献的单位和个人，各级人民政府及有关部门给予奖励。

第二章　动物疫病的预防

第十二条　国务院兽医主管部门对动物疫病状况进行风险评估，根据评估结果制定相应的动物疫病预防、控制措施。

国务院兽医主管部门根据国内外动物疫情和保护养殖业生产及人体健康的需要，及时制定并公布动物疫病预防、控制技术规范。

第十三条　国家对严重危害养殖业生产和人体健康的动物疫病实施强制免疫。国务院兽医主管部门确定强制免疫的动物疫病病种和区域，并会同国务院有关部门制定国家动物疫病强制免疫计划。

省、自治区、直辖市人民政府兽医主管部门根据国家动物疫病强制免疫计划，制订本行政区域的强制免疫计划，并可以根据本行政区域内动物疫病流行情况增加实施强制免疫的动物疫病病种和区域，报本级人民政府批准后执行，并报国务院兽医主管部门备案。

第十四条　县级以上地方人民政府兽医主管部门组织实施动物疫病强制免疫计划。乡级人民政府、城市街道办事处应当组织本管辖区域内饲养动物的单位和个人做好强制免疫工作。

饲养动物的单位和个人应当依法履行动物疫病强制免疫义务,按照兽医主管部门的要求做好强制免疫工作。

经强制免疫的动物,应当按照国务院兽医主管部门的规定建立免疫档案,加施畜禽标识,实施可追溯管理。

第十五条 县级以上人民政府应当建立健全动物疫情监测网络,加强动物疫情监测。

国务院兽医主管部门应当制定国家动物疫病监测计划。省、自治区、直辖市人民政府兽医主管部门应当根据国家动物疫病监测计划,制定本行政区域的动物疫病监测计划。

动物疫病预防控制机构应当按照国务院兽医主管部门的规定,对动物疫病的发生、流行等情况进行监测;从事动物饲养、屠宰、经营、隔离、运输以及动物产品生产、经营、加工、贮藏等活动的单位和个人不得拒绝或者阻碍。

第十六条 国务院兽医主管部门和省、自治区、直辖市人民政府兽医主管部门应当根据对动物疫病发生、流行趋势的预测,及时发出动物疫情预警。地方各级人民政府接到动物疫情预警后,应当采取相应的预防、控制措施。

第十七条 从事动物饲养、屠宰、经营、隔离、运输以及动物产品生产、经营、加工、贮藏等活动的单位和个人,应当依照本法和国务院兽医主管部门的规定,做好免疫、消毒等动物疫病预防工作。

第十八条 种用、乳用动物和宠物应当符合国务院兽医主管部门规定的健康标准。

种用、乳用动物应当接受动物疫病预防控制机构的定期检测;检测不合格的,应当按照国务院兽医主管部门的规定予以处理。

第十九条 动物饲养场(养殖小区)和隔离场所,动物屠宰加工场所,以及动物和动物产品无害化处理场所,应当符合下列动物防疫条件：

（一）场所的位置与居民生活区、生活饮用水源地、学校、医院等公共场所的距离符合国务院兽医主管部门规定的标准；

（二）生产区封闭隔离，工程设计和工艺流程符合动物防疫要求；

（三）有相应的污水、污物、病死动物、染疫动物产品的无害化处理设施设备和清洗消毒设施设备；

（四）有为其服务的动物防疫技术人员；

（五）有完善的动物防疫制度；

（六）具备国务院兽医主管部门规定的其他动物防疫条件。

第二十条　兴办动物饲养场（养殖小区）和隔离场所，动物屠宰加工场所，以及动物和动物产品无害化处理场所，应当向县级以上地方人民政府兽医主管部门提出申请，并附具相关材料。受理申请的

兽医主管部门应当依照本法和《中华人民共和国行政许可法》的规定进行审查。经审查合格的，发给动物防疫条件合格证，不合格的，应当通知申请人并说明理由。需要办理工商登记的，申请人凭动物防疫条件合格证向工商行政管理部门申请办理登记注册手续。

动物防疫条件合格证应当载明申请人的名称、场（厂）址等事项。

经营动物、动物产品的集贸市场应当具备国务院兽医主管部门规定的动物防疫条件，并接受动物卫生监督机构的监督检查。

第二十一条　动物、动物产品的运载工具、垫料、包装物、容器等应当符合国务院兽医主管部门规定的动物防疫要求。

染疫动物及其排泄物、染疫动物产品，病死或者死因不明的动物尸体，运载工具中的动物排泄物以及垫料、包装

物、容器等污染物,应当按照国务院兽医主管部门的规定处理,不得随意处置。

第二十二条 采集、保存、运输动物病料或者病原微生物以及从事病原微生物研究、教学、检测、诊断等活动,应当遵守国家有关病原微生物实验室管理的规定。

第二十三条 患有人畜共患传染病的人员不得直接从事动物诊疗以及易感染动物的饲养、屠宰、经营、隔离、运输等活动。

人畜共患传染病名录由国务院兽医主管部门会同国务院卫生主管部门制定并公布。

第二十四条 国家对动物疫病实行区域化管理,逐步建立无规定动物疫病区。无规定动物疫病区应当符合国务院兽医主管部门规定的标准,经国务院兽医主管部门验收合格予以公布。

本法所称无规定动物疫病区,是指具有天然屏障或者采取人工措施,在一定期限内没有发生规定的一种或者几种动物疫病,并经验收合格的区域。

第二十五条 禁止屠宰、经营、运输下列动物和生产、经营、加工、贮藏、运输下列动物产品:

(一)封锁疫区内与所发生动物疫病有关的;

(二)疫区内易感染的;

(三)依法应当检疫而未经检疫或者检疫不合格的;

(四)染疫或者疑似染疫的;

(五)病死或者死因不明的;

(六)其他不符合国务院兽医主管部门有关动物防疫规定的。

第三章 动物疫情的报告、通报和公布

第二十六条 从事动物疫情监测、检验检疫、疫病研究与诊疗以及动物饲养、屠宰、经营、隔离、运输等活动的单位和个人,发现动物染疫或

者疑似染疫的,应当立即向当地兽医主管部门、动物卫生监督机构或者动物疫病预防控制机构报告,并采取隔离等控制措施,防止动物疫情扩散。其他单位和个人发现动物染疫或者疑似染疫的,应当及时报告。

接到动物疫情报告的单位,应当及时采取必要的控制处理措施,并按照国家规定的程序上报。

第二十七条　动物疫情由县级以上人民政府兽医主管部门认定;其中重大动物疫情由省、自治区、直辖市人民政府兽医主管部门认定,必要时报国务院兽医主管部门认定。

第二十八条　国务院兽医主管部门应当及时向国务院有关部门和军队有关部门以及省、自治区、直辖市人民政府兽医主管部门通报重大动物疫情的发生和处理情况;发生人畜共患传染病的,县级以上人民政府兽医主管部门

与同级卫生主管部门应当及时相互通报。

国务院兽医主管部门应当依照我国缔结或者参加的条约、协定,及时向有关国际组织或者贸易方通报重大动物疫情的发生和处理情况。

第二十九条　国务院兽医主管部门负责向社会及时公布全国动物疫情,也可以根据需要授权省、自治区、直辖市人民政府兽医主管部门公布本行政区域内的动物疫情。其他单位和个人不得发布动物疫情。

第三十条　任何单位和个人不得瞒报、谎报、迟报、漏报动物疫情,不得授意他人瞒报、谎报、迟报动物疫情,不得阻碍他人报告动物疫情。

第四章　动物疫病的控制和扑灭

第三十一条　发生一类动物疫病时,应当采取下列控制和扑灭措施:

(一)当地县级以上地方人民政府兽医主管部门应当

立即派人到现场,划定疫点、疫区、受威胁区,调查疫源,及时报请本级人民政府对疫区实行封锁。疫区范围涉及两个以上行政区域的,由有关行政区域共同的上一级人民政府对疫区实行封锁,或者由各有关行政区域的上一级人民政府共同对疫区实行封锁。必要时,上级人民政府可以责成下级人民政府对疫区实行封锁。

(二)县级以上地方人民政府应当立即组织有关部门和单位采取封锁、隔离、扑杀、销毁、消毒、无害化处理、紧急免疫接种等强制性措施,迅速扑灭疫病。

(三)在封锁期间,禁止染疫、疑似染疫和易感染的动物、动物产品流出疫区,禁止非疫区的易感染动物进入疫区,并根据扑灭动物疫病的需要对出入疫区的人员、运输工具及有关物品采取消毒和其他限制性措施。

第三十二条 发生二类

动物疫病时,应当采取下列控制和扑灭措施:

(一)当地县级以上地方人民政府兽医主管部门应当划定疫点、疫区、受威胁区。

(二)县级以上地方人民政府根据需要组织有关部门和单位采取隔离、扑杀、销毁、消毒、无害化处理、紧急免疫接种、限制易感染的动物和动物产品及有关物品出入等控制、扑灭措施。

第三十三条 疫点、疫区、受威胁区的撤销和疫区封锁的解除,按照国务院兽医主管部门规定的标准和程序评估后,由原决定机关决定并宣布。

第三十四条 发生三类动物疫病时,当地县级、乡级人民政府应当按照国务院兽医主管部门的规定组织防治和净化。

第三十五条 二、三类动物疫病呈暴发性流行时,按照一类动物疫病处理。

第三十六条 为控制、扑

灭动物疫病,动物卫生监督机构应当派人在当地依法设立的现有检查站执行监督检查任务,必要时,经省、自治区、直辖市人民政府批准,可以设立临时性的动物卫生监督检查站,执行监督检查任务。

第三十七条　发生人畜共患传染病时,卫生主管部门应当组织对疫区易感染的人群进行监测,并采取相应的预防、控制措施。

第三十八条　疫区内有关单位和个人,应当遵守县级以上人民政府及其兽医主管部门依法做出的有关控制、扑灭动物疫病的规定。

任何单位和个人不得藏匿、转移、盗掘已被依法隔离、封存、处理的动物和动物产品。

第三十九条　发生动物疫情时,航空、铁路、公路、水路等运输部门应当优先组织运送控制、扑灭疫病的人员和有关物资。

第四十条　一、二、三类动物疫病突然发生,迅速传播,给养殖业生产安全造成严重威胁、危害,以及可能对公众身体健康与生命安全造成危害,构成重大动物疫情的,依照法律和国务院的规定采取应急处理措施。

第五章　动物和动物产品的检疫

第四十一条　动物卫生监督机构依照本法和国务院兽医主管部门的规定对动物、动物产品实施检疫。

动物卫生监督机构的官方兽医具体实施动物、动物产品检疫。官方兽医应当具备规定的资格条件,取得国务院兽医主管部门颁发的资格证书,具体办法由国务院兽医主管部门会同国务院人事行政部门制定。

本法所称官方兽医是指具备规定的资格条件并经兽医主管部门任命的,负责出具检疫等证明的国家兽医工作人员。

第四十二条　屠宰、出售

或者运输动物以及出售或者运输动物产品前,货主应当按照国务院兽医主管部门的规定向当地动物卫生监督机构申报检疫。

动物卫生监督机构接到检疫申报后,应当及时指派官方兽医对动物、动物产品实施现场检疫;检疫合格的,出具检疫证明、加施检疫标志。实施现场检疫的官方兽医应当在检疫证明、检疫标志上签字或者盖章,并对检疫结论负责。

第四十三条 屠宰、经营、运输以及参加展览、演出和比赛的动物,应当附有检疫证明;经营和运输的动物产品,应当附有检疫证明、检疫标志。

对前款规定的动物、动物产品,动物卫生监督机构可以查验检疫证明、检疫标志,进行监督抽查,但不得重复检疫收费。

第四十四条 经铁路、公路、水路、航空运输动物和动物产品的,托运人托运时应当提供检疫证明;没有检疫证明的,承运人不得承运。

运载工具在装载前和卸载后应当及时清洗、消毒。

第四十五条 输入到无规定动物疫病区的动物、动物产品,货主应当按照国务院兽医主管部门的规定向无规定动物疫病区所在地动物卫生监督机构申报检疫,经检疫合格的,方可进入;检疫所需费用纳入无规定动物疫病区所在地地方人民政府财政预算。

第四十六条 跨省、自治区、直辖市引进乳用动物、种用动物及其精液、胚胎、种蛋的,应当向输入地省、自治区、直辖市动物卫生监督机构申请办理审批手续,并依照本法第四十二条的规定取得检疫证明。

跨省、自治区、直辖市引进的乳用动物、种用动物到达输入地后,货主应当按照国务院兽医主管部门的规定对引进的乳用动物、种用动物进行隔离观察。

第四十七条　人工捕获的可能传播动物疫病的野生动物,应当报经捕获地动物卫生监督机构检疫,经检疫合格的,方可饲养、经营和运输。

第四十八条　经检疫不合格的动物、动物产品,货主应当在动物卫生监督机构监督下按照国务院兽医主管部门的规定处理,处理费用由货主承担。

第四十九条　依法进行检疫需要收取费用的,其项目和标准由国务院财政部门、物价主管部门规定。

第六章　动物诊疗

第五十条　从事动物诊疗活动的机构,应当具备下列条件:

(一)有与动物诊疗活动相适应并符合动物防疫条件的场所;

(二)有与动物诊疗活动相适应的执业兽医;

(三)有与动物诊疗活动相适应的兽医器械和设备;

(四)有完善的管理制度。

第五十一条　设立从事动物诊疗活动的机构,应当向县级以上地方人民政府兽医主管部门申请动物诊疗许可证。受理申请的兽医主管部门应当依照本法和《中华人民共和国行政许可法》的规定进行审查。经审查合格的,发给动物诊疗许可证,不合格的,应当通知申请人并说明理由。申请人凭动物诊疗许可证向工商行政管理部门申请办理登记注册手续,取得营业执照后,方可从事动物诊疗活动。

第五十二条　动物诊疗许可证应当载明诊疗机构名称、诊疗活动范围、从业地点和法定代表人(负责人)等事项。

动物诊疗许可证载明事项变更的,应当申请变更或者换发动物诊疗许可证,并依法办理工商变更登记手续。

第五十三条　动物诊疗机构应当按照国务院兽医主

管部门的规定,做好诊疗活动中的卫生安全防护、消毒、隔离和诊疗废弃物处置等工作。

第五十四条　国家实行执业兽医资格考试制度。具有兽医相关专业大学专科以上学历的,可以申请参加执业兽医资格考试,考试合格的,由国务院兽医主管部门颁发执业兽医资格证书,从事动物诊疗的,还应当向当地县级人民政府兽医主管部门申请注册。执业兽医资格考试和注册办法由国务院兽医主管部门和国务院人事行政部门制定。

本法所称执业兽医,是指从事动物诊疗和动物保健等经营活动的兽医。

第五十五条　经注册的执业兽医,方可从事动物诊疗、开具兽药处方等活动,但是,本法第五十七条对乡村兽医服务人员另有规定的,从其规定。

执业兽医、乡村兽医服务人员应当按照当地人民政府或者兽医主管部门的要求,参加预防、控制和扑灭动物疫病的活动。

第五十六条　从事动物诊疗活动,应当遵守有关动物诊疗的操作技术规范,使用符合国家规定的兽药和兽医器械。

第五十七条　乡村兽医服务人员可以在乡村从事动物诊疗服务活动,具体管理办法由国务院兽医主管部门制定。

第七章　监督管理

第五十八条　动物卫生监督机构依照本法规定,对动物饲养、屠宰、经营、隔离、运输以及动物产品生产、经营、加工、贮藏、运输等活动中的动物防疫实施监督管理。

第五十九条　动物卫生监督机构执行监督检查任务,可以采取下列措施,有关单位和个人不得拒绝或者阻碍:

(一)对动物、动物产品按照规定采样、留验、抽检;

（二）对染疫或者疑似染疫的动物、动物产品及相关物品进行隔离、查封、扣押和处理；

（三）对依法应当检疫而未经检疫的动物实施补检；

（四）对依法应当检疫而未经检疫的动物产品，具备补检条件的实施补检，不具备补检条件的予以没收销毁；

（五）查验检疫证明、检疫标志和畜禽标识；

（六）进入有关场所调查取证，查阅、复制与动物防疫有关的资料。

动物卫生监督机构根据动物疫病预防、控制需要，经当地县级以上地方人民政府批准，可以在车站、港口、机场等相关场所派驻官方兽医。

第六十条　官方兽医执行动物防疫监督检查任务，应当出示行政执法证件，佩带统一标志。

动物卫生监督机构及其工作人员不得从事与动物防疫有关的经营性活动，进行监督检查不得收取任何费用。

第六十一条　禁止转让、伪造或者变造检疫证明、检疫标志或者畜禽标识。

检疫证明、检疫标志的管理办法，由国务院兽医主管部门制定。

第八章　保障措施

第六十二条　县级以上人民政府应当将动物防疫纳入本级国民经济和社会发展规划及年度计划。

第六十三条　县级人民政府和乡级人民政府应当采取有效措施，加强村级防疫员队伍建设。

县级人民政府兽医主管部门可以根据动物防疫工作需要，向乡、镇或者特定区域派驻兽医机构。

第六十四条　县级以上人民政府按照本级政府职责，将动物疫病预防、控制、扑灭、检疫和监督管理所需经费纳入本级财政预算。

第六十五条　县级以上

人民政府应当储备动物疫情应急处理工作所需的防疫物资。

第六十六条　对在动物疫病预防和控制、扑灭过程中强制扑杀的动物、销毁的动物产品和相关物品，县级以上人民政府应当给予补偿。具体补偿标准和办法由国务院财政部门会同有关部门制定。

因依法实施强制免疫造成动物应激死亡的，给予补偿。具体补偿标准和办法由国务院财政部门会同有关部门制定。

第六十七条　对从事动物疫病预防、检疫、监督检查、现场处理疫情以及在工作中接触动物疫病病原体的人员，有关单位应当按照国家规定采取有效的卫生防护措施和医疗保健措施。

第九章　法律责任

第六十八条　地方各级人民政府及其工作人员未依照本法规定履行职责的，对直接负责的主管人员和其他直接责任人员依法给予处分。

第六十九条　县级以上人民政府兽医主管部门及其工作人员违反本法规定，有下列行为之一的，由本级人民政府责令改正，通报批评，对直接负责的主管人员和其他直接责任人员依法给予处分：

（一）未及时采取预防、控制、扑灭等措施的；

（二）对不符合条件的颁发动物防疫条件合格证、动物诊疗许可证，或者对符合条件的拒不颁发动物防疫条件合格证、动物诊疗许可证的；

（三）其他未依照本法规定履行职责的行为。

第七十条　动物卫生监督机构及其工作人员违反本法规定，有下列行为之一的，由本级人民政府或者兽医主管部门责令改正，通报批评，对直接负责的主管人员和其他直接责任人员依法给予处分：

（一）对未经现场检疫或

者检疫不合格的动物、动物产品出具检疫证明、加施检疫标志,或者对检疫合格的动物、动物产品拒不出具检疫证明、加施检疫标志的;

(二)对附有检疫证明、检疫标志的动物、动物产品重复检疫的;

(三)从事与动物防疫有关的经营性活动,或者在国务院财政部门、物价主管部门规定外加收费用、重复收费的;

(四)其他未依照本法规定履行职责的行为。

第七十一条　动物疫病预防控制机构及其工作人员违反本法规定,有下列行为之一的,由本级人民政府或者兽医主管部门责令改正,通报批评,对直接负责的主管人员和其他直接责任人员依法给予处分:

(一)未履行动物疫病监测、检测职责或者伪造监测、检测结果的;

(二)发生动物疫情时未及时进行诊断、调查的;

(三)其他未依照本法规定履行职责的行为。

第七十二条　地方各级人民政府、有关部门及其工作人员瞒报、谎报、迟报、漏报或者授意他人瞒报、谎报、迟报动物疫情,或者阻碍他人报告动物疫情的,由上级人民政府或者有关部门责令改正,通报批评,对直接负责的主管人员和其他直接责任人员依法给予处分。

第七十三条　违反本法规定,有下列行为之一的,由动物卫生监督机构责令改正,给予警告;拒不改正的,由动物卫生监督机构代做处理,所需处理费用由违法行为人承担,可以处1千元以下罚款:

(一)对饲养的动物不按照动物疫病强制免疫计划进行免疫接种的;

(二)种用、乳用动物未经检测或者经检测不合格而不按照规定处理的;

(三)动物、动物产品的运载工具在装载前和卸载后没有及时清洗、消毒的。

第七十四条 违反本法规定,对经强制免疫的动物未按照国务院兽医主管部门规定建立免疫档案、加施畜禽标识的,依照《中华人民共和国畜牧法》的有关规定处罚。

第七十五条 违反本法规定,不按照国务院兽医主管部门规定处置染疫动物及其排泄物、染疫动物产品、病死或者死因不明的动物尸体,运载工具中的动物排泄物以及垫料、包装物、容器等污染物以及其他经检疫不合格的动物、动物产品的,由动物卫生监督机构责令无害化处理,所需处理费用由违法行为人承担,可以处3千元以下罚款。

第七十六条 违反本法第二十五条规定,屠宰、经营、运输动物或者生产、经营、加工、贮藏、运输动物产品的,由动物卫生监督机构责令改正、采取补救措施,没收违法所得和动物、动物产品,并处同类检疫合格动物、动物产品货值金额1倍以上5倍以下罚款;其中依法应当检疫而未检疫的,依照本法第七十八条的规定处罚。

第七十七条 违反本法规定,有下列行为之一的,由动物卫生监督机构责令改正,处1千元以上1万元以下罚款;情节严重的,处1万元以上10万元以下罚款:

(一)兴办动物饲养场(养殖小区)和隔离场所、动物屠宰加工场所,以及动物和动物产品无害化处理场所,未取得动物防疫条件合格证的;

(二)未办理审批手续,跨省、自治区、直辖市引进乳用动物、种用动物及其精液、胚胎、种蛋的;

(三)未经检疫,向无规定动物疫病区输入动物、动物产品的。

第七十八条 违反本法规定,屠宰、经营、运输的动物未附有检疫证明,经营和运输的动物产品未附有检疫证明、检疫标志的,由动物卫生监督机构责令改正,处同类检疫合格动物、动物产品货值金额10％以上50％以下罚款;对货主以外的承运人处运输费用1倍以上3倍以下罚款。

违反本法规定,参加展览、演出和比赛的动物未附有检疫证明的,由动物卫生监督机构责令改正,处1千元以上3千元以下罚款。

第七十九条　违反本法规定,转让、伪造或者变造检疫证明、检疫标志或者畜禽标识的,由动物卫生监督机构没收违法所得,收缴检疫证明、检疫标志或者畜禽标识,并处3千元以上3万元以下罚款。

第八十条　违反本法规定,有下列行为之一的,由动物卫生监督机构责令改正,处1千元以上1万元以下罚款:

(一)不遵守县级以上人民政府及其兽医主管部门依法做出的有关控制、扑灭动物疫病规定的;

(二)藏匿、转移、盗掘已被依法隔离、封存、处理的动物和动物产品的;

(三)发布动物疫情的。

第八十一条　违反本法规定,未取得动物诊疗许可证从事动物诊疗活动的,由动物卫生监督机构责令停止诊疗活动,没收违法所得;违法所得在3万元以上的,并处违法所得1倍以上3倍以下罚款;没有违法所得或者违法所得不足3万元的,并处3千元以上3万元以下罚款。

动物诊疗机构违反本法规定,造成动物疫病扩散的,由动物卫生监督机构责令改正,处1万元以上5万元以下罚款;情节严重的,由发证机关吊销动物诊疗许可证。

第八十二条　违反本法规定,未经兽医执业注册从事动物诊疗活动的,由动物卫生监督机构责令停止动物诊疗活动,没收违法所得,并处1千元以上1万元以下罚款。

执业兽医有下列行为之一的,由动物卫生监督机构给予警告,责令暂停6个月以上

1 年以下动物诊疗活动；情节严重的，由发证机关吊销注册证书：

（一）违反有关动物诊疗的操作技术规范，造成或者可能造成动物疫病传播、流行的；

（二）使用不符合国家规定的兽药和兽医器械的；

（三）不按照当地人民政府或者兽医主管部门要求参加动物疫病预防、控制和扑灭活动的。

第八十三条　违反本法规定，从事动物疫病研究与诊疗和动物饲养、屠宰、经营、隔离、运输，以及动物产品生产、经营、加工、贮藏等活动的单位和个人，有下列行为之一的，由动物卫生监督机构责令改正；拒不改正的，对违法行为单位处 1 千元以上 1 万元以下罚款，对违法行为个人可以处 500 元以下罚款：

（一）不履行动物疫情报告义务的；

（二）不如实提供与动物防疫活动有关资料的；

（三）拒绝动物卫生监督机构进行监督检查的；

（四）拒绝动物疫病预防控制机构进行动物疫病监测、检测的。

第八十四条　违反本法规定，构成犯罪的，依法追究刑事责任。

违反本法规定，导致动物疫病传播、流行等，给他人人身、财产造成损害的，依法承担民事责任。

第十章　附　则

第八十五条　本法自2008 年 1 月 1 日起施行。

附录九　中华人民共和国兽药管理条例

第一章　总　则

第一条　为了加强兽药管理，保证兽药质量，防治动物疾病，促进养殖业的发展，维护人体健康，制定本条例。

第二条　在中华人民共和国境内从事兽药的研制、生产、经营、进出口、使用和监督管理,应当遵守本条例。

第三条　国务院兽医行政管理部门负责全国的兽药监督管理工作。

县级以上地方人民政府兽医行政管理部门负责本行政区域内的兽药监督管理工作。

第四条　国家实行兽用处方药和非处方药分类管理制度。兽用处方药和非处方药分类管理的办法和具体实施步骤,由国务院兽医行政管理部门规定。

第五条　国家实行兽药储备制度。

发生重大动物疫情、灾情或者其他突发事件时,国务院兽医行政管理部门可以紧急调用国家储备的兽药;必要时,也可以调用国家储备以外的兽药。

第二章　新兽药研制

第六条　国家鼓励研制新兽药,依法保护研制者的合法权益。

第七条　研制新兽药,应当具有与研制相适应的场所、仪器设备、专业技术人员、安全管理规范和措施。

研制新兽药,应当进行安全性评价。从事兽药安全性评价的单位,应当经国务院兽医行政管理部门认定,并遵守兽药非临床研究质量管理规范和兽药临床试验质量管理规范。

第八条　研制新兽药,应当在临床试验前向省、自治区、直辖市人民政府兽医行政管理部门提出申请,并附具该新兽药实验室阶段安全性评价报告及其他临床前研究资料;省、自治区、直辖市人民政府兽医行政管理部门应当自收到申请之日起 60 个工作日内将审查结果书面通知申请人。

研制的新兽药属于生物制品的,应当在临床试验前向国务院兽医行政管理部门提出申请,国务院兽医行政管理部门应当自收到申请之日起60个工作日内将审查结果书面通知申请人。

研制新兽药需要使用一类病原微生物的,还应当具备国务院兽医行政管理部门规定的条件,并在实验室阶段前报国务院兽医行政管理部门批准。

第九条 临床试验完成后,新兽药研制者向国务院兽医行政管理部门提出新兽药注册申请时,应当提交该新兽药的样品和下列资料:

(一)名称、主要成分、理化性质;

(二)研制方法、生产工艺、质量标准和检测方法;

(三)药理和毒理试验结果、临床试验报告和稳定性试验报告;

(四)环境影响报告和污染防治措施。

研制的新兽药属于生物制品的,还应当提供菌(毒、虫)种、细胞等有关材料和资料。菌(毒、虫)种、细胞由国务院兽医行政管理部门指定的机构保藏。

研制用于食用动物的新兽药,还应当按照国务院兽医行政管理部门的规定进行兽药残留试验并提供休药期、最高残留限量标准、残留检测方法及制定依据等资料。

国务院兽医行政管理部门应当自收到申请之日起10个工作日内,将决定受理的新兽药资料送其设立的兽药评审机构进行评审,将新兽药样品送其指定的检验机构复核检验,并自收到评审和复核检验结论之日起60个工作日内完成审查。审查合格的,发给新兽药注册证书,并发布该兽药的质量标准;不合格的,应当书面通知申请人。

第十条 国家对依法获得注册的、含有新化合物的兽药的申请人提交的其自己所取得且未披露的试验数据和其他数据实施保护。

自注册之日起 6 年内，对其他申请人未经已获得注册兽药的申请人同意，使用前款规定的数据申请兽药注册的，兽药注册机关不予注册；但是，其他申请人提交其自己所取得的数据的除外。

除下列情况外，兽药注册机关不得披露本条第一款规定的数据：

（一）公共利益需要；

（二）已采取措施确保该类信息不会被不正当地进行商业使用。

第三章　兽药生产

第十一条　设立兽药生产企业，应当符合国家兽药行业发展规划和产业政策，并具备下列条件：

（一）与所生产的兽药相适应的兽医学、药学或者相关专业的技术人员；

（二）与所生产的兽药相适应的厂房、设施；

（三）与所生产的兽药相适应的兽药质量管理和质量检验的机构、人员、仪器设备；

（四）符合安全、卫生要求的生产环境；

（五）兽药生产质量管理规范规定的其他生产条件。

符合前款规定条件的，申请人方可向省、自治区、直辖市人民政府兽医行政管理部门提出申请，并附具符合前款规定条件的证明材料；省、自治区、直辖市人民政府兽医行政管理部门应当自收到申请之日起 20 个工作日内，将审核意见和有关材料报送国务院兽医行政管理部门。

国务院兽医行政管理部门，应当自收到审核意见和有关材料之日起 40 个工作日内完成审查。经审查合格的，发给兽药生产许可证；不合格的，应当书面通知申请人。申请人凭兽药生产许可证办理工商登记手续。

第十二条　兽药生产许可证应当载明生产范围、生产地点、有效期和法定代表人姓名、住址等事项。

兽药生产许可证有效期为 5 年。有效期届满,需要继续生产兽药的,应当在许可证有效期届满前 6 个月到原发证机关申请换发兽药生产许可证。

第十三条 兽药生产企业变更生产范围、生产地点的,应当依照本条例第十一条的规定申请换发兽药生产许可证,申请人凭换发的兽药生产许可证办理工商变更登记手续;变更企业名称、法定代表人的,应当在办理工商变更登记手续后 15 个工作日内,到原发证机关申请换发兽药生产许可证。

第十四条 兽药生产企业应当按照国务院兽医行政管理部门制定的兽药生产质量管理规范组织生产。

国务院兽医行政管理部门,应当对兽药生产企业是否符合兽药生产质量管理规范的要求进行监督检查,并公布检查结果。

第十五条 兽药生产企业生产兽药,应当取得国务院兽医行政管理部门核发的产品批准文号,产品批准文号的有效期为 5 年。兽药产品批准文号的核发办法由国务院兽医行政管理部门制定。

第十六条 兽药生产企业应当按照兽药国家标准和国务院兽医行政管理部门批准的生产工艺进行生产。兽药生产企业改变影响兽药质量生产工艺的,应当报原批准部门审核批准。

兽药生产企业应当建立生产记录,生产记录应当完整、准确。

第十七条 生产兽药所需的原料、辅料,应当符合国家标准或者所生产兽药的质量要求。

直接接触兽药的包装材料和容器应当符合药用要求。

第十八条 兽药出厂前应当经过质量检验,不符合质量标准的不得出厂。

兽药出厂应当附有产品质量合格证。

禁止生产假、劣兽药。

第十九条　兽药生产企业生产的每批兽用生物制品，在出厂前应当由国务院兽医行政管理部门指定的检验机构审查核对，并在必要时进行抽查检验；未经审查核对或者抽查检验不合格的，不得销售。

强制免疫所需兽用生物制品，由国务院兽医行政管理部门指定的企业生产。

第二十条　兽药包装应当按照规定印有或者贴有标签，附具说明书，并在显著位置注明"兽用"字样。

兽药的标签和说明书经国务院兽医行政管理部门批准并公布后，方可使用。

兽药的标签或者说明书，应当以中文注明兽药的通用名称、成分及其含量、规格、生产企业、产品批准文号（进口兽药注册证号）、产品批号、生产日期、有效期、适应证或者功能主治、用法、用量、休药期、禁忌、不良反应、注意事项、运输贮存保管条件及其他应当说明的内容。有商品名称的，还应当注明商品名称。

除前款规定的内容外，兽用处方药的标签或者说明书还应当印有国务院兽医行政管理部门规定的警示内容，其中兽用麻醉药品、精神药品、毒性药品和放射性药品还应当印有国务院兽医行政管理部门规定的特殊标志；兽用非处方药的标签或者说明书还应当印有国务院兽医行政管理部门规定的非处方药标志。

第二十一条　国务院兽医行政管理部门，根据保证动物产品质量安全和人体健康的需要，可以对新兽药设立不超过5年的监测期；在监测期内，不得批准其他企业生产或者进口该新兽药。生产企业应当在监测期内收集该新兽药的疗效、不良反应等资料，并及时报送国务院兽医行政管理部门。

第四章　兽药经营

第二十二条　经营兽药的企业,应当具备下列条件:

(一)与所经营的兽药相适应的兽药技术人员;

(二)与所经营的兽药相适应的营业场所、设备、仓库设施;

(三)与所经营的兽药相适应的质量管理机构或者人员;

(四)兽药经营质量管理规范规定的其他经营条件。

符合前款规定条件的,申请人方可向市、县人民政府兽医行政管理部门提出申请,并附具符合前款规定条件的证明材料;经营兽用生物制品的,应当向省、自治区、直辖市人民政府兽医行政管理部门提出申请,并附具符合前款规定条件的证明材料。

县级以上地方人民政府兽医行政管理部门,应当自收到申请之日起 30 个工作日内完成审查。审查合格的,发给兽药经营许可证;不合格的,应当书面通知申请人。申请人凭兽药经营许可证办理工商登记手续。

第二十三条　兽药经营许可证应当载明经营范围、经营地点、有效期和法定代表人姓名、住址等事项。

兽药经营许可证有效期为 5 年。有效期届满,需要继续经营兽药的,应当在许可证有效期届满前 6 个月到原发证机关申请换发兽药经营许可证。

第二十四条　兽药经营企业变更经营范围、经营地点的,应当依照本条例第二十二条的规定申请换发兽药经营许可证,申请人凭换发的兽药经营许可证办理工商变更登记手续;变更企业名称、法定代表人的,应当在办理工商变更登记手续后 15 个工作日内,到原发证机关申请换发兽药经营许可证。

第二十五条　兽药经营企业,应当遵守国务院兽医行政管理部门制定的兽药经营质量管理规范。

县级以上地方人民政府兽医行政管理部门,应当对兽药经营企业是否符合兽药经营质量管理规范的要求进行监督检查,并公布检查结果。

第二十六条 兽药经营企业购进兽药,应当将兽药产品与产品标签或者说明书、产品质量合格证核对无误。

第二十七条 兽药经营企业,应当向购买者说明兽药的功能主治、用法、用量和注意事项。销售兽用处方药的,应当遵守兽用处方药管理办法。

兽药经营企业销售兽用中药材的,应当注明产地。

禁止兽药经营企业经营人用药品和假、劣兽药。

第二十八条 兽药经营企业购销兽药,应当建立购销记录。购销记录应当载明兽药的商品名称、通用名称、剂型、规格、批号、有效期、生产厂商、购销单位、购销数量、购

销日期和国务院兽医行政管理部门规定的其他事项。

第二十九条 兽药经营企业,应当建立兽药保管制度,采取必要的冷藏、防冻、防潮、防虫、防鼠等措施,保持所经营兽药的质量。

兽药入库、出库,应当执行检查验收制度,并有准确记录。

第三十条 强制免疫所需兽用生物制品的经营,应当符合国务院兽医行政管理部门的规定。

第三十一条 兽药广告的内容应当与兽药说明书内容相一致,在全国重点媒体发布兽药广告的,应当经国务院兽医行政管理部门审查批准,取得兽药广告审查批准文号。在地方媒体发布兽药广告的,应当经省、自治区、直辖市人民政府兽医行政管理部门审查批准,取得兽药广告审查批准文号;未经批准的,不得发布。

第五章　兽药进出口

第三十二条　首次向中国出口的兽药,由出口方驻中国境内的办事机构或者其委托的中国境内代理机构向国务院兽医行政管理部门申请注册,并提交下列资料和物品:

(一)生产企业所在国家(地区)兽药管理部门批准生产、销售的证明文件;

(二)生产企业所在国家(地区)兽药管理部门颁发的符合兽药生产质量管理规范的证明文件;

(三)兽药的制造方法、生产工艺、质量标准、检测方法、药理和毒理试验结果、临床试验报告、稳定性试验报告及其他相关资料;用于食用动物的兽药的休药期、最高残留限量标准、残留检测方法及其制定依据等资料;

(四)兽药的标签和说明书样本;

(五)兽药的样品、对照品、标准品;

(六)环境影响报告和污染防治措施;

(七)涉及兽药安全性的其他资料。

申请向中国出口兽用生物制品的,还应当提供菌(毒、虫)种、细胞等有关材料和资料。

第三十三条　国务院兽医行政管理部门,应当自收到申请之日起 10 个工作日内组织初步审查。经初步审查合格的,应当将决定受理的兽药资料送其设立的兽药评审机构进行评审,将该兽药样品送其指定的检验机构复核检验,并自收到评审和复核检验结论之日起 60 个工作日内完成审查。经审查合格的,发给进口兽药注册证书,并发布该兽药的质量标准;不合格的,应当书面通知申请人。

在审查过程中,国务院兽医行政管理部门可以对向中国出口兽药的企业是否符合兽药生产质量管理规范的要求进行考查,并有权要求该企业在国务院兽医行政管理部门指定的机构进行该兽药的安全性和有效性试验。

国内急需兽药、少量科研用兽药或者注册兽药的样品、对照品、标准品的进口,按照国务院兽医行政管理部门的规定办理。

第三十四条　进口兽药注册证书的有效期为 5 年。有效期届满,需要继续向中国出口兽药的,应当在有效期届满前 6 个月到原发证机关申请再注册。

第三十五条　境外企业不得在中国直接销售兽药。境外企业在中国销售兽药,应当依法在中国境内设立销售机构或者委托符合条件的中国境内代理机构。

进口在中国已取得进口兽药注册证书的兽用生物制品的,中国境内代理机构应当向国务院兽医行政管理部门申请允许进口兽用生物制品证明文件,凭允许进口兽用生

物制品证明文件到口岸所在地人民政府兽医行政管理部门办理进口兽药通关单;进口在中国已取得进口兽药注册证书的其他兽药的,凭进口兽药注册证书到口岸所在地人民政府兽医行政管理部门办理进口兽药通关单。海关凭进口兽药通关单放行。兽药进口管理办法由国务院兽医行政管理部门会同海关总署制定。

兽用生物制品进口后,应当依照本条例第十九条的规定进行审查核对和抽查检验。其他兽药进口后,由当地兽医行政管理部门通知兽药检验机构进行抽查检验。

第三十六条　禁止进口下列兽药:

(一)药效不确定、不良反应大以及可能对养殖业、人体健康造成危害或者存在潜在风险的;

(二)来自疫区可能造成疫病在中国境内传播的兽用生物制品;

（三）经考查生产条件不符合规定的；

（四）国务院兽医行政管理部门禁止生产、经营和使用的。

第三十七条　向中国境外出口兽药，进口方要求提供兽药出口证明文件的，国务院兽医行政管理部门或者企业所在地的省、自治区、直辖市人民政府兽医行政管理部门可以出具出口兽药证明文件。

国内防疫急需的疫苗，国务院兽医行政管理部门可以限制或者禁止出口。

第六章　兽药使用

第三十八条　兽药使用单位，应当遵守国务院兽医行政管理部门制定的兽药安全使用规定，并建立用药记录。

第三十九条　禁止使用假、劣兽药以及国务院兽医行政管理部门规定禁止使用的药品和其他化合物。禁止使用的药品和其他化合物目录由国务院兽医行政管理部门

制定公布。

第四十条　有休药期规定的兽药用于食用动物时，饲养者应当向购买者或者屠宰者提供准确、真实的用药记录；购买者或者屠宰者应当确保动物及其产品在用药期、休药期内不被用于食品消费。

第四十一条　国务院兽医行政管理部门，负责制定公布在饲料中允许添加的药物饲料添加剂品种目录。

禁止在饲料和动物饮用水中添加激素类药品和国务院兽医行政管理部门规定的其他禁用药品。

经批准可以在饲料中添加的兽药，应当由兽药生产企业制成药物饲料添加剂后方可添加。禁止将原料药直接添加到饲料及动物饮用水中或者直接饲喂动物。

禁止将人用药品用于动物。

第四十二条　国务院兽医行政管理部门，应当制定并组织实施国家动物及动物产

品兽药残留监控计划。

县级以上人民政府兽医行政管理部门,负责组织对动物产品中兽药残留量的检测。兽药残留检测结果,由国务院兽医行政管理部门或者省、自治区、直辖市人民政府兽医行政管理部门按照权限予以公布。

动物产品的生产者、销售者对检测结果有异议的,可以自收到检测结果之日起 7 个工作日内向组织实施兽药残留检测的兽医行政管理部门或者其上级兽医行政管理部门提出申请,由受理申请的兽医行政管理部门指定检验机构进行复检。

兽药残留限量标准和残留检测方法,由国务院兽医行政管理部门制定发布。

第四十三条　禁止销售含有违禁药物或者兽药残留量超过标准的食用动物产品。

第七章　兽药监督管理

第四十四条　县级以上人民政府兽医行政管理部门行使兽药监督管理权。

兽药检验工作由国务院兽医行政管理部门和省、自治区、直辖市人民政府兽医行政管理部门设立的兽药检验机构承担。国务院兽医行政管理部门,可以根据需要认定其他检验机构承担兽药检验工作。

当事人对兽药检验结果有异议的,可以自收到检验结果之日起 7 个工作日内向实施检验的机构或者上级兽医行政管理部门设立的检验机构申请复检。

第四十五条　兽药应当符合兽药国家标准。

国家兽药典委员会拟定的、国务院兽医行政管理部门发布的《中华人民共和国兽药典》和国务院兽医行政管理部门发布的其他兽药质量标准为兽药国家标准。

兽药国家标准的标准品和对照品的标定工作由国务院兽医行政管理部门设立的

兽药检验机构负责。

第四十六条 兽医行政管理部门依法进行监督检查时,对有证据证明可能是假、劣兽药的,应当采取查封、扣押的行政强制措施,并自采取行政强制措施之日起 7 个工作日内做出是否立案的决定;需要检验的,应当自检验报告书发出之日起 15 个工作日内做出是否立案的决定;不符合立案条件的,应当解除行政强制措施;需要暂停生产、经营和使用的,由国务院兽医行政管理部门或者省、自治区、直辖市人民政府兽医行政管理部门按照权限做出决定。

未经行政强制措施决定机关或者其上级机关批准,不得擅自转移、使用、销毁、销售被查封或者扣押的兽药及有关材料。

第四十七条 有下列情形之一的,为假兽药:

(一)以非兽药冒充兽药或者以他种兽药冒充此种兽药的;

(二)兽药所含成分的种类、名称与兽药国家标准不符合的。

有下列情形之一的,按照假兽药处理:

(一)国务院兽医行政管理部门规定禁止使用的;

(二)依照本条例规定应当经审查批准而未经审查批准即生产、进口的,或者依照本条例规定应当经抽查检验、审查核对而未经抽查检验、审查核对即销售、进口的;

(三)变质的;

(四)被污染的;

(五)所标明的适应证或者功能主治超出规定范围的。

第四十八条 有下列情形之一的,为劣兽药:

(一)成分含量不符合兽药国家标准或者不标明有效成分的;

(二)不标明或者更改有效期或者超过有效期的;

(三)不标明或者更改产品批号的;

(四)其他不符合兽药国

家标准,但不属于假兽药的。

第四十九条　禁止将兽用原料药拆零销售或者销售给兽药生产企业以外的单位和个人。

禁止未经兽医开具处方销售、购买、使用国务院兽医行政管理部门规定实行处方药管理的兽药。

第五十条　国家实行兽药不良反应报告制度。

兽药生产企业、经营企业、兽药使用单位和开具处方的兽医人员发现可能与兽药使用有关的严重不良反应,应当立即向所在地人民政府兽医行政管理部门报告。

第五十一条　兽药生产企业、经营企业停止生产、经营超过6个月或者关闭的,由原发证机关责令其交回兽药生产许可证、兽药经营许可证,并由工商行政管理部门变更或者注销其工商登记。

第五十二条　禁止买卖、出租、出借兽药生产许可证、兽药经营许可证和兽药批准

证明文件。

第五十三条　兽药评审检验的收费项目和标准,由国务院财政部门会同国务院价格主管部门制定,并予以公告。

第五十四条　各级兽医行政管理部门、兽药检验机构及其工作人员,不得参与兽药生产、经营活动,不得以其名义推荐或者监制、监销兽药。

第八章　法律责任

第五十五条　兽医行政管理部门及其工作人员利用职务上的便利收取他人财物或者谋取其他利益,对不符合法定条件的单位和个人核发许可证、签署审查同意意见,不履行监督职责,或者发现违法行为不予查处,造成严重后果,构成犯罪的,依法追究刑事责任;尚不构成犯罪的,依法给予行政处分。

第五十六条　违反本条例规定,无兽药生产许可证、兽药经营许可证生产、经营兽

药的;或者虽有兽药生产许可证、兽药经营许可证,生产、经营假、劣兽药的;或者兽药经营企业经营人用药品的,责令其停止生产、经营,没收用于违法生产的原料、辅料、包装材料及生产、经营的兽药和违法所得,并处违法生产、经营的兽药(包括已出售的和未出售的兽药,下同)货值金额 2 倍以上 5 倍以下罚款,货值金额无法查证核实的,处 10 万元以上 20 万元以下罚款。无兽药生产许可证生产兽药,情节严重的,没收其生产设备;生产、经营假、劣兽药,情节严重的,吊销兽药生产许可证、兽药经营许可证;构成犯罪的,依法追究刑事责任;给他人造成损失的,依法承担赔偿责任。生产、经营企业的主要负责人和直接负责的主管人员终身不得从事兽药的生产、经营活动。

擅自生产强制免疫所需兽用生物制品的,按照无兽药生产许可证生产兽药处罚。

第五十七条 违反本条例规定,提供虚假的资料、样品或者采取其他欺骗手段取得兽药生产许可证、兽药经营许可证或者兽药批准证明文件的,吊销兽药生产许可证、兽药经营许可证或者撤销兽药批准证明文件,并处 5 万元以上 10 万元以下罚款;给他人造成损失的,依法承担赔偿责任。其主要负责人和直接负责的主管人员终身不得从事兽药的生产、经营和进出口活动。

第五十八条 买卖、出租、出借兽药生产许可证、兽药经营许可证和兽药批准证明文件的,没收违法所得,并处 1 万元以上 10 万元以下罚款;情节严重的,吊销兽药生产许可证、兽药经营许可证或者撤销兽药批准证明文件;构成犯罪的,依法追究刑事责任;给他人造成损失的,依法承担赔偿责任。

第五十九条 违反本条例规定,兽药安全性评价单位、临床试验单位、生产和经营企业未按照规定实施兽药研究试验、生产、经营质量管理规范的,给予警告,责令其限期改正;逾期不改正的,责令停止兽药研究试验、生产、经营活动,并处 5 万元以下罚款;情节严重的,吊销兽药生产许可证、兽药经营许可证;给他人造成损失的,依法承担赔偿责任。

违反本条例规定,研制新兽药不具备规定的条件擅自使用一类病原微生物或者在实验室阶段前未经批准的,责令其停止实验,并处 5 万元以上 10 万元以下罚款;构成犯罪的,依法追究刑事责任;给他人造成损失的,依法承担赔偿责任。

第六十条　违反本条例规定,兽药的标签和说明书未经批准的,责令其限期改正;逾期不改正的,按照生产、经营假兽药处罚;有兽药产品批准文号的,撤销兽药产品批准文号;给他人造成损失的,依法承担赔偿责任。

兽药包装上未附有标签和说明书,或者标签和说明书与批准的内容不一致的,责令其限期改正;情节严重的,依照前款规定处罚。

第六十一条　违反本条例规定,境外企业在中国直接销售兽药的,责令其限期改正,没收直接销售的兽药和违法所得,并处 5 万元以上 10 万元以下罚款;情节严重的,吊销进口兽药注册证书;给他人造成损失的,依法承担赔偿责任。

第六十二条　违反本条例规定,未按照国家有关兽药安全使用规定使用兽药的、未建立用药记录或者记录不完整真实的,或者使用禁止使用的药品和其他化合物的,或者将人用药品用于动物的,责令其立即改正,并对饲喂了违禁药物及其他化合物的动物及其产品进行无害化处理;对违法单位处 1 万元以上 5 万元以下罚款;给他人造成损失的,依法承担赔偿责任。

第六十三条 违反本条例规定,销售尚在用药期、休药期内的动物及其产品用于食品消费的,或者销售含有违禁药物和兽药残留超标的动物产品用于食品消费的,责令其对含有违禁药物和兽药残留超标的动物产品进行无害化处理,没收违法所得,并处3万元以上10万元以下罚款;构成犯罪的,依法追究刑事责任;给他人造成损失的,依法承担赔偿责任。

第六十四条 违反本条例规定,擅自转移、使用、销毁、销售被查封或者扣押的兽药及有关材料的,责令其停止违法行为,给予警告,并处5万元以上10万元以下罚款。

第六十五条 违反本条例规定,兽药生产企业、经营企业、兽药使用单位和开具处方的兽医人员发现可能与兽药使用有关的严重不良反应,不向所在地人民政府兽医行政管理部门报告的,给予警

告,并处5000元以上1万元以下罚款。

生产企业在新兽药监测期内不收集或者不及时报送该新兽药的疗效、不良反应等资料的,责令其限期改正,并处1万元以上5万元以下罚款;情节严重的,撤销该新兽药的产品批准文号。

第六十六条 违反本条例规定,未经兽医开具处方销售、购买、使用兽用处方药的,责令其限期改正,没收违法所得,并处5万元以下罚款;给他人造成损失的,依法承担赔偿责任。

第六十七条 违反本条例规定,兽药生产、经营企业把原料药销售给兽药生产企业以外的单位和个人的,或者兽药经营企业拆零销售原料药的,责令其立即改正,给予警告,没收违法所得,并处2万元以上5万元以下罚款;情节严重的,吊销兽药生产许可证、兽药经营许可证;给他人造成损失的,依法承担赔偿责

任。

第六十八条　违反本条例规定,在饲料和动物饮用水中添加激素类药品和国务院兽医行政管理部门规定的其他禁用药品,依照《饲料和饲料添加剂管理条例》的有关规定处罚;直接将原料药添加到饲料及动物饮用水中,或者饲喂动物的,责令其立即改正,并处1万元以上3万元以下罚款;给他人造成损失的,依法承担赔偿责任。

第六十九条　有下列情形之一的,撤销兽药的产品批准文号或者吊销进口兽药注册证书:

(一)抽查检验连续2次不合格的;

(二)药效不确定、不良反应大以及可能对养殖业、人体健康造成危害或者存在潜在风险的;

(三)国务院兽医行政管理部门禁止生产、经营和使用的兽药。

被撤销产品批准文号或者被吊销进口兽药注册证书的兽药,不得继续生产、进口、经营和使用。已经生产、进口的,由所在地兽医行政管理部门监督销毁,所需费用由违法行为人承担;给他人造成损失的,依法承担赔偿责任。

第七十条　本条例规定的行政处罚由县级以上人民政府兽医行政管理部门决定;其中吊销兽药生产许可证、兽药经营许可证、撤销兽药批准证明文件或者责令停止兽药研究试验的,由原发证批准部门决定。

上级兽医行政管理部门对下级兽医行政管理部门违反本条例的行政行为,应当责令限期改正;逾期不改正的,有权予以改变或者撤销。

第七十一条　本条例规定的货值金额以违法生产、经营兽药的标价计算;没有标价的,按照同类兽药的市场价格计算。

第九章 附 则

第七十二条 本条例下列用语的含义是:

(一)兽药,是指用于预防、治疗、诊断动物疾病或者有目的地调节动物生理机能的物质(含药物饲料添加剂),主要包括:血清制品、疫苗、诊断制品、微生态制品、中药材、中成药、化学药品、抗生素、生化药品、放射性药品及外用杀虫剂、消毒剂等。

(二)兽用处方药,是指凭兽医处方方可购买和使用的兽药。

(三)兽用非处方药,是指由国务院兽医行政管理部门公布的、不需要凭兽医处方就可以自行购买并按照说明书使用的兽药。

(四)兽药生产企业,是指专门生产兽药的企业和兼产兽药的企业,包括从事兽药分装的企业。

(五)兽药经营企业,是指经营兽药的专营企业或者兼营企业。

(六)新兽药,是指未曾在中国境内上市销售的兽用药品。

(七)兽药批准证明文件,是指兽药产品批准文号、进口兽药注册证书、允许进口兽用生物制品证明文件、出口兽药证明文件、新兽药注册证书等文件。

第七十三条 兽用麻醉药品、精神药品、毒性药品和放射性药品等特殊药品,依照国家有关规定管理。

第七十四条 水产养殖中的兽药使用、兽药残留检测和监督管理以及水产养殖过程中违法用药的行政处罚,由县级以上人民政府渔业主管部门及其所属的渔政监督管理机构负责。

第七十五条 本条例自2004年11月1日起施行。

附录十
乡村兽医管理办法

第一条 为了加强乡村

兽医从业管理,提高乡村兽医业务素质和职业道德水平,保障乡村兽医合法权益,保护动物健康和公共卫生安全,根据《中华人民共和国动物防疫法》,制定本办法。

第二条　乡村兽医在乡村从事动物诊疗服务活动的,应当遵守本办法。

第三条　本办法所称乡村兽医,是指尚未取得执业兽医资格,经登记在乡村从事动物诊疗服务活动的人员。

第四条　农业部主管全国乡村兽医管理工作。

县级以上地方人民政府兽医主管部门主管本行政区域内乡村兽医管理工作。

县级以上地方人民政府设立的动物卫生监督机构负责本行政区域内乡村兽医监督执法工作。

第五条　国家鼓励符合条件的乡村兽医参加执业兽医资格考试,鼓励取得执业兽医资格的人员到乡村从事动物诊疗服务活动。

第六条　国家实行乡村兽医登记制度。符合下列条件之一的,可以向县级人民政府兽医主管部门申请乡村兽医登记:

(一)取得中等以上兽医、畜牧(畜牧兽医)、中兽医(民族兽医)或水产养殖专业学历的;

(二)取得中级以上动物疫病防治员、水生动物病害防治员职业技能鉴定证书的;

(三)在乡村从事动物诊疗服务连续5年以上的;

(四)经县级人民政府兽医主管部门培训合格的。

第七条:申请乡村兽医登记的,应当提交下列材料:

(一)乡村兽医登记申请表;

(二)学历证明、职业技能鉴定证书、培训合格证书或者乡镇畜牧兽医站出具的从业年限证明;

(三)申请人身份证明和复印件。

第八条　县级人民政府

兽医主管部门应当在收到申请材料之日起 20 个工作日内完成审核。审核合格的,予以登记,并颁发乡村兽医登记证;不合格的,书面通知申请人,并说明理由。

乡村兽医登记证应当载明乡村兽医姓名、从业区域、有效期等事项。

乡村兽医登记证有效期5 年,有效期届满需要继续从事动物诊疗服务活动的,应当在有效期届满 3 个月前申请续展。

第九条 乡村兽医登记证格式由农业部规定,各省、自治区、直辖市人民政府兽医主管部门统一印制。

县级人民政府兽医主管部门办理乡村兽医登记,不得收取任何费用。

第十条 县级人民政府兽医主管部门应当将登记的乡村兽医名单逐级汇总报省、自治区、直辖市人民政府兽医主管部门备案。

第十一条 乡村兽医只能在本乡镇从事动物诊疗服务活动,不得在城区从业。

第十二条 乡村兽医在乡村从事动物诊疗服务活动的,应当有固定的从业场所和必要的兽医器械。

第十三条 乡村兽医应当按照《兽药管理条例》和农业部的规定使用兽药,并如实记录用药情况。

第十四条 乡村兽医在动物诊疗服务活动中,应当按照规定处理使用过的兽医器械和医疗废弃物。

第十五条 乡村兽医在动物诊疗服务活动中发现动物染疫或者疑似染疫的,应当按照国家规定立即报告,并采取隔离等控制措施,防止动物疫情扩散。

乡村兽医在动物诊疗服务活动中发现动物患有或者疑似患有国家规定应当扑杀的疫病时,不得擅自进行治疗。

第十六条 发生突发动物疫情时,乡村兽医应当参加当地人民政府或者有关部门组织的预防、控制和扑灭工作,不得拒绝和阻碍。

第十七条　省、自治区、直辖市人民政府兽医主管部门应当制定乡村兽医培训规划,保证乡村兽医至少每两年接受一次培训。县级人民政府兽医主管部门应当根据培训规划制定本地区乡村兽医培训计划。

第十八条:县级人民政府兽医主管部门和乡(镇)人民政府应当按照《中华人民共和国动物防疫法》的规定,优先确定乡村兽医作为村级动物防疫员。

第十九条　乡村兽医有下列行为之一的,由动物卫生监督机构给予警告,责令暂停6个月以上1年以下动物诊疗服务活动;情节严重的,由原登记机关收回、注销乡村兽医登记证:

(一)不按照规定区域从业的;

(二)不按照当地人民政府或者有关部门的要求参加动物疫病预防、控制和扑灭活动的。

第二十条　乡村兽医有下列情形之一的,原登记机关应当收回、注销乡村兽医登记证:

(一)死亡或者被宣告失踪的;

(二)中止兽医服务活动满2年的。

第二十一条　乡村兽医在动物诊疗服务活动中,违法使用兽药的,依照有关法律、行政法规的规定予以处罚。

第二十二条　从事水生动物疫病防治的乡村兽医由县级人民政府渔业行政主管部门依照本办法的规定进行登记和监管。

县级人民政府渔业行政主管部门应当将登记的从事水生动物疫病防治的乡村兽医信息汇总通报同级兽医主管部门。

第二十三条　本办法自2009年1月1日起施行。

（农业部：2008 年 11 月 26 日）

附录十一 执业兽医 职业道德行为规范

执业兽医是高度专业化的职业，为了提升执业兽医职业道德，规范执业兽医从业活动，提高执业兽医整体素质和服务质量，维护兽医行业的良好形象，中国兽医协会倡导执业兽医遵守职业道德为荣，违反职业道德为耻的职业荣辱观，特制定本规范。

第一条 执业兽医职业道德规范是执业兽医的从业行为职业道德标准和执业操守。

第二条 执业兽医应当模范遵守有关动物诊疗、动物防疫、兽药管理等法律规范和技术规程的规定，依法从事兽医执业活动。

第三条 执业兽医不对患有国家规定应当扑杀的患病动物擅自进行治疗；当发现患有国家规定应当扑杀的动物时，应当及时向兽医行政主管部门报告。

第四条 执业兽医未经亲自诊断或治疗，不开具处方药、填写诊断书或出具有关证明文件。

第五条 发现违法从事兽医执业行为或其他违法行为的，执业兽医应当向有关主管部门进行举报。

第六条 执业兽医应当使用规范的处方笺、病历，并照章签名保存。发现兽药有不良反应的，应当向兽医行政主管部门报告。

第七条 执业兽医应当热情接待动物主人和患病动物，耐心解答动物主人提出的问题，尽量满足动物主人的正当要求。

第八条 执业兽医应当如实告知动物主人患病动物的病情，制定合理的诊疗方案。遇有难以诊治的患病动物时，应当及时告知动物主人，并及时提出转诊意见。

第九条　执业兽医应当如实表述自己的执业情况和技术水平，不做虚假广告，不在诊治活动中弄虚作假。

第十条　执业兽医应当对动物诊疗的相关信息或资料保守秘密，未经动物主人同意不得用于商业用途。

第十一条　执业兽医在从业过程中应当注重仪表，着装整洁，举止端庄，语言文明。

第十二条　执业兽医应当为患病动物提供医疗服务，解除其病痛，同时尽量减少动物的痛苦和恐惧。

第十三条　执业兽医应当劝阻虐待动物的行为，宣传动物保健和动物福利知识。

第十四条　执业兽医应当积极参加兽医专业知识和相关政策法规的培训教育，提高业务素质。

第十五条　执业兽医应当积极参加有关兽医新技术和新知识的培训、研讨和交流，更新知识结构。

第十六条　执业兽医在从业活动中，应当明码标价，合理收费。

第十七条　执业兽医不得接受医疗设备、器械、药品等生产、经营者的回扣、提成或其他不当得利。

第十八条　执业兽医应当模范遵守兽医职业道德行为规范。下列行为是不道德的：

（一）随意贬低兽医职业和兽医行业的；

（二）故意贬低同行或通过诋毁他人等方式招揽业务的；

（三）未取得专家称号，对外称"专家"谋取利益的；

（四）通过给其他兽医介绍患病动物，收取回扣或提成的；

（五）冒充其他执业兽医从业获利的；

（六）擅自篡改或删除处方、病历及相关诊疗数据，伪造诊断结果、违规出具证明文件或在诊疗活动中弄虚作假的；

（七）未经动物主人同意，将动物诊疗的相关信息或资料用于商业用途的；

（八）教唆、帮助或参与他人实施违法的兽医执业活动的；

（九）随意夸大动物病情或夸大治疗效果的；

（十）执业兽医在人才流动过程中损害原工作单位权益的。

第十九条　本规范由中国兽医协会负责解释。

第二十条　本规范自2012年1月1日起实行。